이산수학

제 3 판

박 승 안

KM 경문사

머 리 말

현재 우리 나라에서는 '이산수학'에 관한 저서가 이미 여러 권 출판되어 이 분야의 발전과 후진 양성에 많은 기여를 하고 있다. 이러한 사정을 잘 알고 있으면서도 굳이 이 책을 집필한 이유는 대수학과 이에 관련된 분야에 대한 저서의 출간을 매듭짓고 싶다는 개인적인 욕심 때문이고 또 수학을 전공하는 학부 학생과 전산학, 전자공학 등 공학을 전공하는 학생에게 '이산수학'의 주요 논제와 암호학, 부호이론, 그래프 이론, Boole 다원환, 조합 이론, 디자인, 게임 이론등에 대한 기초 지식을 터득하게 하여 이들 논제의 중요성을 인식케 하고 싶다는 욕심 때문이다.

이 책을 읽는 데에는 고등학교에서 배운 수학적 지식과 수학적 사고력만이 필요하며 정수론, 선형대수학, 집합론에 대한 지식은 필요하지 않다. 실제로, 집합 기호, 함수, 사상, 수학적 귀납법, 수체계와 정수의 성질에 대한 정의와 정리, 전체집합과 멱집합의 연산에 관한 성질 등은 제 1 장에서 체계적으로 다루었고, 또 순열과 조합, 중복순열과 중복조합에 대한 정의와 정리의 증명은 §2.3 과 §2.4 에서 상세히 논하였다. 그리고, §3.1 에서 체의 개념을 도입하여 실수체에서의 무한수열뿐만 아니라 체 $\mathbb{F}_2 = \{0, 1\}$ 에서의 무한수열을 다루는 데 어려움이 없도록 하였으며 알고리즘은 프로그래밍 언어가 아닌 일상적인 언어로 설명하였고 극한 $\lim_{x\to\infty} f(x)$ 와 기호 $f(x) = O(g(x))$ 에 대한 정의와 정리는 §4.4 에서 상세히 논하였고 행렬과 연립일차방정식에 대해서는 제 5 장에서 논하였다.

이 책의 각 장의 내용은 다음과 같다.

제 1 장에서는, 집합과 함수, 명제에 대한 기호와 수체계, 수학적 귀납법에 대하여 간단히 설명하고 두 정수의 최대공약수와 최소공배수, 합동식 그리고 멱집합의 집합 연산에 관한 성질에 대하여 간단히 논한다.

제 2 장에서는, 유한집합의 원소의 개수, 비둘기 집의 원리, 순열과 조합, 중복순열과 중복조합, 이항정리, 다항정리, 특수한 순열의 개수, 양의 정수

의 분할의 개수에 대하여 논한다. 그리고, 점유 문제와 관련하여 제 2 종의 Stirling 수에 대하여 논하고 제 1 종의 Stirling 에 대하여 간단히 논한다.

제 3 장에서는, 체의 개념을 도입하여 일반적인 체에서의 여러 가지 동차 선형점화식과 동차 선형점화수열, 동차 선형점화수열의 고유다항식에 대하여 설명하고, 또 형식적 멱급수의 개념을 도입하여 동차 선형점화수열의 생성함수에 대하여 논한다. 또, 체 $\mathbb{F}_2 = \{0, 1\}$ 를 도입하여 이진수열의 주기와 최대 주기수열의 특성에 대하여 논하고 또 선형 Shift Register 와 스트림 암호체계에 대하여 간단히 설명한다.

제 4 장에서는, 실수의 덧셈, 뺄셈, 곱셈, 나눗셈에 관한 몇 가지 간단한 알고리즘을 소개하고 여러 가지 검색 알고리즘과 정렬 알고리즘의 특성을 설명하며 순열과 조합의 정렬에 관한 알고리즘을 소개한다.

그리고, 기호 $f(x) = O(g(x))$ 에 대한 정의와 정리를 상세히 논하고, 또 유클리드 알고리즘의 시간 복잡도를 구체적으로 계산한다.

제 5 장에서는, 행렬의 연산에 대하여 간단히 논하고 또 연립일차방정식의 해, Gauss-Jordan 의 소거법, 정칙행렬과 역행렬 그리고 행렬에 기본행 변형을 시행하여 기약 사다리꼴로 변형하는 방법에 대하여 논한다.

제 6 장에서는, 여러 가지 유형의 단순그래프와 다중 그래프의 특성을 논하고, 동형인 그래프, 그래프의 인접행렬, 경로, 회로, 연결그래프, Euler 회로, Hamilton 순환로, 유향 그래프, 수형도, 생성 수형도, 평면그래프와 정다면체, 색칠하기 등에 대하여 논한다. 그리고 가중 그래프에서의 최단 경로와 최단 거리에 대한 여러 가지 알고리즘을 상세히 소개하고, 구체적인 예를 제시한다.

제 7 장에서는, 이진 선형부호, Hamming 거리와 Hamming 무게, 부호의 복호와 오류 수정, 이진 Hamming 부호에 대하여 간단히 논하고 수신된 벡터의 신드롬을 이용하여 오류를 수정하는 방법에 대하여 논한다.

제 8 장에서는, 관계와 동치관계, 반순서 집합, 격자에 대하여 간단히 소개하고, 멱집합의 집합 연산에 대한 특성을 일반화하여 Boole 다원환의 특성에 대하여 논하고 또 Boole 함수와 조합 회로에 대하여 논한다.

제 9 장에서는 형식 언어와 문법에 대하여 간단히 논하고 유한상태 기계와 유한상태 자동장치에 대하여 간단히 논한다.

제 10 장에서는, 유한 아핀평면과 유한 사영평면, Latin 방진에 대하여 간단히 논하며, 여러 가지 유형의 디자인을 소개하고 2-디자인의 특성과 디자인을 구성하는 방법에 대하여 논한다. 그리고 유한 아핀평면과 유한 사영평면을 디자인이라는 관점에서 재음미한다.

제 11 장에서는, 게임, 영합 게임, $m \times n$ 게임의 맥시민값, 미니맥스값, 최적전략, 게임의 값, 결정적 게임에 대하여 논하고, 비결정적 $m \times n$ 게임의 혼합전략, 맥시민값, 미니맥스값, 맥시민전략, 미니맥스전략, 최적전략, 게임의 값에 대하여 논하며 게임의 축약에 대하여 논한다.
그리고, Nim 의 게임과 음이 아닌 정수 전체의 집합 W 위에 Nim 덧셈을 정의하고, Nim 덧셈을 이용하여 Nim 의 게임의 수학적 특성을 밝힌다.

아래의 그림은 각 장 사이의 관련성을 나타내는 계통도이다.

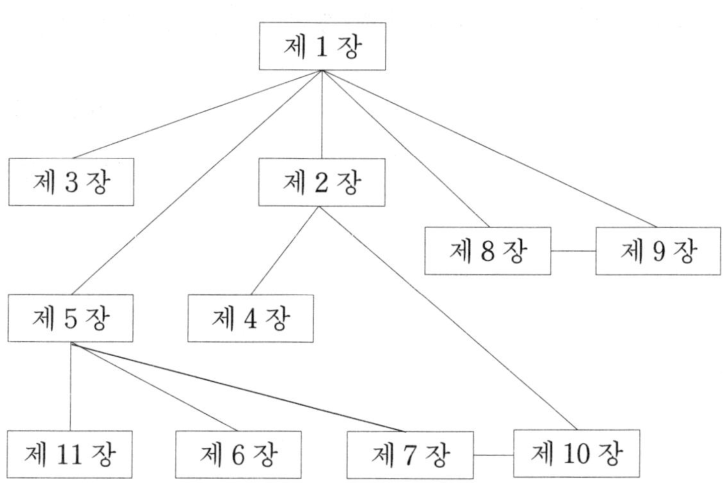

제 1 장, 제 2 장, 제 5 장에서는 기본이 되는 논제를 다루었고, 나머지 장에서는 독립적인 논제를 논하였으므로 어느 장을 먼저 다루어도 좋다.

이 책의 각 장의 머리에는 그 장에서 다루는 내용을 간략히 소개하였고 각 절마다 정의와 정리의 증명을 상세히 서술하고 이해를 돕기 위하여 많은 그림과 많은 보기를 제시하였다. 또, 각 절의 끝에는 많은 연습문제를 실어 실제 문제에 접하도록 하였고 연습문제 중에서 어렵거나 중요하다고 생각되는 문제에 * 표를 붙여 이에 대한 모범 답안을

http://kms.webhard.co.kr(아이디, 비밀번호: kyungmoon)

에 올려놓아 학생들의 학습에 도움이 되도록 하였다. 그리고, 본문에 대한 보충 설명이나 본문에서 다루지 못한 논제에 대한 해설을 올려놓았고, 또 각 장마다 보충 문제와 이에 대한 모범 답안을 올려놓았다.

이 책을 한 학기용 교재로 강의하는 경우에는 다음과 같이 택하여 지도하면 좋을 것이다.

제 1 장, §2.1 ~ §2.6, 제 3 장, 제 4 장의 일부, 제 5 장,

제 6 장 ~ 제 11 장 중의 일부

이 책은 2008 년에 출간된 '이산수학, 제 2 판'의 기본 틀은 그대로 유지하면서 '게임 이론'에 관한 내용을 새로 추가한 책으로 이과대학 학생과 공과대학 학생을 대상으로 하여 각 논제를 상세히 설명하였다.

2012 년 1 월

박 승 안

차 례

머리말 iii

제 1 장 집합과 수체계

§1.1 집합과 사상 ………………… 2
§1.2 수체계 ………………… 6
§1.3 정 수 ………………… 9
§1.4 합 동 ………………… 18
§1.5 전체집합과 멱집합 ………………… 22

제 2 장 세는 방법

§2.1 유한집합 ………………… 32
§2.2 비둘기 집의 원리 ………………… 40
§2.3 순열과 조합 ………………… 47
§2.4 중복수열과 중복조합 ………………… 58
§2.5 특수한 순열 ………………… 67
§2.6 양의 정수의 분할 ………………… 75
§2.7 점유 문제 ………………… 80
§2.8 Stirling 수 ………………… 87

제 3 장 점화식과 점화수열

§3.1 체와 다항식 ………………… 96
§3.2 점화식과 점화수열 ………………… 100
§3.3 선형점화식과 선형점화수열 ………………… 106
§3.4 무한수열의 생성함수 ………………… 116
§3.5 이진수열 ………………… 126

§3.6 최대주기수열 ………………… 133
§3.7 선형점화수열과 선형 Shift Register ………………… 138

제 4 장 알고리즘

§4.1 알고리즘 ………………… 144
§4.2 검색과 정렬 ………………… 149
§4.3 순열과 조합의 정렬 ………………… 159
§4.4 알고리즘의 시간 복잡도 ………………… 164

제 5 장 행렬과 연립일차방정식

§5.1 행 렬 ………………… 176
§5.2 연립일차방정식 ………………… 182
§5.3 정칙행렬과 역행렬 ………………… 187

제 6 장 그 래 프

§6.1 그래프 ………………… 192
§6.2 동형인 그래프와 인접행렬 ………………… 202
§6.3 Euler 회로와 Hamilton 순환로 ………………… 211
§6.4 유향 그래프 ………………… 219
§6.5 수형도 ………………… 223
§6.6 생성 수형도 ………………… 231
§6.7 평면그래프와 정다면체 ………………… 236
§6.8 색칠하기 ………………… 244
§6.9 가중 그래프와 최단 경로 ………………… 251

제 7 장 부 호

§7.1 선형부호 ………………… 262
§7.2 Hamming 거리와 Hamming 무게 ………………… 267
§7.3 Hamming 부호 ………………… 277

제 8 장 Boole 다원환과 Boole 함수

§8.1 관계와 동치관계 ······ 284
§8.2 반순서 집합과 격자 ······ 288
§8.3 Boole 다원환 ······ 294
§8.4 Boole 함수 ······ 304
§8.5 조합 회로 ······ 316

제 9 장 형식 언어와 유한상태 기계

§9.1 형식 언어 ······ 324
§9.2 유한상태 기계 ······ 331
§9.3 유한상태 자동장치 ······ 337

제 10 장 사영평면과 디자인

§10.1 유한 아핀평면 ······ 344
§10.2 유한 사영평면 ······ 353
§10.3 Latin 방진과 Euler 방진 ······ 363
§10.4 t-디자인 ······ 374
§10.5 대칭 2-디자인 ······ 385

제 11 장 게임 이론

§11.1 게 임 ······ 392
§11.2 비결정적 게임 ······ 400
§11.3 Nim 의 게임 ······ 413

참고 문헌 ······ 427

찾아보기 ······ 431

그리스 문자

A α (alpha)	I ι (iota)	P ρ (rho)
B β (beta)	K κ (kappa)	Σ σ (sigma)
Γ γ (gamma)	Λ λ (lambda)	T τ (tau)
Δ δ (delta)	M μ (mu)	Υ υ (upsilon)
E ϵ (epsilon)	N ν (nu)	Φ φ, ϕ (phi)
Z ζ (zeta)	Ξ ξ (xi)	X χ (chi)
H η (eta)	O o (omicron)	Ψ ψ (psi)
Θ θ (theta)	Π π (pi)	Ω ω (omega)

제 1 장

집합과 수체계

이 장에서는, 집합과 명제, 함수와 사상에 대한 기호를 소개하고 수체계, 정수의 성질, 합동식, 전체집합과 멱집합에 대하여 간단히 설명한다.

실제로, 집합, 명제, 함수, 사상, 일대일 사상, 위로의 사상, 일대일 대응에 대하여 간단히 논하고 수체계와 수학적 귀납법을 소개하며 정수의 나눗셈 알고리즘, 약수와 배수, 최대공약수와 최소공배수, 유클리드의 알고리즘, 합동식에 대하여 논한다.

그리고, 전체집합과 멱집합의 집합 연산에 관한 성질에 대하여 상세히 논한다.

정수에 대하여 좀더 알고 싶을 때에는

김응태 · 박승안, 정수론 제 8 판, 경문사, 2012 년

을 참조하기 바란다.

§ 1.1 집합과 사상

집합 A에 대하여 x가 A의 **원소**(element) 일 때 이 사실을 $x \in A$ 또는 $A \ni x$로 나타내고, 또 x가 A의 원소가 아닐 때 이 사실을 $x \notin A$ 또는 $A \not\ni x$로 나타낸다. 그리고, **공집합**(empty set) 을 $\emptyset$ 으로 나타낸다.

두 집합 A, B에서

$$\text{모든 원소 } x \in B\text{에 대하여 } x \in A\text{일 때}$$

B를 A의 **부분집합**(subset)이라 하고, 이 사실을

$$B \subseteq A \quad \text{또는} \quad A \supseteq B$$

로 나타낸다. 그리고, $\emptyset \subseteq A$로 정한다.

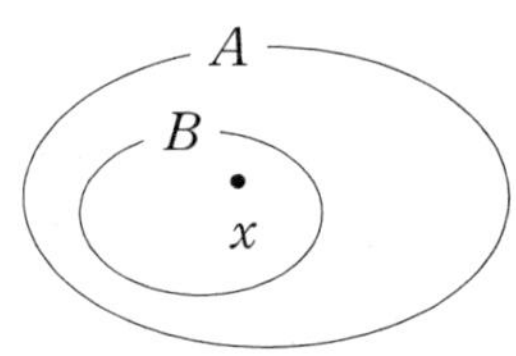

두 집합 A, B에 대하여 $B \subseteq A$인 동시에 $A \subseteq B$일 때, A와 B는 서로 같다고 하고 이 사실을 $A = B$로 나타낸다. 또, $B \subseteq A$이지만 $B \neq A$일 때, B를 A의 **진부분집합**(proper subset) 이라 하고 이 사실을

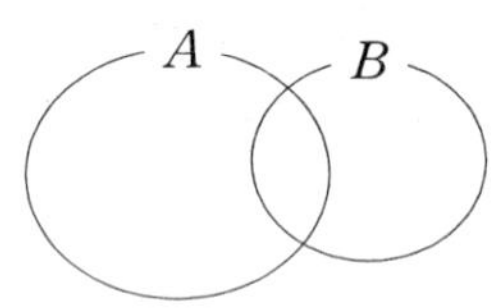

$$B \subsetneq A, \ A \supsetneq B \quad \text{또는} \quad B \subset A, \ A \supset B$$

로 나타낸다.

집합 사이의 포함관계를 비교할 때, 위의 그림과 같은 **Venn 다이어그램** (Venn diagram) 을 이용하면 편리하다.

유한 개의 원소를 가진 집합을 **유한집합**(finite set)이라고 한다. 공집합도 유한집합이라고 생각하고, 유한집합이 아닌 집합을 **무한집합**(infinite set) 이라고 한다.

두 조건 p, q에 대하여 명제 'p이면 q이다'가 참일 때, 이 사실을

$$p \Longrightarrow q$$

로 나타낸다. 또, $p \Longrightarrow q$일 때, p를 q이기 위한 **충분조건**이라 하고 q를 p이기 위한 **필요조건**이라고 한다.

그리고, $p \Longrightarrow q$ 인 동시에 $q \Longrightarrow p$ 인 경우에 이 사실을

$$p \Longleftrightarrow q$$

로 나타내고 이것을 'p 일 때 그리고 이때에만 q 이다(p if and only if q)' 라고 한다. 또, $p \Longleftrightarrow q$ 일 때,

'p 는 q 이기 위한 (q 의) 필요충분조건이다.',

'q 는 p 이기 위한 (p 의) 필요충분조건이다.'

라 하고, 이때 두 조건 p 와 q 는 서로 **동치**(equivalent)라고 한다.

두 집합 A, B 가 공집합이 아닐 때, A 의 각 원소 $x \in A$ 에 대하여 단 하나의 원소 $y \in B$ 를 대응시키는 규칙을 A 에서 B 로의 **함수**(function) 또는 **사상**(map, mapping) 이라 하고 이것을

$$f : A \longrightarrow B$$

와 같은 기호로 나타낸다.

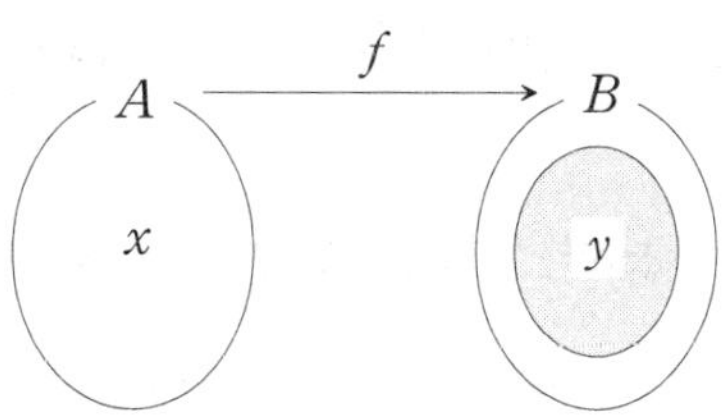

여기서 A, B 를 각각 f 의 **정의역**(domain), **공역**(codomain)이라고 하며, y 를 f 에 의한 x 의 상이라 하고 이 사실을 $y = f(x)$ 로 나타낸다.

그리고, f 에 의한 **상** 전체로 이루어진 집합을 $\operatorname{im} f$ 또는 $f(A)$ 로 나타내고 이것을 f 의 **상**(image)이라고 한다. 즉,

$$\operatorname{im} f = f(A) = \{f(x) \mid x \in A\}$$

정의역과 공역이 각각 A, B 인 두 사상 $f : A \longrightarrow B$, $g : A \longrightarrow B$ 에서

$$\text{모든 원소 } x \in A \text{ 에 대하여 } f(x) = g(x)$$

일 때, f, g 는 **서로 같다**고 하고 이 사실을 $f = g$ 로 나타낸다.

정의 1.1.1 집합 A 에서 A 로의 사상

$$1_A : A \longrightarrow A, \quad 1_A(x) = x$$

를 A 위의 **항등사상**(항등함수, identity map)이라고 한다.

정의 1.1.2 두 사상 $f : A \longrightarrow B$, $g : B \longrightarrow C$에 대하여 다음과 같이 정의된 사상

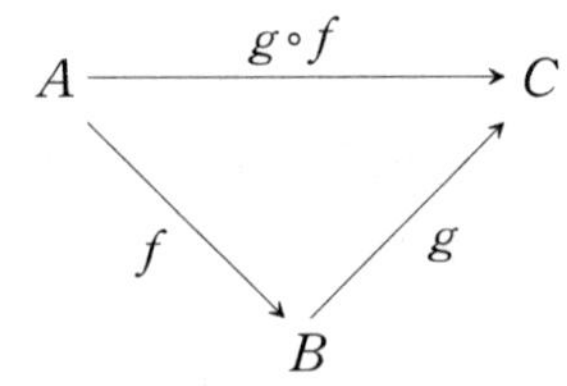

$$g \circ f : A \longrightarrow C$$

를 f, g의 **합성사상**(composite)이라고 한다.

$$(g \circ f)(x) = g(f(x))$$

예를 들면, 실수 전체의 집합을 $\mathbb{R}$로 나타낼 때, 두 사상

$$f : \mathbb{R} \longrightarrow \mathbb{R},\ f(x) = x+1; \quad g : \mathbb{R} \longrightarrow \mathbb{R},\ g(x) = x^2$$

에 대하여 합성사상 $g \circ f : \mathbb{R} \longrightarrow \mathbb{R}$, $f \circ g : \mathbb{R} \longrightarrow \mathbb{R}$는 각각

$$(g \circ f)(x) = g(f(x)) = g(x+1) = (x+1)^2,$$
$$(f \circ g)(x) = f(g(x)) = f(x^2) = x^2 + 1$$

으로 정의된 사상이고, 따라서 $g \circ f \neq f \circ g$이다.

정의 1.1.3 사상 $f : A \longrightarrow B$에서 임의의 원소 $x_1, x_2 \in A$에 대하여

$$x_1 \neq x_2 \Longrightarrow f(x_1) \neq f(x_2) \quad \text{즉} \quad f(x_1) = f(x_2) \Longrightarrow x_1 = x_2$$

일 때 사상 f를 **일대일 사상**(일대일 함수, one-to-one map, injective map, injection)이라 하고, 또

$$\operatorname{im} f = B \quad \text{즉} \quad \{f(x) \mid x \in A\} = B$$

일 때 f를 A에서 B **위로의 사상**(위로의 함수, onto map, surjective map, surjection) 이라고 한다.

그리고 $f : A \longrightarrow B$가 일대일 사상인 동시에 위로의 사상일 때, f를 **일대일 대응**(one-to-one correspondence)이라고 한다.

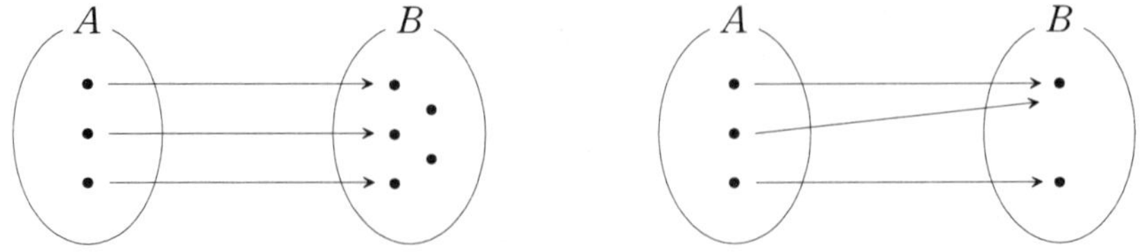

정의 1.1.4 사상 $f: A \longrightarrow B$가 일대일 대응이라고 하자.
이 때, 각 $b \in B$에 대하여

$$b = f(a)$$

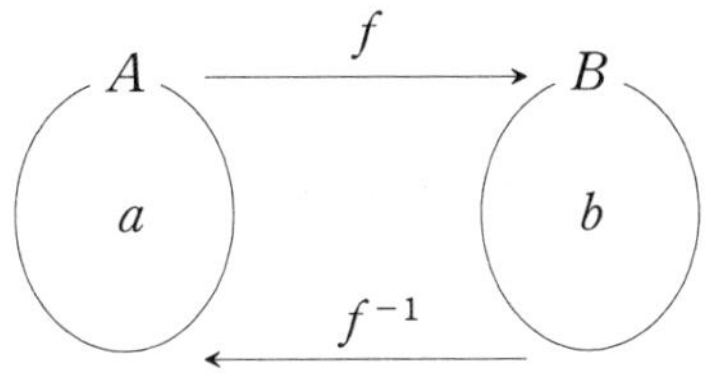

인 원소 $a \in A$가 존재하고 또 이와 같은 원소 a는 단 하나뿐이므로 다음과 같이 사상 $g: B \longrightarrow A$를 정의할 수 있다.

$$g(b) = a \Longleftrightarrow f(a) = b$$

이와 같이 정의된 사상 g를 f의 **역사상**(inverse map) 또는 **역함수**라 하고 g를 f^{-1}로 나타낸다.

사상 $f: A \longrightarrow B$가 일대일 대응일 때, f의 역사상 $f^{-1}: B \longrightarrow A$도 일대일 대응이고 또 임의의 $a \in A$, $b \in B$에 대하여 다음이 성립한다.

$$f(a) = b \Longleftrightarrow f^{-1}(b) = a$$

$$f^{-1}(f(a)) = a, \qquad f(f^{-1}(b)) = b$$

$$f^{-1} \circ f = 1_A, \qquad f \circ f^{-1} = 1_B$$

집합 $A(\neq \emptyset)$의 임의의 원소 $x, y \in A$에 대하여 한 원소 $z \in A$가 대응할 때, 이 사실을 $\circ$과 같은 기호를 사용하여

$$x \circ y = z$$

로 나타내고 A 위에 **이항연산**(binary operation) 또는 **연산** $\circ$이 정의되어 있다고 한다. 연산 기호로는 $+$, $\times$, $\cdot$, $\circ$, $\vee$, $\wedge$ 등이 사용된다. 예를 들면, 실수 전체의 집합 $\mathbb{R}$ 위에는 덧셈 $+$와 곱셈 $\cdot$이 정의되어 있다.

집합 A 위에 연산 $\circ$이 정의되어 있을 때, A의 부분집합 B에 대하여

$$a, b \in B \Longrightarrow a \circ b \in B$$

인 경우에 B는 연산 $\circ$에 관하여 **닫혀 있다**(closed)고 한다.

§ 1.2 수 체 계

정수 전체의 집합 $\mathbb{Z} = \{\cdots, -2, -1, 0, 1, 2, 3 \cdots\}$ 위에는 덧셈과 곱셈이 정의되어 있고, 또 순서(order) $>$ 가 정의되어 있으며 다음이 성립한다.

O. 1 : 각 $a \in \mathbb{Z}$ 에 대하여 다음 중에서 하나 그리고 단 하나가 성립한다.

(i) $a > 0$ (ii) $a = 0$ (iii) $a < 0$

O. 2 : $a > 0$, $b > 0$ 이면, $a+b > 0$, $ab > 0$ 이다.

O. 3 : (정수의 정렬성, Well-ordering property) 양의 정수 전체의 집합을 $\mathbb{N}$ 으로 나타낼 때, $\mathbb{N}$ 의 각 부분집합 $S\,(\neq \emptyset)$ 에는 最小元 l 이 단 하나 존재한다. 다시 말하면, $\emptyset \neq S \subseteq \mathbb{N}$ 일 때, 모든 원소 $s \in S$ 에 대하여 $l \leq s$ 인 원소 $l \in S$ 이 단 하나 존재한다.

다음에 소개할 원리는 수학적 귀납법의 근거가 된다.

I (수학적 귀납법의 원리, Principle of mathematical induction) 양의 정수 전체의 집합 $\mathbb{N}$ 의 부분집합 S 에 대하여 다음 조건이 성립한다고 하자.

(i) $1 \in S$

(ii) $n \in S$ 이면, $n+1 \in S$ 이다.

이 때, $S = \mathbb{N}$ 이다.

정리 1.2.1 (수학적 귀납법) 양의 정수 n 에 관한 명제 $p(n)$ 에 대하여 다음 두 조건이 성립한다고 하자.

(i) $p(1)$ 은 참이다.

(ii) $p(n)$ 이 참이면, $p(n+1)$ 도 참이다.

이 때, 모든 양의 정수 n 에 대하여 $p(n)$ 은 참이다.

다음 두 정리도 특정한 양의 정수 n에 관한 명제 $p(n)$을 증명하는 데 이용된다.

정리 1.2.2 (제2수학적 귀납법) 양의 정수 n에 관한 명제 $p(n)$에 대하여 다음 두 조건이 성립한다고 하자.

(i) $p(1)$은 참이다.

(ii) $n > 1$일 때, $1 \le k < n$인 모든 정수 k에 대하여 $p(k)$가 참이면 $p(n)$도 참이다.

이 때, 모든 양의 정수 n에 대하여 $p(n)$은 참이다.

정리 1.2.3 정수 n에 관한 명제 $p(n)$에 대하여 다음이 성립한다고 하자.

(i) 특정한 정수 c에 대하여 $p(c)$는 참이다.

(ii) $n \ge c$인 정수 n에 대하여 $p(n)$이 참이면 $p(n+1)$도 참이다.

이 때, $n \ge c$인 모든 정수 n에 대하여 $p(n)$은 참이다.

두 정수 $a, b\ (b \ne 0)$에 대하여

$$u = \frac{a}{b}$$

와 같은 분수(fraction)의 꼴로 나타내어지는 수를 유리수(rational number)라 하고, 유리수 전체의 집합을 $\mathbb{Q}$로 나타낸다. 각 정수 a는

$$a = \frac{a}{1}$$

과 같이 나타낼 수 있으므로 정수는 유리수이기도 하다. 즉,

$$\mathbb{Q} = \{\frac{a}{b} \mid a, b \in \mathbb{Z},\ b \ne 0\}, \qquad \mathbb{Z} \subset \mathbb{Q}$$

유리수와 무리수(irrational number)를 통틀어 실수(real number)라 하고, 실수 전체의 집합을 $\mathbb{R}$로 나타낸다.

따라서 $\mathbb{Z} \subset \mathbb{Q} \subset \mathbb{R}$이다.

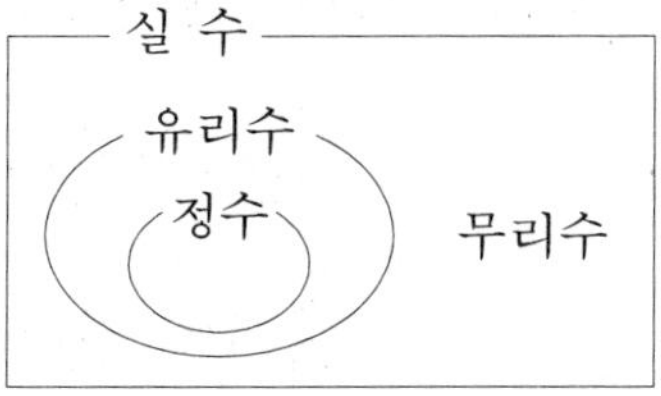

실수 전체의 집합 $\mathbb{R}$ 에는 덧셈과 곱셈 그리고 순서 $>$ 가 정의되어 있다.

한편, 모든 실수 a 에 대하여 $a^2 + 1 \geq 1$ 이므로, 이차방정식 $x^2+1 = 0$ 은 실수체 $\mathbb{R}$ 안에서 근을 가지지 않는다. 이제 $i^2 + 1 = 0$ 즉 $i^2 = -1$ 인 새로운 수 i 를 도입하여

$$a + bi \qquad\qquad (a, b\text{는 실수})$$

와 같은 꼴의 수를 복소수(complex number)라 하고 이러한 복소수 전체의 집합을 $\mathbb{C}$ 로 나타내자. 즉,

$$\mathbb{C} = \{a + bi \mid a, b \in \mathbb{R}\}, \qquad \mathbb{R} \subset \mathbb{C}$$

그리고 집합 $\mathbb{C}$ 위에 상등관계 및 덧셈과 곱셈을 다음과 같이 정의하자.

$$a + bi = c + di \Longleftrightarrow a = c, \quad b = d$$

$$(a+bi) + (c+di) = (a+c) + (b+d)i,$$

$$\begin{aligned}(a+bi)(c+di) &= (ac+bdi^2) + (ad+bc)i \\ &= (ac-bd) + (ad+bc)i\end{aligned}$$

복소수 전체의 집합 $\mathbb{C}$ 위에서 덧셈과 곱셈을 시행할 때에는 $a+bi$ 를 i 에 관한 다항식처럼 다루되 i^2 을 -1 로 바꾸어 놓으면 된다.

한편, 집합 $\mathbb{C}$ 에는 순서 $>$ 가 정의되지 않는다.

정의 1.2.4 실수 또는 복소수 $a_0, a_1, a_2, \cdots, a_n$ 에 대하여 합

$$a_0 + a_1 + a_2 + \cdots + a_n$$

을 총합기호 $\sum$ 를 사용하여 $\sum_{i=0}^{n} a_i$ 로 나타낸다. 즉,

$$\sum_{i=0}^{n} a_i = a_0 + a_1 + a_2 + \cdots + a_n$$

위의 정의에서 첨자 i 대신에 k, r 로 바꾸어 놓을 수 있다. 즉,

$$\sum_{k=0}^{n} a_k = \sum_{r=0}^{n} a_r = \sum_{i=0}^{n} a_i = a_0 + a_1 + a_2 + \cdots + a_n$$

$$\sum_{k=1}^{n} a_k = \sum_{r=1}^{n} a_r = \sum_{i=1}^{n} a_i = a_1 + a_2 + \cdots + a_n$$

§1.3 정 수

이 절에서는, 정수의 여러 가지 성질에 대하여 논한다.

정수의 정렬성(§1.2, O. 3)을 이용하여 다음 정리를 증명할 수 있다.

정리 1.3.1 정수 전체의 집합 $\mathbb{Z}$에서 다음이 성립한다.

(1) $|ab| = |a||b|$

(2) (나눗셈 알고리즘, division algorithm) 두 정수 $a, b\ (b \neq 0)$에 대하여

$$a = bq + r, \qquad 0 \leq r < |b|$$

인 두 정수 q, r가 존재하고 이와 같은 정수 q, r는 각각 하나뿐이다.

이와 같은 두 정수 q, r를 각각 a를 b로 나누었을 때의 **몫**(quotient), **나머지**(remainder)라고 한다.

보기 1.3.1 $a = 43,\ b = 8$일 때, 다음이 성립한다.

$$\begin{aligned} a &= 43 = b \cdot 5 + 3, & q &= 5, & r &= 3 \\ -a &= -43 = b \cdot (-6) + 5, & q &= -6, & r &= 5 \\ a &= 43 = (-b) \cdot (-5) + 3, & q &= -5, & r &= 3 \\ -a &= -43 = (-b) \cdot 6 + 5, & q &= 6, & r &= 5 \end{aligned}$$

정의 1.3.2 두 정수 a, b에 대하여

$$b = ac$$

인 정수 c가 존재할 때, a를 b의 **약수**(divisor) 또는 **인수**(factor)라 하고 b를 a의 **배수**(multiple)라고 하며 이 사실을 $a \mid b$로 나타내고

'a는 b를 나누어 떨어뜨린다'

고 한다. 그리고, $a \mid b$가 아닐 때, 이 사실을 $a \nmid b$로 나타낸다.

정의에 의하여 다음 두 정리가 성립함을 쉽게 알 수 있다.

정리 1.3.3 정수 a, b, c 에 대하여 다음이 성립한다.

(1) $a \mid a$

(2) $a \mid b$, $b \mid c$ 이면, $a \mid c$ 이다.

(3) $a \mid b$, $b \mid a$ 이면, $b = a$ 또는 $b = -a$ 이다.

정리 1.3.4 정수 a, b, c 에 대하여 $a \mid b$, $a \mid c$ 이면, 임의의 정수 x, y 에 대하여 $a \mid (bx + cy)$ 이다.

정의 1.3.5 실수 x 에 대하여, x 보다 작거나 같은 정수 중에서 가장 큰 정수를 $[x]$ 또는 $\lfloor x \rfloor$ 로 나타내고 $x - [x]$ 를 $\{\{x\}\}$ 로 나타낸다. 즉,

$$x = [x] + \{\{x\}\}, \qquad [x] \in \mathbb{Z}, \qquad 0 \le \{\{x\}\} < 1$$

그리고, $[x]$ 를 x 의 **정수부분**(integral part) 또는 **최저한도**(floor)라 하고 $\{\{x\}\}$ 를 x 의 **소수부분**(decimal part)이라고 한다. 또, x 보다 크거나 같은 정수 중에서 가장 작은 정수를 $\lceil x \rceil$ 로 나타내고 이것을 x 의 **최고한도**(ceiling) 라고 한다.

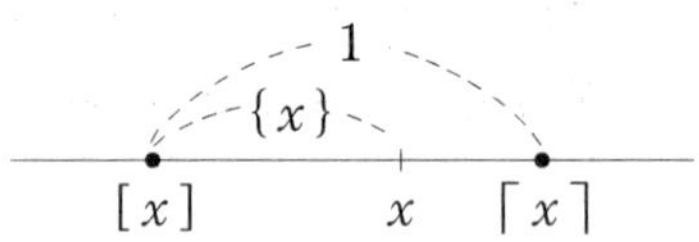

(x 가 정수가 아닌 경우)

보기 1.3.2 다음이 성립한다.

$$\lfloor 1.6 \rfloor = [1.6] = 1, \qquad \lfloor -1.6 \rfloor = [-1.6] = -2,$$

$$\lfloor 7 \rfloor = \lceil 7 \rceil = 7, \qquad \lceil 1.6 \rceil = 2, \quad \lceil -1.6 \rceil = -1$$

오른쪽 그림에서 실선과 점선은 각각 두 함수

$$f : \mathbb{R} \longrightarrow \mathbb{R}, \quad f(x) = [x]$$

$$g : \mathbb{R} \longrightarrow \mathbb{R}, \quad g(x) = \lceil x \rceil$$

의 그래프를 나타내며, 특히 함수 f 를 **최대정수 함수** (greatest integer function) 또는 **Gauss 함수**라 한다.

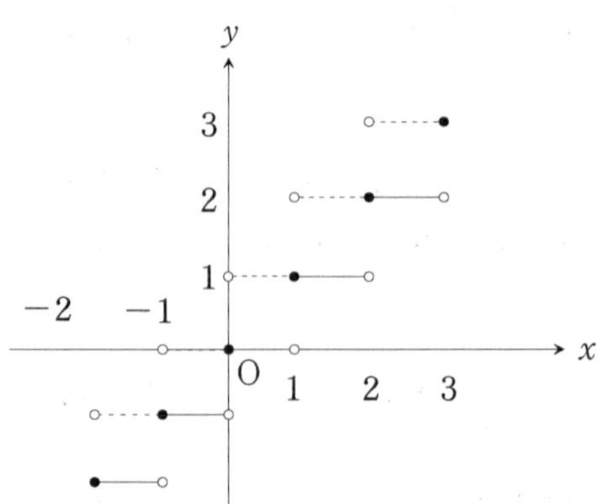

정의에 의하여 임의의 실수 x에 대하여

$$[x] \leq x < [x]+1, \qquad \lceil x \rceil - 1 < x \leq \lceil x \rceil$$

이고, 특히 x가 정수이면 $[x] = x = \lceil x \rceil$이다. 한편, x가 정수가 아니면, $[x] < x < \lceil x \rceil$, $\lceil x \rceil = [x]+1$ 이다(정의 1.3.5 의 그림 참조).

정리 1.3.6 두 양의 정수 n, m에 대하여 q, r를

$$n = mq + r, \qquad 0 \leq r < m$$

인 정수라고 하면 다음이 성립한다.

(1) $\left[\dfrac{n}{m}\right] = q$

(2) $\dfrac{n}{m} < \left[\dfrac{n}{m}\right] + 1, \quad \left\lceil \dfrac{n}{m} \right\rceil - 1 < \dfrac{n}{m}$

(3) $r = 0$ 이면 $\left\lceil \dfrac{n}{m} \right\rceil = q$ 이고, 또 $r \neq 0$ 이면 $\left\lceil \dfrac{n}{m} \right\rceil = q+1$ 이다.

증 명 가정에 의하여

$$\frac{n}{m} = q + \frac{r}{m}, \quad 0 \leq \frac{r}{m} < 1$$

이므로 정의와 위의 결과에 의하여 정리가 성립한다.

정리 1.3.7 두 양의 정수 n, m에 대하여 $n > m$일 때, q와 r를

$$n = mq + r, \qquad 0 \leq r < m$$

인 정수라고 하면 $\left[\dfrac{n}{m}\right] = q \geq 1$ 이고 또 n개의 정수 $1, 2, \cdots, n$ 중에서 m의 배수인 것은 q개 있다.

증 명 가정에 의하여 $q \geq 1$ 이고 또

$$\frac{n}{m} = q + \frac{r}{m}, \qquad 0 \leq \frac{r}{m} < 1$$

이므로 $\left[\dfrac{n}{m}\right] = q \geq 1$ 이다.

그리고, $mq \le n < m(q+1)$ 이므로 $1, 2, \cdots, n$ 중에서 m 의 배수인 정수는 q 개의 정수 $m, 2m, \cdots, qm$ 뿐이다.

보기 1.3.3 분명히 $100 = 14 \cdot 7 + 2$ 이므로

$$\left[\frac{100}{7}\right] = 14, \qquad \left[\frac{100}{7}\right] = 14 + 1 = 15$$

이고, 따라서 1 부터 100 까지의 정수 중에서 7 의 배수인 것은 14 개 있다.

정의 1.3.8 두 정수 a, b 에 대하여

$$e \mid a, \quad e \mid b$$

인 정수 e 를 a, b 의 **공약수**(common divisor)라고 한다. 또, 다음 세 조건을 만족시키는 정수 d 를 a 와 b 의 **최대공약수**(greatest common divisor)라 하고, 이것을 (a, b) 또는 $\gcd\{a, b\}$ 로 나타낸다.

(i) $d \ge 0$

(ii) $d \mid a, \quad d \mid b$

(iii) 정수 e 에 대하여 $e \mid a$, $e \mid b$ 이면, $e \mid d$ 이다.

그리고, 두 정수 a, b 에 대하여

$$a \mid c, \quad b \mid c$$

인 정수 c 를 a, b 의 **공배수**(common multiple)라고 한다. 또, 다음 세 조건을 만족시키는 정수 l 을 a 와 b 의 **최소공배수**(least common multiple)라 하고, 이것을 $[a, b]$ 또는 $\mathrm{lcm}\{a, b\}$ 로 나타낸다.

(i)′ $l \ge 0$

(ii)′ $a \mid l, \quad b \mid l$

(iii)′ 정수 c 에 대하여 $a \mid c$, $b \mid c$ 이면, $l \mid c$ 이다.

정의에 의하여 다음이 성립한다.

$$(a, b) = (b, a), \quad (a, -b) = (-a, b) = (-a, -b) = (a, b)$$
$$[a, b] = [b, a], \quad [a, -b] = [-a, b] = [-a, -b] = [a, b]$$

정리 1.3.9 네 정수 a, b, q, c 사이에 등식 $a = bq + c$가 성립할 때, $(a,\ b) = (b,\ c)$ 이다.

증 명 이제 $d = (a,\ b)$, $e = (b,\ c)$ 라고 하자. 이때

$$a = bq + c, \qquad e \mid b, \qquad e \mid c$$

이므로 $e \mid a$, $e \mid b$ 이고 따라서 $e \mid d$ 이다(정리 1.3.4). 마찬가지로,

$$c = a - bq, \qquad d \mid a, \qquad d \mid b$$

이므로 $d \mid b$, $d \mid c$ 이고 따라서 $d \mid e$ 이다. 그러므로 $d = e$ 이다.

다음 알고리즘은 대단히 중요한 알고리즘이다.

정리 1.3.10 (유클리드의 알고리즘, Euclidean algorithm) 두 양의 정수 a, b 에 대하여 $r_0 = a$, $r_1 = b$ 라 하고 또 다음이 성립한다고 하자.

$$\begin{array}{ll}
r_0 = a_0 r_1 + r_2, & 0 < r_2 < r_1 \\
r_1 = a_1 r_2 + r_3, & 0 < r_3 < r_2 \\
r_2 = a_2 r_3 + r_4, & 0 < r_4 < r_3 \\
\quad \vdots & \quad \vdots \\
r_{m-1} = a_{m-1} r_m + r_{m+1}, & 0 < r_{m+1} < r_m \\
r_m = a_m r_{m+1} &
\end{array}
\qquad
\begin{array}{r|cc|l}
a_0 & r_0 & r_1 & a_1 \\
 & \underline{a_0 r_1} & \underline{a_1 r_2} & \\
 & \vdots & \vdots & \\
a_{m-1} & r_{m-1} & r_m & a_m \\
 & \underline{a_{m-1} r_m} & \underline{a_m r_{m+1}} & \\
 & r_{m+1} & 0 &
\end{array}$$

이 때, $(a,\ b) = r_{m+1}$ 이다. 그리고,

$$\begin{array}{lll}
s_0 = 1, & s_1 = 0, & s_i = s_{i-2} - a_{i-2}\, s_{i-1} \\
t_0 = 0, & t_1 = 1, & t_i = t_{i-2} - a_{i-2}\, t_{i-1}
\end{array} \qquad (2 \le i \le m+1)$$

이라고 하면,

$$(*) \qquad r_i = a\, s_i + b\, t_i \qquad (0 \le i \le m+1)$$

a_i	a_i	a_1	a_2	$\cdots$	a_{m-1}		
s_i	1	0	s_2	$\cdots$	s_{m-1}	s_m	s_{m+1}
t_i	0	1	t_2	$\cdots$	t_{m-1}	t_m	s_{m+1}

이고 특히 다음이 성립한다.

$$(a,\ b) = a\, s_{m+1} + b\, t_{m+1}$$

증 명 나눗셈 알고리즘(정리 1.3.1)에 의하여 정리의 정수 $a_0, a_1, \cdots, a_m$과 $r_2, r_3, \cdots, r_{m+1}$은 존재하고, 또 정리 1.3.9에 의하여 다음이 성립한다.

$$(a,\ b) = (b,\ r_2) = (r_2,\ r_3) = \cdots = (r_m, r_{m+1}) = r_{m+1}$$

다음에 $i = 0$, $i = 1$인 경우에 다음 등식이 성립한다.

$$r_0 = a = 1 \cdot a + 0 \cdot b = a\,s_0 + b\,t_0,$$

$$r_1 = b = 0 \cdot a + 1 \cdot b = a\,s_1 + b\,t_1$$

이제 $1 \le k \le m$일 때, $i = 0, 1, \cdots, k$에 대하여 (*)가 성립한다고 가정하면 다음이 성립한다.

$$\begin{aligned} r_{k+1} &= r_{k-1} - a_{k-1} r_k \\ &= a s_{k-1} + b t_{k-1} - a_{k-1}(a s_k + b t_k) \\ &= a(s_{k-1} - a_{k-1} s_k) + b(t_{k-1} - a_{k-1} t_k) = a s_{k+1} + b s_{k+1} \end{aligned}$$

따라서 모든 $i = 0, 1, \cdots, m+1$에 대하여 (*)가 성립한다(정리 1.2.2). 특히, $(a,\ b) = r_{m+1} = a\,s_{m+1} + b\,t_{m+1}$이다.

보기 1.3.4 두 정수 710, 68에 대하여 다음이 성립한다.

10	710	68	2
	680	60	
3	30	8	1
	24	6	
3	6	2	
	6		
	0		

a_i	10	2	3	1		
s_i	1	0	1	−2	7	−9
t_i	0	1	−10	21	−73	94

$$(710,\ 68) = 2,$$

$$710 \cdot (-9) + 68 \cdot 94 = 2,$$

$$(710,\ -68) = (-710, 68) = (710, 68) = 2,$$

$$710 \cdot (-9) + (-68) \cdot (-94) = 2,$$

$$(-710) \cdot 9 + 68 \cdot 94 = 2$$

정의 1.3.11 두 정수 a와 b의 최대공약수가 1일 때, 즉 $(a,\ b) = 1$일 때, 두 정수 a, b는 **서로 소**(relatively prime)라고 한다.

정리 1.3.12 두 정수 a, b 에 대하여 다음 두 조건은 서로 동치이다.

(1) $(a, b) = 1$

(2) $as + bt = 1$ 인 두 정수 s, t 가 존재한다.

증 명 먼저 $(a, b) = 1$ 이면, $as + bt = 1$ 인 두 정수 s, t 가 존재한다 (정리 1.3.10 참조).

역으로, $as + bt = 1$ 인 정수 s, t 가 존재할 때, $d = (a, b)$ 라고 하면 $d \mid as$, $d \mid bt$ 이므로 $d \mid 1$ 이고 따라서 $d = 1$ 이다(정리 1.3.4).

정리 1.3.13 정수 a, b, m 에 대하여 다음이 성립한다.

$$(a, m) = 1,\ (b, m) = 1 \Longleftrightarrow (ab, m) = 1$$

증 명 먼저 $(a, m) = (b, m) = 1$ 이면, 정리 1.3.12 에 의하여

$$as + mt = 1, \qquad bu + mv = 1$$

인 정수 s, t, u, v 가 존재하고 이때 $(as + mt)(bu + mv) = 1$ 즉

$$ab(su) + m(asv + but + mtv) = 1$$

이므로, 정리 1.3.12 에 의하여 $(ab, m) = 1$ 이다.

역으로, $(ab, m) = 1$ 이면, 정리 1.3.12 에 의하여 $(ab)s + mt = 1$ 인 두 정수 s, t 가 존재하고 이때

$$a(bs) + mt = 1, \qquad b(as) + mt = 1$$

이므로 정리 1.3.12 에 의하여 $(a, m) = (b, m) = 1$ 이다.

정리 1.3.14 두 양의 정수 a, b 에 대하여 $(a, b)\,[a, b] = ab$ 이다.

정의 1.3.15 정수 $p\,(\geq 2)$ 의 양의 약수가 1과 p 뿐일 때, p 를 **素數**(prime number)라고 한다. 그리고, 정수 $a\ (\geq 2)$ 가 素數가 아닐 때, 즉

$$a = de, \qquad 1 < d \leq e < a$$

인 정수 d, e 가 존재할 때, a 를 **합성수**(composite number)라고 한다.

素數는 무한히 많다. 素數에 대해서는 다음 정리가 성립한다(문제 3).

정리 1.3.16 정수 $p\,(p \geq 2)$ 가 素數일 때, 정수 a, b 에 대하여 $p \mid ab$ 이면 $p \mid a$ 또는 $p \mid b$ 이다.

정리 1.3.17 (유일 인수분해 정리, Unique Factorization Theorem)
정수 $n\,(n \geq 2)$ 은 유한 개의 素數 $p_1, \cdots, p_k$ 의 곱

$$n = p_1 \cdots p_k$$

로 소인수분해된다. 또, n 의 소인수분해는 본질적으로 단 한 가지뿐이다.
즉, $n = p_1 \cdots p_s$, $n = q_1 \cdots q_t$ 가 n 의 인수분해이면, $s = t$ 이고 또 n 의 소인수 $p_1, \cdots, p_s$ 와 $q_1, \cdots, q_t$ 는 그 순서만이 다르다.

정수 n $(n \geq 2)$ 의 서로 다른 소인수가 $p_1, \cdots, p_r$ 일 때, n 은

$$n = {p_1}^{e_1} {p_2}^{e_2} \cdots {p_r}^{e_r} \qquad (e_1 \geq 1,\ e_2 \geq 1,\ \cdots,\ e_r \geq 1)$$

와 같이 소인수분해된다. 정수 n 을 이와 같이 나타낸 것을 n 의 **표준분해** 라고 한다.

다음 정리는 나눗셈 알고리즘(정리 1.3.1) 을 이용하여 증명할 수 있다.

정리 1.3.18 한 고정된 정수 $b\,(b \geq 2)$ 에 대하여, 모든 양의 정수 a 는 단 한 가지 방법으로 다음과 같은 꼴로 나타낼 수 있다.

$$a = r_m b^m + r_{m-1} b^{m-1} + \cdots + r_1 b + r_0$$

$$m \geq 0,\ 1 \leq r_m < b,\quad 0 \leq r_i < b \quad (0 \leq i < m)$$

위의 등식을 a 의 b 진법에 관한 전개식이라 하고

$$a = r_m r_{m-1} \cdots r_1 r_{0\,(b)}$$

로 나타낸다. 그리고, b 를 **밑수**(base) 라고 한다.

$$\begin{array}{l} b\,\underline{)\, r_m b^m + r_{m-1} b^{m-1} + \cdots + r_1 b + r_0} \\ b\,\underline{)\, r_m b^{m-1} + \cdots + r_1} \quad \cdots\cdots\ r_0 \\ \quad\vdots \\ b\,\underline{)\, r_m b + r_{m-1}} \quad \cdots\cdots\ r_{m-2} \\ \quad\ \underline{r_m \quad\quad \cdots\cdots\ r_{m-1}} \end{array}$$

보기 1.3.5 다음이 성립한다.

$$23 = 1\cdot 2^4 + 0\cdot 2^3 + 1\cdot 2^2 + 1\cdot 2^1 + 1 = 10111_{(2)}$$
$$69 = 2\cdot 5^2 + 3\cdot 5^1 + 4 = 234_{(5)}$$

```
2 ) 23
2 ) 11    … 1          5 ) 69
2 )  5    … 1          5 ) 13    … 4
2 )  2    … 1               2    … 3
     1    … 0
```

연 습 문 제 (1.3)

*1. 정수 a, b, c, d 에 대하여 다음 명제가 성립하는지를 판정하여라.

(1) $a \mid bc$ 이면, $a \mid b$ 또는 $a \mid c$ 이다.

(2) $a \mid c,\ b \mid c$ 이면, $(a+b) \mid c$ 이다.

(3) $a \mid c,\ b \mid c$ 이면, $ab \mid c$ 이다.

(4) $a \mid b,\ c \mid d$ 이면, $ac \mid bd$ 이다.

(5) $a \mid b$ 이면, $ac \mid bc$ 이다.

*2. 세 정수 a, b, c 에 대하여 다음이 성립함을 증명하여라.

(1) a 와 b 가 서로 소일 때, $a \mid bc$ 이면 $a \mid c$ 이다.

(2) a 와 b 가 서로 소일 때, $a \mid c,\ b \mid c$ 이면 $ab \mid c$ 이다.

*3. 정리 1.3.16 을 증명하여라.

4. 유클리드의 알고리즘을 이용하여 다음 최대공약수를 구하여라.

*(1) (78, 32) (2) (105, 300)

5. 다음 등식을 만족시키는 정수 s, t 를 한 벌 씩 구하여라.

*(1) $(78,32) = 78s + 32t$ (2) $(105, 300) = 105s + 300t$

6. 정수 35 를 2 진법과 5 진법으로 나타내어라.

§1.4 합 동

이 절에서 논하는 합동 개념은 일상생활에서 자주 접하는 개념이다.

예를 들어, 시계의 시간을 가리키는 바늘은 12 시간 또는 24 시간 마다 같은 시간을 가리키고, 또 달력에서는 7 일 마다 같은 요일이 되풀이된다.

정의 1.4.1 고정된 양의 정수 m 에 대하여, 두 정수 a, b 의 차가 m 의 배수일 때, 즉 $m \mid (a-b)$ 일 때, a 와 b 는 **法**(modulus) m 에 관하여 **합동** (a is congruent to b modulo m)이라 하고 이 사실을 $a \equiv b \pmod{m}$ 으로 나타낸다. 즉,

$$a \equiv b \pmod{m} \iff m \mid (a-b)$$

합동 기호 $\equiv$ 가 들어 있는 식을 **합동식**(congruence)이라고 한다.

그리고, $a \equiv b \pmod{m}$ 가 아닐 때, 즉 $m \nmid (a-b)$ 일 때 이 사실을 $a \not\equiv b \pmod{m}$ 로 나타낸다.

보기 1.4.1 정의에 의하여 다음이 성립한다.

$$\begin{array}{lll} 7 \equiv 4 \pmod{3}, & 6 \equiv 0 \pmod{3}, & -2 \equiv 1 \pmod{3} \\ 6 \equiv 2 \pmod{4}, & 7 \equiv 3 \pmod{4}, & 8 \equiv 0 \pmod{4} \\ 10 \equiv 3 \pmod{7}, & 15 \equiv 1 \pmod{7}, & -5 \equiv 2 \pmod{7} \end{array}$$

정리 1.4.2 양의 정수 m 과 정수 a, b, c 에 대하여 다음이 성립한다.

(1) $a \equiv a \pmod{m}$

(2) $a \equiv b \pmod{m}$ 이면, $b \equiv a \pmod{m}$ 이다.

(3) $a \equiv b \pmod{m}$, $b \equiv c \pmod{m}$ 이면, $a \equiv c \pmod{m}$ 이다.

증 명 (1) 분명히 $m \mid (a-a)$ 이므로 $a \equiv a \pmod{m}$ 이다.

(2) $a \equiv b \pmod{m}$ 이면, 정의에 의하여 $m \mid (a-b)$ 이므로 $m \mid (b-a)$ 이고 따라서 $b \equiv a \pmod{m}$ 이다.

(3) $a \equiv b \pmod{m}$, $b \equiv c \pmod{m}$ 이면, 정의에 의하여

$$m \mid (a-b), \qquad m \mid (b-c)$$

이고 또 $a-c=(a-b)+(b-c)$ 이므로 $m \mid (a-c)$ 이고(정리 1.3.4), 따라서 $a \equiv c \pmod{m}$ 이다.

보기 1.4.2 법 $m=3$ 에 관하여 다음이 성립한다.

$$\cdots \equiv -3 \equiv 0 \equiv 3 \equiv 6 \equiv 9 \equiv \cdots \pmod{3}$$
$$\cdots \equiv -2 \equiv 1 \equiv 4 \equiv 7 \equiv 10 \equiv \cdots \pmod{3}$$
$$\cdots \equiv -1 \equiv 2 \equiv 5 \equiv 8 \equiv 11 \equiv \cdots \pmod{3}$$

정리 1.4.3 양의 정수 m 과 정수 a, b, c, d 에 대하여 다음이 성립한다.

(1) $a \equiv b \pmod{m}$, $c \equiv d \pmod{m}$ 일 때,

$$a \pm c \equiv b \pm d \pmod{m}, \quad ac \equiv bd \pmod{m}$$

(2) $a \equiv b \pmod{m}$ 일 때,

$$a \pm c \equiv b \pm c \pmod{m}, \quad ac \equiv bc \pmod{m}$$

증 명 (1) $a \equiv b \pmod{m}$, $c \equiv d \pmod{m}$ 이라고 하자.
이 때, $m \mid (a-b)$, $m \mid (c-d)$ 이고 또

$$(a \pm c)-(b \pm d)=(a-b) \pm (c-d),$$
$$ac-bd=(a-b)c+b(c-d)$$

이므로, 정리 1.3.4 에 의하여

$$m \mid \{(a \pm c)-(b+d)\}, \qquad m \mid (ac-bd)$$

이고 따라서 $a \pm c \equiv b \pm d \pmod{m}$, $ac \equiv bd \pmod{m}$ 이다.

(2) $c \equiv c \pmod{m}$ 이므로 (1) 에 의하여 (2) 가 성립한다.

보기 1.4.3 분명히 $2^2 \equiv 4 \pmod{11}$ 이므로 다음이 성립한다.

$$2^4 \equiv 16 \equiv 5 \pmod{11}, \qquad 2^8 \equiv 5^2 \equiv 25 \equiv 3 \pmod{11},$$
$$2^{10} \equiv 2^8 \cdot 4 \equiv 1 \pmod{11}, \qquad 2^{32} \equiv (2^{10})^3 \cdot 2^2 \equiv 2^2 \equiv 4 \pmod{11}$$

보기 1.4.4 $f(x) = 5x^3 - 7x^2 + 3x - 1$ 일 때, 다음이 성립한다.

$$\begin{aligned} f(2) &\equiv 5\cdot 8 - 7\cdot 4 + 3\cdot 2 - 1 \\ &\equiv 5\cdot 1 + 1\cdot 4 + 6 - 1 \equiv 14 \equiv 0 \pmod 7 \end{aligned}$$

정리 1.4.4 양의 정수 m과 정수 a, b, c에 대하여 $(a, m) = 1$일 때, $ab \equiv ac \pmod m$이면 $b \equiv c \pmod m$이다.

증 명 $(a, m) = 1$일 때, $ab \equiv ac \pmod m$이면, $m \mid a(b-c)$이므로 $m \mid (b-c)$이고 따라서 정리 1.3.14에 의하여 $b \equiv c \pmod m$이다.

정리 1.4.5 양의 정수 m과 임의의 정수 a에 대하여

$$a \equiv r \pmod m, \quad 0 \le r < m$$

인 정수 r가 단 하나 존재한다.

이와 같은 정수 r를 흔히 a Mod m로 나타내기도 한다.

증 명 정리 1.3.1에 의하여 $a = mq + r$, $0 \le r < m$인 정수 q, r가 존재하고 이때 $a \equiv r \pmod m$, $0 \le r < m$이다. 또, $a \equiv s \pmod m$, $0 \le s < m$이면, 정리 1.4.2에 의하여 $r \equiv s \pmod m$ 즉 $m \mid (r-s)$이고 $-m < r-s < m$이므로 $r-s = 0$이고 따라서 $r = s$이다.

합동식 $ax \equiv b \pmod m$에 대하여 $x \equiv c \pmod m$인 모든 정수 x가 이 합동식을 만족시킬 때, $x \equiv c \pmod m$를 합동식의 **해**라고 한다.

정리 1.4.6 합동식

$$ax \equiv b \pmod m, \quad (a, m) = 1$$

은 단 한 개의 해 $x \equiv c \pmod m$를 가진다.

증 명 가정에 의하여 $(a, m) = 1$이므로, $as + mt = 1$인 정수 s, t가 존재하고 이때 $asb + mtb = b$이므로 $a(sb) \equiv b \pmod m$이고 따라서 $x \equiv sb \pmod m$는 합동식 $ax \equiv b \pmod m$의 해이다.

또, $x \equiv c_1 \pmod{m}$, $x \equiv c_2 \pmod{m}$가 합동식 $ax \equiv b \pmod{m}$의 해이면, $ac_1 \equiv b \equiv ac_2 \pmod{m}$이고 $(a, m) = 1$이므로 정리 1.4.4에 의하여 $c_1 \equiv c_2 \pmod{m}$이다.

따라서 합동식 $ax \equiv b \pmod{m}$는 단 한 개의 해를 가진다.

보기 1.4.5 일차합동식 $7x \equiv 5 \pmod{31}$의 해를 구해 보자.

먼저 $(31, 7) = 1$이고, 또

$$31 \cdot (-2) + 7 \cdot 9 = 1,$$

$$31 \cdot (-10) + 7 \cdot 45 = 5$$

이므로 $7 \cdot 45 \equiv 5 \pmod{31}$ 즉

$7 \cdot 14 \equiv 5 \pmod{31}$이다.

따라서 구하는 해는 $x \equiv 14 \pmod{31}$이다.

4	31	7	2
	28	6	
3	3	1	
	3		
	0		

a_i	4	2		
s_i	1	0	1	−2
t_i	0	1	−4	9

연 습 문 제 (1.4)

1. 네 정수 a, b, c, d에 대하여 $a \equiv b \pmod{m}$, $c \equiv d \pmod{m}$일 때, 다음 합동식이 성립하는지를 판정하여라.

(1) $2a \equiv 2b \pmod{m}$　　(2) $a \equiv b \pmod{2m}$

(3) $a+d \equiv b+c \pmod{m}$　　(4) $ad \equiv bc \pmod{m}$

***2.** 다항식 $f(x) = 5x^3 - 7x^2 + 3x - 1$에 대하여 다음이 성립한다.

(1) $f(0) \equiv 4 \pmod{5}$　　(2) $f(18) \equiv 0 \pmod{5}$

***3.** 다음 합동식을 만족시키는 정수 r $(0 \le r < 10)$를 구하여라.

(1) $15 + 4 \equiv r \pmod{10}$　　(2) $15 + 16 \equiv r \pmod{10}$

***4.** 다음 합동식의 해를 구하여라.

(1) $15x \equiv 7 \pmod{26}$　　(2) $11x \equiv 1 \pmod{26}$

§ 1.5 전체집합과 멱집합

어떤 조건 p를 만족시키는 원소 x 전체의 집합을 $\{x \mid p(x)\}$로 나타내고, 집합 A의 원소 중에서 조건 p를 만족시키는 원소 전체의 집합을

$$\{x \in A \mid p(x)\} \quad \text{또는} \quad \{x \mid x \in A,\ p(x)\}$$

로 나타낸다. 두 집합 A, B에 대하여

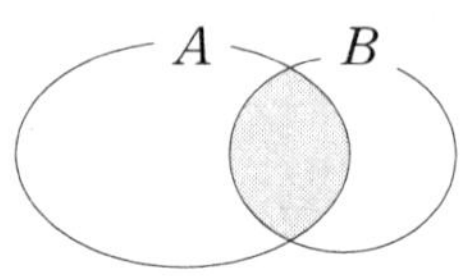

$A \cup B$, $A \cap B$

$$A \cup B = \{x \mid x \in A \text{ 또는 } x \in B\},$$

$$A \cap B = \{x \mid x \in A \text{ 이고 } x \in B\},$$

$$A - B = \{x \in A \mid x \notin B\}$$

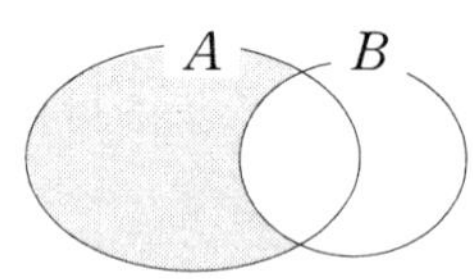

$A - B$

를 각각 집합 A, B의 **합집합**(union), **교집합**(intersection), **차집합**(difference)이라고 한다.

특히, $A \cap B = \varnothing$ 일 때, A와 B는 **서로소**(disjoint) 라고 한다.

집합 A, B, C에 대하여 다음이 성립한다.

$$A \cup B = B \cup A, \qquad A \cap B = B \cap A$$

$$(A \cup B) \cup C = A \cup (B \cup C), \quad (A \cap B) \cap C = A \cap (B \cap C)$$

$$A \cup A = A, \quad A \cap A = A, \quad A \cup \varnothing = A, \quad A \cap \varnothing = \varnothing$$

집합 $A_1, A_2, \cdots, A_n$에 대하여

$$A_1 \cup A_2 \cup \cdots \cup A_n = \{x \mid \text{적당한 } i \text{ 에 대하여 } x \in A_i\},$$

$$A_1 \cap A_2 \cap \cdots \cap A_n = \{x \mid \text{모든 } i \text{ 에 대하여 } x \in A_i\}$$

를 각각 $A_1, A_2, \cdots, A_n$의 **합집합**, **교집합**이라 하고 이 두 집합을 각각 $\bigcup_{i=1}^{n} A_i$, $\bigcap_{i=1}^{n} A_i$로 나타내기도 한다.

위의 정의에 의하여 다음이 성립함을 알 수 있다.

$$A_1 \cup A_2 \cup \cdots \cup A_n = (A_1 \cup A_2 \cup \cdots \cup A_{n-1}) \cup A_n$$

$$A_1 \cap A_2 \cap \cdots \cap A_n = (A_1 \cap A_2 \cap \cdots \cap A_{n-1}) \cap A_n$$

정의 1.5.1 두 집합 $A_1, A_2, \cdots, A_n$ 에 대하여

$$A_i \cap A_j = \varnothing \qquad (1 \leq i \neq j \leq n)$$

일 때, $A_1, A_2, \cdots, A_n$ 은 **쌍마다 서로 소**(mutually disjoint)라고 한다.

정리 1.5.2 세 집합 A, B, C 에 대하여 다음이 성립한다.

(1) $A \cap (B \cup C) = (A \cap B) \cup (A \cap C)$

(2) $A \cup (B \cap C) = (A \cup B) \cap (A \cup C)$

증 명 정의에 의하여 다음이 성립한다.

$$x \in A \cap (B \cup C)$$
$$\Longleftrightarrow x \in A \text{이고 } x \in B \cup C$$
$$\Longleftrightarrow x \in A \text{인 동시에 } x \in B \text{ 또는 } x \in C$$
$$\Longleftrightarrow x \in A \cap B \text{ 또는 } x \in A \cap C$$
$$\Longleftrightarrow x \in (A \cap B) \cup (A \cap C)$$

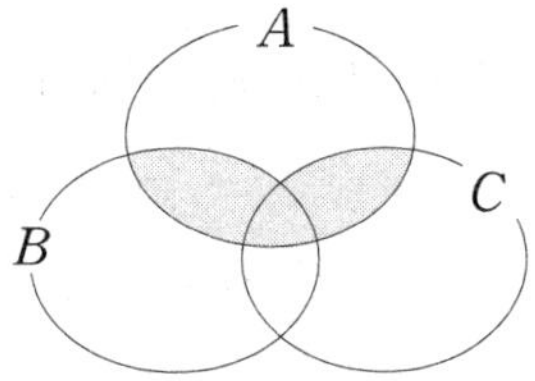

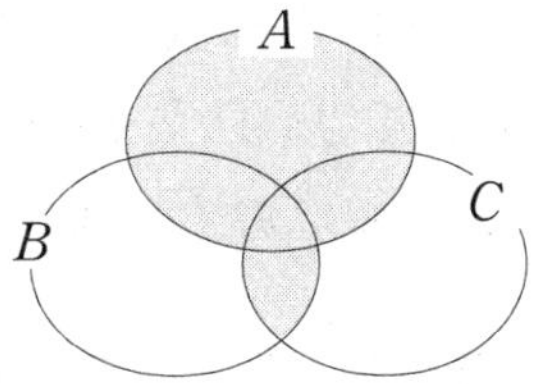

따라서 $A \cap (B \cup C) = (A \cap B) \cup (A \cap C)$ 이다. 위와 마찬가지 방법으로, (2) 가 성립함을 증명할 수 있다.

위의 정리와 수학적 귀납법에 의하여 다음이 성립함을 알 수 있다.

정리 1.5.3 집합 A 와 n $(n \geq 2)$ 개의 집합 $A_1, A_2, \cdots, A_n$ 에 대하여 다음이 성립한다.

(1) $A \cap (A_1 \cup \cdots \cup A_n) = (A \cap A_1) \cup \cdots \cup (A \cap A_n)$

(2) $A \cup (A_1 \cap \cdots \cap A_n) = (A \cup A_1) \cap \cdots \cap (A \cup A_n)$

정의 1.5.4 집합 A 의 공집합이 아닌 부분집합 $A_1, A_2, \cdots, A_k$ 에 대하여 다음이 성립할 때, $\{A_1, A_2, \cdots, A_k\}$ 를 A 의 **분할**(partition) 이라고 한다.

(i) $A = A_1 \cup A_2 \cup \cdots \cup A_k$

(ii) $A_i \cap A_j = \varnothing \qquad (1 \leq i \neq j \leq k)$

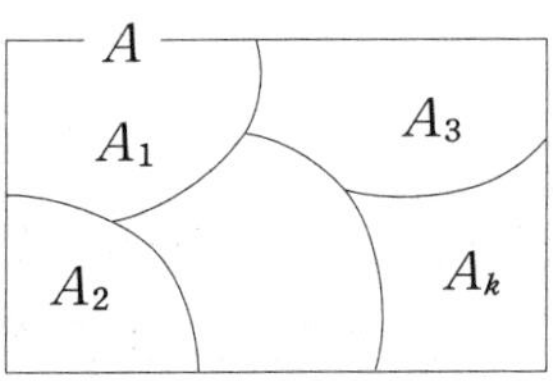

정의 1.5.5 한 집합 U 의 부분집합과 이들 부분집합에 대한 연산을 논할 때에는 U를 **전체집합**(universal set)이라고 한다. 그리고, 전체 집합 U 의 모든 부분집합으로 이루어진 집합을 U 의 **멱집합**(power set)이라 하고 이것을 $\mathscr{P}(U)$ 로 나타낸다. 또, U 의 부분집합 A 에 대하여

$$A' = \{x \in U \mid x \notin A\}$$

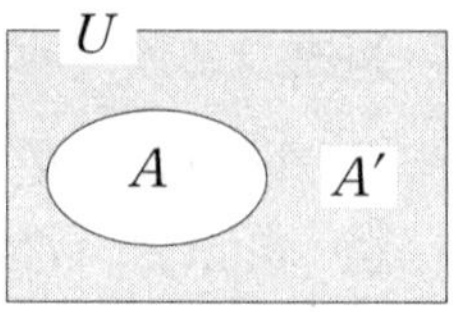

를 A 의 **여집합**(complement) 이라 하고
A'을 A^c 또는 $\overline{A}$ 로도 나타낸다.

정리 1.5.6 집합 U 의 멱집합 $\mathscr{P}(U)$에서 다음이 성립한다.

(1) $A \cup \emptyset = \emptyset \cup A = A$, $A \cap U = U \cap A = A$
$A \cup U = U \cup A = U$, $A \cap \emptyset = \emptyset \cap A = \emptyset$

(2) $A \cup A' = U$, $A \cap A' = \emptyset$

(3) $(A')' = A$, $\emptyset' = U$, $U' = \emptyset$

(4) $A \cup (A' \cap B) = A \cup B$, $A \cap (A' \cup B) = A \cap B$

(5) $(A \cup B)' = A' \cap B'$, $(A \cap B)' = A' \cup B'$

증 명 (1), (2), (3) 정의에 의하여 분명히 (1), (2), (3) 이 성립한다.
(4) 정리 1.5.2 와 위의 (1) 에 의하여 다음이 성립한다.

$$\begin{aligned} A \cup (A' \cap B) &= (A \cup A') \cap (A \cup B) \\ &= U \cap (A \cup B) = A \cup B, \\ A \cap (A' \cup B) &= (A \cap A') \cup (A \cap B) \\ &= \emptyset \cup (A \cap B) = A \cap B \end{aligned}$$

(5) 원소 $x \in U$ 에 대하여

$$\begin{aligned} x \in (A \cup B)' &\iff x \notin A \cup B \\ &\iff x \notin A \text{ 이고 } x \notin B \\ &\iff x \in A' \text{ 이고 } x \in B' \\ &\iff x \in A' \cap B' \end{aligned}$$

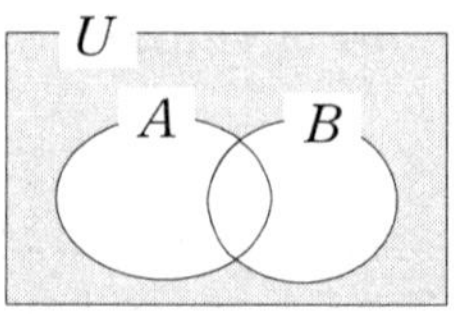

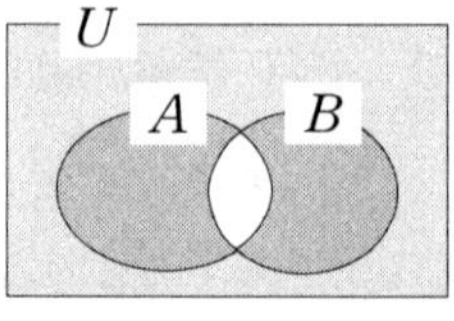

이므로 $(A \cup B)' = A' \cap B'$ 이다.
마찬가지로, $(A \cap B)' = A' \cup B'$ 이다.

이제까지 얻은 결과로부터 다음 정리가 성립함을 알 수 있다.

정리 1.5.7 집합 U 의 멱집합 $\mathscr{P}(U)$ 위에는 두 이항연산 $\cup, \cap$ 이 정의되어 있고, 즉 $A,\ B \in \mathscr{P}(U) \Longrightarrow A \cup B,\ A \cap B \in \mathscr{P}(U)$ 이고, 또 임의의 $A,\ B,\ C \in \mathscr{P}(U)$ 에 대하여 다음이 성립한다.

(1) $(A \cup B) \cup C = A \cup (B \cup C)$,
$(A \cap B) \cap C = A \cap (B \cap C)$ (결합법칙)

(2) $A \cup B = B \cup A$, $A \cap B = B \cap A$ (교환법칙)

(3) $A \cup (A \cap B) = A$, $A \cap (A \cup B) = A$ (흡수법칙)

(4) $A \cap (B \cup C) = (A \cap B) \cup (A \cap C)$,
$A \cup (B \cap C) = (A \cup B) \cap (A \cup C)$ (분배법칙)

(5) $A \cup \emptyset = \emptyset \cup A = A$, $A \cap U = U \cap A = A$
$A \cup U = U \cup A = U$, $A \cap \emptyset = \emptyset \cap A = \emptyset$

(6) $A \cup A' = A' \cup A = U$, $A \cap A' = A' \cap A = \emptyset$

(7) $(A')' = A$, $\emptyset' = U$, $U' = \emptyset$

(8) $A \cup A = A$, $A \cap A = A$

(9) $A \cup (A' \cap B) = A \cup B$, $A \cap (A' \cup B) = A \cap B$

(10) $(A \cup B)' = A' \cap B'$, $(A \cap B)' = A' \cup B'$
(De Morgan 의 법칙)

위의 정리가 성립한다는 의미에서 $\mathscr{P}(U)$ 를 두 이항연산 $\cup, \cap$ 에 관한 **Boole 다원환**(Boolean algebra)이라고 한다(정의 8.3.1). 부울(George Boole, 1815～1864) 은 영국의 수학자이다.

집합 U 의 부분집합에 관한 명제에서 $\cup$ 와 $\cap$ 를 서로 바꾸어놓고 $\emptyset$ 와 U 를 서로 바꾸어놓은 명제를 본래 명제의 **쌍대명제**(dual proposition)라고 한다. 위의 정리에서 각 조건의 두 명제는 서로 쌍대명제이므로, 멱집합 $\mathscr{P}(U)$ 에 관한 명제가 참인 경우에 이 명제를 증명할 때 이용한 $\cup, \cap, \emptyset, U$ 대신에 각각 $\cap, \cup, U, \emptyset$ 로 바꾸어 놓으면 쌍대명제에 대한 증명을 얻으므로 쌍대명제도 참이다.

이러한 사실을 **쌍대성의 원리**(principle of duality)라고 한다.

정리 1.5.8 집합 U 의 멱집합 $\mathscr{P}(U)$ 에서 다음 등식이 성립한다.

(1) $(A' \cup B) \cap (A \cup B') = (A \cap B) \cup (A' \cap B')$,
$(A' \cap B) \cup (A \cap B') = (A \cup B) \cap (A' \cup B')$

(2) $(A \cup B) \cup (A' \cap C) = A \cup B \cup C$,
$(A \cap B) \cap (A' \cup C) = A \cap B \cap C$

증 명 다음과 같이 (1), (2) 의 첫째 등식이 성립한다.

$$
\begin{aligned}
& (A' \cup B) \cap (A \cup B') \\
&= [(A' \cup B) \cap A] \cup [(A' \cup B) \cap B'] && \text{정리 1.5.7 (4)} \\
&= [A \cap (A' \cup B)] \cup [B' \cap ((B')' \cup A')] && \text{정리 1.5.7 (2), (7)} \\
&= (A \cap B) \cup (B' \cap A') = (A \cap B) \cup (A' \cap B') && \text{정리 1.5.7 (9)}
\end{aligned}
$$

$$
\begin{aligned}
& (A \cup B) \cup (A' \cap C) \\
&= [A \cup (A' \cap C)] \cup B && \text{정리 1.5.7 (2)} \\
&= (A \cup C) \cup B = A \cup (C \cup B) && \text{정리 1.5.7 (9), (1)} \\
&= A \cup (B \cup C) = A \cup B \cup C && \text{정리 1.5.7 (2)}
\end{aligned}
$$

그리고 쌍대성의 원리에 의하여 (1), (2) 의 둘째 등식이 성립한다.

정의 1.5.9 집합 U 의 두 부분집합 A, B 에 대하여

$$A \oplus B = (A \cap B') \cup (A' \cap B)$$

를 A, B 의 **대칭 차집합**(symmetric difference) 이라고 한다.

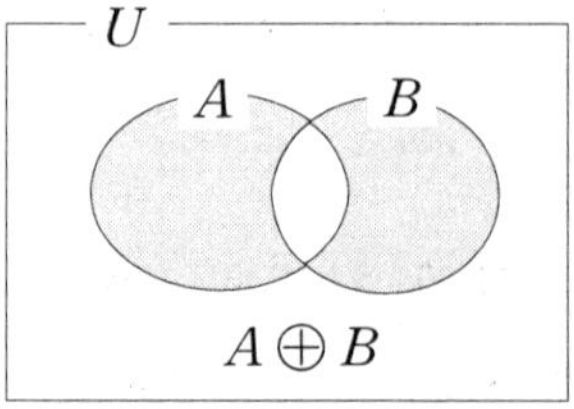

Venn 다이어그램을 이용하면, 집합 U 의 두 부분집합 A, B 에 대하여 다음이 성립함을 쉽게 확인할 수 있다(문제 6 참조).

(1) $A \oplus B = (A - B) \cup (B - A)$

(2) $A \oplus B = (A \cup B) \cap (A \cap B)' = (A \cup B) - (A \cap B)$

(3) $A \cup B = (A \oplus B) \cup (A \cap B)$

(4) $A \cap B = \varnothing$ 이면, $A \cup B = A \oplus B$ 이다.

정리 1.5.10 집합 U 의 멱집합 $\mathscr{P}(U)$ 위에 두 이항연산 $\oplus$, $\cdot$ 를

$$A \oplus B = (A \cap B') \cup (A' \cap B), \quad A \cdot B = A \cap B$$

으로 정의하면, 이 두 연산에 관하여 다음이 성립한다.

(1) $(A \oplus B) \oplus C = A \oplus (B \oplus C)$

(2) $A \oplus B = B \oplus A$

(3) $A \oplus \varnothing = \varnothing \oplus A = A$

(4) $A \oplus A = \varnothing$

(5) $(A \cdot B) \cdot C = A \cdot (B \cdot C)$

(6) $A \cdot B = B \cdot A$

(7) $A \cdot U = U \cdot A = A$

(8) $A \cdot (B \oplus C) = (A \cdot B) \oplus (A \cdot C)$

이러한 의미에서 $\mathscr{P}(U)$ 를 연산 $\oplus$, $\cdot$ 에 관한 **Boole 환**(Boolean ring) 이라고 한다.

증 명 (2)
$$\begin{aligned} A \oplus B &= (A \cap B') \cup (A' \cap B) \\ &= (A' \cap B) \cup (A \cap B') && \text{정리 1.5.7 (2)} \quad \text{정리 1.5.7 (2)} \\ &= (B \cap A') \cup (B' \cap A) = B \oplus A && \text{정리 1.5.7 (2)} \end{aligned}$$

(1) 정의에 의하여

$$(A \oplus B) \oplus C = [(A \oplus B) \cap C'] \cup [(A \oplus B)' \cap C]$$

이고, 또 다음 두 등식이 성립한다.

$$\begin{aligned} (A \oplus B) \cap C' &= \{(A \cap B') \cup (A' \cap B)\} \cap C' \\ &= \{(A \cap B') \cap C'\} \cup \{(A' \cap B) \cap C'\} && \text{정리 1.5.7 (4)} \\ &= (A \cap B' \cap C') \cup (A' \cap B \cap C') \end{aligned}$$

$$\begin{aligned} (A \oplus B)' \cap C &= \{(A \cap B') \cup (A' \cap B)\}' \cap C \\ &= \{(A \cap B')' \cap (A' \cap B)'\} \cap C && \text{정리 1.5.7 (10)} \\ &= \{(A' \cup B) \cap (A \cup B')\} \cap C && \text{정리 1.5.7 (10), (7)} \\ &= \{(A \cap B) \cup (A' \cap B')\} \cap C && \text{정리 1.5.8 (1)} \\ &= \{(A \cap B) \cap C\} \cup \{A' \cap B') \cap C\} && \text{정리 1.5.7 (4)} \\ &= (A \cap B \cap C) \cup (A' \cap B' \cap C) \end{aligned}$$

그러므로

$$(A \oplus B) \oplus C = (A \cap B' \cap C') \cup (A' \cap B \cap C') \\ \cup (A' \cap B' \cap C) \cup (A \cap B \cap C)$$

이고, 따라서 (2)와 위의 결과에 의하여 다음이 성립한다.

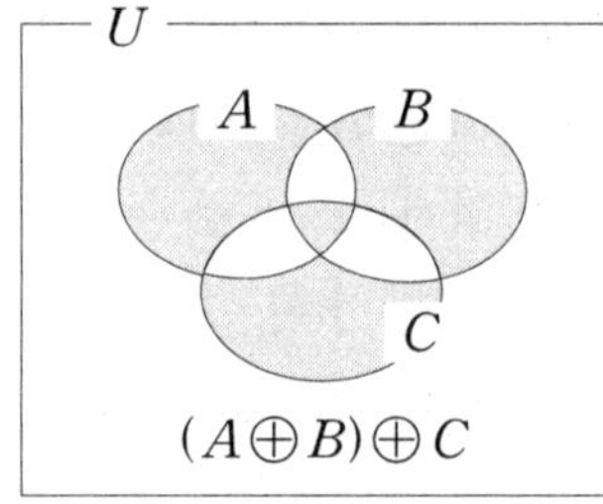

$$\begin{aligned} & A \oplus (B \oplus C) = (B \oplus C) \oplus A \\ &= (B \cap C' \cap A') \cup (B' \cap C \cap A') \\ &\quad \cup (B' \cap C' \cap A) \cup (B \cap C \cap A) \\ &= (A \oplus B) \oplus C \end{aligned}$$

(3) 위의 (2) 에 의하여 $A \oplus \varnothing = \varnothing \oplus A$이고, 또 다음이 성립한다.

$$A \oplus \varnothing = (A \cap \varnothing') \cup (A' \cap \varnothing) \\ = (A \cap U) \cup (A' \cap \varnothing) = A \cup \varnothing = A$$

(4) $A \oplus A = (A \cap A') \cup (A' \cap A) = \varnothing \cup \varnothing = \varnothing$

(5), (6), (7) 정리 1.5.7 에 의하여 (5), (6), (7) 이 성립한다.

(8) $A \cdot (B \oplus C) = A \cap \{(B \cap C') \cup (B' \cap C)\}$

$= [A \cap (B \cap C')] \cup [A \cap (B' \cap C)]$ 정리 1.5.7 (4)

$= (A \cap B \cap C') \cup (A \cap B' \cap C)$

$(A \cdot B) \oplus (A \cdot C) = (A \cap B) \oplus (A \cap C)$

$= \{(A \cap B) \cap (A \cap C)'\} \cup \{(A \cap B)' \cap (A \cap C)\}$

$= \{(A \cap B) \cap (A' \cup C')\} \cup \{(A' \cup B') \cap (A \cap C)\}$ 정리 1.5.7 (10)

$= \{(A \cap B) \cap (A' \cup C')\} \cup \{(A \cup C) \cup (A' \cup B')\}$ 정리 1.5.7 (2)

$= (A \cap B \cap C') \cup (A \cap C \cap B')$ 정리 1.5.8 (2)

$= (A \cap B \cap C') \cup (A \cap B' \cap C)$ 정리 1.5.7 (2)

위의 두 등식에 의하여 다음이 성립한다.

$$A \cdot (B \oplus C) = (A \cdot B) \oplus (A \cdot C)$$

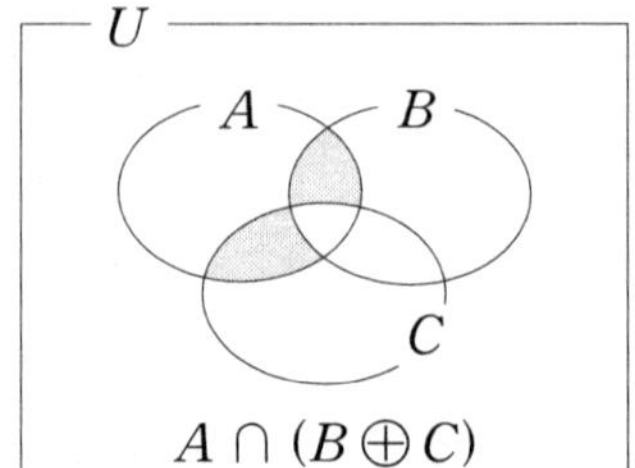

정리 1.5.11 집합 U의 멱집합 $\mathscr{P}(U)$에서 다음이 성립한다.

(1) $A \oplus B = A \oplus C$ 이면, $B = C$ 이다.

(2) $A \oplus B = \varnothing$ 이면, $B = A$ 이다.

(3) $A \oplus U = U \oplus A = A'$, $A' \oplus U = U \oplus A' = A$

(4) $(A \oplus B)' = A \oplus B' = A' \oplus B$

증 명 (1) $A \oplus B = A \oplus C$ 이면, $A \oplus (A \oplus B) = A \oplus (A \oplus C)$ 이므로 정리 1.5.10에 의하여

$$(A \oplus A) \oplus B = (A \oplus A) \oplus C \quad \text{즉} \quad \varnothing \oplus B = \varnothing \oplus C$$

이고, 따라서 $B = C$ 이다.

(2) $A \oplus B = \varnothing$ 이면, $A \oplus (A \oplus B) = A \oplus \varnothing$ 이므로

$$(A \oplus A) \oplus B = A \quad \text{즉} \quad \varnothing \oplus B = A$$

이고, 따라서 $B = A$ 이다.

(3) 정리 1.5.10에 의하여 $A \oplus U = U \oplus A$ 이고 다음이 성립한다.

$$\begin{aligned} A \oplus U &= (A \cap U') \cup (A' \cap U) \\ &= (A \cap \varnothing) \cup (A' \cap U) = \varnothing \cup A' = A' \end{aligned}$$

또, 이 결과에 의하여 $A' \oplus U = U \oplus A' = (A')' = A$ 이다.

(4) 위의 (3)과 정리 1.5.10에 의하여 다음이 성립한다.

$$\begin{aligned} (A \oplus B)' &= (A \oplus B) \oplus U = A \oplus (B \oplus U) = A \oplus B', \\ (A \oplus B)' &= U \oplus (A \oplus B) = (U \oplus A) \oplus \ = A' \oplus B \end{aligned}$$

연 습 문 제 (1.5)

1. 집합 U의 부분집합 A, B, C에 대하여 다음이 성립하는지 판정하여라.

(1) $A \subseteq B$, $B \subseteq C$ 이면, $A \subseteq C$ 이다.

(2) $A \subseteq B$, $B \subseteq A$ 이면, $A = B$ 이다.

(3) $A \subseteq B$ 일 때 그리고 이때에만 $A \cap B = A$ 이다.

(4) $A \subseteq B$ 일 때 그리고 이때에만 $A \cup B = B$ 이다.

2. 집합 U의 멱집합 $\mathscr{P}(U)$ 에서 다음 명제가 성립한다.
이들 명제의 쌍대명제를 말하여라.

(1) $A \cup B = \varnothing$ 이면, $A = \varnothing$ 이고 $B = \varnothing$ 이다.

(2) $B \subseteq A$ 일 때 그리고 이때에만 $A \cap B' = \varnothing$ 이다.

(3) $A \cap B' = \varnothing$, $B \cap C' = \varnothing$ 이면, $A \cap C' = \varnothing$ 이다.

(4) $A \cup B = U$, $A \cap B = \varnothing$ 이면, $B = A'$ 이다.

***3.** 집합 U 의 멱집 $\mathscr{B}(U)$ 에서 대한 다음 명제가 성립함을 정리 1.5.7 을 이용하여 증명하여라.

(1) $(A \cup B) = A \cup C$, $A \cap B = A \cap C$ 이면, $B = C$ 이다.

(2) $(A \cup B) \cap (A \cup B') = A$, $\quad (A \cap B) \cup (A \cap B') = A$

***4.** 집합 U 의 멱집합 $\mathscr{P}(U)$ 에서 다음 명제가 성립함을 정리 1.5.7 을 이용하여 증명하여라.

(1) $A \cup (B \cap (A \cup C)) = (A \cup B) \cap (A \cup C)$

(2) $A \cap (B \cup (A \cup C)) = (A \cap B) \cup (A \cap C)$

5. 집합 U 의 멱집합 $\mathscr{P}(U)$ 에서 다음 명제가 참인지를 판정하여라.

(1) $A \cup B = A \cup C$ 이면, $B = C$ 이다.

(2) $A \cap B = A \cap C$ 이면, $B = C$ 이다.

***6.** 집합 U 의 두 부분집합 A, B 에 대하여

$$A - B = A \cap B'$$

임을 증명하여라.

또 이 사실과 정리 1.5.7 을 이용하여 다음이 성립함을 증명하여라.

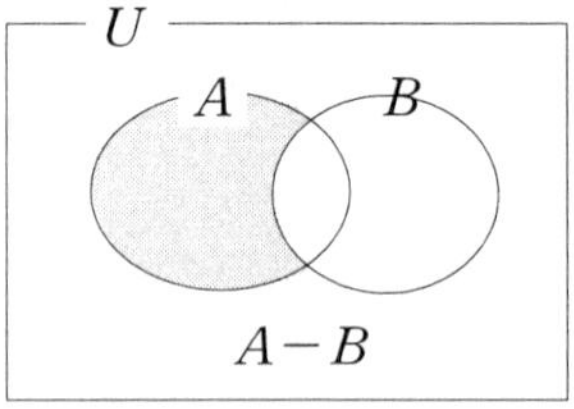

(1) $A \oplus B = (A - B) \cup (B - A)$

(2) $A \oplus B = (A \cup B) \cap (A \cap B)' = (A \cup B) - (A \cap B)$

(3) $A \cup B = (A \oplus B) \cup (A \cap B)$

(4) $A \cap B = \varnothing$ 이면, $A \cup B = A \oplus B$ 이다.

제 2 장

세는 방법

이 장에서는, 여러 가지 세는 방법에 대하여 논한다.

먼저 유한집합의 원소의 개수, 비둘기 집의 원리, 순열, 조합, 중복순열, 중복조합, 이항정리와 다항정리, 특수한 순열의 개수, 양의 정수의 분할에 대하여 논한다.

그리고, 점유 문제, 제 2 종의 Stirling 수와 제 1 종의 Stirling 수에 대하여 간단히 논한다.

이 장의 §2.7과 §2.8은 독립된 절이므로 이 책을 처음 읽을 때에는 이들 두 절을 생략하여도 좋다.

§ 2.1 유한집합

이 절에서는, 유한집합에 속해 있는 원소의 개수에 대하여 논한다.

정의 2.1.1 유한집합 A에 속해 있는 원소의 개수를 **농도**(cardinality)라 하고 이것을 $|A|$로 나타낸다. 그리고 $|\varnothing| = 0$으로 나타낸다.

정리 2.1.2 두 유한집합 A, B에 대하여 다음이 성립한다.

(1) $|A \cup B| = |A| + |B| - |A \cap B|$

특히, $A \cap B = \varnothing$ 이면, $|A \cup B| = |A| + |B|$이다.

(2) $B \subseteq A$ 이면, $|B| \leq |A|$ 이고 $|A - B| = |A| - |B|$ 이다.

(3) $A - B = A - (A \cap B)$, $|A - B| = |A| - |A \cap B|$

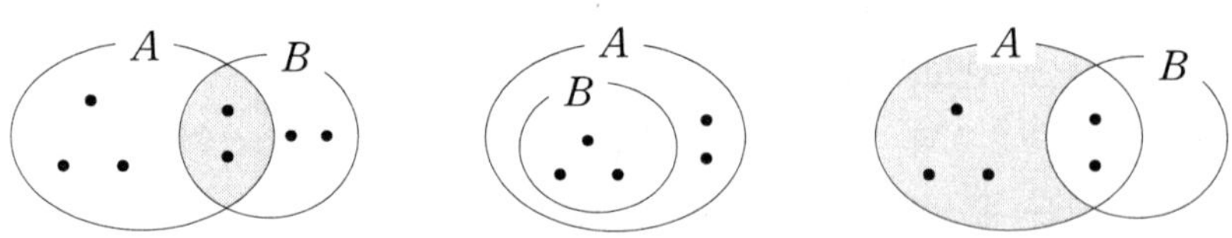

$A \cup B$, $A \cap B$ $\qquad$ $B \subseteq A$ $\qquad$ $A - B$

위의 정리가 성립함은 분명하고, 이 정리에 의하여 다음이 성립한다.

따름정리 2.1.3 집합 U가 유한집합일 때, U의 부분집합 A에 대하여 다음이 성립한다.

$$|U| = |A| + |A'|, \quad |A'| = |U| - |A|$$

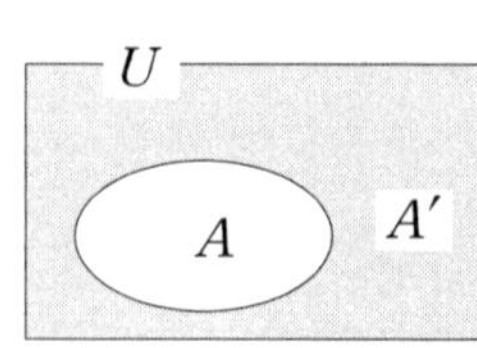

정리 2.1.4 세 유한집합 A, B, C에 대하여 다음이 성립한다.

$$|A \cup B \cup C| = |A| + |B| + |C| - |A \cap B| - |A \cap C| - |B \cap C| + |A \cap B \cap C|$$

증 명 정리 2.1.2 와 정리 1.5.2 에 의하여 다음 등식이 성립한다.

$$
\begin{aligned}
&|A \cup B \cup C| \\
&= |(A \cup B) \cup C| \\
&= |A \cup B| + |C| - |(A \cup B) \cap C| \\
&= |A \cup B| + |C| - |(A \cap C) \cup (B \cap C)| \\
&= |A| + |B| - |A \cap B| + |C| \\
&\quad - |A \cap C| - |B \cap C| \\
&\quad + |(A \cap C) \cap (B \cap C)| \\
&= |A| + |B| + |C| \\
&\quad - |A \cap B| - |A \cap C| - |B \cap C| \\
&\quad + |A \cap B \cap C|
\end{aligned}
$$

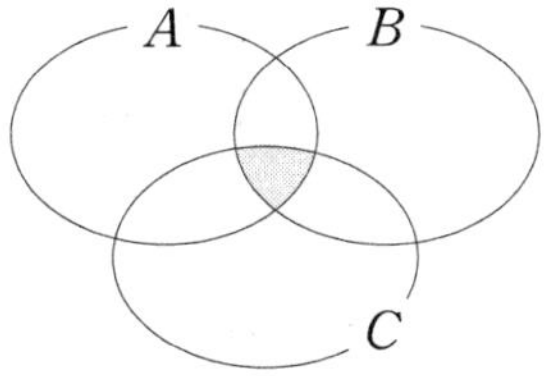

앞의 정리의 일반적인 경우에 대해서는 정리 2.5.1 에서 논한다.

보기 2.1.1 총 30 대의 PC (개인 전자계산기) 중에서 20 대는 B 드라이브를 장착하였고 8 대에는 19 인치 모니터를 구비하였으며 25 대에는 window XP 를 깔았다고 하자. 그리고, 20 대는 이들 세 가지 특성 중에서 적어도 두 가지 특성을 가졌고 6 대는 이들 세 가지 특성을 모두 가졌다고 하자.

이 때, 이 세 가지 특성 중에서 적어도 한 가지 특성을 가진 PC 와 꼭 한 가지 특성만을 가진 PC 가 각각 몇 대 있는지 알아보자.

이제 30 대의 PC 전체의 집합을 U 라 하고 이 중에서 앞에서 말한 특성을 가진 PC 전체의 집합을 각각 A, B, C 라고 하면, 가정에 의하여

$$
\begin{aligned}
&|A| = 20, \quad |B| = 8, \quad |C| = 25 \\
&|(A \cap B) \cup (A \cap C) \cup (B \cap C)| = 20, \\
&|A \cap B \cap C| = 6
\end{aligned}
$$

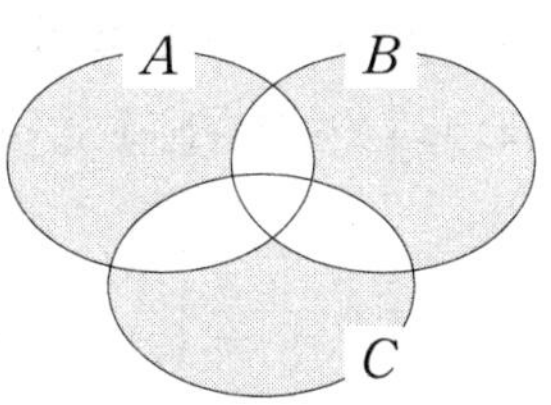

이고 구하는 값은 다음과 같다.

$$
\begin{aligned}
&|A \cup B \cup C|, \\
&|A \cup B \cup C| - |(A \cap B) \cup (A \cap C) \cup (B \cap C)|
\end{aligned}
$$

먼저 $A \cap B$, $A \cap C$, $B \cap C$ 에 정리 2.1.4를 적용하면 다음이 성립한다.

$$\begin{aligned} 20 &= |(A \cap B) \cup (A \cap C) \cup (B \cap C)| \\ &= |A \cap B| + |A \cap C| + |B \cap C| - |(A \cap B) \cap (A \cap C)| \\ &\quad - |(A \cap B) \cap (B \cap C)| - |(A \cap C) \cap (B \cap C)| \\ &\quad + |(A \cap B) \cap (A \cap C) \cap (B \cap C)| \\ &= |A \cap B| + |A \cap C| + |B \cap C| - |A \cap B \cap C| \\ &\quad - |A \cap B \cap C| - |A \cap B \cap C| + |A \cap B \cap C| \\ &= |A \cap B| + |A \cap B| + |B \cap C| - 2 \cdot 6 \end{aligned}$$

그러므로 다음 결과를 얻는다(정리 2.1.4).

$$|A \cap B| + |A \cap C| + |B \cap C| = 20 + 12 = 32,$$

$$\begin{aligned} |A \cup B \cup C| &= |A| + |B| + |C| \\ &\quad - |A \cup B| - |A \cup C| - |B \cup C| + |A \cap B \cap C| \\ &= 20 + 8 + 25 - 32 + 6 = 27 \end{aligned}$$

$$|A \cup B \cup C| - |(A \cap B) \cup (A \cap C) \cup (B \cap C)| = 27 - 20 = 7$$

따라서 세 가지 특성 중에서 적어도 한 가지 특성을 가진 PC는 27대 있고, 또 세 가지 특성 중에서 꼭 한 가지 특성만을 가진 PC는 7대 있다.

정리 2.1.5 유한집합 $A_1, A_2, \cdots, A_n$ $(n \geq 2)$ 이 쌍마다 서로 소일 때 다음이 성립한다.

$$|A_1 \cup A_2 \cup \cdots \cup A_n| = |A_1| + |A_2| + \cdots + |A_n|$$

증 명 정리 2.1.2에 의하여 위의 등식은 $n = 2$ 일 때 성립한다.

이제 $n = k \geq 2$ 일 때 정리가 성립한다고 가정하고, $A_1, \cdots, A_k, A_{k+1}$ 이 쌍마다 서로 소라고 하자. 이 때, 정리 1.5.3에 의하여

$$\begin{aligned} &(A_1 \cup A_2 \cup \cdots \cup A_k) \cap A_{k+1} \\ &= (A_1 \cap A_{k+1}) \cup (A_2 \cap A_{k+1}) \cup \cdots \cup (A_k \cap A_{k+1}) \\ &= \varnothing \cup \varnothing \cup \cdots \cup \varnothing = \varnothing \end{aligned}$$

이고 또

$$|A_1 \cup A_2 \cup \cdots \cup A_k| = |A_1| + |A_2| + \cdots + |A_k|$$

이므로 정리 2.1.2에 의하여 다음이 성립한다.

$$\begin{aligned} &|A_1 \cup A_2 \cup \cdots \cup A_k \cup A_{k+1}| \\ &= |A_1 \cup A_2 \cup \cdots \cup A_k| + |A_{k+1}| \\ &= |A_1| + |A_2| + \cdots + |A_k| + |A_{k+1}| \end{aligned}$$

따라서 $n = k+1$ 일 때에도 정리의 등식이 성립한다.

그러므로 $n \geq 2$ 인 모든 정수에 대하여 정리의 등식이 성립한다.

한 실험이나 관찰에서 일어나는 여러 가지 사건에 대하여 각각 유한집합 $A_1, A_2, \cdots, A_n$ 이 대응할 때, 이들 집합이 쌍마다 서로 소이면 어느 두 사건도 동시에 일어나지는 않는다. 이 경우에 이들 사건은 서로 **배반적** (mutually exclusive)이라 하고 이들 사건을 **배반사건**이라고 한다. 이 때,

$$|A_1 \cup A_2 \cup \cdots \cup A_n| = |A_1| + |A_2| + \cdots + |A_n|$$

이므로 다음 정리가 성립한다.

정리 2.1.6 (합의 원리) 여러 사건이 서로 배반적일 때, 이들 사건이 일어날 가짓수가 $m_1, m_2, \cdots, m_n$ 이면 이들 사건 중에서 적어도 한 사건이 일어날 가짓수는 $m_1 + m_2 + \cdots + m_n$ 이다.

보기 2.1.2 크고 작은 두 개의 주사위를 동시에 던질 때 나오는 눈의 합이 6인 사건을 A 라고 하자. 또, 두 주사위에서 나오는 눈이 각각 i, j 일 때 이것을 (i, j) 로 나타내고, A_1, A_2, A_3 를 다음과 같은 사건이라고 하자.

A_1 : 두 주사위에 나오는 눈이 $(3, 3)$ 인 사건
A_2 : 두 주사위에 나오는 눈이 $(2, 4), (4, 2)$ 인 사건
A_3 : 두 주사위에 나오는 눈이 $(1, 5), (5, 1)$ 인 사건

이 때, $A = A_1 \cup A_2 \cup A_3$ 이고

$$|A| = |A_1| + |A_2| + |A_3| = 1 + 2 + 2 = 5$$

이므로 나오는 눈의 합이 6일 경우는 모두 5가지이다.

정의 2.1.7 공집합이 아닌 집합 $A_1, \cdots, A_n$ 에서 $a_1 \in A_1, \cdots, a_n \in A_n$ 을 택하여 이 순서대로 늘어놓아 괄호로 묶어놓은 $(a_1, \cdots, a_n)$ 전체로 이루어진 집합을 $A_1 \times \cdots \times A_n$ 으로 나타내고, 또 이 집합을 $A_1, \cdots, A_n$ 의 **곱집합** 또는 **데카르트 곱**이라고 한다. 즉,

$$A_1 \times \cdots \times A_n = \{ (a_1, \cdots, a_n) \mid a_1 \in A_1, \cdots, a_n \in A_n \}$$

$$(a_1, \cdots, a_n) = (b_1, \cdots, b_n) \Longleftrightarrow a_1 = b_1, \cdots, a_n = b_n$$

여기서 $(a_1, \cdots, a_n)$을 **순서 n 조**(ordered n-tuple)라고 한다.

특히, $A_1 = \cdots = A_n = A$ 인 경우에 $A_1 \times \cdots \times A_n$ 을 A^n 으로 나타낸다.

공집합이 아닌 두 집합 A, B 에 대하여

$$A \times B = \{ (a, b) \mid a \in A, b \in B \}$$

이고 (a, b)를 **순서쌍**(ordered pair)이라고 한다.

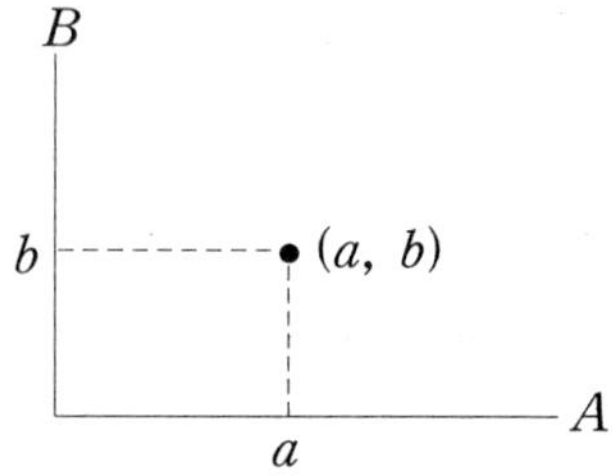

정리 2.1.8 공집합이 아닌 유한집합 A, B 에 대하여 곱집합 $A \times B$ 는 유한집합이고 또 $|A \times B| = |A|\,|B|$ 이다.

그리고, 공집합이 아닌 유한집합 $A_1, \cdots, A_n$ $(n \geq 2)$ 에 대하여 곱집합 $A_1 \times \cdots \times A_n$ 은 유한집합이고 $|A_1 \times \cdots \times A_n| = |A_1| \cdots |A_n|$ 이다.

증 명 두 유한집합 A, B 의 원소의 개수가 각각 m, n 일 때,

$$A = \{ a_1, a_2, \cdots, a_m \}, \quad B = \{ b_1, b_2, \cdots, b_n \}$$

이라고 하면

$$\begin{aligned} A \times B = \{ & (a_1, b_1), (a_1, b_2), \cdots, (a_1, b_n), \\ & (a_2, b_1), (a_2, b_2), \cdots, (a_2, b_n), \\ & \cdots, \quad \cdots, \quad \cdots, \quad \cdots, \\ & (a_m, b_1), (a_m, b_2), \cdots, (a_m, b_n) \} \end{aligned}$$

이고 $A \times B$ 의 mn 개의 원소는 모두 서로 다르므로 $A \times B$ 는 유한집합이고, $|A \times B| = mn = |A|\,|B|$ 이다.

여러 가지 사건에 대하여 각각 유한집합 $A_1, A_2, \cdots, A_n$ 이 대응할 때, 이들 사건 중에서 어느 한 사건이 일어나고 일어나지 않음이 다른 사건의 일어나고 일어나지 않음에 영향을 끼치지 아니할 때, 이들 사건은 서로 **독립적**(independent)이라 하고 또 이들 사건을 **독립사건**이라고 한다.

한편, $|A_1 \times A_2 \times \cdots \times A_n| = |A_1|\,|A_2| \cdots |A_n|$ 이다.

정리 2.1.9 (곱의 원리) 여러 사건이 서로 독립적일 때, 한 사건이 일어날 가짓수가 m_1 이고 이들 각각에 대하여 다른 한 사건이 일어날 가짓수가 m_2 이고, 또 이들 각각에 대하여 마지막 사건이 일어날 가짓수가 m_n 이면 이들 n 개의 사건이 연이어 일어날 가짓수는 $m_1 m_2 \cdots m_n$ 이다.

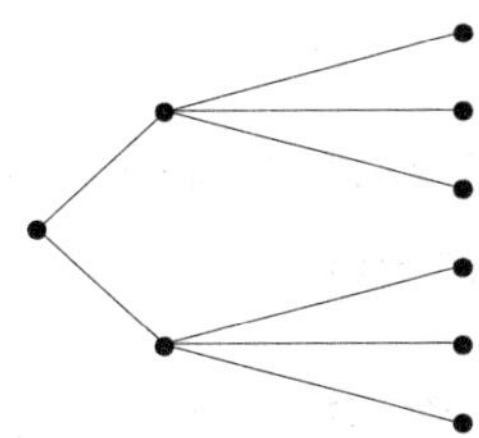

보기 2.1.3 양의 정수 1000 부터 9999 사이의 정수 중에서 짝수이면서 각 자리의 수가 서로 다른 정수의 개수를 구해 보자.

(1) 끝자리의 수가 0 인 경우

이 경우에 첫째 자리의 수를 a_1 이라고 하면 a_1 은 $1, 2, \cdots, 9$ 중의 어느 하나이고, 둘째 자리의 수를 a_2 라고 하면 a_2 는 $1, 2, \cdots, 9$ 중에서 a_1 을 제외한 8 개의 수 중의 어느 하나이며, 셋째 자리의 수는 $1, 2, \cdots, 9$ 중에서 a_1, a_2 를 제외한 7 개의 수 중의 어느 하나이다. 그러므로 이러한 짝수의 개수는 $9 \times 8 \times 7 = 504$ 이다.

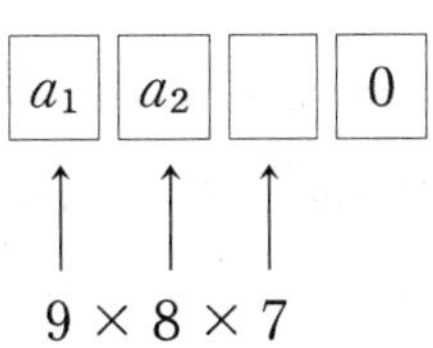

(2) 끝자리의 수가 0 이 아닌 경우

이 경우에 끝 자리의 수를 b_4 라고 하면, b_4 는 4 개의 정수 2, 4, 6, 8 중의 어느 하나이고 첫째 자리의 수를 b_1 이라고 하면 b_1 은 $1, 2, \cdots, 9$ 중에서 b_4 를 제외한 8 개의 수 중의 어느 하나이다. 그리고, 둘째 자리의 수를 b_2 라고 하면 b_2 는 $0, 1, 2, \cdots, 9$ 중에서 b_4, b_1 를 제외한 8 개의 수 중의 어느

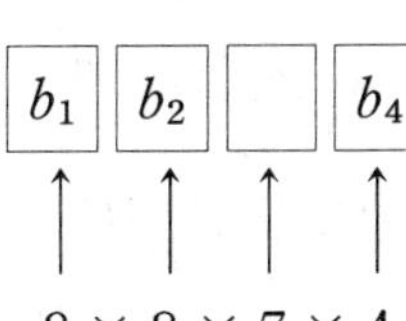

하나이고 또 셋째 자리의 수는 0, 1, 2, ⋯, 9 중에서 b_4, b_1, b_2 를 제외한 7 개의 수 중의 어느 하나이다.

그러므로 이와 같은 짝수의 개수는 $8 \times 8 \times 7 \times 4 = 1792$ 이다.

따라서 구하는 개수는 $9 \times 8 \times 7 + 8 \times 8 \times 7 \times 4 = 2296$ 이다.

정리 2.1.10 두 유한집합

$$A = \{a_1, a_2, \cdots, a_n\}, \quad |A| = n$$
$$B = \{b_1, b_2, \cdots, b_m\}, \quad |B| = m$$

에 대하여 A 에서 B 로의 사상 $f : A \longrightarrow B$ 전체의 개수는 $|B|^{|A|}$ 즉 m^n 이다.

증 명 사상 $f : A \longrightarrow B$ 는 $f(a_1)$, $f(a_2)$, ⋯, $f(a_n)$ 의 값에 의하여 완전히 결정된다. 그런데, $f(a_1)$, $f(a_2)$, ⋯, $f(a_n)$ 은 각각 B 의 m 개의 원소 $b_1, b_2, \cdots, b_m$ 중의 하나이고 또 같은 원소가 중복되어도 좋다.

따라서 A 에서 B 로의 사상 전체의 개수는 m^n 이다.

연 습 문 제 (2.1)

*1. 두 유한집합 A, B 에 대하여 다음이 성립함을 확인하여라.

(1) $|A \cup B| \geq \max\{|A|, |B|\}$,

$|A \cap B| \geq \min\{|A|, |B|\}$

(2) $|A \cup B| = |A| + |B|$ 이면, $A \cap B = \emptyset$ 이다.

(3) $|A \times B| = |B \times A|$

(4) $|A \oplus B| = |A| + |B| - 2|A \cap B| = |A - B| + |B - A|$

여기서 max 와 min 은 각각 최대값, 최소값을 나타낸다.

*2. 유한집합 A, B, C, D 에 대하여

$$D = A \cap B = A \cap C = B \cap C = A \cap B \cap C$$

일 때, $|A \cup B \cup C| = |A| + |B| + |C| - 2|D|$ 임을 증명하여라.

***3.** 어느 대학교 졸업생들의 모임에 나온 사람 중에서 문학사 학위를 가진 사람은 295명이고 이학사 학위를 가진 사람은 95이며 석사 학위를 가진 사람은 120명이었다고 한다. 이들 졸업생 중에서 문학사 학위와 석사 학위를 가진 사람은 55명이고 이학사 학위와 석사 학위를 가진 사람은 40명이며, 문학사와 이학사 학위를 가진 사람은 25명이고 또 문학사, 이학사, 석사 학위를 모두 가진 사람은 5명일 때, 다음 물음에 답하여라.

(i) 이 모임에 나온 사람은 모두 몇 명인가?

(ii) 이들 중에서 이학사 학위만 받은 사람은 모두 몇 명인가?

4. 정수 1000에서 9999까지의 정수 중에서 7의 배수인 정수 전체의 개수를 구하여라.

***5.** 정수 1에서 300까지의 정수 중에서 다음과 같은 정수 전체의 개수를 구하여라.

(1) 3, 5, 7 중 적어도 한 정수의 배수인 정수

(2) 3의 배수인 동시에 5의 배수이지만 7의 배수는 아닌 정수

(3) 5의 배수이지만 3의 배수도 아니고 7의 배수도 아닌 정수

(4) 105와 서로 소인 정수

6. 두 집합 $A = \{1, 2, 3, 4\}$, $B = \{2, 4, 6, 8, 10\}$에 대하여 A에서 B로의 사상 $f : A \longrightarrow B$ 전체의 개수를 구하여라.

***7.** 유한집합 U의 부분집합 A, B, C에 대하여 다음이 성립함을 밝혀라.

$$|(A \oplus B) \cap C| = |A \cap C| + |B \cap C| - 2|A \cap B \cap C|$$

***8.** 유한집합 U의 부분집합 A, B, C에 대하여 다음이 성립함을 밝혀라.

(1) $|A \cap (B \cup C)'| = |A| - |A \cap B| - |A \cap C| + |A \cap B \cap C|$

(2) $|A \oplus B \oplus C|$

$= |A| + |B| + |C|$

$- 2|A \cap B| - 2|A \cap C| - 2|B \cap C|$

$+ 4|A \cap B \cap C|$

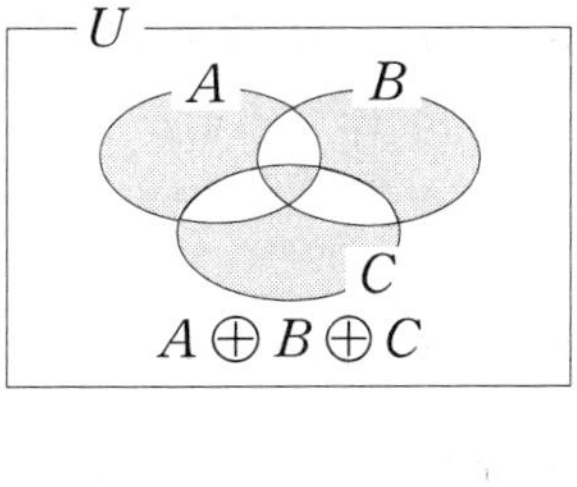

§ 2.2 비둘기 집의 원리

사상 $f : A \longrightarrow B$ 에서 임의의 원소 $x_1,\ x_2 \in A$ 에 대하여

$$x_1 \neq x_2 \Longrightarrow f(x_1) \neq f(x_2)$$

일 때 사상 f 를 일대일 사상이라 하고, 또

$$\operatorname{im} f = B \quad 즉 \quad \{f(x) \mid x \in A\} = B$$

일 때 f 를 A 에서 B 위로의 사상이라고 한다. 또, f 가 일대일 사상인 동시에 위로의 사상일 때, f 를 일대일 대응이라고 한다(정의 1.1.3).

특히, 두 유한집합 A, B 에 대하여 다음 정리가 성립한다.

정리 2.2.1 두 유한집합 $A,\ B$

$$A = \{a_1, a_2, \cdots, a_n\}, \quad |A| = n$$

$$B = \{b_1, b_2, \cdots, b_m\}, \quad |B| = m$$

에 대하여 다음이 성립한다.

(1) 일대일 사상 $f : A \longrightarrow B$ 가 존재하면, $n \leq m$ 즉 $|A| \leq |B|$ 이다.

(2) 일대일 대응 $f : A \longrightarrow B$ 가 존재할 때 그리고 이때에만 $n = m$ 즉 $|A| = |B|$ 이다.

증 명 (1) 일대일 사상 $f : A \longrightarrow B$ 가 존재하면,

$$f(a_1),\ f(a_2),\ \cdots,\ f(a_n)$$

은 모두 서로 다르고 또 $\{f(a_1), f(a_2), \cdots, f(a_n)\} \subseteq B$ 이므로 분명히 $n \leq |B|$ 즉 $n \leq m$ 이다.

(2) 일대일 대응 $f : A \longrightarrow B$ 가 존재하면,

$$f(a_1),\ f(a_2),\ \cdots,\ f(a_n)$$

은 모두 서로 다르고 $\{f(a_1), f(a_2), \cdots, f(a_n)\} = B$ 이므로 $|B| = n$ 이고 따라서 $n = m$ 이다.

역으로, $n=m$ 일 때, 사상 $f: A \longrightarrow B$ 를

$$f(a_i) = b_i \qquad (1 \le i \le n)$$

으로 정의하면, $f(a_1), f(a_2), \cdots, f(a_n)$ 은 모두 서로 다르고

$$\{f(a_1), f(a_2), \cdots, f(a_n)\} = \{b_1, b_2, \cdots, b_n\} = B$$

이므로 f 는 일대일 대응이다.

앞의 정리에 의하여 다음 정리가 성립한다. 이 정리에서 집합 A, B 를 각각 비둘기, 비둘기 집으로 이루어진 집합이라고 생각하고 또 $f: A \longrightarrow B$ 는 각 비둘기를 비둘기 집으로 보내는 사상이라고 생각하면 이해하기 쉽다.

정리 2.2.2 (비둘기 집의 원리, pigeonhole principle) 두 유한집합 A, B 에 대하여 $|A| > |B|$ 이면, 모든 사상

$$f: A \longrightarrow B$$

는 일대일 사상이 아니고 따라서

$$f(a) = f(a'), \quad a \neq a'$$

인 원소 $a, a' \in A$ 가 존재한다.

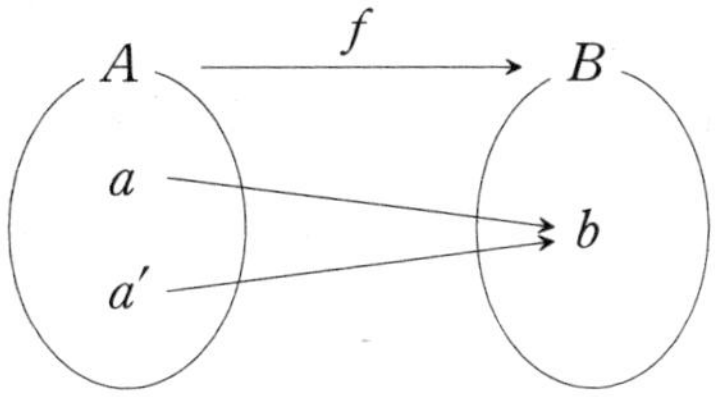

보기 2.2.1 양의 정수 $a_1, a_2, a_3, \cdots, a_{10}$ 중에서 한 개 이상의 연이은 정수를 택하여 만든 합

$$a_j + a_{j+1} + \cdots + a_k \qquad (1 \le j \le k \le 10)$$

중에는 10 의 배수인 것이 적어도 하나 존재함을 밝혀 보자.

양의 정수 a_1 부터 시작하여 연이은 정수로 만든 10 개의 합

$$s_1 = a_1, \quad s_2 = a_1 + a_2, \quad \cdots, \quad s_{10} = a_1 + a_2 + \cdots + a_{10}$$

을 생각할 때, 이들 정수는 모두 서로 다르므로 $S = \{s_1, s_2, \cdots, s_{10}\}$ 이라고 하면 $|S| = 10$ 이다. 그리고, $s_1, s_2, \cdots, s_{10}$ 을 10 으로 나누었을 때의 나머지를 각각 $r_1, r_2, \cdots, r_{10}$ 이라고 하면, $r_1, r_2, \cdots, r_{10}$ 은 $0, 1, 2, \cdots, 9$ 중의 어느 하나와 같다.

먼저 적당한 k $(1 \le k \le 10)$ 에 대하여 $r_k = 0$ 이라고 하자.

이 때, $s_k \equiv r_k \equiv 0 \pmod{10}$ 이므로

$$s_k = a_1 + a_2 + \cdots + a_k$$

는 10 의 배수이다.

다음에 $r_i \ne 0$ $(1 \le i \le 10)$ 이라고 하자. 이 때, $B = \{1, 2, \cdots, 9\}$ 라고 하면, 다음과 같이 사상 $f : S \longrightarrow B$ 가 정의된다.

$$f(s_i) = r_i \qquad (1 \le i \le 10)$$

한편, $|S| = 10 > 9 = |B|$ 이므로 정리 2.2.2 에 의하여 f 는 일대일 사상이 아니다. 그러므로 서로 다른 두 원소 $s_j, s_k \in S$ 에 대하여

$$f(s_j) = f(s_k) \quad \text{즉} \quad r_j = r_k$$

이고, 이때 $s_j \equiv r_j \pmod{10}$, $s_k \equiv r_k \pmod{10}$ 이므로

$$s_j \equiv r_j \equiv r_k \equiv s_k \pmod{10}$$

이고 따라서 $s_k - s_j$ 는 10 의 배수이다(정리 1.4.2, 정리 1.4.4). 그런데,

$$\begin{aligned} s_k - s_j &= (a_1 + a_2 + \cdots + a_k) - (a_1 + a_2 + \cdots + a_j) \\ &= a_{j+1} + a_{j+2} + \cdots + a_k \end{aligned}$$

이므로 $a_{j+1} + a_{j+2} + \cdots + a_k$ 는 10 의 배수이다.

따라서 $a_1, a_2, \cdots, a_{10}$ 에서 한 개 이상의 연이은 정수를 택하여 만든 합

$$a_j + a_{j+1} + \cdots + a_k \qquad (1 \le j \le k \le 10)$$

중에는 10 의 배수인 것이 적어도 하나 존재한다.

보기 2.2.2 양의 정수 $a_1, a_2, a_3, \cdots, a_{77}$ 에 대하여

$$a_1 + a_2 + a_3 + \cdots + a_{77} \le 132$$

일 때, 이들 77 개의 정수 $a_1, a_2, a_3, \cdots, a_{77}$ 중에서 한 개 이상의 연이은 정수를 택하여 만든 합

$$a_j + a_{j+1} + \cdots + a_k \qquad (1 \le j \le k \le 77)$$

중에는 21 인 것이 존재함을 밝혀 보자.

이제 a_1 부터 시작하여 77 개의 합

$$b_1 = a_1, \quad b_2 = a_1 + a_2, \ \cdots, \quad b_{77} = a_1 + a_2 + \cdots + a_{77}$$

을 생각하자. 먼저 적당한 k $(1 \le k \le 77)$ 에 대하여 $b_k = 21$ 인 경우에 $a_1 + a_2 + \cdots + a_k = b_k = 21$ 이다.

다음에 모든 k $(1 \le k \le 77)$ 에 대하여 $b_k \ne 21$ 이라고 하자. 이 때, 154 개의 정수

$$b_1, \quad b_2, \quad \cdots, \quad b_{77},$$

$$c_1 = b_1 + 21, \quad c_2 = b_2 + 21, \quad \cdots, \quad c_{77} = b_{77} + 21$$

중에서 가장 큰 정수는 c_{77} 이고

$$c_{77} = b_{77} + 21 \le 132 + 21 = 153$$

이므로 정리 2.2.2 에 의하여 이들 정수 중에는 서로 같은 것이 적어도 한 벌 있다. 그런데, $1 \le i < j \le 77$ 일 때,

$$b_i < b_j, \qquad c_i < c_j$$

이므로 $1 \le j < k \le 77$ 인 두 정수 j, k 에 대하여 $b_k = b_j + 21$ 이어야 하고 이때 $b_k - b_j = 21$ 이므로 $a_{j+1} + a_{j+2} + \cdots + a_k = b_k - b_j = 21$ 이다.

보기 2.2.3 양의 정수 n 에 대하여 $2n$ 개의 정수 $1, 2, \cdots, 2n-1, 2n$ 중에서 서로 다른 $n+1$ 개의 정수를 택하여 만든 집합을

$$A = \{a_1, a_2, \cdots, a_n, a_{n+1}\}$$

이라고 할 때, A 에는 $a \mid b$ 인 두 정수 a, b 가 존재한다(정의 1.3.2).

실제로, 정리 1.3.17 에 의하면, 각 양의 정수 $a_i \in A$ 는

$$a_i = 2^{k_i} \cdot q_i \qquad (k_i \ge 0, \ q_i \text{ 는 홀수})$$

와 같은 꼴로 나타낼 수 있고, 이때 각 정수 i $(1 \le i \le n+1)$ 에 대하여 $1 \le a_i \le 2n$ 이므로 $1 \le q_i \le 2n-1$ 이다. 따라서

$$B = \{q_1, q_2, \cdots, q_{n+1}\}, \qquad C = \{1, 3, 5, \cdots, 2n-1\}$$

이라고 하면 $B \subseteq C$, $|C| = n$ 이므로 $|B| \le n$ 이다.

따라서 $1 \leq s \neq t \leq n+1$ 인 두 정수 s, t 에 대하여 $q_s = q_t$ 이고 이때

$$a_s = 2^{k_s} q_s, \qquad a_t = 2^{k_t} q_t = 2^{k_t} q_s$$

이므로 $a_s \mid a_t$ 또는 $a_t \mid a_s$ 이다.

예를 들면, $A = \{3, 4, 5, 6, 7\}$ 인 경우에 $3, 6 \in A$ 이고 $3 \mid 6$ 이다.

실수 x 보다 크거나 같은 정수 중에서 가장 작은 정수를 $\lceil x \rceil$ 로 나타내고 이것을 x 의 최고한도(ceiling)라고 한다(정의 1.3.5 참조).

정리 2.2.3 구별할 필요가 없는 n 개의 물건을 구별할 필요가 없는 m 개의 상자에 분배할 때, 이들 m 개의 상자 중에서 적어도 한 상자에는 $\left\lceil \dfrac{n}{m} \right\rceil$ 개 이상의 물건이 들어있다.

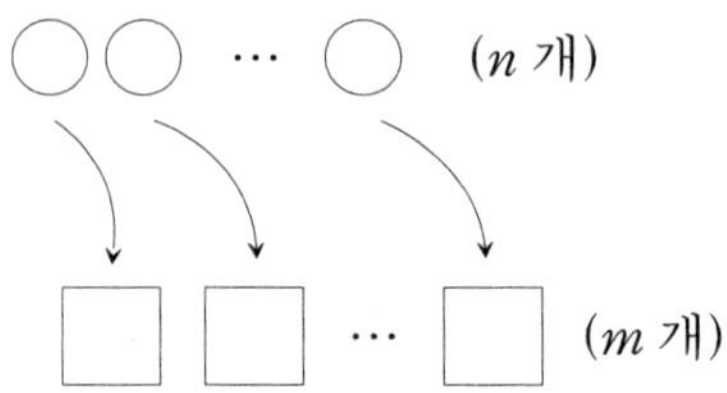

증 명 정리 1.3.6 에 의하여 $\left\lceil \dfrac{n}{m} \right\rceil - 1 < \dfrac{n}{m}$ 이므로 다음이 성립한다.

$$\left(\left\lceil \frac{n}{m} \right\rceil - 1\right) m < \frac{n}{m} \cdot m = n$$

따라서 모든 m 개의 상자에 $\left(\left\lceil \dfrac{n}{m} \right\rceil - 1\right)$ 개 이하의 물건이 들어 있다고 가정하면 모순이 생긴다. 그러므로 정리가 성립한다.

보기 2.2.4 어느 57 명의 합창 단원이 지방 공연을 하는 동안에 이들 단원이 개인주택 16 채에 머무른다면, 16 채 집 중에서 적어도 한 집에는 4 명이 머물러야 한다.

실제로, $57 = 3 \cdot 16 + 9$ 이므로

$$\left\lceil \frac{57}{16} \right\rceil = 3 + 1 = 4$$

이고, 따라서 정리 2.2.3 에 의하여 16 채 집 중에서 적어도 한 집에는 4 명이 머물러야 한다(정리 1.3.6 참조).

보기 2.2.5 걸상 44개가 5개의 책상 둘레에 놓여 있을 때, 이들 5개의 책상 중에서 적어도 한 책상 둘레에는 9개 이상의 걸상이 놓여 있다.

실제로, $44 = 8 \cdot 5 + 4$ 이므로

$$\left\lceil \frac{44}{5} \right\rceil = 8+1 = 9$$

이고 따라서 정리 2.2.3에 의하여 결론은 얻는다.

연 습 문 제 (2.2)

*1. 두 유한집합 A, B에서 $|A| = |B| = n$일 때, 사상 $f : A \longrightarrow B$에 대하여 다음 세 조건은 서로 동치임을 증명하여라.

(1) f는 일대일 사상이다.
(2) f는 위로의 사상이다.
(3) f는 일대일 대응이다.

*2. 양의 정수 $a_1, a_2, \cdots, a_{21}$에 대하여

$$a_1 + a_2 + a_3 + \cdots + a_{21} \leq 41$$

일 때, 이들 21개의 정수 $a_1, a_2, \cdots, a_{21}$에서 한 개 이상의 연이은 정수를 택하여 만든 합

$$a_j + a_{j+1} + \cdots + a_k \qquad (1 \leq j \leq k \leq 21)$$

중에는 21인 것이 존재함을 증명하여라.

3. 양의 정수 $a_1, a_2, \cdots, a_{35}$에 대하여

$$a_1 + a_2 + a_3 + \cdots + a_{35} \leq 60$$

일 때, 이들 35개의 정수 $a_1, a_2, \cdots, a_{35}$에서 한 개 이상의 연이은 정수를 택하여 만든 합

$$a_j + a_{j+1} + \cdots + a_k \qquad (1 \leq j \leq k \leq 35)$$

중에는 35인 것이 존재함을 증명하여라.

4. 학생 100 명 중에 적어도 몇 학생이 같은 달에 생일을 마지 하겠는가?

5. 학생 13 명이 모여 있을 때, 이들 학생 중에서 태어난 달이 같은 학생은 적어도 2 명 이상 있음을 설명하여라.

6. 학생 6 명이 모여 있을 때, 이들 적어도 세 사람은 서로 친한 친구이거나 또는 서로 낯선 학생임을 설명하여라.

***7.** 한 변의 길이가 2 인 정사각형 안에 5 개의 점이 들어 있을 때, 이들 점 중에서 적어도 두 개의 점은 이들 사이의 거리가 $\sqrt{2}$ 이하임을 밝혀라.

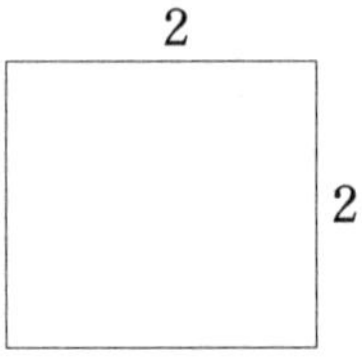

***8.** 어느 소규모 회사가 12 일 동안에 고객에게 청구서를 195 장 발송했다고 할 때, 이 회사는 어느 한 연이은 사흘 동안에 청구서를 적어도 49 장을 발송했음을 밝혀라.

***9.** 서로 다른 200 개의 양의 정수로 이루어진 집합 $U = \{1, 2, , \cdots, 200\}$ 에서 101 개의 정수를 택할 때, 한 정수는 다른 정수의 배수임을 밝혀라.

10. 한 방에 모여 있는 51 명의 나이가 100 이하의 양의 정수일 때, 이 중에서 적어도 두 사람은 나이가 같거나 또는 적어도 두 사람의 나이가 연이은 정수임을 밝혀라.

***11.** 집합 $U = \{2, 3, 5, 7, 11, 13, 17, 19\}$의 공집합이 아닌 부분집합에 속하는 정수 전체의 합을 생각하는 경우에, U의 부분집합 중에는 그 합이 동일한 부분집합이 4 개 존재함을 밝혀라.

***12.** 서로 다른 10 개의 100 이하의 양의 정수로 이루어진 집합 U 에 대하여 U 의 공집합이 아닌 부분집합에 속하는 정수의 합을 생각하는 경우에, U 의 부분집합 중에 그 합이 동일한 두 부분집합 A, B 가 존재함을 밝혀라.

§2.3 순열과 조합

양의 정수 n 에 대하여

$$n\,! = 1 \cdot 2 \cdot \cdots \cdot (n-1) \cdot n$$

을 n 의 **계승**(factorial)이라 하고, 또 $0\,! = 1$ 로 정한다.

정의 2.3.1 서로 다른 n 개의 원소 $a_1, a_2, \cdots, a_n$ 중에서 서로 다른 r 개 $(1 \leq r \leq n)$ 의 원소를 택하여 일렬로 늘어놓은 것을 **순열**(permutation) 또는 ***r*-순열**이라고 한다.

또, 서로 다른 n 개의 원소에서 서로 다른 r 개의 원소를 택하여 일렬로 늘어놓은 순열 전체의 개수를 ${}_n\mathrm{P}_r$ 또는 $P(n, r)$ 로 나타낸다.

특히, 서로 다른 n 개의 원소 $a_1, a_2, \cdots, a_n$ 에서 n 개의 원소를 택하여 일렬로 늘어놓은 순열을 $a_1, a_2, \cdots, a_n$ 의 순열이라고 한다.

보기 2.3.1 서로 다른 4 개의 문자 a, b, c, d 중에서 서로 다른 2 개의 문자를 택하여 일렬로 늘어놓은 순열 전체는

$$\begin{matrix} a\ b, & a\ c, & a\ d, & b\ a, & b\ c, & b\ d, \\ c\ a, & c\ b, & c\ d, & d\ a, & d\ b, & d\ c \end{matrix}$$

이고 따라서 ${}_4\mathrm{P}_2 = 12$ 이다.

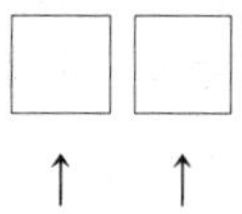

4 × 3 = 12

실제로, 첫째 위치에 놓을 수 있는 문자는 4 가지가 있고 둘째 위치에 놓을 수 있는 문자는 이미 첫째 위치에 들어간 문자를 제외한 3 가지가 있으므로 ${}_4\mathrm{P}_2 = 4 \times 3$ 이다.

위의 보기에서와 마찬가지로, 곱의 법칙(정리 2.1.9) 을 이용하면 다음 정리가 성립함을 쉽게 알 수 있다.

정리 2.3.2 서로 다른 n 개의 원소에서 서로 다른 $r\ (1 \leq r \leq n)$ 개의 원소를 일렬로 택하여 늘어놓은 순열의 개수는 다음과 같다.

$$
\begin{aligned}
{}_nP_r &= n(n-1)\cdots(n-r+1) \\
&= \frac{n!}{(n-r)!}
\end{aligned}
$$

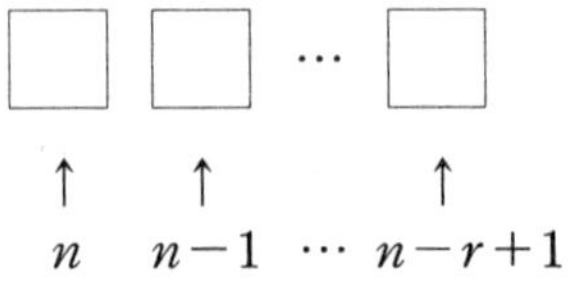

특히, ${}_nP_1 = n$, ${}_nP_n = n!$ 이다.

보기 2.3.1 양의 정수 $1, 2, 3, \cdots, n$ 을 일렬로 늘어놓은 순열 전체의 개수는 $n!$ 이다. 특히, 1, 2, 3, 4 를 일렬로 늘어놓은 순열 전체의 개수는 $4! = 24$ 이고 또 이러한 순열은 다음과 같다(숫자 사이의 쉼표는 생략).

1 2 3 4, 1 2 4 3, 1 3 2 4, 1 3 4 2, 1 4 2 3, 1 4 3 2,

2 1 3 4, 2 1 4 3, 2 3 1 4, 2 3 4 1, 2 4 1 3, 2 4 3 1,

3 1 2 4, 3 1 4 2, 3 2 1 4, 3 2 4 1, 3 4 1 2, 3 4 2 1,

4 1 2 3, 4 1 3 2, 4 2 1 3, 4 2 3 1, 4 3 1 2, 4 3 2 1

보기 2.3.2 어른 6 명과 어린이 3 명을 한 줄로 세우되 어느 두 어린이도 서로 이웃하지 않도록 세우는 방법의 가짓수를 구해 보자.

이와 같이 세우려면, 먼저 어른 6 명을 한 줄로 세운 다음에 이때 생기는 7 개의 자리에 어린이 3 명을 한 줄로 세우면 된다.

그런데 어른 6 명을 한 줄로 세우는 방법의 가짓수는 ${}_6P_6$ 이고, 또 7 개의 자리에 어린이 3 명을 한 줄로 세우는 방법의 가짓수는 ${}_7P_3$ 이므로, 구하는 가짓수는 ${}_6P_6 \times {}_7P_3 = 6! \cdot 7 \cdot 6 \cdot 5 = 151200$ 이다.

한편, 어른 6 명이 둥근 책상에 앉으려면, 먼저 한 사람이 앉은 다음에 이 사람의 오른쪽에 나머지 5 명이 차례로 앉으면 된다.

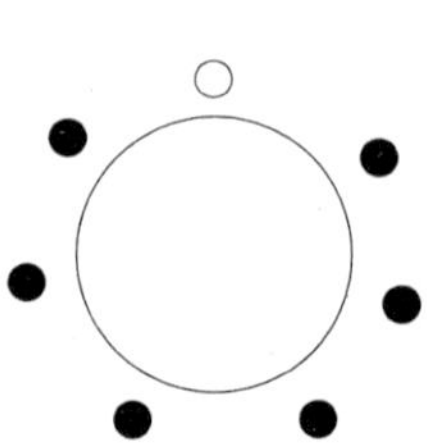

그러므로 어른 6 명이 둥근 책상에 앉는 가짓수는 $5!$ 이다.

정리 2.3.3 유한집합 $A = \{a_1, \cdots, a_n\}$, $|A| = n$에 대하여 A 에서 A 자신 위로의 일대일 대응 전체의 개수는 $n!$ 이다.

증 명 사상 $f: A \longrightarrow A$에 다음 세 조건은 서로 동치이다(정의 1.1.3).

(1) f는 일대일 대응이다.

(2) $f(a_1), \cdots, f(a_n)$은 모두 서로 다르고 또 $\{f(a_1), \cdots, f(a_n)\} = A$ 이다.

(3) $f(a_1), \cdots, f(a_n)$은 서로 다른 n개의 원소 $a_1, \cdots, a_n$을 일렬로 늘어놓은 순열이다.

따라서 A에서 A위로의 일대일 대응 전체의 개수는 서로 다른 n개의 원소 $a_1, a_2, \cdots, a_n$의 순열 전체의 개수 $n!$과 같다.

보기 2.3.3 집합 $A = \{1, 2, 3\}$에 대하여, A에서 A로의 일대일 대응은 다음과 같이 정의된 6개의 사상 $f_i: A \longrightarrow A$ 뿐이다.

$$\begin{array}{llll} f_1(1) = 1, & f_1(2) = 2, & f_1(3) = 3; & 1,\ 2,\ 3 \\ f_2(1) = 1, & f_2(2) = 3, & f_2(3) = 2; & 1,\ 3,\ 2 \\ f_3(1) = 2, & f_3(2) = 1, & f_3(3) = 3; & 2,\ 1,\ 3 \\ f_4(1) = 2, & f_4(2) = 3, & f_4(3) = 1; & 2,\ 3,\ 1 \\ f_5(1) = 3, & f_5(1) = 2, & f_5(2) = 1; & 3,\ 1,\ 2 \\ f_6(1) = 3, & f_6(2) = 2, & f_6(3) = 1 & 3,\ 2,\ 1 \end{array}$$

보기 2.3.4 유한집합 $U = \{x_1, x_2, \cdots, x_n\}$, $|U| = n$을 생각해 보자. 이제 A를 U의 부분집합이라고 하면, 각 i $(1 \leq i \leq n)$에 대하여 x_i는 A의 원소이거나 또는 원소가 아니므로 U의 부분집합 전체의 개수는 $2 \times 2 \times \cdots \times 2 = 2^n$ 이다.

다음과 같이 생각할 수도 있다.

집합 $\mathbb{B} = \{0, 1\}$에 대하여

$$\mathbb{B}^n = \{(b_1, \cdots, b_n) \mid b_1, \cdots, b_n \in \mathbb{B}\}$$

이라고 하면, $|\mathbb{B}^n| = 2^n$ 이다(정리 2.1.8).

이제 U 의 부분집합 A 에 대하여 $\phi(A) = (b_1, \cdots, b_n) \in \mathbb{B}^n$ 를 다음과 같이 정의하자.

$$b_i = \begin{cases} 1 & (x_i \in A \text{ 일 때}) \\ 0 & (x_i \notin A \text{ 일 때}) \end{cases}$$

이 때, $\phi : \mathscr{P}(U) \longrightarrow \mathbb{B}^n$ 는 분명히 일대일 대응이고 따라서 정리 2.2.1 에 의하여 $|\mathscr{P}(U)| = |\mathbb{B}^n| = 2^n$ 이다.

예를 들어, 유한집합 $U = \{x_1, x_2, x_3\}$ 에 대하여

$$A = \{x_1, x_2\}, \quad B = \{x_1, x_3\}, \quad C = \{x_2, x_3\},$$
$$D = \{x_1\}, \quad E = \{x_2\}, \quad F = \{x_3\}$$

이라고 하면, $\mathscr{P}(U) = \{A, B, C, D, E, F, \varnothing, U\}$ 이고 다음이 성립한다.

$$\phi(A) = (1, 1, 0), \quad \phi(B) = (1, 0, 1), \quad \phi(C) = (0, 1, 1),$$
$$\phi(D) = (1, 0, 0), \quad \phi(E) = (0, 1, 0), \quad \phi(F) = (0, 0, 1),$$
$$\phi(\varnothing) = (0, 0, 0), \quad \phi(U) = (1, 1, 1)$$

정의 2.3.4 서로 다른 n 개의 원소 $a_1, a_2, \cdots, a_n$ 중에서 서로 다른 r 개 $(1 \le r \le n)$ 원소를 택하여 모아놓은 것(즉, 부분집합) 을 **조합**(combination) 이라고 한다. 그리고, 서로 다른 n 개의 원소에서 서로 다른 r 개의 원소를 택하여 모아놓은 조합 전체의 개수를 $\binom{n}{r}$ 또는 ${}_n\mathrm{C}_r$ 또는 $C(n, r)$로 나타낸다.

보기 2.3.5 서로 다른 4 개의 문자 a, b, c, d 중에서 서로 다른 2 개의 문자를 택하여 만든 부분집합 전체는

$$\{a, b\}, \quad \{a, c\}, \quad \{a, d\}, \quad \{b, c\}, \quad \{b, d\}, \quad \{c, a\}$$

이고 따라서 $\binom{4}{2} = 6$ 이다.

그런데, 예를 들어 부분집합 $\{a, b\}$ 로부터 $2!$ 개의 순열 $a\ b,\ \ b\ a$ 를 얻으므로 ${}_4\mathrm{P}_2 = \binom{4}{2} \times 2!$ 이고 따라서 $\binom{4}{2} = \dfrac{{}_4\mathrm{P}_2}{2!}$ 이다.

정리 2.3.5 서로 다른 n개의 원소에서 서로 다른 $r\ (1 \le r \le n)$ 개의 원소를 택하여 모아놓은 조합 전체의 개수 $\binom{n}{r}$는 다음과 같다.

$$\binom{n}{r} = {}_n\mathrm{C}_r = \frac{{}_n\mathrm{P}_r}{r\,!} = \frac{n\,!}{r\,!(n-r)\,!}$$

특히, $\binom{n}{1} = n$, $\binom{n}{n} = 1$ 이다.

위의 정리가 성립함은 분명하다. 그리고, 양의 정수 n에 대하여

$$ {}_n\mathrm{P}_0 = 1, \qquad \binom{n}{0} = {}_n\mathrm{C}_0 = 1$$

로 정하면, $0! = 1$ 이므로 다음이 성립한다.

$$ {}_n\mathrm{P}_r = \frac{n\,!}{(n-r)\,!}, \qquad \binom{n}{r} = \frac{n\,!}{r\,!\,(n-r)\,!} \qquad\qquad (0 \le r \le n)$$

보기 2.3.6 카드 52장에서 네 장씩 같은 숫자 $1, 2, \cdots, 13$이 써 있을 때, 이 중에서 7장을 택하되 숫자 8이 써 있는 카드가 꼭 한 장 들어 있도록 택하는 방법의 가짓수를 구해보자.

숫자 8이 써 있는 네 장의 카드 중에서 한 장을 택하는 방법은 4가지가 있고, 또 카드 52 중에서 네 장을 제외한 48장의 카드에서 6장을 택하는 방법은 $\binom{48}{6}$가지가 있으므로, 구하는 방법의 가짓수는 다음과 같다.

$$4 \cdot \binom{48}{6} = 4 \cdot \frac{48\,!}{6\,!(48-6)\,!} = 4 \cdot \frac{48\,!}{6\,!\,42\,!} = 49086048$$

보기 2.3.7 남자 12명과 여자 20명 중에서 5명을 뽑아 위원회를 구성하려 한다고 하자. 이 때, 여자가 꼭 3명이 참여하도록 구성하려면, 여자 20명 중에서 3명을 택하고 남자 12명 중에서 2명을 택하여야 하므로 이와 같이 위원회를 구성하는 방법의 가짓수는 다음과 같다.

$$\binom{20}{3}\binom{12}{2} = 1140 \cdot 66 = 75240$$

마찬가지로, 여자가 적어도 3명이 참여하도록 위원회를 구성하는 방법의 가짓수는 다음과 같다.

$$\binom{20}{3}\binom{12}{2}+\binom{20}{4}\binom{12}{1}+\binom{20}{5}\binom{12}{0}$$
$$=75240+4845\cdot 12+15504=148884$$

정리 2.3.6 정수 $n\,(\geq 3)$에 대하여 다음이 성립한다.

(1) $1\leq i<j<k\leq n$인 정수 i, j, k 전체의 개수는 $\binom{n}{3}$이다.

(2) $1\leq i\leq j\leq k\leq n$인 정수 i, j, k 전체의 개수는 $\binom{n+2}{3}$이다.

증 명 (1) 구하는 개수는 서로 다른 n개의 숫자 $1, 2, 3, \cdots, n$ 중에서 서로 다른 3개의 숫자를 택하여 만든 조합의 개수와 일치하므로, 구하는 개수는 $\binom{n}{3}$이다.

(2) 숫자 $1, 2, 3, \cdots, n$과 문자 S, L이 써 있는 $n+2$개의 공 중에서 서로 다른 3개의 공을 꺼내는 방법의 개수는 $\binom{n+2}{3}$이다.

이 때, 꺼낸 3개의 공에 써 있는 것이 $i<j<k$인 숫자 i, j, k일 때에는 이에 대하여 $1\leq i<j<k\leq n$인 i, j, k를 대응시키자.

그리고, 3개의 공에 써 있는 것이 $i<k$인 두 숫자 i, k와 S일 때에는 $j=i$이라 놓고 이에 대하여 $1\leq i=j<k\leq n$ 인 정수 i, j, k를 대응시키자. 한편, 꺼낸 3개의 공에 써 있는 것이 $i<k$인 두 숫자 i, k와 L인 경우에는 $j=k$이라 놓고 이에 대하여 $1\leq i<j=k\leq n$인 정수 i, j, k를 대응시키자.

$$i,\ k\ (i<k),\ S \;\longrightarrow\; (i, j, k)\quad 1\leq i=j<k\leq n$$

$$i,\ k\ (i<k),\ L \;\longrightarrow\; (i, j, k)\quad 1\leq i<j=k\leq n$$

또, 꺼낸 3개의 공에 써 있는 것이 숫자 i와 S, L일 때에는 $j=k=i$ 라 놓고 이에 대하여 $i=j=k$인 정수 i, j, k를 대응시키자.

이와 같이 대응시키면, $1 \le i \le j \le k \le n$ 인 정수 i, j, k가 모두 대응하고 따라서 이러한 i, j, k 전체의 개수는 $\binom{n+2}{3}$ 이다.

보기 2.3.8 양의 정수 $n=4$ 에 대하여 $1 \le i \le j \le k \le 4$ 인 정수 i, j, k를 택하여 만든 순서 3조 (i, j, k) 는 다음과 같이 $\binom{6}{3}=20$ 개가 있다.

$(1, 2, 3)$, $(1, 2, 4)$, $(1, 3, 4)$, $(2, 3, 4)$,
$(1, 1, 2)$, $(1, 1, 3)$, $(1, 1, 4)$, $(2, 2, 3)$, $(2, 2, 4)$, $(3, 3, 4)$,
$(1, 2, 2)$, $(1, 3, 3)$, $(1, 4, 4)$, $(2, 3, 3)$, $(2, 4, 4)$, $(3, 4, 4)$,
$(1, 1, 1)$, $(2, 2, 2)$, $(3, 3, 3)$, $(4, 4, 4)$

정리 2.3.7 양의 정수 n과 $0 \le r \le n$ 인 정수 r에 대하여 다음이 성립한다.

(1) $\binom{n}{r}=\binom{n}{n-r}$ (2) $\binom{n+1}{r}=\binom{n}{r-1}+\binom{n}{r}$

증 명 정리 2.3.5 에 의하여 다음 두 등식이 성립한다.

$$\binom{n}{r}=\frac{n!}{r!\,(n-r)!}=\frac{n!}{(n-r)!\,[n-(n-r)]!}=\binom{n}{n-r},$$

$$\begin{aligned}\binom{n}{r-1}+\binom{n}{r}&=\frac{n!}{(r-1)!\,(n-r+1)!}+\frac{n!}{r!\,(n-r)!}\\&=\frac{n!\,r+n!\,(n-r+1)}{r!\,(n-r+1)!}=\frac{n!\,(n+1)}{r!\,(n-r+1)!}\\&=\frac{(n+1)!}{r!\,[(n+1)-r]!}=\binom{n+1}{r}\end{aligned}$$

정리 2.3.8 (이항정리, Binomial theorem) 양의 정수 n과 서로 다른 두 문자 a, b 에 대하여 다음이 성립한다.

$$(a+b)^n=\sum_{r=0}^{n}\binom{n}{r}a^r b^{n-r},\quad (a+b)^n=\sum_{r=0}^{n}\binom{n}{r}a^{n-r}b^r$$

증 명 각 정수 r $(0 \le r \le n)$ 에 대하여 곱

$$(a+b)^n = (a+b)\,(a+b)\,\cdots\,(a+b)$$

의 n 개의 인수 $(a+b)$ 중에서 r 개의 인수에서는 a 를 택하고 나머지 $n-r$ 개의 인수에서는 b 를 택하여 곱하면 $a^r b^{n-r}$ 를 얻는다. 그런데, 이와 같이 택하는 방법은 $\binom{n}{r}$ 가지가 있으므로 다음 등식이 성립한다.

$$(a+b)^n = \sum_{r=0}^{n} \binom{n}{r} a^r b^{n-r}$$

마찬가지 방법으로, 다음 등식이 성립함을 증명할 수 있다.

$$(a+b)^n = \sum_{r=0}^{n} \binom{n}{r} a^{n-r} b^r$$

앞의 정리가 성립한다는 의미에서 양의 정수 n 과 $0 \le r \le n$ 인 정수 r 에 대하여

$$\binom{n}{r} = \frac{n!}{r!\,(n-r)!}$$

를 **이항계수**(binomial coefficient) 라고 한다. 정리 2.3.7 을 이용하면, 이항계수의 값을 오른쪽 표와 같이 순차적으로 구할 수 있다.

이 표를 Pascal 의 삼각형이라고 한다.

1 1
1 2 1
1 3 3 1
1 ④ ⑥ 4 1
1 5 **10** 10 5 1
1 6 15 20 15 6 1

보기 2.3.9 이항정리에 의하여 다음 등식을 얻는다.

$$(a+b)^2 = a^2 + 2ab + b^2$$

$$(a+b)^3 = a^3 + 3a^2b + 3ab^2 + b^3$$

$$(a+b)^4 = a^4 + 4a^3b + 6a^2b^2 + 4ab^3 + b^4$$

$$(a+b)^5 = a^5 + 5a^4b + 10a^3b^2 + 10a^2b^3 + 5ab^4 + b^5$$

보기 2.3.10 이항정리에 의하여 다음 등식이 성립한다.

$$(1+x)^n = \sum_{r=0}^{n}\binom{n}{r}x^r = \binom{n}{0} + \binom{n}{1}x + \cdots + \binom{n}{r}x^n$$

이 등식의 양변에 $x=1$과 $x=-1$을 대입하면 다음 결과를 얻는다.

(1) $\displaystyle\sum_{r=0}^{n}\binom{n}{r} = \binom{n}{0} + \binom{n}{1} + \cdots + \binom{n}{n-1} + \binom{n}{n} = 2^n$

(2) $\displaystyle\sum_{r=0}^{n}(-1)^r\binom{n}{r} = \binom{n}{0} - \binom{n}{1} + \cdots + (-1)^n\binom{n}{n} = 0$

유한집합 U에서 $|U| = n$일 때, 각 정수 $r\ (0 \le r \le n)$에 대하여 r개의 원소를 가진 U의 부분집합의 개수는 $\binom{n}{r}$이므로 위의 등식 (1)에 의하여 U의 부분집합 전체의 개수는 다음과 같다(보기 2.3.4 참조).

$$|\mathscr{P}(U)| = \sum_{r=0}^{n}\binom{n}{r} = 2^n$$

정리 2.3.9 (Vandemonde의 정리) 두 양의 정수 n, m과 $0 \le r \le n$, $0 \le r \le m$인 정수 r에 대하여 다음 등식이 성립한다.

$$\binom{m+n}{r} = \sum_{i=0}^{r}\binom{m}{i}\binom{n}{r-i}$$

증 명 먼저 m개의 빨간 공과 n개의 파란 공으로 이루어진 $m+n$개의 공 중에서 r개의 공을 택하여 만든 조합의 개수는 $\binom{m+n}{r}$이다.

이와 같이 택한 조합 중에 빨간 공이 i개 들어있다면, $0 \le i \le r$이고 또 이 조합에는 파란 공이 $r-i$개 있다.

그런데, 각 $i\ (0 \le i \le r)$에 대하여 m개의 빨간 공 중에서 i개를 택하여 만든 조합의 개수는 $\binom{m}{i}$이고 또 n개의 파란 공 중에서 $r-i$개를 택하여 만든 조합의 개수는 $\binom{n}{r-i}$이다.

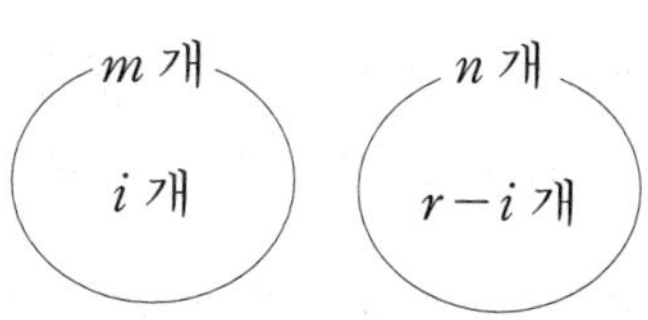

따라서 각 i $(0 \le i \le r)$ 에 대하여 $m+n$ 개의 공 중에서 r 개의 공을 택하여 만든 조합 가운데 i 개의 빨간 공이 들어 있는 조합의 개수는 $\binom{m}{i}\binom{n}{r-i}$ 이다.

그러므로 $\binom{m+n}{r} = \sum_{i=0}^{r} \binom{m}{i}\binom{n}{r-i}$ 이다.

연 습 문 제 (2.3)

1. 학생 13명에게 서로 다른 책 8권을 분배하되 한 학생에게 한 권 이상은 분배하지 않는다면 이와 같은 분배 방법은 몇 가지나 있는가?

2. 회원 10명으로 이루어진 모임에서 회장 1명, 부회장 1명, 총무 1명을 뽑는 방법은 모두 몇 가지가 있는가?

*3. 학생 8명을 세 팀으로 나누어 첫째 날에는 3명, 둘째 날에는 3명, 셋째 날에는 2명이 각각 순서를 정하여 논문을 발표한다고 할 때, 이와 같이 발표하는 방법은 모두 몇 가지가 있는가?

*4. 어느 학회의 지부가 경기도 출신 6명, 강원도 출신 7명, 충청도 출신 8명으로 이루어져 있다고 한다. 이 때, 다음과 같은 방법의 가짓수를 구하여라.

   (1) 각 도에서 2명씩 뽑아 6명으로 이루어진 위원회를 만드는 방법
   (2) 각 도에서 적어도 2명씩 뽑아 7명으로 이루어진 위원회를 만드는 방법

5. 동전을 10번 던져 나오는 앞면과 뒷면의 횟수를 관찰할 때,

   (1) 일어날 수 있는 경우는 모두 몇 가지가 있는가?
   (2) 이 중에서 앞면이 꼭 4번 나오는 경우는 모두 몇 가지가 있는가?

6. 기호 0, 1를 써서 만들 수 있는 12자리의 수열 중에서 꼭 5개의 항만이 1인 수열은 모두 몇 개 있는가?

*7. 연이은 n 개의 양의 정수의 곱은 $n\,!$ 의 배수임을 증명하여라.

8. 정수 $n\ (\geq 4)$ 에 대하여 다음을 구하여라.

(1) $1 \leq i < j \leq n$ 인 정수 i, j 전체의 개수

(2) $1 \leq i \leq j \leq n$ 인 정수 i, j 전체의 개수

(3) $1 \leq i < j < k < l \leq n$ 인 정수 i, j, k, l 전체의 개수

(4) $1 \leq i \leq j \leq k \leq l \leq n$ 인 정수 i, j, k, l 전체의 개수

9. 이항정리를 이용하여 다음 식을 전개하여라.

(1) $(3a^2 + 2b)^5$　　(2) $(x + y)^6$

(3) $\left(x - \dfrac{x^2}{2}\right)^3$　　(4) $\left(2x^2 - \dfrac{1}{x}\right)^4$

10. 다음 식을 전개했을 때의 x^{16} 의 계수를 구하여라.

*(1) $\left(2x - \dfrac{x^2}{2}\right)^{12}$　　(2) $\left(2x^3 - \dfrac{1}{x^2}\right)^{12}$

***11.** 양의 정수 n 에 대하여 다음 등식이 성립함을 증명하여라.

$$\sum_{i=n+1}^{2n+1} \binom{2n+1}{i} = \sum_{r=0}^{n} \binom{2n+1}{r}$$

***12.** 양의 정수 n 에 대하여 다음 등식이 성립함을 증명하여라.

$$\sum_{r=0}^{n} \binom{n}{r}^2 = \binom{2n}{n}$$

***13.** 양의 정수 n, m, k 에 대하여 $m + k \leq n$ 일 때 다음이 성립함을 밝혀라.

$$\binom{n}{m}\binom{n-m}{k} = \binom{n}{k}\binom{n-k}{m}$$

14. 양의 정수 n 과 $0 \leq r \leq m \leq n$ 인 정수 r, m 에 대하여 다음 등식이 성립함을 증명하여라.

$$\binom{n}{m}\binom{m}{r} = \binom{n}{m-r}\binom{n-m+r}{r}$$

§ 2.4 중복수열과 중복조합

기호 0, 1 을 써서 만들 수 있는 길이가 3 인 부호(code) 는 다음과 같은 2^3 개의 부호어로 이루어져 있다(§7.1 참조).

0 0 0, 0 0 1, 0 1 0, 0 1 1,

1 0 0, 1 0 1, 1 1 0, 1 1 1

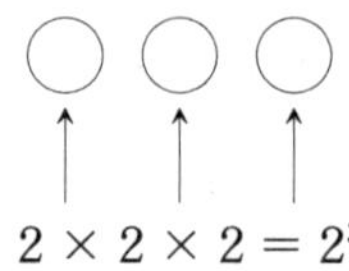

정의 2.4.1 서로 다른 n 개의 원소 중에서 중복을 허락하여 몇 개의 원소를 택하여 일렬로 늘어놓은 것을 **중복순열**(permutation with repetition)이라고 한다. 또, 서로 다른 n 개의 원소 중에서 중복을 허락하여 r 개의 원소를 택하여 만든 중복순열 개수를 ${}_n\Pi_r$ 로 나타낸다.

그리고, 서로 다른 n 개의 원소 중에서 중복을 허락하여 몇 개의 원소를 택하여 모아놓은 것을 **중복조합**(combination with repetition)이라고 한다. 또, 서로 다른 n 개의 원소 중에서 중복을 허락하여 r 개의 원소를 택하여 만든 중복조합 전체의 개수를 ${}_n\mathrm{H}_r$ 로 나타낸다.

곱의 원리에 의하여 다음 정리가 성립한다(정리 2.1.9).

정리 2.4.2 서로 다른 n 개의 원소 중에서 중복을 허락하여 r 개의 원소를 택하여 일렬로 늘어놓은 중복순열의 개수는 ${}_n\Pi_r = n^r$ 이다.

보기 2.4.1 학생 4 명이 6 가지 영화를 동시에 상영하는 대형 영화관에서 각각 한 가지 영화를 관람하는 방법은 ${}_6\Pi_4 = 6^4$ 가지가 있다.

실제로, 이러한 관람하는 방법은 6 가지 중에서 중복을 허락하여 4 가지를 택하는 방법과 같다.

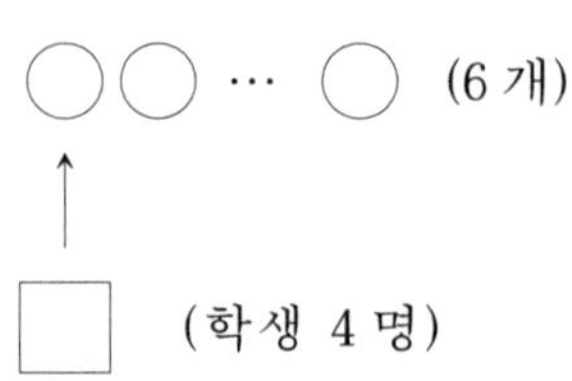

보기 2.4.2 두 문자 a, b 중에서 중복을 허락하여 세 문자를 택하여 만든 중복조합은 $a\ a\ a$, $a\ a\ b$, $a\ b\ b$, $b\ b\ b$ 뿐이므로 ${}_2\mathrm{H}_3 = 4$ 이다.

다섯 문자 a_1, a_2, a_3, a_4, a_5 중에서 중복을 허락하여 세 문자를 택하여 만든 중복조합의 개수 ${}_5\mathrm{H}_3$ 를 구해 보자.

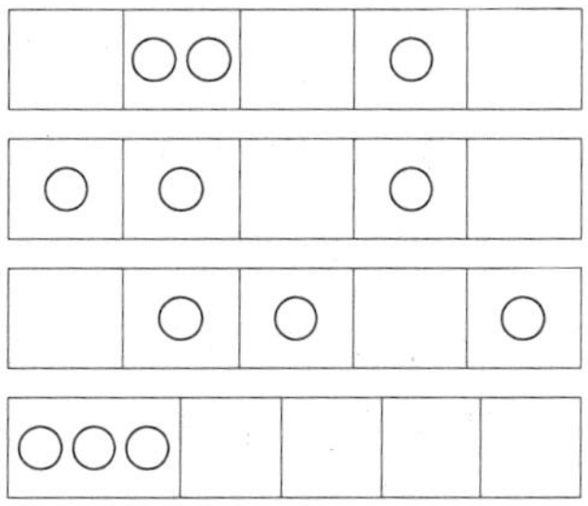

오른쪽 그림에서 연이은 5 개의 빈 네모가 차례로 a_1, a_2, a_3, a_4, a_5 를 나타낼 때, 이 상자에 3 개의 동그라미를 그리되 한 네모에 들어 있는 동그라미는 동일한 것으로 생각하면 ${}_5\mathrm{H}_3$ 는 이 상자에 3 개의 동그라미를 그려 넣는 방법의 가짓수와 같다. 예를 들면, 첫째 그림은 a_1, $a_2, \cdots, a_5$ 중에서 3 개의 원소를 택하되 a_2 는 두 번 택하고 a_4 는 한 번 택한 것을 나타낸다. 한편, 네모의 내부 벽을 막대로 나타내면, 이 그림은 4 개의 막대와 3 개의 동그라미를 써서

$$|\bigcirc\ \bigcirc|\quad|\bigcirc|$$

으로 나타낼 수 있다. 여기서 막대는 a_1, a_3, a_5 를 택하지 않았음을 뜻한다.

그런데, 이 상자에는 내부 벽이 4 개 있고 동그라미는 3 개 있으며 이들 7 (= 4+3) 개의 막대와 동그라미의 위치에 따라 어떤 원소를 몇 번 택할 것인지가 결정된다. 따라서 이들 7 개의 막대 또는 동그라미를 모두 서로 다르다고 생각하면, 구하는 ${}_5\mathrm{H}_3$ 는 서로 다른 7 개의 원소 중에서 서로 다른 3 개의 원소를 택하여 만든 조합의 개수와 같으므로 다음이 성립한다.

$${}_5\mathrm{H}_3 = {}_7\mathrm{C}_3 = \binom{7}{3} = \frac{7 \cdot 6 \cdot 5}{3 \cdot 2 \cdot 1} = 35$$

위와 마찬가지 방법으로 다음 정리를 증명할 수 있다.

정리 2.4.3 서로 다른 n 개의 원소 $a_1, a_2, \cdots, a_n$ 에서 중복을 허락하여 r 개의 원소를 택하여 만든 중복조합의 개수 ${}_n\mathrm{H}_r$ 는 다음과 같다.

$${}_n\mathrm{H}_r = {}_{n+r-1}\mathrm{C}_r = \binom{n+r-1}{r} = \frac{(n+r-1)!}{r!\,(n-1)!}$$

보기 2.4.3 번호를 매긴 10개의 상자에 모양이 같은 3개의 구슬을 나누어 분배하는 방법을 다음 각 경우에 대하여 생각해 보자.

1	2	⋯	9	10

(I) 세 구슬이 각각 빨간 구슬, 파란 구슬, 노란 구슬인 경우

(I-1) 각 상자에 1개 이하의 구슬이 들어가는 경우

이 경우에 빨간 구슬이 들어갈 수 있는 상자는 10개, 파란 구슬이 들어갈 수 있는 상자는 9개, 노란 구슬이 들어갈 수 있는 상자는 8개 있으므로 분배하는 방법의 가짓수는 다음과 같다.

$${}_{10}P_3 = 10 \cdot 9 \cdot 8 = 720$$

(I-2) 각 상자에 들어가는 구슬의 개수에 아무런 제한이 없는 경우

이 경우에 각 구슬이 들어갈 수 있는 상자는 10가지씩이므로, 분배하는 방법의 가짓수는 다음과 같다.

$${}_{10}\Pi_3 = 10^3$$

(II) 구슬의 색깔이 모두 같은 경우

(II-1) 각 상자에 1개 이하의 구슬이 들어가는 경우

이 경우의 분배 방법은 10개의 상자 중에서 3개의 상자를 택하여 구슬을 한 개씩 넣는 방법과 같으므로, 분배 방법의 가짓수는 다음과 같다.

$$\binom{10}{3} = \frac{10 \cdot 9 \cdot 8}{3\,!} = 120$$

(II-2) 각 상자에 들어가는 구슬의 개수에 아무런 제한이 없는 경우

이 경우의 분배 방법은 10개의 상자에서 중복을 허락하여 3개를 택하여 구슬을 넣는 방법과 같으므로, 분배 방법의 가짓수는 다음과 같다.

$${}_{10}H_3 = \binom{10+3-1}{3} = \binom{12}{3} = \frac{12 \cdot 11 \cdot 10}{3 \cdot 2 \cdot 1} = 220$$

위의 보기로부터 다음 정리가 성립함을 알 수 있다.

정리 2.4.4 각 경우에 따라 서로 구별되는 n 개의 상자에 k 개의 물건을 분배하는 방법의 가짓수는 다음과 같다.

(I) 물건이 구별되는 경우

(1) 상자 안에 1 개 이하의 물건이 들어가는 경우	(2) 상자 안에 들어가는 물건의 개수에 제한이 없는 경우
${}_n\mathrm{P}_k$	n^k

(II) 물건이 구별되지 않는 경우

(1) 상자 안에 1 개 이하의 물건이 들어가는 경우	(2) 상자 안에 들어가는 물건의 개수에 제한이 없는 경우
$\binom{n}{k}$	$\binom{n+k-1}{k}$

보기 2.4.4 번호를 매긴 10 개의 상자에 구슬을 넣되 각 상자에 1 개 이하의 구슬이 들어가도록 분배하는 방법을 생각해 보자.

(1) 빨간 구슬 2 개, 파란 구슬 1 개를 넣는 경우에 구하는 분배 방법의 가짓수는 다음과 같다.

$$\binom{10}{2}\binom{8}{1}=\frac{10\,!}{2\,!\,8\,!}\cdot\frac{8\,!}{1\,!\,7\,!}=\frac{10\,!}{2\,!\,1\,!\,7\,!}$$

(2) 빨간 구슬 2 개, 파란 구슬 5 개, 노란 구슬 3 를 넣는 경우에 분배 방법의 가짓수는 다음과 같다.

$$\binom{10}{2}\binom{8}{5}\binom{3}{3}=\frac{10\,!}{2\,!\,8\,!}\cdot\frac{8\,!}{5\,!\,3\,!}\cdot\frac{3\,!}{3}=\frac{10\,!}{2\,!\,5\,!\,3\,!}$$

정리 2.4.5 원소 n 개 중에서 n_1 개, n_2 개, $\cdots$, n_k 개의 원소가 각각 서로 같고 $n=n_1+n_2+\cdots+n_k$ 일 때, 이들 n 개의 원소를 일렬로 늘어놓는 방법의 가짓수는 다음과 같다.

$$\frac{n\,!}{n_1\,!\cdot n_2\,!\cdot\cdots\cdot n_k\,!}$$

증 명 일렬로 늘어놓은 n 개의 자리 중에서 n_1 개의 자리를 택하여 이 자리에 서로 같은 n_1 개의 원소를 늘어놓는 방법은 $\binom{n}{n_1}$ 가지가 있고 또 나머지 $n-n_1$ 개의 자리 중에서 n_2 개의 자리를 택하여 이 자리에 서로 같은 n_2 개의 원소를 늘어놓는 방법은 $\binom{n-n_1}{n_2}$ 가지가 있으며 마지막으로 n_k 개의 자리에 서로 같은 n_k 개의 원소를 늘어놓는 방법은 1 가지가 있다.

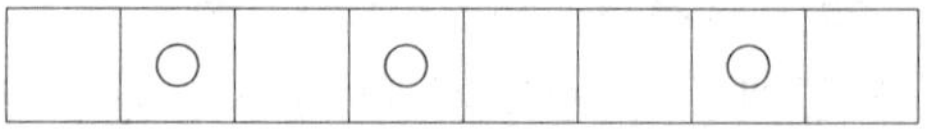

따라서 이들 n 개의 원소를 일렬로 늘어놓는 방법의 가짓수는 다음과 같다.

$$\binom{n}{n_1}\cdot\binom{n-n_1}{n_2}\cdot\cdots\cdot\binom{n-n_1-\cdots-n_{k-1}}{n_k}$$
$$=\frac{n\,!}{n_1\,!\cdot(n-n_1)\,!}\cdot\frac{(n-n_1)\,!}{n_2\,!\cdot(n-n_1-n_2)\,!}\cdot\cdots\cdot\frac{n_k\,!}{n_k\,!}$$
$$=\frac{n\,!}{n_1\,!\cdot n_2\,!\cdot\cdots\cdot n_k\,!}$$

위의 정리와 마찬가지 방법으로 다음 정리가 성립함을 증명할 수 있다.

정리 2.4.6 서로 다른 n 개의 원소를 서로 구별이 되는 k 개의 상자에 각각 n_1 개, n_2 개, $\cdots$, n_k 개씩 분배하는 방법의 가짓수는 다음과 같다.

$$\frac{n\,!}{n_1\,!\cdot n_2\,!\cdot\cdots\cdot n_k\,!}$$

보기 2.4.5 여학생 4 명 중에서 2 명은 문예반, 1 명은 과학반, 나머지 1 명은 체육반으로 배치하는 방법의 가짓수는 다음과 같다.

$$\frac{4\,!}{2\,!\cdot1\,!\cdot1\,!}=12$$

마찬가지로, 남학생 8 명을 세 방에 각각 3 명, 3 명, 2 명씩 투숙시키는 방법은 모두 $\frac{8\,!}{3\,!\cdot3\,!\cdot2\,!}=560$ 가지가 있다.

이항정리의 증명과 마찬가지 방법으로, 정리 2.4.6을 이용하여 다음 정리를 증명할 수 있다.

정리 2.4.7 (다항정리, multinomial theorem) 양의 정수 n과 서로 다른 k개의 문자 $x_1, x_2, \cdots, x_k$에 대하여 다음 등식이 성립한다.

$$(x_1+x_2+\cdots+x_k)^n = \sum_{\substack{0\le n_1,\, n_2 \cdots\, n_k \le n \\ n_1+n_2+\cdots+n_k=n}} \frac{n!}{n_1!\,n_2!\cdots n_k!} x_1^{n_1} x_2^{n_2} \cdots x_k^{n_k}$$

여기서 총합 기호 $\sum$는

$$0 \le n_1 \le n,\quad 0 \le n_2 \le n,\ \cdots,\quad 0 \le n_k \le n,$$
$$n_1 + n_2 + \cdots + n_k = n$$

인 정수 $n_1, n_2, \cdots, n_k$ 전체에 대한 합을 나타낸다.

위의 정리에서 $\dfrac{n!}{n_1!\,n_2!\cdots n_k!}$를 **다항계수**(multinomial coefficient)라고 한다.

보기 2.4.6 다항정리에 의하여 다음 등식이 성립한다.

(1) $(x_1+x_2+x_3)^2 = x_1^2 + x_2^2 + x_3^2 + 2x_1x_2 + 2x_1x_3 + 2x_2x_3,$

(2) $(x_1+x_2+x_3)^3 = x_1^3 + x_2^3 + x_3^3 + 3x_1^2x_2 + 3x_1^2x_3 + 3x_2^2x_1 + 3x_2^2x_3 + 3x_3^2x_1 + 3x_3^2x_2 + 6x_1x_2x_3$

(3) $(x_1+x_2+x_3)^4 = x_1^4 + x_2^4 + x_3^4 + 4x_1^3x_2 + 4x_1^3x_3 + 4x_2^3x_1 + 4x_2^3x_3 + 4x_3^3x_1 + 4x_3^3x_2 + 6x_1^2x_2^2 + 6x_1^2x_3^2 + 6x_2^2x_3^2 + 12x_1^2x_2x_3 + 12x_2^2x_1x_3 + 12x_3^2x_1x_2$

$$\frac{3!}{3!}=1,\quad \frac{3!}{2!\,1!}=3,\quad \frac{3!}{1!\,1!\,1!}=6$$

$$\frac{4!}{4!}=1,\quad \frac{4!}{3!\,1!}=4,\quad \frac{4!}{2!\,2!}=6,\quad \frac{4!}{2!\,1!\,1!}=12$$

다항식 $(x_1+x_2+x_3)^3$ 을 전개했을 때 생기는 x_1, x_2, x_3 에 관한 3차의 동차식은

$$x_1^3,\quad x_2^3,\quad x_3^3,\quad x_1^2 x_2,$$
$$x_1^2 x_3,\quad x_2^2 x_1,\quad x_2^2 x_3,\quad x_3^2 x_1,\quad x_3^2 x_2,$$
$$x_1 x_2 x_3$$

뿐이다(보기 2.4.6 참조). 실제로, 이들 각 곱은 세 문자 x_1, x_2, x_3 에서 중복을 허락하여 3개를 택하여 곱한 곱이므로 3차의 동차식의 개수는

$${}_3\mathrm{H}_3 = \binom{5}{3} = 10$$

이고, 이것은 $(x_1+x_2+x_3)^3$ 을 전개했을 때의 항의 개수와 일치한다.

일반적으로, 서로 다른 n 개의 문자 $x_1, x_2, \cdots, x_n$ 에서 중복을 허락하여 r 개를 택하여 만든 곱인 r 차의 동차식은 모두 다음과 같은 꼴이다.

$$x_1^{e_1} x_2^{e_2} \cdots x_n^{e_n}$$

여기서 $e_1, e_2, \cdots, e_n$ 은 다음과 같은 정수이다.

$$0 \le e_1 \le n,\quad 0 \le e_2 \le n,\quad \cdots,\quad 0 \le e_n \le n,$$
$$e_1 + e_2 + \cdots + e_n = r$$

위에서와 마찬가지로, 다음 정리가 성립함을 쉽게 알 수 있다.

정리 2.4.8 서로 다른 n 개의 문자 $x_1, x_2, \cdots, x_n$ 에서 중복을 허락하여 r 개를 택하여 만든 r 차의 동차식 전체의 개수는 다음과 같다.

$${}_n\mathrm{H}_r = \binom{n+r-1}{r}$$

보기 2.4.7 음이 아닌 정수 r 에 대하여 $x_1, x_2, \cdots, x_n$에 관한 일차방정식

$$x_1 + x_2 + \cdots + x_n = r$$

의 해 중에서 $x_1, x_2, \cdots, x_n$ 의 값이 모두 음이 아닌 정수인 해 전체의 개수 ${}_n\mathrm{H}_r$ 이다.

실제로, 이러한 해

$$x_1 = e_1, \quad x_2 = e_2, \quad \cdots, \quad x_n = e_n$$

에 대하여 서로 다른 n 개의 문자 $y_1, y_2, \cdots, y_n$ 에 관한 r 차의 곱

$$y_1^{e_1} y_2^{e_2} \cdots y_n^{e_n}$$

이 대응하고, 역으로 $y_1, y_2, \cdots, y_n$ 에 관한 r 차의 곱 $y_1^{e_1} y_2^{e_2} \cdots y_n^{e_n}$ 에 대하여 조건을 만족시키는 일차방정식의 해가 대응한다.

따라서 정리 2.4.8 에 의하여 이와 같은 해 전체의 개수는 ${}_n\mathrm{H}_r$ 이다.

연 습 문 제 (2.4)

1. 흰 공 10 개, 빨간 공 10 개, 파란 공 10 개 모두 30 개의 공을 서로 다른 60 개의 상자에 넣되 각 상자에 많아야 1 개가 들어가도록 넣는 방법은 모두 몇 가지가 있는가?

***2.** 다음과 같은 경우에 똑같은 공 3 개를 서로 다른 10 개의 상자에 넣는 방법은 모두 몇 가지 있는지 말하여라.

(1) 세 공을 서로 다른 상자에 넣는 경우

(2) 두 공은 한 상자에 넣고 나머지 공은 다른 상자에 넣는 경우

(3) 세 공 모두 한 상자에 넣는 경우

(4) 각 상자에 들어가는 공의 개수에 제한이 없는 경우

3. 똑같은 공 10 개를 3 개의 상자에 넣는 방법은 모두 몇 가지가 있는지 말하여라. 여기서 각 상자에 들어가는 공의 개수에는 제한이 없다.

***4.** 모양의 똑같은 인형 30 개를 서로 다른 7 개의 선반 위에 올려놓는 방법은 모두 몇 가지가 있는지 말하여라.

5. 동전에는 10 원 짜리, 50 원 짜리, 100 원 짜리 등 세 종류가 있다.
이와 같은 동전 중에서 10 개를 택하여 수집품을 만들 수 있는 방법은 모두 몇 가지가 있는가?

*6. 장난감 자동차 9대 중에서 4대는 빨간 자동차 3대는 파란 자동차, 2대는 노란 자동차일 때, 이 장난감 차 9대를 일렬로 늘어놓는 방법의 가짓수를 구하여라.

7. 다음 식을 전개하여라.

(1) $(2x+3y-z)^3$ (2) $(2a-b+3c)^3$

8. 다음 식을 전개하여라.

(1) $(a+b+c+d)^2$ (2) $(a+b+c+d)^3$

*9. 미지수 a, b, c, d에 관한 3차의 동차식 전체의 개수를 구하여라.
그리고, 미지수 a, b, c, d에 관한 5차의 동차식 전체의 개수를 구하여라.

10. 미지수 x, y, z, w에 관한 다항식 $(x+y+z+w)^5$을 전개했을 때의 항의 개수를 구하여라.

*11. 세 미지수 x, y, z에 관한 일차방정식

$$x+y+z=10$$

에 대하여 다음 물음에 답하여라.

(1) 이 일차방정식의 해 중에서 x, y, z가 모두 음이 아닌 정수인 해 전체의 개수를 구하여라.

(2) 이 일차방정식의 해 중에서 x, y, z가 모두 양의 정수인 해 전체의 개수를 구하여라.

*12. 다음 물음에 답하여라.

(1) 미지수 x_1, x_2, x_3, x_4에 관한 일차방정식 $x_1+x_2+x_3+x_4=19$의 해 중에서 x_1, x_2, x_3, x_4가 모두 음이 아닌 정수이면서 $x_1 \geq 7$인 해 전체의 개수를 구하여라.

(2) 미지수 x_1, x_2, x_3, x_4에 관한 일차방정식 $x_1+x_2+x_3+x_4=19$의 해 중에서 x_1, x_2가 각각 $x_1 \geq 7$, $x_2 \geq 6$인 정수이고 또 x_3, x_4가 모두 음이 아닌 정수인 해 전체의 개수를 구하여라.

§2.5 특수한 순열

정리 2.1.2 와 정리 2.1.4 는 다음 정리의 특수한 경우이다.

정리 2.5.1 유한집합 $A_1, A_2, \cdots, A_n\,(n \geq 2)$ 에 대하여 다음이 성립한다.

$$\begin{aligned} |A_1 \cup A_2 \cup \cdots \cup A_n| = \sum_{i=1}^{n} |A_i| - \sum_{1 \leq i < j \leq n} |A_i \cap A_j| \\ + \sum_{1 \leq i < j \leq n} |A_i \cap A_j \cap A_k| \\ - \cdots + (-1)^{n+1} |A_1 \cap A_2 \cap \cdots \cap A_n| \end{aligned}$$

증 명 정리 2.1.2 에 의하여 $n = 2$ 일 때 정리가 성립한다.

이제 $n = m \geq 2$ 일 때, m 개의 유한집합에 대하여 정리가 성립한다고 가정하고 $A_1, A_2, \cdots, A_m, A_{m+1}$ 을 유한집합이라고 하자.

이 때, 정리 2.1.2, 정리 1.5.3 과 귀납법 가정에 의하여 다음이 성립한다.

$$\begin{aligned} & |A_1 \cup \cdots \cup A_m \cup A_{m+1}| \\ &= |(A_1 \cup \cdots \cup A_m) \cup A_{m+1}| \\ &= |A_1 \cup \cdots \cup A_m| + |A_{m+1}| - |(A_1 \cup \cdots \cup A_m) \cap A_{m+1}| \\ &= |A_1 \cup \cdots \cup A_m| + |A_{m+1}| - |(A_1 \cap A_{m+1}) \cup \cdots \cup (A_m \cap A_{m+1})| \\ &= \sum_{i=1}^{m} |A_i| - \sum_{1 \leq i < j \leq m} |A_i \cap A_j| + \sum_{1 \leq i < j < k \leq m} |A_i \cap A_j \cap A_k| \\ &\qquad - \sum_{1 \leq i < j < k < l \leq m} |A_i \cap A_j \cap A_k \cap A_l| \\ &\qquad + \cdots + (-1)^{m+1} |A_1 \cap A_2 \cap \cdots \cap A_m| + |A_{m+1}| \\ &\qquad - \sum_{i=1}^{m} |A_i \cap A_{m+1}| + \sum_{1 \leq i < j \leq m} |A_i \cap A_j \cap A_{m+1}| \\ &\qquad - \sum_{1 \leq i < j < k \leq m} |A_i \cap A_j \cap A_k \cap A_{m+1}| \\ &\qquad + \cdots - (-1)^{m+1} |A_1 \cap A_2 \cap \cdots \cap A_m \cap A_{m+1}| \end{aligned}$$

$$
\begin{aligned}
&= \sum_{i=1}^{m+1} |A_i| - \sum_{1 \le i < j \le m+1} |A_i \cap A_j| \\
&\quad + \sum_{1 \le i < j < k \le m+1} |A_i \cap A_j \cap A_k| \\
&\quad - \sum_{1 \le i < j < k < l \le m+1} |A_i \cap A_j \cap A_k \cap A_l| \\
&\quad - \cdots + (-1)^{m+2} |A_1 \cap A_2 \cap \cdots \cap A_{m+1}|
\end{aligned}
$$

따라서 정리의 등식은 $n = m+1$ 일 때도 성립한다.

그러므로 $n \ge 2$ 인 모든 정수 n 에 대하여 정리가 성립한다(정리 1.2.3).

앞의 정리에서 총합기호 $\sum$는 각각 $\binom{n}{1}$개, $\binom{n}{2}$개, $\cdots$, $\binom{n}{n}$개의 항의 합을 나타낸다(정리 2.3.6 참조).

세 사람에게 온 편지가 각각 1, 2, 3 일 때, 우체부가 이 세 편지를 세 사람에게 전달하는 방법은 다음 6 가지가 있다. 앞으로 혼동을 피하기 위하여 숫자와 숫자 사이의 , 를 생략한다.

$$1\ 2\ 3,\quad 1\ 3\ 2,\quad 2\ 1\ 3,\quad 2\ 3\ 1,\quad 3\ 1\ 2,\quad 3\ 2\ 1$$

여기서 '1 2 3'은 편지가 세 사람 모두 제대로 전달되는 경우를 나타내고 '1 3 2'은 편지가 첫째 사람에게는 제대로 전달되나 둘째 사람과 셋째 사람에게는 뒤바뀌어 전달되는 경우를 뜻한다. 또, 세 사람 모두에게 편지가 잘못 전달되는 경우는 '2 3 1' 과 '3 1 2' 두 가지뿐이다.

정의 2.5.2 양의 정수 1, 2, $\cdots$, n 의 순열 $i_1\, i_2 \cdots i_n$ 에서

$$i_1 \ne 1,\quad i_2 \ne 2,\quad \cdots,\quad i_n \ne n$$

일 때, 이 순열을 1, 2, $\cdots$, n 의 **교란**(derangement)이라고 한다.

양의 정수 n 에 대하여 1, 2, $\cdots$, n 의 순열 전체의 집합을 S_n 으로 나타내고 1, 2, $\cdots$, n 의 교란 전체의 집합을 D_n 으로 나타내면, $|S_n| = n!$ 이고 또 $|D_n|$ 은 교란 전체의 개수이다(정리 2.3.2).

보기 2.5.1 분명히 $|S_1| = 1$, $|D_1| = 0$ 이다.

또, 양의 정수 1, 2 의 순열은 2 개가 있고 이 중에서 교란은

$$2 \quad 1$$

뿐이다. 따라서 $|S_2| = 2! = 2$, $|D_2| = 1$ 이다.

그리고, 양의 정수 1, 2, 3 의 순열은 모두 6 개 있고 이 중에서 교란은

$$2 \quad 3 \quad 1, \qquad 3 \quad 2 \quad 1$$

뿐이다. 따라서 $|S_3| = 3! = 6$, $|D_3| = 2$ 이다.

보기 2.5.2 양의 정수 1, 2, 3, 4 의 순열은 모두 24 개가 있고 이들 순열 중에서 교란은 다음과 같은 9 개가 있다.

$$\begin{array}{ccc} 2\ 3\ 4\ 1, & 2\ 4\ 1\ 3, & 2\ 1\ 4\ 3, \\ 3\ 1\ 4\ 2, & 3\ 4\ 1\ 2, & 3\ 4\ 2\ 1, \\ 4\ 1\ 2\ 3, & 4\ 3\ 1\ 2, & 4\ 3\ 2\ 1 \end{array}$$

따라서 $|S_4| = 4! = 24$, $|D_4| = 9$ 이다.

이제 양의 정수 1, 2, 3, 4 의 순열 중에서 교란 전체의 개수 $|D_4|$ 를 구하는 방법에 대하여 생각해 보자.

양의 정수 1, 2, 3, 4 의 순열 전체의 집합 S_4 에서, S_4 의 부분집합 A_1, A_2, A_3, A_4 를 다음과 같이 정하자.

A_1 : $1\ a\ b\ c$ 와 같은 꼴의 순열 전체로 이루어진 부분집합

A_2 : $a\ 2\ b\ c$ 와 같은 꼴의 순열 전체로 이루어진 부분집합

A_3 : $a\ b\ 3\ c$ 와 같은 꼴의 순열 전체로 이루어진 부분집합

A_4 : $a\ b\ c\ 4$ 와 같은 꼴의 순열 전체로 이루어진 부분집합

이 때,

$$D_4 = S_4 - (A_1 \cup A_2 \cup A_3 \cup A_4),$$

$$|D_4| = |S_4| - |A_1 \cup A_2 \cup A_3 \cup A_4|$$

이고, 또 정리 2.5.1 에 의하여 다음이 성립한다.

$$|A_1 \cup A_2 \cup A_3 \cup A_4| = \sum_{i=1}^{4} |A_i| - \sum_{1 \le i < j \le 4} |A_i \cap A_j| + \sum_{1 \le i < j < k \le 4} |A_i \cap A_j \cap A_j| - |A_1 \cap A_2 \cap A_3 \cap A_4|$$

그런데, A_1은 1 a b c와 같은 꼴의 순열 전체로 이루어져 있으므로 $|A_1| = 3!$이고 마찬가지로 $|A_1| = |A_2| = |A_3| = |A_4| = 3!$이다.

또, $A_1 \cap A_2$는 1 2 b c와 같은 꼴의 순열 전체로 이루어져 있으므로 $|A_1 \cap A_2| = 2!$이며, 마찬가지로 $1 \le i < j \le 4$인 정수 i, j에 대하여 $|A_i \cap A_j| = 2!$이고 이러한 정수 i, j 전체의 개수는 $\binom{4}{2}$이다. 그리고, $A_1 \cap A_2 \cap A_3$에 속하는 순열은 1 2 3 4뿐이므로 $|A_1 \cap A_2 \cap A_3| = 1$이며 $1 \le i < j < k \le 4$인 정수 i, j, k에 대하여 $|A_i \cap A_j \cap A_k| = 1!$이고 이러한 정수 i, j, k 전체의 개수는 $\binom{4}{1}$이다(정리 2.3.6).

또, 분명히 $|A_1 \cap A_2 \cap A_3 \cap A_4| = 1$이다.

따라서 다음이 성립한다.

$$|A_1 \cup A_2 \cup A_3 \cup A_4| = 4 \cdot 3! - \binom{4}{2} 2! + \binom{4}{3} 1! - 1$$

$$\begin{aligned} |D_4| &= 4! - 4 \cdot 3! + \binom{4}{2} 2! - \binom{4}{3} 1! + 1 \\ &= 4! - 4! + \frac{4!}{2!2!} 2! - \frac{4!}{3!} + 1 \\ &= 4!\left(1 - \frac{1}{1!} + \frac{1}{2!} - \frac{1}{3!} + \frac{1}{4!}\right) = 9 \end{aligned}$$

$$\frac{|D_4|}{|S_4|} = \frac{9}{24} = 0.375$$

이와 마찬가지 방법으로 다음 정리를 증명할 수 있다.

정리 2.5.3 양의 정수 n에 대하여 1, 2, ⋯, n의 교란 전체의 개수는 다음과 같다.

$$|D_n| = n!\left(1 - \frac{1}{1!} + \frac{1}{2!} - \frac{1}{3!} + \cdots + (-1)^n \frac{1}{n!}\right)$$

보기 2.5.3 다음이 성립한다.

$$|D_5| = 5!\left(1 - \frac{1}{1!} + \frac{1}{2!} - \frac{1}{3!} + \frac{1}{4!} - \frac{1}{5!}\right)$$

$$= \frac{5!}{2!} - \frac{5!}{3!} + \frac{5!}{4!} - \frac{5!}{5!} = 60 - 20 + 5 - 1 = 44$$

$$\frac{|D_5|}{|S_5|} = \frac{44}{120} = 0.366\cdots$$

Euler 상수

$$e = 1 + \frac{1}{1!} + \frac{1}{2!} + \frac{1}{3!} + \cdots \frac{1}{n!} + \cdots$$

를 무한소수로 나타내면

$$e = 2.718281828459045235360287\cdots$$

이고, 임의의 실수 x에 대하여

$$e^x = 1 + \frac{x}{1!} + \frac{x^2}{2!} + \frac{x^3}{3!} + \cdots + \frac{x^n}{n!} + \cdots$$

이라고 정의하면 특히 다음이 성립한다.

$$e^{-1} = 1 - \frac{1}{1!} + \frac{1}{2!} - \frac{1}{3!} + \cdots + (-1)^n \frac{1}{n!} + \cdots$$

$$= \frac{1}{e} \fallingdotseq \frac{1}{2.718} \fallingdotseq 0.368$$

그런데,

$$|D_n| = n!\left(1 - \frac{1}{1!} + \frac{1}{2!} - \frac{1}{3!} + \cdots + (-1)^n \frac{1}{n!}\right)$$

$$\fallingdotseq n!\, e^{-1}$$

이므로 다음 결과를 얻는다.

$$\frac{|D_n|}{|S_n|} \fallingdotseq \frac{n!\, e^{-1}}{n!} = e^{-1} \fallingdotseq 0.368$$

따라서 1, 2, $\cdots$, n을 일렬로 늘어놓은 $n!$개의 순열 중에서 약 36.8%가 교란인 셈이다.

보기 2.5.4 정수 1, 2, 3, $\cdots$, 9를 일렬로 늘어놓은 순열 중에서, 모든 홀수가 본래의 위치에 있지 않은 순열 전체의 개수를 구해 보자.

이제 정수 1, 2, 3, $\cdots$, 9의 순열 전체의 집합 S_9에서, S_9의 부분집합 A_1, A_2, A_3, A_4, A_5를 다음과 같이 정하자.

A_1 : 첫째 위치에 1이 놓인 순열 전체의 집합

A_2 : 셋째 위치에 3이 놓인 순열 전체의 집합

A_3 : 다섯째 위치에 5가 놓인 순열 전체의 집합

A_4 : 일곱째 위치에 7이 놓인 순열 전체의 집합

A_5 : 아홉째 위치에 9가 놓인 순열 전체의 집합

이 때, 구하는 개수는

$$|S_9| - |A_1 \cup A_2 \cup A_3 \cup A_4 \cup A_5|$$

이고, 정리 2.5.1에 의하여 성립한다.

$$\begin{aligned} |A_1 \cup A_2 \cup A_3 \cup A_4 \cup A_5| &= \sum_{i=1}^{5} |A_i| - \sum_{1 \le i < j \le 5} |A_i \cap A_j| \\ &+ \sum_{1 \le i < j < k \le 5} |A_i \cap A_j \cap A_k| \\ &- \sum_{1 \le i < j < k < l \le 5} |A_i \cap A_j \cap A_k \cap A_l| \\ &+ |A_1 \cap A_2 \cap A_3 \cap A_4 \cap A_5| \end{aligned}$$

한편, 1, 2, 3, $\cdots$, 9의 순열 중에서 첫째 위치에 1이 놓인 순열의 개수는 $8!$이므로 $|A_1| = 8!$이다. 마찬가지로, 모든 $i = 1, 2, 3, 4, 5$에 대하여 $|A_i| = 8!$이다. 또, 1, 2, 3, $\cdots$, 9의 순열 중에서 첫째 위치와 셋째 위치에 각각 1, 3이 놓인 순열의 개수는 $7!$이므로 $|A_1 \cap A_2| = 7!$이다.

마찬가지로, $1 \le i < j \le 5$ 인 모든 i, j 에 대하여 $|A_i \cap A_j| = 7!$ 이다.

또, $1 \le i < j < k \le 5$ 인 모든 정수 i, j, k 에 대하여 $|A_i \cap A_j \cap A_k| = 6!$ 이고, $1 \le i < j < k < l \le 5$ 인 모든 i, j, k, l 에 대하여

$$|A_i \cap A_j \cap A_k \cap A_l| = 5!$$

이며 $|A_1 \cap A_2 \cap A_3 \cap A_4 \cap A_5| = 4!$ 임을 쉽게 알 수 있다.

따라서 다음이 성립한다.

$$\begin{aligned}
&|A_1 \cup A_2 \cup A_3 \cup A_4 \cup A_5| \\
&= \sum_{i=1}^{5} |A_i| - \sum_{1 \le i < j \le 5} |A_i \cap A_j| + \sum_{1 \le i < j < k \le 5} |A_i \cap A_j \cap A_k| \\
&\quad - \sum_{1 \le i < j < k < l \le 5} |A_i \cap A_j \cap A_k \cap A_l| + |A_1 \cap A_2 \cap A_3 \cap A_4 \cap A_5| \\
&= 5 \cdot 8! - \binom{5}{2} 7! + \binom{5}{3} 6! - \binom{5}{1} 5! + 4! \\
&= 5 \cdot 8! - 10 \cdot 7! + 10 \cdot 6! - 5 \cdot 5! + 4!
\end{aligned}$$

그러므로 구하는 개수는 다음과 같다.

$$\begin{aligned}
&|S_9| - |A_1 \cup A_2 \cup A_3 \cup A_4 \cup A_5| \\
&= 9! - (5 \cdot 8! - 10 \cdot 7! + 10 \cdot 6! - 5 \cdot 5! + 4!) = 205056
\end{aligned}$$

연 습 문 제 (2.5)

1. 다음 값을 구하여라.

(1) $|D_6|$, $\dfrac{|D_6|}{6!}$ (2) $|D_7|$, $\dfrac{|D_7|}{7!}$ (3) $|D_8|$, $\dfrac{|D_8|}{8!}$

2. 책장 선반 위에 8권의 책이 제목의 가나다 순으로 정돈되어 있을 때, 이들 책을 본래의 위치와 다르게 배열해 놓는 방법은 모두 몇 가지가 있는가?

3. 편지 7장을 7사람에게 전달해야 하는 우체부가 무심코 편지를 전할 때, 적어도 한 사람에게 제대로 전달하는 방법은 모두 몇 가지가 있는가?

*4. 정수 n (≥ 2) 에 대하여 다음이 성립함을 증명하여라.

(1) $|D_n| \equiv (-1)^n \pmod{n}$

(2) n 이 홀수일 때 그리고 이때에만 $|D_n|$ 은 짝수이다.

*5. 정수 n ($n \geq 2$) 에 대하여 다음 등식이 성립함을 증명하여라.

$$|D_n| = n\,|D_{n-1}| + (-1)^n$$

*6. 정수 n ($n \geq 3$) 에 대하여 다음 등식이 성립함을 증명하여라.

$$|D_n| = (n-1)\,(\,|D_{n-1}| + |D_{n-2}|\,)$$

*7. 정수 1, 2, 3, ⋯, 9를 일렬로 늘어놓은 순열 중에서, 모든 짝수가 본래의 위치에 있지 않은 순열 전체의 개수를 구하여라.

8. 정수 1, 2, 3, ⋯, 10을 일렬로 늘어놓은 순열 중에서 모든 홀수가 본래의 위치에 있지 않은 순열 전체의 개수를 구하여라.

9. 정수 1, 2, 3, ⋯, 10을 일렬로 늘어놓은 순열 중에서 모든 짝수가 본래의 위치에 있지 않은 순열 전체의 개수를 구하여라.

10. 미지수 x_1, x_2, x_3, x_4 에 관한 일차방정식 $x_1 + x_2 + x_3 + x_4 = 35$ 의 해 중에서 x_1, x_2, x_3, x_4 가 모두 정수이면서

$$0 \leq x_i \leq 10 \qquad (i = 1, 2, 3, 4)$$

인 해 전체의 개수를 구하여라.

11. 집합 U 가 75개의 원소를 가진 유한집합이고, 또 U 의 네 부분집합에 대하여 다음이 성립한다고 하자.

(i) 각 부분집합은 28개의 원소를 가지고 있다.

(ii) 임의의 두 부분집합의 교집합에는 12개의 원소가 있다.

(iii) 임의의 세 부분집합의 교집합에는 5개의 원소가 있다.

(iv) 네 부분집합의 교집합에는 1개의 원소가 있다.

이 때, 네 부분집합 중 어느 부분집합에도 속하지 않는 원소의 개수를 구하고, 또 꼭 두 부분집합에만 속하는 원소의 개수를 구하여라.

§2.6 양의 정수의 분할

예를 들어, 정수 5는 다음과 같이 몇 개의 양의 정수의 합으로 나타낼 수 있다.

$$5 = 5,$$
$$5 = 1 + 4, \qquad 5 = 2 + 3,$$
$$5 = 1 + 1 + 3, \qquad 5 = 1 + 2 + 2,$$
$$5 = 1 + 1 + 1 + 2,$$
$$5 = 1 + 1 + 1 + 1 + 1$$

여기서 더하는 순서는 무시하고 예를 들어 $5 = 1 + 4$와 $5 = 4 + 1$을 한 가지 표현 방법이라고 생각한다면, 5를 양의 정수의 합으로 나타내는 방법은 모두 7가지가 있다. 그리고, 이러한 표현 중에서

$$5 = 1 + 1 + 3, \qquad 5 = 1 + 2 + 2$$

과 같이 5를 세 항의 합으로 나타내는 방법은 2가지가 있다

정의 2.6.1 양의 정수 n을 양의 정수의 합

$$n = a_1 + a_2 + \cdots + a_k \qquad (a_1 \leq a_2 \leq \cdots \leq a_k)$$

으로 나타내는 것을 n의 **분할**(partition)이라 하고, 또 n을 양의 정수들의 합으로 나타내는 분할의 개수를 $p(n)$ 으로 나타낸다.

그리고, 양의 정수 n, k에 대하여 n을 꼭 k개의 양의 정수의 합으로 나타내는 분할의 개수를 $p(n,k)$ 로 나타내고, $p(n,0) = 0$ 으로 정한다.

보기 2.6.1 앞에서 본 바와 같이 $p(5) = 7$ 이고, 또 다음이 성립한다.

$$p(5, 1) = 1, \quad p(5, 2) = 2, \quad p(5, 3) = 2,$$
$$p(5, 4) = 1, \quad p(5, 5) = 1$$

정리 2.6.2 양의 정수 n, k 에 대하여 다음 등식이 성립한다.

(1) $p(n, 0) = 0, \quad p(n, 1) = 1, \quad p(n, n) = 1$

(2) $k > n$ 이면, $p(n, k) = 0$ 이다.

(3) $p(n, 1) + p(n, 2) + \cdots + p(n, n) = p(n)$

증 명 (1) 정의에 의하여 $p(n, 0) = 0$ 이다.

그리고 n 을 한 개의 양의 정수의 합으로 나타내는 방법은 $n = n$ 뿐이고 또 n 을 n 개의 양의 정수의 합으로 나타내는 방법은

$$n = 1 + 1 + \cdots + 1$$

뿐이므로 $p(n, 1) = 1$, $p(n, n) = 1$ 이다.

(2) $k > n$ 일 때, k 개의 양의 정수들의 합은 n 보다 크므로 n 을 k 개의 양의 정수의 합으로 나타낼 수 없고 따라서 $p(n, k) = 0$ 이다.

(3) 정의 2.6.1 에 의하여 (3) 이 성립한다.

보기 2.6.2 보기 2.6.1 과 다음 결과에 의하여 아래의 표를 얻는다.

$1 = 1,$

$2 = 2, \quad 2 = 1 + 1,$

$3 = 3, \quad 3 = 1 + 2, \quad 3 = 1 + 1 + 1$

$4 = 4, \quad 4 = 1 + 3, \quad 4 = 2 + 2,$

$4 = 1 + 1 + 2, \quad 4 = 1 + 1 + 1 + 1,$

$6 = 6, \quad 6 = 1 + 5,$

$6 = 2 + 4, \quad 6 = 3 + 3$

$6 = 1 + 1 + 4$

$6 = 1 + 2 + 3, \quad 6 = 2 + 2 + 2$

$6 = 1 + 1 + 1 + 3,$

$6 = 1 + 1 + 2 + 2,$

$6 = 1 + 1 + 1 + 1 + 2,$

$6 = 1 + 1 + 1 + 1 + 1 + 1$

$p(n, k)$ 와 $p(n)$

n \ k	1	2	3	4	5	6	$p(n)$
1	1	0	0	0	0	0	1
2	1	1	0	0	0	0	2
3	1	1	1	0	0	0	3
4	1	2	1	1	0	0	5
5	1	2	2	1	1	0	7
6	1	3	3	2	1	1	11

정리 2.6.3 정수 $n\,(\geq 2)$과 $1 \leq k < n$인 양의 정수 k에 대하여 다음 등식이 성립한다.

(1) $p(n, k) = p(n-1, k-1) + p(n-k, k)$

(2) $p(n, k) = p(n-k, 1) + p(n-k, 2) + \cdots + p(n-k, k)$

증 명 (1) 정수 n을 k개의 양의 정수들의 합으로 나타내는 분할 전체의 집합을 S라고 하자. 또, 이 중에서 1을 포함하는 분할 전체의 집합을 A라 하고 1을 포함하지 않는 분할 전체의 집합을 B라고 하자. 이 때,

$$|S| = p(n, k), \qquad S = A \cup B, \quad A \cap B = \emptyset$$

이므로 $p(n, k) = |A| + |B|$이다.

그런데, A에 속해 있는 n의 분할

$$n = 1 + a_2 + a_3 + \cdots + a_k \qquad (1 \leq a_2 \leq \cdots \leq a_k)$$

에 대하여 $n-1 = a_2 + a_3 + \cdots + a_k$는 $n-1$을 $k-1$개의 양의 정수들의 합으로 나타낸 분할이고, 역으로 $n-1$을 $k-1$개의 양의 정수들의 합으로 나타낸 등식

$$n - 1 = a_2 + a_3 + \cdots + a_k \qquad (1 \leq a_2 \leq \cdots \leq a_k)$$

에 대하여

$$n = 1 + a_2 + a_3 + \cdots + a_k$$

는 A에 속하는 n의 분할이다. 따라서 $|A| = p(n-1, k-1)$이다.

그리고, B에 속해 있는 n의 분할

$$n = a_1 + a_2 + \cdots + a_k \qquad (2 \leq a_1 \leq a_2 \leq \cdots \leq a_k)$$

에 대하여

$$n - k = (a_1 - 1) + (a_2 - 1) + \cdots + (a_k - 1)$$

은 $n-k$를 k개의 양의 정수의 합으로 나타낸 분할이고, 역으로

$$n - k = b_1 + b_2 + \cdots + b_k \quad (1 \leq b_1 \leq b_2 \leq \cdots \leq b_k)$$

가 $n-k$을 k개의 양의 정수들의 합으로 나타낸 분할이면,

$$n = (b_1 + 1) + (b_2 + 1) + \cdots + (b_k + 1)$$

은 n의 분할이고 또 $2 \le b_1+1 \le b_2+1 \le \cdots \le b_k+1$ 이므로 이 분할은 B에 속한다. 따라서 $|B| = p(n-k, k)$ 이다.

그러므로 다음이 성립한다.

$$p(n, k) = |A| + |B| = p(n-1, k-1) + p(n-k, k)$$

(2) 위의 (1) 에 의하여 다음이 성립한다.

$$\begin{aligned} p(n, k) &= p(n-1, k-1) + p(n-k, k) \\ p(n-1, k-1) &= p(n-2, k-2) + p(n-k, k-1) \\ p(n-2, k-2) &= p(n-3, k-3) + p(n-k, k-2) \\ &\vdots \\ p(n-(k-1), k-(k-1)) &= p(n-k, 0) + p(n-k, 1) \\ &= p(n-k, 1) \end{aligned}$$

이들 등식의 양변을 변끼리 더하면 다음 결과를 얻는다.

$$\begin{aligned} p(n, k) &= p(n-k, k) + p(n-k, k-1) + \cdots + p(n-k, 1) \\ &= p(n-k, 1) + p(n-k, 2) + \cdots + p(n-k, k) \end{aligned}$$

보기 2.6.3 정리 2.6.3 (2) 에 의하여 다음 결과를 얻는다.

$p(7, 2) = p(5, 1) + p(5, 2) = 1 + 2 = 3,$

$p(7, 3) = p(4, 1) + p(4, 2) + p(4, 3) = 1 + 2+1 = 4,$

$p(7, 4) = p(3, 1) + p(3, 2) + p(3, 3) = 1 + 1 + 1 = 3,$

$p(7, 5) = p(2, 1) + p(2, 2) = 1 + 1 = 2,$

$p(7, 6) = p(1, 1) = 1$

n \ k	1	2	3	4	5	6	7	$p(n)$
1	1	0	0	0	0	0	0	1
2	1	1	0	0	0	0	0	2
3	1	1	1	0	0	0	0	3
4	1	2	1	1	0	0	0	5
5	1	2	2	1	1	0	0	7
6	1	3	3	2	1	1	0	11
7	1	3	4	3	2	1	1	15

연 습 문 제 (2.6)

*1. 양의 정수 7 의 분할을 모두 구하고, 이로부터 $1 \le k \le 7$ 인 정수 k 에 대하여 $p(7, k)$ 의 값을 구하고 또 $p(7)$ 을 구하여라.

*2. 정수 n (≥ 2) 에 다음이 성립함을 밝혀라.

(1) $p(3) - p(2) = p(2) - p(1)$, $\quad p(4) - p(3) > p(3) - p(2)$

(2) 정수 $n+1$ 의 분할 중에서

$$n+1 = a_1 + a_2 + \cdots + a_k \qquad (2 \le a_1 \le a_2 \le \cdots \le a_k)$$

와 같은 꼴의 분할 전체의 개수는 $p(n+1) - p(n)$ 이다.

(3) $p(n+1) - p(n) \ge p(n) - p(n-1)$, $\quad p(n) \le \frac{1}{2}\{p(n+1) + p(n-1)\}$

3. 보기 2.6.3 의 표를 이용하여 다음이 성립함을 확인하여라.

(1) $p(5, 1) = p(4, 1)$

(2) $p(5, 2) = p(3, 1) + p(3, 2)$

(3) $p(5, 3) = p(2, 1) + p(2, 2) + p(2, 3)$

(4) $p(5, 4) = p(1, 1) + p(1, 2) + p(1, 3) + p(1, 4)$

4. 보기 2.6.3 의 표를 확장하여 $n = 8$ 인 경우가 포함되도록 하여라.

*5. 양의 정수 n 의 분할 중에서

$$n = a_1 + \cdots + a_r + k \qquad (1 \le a_1 \le \cdots \le a_r \le k)$$

와 같은 꼴의 분할 전체의 개수를 $q(n, k)$ 라 하고 또 $q(n, 0) = 0$ 이라고 할 때, 다음이 성립함을 증명하여라.

(1) 모든 정수 k $(1 \le k \le 5)$ 에 대하여 $q(5, k) = p(5, k)$ 이다.

(2) $q(n, 0) = 0$ 이고 $q(n, 1) = 1$, $q(n, n) = 1$ 이다.

(3) $k > n$ 이면, $q(n, k) = 0$ 이다.

(4) $1 \le k < n$ 일 때, $q(n, k) = \sum_{i=1}^{k} q(n-k, i)$ 이다.

(5) $1 \le k \le n$ 일 때, $p(n, k) = q(n, k)$ 이다.

§ 2.7 점유 문제

이 책을 처음 읽을 때에는 이 절과 다음 절을 생략하여도 좋다.

유한 개의 물건을 유한 개의 상자에 넣는 방법의 가짓수는 이들 물건과 상자가 각각 서로 구별할 수 있는 것인지 아닌지에 따라 다르고, 또 각 상자에 1 개 이상의 물건이 들어가야 하는지 또는 빈 상자를 허용하는지에 따라 다르다. 이러한 문제를 **점유 문제**(occupancy problem) 라고 한다.

정의 2.7.1 양의 정수 n, k 에 대하여 서로 구별되는 n 개의 물건을 구별할 필요가 없는 k 개의 상자에 넣되 빈 상자가 없도록, 즉 각 상자에 1 개 이상의 물건이 들어가도록 분배하는 방법의 가짓수를 $S(n, k)$ 로 나타낸다. 그리고, $S(n, 0) = 0$ 으로 정한다.

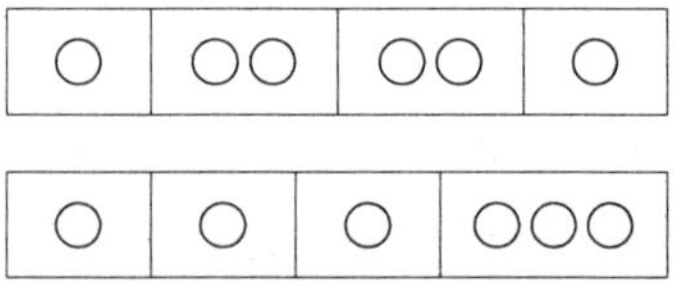

또, 이와 같이 정의된 $S(n, k)$ 를 **제 2 종의 Stirling 수**(Stirling number of the second kind) 라고 한다.

정리 2.7.2 유한집합 A 의 원소의 개수가 n 일 때, A 를 공집합이 아닌 k 개의 부분집합 $A_1, A_2, \cdots, A_k$ 의 합집합으로 분할하는 방법의 가짓수는 $S(n, k)$ 이다.

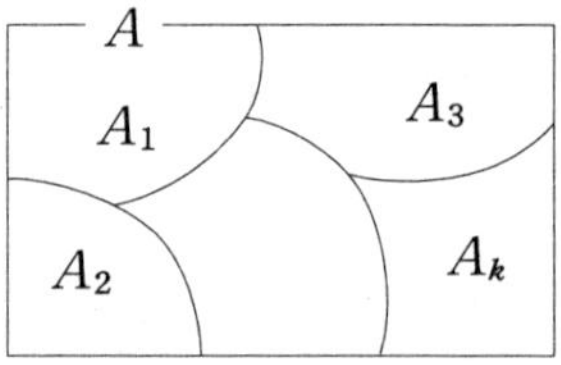

증 명 집합 A 의 원소 $a_1, a_2, \cdots, a_n$ 을 n 개의 물건으로 생각하고 A 의 분할을 이루는 부분집합 $A_1, A_2, \cdots, A_k$ 를 상자로 생각하자(정의 1.5.4).

이 때, n 개의 물건 $a_1, a_2, \cdots, a_n$ 은 서로 구별되고 분할을 이루는 부분집합 $A_1, A_2, \cdots, A_k$ 는 그 순서를 정할 필요가 없으므로 k 개의 상자는 구별할 필요가 없으며 각 부분집합은 공집합이 아니므로 각 상자에는 1 개 이상의 물건이 들어있다. 따라서 정의에 의하여 정리가 성립한다.

보기 2.7.1 번호 1, 2, 3 을 매긴 3 개의 물건에 대하여 다음이 성립한다.

(1) 이들 3 개의 물건을 1 개의 상자에 넣는 방법은 1 가지뿐이다.

(2) 이들 3 개의 물건을 모양이 같은 2 개의 상자에 넣되 빈 상자가 없도록 넣는 방법은 다음 3 가지뿐이다.

$$1 \mid 2\ 3, \quad 2 \mid 1\ 3, \quad 3 \mid 1\ 2$$

(3) 이들 3 개의 물건을 모양이 같은 3 개의 상자에 넣되 빈 상자가 없도록 넣는 방법은 1 가지뿐이다.

보기 2.7.2 번호 1, 2, 3, 4 를 매긴 4 개의 물건에 대하여 다음이 성립한다.

(1) 이들 4 개의 물건을 1 개의 상자에 넣는 방법은 1 가지뿐이다.

(2) 이들 4 개의 물건을 모양이 같은 2 개의 상자에 넣되 빈 상자가 없도록 넣는 방법은 다음 7 가지뿐이다.

$$1 \mid 2\ 3\ 4, \quad 2 \mid 1\ 3\ 4, \quad 3 \mid 1\ 2\ 4, \quad 4 \mid 1\ 2\ 3,$$
$$1\ 2 \mid 3\ 4, \quad 1\ 3 \mid 2\ 4, \quad 1\ 4 \mid 2\ 3$$

(3) 이들 4 개의 물건을 모양이 같은 3 개의 상자에 넣되 빈 상자가 없도록 넣는 방법은 다음 6 가지뿐이다.

$$1 \mid 2 \mid 3\ 4, \quad 1 \mid 3 \mid 2\ 4, \quad 1 \mid 4 \mid 2\ 3,$$
$$2 \mid 3 \mid 1\ 4, \quad 2 \mid 4 \mid 1\ 3, \quad 3 \mid 4 \mid 1\ 2$$

(4) 이들 4 개의 물건을 모양이 같은 4 개의 상자에 넣되 빈 상자가 없도록 넣는 방법은 1 가지뿐이다.

위의 두 보기에 의하여 다음 결과를 얻는다.

$S(1, 1) = 1,$

$S(2, 1) = 1, \quad S(2, 2) = 1$

$S(3, 1) = 1, \quad S(3, 2) = 3,$

$S(3, 3) = 1$

$S(4, 1) = 1, \quad S(4, 2) = 7,$

$S(4, 3) = 6, \quad S(4, 4) = 1$

$S(n, k)$

$n \backslash k$	1	2	3	4
1	1	0	0	0
2	1	1	0	0
3	1	3	1	0
4	1	7	6	1

다음 정리에서 '빈 상자 없음' 은 각 상자에 1개 이상의 물건이 들어가 있음을 뜻하고 '빈 상자 허용' 은 각 상자에 들어가는 물건의 개수에 제한이 없음을 뜻한다. 정리 2.4.4 에서는 서로 구별되는 n개의 상자에 k개의 물건을 넣는 방법을 다루고 있어 n과 k의 역할이 바뀌어 있다.

정리 2.7.4 각 경우에 따라 n개의 물건을 k개의 상자에 넣는 방법의 가짓수는 다음과 같다.

(I) 물건은 서로 구별되고 상자도 서로 구별되는 경우

(I-1) 빈 상자 없음 — $k!\,S(n, k)$ 가지

(I-2) 빈 상자 허용 — k^n 가지

(II) 물건은 서로 구별되지만 상자는 구별할 필요가 없는 경우

(II-1) 빈 상자 없음 — $S(n, k)$ 가지

(II-2) 빈 상자 허용 — $\sum_{i=1}^{k} S(n, i)$ 가지

(III) 물건은 구별할 필요가 없지만 상자는 서로 구별되는 경우

(III-1) 빈 상자 없음 — $\binom{n-1}{k-1}$ 가지

(III-2) 빈 상자 허용 — $\binom{k+n-1}{n}$ 가지

(IV) 물건은 구별할 필요가 없고 상자도 구별할 필요가 없는 경우

(IV-1) 빈 상자 없음 — $p(n, k)$ 가지

(IV-2) 빈 상자 허용 — $\sum_{i=1}^{k} p(n, i)$ 가지

증 명 (I-1) 정의 2.7.1 에 의하여 서로 구별되는 n개의 물건을 구별할 필요 없는 k개의 상자에 빈 상자가 없도록 넣는 방법의 가짓수는 $S(n, k)$이다. 그런데, 이들 k개의 상자를 구별하기 위하여 번호를 매기는 방법은 모두 $k!$ 가지가 있다.

따라서 서로 구별되는 n개의 물건을 서로 구별되는 k개의 상자에 넣되 빈 상자가 없도록 넣는 방법의 가짓수는 $k!\,S(n, k)$ 이다.

(I-2) 서로 구별되는 n 개의 물건을 서로 구별되는 k 개의 상자에 넣되 빈 상자를 허용하는 경우에, 각 물건은 아무제한 없이 어느 한 상자에 들어갈 수 있고 여러 물건이 한 상자에 함께 들어갈 수도 있다. 따라서 이와 같이 넣는 방법의 가짓수는 ${}_k\Pi_n = k^n$ 이다.

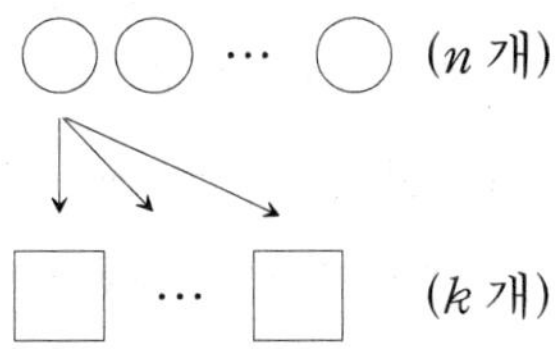

(II-1) 이와 같이 넣는 방법의 가짓수는 $S(n, k)$ 이다(정의 2.7.1).

(II-2) 서로 구별되는 n 개의 물건을 구별되지 않는 k 개의 상자에 넣되 빈 상자를 허용하는 경우에 1개 이상의 물건이 들어간 상자의 개수를 i 라고 하면 $1 \leq i \leq k$ 이다. 한편, 정의 2.7.1에 의하여 서로 구별되는 n 개의 물건을 구별할 필요가 없는 i 개의 상자에 넣되 빈 상자가 없도록 넣는 방법은 $S(n, i)$ 가지가 있다.

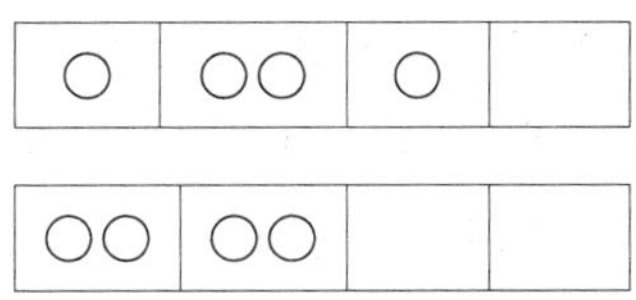

따라서 서로 구별되는 n 개의 물건을 구별되지 않는 k 개의 상자에 넣되 빈 상자를 허용하여 넣는 방법의 가짓수는 다음과 같다.

$$S(n, 1) + S(n, 2) + \cdots + S(n, k) = \sum_{i=1}^{k} S(n, i)$$

(III-2) 구별할 필요가 없는 n 개의 물건을 서로 구별되는 k 개의 상자에 넣되 빈 상자를 허용하는 경우에, 서로 구별되는 k 개의 상자에 각각 번호 $1, 2, \cdots, k$ 를 매겨 놓고, n 개의 물건 하나 하나에 대하여 이 물건이 들어간 상자의 번호를 기록하면 $1, 2, \cdots, k$ 중에서 중복을 허락하여 n 개가 기록된다. 여기서 기록되지 않은 번호에 해당하는 상자는 비어 있다.

따라서 이와 같이 넣는 방법의 개수는 서로 다른 k 개의 원소 중에서 중복을 허락하여 n 개를 택하는 중복조합의 개수와 같다.

그러므로 이와 같은 넣는 분배 방법의 가짓수는 다음과 같다(정리 2.4.3).

$${}_k\mathrm{H}_n = \binom{k+n-1}{n}$$

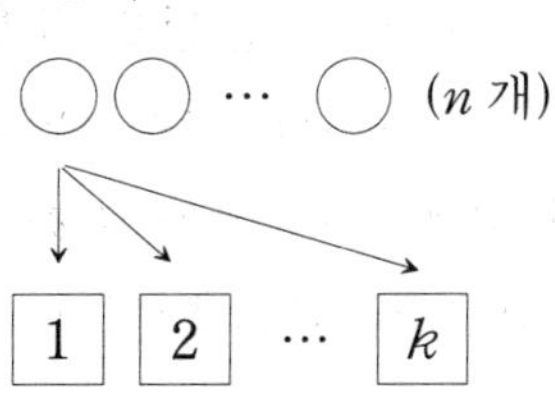

(Ⅲ-1) 구별할 필요가 없는n개의 물건을 서로 구별되는 k개의 상자에 넣되 빈 상자가 없도록 넣으려면, 먼저 k개의 상자 하나 하나에 물건을 1개씩 넣은 후에 나머지 $n-k$개의 물건을 서로 구별되는 k개의 상자에 넣되 비어 있는 상자를 허용하여 넣으면 된다. 따라서 (Ⅲ-2)에 의하여 이와 같이 넣는 분배 방법의 가짓수는 다음과 같다(정리 2.4.3, 정리 2.3.7 참조).

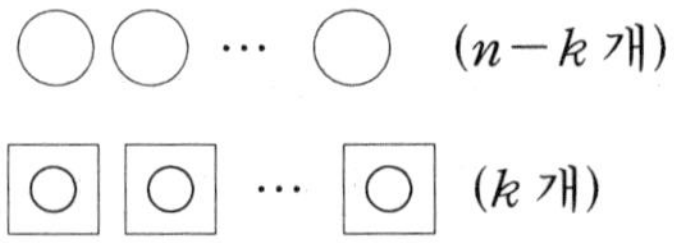

$$_k\mathrm{H}_{n-k} = \binom{k+(n-k)-1}{n-k} = \binom{n-1}{n-k} = \binom{n-1}{k-1}$$

(Ⅳ-1) 구별할 필요가 없는 n개의 물건을 구별할 필요가 없는 k개의 상자에 넣되, 빈 상자가 없도록 넣는 경우에 k개의 상자에 들어있는 물건의 개수가 각각 $a_1, a_2, \cdots, a_k$이면

(*) $\quad n = a_1 + a_2 + \cdots + a_k$

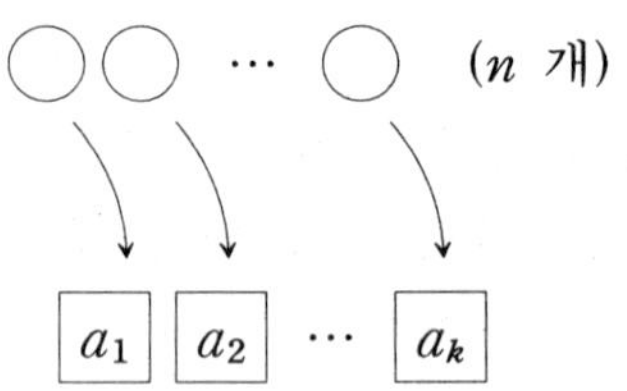

이므로, 이와 같이 넣는 방법에 대하여 n을 k개의 양의 정수의 합으로 나타내는 분할이 대응한다.

역으로, n을 꼭 k개의 양의 정수의 합으로 나타내는 분할 (*) 에 대하여 구별할 필요가 없는 n개의 물건을 구별할 필요가 없는 k개의 상자에 각각 $a_1, a_2, \cdots, a_k$씩 물건을 넣는 방법이 대응한다.

그러므로 이와 같이 넣는 방법은 $p(n, k)$가지가 있다(정의 2.6.1).

(Ⅳ-2) 구별할 필요가 없는 n개의 물건을 구별할 필요가 없는 k개의 상자에 넣되 빈 상자를 허용하는 경우에, 1개 이상의 물건이 들어간 상자의 개수를 i라고 하면 $1 \le i \le k$이다.

한편, (Ⅳ-1)에 의하여 구별할 필요가 없는 n개의 물건을 구별할 필요가 없는 i개의 상자에 넣는 방법은 $p(n, i)$가지가 있으므로, 이와 같은 방법의 가짓수는 $p(n, 1) + p(n, 2) + \cdots + p(n, k)$이다.

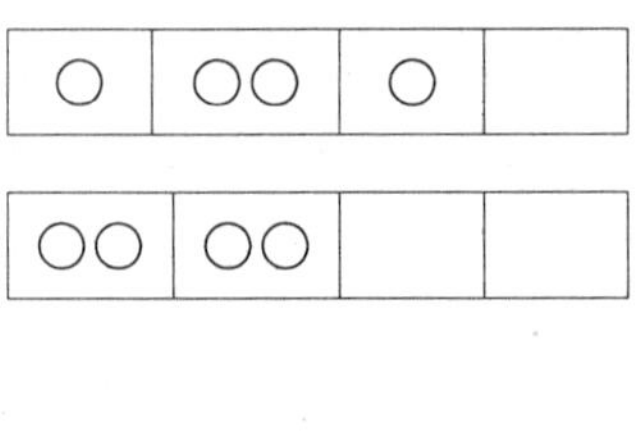

보기 2.7.3 여학생 4 명의 이름이 써 있는 서류를 A, B, C 라고 쓴 세 서류함에 넣는다고 하자. 이 때, 각 서류함마다 적어도 서류 한 장이 들어가도록 넣는 방법의 가짓수는 다음과 같다(보기 2.7.2 참조).

$$3\,!\,S(4,3) = 6 \cdot 6 = 36$$

한편, 서류함이 비어 있어도 좋은 경우에 서류를 넣는 방법의 가짓수는 $3^4 = 81$ 이다.

보기 2.7.4 학생 4 명의 이름이 써 있는 서류를 구별할 필요가 없는 세 서류함에 넣는다고 하자.

이 때, 각 서류함마다 적어도 서류 한 장이 들어가도록 넣는 방법의 가짓수는 $S(4,3) = 6$ 이다. 한편, 서류함이 비어 있어도 좋은 경우에 세 서류함에 서류를 넣는 방법의 가짓수는 다음과 같다(보기 2.7.2 참조).

$$S(4,1) + S(4,2) + S(4,3) = 1 + 2 + 6 = 9$$

보기 2.7.5 사과 6 개를 A, B, C 라고 쓴 세 접시에 나누어 놓을 때, 각 접시마다 적어도 사과 한 개가 들어있도록 나누어놓는 방법의 가짓수는

$$\binom{n-1}{k-1} = \binom{6}{2} = 5$$

이고, 빈 접시를 허용하는 경우에 사과 6 개를 세 접시에 나누어놓는 방법의 가짓수는 다음과 같다.

$$\binom{k+n-1}{n} = \binom{3+6-1}{6} = \binom{8}{6} = \binom{8}{2} = 28$$

보기 2.7.6 사과 6 개를 구별할 필요가 없는 세 접시에 나누어 놓는다고 하자. 이 때 각 접시마다 적어도 사과 한 개가 들어있도록 나누어놓는 방법의 가짓수는 $p(6,3) = 3$ 이다(보기 2.6.2 참조).

한편, 빈 접시를 허용하는 경우에 사과 6 개를 세 접시에 나누어놓는 방법의 가짓수는 다음과 같다(보기 2.6.2 참조).

$$p(6,1) + p(6,2) + p(6,3) = 1 + 1 + 3 = 5$$

다음 절에서는 Stirling 수 $S(n, k)$ 의 값을 구하는 방법에 대하여 논한다. 아래의 연습문제를 풀 때에는 보기 2.8.1 과 보기 2.6.3 을 이용하기 바란다.

연 습 문 제 (2.7)

1. 회사 간부 6 사람이 공항에 도착하여 이미 요금을 지불하고 예약한 세 대의 택시에 나누어 타고 회의장에 가려고 할 때, 누구와 함께 타고 가는가를 고려하는 경우에 이와 같이 나누어 타는 방법은 모두 몇 가지가 있는지 말하여라.

*2. 어느 사람이 손님 6 분을 집으로 초대하여 거실, 식당, 안뜰 중 어느 한 곳에 앉아 있을 수 있도록 자리를 마련하였다. 이 세 곳은 모두 6 명이 함께 앉아 있어도 좋을 정도로 넓다고 할 때, 이들 손님이 자리를 잡는 방법은 모두 몇 가지가 있는지 말하여라.

*3. 같은 크기의 사과 6 개를 모양이 같은 3 개의 접시에 나누어놓을 때, 다음 물음에 답하여라.

(1) 각 접시에 적어도 한 개의 사과가 들어있도록 나누어놓을 때, 이와 같이 나누어놓는 방법은 모두 몇 가지가 있는지 말하여라.

(2) 빈 접시가 있을 수 있을 때 이와 같이 나누어놓는 방법은 모두 몇 가지가 있는지 말하여라.

4. 어느 학생이 똑 같은 공책 10 권을 사서 친구 6 명 가운데 몇몇 사람에게 이 공책을 모두 선물로 줄 때, 몇 가지 방법으로 선물할 수 있는지 말하여라.

*5. 똑 같은 책 8 권과 같은 모양의 종이 가방이 4 개 있을 때, 이 종이 가방의 일부 또는 전부를 사용하여 책 8 권을 담을 수 있는 방법이 모두 몇 가지나 있는지 말하여라.

§2.8 Stirling 수

제 2 종의 Stirling 수에 대해서는 다음 정리가 성립한다(정의 2.7.1 참조).

정리 2.8.1 양의 정수 n과 정수 k에 대하여 다음이 성립한다.

(1) $S(n, 0) = 0$이고, 또 $S(n, 1) = 1$, $S(n, n) = 1$이다.

(2) $k > n$이면, $S(n, k) = 0$이다.

증 명 (1) 정의에 의하여 $S(n, 0) = 0$이다.

먼저 n개의 물건을 한 상자에 넣는 방법은 물건을 모두 이 상자에 넣는 방법뿐이므로 $S(n, 1) = 1$이다. 그리고, n개의 물건을 n개의 상자에 넣으면서 각 상자에 1개 이상의 물건이 들어가도록 넣는 방법은 각 상자에 물건 한 개씩을 넣는 방법뿐이므로 $S(n, n) = 1$이다.

(2) $k > n$일 때, n개의 물건을 k개의 상자 하나 하나에 1개 이상의 물건이 들어가도록 넣을 수는 없으므로 $S(n, k) = 0$이다.

정리 2.8.2 정수 n (≥ 2)과 $1 \leq k < n$인 정수 k에 대하여 다음이 성립한다.

$$S(n, k) = S(n-1, k-1) + k\ S(n-1, k)$$

증 명 서로 구별되는 n개의 물건을 구별할 필요가 없는 k개의 상자에 넣되 빈 상자가 없도록 넣는 방법 전체로 이루어진 집합을 S로 나타내면, 정의 2.7.1에 의하여 $|S| = S(n, k)$이다.

이제 이들 n개의 물건 중에서 한 물건을 택하여 이것을 a로 나타내자. 또, S에 속하는 방법 중에서 물건 a를 넣은 상자에는 a만이 들어가도록 넣는 방법 전체의 집합을 A로 나타내고, a를 넣은 상자에 a 이외의 물건이 한 개 이상 들어가도록 넣는 방법 전체의 집합을 B라고 하자. 이 때, $S = A \cup B$, $A \cap B = \emptyset$이므로 $S(n, k) = |S| = |A| + |B|$이다.

한편, A 에 속해 있는 방법 하나 하나에 대하여 물건 a 와 이 물건이 들어 있는 상자를 제외시키면, $n-1$ 개의 물건을 $k-1$ 개의 상자에 넣되 빈 상자가 없도록 넣는 방법이 대응한다. 그리고, 물건 a 를 제외한 $n-1$ 개의 물건을 $k-1$ 개의 상자에 넣되 빈 상자가 없도록 넣은 다음에 나머지 상자에 a 를 넣는 방법은 A 에 속하는 방법이다.

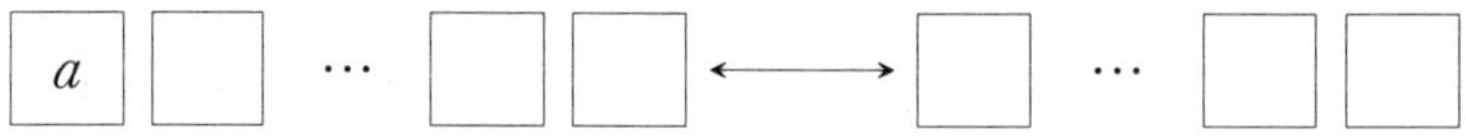

(물건 n 개, 상자 k 개) (물건 $n-1$ 개, 상자 $k-1$ 개)

따라서 A 는 서로 구별되는 $n-1$ 개의 물건을 구별할 필요가 없는 $k-1$ 개의 상자에 넣되 각 상자에 적어도 한 물건이 들어가도록 넣는 방법 전체와 일대일로 대응하므로 $|A| = S(n-1, k-1)$ 이다(정의 2.7.1).

이제 a 를 제외한 서로 다른 $n-1$ 개의 물건을 구별할 필요가 없는 k 개의 상자에 넣되 빈 상자가 없도록 넣는 방법 전체의 집합을 C 로 나타내자. 이 때, $|C| = S(n-1, k)$ 이다(정의 2.7.1).

그런데, B 에 속해 있는 방법 하나 하나에 대하여 a 를 제외시키면 C 에 속하는 방법이 대응하는데, a 는 k 개의 상자 중 어느 한 상자에 들어 있고 k 개의 상자는 구별되지 않으므로, B 에 속하는 방법 중에서 k 가지는 C 에 속하는 한 방법에 대응한다. 역으로, C 에 속해 있는 방법 하나 하나에 대하여 a 를 k 개의 상자 중 어느 한 상자에 넣으면 B 에 속하는 방법이 대응하는데, a 를 어느 상자에 넣느냐에 따라 k 가지의 방법이 생긴다. 그러므로 $|B| = k\,|C| = k\,S(n-1, k)$ 이다.

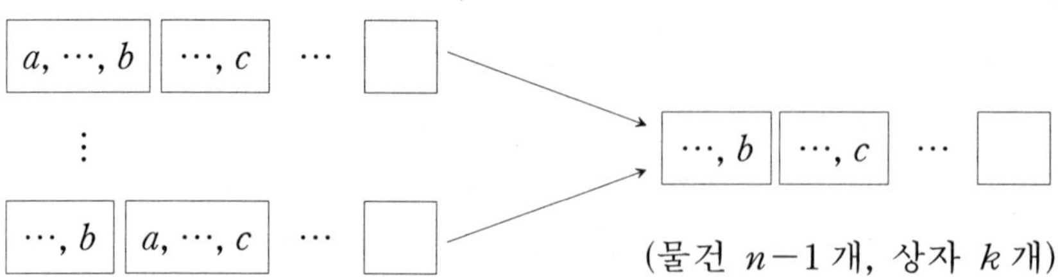

(물건 $n-1$ 개, 상자 k 개)

(물건 n 개, 상자 k 개)

따라서 $S(n, k) = |A| + |B| = S(n-1, k-1) + k\,S(n-1, k)$ 이다.

보기 2.8.1 보기 2.7.2 에 의하여

$$1 \leq n \leq 4, \quad 1 \leq k \leq 4$$

일 때의 $S(n, k)$ 의 값은 오른쪽 표와 같다. 그리고, 공식

$$S(n, k) = S(n-1, k-1) + k\,S(n-1, k)$$

에 의하여 다음 결과를 얻는다.

$S(n, k)$

$n \backslash k$	1	2	3	4
1	1	0	0	0
2	1	1	0	0
3	1	3	1	0
4	1	7	6	1

$$S(5, 2) = S(4, 1) + 2\,S(4, 2) = 1 + 2 \cdot 7 = 15,$$

$$S(5, 3) = S(4, 2) + 3\,S(4, 3) = 7 + 3 \cdot 6 = 25,$$

$$S(5, 4) = S(4, 3) + 4\,S(4, 4) = 6 + 4 \cdot 1 = 10,$$

$$S(6, 2) = S(5, 1) + 2\,S(5, 2) = 1 + 2 \cdot 15 = 31,$$

$$S(6, 3) = S(5, 2) + 3\,S(5, 3) = 15 + 3 \cdot 25 = 90,$$

$$S(6, 4) = S(5, 3) + 4\,S(5, 4) = 25 + 4 \cdot 10 = 65,$$

$$S(6, 5) = S(5, 4) + 5\,S(5, 5) = 10 + 4 \cdot 1 = 14$$

$S(n, k)$

$n \backslash k$	1	2	3	4	5	6
1	1	0	0	0	0	0
2	1	1	0	0	0	0
3	1	3	1	0	0	0
4	1	7	6	1	0	0
5	1	15	25	10	1	0
6	1	31	90	65	14	1

정의 2.8.3 양의 정수 n 에 대하여

$$(x)_n = x\,(x-1)\,(x-2) \cdots (x-(n-1))$$

으로 정하고 또 $(x)_0 = 1$ 로 정한다.

이와 같이 정한 것을 **낙하 계승**(falling factorial) 이라고 한다.

아래에서 보는 바와 같이, $(x)_n$ 은 x 에 관한 n 차의 다항식이다.

$$(x)_1 = x$$

$$(x)_2 = x\,(x-1) = -x + x^2$$

$$(x)_3 = x\,(x-1)\,(x-2) = 2 - 3x^2 + x^3$$

그리고, 양의 정수 k에 대하여

$$(x)_k(x-k) = x(x-1)(x-2)\cdots(x-(k-1))(x-k) = (x)_{k+1}$$

이고, 또 다음 등식이 성립한다.

$$x = (x)_1,$$

$$x^2 = x \cdot x = x(1+x-1) = x + x(x-1) = (x)_1 + (x)_2,$$

$$\begin{aligned} x^3 &= x \cdot x^2 = x\{x+x(x-1)\} = x^2 + x^2(x-1) \\ &= x + x(x-1) + \{x + x(x-1)\}(x-1) \\ &= x + x(x-1) + x(x-1) + x(x-1)(x-1) \\ &= x + x(x-1) + x(x-1) + x(x-1)\{1 + (x-2)\} \\ &= x + 3x(x-1) + x(x-1)(x-2) \\ &= (x)_1 + 3(x)_2 + (x)_3 \end{aligned}$$

정리 2.8.4 양의 정수 n에 대하여 다음 등식이 성립한다.

$$\begin{aligned} x^n &= \sum_{k=1}^{n} S(n, k)(x)_k \\ &= S(n, 1)(x)_1 + S(n, 2)(x)_2 + \cdots + S(n, n)(x)_n \end{aligned}$$

증 명 먼저 $x = (x)_1$, $S(1, 1) = 1$이므로 $x = S(1, 1)(x)_1$이고, 따라서 이 등식은 $n = 1$일 때 성립한다.

이제 $n \geq 1$일 때 $x^n = \sum_{k=1}^{n} S(n, k)(x)_k$이라고 가정하자. 이 때,

$$\begin{aligned} x^{n+1} &= x \cdot x^n \\ &= x \cdot \sum_{k=1}^{n} S(n, k)(x)_k = \sum_{k=1}^{n} S(n, k)(x)_k \cdot x \\ &= \sum_{k=1}^{n} S(n, k)(x)_k \cdot \{(x-k) + k\} \\ &= \sum_{k=1}^{n} S(n, k)(x)_k \cdot (x-k) + \sum_{k=1}^{n} S(n, k)(x)_k \cdot k \\ &= \sum_{k=1}^{n} S(n, k)(x)_{k+1} + \sum_{k=1}^{n} k\, S(n, k)(x)_k \end{aligned}$$

이며,

$$\sum_{k=1}^{n} S(n, k)(x)_{k+1} = \sum_{i=2}^{n+1} S(n, i-1)(x)_i$$

이고 또 정리 2.8.2 와 정리 2.8.1 에 의하여

$$k\,S(n, k) = S(n+1, k) - S(n, k-1) \qquad (1 \le k \le n)$$

$$S(n, n) = 1, \quad S(n, 0) = 0, \quad S(n+1, n+1) = 1$$

이므로 다음 등식이 성립한다.

$$\begin{aligned}
& x^{n+1} \\
&= \sum_{i=2}^{n+1} S(n, i-1)(x)_i + \sum_{k=1}^{n} \{S(n+1, k) - S(n, k-1)\}(x)_k \\
&= \sum_{i=2}^{n+1} S(n, i-1)(x)_i + \sum_{k=1}^{n} S(n+1, k)(x)_k - \sum_{k=1}^{n} S(n, k-1)(x)_k \\
&= \sum_{k=1}^{n} S(n+1, k)(x)_k + \sum_{i=2}^{n+1} S(n, i-1)(x)_i - \sum_{k=1}^{n} S(n, k-1)(x)_k \\
&= \sum_{k=1}^{n} S(n+1, k)(x)_k + S(n, n)\,(x)_{n+1} - S(n, 0)(x)_1 \\
&= \sum_{k=1}^{n} S(n+1, k)(x)_k + (x)_{n+1} \\
&= \sum_{k=1}^{n+1} S(n+1, k)(x)_k
\end{aligned}$$

따라서 모든 양의 정수 n 에 대하여 정리의 등식이 성립한다(정리 1.2.1).

보기 2.8.2 정리 2.8.4 와 보기 2.8.1 에 의하여 다음이 성립한다.

$$x = S(1, 1)(x)_1 = (x)_1$$

$$x^2 = S(2, 1)(x)_1 + S(2, 2)(x)_2 = (x)_1 + (x)_2,$$

$$\begin{aligned}
x^3 &= S(3, 1)(x)_1 + S(3, 2)(x)_2 + S(3, 3)(x)_3 \\
&= (x)_1 + 3(x)_2 + (x)_3
\end{aligned}$$

$$\begin{aligned}
x^4 &= S(4, 1)(x)_1 + S(4, 2)(x)_2 + S(4, 3)(x)_3 + S(4, 4)(x)_4 \\
&= (x)_1 + 7(x)_2 + 6(x)_3 + (x)_4
\end{aligned}$$

정의 2.8.5 양의 정수 n에 대하여 다항식 $(x)_n$를 x에 관하여 전개했을 때의 x^k의 계수를 $s(n, k)$로 나타내고 이것을 **제1종의 Stirling 수** (Stirling number of the first kind)라고 한다. 즉,

$$\begin{aligned}(x)_n &= x(x-1)(x-2)\cdots(x-(n-1)) \\ &= s(n, 0) + s(n, 1)x + s(n, 2)x^2 + \cdots + s(n, n)x^n\end{aligned}$$

정리 2.8.6 양의 정수 n과 정수 k에 대하여 다음 등식이 성립한다.

(1) $s(n, 0) = 0, \quad s(n, n) = 1$

(2) $k > n$이면, $s(n, k) = 0$이다.

증 명 등식

$$\sum_{k=0}^{n} s(n, k)\, x^k = x(x-1)(x-2)\cdots(x-(n-1))$$

의 양변에 $x = 0$을 대입하여 비교하면 $s(n, 0) = 0$ 임을 알 수 있다.

그리고, 이 다항식의 최고차 항은 x^n이므로 $s(n, n) = 1$이고, 또 $k > n$이면 $s(n, k) = 0$이다.

정리 2.8.7 정수 n $(n \geq 2)$와 $1 \leq k < n$인 정수 k에 대하여 다음이 성립한다.

$$s(n, k) = s(n-1, k-1) - (n-1)\, s(n-1, k)$$

증 명 정리 2.8.6과 정의 2.8.3에 의하여 $n \geq 2$일 때,

$$s(n-1, 0) = 0, \quad s(n-1, n) = 0, \quad (x)_n = (x)_{n-1}(x-(n-1))$$

이므로 다음 등식이 성립한다.

$$\begin{aligned}&\sum_{k=0}^{n} s(n, k)\, x^k \\ &= (x)_n = \{x-(n-1)\}(x)_{n-1} \\ &= \{x - (n-1)\} \sum_{k=0}^{n-1} s(n-1, k)\, x^k\end{aligned}$$

$$= \sum_{k=0}^{n-1} s(n-1, k)\, x^{k+1} - \sum_{k=0}^{n-1} (n-1)\, s(n-1, k)\, x^k$$

$$= \sum_{i=1}^{n} s(n-1, i-1)\, x^i - \sum_{k=0}^{n-1} (n-1)\, s(n-1, k)\, x^k$$

$$= \sum_{k=1}^{n} s(n-1, k-1)\, x^k - \sum_{k=1}^{n-1} (n-1)\, s(n-1, k)\, x^k$$

$$= \sum_{k=1}^{n} s(n-1, k-1)\, x^k - \sum_{k=1}^{n} (n-1)\, s(n-1, k)\, x^k$$

$$= \sum_{k=1}^{n} \{ s(n-1, k-1) - (n-1)\, s(n-1, k) \}\, x^k$$

이 등식의 양변의 x^k 의 계수를 비교하면 정리의 등식을 얻는다.

보기 2.8.3 다음 등식이 성립한다.

$$(x)_1 = x,$$

$$(x)_2 = -x + x^2,$$

$$(x)_3 = 2x - 3x + x^3,$$

$$(x)_4 = -6x + 11x^2 - 6x^3 + x^4$$

$s(n, k)$

$n \backslash k$	1	2	3	4
1	1	0	0	0
2	−1	1	0	0
3	2	−3	1	0
4	−6	11	−6	1

따라서 $1 \le n \le 4$, $0 \le k \le 4$ 일 때의 $s(n, k)$ 의 값은 위의 표와 같다. 이 결과와 공식

$$s(n, k) = s(n-1, k-1) - (n-1)\, s(n-1, k)$$

에 의하여 다음 결과를 얻는다.

$$s(5, 1) = s(4, 0) - 4\, s(4, 1) = (-4) \cdot (-6) = 24,$$

$$s(5, 2) = s(4, 1) - 4\, s(4, 2) = -6 - 4 \cdot 11 = -50,$$

$$s(5, 3) = s(4, 2) - 4\, s(4, 3) = 11 - 4 \cdot (-6) = 35,$$

$$s(5, 4) = s(4, 3) - 4\, s(4, 4) = -6 - 4 \cdot 1 = -10,$$

$$s(5, 5) = 1$$

$s(n, k)$

$n \backslash k$	1	2	3	4	5
1	1	0	0	0	0
2	−1	1	0	0	0
3	2	−3	1	0	0
4	−6	11	−6	1	0
5	24	−50	35	−10	1

연 습 문 제 (2.8)

1. 정리 2.8.3 을 이용하여 보기 2.8.1 의 표를 $n=7$ 인 경우와 $n=8$ 인 경우가 포함되도록 확장하여라.

*2. Stirling 수 $S(8, 4)$ 를

$$S(6,1),\quad S(6,2),\quad S(6,3),\quad S(6,4)$$

에 관한 식으로 나타 내어라.

*3. 보기 2.8.1 의 표와 정리 2.8.4 를 이용하여, 다항식

$$f(x)=5x^3+4x^2+3x$$

를 $(x)_1$, $(x)_2$, $(x)_3$ 에 관한 식으로 나타내어라.

4. 보기 2.8.1 의 표와 정리 2.8.4 를 이용하여, 다항식

$$f(x)=2x^4+x^3-2x^2+5x-4$$

를 $(x)_0$, $(x)_1$, $(x)_2$, $(x)_3$, $(x)_4$ 에 관한 식으로 나타내어라.

*5. 다음 식을 전개하여라.

$$(x)_5=x(x-1)(x-2)(x-3)(x-4)$$

또, 이 결과를 이용하여 $s(5, 1)$, $s(5, 2)$, $\cdots$, $s(5, 5)$ 의 값을 구하여라.

6. 정리 2.8.7 을 이용하여 보기 2.8.1 의 표를 $n=6$ 인 경우와 $n=7$ 인 경우가 포함되도록 확장하여라.

*7. 문제 5 의 결과를 이용하여, 다항식

$$(x)_6=x(x-1)(x-2)(x-3)(x-4)(x-5)$$

를 전개할 때의 x 의 계수, x^2 의 계수, x^3 의 계수, x^4 의 계수, x^5 의 계수를 구하여라.

제 3 장

점화식과 점화수열

이 장에서는, 체와 다항식에 대하여 논하고, 체에서의 동차 선형점화식과 동차 선형점화수열의 고유다항식과 생성함수에 대하여 논한다. 그리고, 체 $\mathbb{F}_2 = \{0, 1\}$ 를 도입하여 이진수열의 주기와 최대주기수열의 특성에 대하여 논하고, 선형 Shift Register 와 스트림 암호체계에 대하여 간단히 논한다.

동차 선형점화수열은 암호학에 이용된다. 이에 대해서는

박승안, 암호과 부호이론 제 2 판, 경문사, 2007 년

을 참조하기 바란다.

§ 3.1 체와 다항식

이 절에서는, 앞으로 사용할 용어를 정의하기로 한다.

정의 3.1.1 집합 $A\,(\neq \emptyset)$ 위에 덧셈이 정의되어 있고, 또 $a, b, c \in A$ 에 대하여 다음이 성립할 때, A를 **덧셈군**(additive group)이라고 한다.

A.1 : $(a+b)+c = a+(b+c)$ (덧셈에 관한 결합법칙)

A.2 : $a+b = b+a$ (덧셈에 관한 교환법칙)

A.3 : 특정한 원소 $0 \in A$이 존재하여, 모든 원소 $a \in A$에 대하여 등식 $a+0=0+a=a$가 성립한다.

A.4 : 각 원소 $a \in A$에 대하여 $a+b=b+a=0$인 원소 $b \in F$가 존재한다. 이러한 원소 b를 $-a$로 나타낸다. 즉,

$$a+(-a)=(-a)+a=0$$

덧셈군 A에서의 뺄셈은 $a-b=a+(-b)$로 정의한다.

정의 3.1.2 집합 $F\,(\neq \emptyset)$ 위에 덧셈과 곱셈이 정의되어 있고, 또 이 두 연산에 관하여 다음이 성립할 때, F를 **體**(field)라고 한다.

A : F는 덧셈에 관하여 덧셈군을 이룬다.

M.1 : $(ab)c = a(bc)$ (곱셈에 관한 결합법칙)

M.2 : $ab = ba$ (곱셈에 관한 교환법칙)

M.3 : 특정한 원소 $1 \in F$, $1 \neq 0$이 존재하여, 모든 원소 $a \in F$에 대하여 등식 $a1 = 1a = a$가 성립한다.

M.4 : 각 $a \in F$, $a \neq 0$에 대하여 $ab = ba = 1$인 원소 $b \in F$가 존재한다. 이러한 원소 b를 a^{-1}로 나타낸다. 즉,

$$aa^{-1} = a^{-1}a = 1$$

D : $a(b+c) = ab+ac, \quad (a+b)c = ac+bc$ (분배법칙)

체 F 위에서의 뺄셈과 나눗셈은 각각 다음과 같이 정의된다.

$$a - b = a + (-b), \qquad a \div b = \frac{a}{b} = a\,b^{-1} \qquad (b \neq 0)$$

보기 3.1.1 유리수 전체의 집합, 실수 전체의 집합, 복소수 전체의 집합을 각각 $\mathbb{Q}$, $\mathbb{R}$, $\mathbb{C}$로 나타낼 때, 이들 집합은 흔히 사용하고 있는 덧셈과 곱셈에 관하여 체를 이룬다. 체 $\mathbb{Q}$, $\mathbb{R}$, $\mathbb{C}$를 각각 **유리수체**(rational number field), **실수체**(real number field), **복소수체**(complex number field)라고 한다(§ 1.2 참조).

이 장의 § 3.2 ~ § 3.4 에서는 주로 실수체 $\mathbb{R}$와 복소수체 $\mathbb{C}$를 다룬다.

정의 3.1.3 체 F의 원소 $a_0, a_1, a_2, \cdots, a_n$에 대하여 합

$$a_0 + a_1 + a_2 + \cdots + a_n$$

을 총합기호 $\sum$를 사용하여 다음과 같이 나타낸다.

$$\sum_{k=0}^{n} a_k = \sum_{r=0}^{n} a_r = \sum_{i=0}^{n} a_i = a_0 + a_1 + a_2 + \cdots + a_n$$

보기 3.1.2 실수 r가 $r \neq 1$일 때, 모든 양의 정수 n에 대하여 다음 등식이 성립함을 수학적 귀납법으로 증명하여 보자.

$$\sum_{i=0}^{n} r^i = 1 + r + r^2 + \cdots + r^{n-1} = \frac{r^n - 1}{r - 1}$$

먼저 위의 등식은 분명히 $n = 1$일 때 성립한다.

이제 $n = k \geq 1$일 때, 위의 등식이 성립한다고 하자. 이 때,

$$\begin{aligned}\sum_{i=0}^{k+1} r^i &= 1 + r + r^2 + \cdots + r^{k-1} + r^k \\ &= \frac{r^k - 1}{r-1} + r^k = \frac{r^k - 1 + r^k(r-1)}{r-1} = \frac{r^{k+1} - 1}{r-1}\end{aligned}$$

이므로 앞의 등식은 $n = k + 1$일 때에도 성립한다.

따라서 위의 등식은 모든 양의 정수 n에 대하여 성립한다(정리 1.2.1).

정의 3.1.4 체 F 의 원소와 不定元(indeterminate) x 로 이루어진 식

$$f(x) = a_0 + a_1 x + \cdots + a_n x^n \qquad (a_0, a_1, \cdots, a_n \in F)$$

를 체 F 위의 (x 에 관한) **다항식**(polynomial)이라 하고 $a_0, a_1, \cdots, a_n$ 을 이 다항식의 **계수**(coefficient)라고 한다.

위의 정의에서 $a_1 = \cdots = a_n = 0$ 일 때 다항식 $f(x) = a_0$ 를 **상수다항식**이라 하고, 또 $a_0 = a_1 = \cdots = a_n = 0$ 일 때 $f(x)$ 를 **영다항식**이라고 한다.

다항식

$$f(x) = a_0 + a_1 x + \cdots + a_n x^n$$

에서 $a_n \neq 0$ 일 때, n 을 $f(x)$ 의 **차수**(degree)라 하고 또 $f(x)$ 를 **n 차의 다항식**이라고 한다. 특히, 상수다항식 $f(x) = a_0$ 에서 $a_0 \neq 0$ 일 때, $f(x)$ 는 0 차의 다항식이다.

한편, 영다항식의 차수는 $-\infty$ 로 정한다.

체 F 위의 두 다항식 $f(x)$, $g(x)$ 가 있을 때, 필요하다면 계수가 0 인 항을 첨가하여 이 두 다항식을

$$f(x) = a_0 + a_1 x + \cdots + a_n x^n,$$
$$g(x) = b_0 + b_1 x + \cdots + b_n x^n$$

와 같은 꼴로 나타낼 수 있고 이때 $f(x) + g(x)$ 와 $f(x) - g(x)$ 를

$$f(x) + g(x) = (a_0 + b_0) + (a_1 + b_1)x + \cdots + (a_n + b_n)x^n$$
$$f(x) - g(x) = (a_0 - b_0) + (a_1 - b_1)x + \cdots + (a_n - b_n)x^n$$

로 정하고 또 원소 $c \in F$ 에 대하여 $cf(x)$ 를 다음과 같이 정한다.

$$cf(x) = ca_0 + ca_1 x + \cdots + ca_n x^n$$

두 다항식

$$f(x) = a_0 + a_1 x + \cdots + a_m x^m,$$
$$g(x) = b_0 + b_1 x + \cdots + b_n x^n$$

의 곱 $f(x)g(x)$ 를 다음과 같이 정한다.

$$\begin{aligned} f(x)\,g(x) &= (a_0 + a_1 x + \cdots + a_m x^m)(b_0 + b_1 x + \cdots + b_n x^n) \\ &= a_0 b_0 + (a_0 b_1 + a_1 b_0) x + (a_0 b_2 + a_1 b_1 + a_2 b_0) x^2 \\ &\quad + \cdots + (a_{m-1} b_n + a_m b_{n-1}) x^{m+n-1} + a_m b_n x^{m+n} \end{aligned}$$

여기서 $a_m \neq 0$, $b_n \neq 0$ 이면, $a_m b_n \neq 0$ 이다.

따라서 $f(x)$ 와 $g(x)$ 의 차수가 각각 m, n 이면 $f(x)\,g(x)$ 의 차수는 $m+n$ 이다.

연 습 문 제 (3.1)

1. 체 F 에서 다음 등식이 성립하는지 판정하여라.

(1) $\sum_{i=1}^{n} a_i = a_1 + a_2 + \cdots + a_n$ (2) $\sum_{i=2}^{n} a_i = a_2 + a_3 + \cdots + a_n$

(3) $\sum_{i=0}^{n} (a_i + b_i) = \sum_{i=0}^{n} a_i + \sum_{i=0}^{n} b_i$ (4) $\sum_{i=0}^{n} c\,a_i = c \sum_{i=0}^{n} a_i$

2. 모든 양의 정수 n 에 대하여 다음이 성립함을 수학적 귀납법으로 증명하여라.

*(1) $\sum_{i=1}^{n} i = 1 + 2 + 3 + \cdots + n = \dfrac{n(n+1)}{2}$

(2) $\sum_{i=1}^{n} i^2 = 1^2 + 2^2 + 3^2 + \cdots + n^2 = \dfrac{n(n+1)(2n+1)}{6}$

3. 수학적 귀납법을 이용하여 다음이 성립함을 증명하여라.

*(1) $n \geq 4$ 인 정수 n 에 대하여 $n! > 2^n$ 이다.

(2) $n \geq 5$ 인 정수 n 에 대하여 $2^n \geq n^2$ 이다.

4. 실수체 $\mathbb{R}$ 에서 다음 등식이 성립하는지 확인하여라.
여기서, n 과 r 는 양의 정수이다.

(1) $(1 - x)(1 + x + x^2 + \cdots + x^{n-1}) = 1 - x^n$

(2) $(1 - ax)(1 + ax + a^2 x^2 \cdots + a^{n-1} x^{n-1}) = 1 - a^n x^n$

(3) $(1 - x^r)(1 + x^r + x^{2r} + \cdots + x^{(n-1)r}) = 1 - x^{nr}$

§ 3.2 점화식과 점화수열

체 F 의 원소 $a_0, a_1, a_2, a_3, \cdots$ 로 이루어진 무한수열을 $\{a_t\}$ 로 나타내고 $a_0, a_1, a_2, a_3, \cdots$ 을 이 무한수열의 **항**(term)이라고 한다. 즉,

$$\{a_t\} : \ a_0, \ a_1, \ a_2, \ a_3, \ a_4, \ \cdots$$

무한수열 $\{a_t\}$ 에서, a_0 은 첫째 항(제 1 항), a_1 은 제 2 항이고 또 a_t 는 제 $(t+1)$ 항이다. 예를 들어, 실수체 $\mathbb{R}$ 에서의 무한수열

$$\{a_t\} : \ 0, \ 1, \ 2, \ 3, \ 4, \ 5, \ 6, \ 7, \ \cdots$$

에서 첫째 항은 0 이고 모든 $t = 0, 1, 2, \cdots$ 에 대하여 $a_t = t$ 이다.

보기 3.2.1 실수체 $\mathbb{R}$ 에서의 무한수열 $\{a_t\}$ 가 다음 두 조건을 만족시키는 무한수열이라고 하자.

(i) $a_0 = 0, \quad a_1 = 1$

(ii) $a_{t+2} = 2\,a_t + a_{t+1} \qquad (t = 0, 1, 2, \cdots)$

이 때, $a_0 = 0$, $a_1 = 1$ 이고 또 (ii) 에 의하여 다음이 성립한다.

$$\begin{aligned} a_2 &= a_{0+2} = 2\,a_0 + a_1 = 2 \cdot 0 + 1 = 1, \\ a_3 &= a_{1+2} = 2\,a_1 + a_2 = 2 \cdot 1 + 1 = 3, \\ a_4 &= a_{2+2} = 2\,a_2 + a_3 = 2 \cdot 1 + 3 = 5, \\ &\vdots \end{aligned}$$

따라서 $\{a_t\}$ 는 다음과 같은 무한수열이다.

$$\{a_t\} : \ 0, \ 1, \ 1, \ 3, \ 5, \ 11, \ 21, \cdots$$

[참고] 첫째 항이 a_1 이고 제 n 항이 a_n 인 무한수열은 $\{a_n\}$ 으로 나타내기로 한다. 즉,

$$\{a_n\} : \ a_1, \ a_2, \ a_3, \ \cdots, \ a_n, \ \cdots$$

정의 3.2.2 체 F 와 양의 정수 n 에 대하여 체 F 에서의 무한수열 $\{a_t\}$ 가 다음 두 조건을 만족시키는 무한수열이라고 하자.

(i) $a_0, a_1, \cdots, a_{n-1}$ 의 값이 미리 정해진다.

(ii) 각 t $(t=0, 1, 2, \cdots)$ 에 대하여 a_{t+n} 은 $a_t, a_{t+1}, \cdots, a_{t+n-1}$ 의 값에 따라 결정된다.

이 때, $a_0, a_1, \cdots, a_{n-1}$ 의 값을 $\{a_t\}$ 의 **초기조건**(initial condition)이라 하고 또 (ii)를 $\{a_t\}$ 의 **점화식**(recurring relation)이라고 하며, 점화식에 의하여 정의된 무한수열 $\{a_t\}$ 를 **점화수열**(recurring sequence)이라고 한다.

위의 정의에서 점화수열 $\{a_t\}$ 의 항은 n 개의 항 $a_0, a_1, \cdots, a_{n-1}$ 의 값과 점화식에 의하여 순차적으로 결정된다.

이제 이미 잘 알고 있는 몇 가지 점화식과 점화수열에 대하여 생각해 보기로 한다.

보기 3.2.2 체 F 에서의 무한수열 $\{a_t\}$ 가 다음과 같은 초기조건 (i)와 점화식 (ii)에 의하여 정의된 점화수열이라고 하자.

(i) $a_0 = a$

(ii) $a_{t+1} = a_t + d \qquad (t=0, 1, 2, \cdots)$

이 때,

$$\begin{aligned} a_1 &= a_0 + d = a + d, \\ a_2 &= a_1 + d = (a+d) + d = a + 2d, \\ a_3 &= a_2 + d = (a+2d) + d = a + 3d \\ a_4 &= a_3 + d = (a+3d) + d = a + 4d \\ &\vdots \end{aligned}$$

이고, 따라서 $\{a_t\}$ 는 다음과 같은 무한수열이다.

$$\{a_t\} : \ a,\ a+d,\ a+2d,\ a+3d,\ \cdots,\ a+td,\ \cdots$$

이 무한수열 $\{a_t\}$ 는 첫째 항이 a 이고 공차(common difference)가 d 인 등차수열(산술수열, arithmetic sequence)이다.

보기 3.2.3 체 F 에서의 무한수열 $\{a_t\}$ 가 다음과 같은 초기조건 (i) 와 점화식 (ii) 에 의하여 정의된 점화수열이라고 하자.

(i) $a_0 = a$

(ii) $a_{t+1} = r\,a_t \qquad (t = 0, 1, 2, \cdots)$

이 때,

$$\begin{aligned} a_1 &= r\,a_0 = a\,r, \\ a_2 &= r\,a_1 = r\,(r\,a) = a\,r^2, \\ a_3 &= r\,a_2 = r\,(r^2\,a) = a\,r^3 \\ &\vdots \end{aligned}$$

이고, 따라서 $\{a_t\}$ 는 다음과 같은 무한수열이다.

$$\{a_t\} : \ a,\ a\,r,\ a\,r^2,\ a\,r^3,\ \cdots,\ a\,r^t,\ \cdots$$

그러므로 무한수열 $\{a_t\}$ 는 첫째 항이 a 이고 공비(common ratio) 가 r 인 등비수열(기하수열, geometric sequence) 이다.

보기 3.2.4 실수체 $\mathbb{R}$ 에서의 무한수열 $\{a_t\}$ 가 다음과 같은 초기조건과 점화식에 의하여 정의되는 점화수열이라고 하자.

(i) $a_0 = 0$ (ii) $a_{t+1} = 2\,a_t + 1 \qquad (t = 0, 1, 2, \cdots)$

이 때,

$$\begin{aligned} a_1 &= 2\,a_0 + 1 = 2 \cdot 0 + 1 = 1, \\ a_2 &= 2\,a_1 + 1 = 2 \cdot 1 + 1 = 3, \\ a_3 &= 2\,a_2 + 1 = 2 \cdot 3 + 1 = 7, \\ a_4 &= 2\,a_3 + 1 = 2 \cdot 7 + 1 = 15, \\ &\vdots \end{aligned}$$

이고, 따라서 $\{a_t\}$ 는 다음과 같은 무한수열이다.

$$\{a_t\} : \ 0,\ 1,\ 3,\ 7,\ 15,\ 31,\ 63,\ \cdots$$

이 무한수열은 프랑스의 수학자 Édouard Lucas 가 1883 년에 제시한 이른바 'Hanoi 탑' 에 관한 수수께기와 관련이 있다.

보기 3.2.5 실수체 $\mathbb{R}$ 에서의 무한수열 $\{a_t\}$ 가 다음 두 조건을 만족시키는 점화수열이라고 하자.

(i) $a_0 = 1, \quad a_1 = 1$

(ii) $a_{t+2} = a_t + a_{t+1} \qquad (t = 0, 1, 2, \cdots)$

이 때,

$$a_2 = a_0 + a_1 = 1 + 1 = 2,$$
$$a_3 = a_1 + a_2 = 1 + 2 = 3,$$
$$a_4 = a_2 + a_3 = 2 + 3 = 5,$$
$$\vdots$$

이고, 따라서 $\{a_t\}$ 는 다음과 같은 무한수열이다.

$$\{a_t\} : \ 1, 1, 2, 3, 5, 8, 13, 21, 34, 55, 89, 144, \cdots$$

여기서 각 a_t 를 **피보나치 수**(Fibonacci number)라 하고 무한수열 $\{a_t\}$를 **피보나치 수열**이라고 한다. 피보나치(Fibonacci, 1180 ~ 1228)는 '토끼 문제'와 관련하여 이 수열을 제시하였다(www.freechal.com/parksahn 참조).

정리 3.2.3 체 F 에서의 무한수열 $\{a_t\}$ 가 점화식

$$a_{t+1} = b\,a_t + c \qquad (t = 0, 1, 2, \cdots)$$

을 만족시키는 점화수열일 때, $\{a_t\}$ 는 다음과 같은 수열이다.

$b = 1$ 인 경우 : $a_t = a_0 + c\,t \qquad (t = 0, 1, 2, \cdots)$

$b \neq 1$ 인 경우 : $a_t = a_0\,b^t + \dfrac{c\,(b^t - 1)}{b - 1} \qquad (t = 0, 1, 2, \cdots)$

증 명 점화식에 의하여 $t \geq 1$ 일 때 다음이 성립한다.

$$\begin{aligned} a_t &= b\,a_{t-1} + c = b\,(b\,a_{t-2} + c) + c \\ &= b^2\,a_{t-2} + c\,(1 + b) \\ &= b^2\,(b\,a_{t-3} + c) + c\,(1 + b) \\ &= b^3\,a_{t-3} + c\,(1 + b + b^2) \\ &= b^3\,(b\,a_{t-4} + c) + c\,(1 + b + b^2) \\ &= b^4\,a_{t-4} + c\,(1 + b + b^2 + b^3) \end{aligned}$$

따라서 모든 양의 정수 t 에 대하여 다음이 성립한다고 예측할 수 있다.

$$(*) \qquad a_t = a_0 b^t + c\,(1 + b + b^2 + \cdots + b^{t-1})$$

실제로, $a_1 = b\,a_0 + c$ 이므로 $t = 1$ 일 때 (*) 는 성립한다.

이제 $t = k \geq 1$ 일 때 등식 (*) 가 성립한다고 가정하자. 이 때,

$$a_k = a_0 b^k + c\,(1 + b + b^2 + \cdots + b^{k-1})$$

이므로 점화식에 의하여

$$\begin{aligned} a_{k+1} &= b\,a_k + c \\ &= b\,\{a_0 b^k + c\,(1 + b + b^2 + \cdots + b^{k-1})\} + c \\ &= a_0 b^{k+1} + c\,(1 + b + b^2 + b^3 + \cdots + b^k) \end{aligned}$$

이므로 등식 (*) 는 $t = k + 1$ 일 때에도 성립한다.

따라서 모든 양의 정수 t 에 대하여 (*) 가 성립한다(정리 1.2.1).

그리고 (*) 는 $t = 0$ 일 때에도 성립한다. 한편, $b \neq 1$ 일 때,

$$1 + b + b^2 + b^3 + \cdots + b^{t-1} = \frac{b^t - 1}{b - 1}$$

이므로 정리가 성립한다(보기 3.1.2 참조).

예를 들어, 실수체 $\mathbb{R}$ 에서의 무한수열 $\{a_t\}$ 가 두 조건

(i) $a_0 = 0$

(ii) $a_{t+1} = 2\,a_t + 1 \qquad (t = 0, 1, 2, \cdots)$

을 만족시키면, 모든 $t\ (t = 0, 1, 2, \cdots)$ 에 대하여 $a_t = 2^t - 1$ 이다.

[참고] 체 F 에서의 무한수열

$$\{a_n\} : \ a_1,\ a_2,\ a_3,\ a_4,\ a_5,\ \cdots$$

가 점화식

$$a_{n+1} = b\,a_n + c \qquad (n = 1, 2, 3, \cdots)$$

를 만족시키는 점화수열이면, 다음이 성립한다.

$b = 1$ 인 경우 : $a_n = a_1 + c\,(n - 1) \qquad (n = 1, 2, 3, \cdots)$

$b \neq 1$ 인 경우 : $a_n = a_1 b^{n-1} + \dfrac{c\,(b^{n-1} - 1)}{b - 1} \qquad (n = 1, 2, 3, \cdots)$

연 습 문 제 (3.2)

1. 실수체 $\mathbb{R}$ 에서의 무한수열 $\{a_t\}$ 에 대하여

$$a_{t+1} = a_t + 2t \qquad (t = 0, 1, 2, \cdots)$$

일 때, 다음 물음에 답하여라.

(1) $a_0 = 0$ 일 때, a_1, a_2, a_3, a_4 를 구하여라.

(2) $a_0 = 1$ 일 때, a_1, a_2, a_3, a_4 를 구하여라.

*2. 실수체 $\mathbb{R}$ 에서의 무한수열 $\{a_t\}$ 가 다음과 같은 점화수열일 때, 이 무한수열의 초기조건과 점화식을 구하여라.

(1) $7, 5, 3, 1, -1, -3, \cdots$ (2) $1, 4, 4^2, 4^3, 4^4, 4^5, 4^6, \cdots$

3. 실수체 $\mathbb{R}$ 에서의 무한수열 $\{a_t\}$ 가 다음 조건을 만족시키는 점화수열일 때 a_t 를 구하여라.

(1) $a_0 = 3, \quad a_{t+1} = 2a_t + 1 \quad (t = 0, 1, 2, \cdots)$

(2) $a_0 = 1, \quad a_{t+1} = 3a_t - 4 \quad (t = 0, 1, 2, \cdots)$

4. 실수체 $\mathbb{R}$ 에서의 무한수열 $\{a_t\}$ 가 다음 두 조건을 만족시키는 점화수열일 때 a_2, a_3, a_4, a_5, a_6 의 값을 구하여라.

(i) $a_0 = 2, \quad a_1 = 1$ (ii) $a_{t+2} = a_t^2 + 2a_{t+1} \quad (t = 0, 1, 2, \cdots)$

*5. 실수체 $\mathbb{R}$ 에서의 무한수열 $\{a_t\}$ 에 대하여

$$a_t = 2^t\left(1 - \frac{t}{2}\right) \qquad (t = 0, 1, 2, \cdots)$$

일 때, 다음이 성립함을 확인하여라.

$$a_0 = 1, \quad a_1 = 1 \qquad a_{t+2} = -4a_t + 4a_{t+1} \qquad (t = 0, 1, 2, \cdots)$$

*6. 다음과 같이 정의된 무한수열 $\{a_t\}$를 결정하여라.

(1) $a_0 = 4, \quad a_{t+1} \equiv 2a_t + 3 \pmod 6, \quad 0 \leq a_t < 6 \quad (t = 0, 1, 2, \cdots)$

(2) $a_0 = 1, \quad a_{t+1} \equiv 3a_t + 1 \pmod 7, \quad 0 \leq a_t < 7 \quad (t = 0, 1, 2, \cdots)$

§ 3.3 선형점화식과 선형점화수열

이 절에서는, 특수한 점화수열에 대하여 논한다.

정의 3.3.1 체 F에서의 무한수열 $\{a_t\}$가 다음과 같은 점화식에 의하여 정의된 점화수열이라고 하자. 여기서, n은 양의 정수이다.

$$(*) \qquad a_{t+n} = c + c_0 a_t + c_1 a_{t+1} + \cdots + c_{n-1} a_{t+n-1} \qquad (t = 0, 1, 2, \cdots)$$
$$(c_0, c_1, \cdots, c_{n-1} \in F)$$

이와 같은 점화수열 $\{a_t\}$를 체 F에서의 (n차의) **선형점화수열**(linear recurring sequence)이라 하고 또 점화식 $(*)$를 체 F에서의(n차의) **선형점화식**(linear recurring relation)이라고 한다.

특히, $c = 0$일 때, $\{a_t\}$를 **동차**(homogeneous) **선형점화수열**이라 하고 $(*)$를 **동차 선형점화식**이라고 한다. 그리고, $c \neq 0$일 때, $\{a_t\}$와 $(*)$를 각각 **非동차**(inhomogeneous) **선형점화수열, 非동차 선형점화식**이라고 한다.

위의 정의에서 선형점화식을 만족시키는 선형점화수열 $\{a_t\}$는 처음 n개의 항 $a_0, a_1, \cdots, a_{n-1}$의 값에 따라 다음과 같이 차례로 결정된다.

$$a_n = c_0 a_0 + c_1 a_1 + \cdots + c_{n-1} a_{n-1},$$
$$a_{n+1} = c_0 a_1 + c_1 a_2 + \cdots + c_{n-1} a_n,$$
$$a_{n+2} = c_0 a_2 + c_1 a_3 + \cdots + c_{n-1} a_{n+1},$$
$$\vdots$$

그리고, 위의 점화식 $(*)$가 非동차 선형점화식일 때, 즉 $c \neq 0$일 때, 모든 t ($t = 0, 1, 2, 3, \cdots$)에 대하여

$$a_{t+n} = c + c_0 a_t + c_1 a_{t+1} + \cdots + c_{n-1} a_{t+n-1}$$
$$a_{t+n+1} = c + c_0 a_{t+1} + \cdots + c_{n-2} a_{t+n-1} + c_{n-1} a_{t+n}$$

이므로, 이로부터 다음과 같은 $n+1$차의 동차 선형점화식을 얻는다.

$$a_{t+n+1} = -c_0 a_t + (c_0 - c_1)\,a_{t+1} + \cdots + (c_{n-2} - c_{n-1})\,a_{t+n-1} + (c_{n-1}+1)\,a_{t+n} \qquad (t = 0,\ 1,\ 2,\ \cdots)$$

따라서 n 차의 非 동차 선형점화식은 $n+1$ 차의 동차선형점화식으로 고쳐 쓸 수 있다. 그러므로 선형점화수열을 논할 때에는 동차 선형점화수열만을 다루어도 좋다.

보기 3.3.1 체 F 에서의 무한수열 $\{a_t\}$ 가 점화식

$$a_{t+1} = c_0\, a_t \qquad (t = 0, 1, 2, \cdots)$$

을 만족시키는 동차 선형점화수열이면, $a_t = a_0\, c_0{}^t$ $(t \geq 0)$ 이다(정리 3.2.3).

보기 3.3.2 체 F 에서의 무한수열 $\{a_t\}$ 가 동차 선형점화식

$$a_{t+2} = c_0\, a_t + c_1\, a_{t+1} \qquad (t = 0, 1, 2, \cdots)$$

을 만족시키는 동차 선형점화수열이라고 하자.

(1) $c_0 = 0$ 일 때, $\{a_t\}$ 는 다음과 같은 무한수열이다.

$\{a_t\}$: $a_0,\ a_1,\ c_1 a_1,\ c_1{}^2 a_1,\ c_1{}^3 a_1,\ c_1{}^4 a_1,\ \cdots$

(2) $c_1 = 0$ 일 때, $\{a_t\}$ 는 다음과 같은 무한수열이다.

$\{a_t\}$: $a_0,\ a_1,\ c_0 a_0,\ c_0 a_1,\ c_0{}^2 a_0,\ c_0{}^2 a_1,\ \cdots$

보기 3.3.3 실수체 $\mathbb{R}$ 에서의 무한수열 $\{a_t\}$ 가 동차 선형점화식

$$a_{t+2} = 2a_t - a_{t+1} \qquad (t = 0, 1, 2, \cdots)$$

을 만족시키는 동차 선형점화수열일 때, $a_0 = 1,\ a_1 = 0$ 이면 $\{a_t\}$ 는

$$1,\ 0,\ 2,\ -2,\ 6,\ -10,\ 22,\ -42,\ \cdots$$

이고, 또 $a_0 = 0,\ a_1 = 2$ 이면 $\{a_t\}$ 는 다음과 같은 무한수열이다.

$$0,\ 2,\ -2,\ 6,\ -10,\ 22,\ -42,\ 86,\ \cdots$$

정의 3.3.2 체 F 에서의 무한수열

$$\{a_t\}: \ a_0, \ a_1, \ a_2, \ a_3, \ a_4, \ a_5, \ a_6, \ \cdots$$

와 정수 d $(d \geq 0)$ 에 대하여 무한수열

$$_d\{a_t\}: \ a_d, \ a_{d+1}, \ a_{d+2}, \ a_{d+3}, \ a_{d+4}, \ a_{d+5}, \ \cdots$$

를 $\{a_t\}$ 를 d 만큼 평행이동시킨 수열(translate by d) 이라고 한다.
특히, $_0\{a_t\} = \{a_t\}$ 이다.

정의 3.3.3 체 F 에서의 두 무한수열

$$\{a_t\}: \ a_0, a_1, a_2, a_3, \cdots \qquad \{b_t\}: \ b_0, b_1, b_2, b_3 \cdots$$

와 $c \in F$ 에 대하여 $\{a_t\}+\{b_t\}$ 와 $c\{a_t\}$ 는 다음과 같은 무한수열이다.

$$\{a_t\}+\{b_t\}: \ a_0+b_0, \ a_1+b_1, \ a_2+b_2, \ a_3+b_3, \ \cdots$$

$$c\{a_t\}: \ c\,a_0, \ c\,a_1, \ c\,a_2, \ c\,a_3, \ \cdots, \ c\,a_t, \ \cdots$$

보기 3.3.4 실수체 $\mathbb{R}$ 에서의 무한수열

$$\{a_t\}: \ 1, 0, 2, -2, 6, -10, 22, -42, 86, \cdots$$

에 대하여 다음이 성립한다.

$$_1\{a_t\}: \ 0, 2, -2, 6, -10, 22, -42, 86, \cdots$$

$$_2\{a_t\}: \ 2, -2, 6, -10, 22, -42, 86, \cdots$$

보기 3.3.5 실수체 $\mathbb{R}$ 에서의 두 무한수열

$$\{a_t\}: \ 2, 3, 2, 5, 6, 4, 5, 8, \cdots$$

$$\{b_t\}: \ 1, 1, 2, 3, 5, 8, 13, 21, \cdots$$

에 대하여 다음이 성립한다.

$$\{a_t\}+\{b_t\}: \ 3, 4, 4, 8, 11, 12, 18, 29, \cdots$$

$$3\{a_t\}: \ 6, 9, 6, 15, 18, 12, 15, 24, \cdots$$

정리 3.3.4 체 F 에서 다음과 같은 n 차의 동차 선형점화식을 만족시키는 동차 선형점화수열 $\{a_t\}$ 전체의 집합을 Ω 라고 하자.

$$a_{t+n} = c_0 a_t + c_1 a_{t+1} + \cdots + c_{n-1} a_{t+n-1} \qquad (t = 0, 1, 2, \cdots)$$

이 때, 다음이 성립한다.

(1) 영수열 $\{0\}$ 는 Ω 에 속한다.

(2) 모든 동차 선형점화수열 $\{a_t\}, \{b_t\} \in \Omega$ 와 임의의 원소 $c \in F$ 에 대하여 $\{a_t\} + \{b_t\},\ c\{a_t\} \in \Omega$ 이다.

(3) $\{a_t\} \in \Omega$ 이면, 모든 정수 d $(d \geq 0)$에 대하여 ${}_d\{a_t\} \in \Omega$ 이다.

증 명 (1) $a_0 = a_1 = \cdots = a_{n-1} = 0$ 이면 $a_n = 0,\ a_{n+1} = 0,\ \cdots$ 이므로 $\{a_t\} = \{0\}$ 이고, 따라서 $\{0\} \in \Omega$ 이다.

(2) 이제 $\{a_t\}, \{b_t\} \in \Omega$ 이라 하고 $c \in F$ 라고 하자. 이 때,

$$a_{t+n} = c_0 a_t + c_1 a_{t+1} + \cdots + c_{n-1} a_{t+n-1} \qquad (t = 0, 1, 2, \cdots)$$

$$b_{t+n} = c_0 b_t + c_1 b_{t+1} + \cdots + c_{n-1} b_{t+n-1} \qquad (t = 0, 1, 2, \cdots)$$

이므로

$$a_{t+n} + b_{t+n} = c_0(a_t + b_t) + c_1(a_{t+1} + b_{t+1}) + \cdots + c_{n-1}(a_{t_n-1} + b_{t+n-1}),$$

$$c\,a_{t+n} = c_0(c\,a_t) + c_1(c\,a_{t+1}) + \cdots + c_{n-1}(c\,a_{t+n-1})$$

이고 따라서 $\{a_t\} + \{b_t\},\ c\{a_t\} \in \Omega$ 이다.

(3) $\{a_t\} \in \Omega$ 이면,

$$a_{t+n} = c_0 a_t + c_1 a_{t+1} + \cdots + c_{n-1} a_{t+n-1} \qquad (t = 0, 1, 2, \cdots)$$

이므로, 특히 모든 정수 d $(d \geq 0)$ 에 대하여

$$a_{t+d+n} = c_0 a_{t+d} + c_1 a_{t+d+1} + \cdots + c_{n-1} a_{t+d+n-1} \qquad (t = 0, 1, 2, \cdots)$$

이고 따라서 $d_t = a_{t+d}$ 라고 놓으면

$$d_{t+n} = c_0 d_t + c_1 d_{t+1} + \cdots + c_{n-1} d_{t+n-1} \qquad (t = 0, 1, 2, \cdots)$$

이므로 $\{d_t\} \in \Omega$ 이다.

그러므로 ${}_d\{a_t\} = \{d_t\} \in \Omega$ 이다.

보기 3.3.6 실수체 $\mathbb{R}$ 에서 다음 무한수열은 모두 동차 선형점화식

$$(*) \qquad a_{t+2} = 2a_t - a_{t+1} \qquad (t = 0, 1, 2, \cdots)$$

을 만족시키는 수열이다(보기 3.3.3 참조).

$$\begin{aligned} \{a_t\} &: \ 1, 0, 2, -2, 6, -10, 22, -42, 86, \cdots \\ \{b_t\} = {}_1\{a_t\} &: \ 0, 2, -2, 6, -10, 22, -42, 86, \cdots \\ {}_2\{a_t\} &: \ 2, -2, 6, -10, 22, -42, 86, \cdots \\ \{a_t+b_t\} &: \ 1, 2, 0, 4, -4, 12, -20, 44, \cdots \\ 3\{a_t\} &: \ 3, 0, 6, -6, 18, -30, 66, -126, \cdots \end{aligned}$$

정의 3.3.5 체 F 에서의 무한수열 $\{a_t\}$ 가 다음과 같은 n 차의 동차 선형점화식을 만족시키는 동차 선형점화수열이라고 하자.

$$a_{t+n} = c_0 a_t + c_1 a_{t+1} + \cdots + c_{n-1} a_{t+n-1} \qquad (t = 0, 1, 2, \cdots)$$

이 때, 체 F 위의 n 차의 다항식

$$f(x) = -c_0 - c_1 x - \cdots - c_{n-1} x^{n-1} + x^n$$

을 $\{a_t\}$ 의 **고유다항식**(characteristic polynomial)이라 하고, 또 체 F 위의 n 차의 방정식

$$f(x) = 0 \quad 즉 \quad -c_0 - c_1 x \cdots - c_{n-1} x^{n-1} + x^n = 0$$

을 $\{a_t\}$ 의 **고유방정식**(characteristic equation)이라고 한다.

보기 3.3.7 실수체 $\mathbb{R}$ 에서의 무한수열 $\{a_t\}$ 가 다음과 같은 2차의 동차 선형점화식을 만족시키는 동차 선형점화수열이라고 하자.

$$a_{t+2} = -3a_t + 4a_{t+1} \qquad (t = 0, 1, 2, \cdots)$$

이 때, $\{a_t\}$ 의 고유다항식은 $f(x) = 3 - 4x + x^2$ 이다.

그리고, 고유방정식 $3 - 4x + x^2 = 0$ 즉 $x^2 - 4x + 3 = 0$ 은 두 근 $x = 1$, $x = 3$ 을 가진다.

정리 3.3.6 체 F 의 원소 r가 n차의 방정식

$$x^n - c_{n-1}x^{n-1} - \cdots - c_1 x - c_0 = 0$$

근이면, 무한수열

$$\{a_t\} : 1, r, r^2, r^3, r^4, \cdots, r^t, \cdots$$

는 동차 선형점화식

$$a_{t+n} = c_0 a_t + c_1 a_{t+1} + \cdots + c_{n-1} a_{t+n-1} \qquad (t = 0, 1, 2, \cdots)$$

을 만족시키는 동차 선형점화수열이다.

증 명 가정에 의하여

$$r^n - c_{n-1}r^{n-1} - \cdots - c_1 r - c_0 = 0$$

이므로, 모든 t $(t = 0, 1, 2, \cdots)$ 에 대하여 $a_t = r^t$ 이라고 하면 다음 등식이 성립한다.

$$\begin{aligned} & a_{t+n} - c_{n-1} a_{t+n-1} - \cdots - c_1 a_{t+1} - c_0 a_t \\ &= r^{t+n} - c_{n-1} r^{t+n-1} - \cdots - c_1 r^{t+1} - c_0 r^t \\ &= r^t (r^n - c_{n-1} r^{n-1} - \cdots - c_1 r - c_0) = 0 \end{aligned}$$

따라서 $\{a_t\}$ 는 다음 동차 선형점화식을 만족시킨다.

$$a_{t+n} = c_0 a_t + c_1 a_{t+1} + \cdots + c_{n-1} a_{t+n-1} \qquad (t = 0, 1, 2, \cdots)$$

실수체 $\mathbb{R}$ 또는 복소수체 $\mathbb{C}$ 에서의 무한수열 $\{a_t\}$ 가 동차 선형점화식

$$a_{t+2} = c_0 a_t + c_1 a_{t+1} \qquad (t = 0, 1, 2, \cdots)$$

을 만족시킬 때, $\{a_t\}$ 의 고유방정식은

$$x^2 - c_1 x - c_0 = 0$$

이고 이 방정식은 복소수체 $\mathbb{C}$ 안에서 중근을 허락하여 두 근을 가진다.

한편, $c_0 = 0$ 인 경우에 $\{a_t\}$ 는 다음과 같은 무한수열이다(보기 3.3.2).

$$\{a_t\} : a_0, a_1, c_1 a_1, c_1{}^2 a_1, c_1{}^3 a_1, c_1{}^4 a_1, \cdots$$

다음 정리의 증명은 문제 8 에서 논하기로 한다.

정리 3.3.7 실수체 $\mathbb{R}$ 또는 복소수체 $\mathbb{C}$ 에서의 무한수열 $\{a_t\}$가 다음 동차 선형점화식을 만족시키는 동차 선형점화수열이라고 하자.

$$a_{t+2} = c_0 a_t + c_1 a_{t+1} \qquad (t = 0, 1, 2, \cdots)$$

또, $c_0 \neq 0$ 일 때, $\{a_t\}$ 의 고유방정식

$$x^2 - c_1 x - c_0 = 0$$

이 복소수체 $\mathbb{C}$ 안에서 두 근 α, β 를 가지면 $\{a_t\}$ 는 다음과 같은 수열이다.

(1) $\alpha \neq \beta$ 인 경우

$$a_t = a\alpha^t + b\beta^t \qquad (t = 0, 1, 2, \cdots)$$

(2) $\alpha = \beta$ 인 경우

$$a_t = (a + bt)\,\alpha^t \qquad (t = 0, 1, 2, \cdots)$$

여기서 a, b 는 a_0, a_1 의 값에 따라 결정되는 실수 또는 복소수이다.

보기 3.3.8 실수체 $\mathbb{R}$ 에서의 무한수열 $\{a_t\}$ 가 다음과 같은 초기조건과 동차 선형점화식에 의하여 정의되는 동차 선형점화수열이라고 하자.

(i) $a_0 = 1, \quad a_1 = -2$

(ii) $a_{t+2} = -6a_t + 5a_{t+1} \qquad (t = 0, 1, 2, \cdots)$

이 때, $\{a_t\}$ 의 고유방정식은

$$x^2 - 5x + 6 = 0$$

이고, 이 방정식은 두 근 $x = 2,\ x = 3$ 을 가진다. 따라서 정리 3.3.7 에 의하여 다음과 같이 놓을 수 있다.

$$a_t = a\,2^t + b\,3^t \qquad (t = 0, 1, 2, \cdots)$$

그런데, $a_0 = 1,\ a_1 = -2$ 이므로

$$a + b = 1, \quad 2a + 3b = -2$$

이고 따라서 $a = 5,\ b = -4$ 이다.

그러므로 다음이 성립한다.

$$a_t = 5 \cdot 2^t - 4 \cdot 3^t \qquad (t = 0, 1, 2, \cdots)$$

보기 3.3.9 실수체 $\mathbb{R}$ 에서 다음과 같이 정의된 Fibonacci 수열 $\{a_t\}$ 를 다시 생각해 보자(보기 3.2.5).

(i) $a_0 = 1, \quad a_1 = 1$

(ii) $a_{t+2} = a_t + a_{t+1} \qquad (t = 0, 1, 2, \cdots)$

먼저 $\{a_t\}$ 의 고유방정식은 $x^2 - x - 1 = 0$ 이고, 이 방정식은 두 근 $\alpha = \dfrac{1+\sqrt{5}}{2}$, $\beta = \dfrac{1-\sqrt{5}}{2}$ 를 가지므로 다음과 같이 놓을 수 있다.

$$a_t = a\left(\frac{1+\sqrt{5}}{2}\right)^t + b\left(\frac{1-\sqrt{5}}{2}\right)^t \qquad (t = 0, 1, 2, \cdots)$$

그런데, $a_0 = 1$, $a_1 = 1$ 이므로

$$a + b = 1, \quad \left(\frac{1+\sqrt{5}}{2}\right)a + \left(\frac{1-\sqrt{5}}{2}\right)b = 1$$

이고 따라서 $a = \dfrac{1+\sqrt{5}}{2\sqrt{5}}$, $b = -\dfrac{1-\sqrt{5}}{2\sqrt{5}}$ 이므로 다음이 성립한다.

$$a_t = \frac{1}{\sqrt{5}}\left\{\left(\frac{1+\sqrt{5}}{2}\right)^{t+1} - \left(\frac{1-\sqrt{5}}{2}\right)^{t+1}\right\} \qquad (t = 0, 1, 2, \cdots)$$

보기 3.3.10 실수체 $\mathbb{R}$ 에서 다음과 같이 정의된 동차 선형점화수열 $\{a_t\}$ 를 생각해 보자.

(i) $a_0 = 2, \quad a_1 = 1$ (ii) $a_{t+2} = -4a_t + 4a_{t+1} \quad (t = 0, 1, 2, \cdots)$

먼저 $\{a_t\}$ 의 고유방정식은 $x^2 - 4x + 4 = 0$ 이고 이 방정식은 중근 $x = 2$ 를 가지므로 다음과 같이 놓을 수 있다.

$$a_t = (a + bt)\,2^t \qquad (t = 0, 1, 2, \cdots)$$

그런데, $a_0 = 2$, $a_1 = 1$ 이므로

$$a = 2, \qquad 2(a + b) = 1$$

이고 따라서 $a = 2$, $b = -\dfrac{3}{2}$ 이므로 다음이 성립한다.

$$a_t = \left(2 - \frac{3}{2}t\right)2^t \qquad (t = 0, 1, 2, \cdots)$$

일반적인 정리에 대한 해설은 www.freechal.com/parksahn 에서 찾아 볼 수 있다.

[참고] 실수체 $\mathbb{R}$ 또는 복소수체 $\mathbb{C}$ 에서의 무한수열

$\{a_n\}$: $a_1, a_2, a_3, a_4, a_5, \cdots$

가 동차 선형점화식

$$a_{n+2} = c_0\, a_n + c_1\, a_{n+1}, \quad c_0 \neq 0 \qquad (n = 1, 2, 3, \cdots)$$

을 만족시킬 때, $\{a_n\}$의 고유방정식 $x^2 - c_1 x - c_0 = 0$ 이 복소수체 $\mathbb{C}$ 안에서 두 근 α, β 를 가지면 $\{a_n\}$은 다음과 같이 결정된다.

(1) $\alpha \neq \beta$ 인 경우 : $a_n = a\,\alpha^n + b\,\beta^n \qquad (n = 1, 2, 3, \cdots)$

(2) $\alpha = \beta$ 인 경우 : $a_n = (a + b\,n)\,\alpha^n \qquad (n = 1, 2, 3, \cdots)$

여기서 a, b 는 a_1, a_2 의 값에 따라 결정되는 실수 또는 복소수이다.

연 습 문 제 (3.3)

1. 실수체 $\mathbb{R}$ 에서의 무한수열 $\{a_t\}$가 다음과 같이 정의된 동차 선형점화수열일 때, a_t 를 구하여라.

(i) $a_0 = 1$ (ii) $a_{t+1} = 5\,a_t \qquad (t = 0, 1, 2, \cdots)$

2. 실수체 $\mathbb{R}$ 에서의 무한수열 $\{a_t\}$가 다음과 같이 정의된 동차 선형점화수열일 때, a_t 를 구하여라.

(i) $a_0 = 4$ (ii) $a_{t+1} = a_t \qquad (t = 0, 1, 2, \cdots)$

3. 실수체 $\mathbb{R}$ 에서의 무한수열 $\{a_t\}$가 다음과 같이 정의된 동차 선형점화수열일 때, a_t 를 구하여라.

(1) $a_0 = 2, \quad a_1 = 3, \quad a_{t+2} = 4\,a_{t+1} \qquad (t = 0, 1, 2, \cdots)$

(2) $a_0 = 2, \quad a_1 = 3, \quad a_{t+2} = 4\,a_t \qquad (t = 0, 1, 2, \cdots)$

*4. 실수체 $\mathbb{R}$ 에서의 무한수열 $\{a_t\}$가 다음 두 조건을 만족시키는 동차 선형 점화수열일 때, a_t를 구하여라.

(i) $a_0 = 0, \quad a_1 = 8$

(ii) $a_{t+2} = 3a_t + 2a_{t+1} \qquad (t = 0, 1, 2, \cdots)$

*5. 실수체 $\mathbb{R}$ 에서의 무한수열 $\{a_t\}$가 다음과 같이 정의된 동차 선형점화수열일 때, a_t를 구하여라.

(i) $a_0 = -5, \quad a_1 = 3$

(ii) $a_{t+2} = -9a_t + 6a_{t+1} \qquad (t = 0, 1, 2, \cdots)$

6. 실수체 $\mathbb{R}$ 에서의 무한수열 $\{a_t\}$가 다음과 같이 정의된 동차 선형점화수열일 때, a_t를 구하여라.

(i) $a_0 = 1, \quad a_1 = 3$

(ii) $a_{t+2} = 6a_t + a_{t+1} \qquad (t = 0, 1, 2, \cdots)$

*7. 실수체 $\mathbb{R}$ 에서의 무한수열 $\{a_t\}$가 다음과 같이 정의된 동차 선형점화수열일 때, a_t를 구하여라.

(i) $a_0 = 1, \quad a_1 = 1$

(ii) $a_{t+2} = -a_t + a_{t+1} \qquad (t = 0, 1, 2, \cdots)$

*8. 정리 3.3.4와 정리 3.3.6을 이용하여 정리 3.3.7을 증명하여라.

9. 실수체 $\mathbb{R}$ 에서

$$a_t = c\,6^t \qquad (t = 0, 1, 2, \cdots)$$

일 때, 무한수열 $\{a_t\}$가 동차 선형점화식

$$a_{t+2} = 3a_t - 2a_{t+1} + 6^t \qquad (t = 0, 1, 2, \cdots)$$

을 만족시키는 점화수열이 되도록 c의 값을 정하여라.

*10. 보기 3.3.9에서 Fibonacci 수 a_t는 무리수

$$\frac{1}{\sqrt{5}}\left(\frac{1+\sqrt{5}}{2}\right)^{t+1}$$

에 가장 가까운 양의 정수임을 증명하여라.

§3.4 무한수열의 생성함수

이 절에서는, 체 F 에서의 동차 선형점화수열 $\{a_t\}$ 의 항을 결정하는 데 이용되는 또 다른 방법을 소개하기로 한다.

정의 3.4.1 체 F 의 원소 $a_0, a_1, a_2, \cdots, a_t, \cdots$ 에 대하여

$$A(x) = \sum_{t=0}^{\infty} a_t x^t = a_0 + a_1 x + a_2 x^2 + a_3 x^3 + \cdots$$

를 체 F 위의 (x 에 관한) **형식적 멱급수**(formal power series)라고 한다.

형식적 멱급수는 그 수렴성과 아무 관계없이 형식적으로 나타낸 무한급수이다.

위의 $A(x)$ 는 첨자를 바꾸어 다음과 같이 나타낼 수도 있다.

$$A(x) = \sum_{t=0}^{\infty} a_t x^t = \sum_{i=0}^{\infty} a_i x^i = \sum_{k=0}^{\infty} a_k x^k$$

그리고, 체 F 의 원소를 계수로 가지는 다항식 $a_0 + a_1 x + \cdots + a_n x^n$ 을 형식적 멱급수

$$a_0 + a_1 x + \cdots + a_n x^n + 0 \cdot x^{n+1} + 0 \cdot x^{n+1} + \cdots$$

와 동일시하기로 한다. 또, 체 F 위의 두 형식적 멱급수

$$A(x) = \sum_{t=0}^{\infty} a_t x^t, \qquad B(x) = \sum_{t=0}^{\infty} b_t x^t$$

에 대하여 상등관계와 합, 차, 곱을 다음과 같이 정의한다.

$$A(x) = B(x) \Longleftrightarrow a_t = b_t \quad (t = 0, 1, 2, \cdots)$$

$$A(x) \pm B(x) = \sum_{i=0}^{\infty} (a_t \pm b_t)\, x^t,$$

$$A(x)\, B(x) = \sum_{t=0}^{\infty} c_t x^t, \qquad c_t = a_0 b_t + a_1 b_{t-1} + \cdots + a_t b_0$$

보기 3.4.1 실수체 $\mathbb{R}$ 위에서 두 형식적 멱급수

$$A(x) = 1 - x,$$
$$B(x) = 1 + x + x^2 + x^3 + x^4 + \cdots$$

에 대하여 다음이 성립한다.

$$\begin{aligned} A(x) + B(x) &= (1+1) + (-1+1)x + x^2 + x^3 + x^4 + \cdots \\ &= 2 + x^2 + x^3 + x^3 + x^4 + \cdots \end{aligned}$$

$$A(x)\,B(x) = 1 + (1-1)x + (1-1)x^2 + (1-1)x^3 + \cdots = 1$$

정의 3.4.2 체 F 에서의 무한수열 $\{a_t\}$ 에 대하여 형식적 무한급수

$$G(x) = \sum_{t=0}^{\infty} a_t x^t = a_0 + a_1 x + a_2 x^2 + \cdots + a_t x^t + \cdots$$

를 $\{a_t\}$ 의 **생성함수**(generating function) 라고 한다.

보기 3.4.2 실수체 $\mathbb{R}$ 에서의 무한수열

$$\{a_t\}:\ 1,\ 2,\ 0,\ 1,\ 2,\ 0,\ 1,\ 2,\ 0,\ \cdots$$

에 대하여 $\{a_t\}$ 의 생성함수는 다음과 같다.

$$\begin{aligned} G(x) = \sum_{t=0}^{\infty} a_t x^t &= 1 + 2x + x^3 + 2x^4 + x^6 + 2x^7 + x^9 + 2x^{10} + \cdots \\ &= (1 + 2x)(1 + x^3 + x^6 + x^9 + \cdots) \end{aligned}$$

정리 3.4.3 체 F 위의 형식적 멱급수 $A(x) = \sum_{t=0}^{\infty} a_t x^t$ 에 대하여

$$A(x)\,B(x) = 1$$

인 $B(x) = \sum_{t=0}^{\infty} b_t x^t$ 가 존재하기 위한 필요충분조건은 $a_0 \neq 0$ 인 것이다.

증 명 두 형식적 멱급수 $A(x) = \sum_{t=0}^{\infty} a_t x^t$, $B(x) = \sum_{t=0}^{\infty} b_t x^t$ 에 대하여 $A(x)B(x) = 1$ 이기 위한 필요충분조건은 다음이 성립하는 것이다.

$$a_0 b_0 = 1$$
$$a_0 b_1 + a_1 b_0 = 0$$
$$a_0 b_2 + a_1 b_1 + a_2 b_0 = 0$$
$$\vdots$$
$$a_0 b_t + a_1 b_{t-1} + \cdots + a_t b_0 = 0$$
$$\vdots$$

먼저 $A(x)B(x) = 1$ 이면, 위의 모든 등식이 성립하므로 특히 $a_0 \neq 0$ 이다. 역으로, $A(x) = \sum_{t=0}^{\infty} a_t x^t$ 에서 $a_0 \neq 0$ 이면, 위의 모든 등식을 만족시키는 $b_0, b_1, b_2, b_3, \cdots$ 가 차례로 결정되고 이때 $B(x) = \sum_{t=0}^{\infty} b_t x^t$ 라고 놓으면 $A(x)B(x) = 1$ 이다.

형식적 멱급수 $A(x)$ 에 대하여 $A(x)B(x) = 1$ 인 형식적 멱급수 $B(x)$ 가 존재하는 경우에, $B(x)$ 를 $\dfrac{1}{A(x)}$ 로 나타내고 또 $C(x)$, $D(x)$ 에 대하여 $A(x)D(x) = C(x)$ 일 때 이 사실을 $D(x) = \dfrac{C(x)}{A(x)}$ 로 나타낸다.

보기 3.4.3 체 F 위에서 다음이 성립한다.

$$(1 - x)(1 + x + x^2 + x^3 + x^4 + \cdots) = 1$$
$$\frac{1}{1-x} = 1 + x + x^2 + x^3 + x^4 + \cdots = \sum_{t=0}^{\infty} x^t$$

위의 등식은 아래와 같은 계산을 통하여 얻을 수도 있다.

$$\begin{array}{r|l} & 1 + x + x^2 + \cdots \\ \hline 1-x & 1 \\ & \underline{1 - x} \\ & \quad x \\ & \quad \underline{x - x^2} \\ & \qquad x^2 \\ & \qquad \underline{x^2 - x^3} \\ & \qquad\quad x^3 \end{array}$$

보기 3.4.4 체 F에서 임의의 원소 a와 양의 정수 r에 대하여 다음 등식이 성립한다(보기 3.4.3 참조).

$$\frac{1}{1-ax} = 1 + ax + a^2x^2 + a^3x^3 + \cdots = \sum_{t=0}^{\infty} a^t x^t$$

$$\frac{1}{1+x} = 1 - x + x^2 - x^3 + x^4 - x^5 + \cdots = \sum_{t=0}^{\infty} (-1)^t x^t$$

$$\frac{1}{1-x^r} = 1 + x^r + x^{2r} + x^{3r} + x^{4t} + \cdots = \sum_{t=0}^{\infty} x^{rt}$$

보기 3.4.5 실수체 $\mathbb{R}$에서 다음이 성립한다.

$$\begin{aligned}\frac{1}{(1-x)^2} &= \frac{1}{1-x}\cdot\frac{1}{1-x}\\ &= (1+x+x^2+x^3+\cdots)(1+x+x^2+x^3+\cdots)\\ &= 1 + (1+1)x + (1+1+1)x^2 + (1+1+1+1)x^3 + \cdots\\ &= 1 + 2x + 3x^2 + 4x^3 + 5x^4 + \cdots\\ &= \sum_{t=0}^{\infty}(t+1)x^t\end{aligned}$$

$$\begin{aligned}\frac{x}{(1-x)^2} &= x\cdot\frac{1}{(1-x)^2}\\ &= x + 2x^2 + 3x^3 + 4x^4 + 5x^5 + \cdots\\ &= \sum_{t=0}^{\infty} t\,x^t\end{aligned}$$

따라서 임의의 실수 a에 대하여 다음이 성립한다.

$$\begin{aligned}\frac{1}{(1-ax)^2} &= 1 + 2ax + 3a^2x^2 + 4a^3x^3 + 5a^4x^4 + \cdots\\ &= \sum_{t=0}^{\infty}(t+1)a^t x^t\end{aligned}$$

$$\begin{aligned}\frac{ax}{(1-ax)^2} &= ax + 2a^2x^2 + 3a^3x^3 + 4a^4x^4 + 5a^5x^5 + \cdots\\ &= \sum_{t=0}^{\infty} t\,a^t x^t\end{aligned}$$

보기 3.4.6 실수체 $\mathbb{R}$ 에서의 무한수열 $\{a_t\}$가 다음과 같은 초기조건과 점화식에 의하여 정의되는 점화수열이라고 하자(정리 3.2.3 참조).

(i) $a_0 = 10$ (ii) $a_{t+1} = 3\,a_t + 2$ $(t = 0, 1, 2, \cdots)$

이 점화수열의 생성함수를 $G(x)$ 라고 하면,

$$\begin{aligned} & G(x) - 3x\,G(x) \\ &= a_0 + a_1 x + a_2 x^2 + a_3 x^3 + a_4 x^4 + \cdots \\ &\quad -3a_0 x - 3a_1 x^2 - 3a_2 x^3 - 3a_3 x^4 - \cdots \\ &= a_0 + (a_1 - 3a_0)x + (a_2 - 3a_1)x^2 + (a_3 - 3a_2)x^3 + \cdots \end{aligned}$$

이고 위의 두 조건에 의하여 $a_0 = 10$ 이고 모든 $t = 0, 1, 2, \cdots$ 에 대하여 $a_{t+1} - 3a_t = 2$ 이므로 다음이 성립한다(보기 3.4.3).

$$\begin{aligned} G(x) - 3x\,G(x) &= 10 + 2x + 2x^2 + 2x^3 + 2x^4 + \cdots \\ &= 8 + 2\,(1 + x + x^2 + x^3 + x^4 + \cdots) \\ &= 8 + \frac{2}{1-x} \end{aligned}$$

$$G(x) = \frac{8}{1-3x} + \frac{2}{(1-3x)(1-x)}$$

한편, 적당한 두 실수 A, B 에 대하여

$$\frac{2}{(1-3x)(1-x)} = \frac{A}{1-3x} + \frac{B}{1-x}$$

이라고 놓으면,

$$2 = A(1-x) + B(1-3x) \quad \text{즉} \quad 2 = (A+B) - (A+3B)\,x$$

이므로 $A + B = 2$, $A + 3B = 0$ 이고, 따라서 $A = 3$, $B = -1$ 이다.

그러므로 $G(x)$ 는 다음과 같다.

$$\begin{aligned} G(x) &= \frac{8}{1-3x} + \frac{2}{(1-3x)(1-x)} \\ &= \frac{8}{1-3x} + \frac{3}{1-3x} - \frac{1}{1-x} = \frac{11}{1-3x} - \frac{1}{1-x} \end{aligned}$$

한편, 보기 3.4.4 에 의하여

$$\frac{1}{1-3x} = \sum_{t=0}^{\infty} 3^t x^t, \qquad \frac{1}{1-x} = \sum_{t=0}^{\infty} x^t$$

이므로

$$G(x) = 11 \sum_{t=0}^{\infty} 3^t x^t - \sum_{t=0}^{\infty} x^t = \sum_{t=0}^{\infty} (11 \cdot 3^t - 1)\, x^t$$

이고 따라서 모든 $t = 0, 1, 2, 3, \cdots$ 에 대하여 $a_t = 11 \cdot 3^t - 1$ 이다.

보기 3.4.7 실수체 $\mathbb{R}$ 위에서 무한수열 $\{a_t\}$가 다음과 같은 동차 선형 점화식을 만족시키는 동차 선형점화수열이라고 하자.

$$a_{t+2} = -6a_t + 5a_{t+1} \qquad (t = 0, 1, 2, \cdots)$$

동차 선형점화수열 $\{a_t\}$의 고유다항식은 $f(x) = 6 - 5x + x^2$ 이다.

이 고유다항식의 계수의 순서를 바꾸어 놓은 다항식을 $f^*(x)$ 라고 하면

$$f^*(x) = 1 - 5x + 6x^2 = (1-2x)(1-3x)$$

이고, 또 $\{a_t\}$의 생성함수를 $G(x)$ 라고 할 때

$$\begin{aligned}
G(x) &= a_0 + a_1 x + a_2 x^2 + a_3 x^3 + a_4 x^4 + a_5 x^5 + \cdots \\
-5x\,G(x) &= \quad -5a_0 x - 5a_1 x^2 - 5a_2 x^3 - 5a_3 x^4 - 5a_4 x^5 + \cdots \\
6x^2 G(x) &= \qquad\qquad 6a_0 x^2 + 6a_1 x^3 + 6a_2 x^4 + 6a_3 x^5 + \cdots
\end{aligned}$$

이므로

$$\begin{aligned}
f^*(x)\,G(x) &= (1-5x+x^2)\,G(x) \\
&= a_0 + (a_1 - 5a_0)\,x + (a_2 - 5a_1 + 6a_0)\,x^2 + (a_3 - 5a_2 + 6a_1)\,x^3 \\
&\quad + (a_4 - 5a_3 + 6a_2)\,x^4 + (a_5 - 5a_4 + 6a_3)\,x^5 + \cdots
\end{aligned}$$

이고, 모든 $t = 0, 1, 2, \cdots$ 에 대하여 $a_{t+2} - 5a_{t+1} + 6a_t = 0$ 이므로 다음이 성립한다.

$$f^*(x)\,G(x) = a_0 + (a_1 - 5a_0)\,x,$$

$$G(x) = \frac{a_0 + (a_1 - 5a_0)\,x}{f^*(x)} = \frac{a_0 + (a_1 - 5a_0)\,x}{(1-2x)(1-3x)}$$

예를 들어, $a_0 = 1$, $a_1 = -2$ 인 경우를 생각해 보자.

이 때, 생성함수 $G(x)$ 는 다음과 같다.

$$G(x) = \frac{1 - 7x}{(1 - 2x)(1 - 3x)}$$

한편, 적당한 두 실수 A, B 에 대하여

$$\frac{1 - 7x}{(1 - 2x)(1 - 3x)} = \frac{A}{1 - 2x} + \frac{B}{1 - 3x}$$

이라고 놓으면,

$$\begin{aligned} 1 - 7x &= A(1 - 3x) + B(1 - 2x), \\ &= (A + B) - (3A + 2B)x \end{aligned}$$

이므로

$$A + B = 1, \qquad 3A + 2B = 7$$

이고 따라서 $A = 5$, $B = -4$ 이다.

그러므로

$$G(x) = \frac{5}{1 - 2x} - \frac{4}{1 - 3x}$$

이고 또 보기 3.4.4 에 의하여

$$\frac{1}{1-2x} = \sum_{t=0}^{\infty} 2^t x^t, \qquad \frac{1}{1-3x} = \sum_{t=0}^{\infty} 3^t x^t$$

이므로 다음이 성립한다.

$$\begin{aligned} G(x) &= 5 \sum_{t=0}^{\infty} 2^t x^t - 4 \sum_{t=0}^{\infty} 3^t x^t \\ &= \sum_{t=0}^{\infty} (5 \cdot 2^t - 4 \cdot 3^t) x^t \end{aligned}$$

그러므로, 모든 $t = 0, 1, 2, \cdots$ 에 대하여 $a_t = 5 \cdot 2^t - 4 \cdot 3^t$ 이다.

이 결과는 보기 3.3.8 에서 얻은 결과와 일치한다.

위의 보기에서와 마찬가지로, 동차 선형점화식에 의하여 정의된 동차 선형점화수열에 대해서는 다음 정리가 성립한다.

정리 3.4.4 체 F 에서의 무한수열 $\{a_t\}$가 다음과 같은 동차 선형점화식을 만족시키는 동차 선형점화수열이라고 하자.

$$a_{t+n} = c_0 a_t + c_1 a_{t+1} + \cdots + c_{n-1} a_{t+n-1} \qquad (t = 0, 1, 2, \cdots)$$

이 때, $\{a_t\}$ 의 고유다항식

$$f(x) = -c_0 - c_1 x - \cdots - c_{n-1} x^{n-1} + x^n$$

의 계수의 순서를 바꾸어 놓은 다항식을

$$f^*(x) = 1 - c_{n-1} x - \cdots - c_1 x^{n-1} - c_0 x^n$$

이라고 하면, $\{a_t\}$ 의 생성함수 $G(x) = \sum_{t=0}^{\infty} a_t x^t$ 에 대하여

$$f^*(x)\, G(x) = g(x), \qquad G(x) = \frac{g(x)}{f^*(x)}$$

인 $n-1$ 차 이하의 다항식 $g(x)$ 가 존재한다.

위의 정리에서 $g(x)$ 는 곱 $f^*(x)\, G(x)$ 를 전개한 식에서 $n-1$ 차의 항 이하의 항으로 이루어진 다항식이다.

다항식 $f^*(x)$ 를 $f(x)$ 의 **상반다항식**(reciprocal polynomial)이라고 한다.

보기 3.4.8 실수체 $\mathbb{R}$ 에서의 무한수열 $\{a_t\}$가 다음과 같은 초기조건과 동차 선형 점화식을 만족시키는 동차 선형점화수열이라고 하자(보기 3.3.10).

(i) $a_0 = 2, \quad a_1 = 1$

(ii) $a_{t+2} = -4\, a_t + 4\, a_{t+1} \qquad (t = 0, 1, 2, \cdots)$

동차 선형점화수열 $\{a_t\}$의 고유다항식은 $f(x) = 4 - 4x + x^2$ 이고 그 상반다항식은 다음과 같다.

$$f^*(x) = 1 - 4x + 4x^2 = (1 - 2x)^2$$

이제 $\{a_t\}$ 의 생성함수를 $G(x)$ 라고 하면, 다음이 성립한다.

$$\begin{aligned} f^*(x)\, G(x) &= (1 - 4x + 4x^2)(a_0 + a_1 x + a_2 x^2 + a_3 x^3 + \cdots) \\ &= a_0 + (a_1 - 4a_0)\, x = 2 - 7x \end{aligned}$$

따라서

$$G(x) = \frac{2-7x}{f^*(x)} = \frac{2}{(1-2x)^2} - \frac{7x}{(1-2x)^2}$$

이고, 또 보기 3.4.5 에 의하여

$$\frac{1}{(1-2x)^2} = \sum_{t=0}^{\infty}(t+1)\,2^t x^t, \quad \frac{2x}{(1-2x)^2} = \sum_{t=0}^{\infty} t\,2^t x^t$$

이므로 $G(x)$ 는 다음과 같다.

$$\begin{aligned} G(x) &= 2\sum_{t=0}^{\infty}(t+1)\,2^t x^t - \frac{7}{2}\sum_{t=0}^{\infty} t\,2^t x^t \\ &= \sum_{t=0}^{\infty}\{2(t+1) - \frac{7}{2}t\}\,2^t x^t \\ &= \sum_{t=0}^{\infty}(2 - \frac{3}{2}t)\,2^t x^t \end{aligned}$$

따라서 모든 $t = 0, 1, 2, \cdots$ 에 대하여 $a_t = (2 - \frac{3}{2}t)\,2^t$ 이다.

연 습 문 제 (3.4)

1. 실수체 $\mathbb{R}$ 에서의 무한수열 $\{a_t\}$ 의 생성함수 $G(x)$ 가 다음과 같을 때, $\{a_t\}$ 를 구하여라.

*(1) $G(x) = (x+1)^2$ (2) $G(x) = (2-3x)^2$

*(3) $G(x) = \frac{x^4}{1-x}$ (4) $G(x) = \frac{1}{1-x^3}$

2. 다음 무한수열 $\{a_t\}$ 의 생성함수 $G(x)$ 를 다항식 또는 유리식의 꼴로 나타내어라.

(1) $\{a_t\}$: 1, 2, 5, 0, 0, 0, 0, 0, 0, $\cdots$

*(2) $\{a_t\}$: 1, 2, 3, 1, 2, 3, 1, 2, 3, $\cdots$

*(3) $\{a_t\}$: 1, -2, 3, -4, 5, -6, 7, -8, $\cdots$

(4) $\{a_t\}$: 1, 2, 2^2, 2^3, 2^4, 2^5, 2^6, 2^7, $\cdots$

3. 실수체 $\mathbb{R}$에서의 무한수열 $\{a_t\}$가 다음 조건을 만족시키는 동차 선형점화 수열일 때, 이 수열의 생성함수 $G(x)$를 이용하여 모든 $t = 0, 1, 2, \cdots$ 에 대한 a_t를 구하여라.

(1) $a_0 = 1, \quad a_{t+1} = 2a_t \qquad (t = 0, 1, 2, \cdots)$

*(2) $a_0 = 0, \quad a_{t+1} = 2a_t + 1 \quad (t = 0, 1, 2, \cdots)$

*4. 실수체 $\mathbb{R}$에서의 무한수열 $\{a_t\}$가 다음 조건을 만족시키는 동차 선형점화 수열일 때, 이 수열의 생성함수 $G(x)$를 이용하여 모든 $t = 0, 1, 2, \cdots$ 에 대한 a_t를 구하여라.

(1) $a_0 = 3, \quad a_1 = -2, \quad a_{t+2} = -a_t + 2a_{t+1} \quad (t = 0, 1, 2, \cdots)$

(2) $a_0 = 1, \quad a_1 = 4, \quad a_{t+2} = 10a_t - 3a_{t+1} \qquad (t = 0, 1, 2, \cdots)$

*5. 실수체 $\mathbb{R}$에서의 무한수열 $\{a_t\}$가 다음 조건을 만족시키는 동차 선형점화 수열일 때, 이 수열의 생성함수 $G(x)$를 이용하여 모든 $t = 0, 1, 2, \cdots$ 에 대한 a_t를 구하여라.

(i) $a_0 = 5$

(ii) $a_{t+1} = a_t + 2^t \qquad (t = 0, 1, 2, \cdots)$

*6. 실수체 $\mathbb{R}$에서의 무한수열 $\{a_t\}$가 다음 조건을 만족시키는 동차 선형점화 수열일 때, 이 수열의 생성함수 $G(x)$를 이용하여 모든 $t = 0, 1, 2, \cdots$ 에 대한 a_t를 구하여라.

(i) $a_0 = 6, \quad a_1 = 18, \quad a_2 = 36$

(ii) $a_{t+3} = -2a_t + a_{t+1} + 2a_{t+2} \qquad (t = 0, 1, 2, \cdots)$

7. 다음 등식을 만족시키는 실수 α, β를 구하여라.

$$1 - x - x^2 = (1 - \alpha x)(1 - \beta x)$$

그리고,

$$\frac{1}{1 - x - x^2} = \frac{A}{1 - \alpha x} + \frac{B}{1 - \beta x}$$

이라고 할 때, A와 B를 α, β에 관한 식으로 나타내어라.

§ 3.5 이진수열

집합 $\mathbb{F}_2 = \{0, 1\}$는 다음과 같이 정의된 덧셈과 곱셈에 관하여 체를 이룬다(정의 3.1.2 참조).

+	0	1
0	0	1
1	1	0

·	0	1
0	0	0
1	0	0

$$1 + 1 = 0, \quad -1 = 1,$$
$$1 \cdot 1 = 1, \quad 1^{-1} = 1$$

정의 3.5.1 체 $\mathbb{F}_2 = \{0, 1\}$에서의 수열을 **이진수열**(binary sequence)라고 한다. 이진수열의 항은 0 또는 1이다.

보기 3.5.1 체 $\mathbb{F}_2$에서 동차 선형점화식

$$a_{t+2} = a_t + a_{t+1} \qquad (t = 0, 1, 2, \cdots)$$

을 만족시키는 동차 선형점화수열은 다음 네 가지 뿐이다.

(1) $(a_0, a_1) = (0, 0)$인 경우

$$a_2 = 0 + 0 = 0,$$
$$a_3 = 0 + 0 = 0,$$
$$a_4 = 0 + 0 = 0,$$
$$\vdots$$
$$\{a_t\} : 0, 0, 0, 0, 0, 0, \cdots$$

(2) $(a_0, a_1) = (0, 1)$인 경우

$$a_2 = 0 + 1 = 1,$$
$$a_3 = 1 + 1 = 0,$$
$$a_4 = 1 + 0 = 1,$$
$$\vdots$$
$$\{a_t\} : 0, 1, 1, 0, 1, 1, \cdots$$

(3) $(a_0, a_1) = (1, 0)$인 경우

$$a_2 = 1 + 0 = 1,$$
$$a_3 = 0 + 1 = 1,$$
$$a_4 = 1 + 1 = 0,$$
$$\vdots$$
$$\{a_t\} : 1, 0, 1, 1, 0, 1, \cdots$$

(4) $(a_0, a_1) = (1, 1)$인 경우

$$a_2 = 1 + 1 = 0,$$
$$a_3 = 1 + 0 = 1,$$
$$a_4 = 0 + 1 = 1,$$
$$\vdots$$
$$\{a_t\} : 1, 1, 0, 1, 1, 0, \cdots$$

정의 3.5.2 체 F에서의 무한수열 $\{a_t\}$에 대하여

$$a_{t+r} = a_t \qquad (t = 0, 1, 2, \cdots)$$

인 양의 정수 r가 존재할 때, 이 수열을 **(순수) 순환수열**(pure periodic sequence)이라 하고 이러한 r중에서 가장 작은 양의 정수 r를 $\{a_t\}$의 **주기**(period)라고 한다.

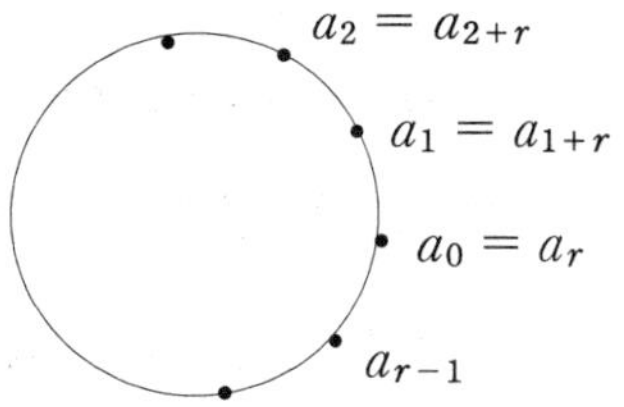

주기가 r인 순환수열

$$\{a_t\}: \ a_0, a_1, a_2, \cdots, a_{r-1}, a_0, a_1, a_2, \cdots, a_{r-1}, \cdots$$

는 처음 r개의 항 $a_0, a_1, \cdots, a_{r-1}$에 의하여 완전히 결정된다. 이러한 뜻에서 처음 r개의 항 $a_0, a_1, \cdots, a_{r-1}$을 $\{a_t\}$의 **생성순환마디**(generating cycle)라고 한다.

보기 3.5.2 체 $\mathbb{F}_2 = \{0, 1\}$에서 다음과 같은 동차 선형점화식을 만족시키는 동차 선형점화수열 $\{a_t\}$를 생각해 보자(보기 3.5.1 참조).

$$a_{t+2} = a_t + a_{t+1} \qquad (t = 0, 1, 2, \cdots)$$

초기조건이 $(a_0, a_1) = (0, 1)$인 경우에 이진수열

$$\{a_t\} \ : \ 0, 1, 1, 0, 1, 1, 0, 1, 1, 0, 1, 1, \cdots$$

을 얻으며, 이 수열은 주기 3인 순환수열이고 그 생성마디는 0, 1, 1이다.

그리고 이진수열 $\{a_t\}$로부터 두 이진수열

$${}_1\{a_t\} \ : \ 1, 1, 0, 1, 1, 0, 1, 1, 0, 1, 1, 0, \cdots$$

$${}_2\{a_t\} \ : \ 1, 0, 1, 1, 0, 1, 1, 0, 1, 1, 0, 1, \cdots$$

을 얻으며 이 두 이진수열의 초기조건은 각각 $(1, 1), (1, 0)$이다.

또, ${}_1\{a_t\}$와 ${}_2\{a_t\}$는 모두 주기 3인 순환수열이다.

정의에 의하여 다음 정리가 성립함을 쉽게 알 수 있다(정의 3.3.2 참조).

정리 3.5.3 체 F 에서의 무한수열 $\{a_t\}$가 다음과 같이 주기 r 인 순환수열이라고 하자.

$$\{a_t\}: \ a_0, a_1, a_2, \cdots, a_{r-1}, a_0, a_1, a_2, \cdots, a_{r-1}, \cdots$$

이 때, 모든 정수 $d = 0, 1, 2, \cdots$ 에 대하여

$$_d\{a_t\}: \ a_d, a_{d+1}, a_{d+2}, \cdots, a_{d+r-1}, a_d, a_{d+1}, a_{d+2}, \cdots, a_{d+r-1}, \cdots$$

는 주기 r 인 순환수열이다. 그리고, r 개의 순환수열

$$_0\{a_t\}: \ a_0, a_1, a_2, \cdots, a_{r-1}, a_0, a_1, a_2, \cdots, a_{r-1}, \cdots$$

$$_1\{a_t\}: \ a_1, a_2, \cdots, a_{r-1}, a_0, a_1, a_2, \cdots, a_{r-1}, a_0, \cdots$$

$$\vdots$$

$$_{r-1}\{a_t\}: \ a_{r-1}, a_0, a_1, a_2, \cdots, a_{r-1}, a_0, a_1, a_2, \cdots, a_{r-2}, \cdots$$

은 모두 서로 다르고 또 다음이 성립한다.

$$_r\{a_t\} = {}_0\{a_t\}, \quad {}_{r+1}\{a_t\} = {}_1\{a_t\}, \quad \cdots, \quad {}_{2r-1}\{a_t\} = {}_{r-1}\{a_t\}$$

정리 3.5.4 체 $\mathbb{F}_2 = \{0, 1\}$ 에서 n 차의 동차 선형점화식

$$a_{t+n} = c_0 a_t + c_1 a_{t+1} + \cdots + c_{n-1} a_{t+n-1} \qquad (t = 0, 1, 2, \cdots)$$

을 만족시키는 동차 선형점화수열 $\{a_t\}$ 전체의 집합을 Ω라 하고 또

$$\mathbb{F}_2{}^n = \{(x_1, x_2, \cdots, x_n) \mid x_1, x_2, \cdots, x_{n-1} \in \mathbb{F}_2\}$$

라고 할 때 다음이 성립한다.

(1) 사상

$$\phi : \Omega \longrightarrow \mathbb{F}_2{}^n, \quad \phi(\{a_t\}) = (a_0, a_1, \cdots, a_{n-1})$$

는 일대일 대응이고 따라서 $|\Omega| = |\mathbb{F}_2{}^n| = 2^n$ 이다.

(2) 모든 $\{a_t\}, \{b_t\} \in \Omega$ 에 대하여 $\{a_t\} + \{b_t\} \in \Omega$ 이다.

(3) 모든 정수 d $(d \geq 0)$ 에 대하여 $_d\{a_t\} \in \Omega$ 이다.

(4) 영수열이 아닌 선형점화수열 $\{a_t\} \in \Omega$가 주기 r 인 순환수열이면, $1 \leq r \leq 2^n - 1$ 이다.

증 명 (1) 수열 $\{a_t\} \in \Omega$ 는 $a_0, a_1, \cdots, a_{n-1}$ 의 값과 동차 선형점화식에 의하여 완전히 결정되므로 사상 ϕ 는 일대일 대응이다.

따라서 $|\Omega| = |\mathbb{F}_2{}^n| = 2^n$ 이다(정리 2.2.1, 정리 2.1.8).

(2), (3) 정리 3.3.4 에 의하여 (2), (3) 이 성립한다.

(4) 영수열이 아닌 이진수열 $\{a_t\} \in \Omega$ 가 주기 r 인 순환수열이면, (3) 에 의하여 영수열이 아닌 r 개의 이진수열 $_0\{a_t\}$, $_1\{a_t\}$, $\cdots$, $_{r-1}\{a_t\}$ 는 Ω 에 속하고 또 이들 이진수열은 모두 서로 다르다.

따라서 위의 (1) 에 의하여 $1 \leq r \leq 2^n - 1$ 이다.

체 $\mathbb{F}_2 = \{0, 1\}$ 에서의 무한수열 $\{a_t\}$ 가 다음과 같은 n 차의 동차 선형점화식을 만족시키는 동차 선형점화수열이라고 하자.

$$a_{t+n} = c_0 a_t + c_1 a_{t+1} + \cdots + c_{n-1} a_{t+n-1} \qquad (t = 0, 1, 2, \cdots)$$

이 때, 체 $\mathbb{F}_2$ 에서 $1+1=0$, $-1=1$ 이므로 $\{a_t\}$ 의 고유다항식

$$f(x) = -c_0 - c_1 x - \cdots - c_{n-1} x^{n-1} + x^n$$

는 $f(x) = c_0 + c_1 x + \cdots + c_{n-1} x^{n-1} + x^n$ 으로 쓸 수 있다.

보기 3.5.3 체 $\mathbb{F}_2 = \{0, 1\}$ 에서 다음과 같은 5 차의 동차 선형점화식을 만족시키는 이진수열 $\{a_t\}$ 전체의 집합을 Ω 라고 하자.

$$a_{t+5} = a_t + a_{t+1} \qquad (t = 0, 1, 2, \cdots)$$

이 때, 이러한 이진수열 $\{a_t\}$ 의 고유다항식은

$$f(x) = -1 - x + x^5 \quad 즉 \quad f(x) = 1 + x + x^5$$

이고 또 다음이 성립한다.

(1) 초기조건이 $(a_0, a_1, a_2, a_3, a_4) = (0, 0, 0, 0, 0)$ 일 때, $\{a_t\}$는 영수열이고 그 주기는 1 이다.

(2) 초기조건이 $(a_0, a_1, a_2, a_3, a_4) = (1, 1, 0, 1, 1)$ 일 때,

$$a_5 = a_0 + a_1 = 1 + 1 = 0, \qquad a_6 = a_1 + a_2 = 1 + 0 = 1,$$
$$a_7 = a_2 + a_3 = 0 + 1 = 1, \qquad a_8 = a_3 + a_4 = 1 + 1 = 0$$

이므로 이진수열 $\{a_t\}$는 다음과 같은 주기 3 인 순환수열이다.

$$1, 1, 0, 1, 1, 0, 1, 1, 0, 1, 1, 0, 1, 1, 0, \cdots$$

이 이진수열을 평행이동시키면, 다음과 같이 Ω에 속하는 3 개의 이진수열을 얻고 이들 수열은 모두 주기 3 인 순환수열이다(정리 3.5.4).

$$1, 1, 0, 1, 1, 0, 1, 1, 0, 1, 1, 0, 1, 1, 0, \cdots$$

$$1, 0, 1, 1, 0, 1, 1, 0, 1, 1, 0, 1, 1, 0, 1, \cdots$$

$$0, 1, 1, 0, 1, 1, 0, 1, 1, 0, 1, 1, 0, 1, 1, \cdots$$

이들 세 이진수열의 초기조건은

$$(1, 1, 0, 1, 1),\quad (1, 0, 1, 1, 0),\quad (0, 1, 1, 0, 1)$$

이므로 새로운 이진수열을 얻으려면 다른 초기조건을 생각하여야 한다.

(3) 초기조건이 $(a_0, a_1, a_2, a_3, a_4) = (1, 1, 1, 0, 1)$ 일 때, $\{a_t\}$는 다음과 같은 주기 7 인 순환수열이다.

$$1, 1, 1, 0, 1, 0, 0, 1, 1, 1, 0, 1, 0, 0, 1, 1, 1, 0, 1, 0, 0, \cdots$$

이 이진수열을 평행이동시키면 Ω에 속하는 7 개의 이진수열을 얻고, 이들은 모두 주기 7 인 순환수열이며 그 초기조건은 다음과 같다.

$$(1, 1, 1, 0, 1),\quad (1, 1, 0, 1, 0),\quad (1, 0, 1, 0, 0),\quad (0, 1, 0, 0, 1),$$
$$(1, 0, 0, 1, 1),\quad (0, 0, 1, 1, 1),\quad (0, 1, 1, 1, 0)$$

(4) 초기조건이 $(a_0, a_1, a_2, a_3, a_4) = (0, 0, 0, 0, 1)$ 일 때, $\{a_t\}$는 다음과 같은 주기 21 인 순환수열이다.

$$0, 0, 0, 0, 1, 0, 0, 0, 1, 1, 0, 0, 1, 0, 1, 0, 1, 1, 1, 1, 1, \cdots$$

이 이진수열을 평행이동시키면, Ω에 속하는 21 개의 이진수열을 얻고 이들 이진수열은 모두 주기 21 인 순환수열이다.

위에서 얻은 이진수열 전체의 개수는 $1 + 3 + 7 + 21 = 2^5 = |\Omega|$ 이고 따라서 위의 과정을 통하여 Ω에 속해 있는 32 개의 동차 선형점화수열인 이진수열을 모두 구한 셈이다.

이진수열 $\{a_t\}$는 그 생성함수 $G(x)$에 의하여 결정된다(정의 3.4.2).

보기 3.5.4 이진수열 $\{a_t\}$가 체 $\mathbb{F}_2$에서 다음과 같은 4차의 동차 선형점화식을 만족시키는 동차 선형점화수열이라고 하자.

$$a_{t+4} = a_t + a_{t+1} + a_{t+3} \qquad (t = 0, 1, 2, \cdots)$$

이 때, 이 이진수열의 고유다항식은 $f(x) = 1 + x + x^3 + x^4$이고 $f(x)$의 상반다항식은 $f^*(x) = 1 + x + x^3 + x^4 = f(x)$이다.

이제 이진수열 $\{a_t\}$의 생성함수를 $G(x)$라고 하면,

$$\begin{aligned} & f^*(x)\,G(x) \\ &= (1 + x + x^3 + x^4)(a_0 + a_1 x + a_2 x^2 + a_3 x^3 + a_4 x^4 + \cdots) \\ &= a_0 + (a_1 + a_0)\,x + (a_2 + a_1)\,x^2 + (a_3 + a_2 + a_0)\,x^3 \end{aligned}$$

이므로 다음이 성립한다(정리 3.4.4 참조).

$$G(x) = \frac{a_0 + (a_1 + a_0)x + (a_2 + a_1)x^2 + (a_3 + a_2 + a_0)x^3}{f^*(x)}$$

예를 들어, 초기조건이 $(a_0, a_1, a_2, a_3) = (1, 1, 0, 1)$인 경우에 다음이 성립한다.

$$f^*(x)\,G(x) = 1 + (1+1)x + (0+1)x^2 + (1+0+1)x^3 = 1 + x^2$$

$$\begin{aligned} G(x) &= \frac{1 + x^2}{f^*(x)} \\ &= \frac{1 + x^2}{1 + x + x^3 + x^4} \\ &= 1 + x + x^3 + x^4 \\ &\quad + x^6 + x^7 + x^9 + x^{10} + \cdots \\ &= (1 + x)(1 + x^3 + x^6 + x^9 + \cdots) \end{aligned}$$

$$\begin{array}{r|l} & 1 + x + x^3 + x^4 + \cdots \\ \hline 1 + x + x^3 + x^4 & 1 + x^2 \\ & 1 + x + x^3 + x^4 \\ \hline & x + x^2 + x^3 + x^4 \\ & x + x^2 + x^4 + x^5 \\ \hline & x^3 + x^5 \end{array}$$

따라서 이 경우에 이진수열 $\{a_t\}$는 다음과 같은 주기 3인 순환수열이다.

$$1,\ 1,\ 0,\ 1,\ 1,\ 0,\ 1,\ 1,\ 0,\ 1,\ 1,\ 0,\ 1,\ 1,\ 0,\ \cdots$$

연 습 문 제 (3.5)

*1. 체 $\mathbb{F}_2$ 에서의 무한수열 $\{a_t\}$가 동차 선형점화식

$$a_{t+3} = a_t + a_{t+1} + a_{t+2} \qquad (t = 0, 1, 2, \cdots)$$

을 만족시키는 선형점화수열일 때, 다음 물음에 답하여라.

(1) $\{a_t\}$의 고유다항식 $f(x)$를 구하여라.

(2) 초기조건이 $(a_0, a_1, a_2) = (0, 0, 1)$ 일 때, $\{a_t\}$의 주기와 그 생성 순환마디를 구하여라.

2. 체 $\mathbb{F}_2$ 에서의 무한수열 $\{a_t\}$가 다음 두 조건을 만족시키는 이진수열이라고 하자.

(i) $(a_0, a_1, a_2, a_3, a_4, a_5) = (0, 0, 0, 0, 0, 1)$

(ii) $a_{t+6} = a_t + a_{t+1} + a_{t+2} + a_{t+4} \qquad (t = 0, 1, 2, \cdots)$

이 때, $\{a_t\}$는 다음과 같은 주기 21 인 순환수열임을 확인하여라.

0, 0, 0, 0, 0, 1, 0, 1, 0, 0, 1, 0, 0, 1, 1, 0, 0, 1, 0, 1, 1, 0, 0, 0, 0, 0, 1, ⋯

*3. 보기 3.5.4 에서 초기조건이 $(a_0, a_1, a_2, a_3) = (0, 0, 0, 1)$ 일 때, $\{a_t\}$의 생성함수가

$$G(x) = (x^3 + x^4 + x^5)(1 + x^6 + x^{12} + \cdots)$$

임을 밝히고, 이로부터 $\{a_t\}$가 주기 6 인 순환수열임을 밝혀라.

*4. 다음과 같이 주기 3 인 이진수열의 생성함수 $G(x)$를 구하여라.

$$\{a_t\}: \ 1, 1, 0, 1, 1, 0, 1, 1, 0, 1, 1, 0, 1, 1, 0, \cdots$$

*5. 체 $\mathbb{F}_2$ 위에서의 무한수열 $\{a_t\}$가 다음 두 조건을 만족시킬 때, 이 수열의 생성함수 $G(x)$를 구하고 이를 이용하여 $\{a_t\}$를 구하여라.

(i) $(a_0, a_1, a_2, a_3) = (0, 0, 0, 1)$

(ii) $a_{t+4} = a_t + a_{t+2} + a_{t+3} \qquad (t = 0, 1, 2, \cdots)$

§3.6 최대주기수열

영수열이 아닌 이진수열이 n차의 동차 선형점화식을 만족시키는 수열일 때, 이 이진수열이 주기 r인 순환수열이면 $1 \le r \le 2^n - 1$이다(정리 3.5.4).

정의 3.6.1 영수열이 아닌 이진수열 $\{a_t\}$가 체 $\mathbb{F}_2 = \{0, 1\}$에서 n차의 동차 선형점화식

$$a_{t+n} = c_0 a_t + c_1 a_{t+1} + \cdots + c_{n-1} a_{t+n-1} \qquad (t = 0, 1, 2, \cdots)$$

을 만족시키는 동차 선형점화수열일 때, $\{a_t\}$가 주기 $2^n - 1$인 순환수열인 경우에 $\{a_t\}$를 주기 $2^n - 1$인 **최대주기수열**(maximal period sequence) 또는 **PN 수열**(pseudo-noise sequence)이라고 한다

그리고, 이와 같은 이진수열이 존재할 때, 그 고유다항식

$$f(x) = c_0 + c_1 x + \cdots + c_{n-1} x^{n-1} + x^n$$

를 체 $\mathbb{F}_2$ 위의 n차의 **원시다항식**(primitive polynomial)이라고 한다.

보기 3.6.1 체 $\mathbb{F}_2 = \{0, 1\}$에서 2차의 동차 선형점화식

$$a_{t+2} = a_t + a_{t+1} \qquad (t = 0, 1, 2, \cdots)$$

을 만족시키는 동차 선형점화수열 $\{a_t\}$ 전체의 집합을 Ω라고 하면,

$$\{a_t\} : \ 0, 1, 1, 0, 1, 1, 0, 1, 1, 0, 1, 1, \cdots$$

$$_1\{a_t\} : \ 1, 0, 1, 1, 0, 1, 1, 0, 1, 1, 0, 1, \cdots$$

$$_2\{a_t\} : \ 1, 1, 0, 1, 1, 0, 1, 1, 0, 1, 1, 0, \cdots$$

는 주기 $2^2 - 1$인 최대주기수열이고 또 Ω는 다음과 같다(보기 3.5.2).

$$\Omega = \{\{0\}, \{a_t\}, {}_1\{a_t\}, {}_2\{a_t\}\}$$

또, $f(x) = 1 + x + x^2$은 체 $\mathbb{F}_2$ 위의 2차의 원시다항식이다.

보기 3.6.2 체 $\mathbb{F}_2=\{0, 1\}$에서 3 차의 동차 선형점화식

$$a_{t+3}=a_t+a_{t+1} \qquad (t=0, 1, 2, \cdots)$$

을 만족시키는 동차 선형점화수열 $\{a_t\}$ 전체의 집합을 Ω라고 하자.

이 때, 초기조건이 $(a_0, a_1, a_2)=(0, 0, 1)$ 일 때,

$$\{a_t\} \ : \ 0, 0, 1, 0, 1, 1, 1, 0, 0, 1, 0, 1, 1, 1, \cdots$$

이고 이 이진수열은 주기 2^3-1 인 최대주기수열이다. 따라서 다음 7 개의 이진수열은 모두 Ω에 속하는 주기 7 인 최대주기수열이다(정리 3.5.4).

$${}_0\{a_t\} : 0, 0, 1, 0, 1, 1, 1, 0, 0, 1, 0, 1, 1, 1, \cdots$$
$${}_1\{a_t\} : 0, 1, 0, 1, 1, 1, 0, 0, 1, 0, 1, 1, 1, 0, \cdots$$
$${}_2\{a_t\} : 1, 0, 1, 1, 1, 0, 0, 1, 0, 1, 1, 1, 0, 0, \cdots$$
$${}_3\{a_t\} : 0, 1, 1, 1, 0, 0, 1, 0, 1, 1, 1, 0, 0, 1, \cdots$$
$${}_4\{a_t\} : 1, 1, 1, 0, 0, 1, 0, 1, 1, 1, 0, 0, 1, 0, \cdots$$
$${}_5\{a_t\} : 1, 1, 0, 0, 1, 0, 1, 1, 1, 0, 0, 1, 0, 1, \cdots$$
$${}_6\{a_t\} : 1, 0, 0, 1, 0, 1, 1, 1, 0, 0, 1, 0, 1, 1, \cdots$$

그리고 $\Omega=\{\{0\}, {}_0\{a_t\}, {}_1\{a_t\}, {}_2\{a_t\}, \cdots, {}_6\{a_t\}\}$이다.

또, $f(x)=1+x+x^3$ 은 체 $\mathbb{F}_2$ 위의 3 차의 원시다항식이다.

집합 Ω에 속해 있는 $2^3=8$ 개의 이진수열의 처음 세 항으로 이루어진 순서 3 조 전체는

$$(0, 0, 0), \ (0, 0, 1), \ (0, 1, 0), \ (1, 0, 1),$$
$$(0, 1, 1), \ (1, 1, 1), \ (1, 1, 0), \ (1, 0, 0)$$

이고, 이들로 이루어진 집합은 ${\mathbb{F}_2}^3$와 일치한다. 또, $\{a_t\}$ 의 생성순환마디

$$0, 0, 1, 0, 1, 1, 1$$

에는 0 과 1 이 각각 2^2-1 개, 2^2 개 들어 있다.

마찬가지로, ${}_1\{a_t\}$, ${}_2\{a_t\}$, $\cdots$, ${}_6\{a_t\}$ 의 생성순환마디에는 0 과 1 이 각각 2^2-1 개, 2^2 개 들어 있다.

정리 3.6.2 체 $\mathbb{F}_2 = \{0, 1\}$ 에서 n 차의 동차 선형점화식

$$a_{t+n} = c_0 a_t + c_1 a_{t+1} + \cdots + c_{n-1} a_{t+n-1} \qquad (t = 0, 1, 2, \cdots)$$

을 만족시키는 동차 선형점화수열 중에서 주기 $2^n - 1$ 인 최대주기수열 $\{a_t\}$ 가 존재할 때, 위의 동차 선형점화식을 만족시키는 동차 선형점화수열 전체의 집합을 Ω 라고 하면 다음이 성립한다.

(1) $\Omega = \{\{0\},\ {}_0\{a_t\},\ {}_1\{a_t\},\ \cdots\ {}_{2^n-2}\{a_t\}\}$

그리고, 집합 Ω 에 속하는 영수열이 아닌 수열은 모두 주기 $2^n - 1$ 인 최대주기수열이다.

(2) $\mathbb{F}_2{}^n = \{(0, 0, \cdots, 0)\} \cup \{(a_k, a_{k+1}, \cdots, a_{k+n-1}) \mid 0 \le k \le 2^n - 2\}$

(3) 이진수열 $\{a_t\}$ 의 생성순환마다 $a_0, a_1, \cdots, a_{2^n-2}$ 에는 0과 1이 각각 $2^{n-1} - 1$ 개, 2^{n-1} 개 들어 있다.

증 명 (1) 정리 3.5.4 에 의하여 $|\Omega| = 2^n$ 이고 또 $2^n - 1$ 개의 이진수열

$${}_0\{a_t\},\quad {}_1\{a_t\},\quad \cdots\quad {}_{2^n-2}\{a_t\}$$

는 모두 Ω 에 속하고 주기가 $2^n - 1$ 이며 정리 3.5.3 에 의하여 이들은 모두 서로 다르므로 (1) 이 성립한다.

(2) 정리 3.5.4 에 의하여 사상

$$\phi : \Omega \longrightarrow \mathbb{F}_2{}^n, \quad \phi(\{a_t\}) = (a_0, a_1, \cdots, a_{n-1})$$

는 일대일 대응이고 또 ${}_k\{a_t\}$ 의 처음 n 개의 항으로 이루어진 순서 n 조는 $(a_k, a_{k+1}, \cdots, a_{k+n-1})$ 이므로 (1) 에 의하여 (2) 가 성립한다.

(3) 집합 $\mathbb{F}_2{}^n$ 에 속해 있는 원소 중에서 $(0, 0, \cdots, 0)$ 이 아닌 원소 전체는

$$(a_k, a_{k+1}, \cdots, a_{k+n-1}) \qquad 0 \le k \le 2^n - 2$$

이고 이들 $2^n - 1$ 개의 원소의 첫째 성분은 각각 $a_0, a_1, \cdots, a_{2^n-2}$ 이다.

한편, $\mathbb{F}_2{}^n$ 에 속해 있는 원소 중에서 $(0, 0, \cdots, 0)$ 이 아닌 것은 $2^n - 1$ 개 있고 이러한 원소 중에서 $(0, b_1, \cdots, b_{n-1})$ 과 같은 꼴이 $2^{n-1} - 1$ 개 있고 $(1, c_1, \cdots, c_{n-1})$ 과 같은 꼴이 2^{n-1} 개 있으므로 (3) 이 성립한다.

보기 3.6.3 체 $\mathbb{F}_2 = \{0, 1\}$ 에서 4차의 동차 선형점화식

$$a_{t+4} = a_t + a_{t+1} \qquad (t = 0, 1, 2, \cdots)$$

을 만족시키는 동차 선형점화수열 $\{a_t\}$ 전체의 집합을 Ω 라고 하자.

이 때, 초기조건이 $(a_0, a_1, a_2, a_3) = (0, 0, 0, 1)$ 일 때, $\{a_t\}$ 는 다음과 같은 주기 15 $(= 2^4 - 1)$ 인 최대주기수열이다.

$$\{a_t\} : \ 0\ 0\ 0\ 1\ 0\ 0\ 1\ 1\ 0\ 1\ 0\ 1\ 1\ 1\ 1\ 0\ 0\ 0\ 1 \cdots$$

따라서 $\Omega = \{\{0\}\} \cup \{{}_k\{a_t\} \mid 0 \leq k \leq 14\}$ 이고 또 각 ${}_k\{a_t\}$ 는 모두 주기 15 인 최대 주기수열이다. 그리고 최대주기수열 $\{a_t\}$ 의 생성순환마디

$$0,\ 0,\ 0,\ 1,\ 0,\ 0,\ 1,\ 1,\ 0,\ 1,\ 0,\ 1,\ 1,\ 1,\ 1$$

에는 각각 0 이 $7\,(= 2^3 - 1)$ 개 들어 있고 1 이 $8\,(= 2^3)$ 개 들어 있다.

또, $f(x) = 1 + x + x^4$ 은 체 $\mathbb{F}_2$ 위의 4차의 원시다항식이다.

다음은 체 $\mathbb{F}_2 = \{0, 1\}$ 위의 35차 이하의 원시다항식을 그 차수에 따라 한 개씩 쓴 것이다.

$x^2 + x + 1$, $\quad x^3 + x + 1$, $\quad x^4 + x + 1$,

$x^5 + x^2 + 1$, $\quad x^6 + x + 1$, $\quad x^7 + x + 1$,

$x^8 + x^4 + x^3 + x^2 + 1$, $\quad x^9 + x^4 + 1$, $\quad x^{10} + x^3 + 1$,

$x^{11} + x^2 + 1$, $\quad x^{12} + x^6 + x^4 + x + 1$,

$x^{13} + x^4 + x^3 + x + 1$, $\quad x^{14} + x^5 + x^3 + x + 1$,

$x^{15} + x + 1$, $\quad x^{16} + x^5 + x^3 + x^2 + 1$, $\quad x^{17} + x^3 + 1$,

$x^{18} + x^5 + x^2 + x + 1$, $\quad x^{19} + x^5 + x^2 + x + 1$,

$x^{20} + x^3 + 1$, $\quad x^{21} + x^2 + 1$, $\quad x^{22} + x + 1$,

$x^{23} + x^5 + 1$, $\quad x^{24} + x^4 + x^3 + x + 1$, $\quad x^{25} + x^3 + 1$,

$x^{26} + x^6 + x^2 + x + 1$, $\quad x^{27} + x^5 + x^2 + x + 1$, $\quad x^{28} + x^3 + 1$

$x^{29} + x^2 + 1$, $\quad x^{30} + x^6 + x^4 + x + 1$, $\quad x^{31} + x^3 + 1$

$x^{32} + x^7 + x^5 + x^3 + x^2 + x + 1$, $\quad x^{33} + x^6 + x^4 + x + 1$,

$x^{34} + x^7 + x^6 + x^5 + x^2 + x + 1$, $\quad x^{35} + x^2 + 1$

연 습 문 제 (3.6)

*1. 체 $\mathbb{F}_2$ 에서의 무한수열 $\{a_t\}$ 가 다음 동차 선형점화식을 만족시키는 동차 선형점화수열이라고 하자.

$$a_{t+3} = a_t + a_{t+2} \qquad (t = 0, 1, 2, \cdots)$$

이 때, 다음 물음에 답하여라.

(1) 초기조건이 $(a_0, a_1, a_2) = (0, 0, 1)$ 인 경우에 이 수열의 처음 14 개의 항을 구하여 $\{a_t\}$ 가 주기 7 인 최대주기수열임을 확인하여라.

(2) 위의 동차 선형점화식을 만족시키는 동차 선형점화수열 전체의 집합을 Ω 라고 할 때, Ω 를 구하여라.

*2. 체 $\mathbb{F}_2$ 에서의 무한수열 $\{a_t\}$ 가 동차 선형점화식

$$a_{t+4} = a_t + a_{t+3} \qquad (t = 0, 1, 2, \cdots)$$

를 만족시키는 이진수열일 때, 다음 물음에 답하여라.

(1) 초기조건이 $(a_0, a_1, a_2, a_3) = (0, 0, 0, 1)$ 인 경우에 $\{a_t\}$ 는 주기 $2^4 - 1$ 인 최대주기수열임을 확인하고 그 생성순환마디를 구하여라.

(2) 초기조건이 $(a_0, a_1, a_2, a_3) = (1, 0, 0, 0)$ 인 경우에 $\{a_t\}$ 는 주기 $2^4 - 1$ 인 최대주기수열임을 확인하고 그 생성순환마디를 구하여라.

*3. 체 $\mathbb{F}_2$ 에서의 무한수열 $\{a_t\}$ 가 다음 두 조건을 만족시키는 선형점화수열일 때, $\{a_t\}$ 의 주기의 생성순환마디를 구하여라.

(i) $(a_0, a_1, a_2, a_3) = (0, 0, 0, 1)$

(ii) $a_{t+4} = a_t + a_{t+1} + a_{t+2} + a_{t+3} \qquad (t = 0, 1, 2, \cdots)$

4. 체 $\mathbb{F}_2$ 에서 다음 두 조건을 만족시키는 동차 선형점화수열 $\{a_t\}$ 가 최대주기수열임을 확인하고 그 생성순환마디를 구하여라.

(i) $(a_0, a_1, a_2, a_3, a_4) = (0, 0, 0, 0, 1)$

(ii) $a_{t+5} = a_t + a_{t+2} \qquad (t = 0, 1, 2, \cdots)$

*5. 체 $\mathbb{F}_2$ 에서 주기가 $2^6 - 1$ 인 최대주기수열을 구하여라.

§ 3.7 선형점화수열과 선형 Shift Register

다음 그림은 체 F 에서의 무한수열 $\{s_t\}$ 를 생성해내는 장치를 보여준다.

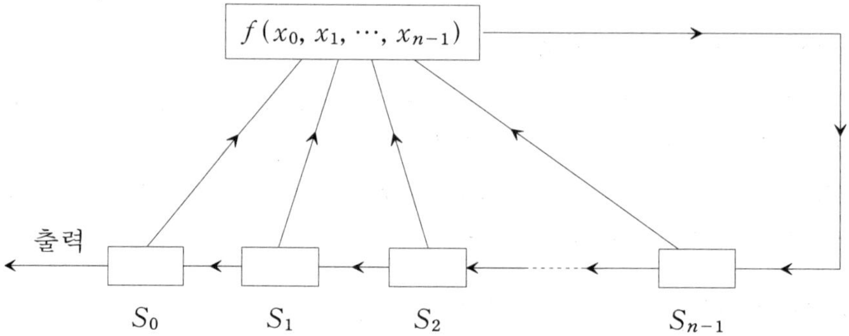

이 장치를 체 F 에서의 $\boldsymbol{n}$ **단계 Shift Register**라 하고, 또 함수

$$f : F^n \longrightarrow F, \quad y = f(x_0, x_1, \cdots, x_{n-1})$$

를 이 Shift Register 의 **feedback 함수**(feedback function) 라고 한다.

이 그림에서 단위 시각 $t = 0, 1, 2, \cdots$ 에 따라 t 시각일 때의 각 단계 (stage) S_i 의 내용을 $s_i(t)$ 라고 하면 다음 두 조건이 성립한다.

(i) $s_i(t+1) = s_{i+1}(t), \qquad (0 \le i \le n-2)$

(ii) $s_{n-1}(t+1) = f(s_0(t), s_1(t), \cdots, s_{n-1}(t))$

따라서 t 시각에서의 $S_0, S_1, \cdots, S_{n-2}, S_{n-1}$ 의 내용은 각각

(1) $\quad s_0(t), s_1(t), \cdots, s_{n-2}(t), s_{n-1}(t)$

이고 $t+1$ 시각에서의 $S_0, S_1, \cdots, S_{n-2}, S_{n-1}$ 의 내용은 각각 다음과 같다.

(2) $\quad s_1(t), s_2(t), \cdots, s_{n-1}(t), \ f(s_0(t), s_1(t), \cdots, s_{n-1}(t))$

여기서 (2) 의 처음 $n-1$ 개의 항은 (1) 의 첫째 항을 제외한 항을 차례로 왼쪽으로 평행이동시킨(shift) 것이고 (2) 의 끝항은 (1) 의 n 개의 항과 함수 f 에 의하여 결정된다.

따라서 시각 t 에서의 S_0 의 내용 $s_0(t)$를 s_t 로 나타내면,

$$\begin{aligned} s_t &= s_0(t) \\ s_{t+1} &= s_0(t+1) = s_1(t) \\ &\vdots \\ s_{t+n-1} &= s_0(t+n-1) = \cdots = s_{n-1}(t) \\ s_{t+n} &= s_0(t+n) = \cdots = s_{n-1}(t+1) \\ &= f(s_t, s_{t+1}, \cdots, s_{t+n-1}) \end{aligned}$$

이므로 각 시각 t 에서의 $S_0, S_1, \cdots, S_{n-2}, S_{n-1}$ 의 내용은 다음과 같다.

$$\begin{aligned} t = 0 \text{ 일 때}: &\quad s_0,\ s_1,\ \cdots,\ s_{n-2},\ s_{n-1} \\ t = 1 \text{ 일 때}: &\quad s_1,\ s_2,\ \cdots,\ s_{n-1},\ s_n \\ t = 2 \text{ 일 때}: &\quad s_2,\ s_3,\ \cdots,\ s_n,\ s_{n+1} \\ t = 3 \text{ 일 때}: &\quad s_3,\ s_4,\ \cdots,\ s_{n+1},\ s_{n+2} \\ \vdots \qquad &\qquad\qquad \vdots \end{aligned}$$

그리고, $t = 0, 1, 2, \cdots$ 일 때의 S_0 의 내용으로부터 무한수열

$$\{s_t\}: \ s_0,\ s_1,\ s_3,\ s_4,\ \cdots,\ s_t,\ \cdots$$

를 얻는다. 결국 feedback 함수가 $f: F^n \longrightarrow F$ 인 n 단계 Shift Register 에 의하여 생성된 무한수열 $\{s_t\}$ 는 초기조건 $(s_0, s_1, \cdots, s_{n-1})$ 과 관계식

$$s_{t+n} = f(s_t, s_{t+1}, \cdots, s_{t+n-1}) \qquad (t = 0, 1, 2, \cdots)$$

에 의하여 완전히 결정된다.

예를 들면, 체 $\mathbb{F}_2 = \{0, 1\}$ 에서의 무한수열 $\{s_t\}$ 가 함수

$$f: \ \mathbb{F}_2{}^3 \longrightarrow \mathbb{F}_2, \quad f(x_0, x_1, x_2) = x_0 + x_1 + x_1 x_2$$

를 feedback 함수로 가지는 Shift Register 에 의하여 생성된 수열이면, $\{s_t\}$ 는 초기조건 (s_0, s_1, s_2) 와 다음 관계식에 의하여 결정된다.

$$s_{t+3} = f(s_t, s_{t+1}, s_{t+2}) = s_t + s_{t+1} + s_{t+1} s_{t+2} \qquad (t = 0, 1, 2, \cdots)$$

특히, $(s_0, s_1, s_2) = (0, 0, 1)$ 일 때, $\{s_t\}$ 는 다음과 같이 결정된다.

$s_3 = 1 + 0 + 0 + 0 = 1,$

$s_4 = 1 + 0 + 1 + 1 = 1,$

$s_5 = 1 + 1 + 1 + 1 = 0,$

$s_6 = 1 + 1 + 1 + 0 = 1,$

$s_7 = 1 + 1 + 0 + 0 = 0,$

$s_8 = 1 + 0 + 1 + 0 = 0$

t	s_t	s_{t+1}	s_{t+2}
0	0	0	1
1	0	1	1
2	1	1	1
3	1	1	0
4	1	0	1
5	0	1	0
6	1	0	0

정의 3.7.1 체 F에 대하여 다음과 같이 정의된 함수 $f : F^n \longrightarrow F$를 체 F에서의 **동차 선형함수**(homogeneous linear function)라고 한다.

$$f(x_0, x_1, \cdots, x_{n-1}) = c_0 x_0 + c_1 x_1 + \cdots + c_{n-1} x_{n-1}$$
$$(c_0, c_1, \cdots, c_{n-1} \in F)$$

그리고, 체 F에서의 동차 선형함수 $f : F^n \longrightarrow F$를 feedback 함수로 가지는 Shift Register를 ***n* 단계 동차 선형 Shift Register**라고 한다.

다음 그림은 n 단계 동차 선형 Shift Register를 나타내는 그림이다.

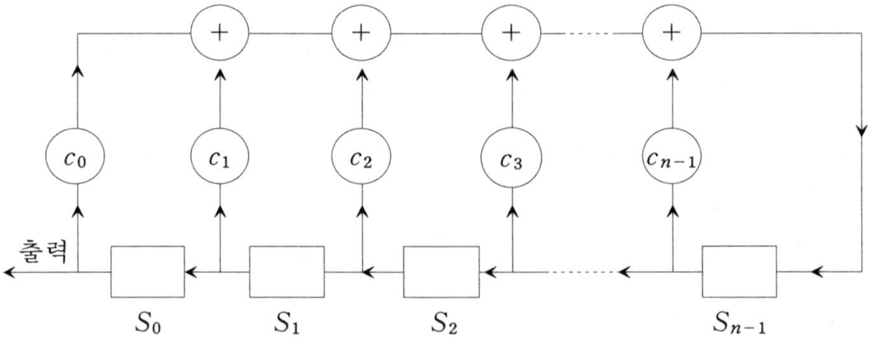

위의 그림의 n 단계 동차 선형 Shift Register에서

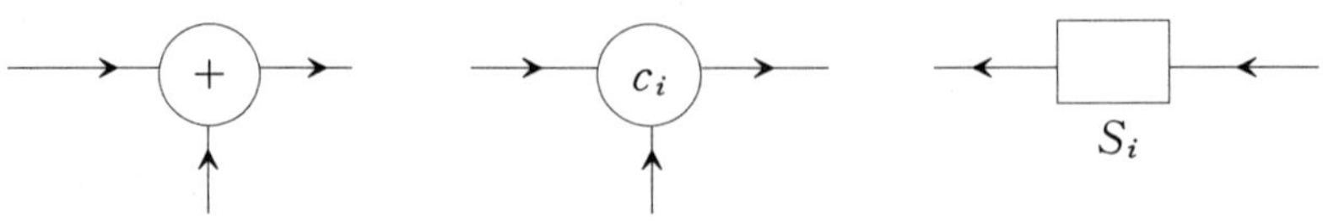

는 각각 더하는 과정, c_i를 곱하는 과정, 지연시키는 과정을 나타낸다.

이 동차 선형 Shift Register에 의하여 생성된 무한수열 $\{s_t\}$는 다음 동차 선형점화식을 만족시키는 n차의 동차 선형점화수열이다.

$$s_{t+n} = c_0 s_t + c_1 s_{t+1} + \cdots + c_{n-1} s_{t+n-1} \qquad (t = 0, 1, 2, \cdots)$$

특히, 체 $\mathbb{F}_2 = \{0, 1\}$에서의 동차 선형함수

$$f : \mathbb{F}_2{}^n \longrightarrow \mathbb{F}_2,$$

$$f(x_0, x_1, \cdots, x_{n-1}) = c_0 x_0 + c_1 x_1 + \cdots + c_{n-1} x_{n-1}$$

를 feedback 함수로 가지는 Shift Register를 **n단계 이진 동차 선형 Shift Register**라고 한다.

다음 그림은 이러한 Shift Register를 나타내는 그림이다.

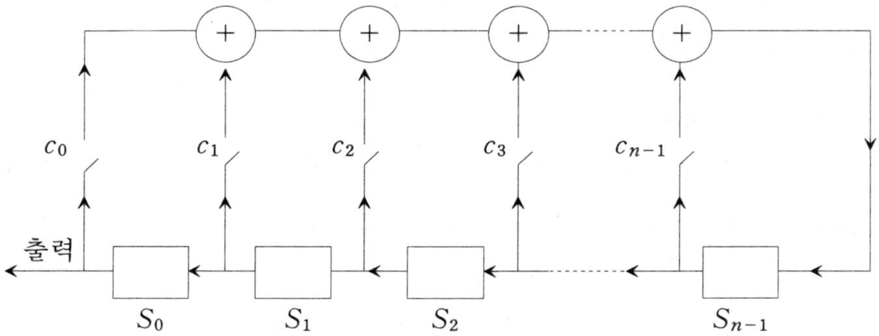

위의 그림에서 각 c_i의 오른쪽에 있는 기호는 스위치를 나타내며 c_i의 값이 0, 1임에 따라 이에 대응하는 스위치는 열리거나 닫히게 된다.

비밀 유지를 요하는 통신문을 **평문**(plaintext)이라 하고, 또 이 평문을 일정한 기호나 수로 전환시켜 놓은 것을 **암호문**(ciphertext)이라고 한다. 특히, 외교용이나 군사용으로 널리 쓰이는 **스트림 암호체계**(stream cipher system)에서는 여러 대의 이진 선형 Shift Register를 사용하여 이진수열 $\{s_t\}$를 생성해내고 전송할 평문을 유한수열 $a_0, a_1, \cdots, a_k$로 나타내어

$$b_i = a_i + s_i \qquad (0 \leq i \leq k)$$

으로 결정되는 암호문 $b_0, b_1, \cdots, b_k$를 전송하며, 전송된 암호문은

$$a_i = b_i - s_i \qquad (0 \leq i \leq k)$$

으로 결정되는 평문 $a_0, a_1, \cdots, a_k$로 복호한다([4], 제5장 참조).

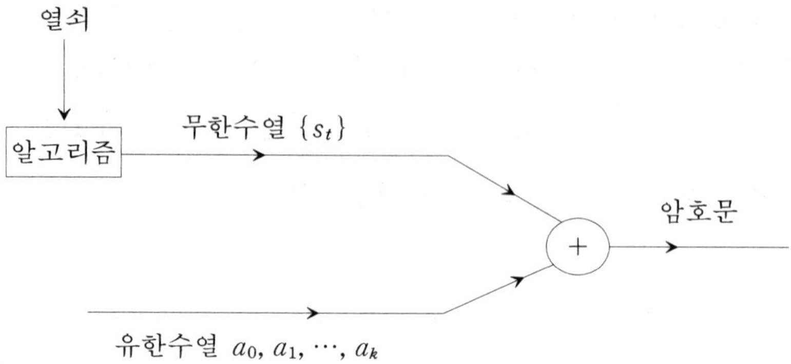

이러한 스트림 암호체계는 상업용으로도 사용되고 있고, 또 이동통신 환경에서 구현하기가 용이하고 그 안전성을 수학적으로 엄밀하게 분석할 수 있다는 장점이 있어 무선 데이터를 보호하는 데 적합하다.

스트림 암호체계에서는 다음 조건이 만족되어야 한다.

A. 1 : 열쇠(key)를 선택할 수 있는 방법의 개수를 충분히 크게 하여 공격자로 하여금 열쇠 전부를 시험해 볼 수 없도록 하여야 한다.

A. 2 : 보안이 유지되기 위해서는 생성되는 무한수열들의 주기를 미리 알 수 있어야 한다.

A. 3 : 암호문은 반드시 任意性(randomness)이 있어야 한다.

한편, 한 대의 동차 선형 Shift Register를 써서 생성해낸 최대주기수열은 이 수열의 몇 개의 연이은 항을 알면 수열 전체를 알 수 있다는 약점이 있다. 따라서 스트림 암호체계는 다음 조건을 충족시켜야 한다.

A. 4 : 스트림 암호체계는 非선형적(nonlinear)이어야 한다.

스트림 암호체계가 非선형적이 되도록 하려면, 두 개 이상의 선형 Shift Register를 결합하는 방법을 이용하거나 선형함수가 아닌 함수를 feedback 함수로 택하는 방법이 이용된다. 선형함수가 아닌 feedback 함수를 가지는 무한수열로서는 bent 함수 수열, Kasami 수열과 같은 수열이 있으며 이 수열은 좋은 특성을 가지고 있다.

제 4 장

알고리즘

이 장에서는, 덧셈, 곱셈, 다항식에 관한 간단한 알고리즘을 소개하고 여러 가지 검색 알고리즘과 정렬 알고리즘의 특성에 대하여 논하며 순열과 조합의 정렬에 관한 알고리즘을 소개한다. 그리고, 알고리즘의 시간 복잡도에 대하여 논하고 $f(x) = O(g(x))$ 에 관한 정리를 증명하며, 유클리드의 알고리즘의 시간 복잡도를 구체적으로 계산한다.

제 6 장에서는 가중 그래프에서 최단 경로와 최단 거리에 관한 몇 가지 알고리즘을 소개한다.

§ 4.1 알고리즘

알고리즘(algorithm)은 주로 산술적 법칙을 뜻하였으나, 오늘날에는 보다 더 일반적인 의미로 절차(procedure)와 동일한 의미로 쓰인다.

알고리즘의 요체는 입력(input), 출력(output) 그리고 입력을 출력으로 전환시키는 일련의 명확한 단계이다. 예를 들면, 유클리드의 알고리즘은 두 양의 정수 a, b의 입력에 따라 일련의 명확한 단계를 거쳐 a, b의 최대공약수를 출력한다(정리 1.3.10 참조).

보기 4.1.1 한 자리의 두 자연수의 합을 구하는 방법을 공부한 후에 받아올림의 원칙에 따라 두 자연수의 합을 구한다. 그리고, 구구단을 익힌 후에 두 자연수의 곱을 구하는 절차에 따라 그 곱을 구한다.

$$
\begin{array}{rrr}
1 & 8 & 7 \\
+4_1 & 5_1 & 6 \\
\hline
6 & 4 & 3
\end{array}
\qquad
\begin{array}{r}
123 \\
\times \quad 19 \\
\hline
1107 \\
123 \\
\hline
2337
\end{array}
\qquad
\begin{array}{r}
123 \\
\times \quad 18 \\
\hline
984 \\
123 \\
\hline
2214
\end{array}
$$

보기 4.1.2 두 자연수의 곱을 아래 표와 같은 절차에 따라 구할 수도 있다.

19 × 123	
9	246
~~4~~	~~492~~
~~2~~	~~984~~
1	1968
	2337

~~18 × 123~~	
9	246
~~4~~	~~492~~
~~2~~	~~984~~
1	1968
	2337

위의 각 표에서 왼쪽의 수는 바로 위의 수를 2로 나누었을 때의 몫이고 오른쪽의 수는 바로 위의 수를 2배한 것이며, 이러한 절차를 왼쪽의 수가 1이 될 때까지 되풀이하고. 마지막으로 왼쪽의 수가 짝수인 줄은 없앤 후에 오른쪽 수를 모두 합하면 구하는 곱을 얻는다(문제 1 참조).

보기 4.1.3 간단한 계산기를 이용하면 자연수의 제곱근의 근사값을 구할 수 있다. 한편, 예를 들어 $\sqrt{2}$ 의 근사값은 다음과 같이 구한다.

먼저 제곱한 값이 2를 넘지 않는 자연수 중에서 가장 큰 자연수인 1을 택하여 표의 왼쪽과 맨 윗줄에 쓴다. 곱 $1 \times 1 = 1$과 $2 - 1 = 1$을 구하여 1을 100으로 나타낸다.

	1. 4 1 4
1	2
1	1
24	100
4	96
281	400
1	281
2824	11900
4	11296
	60400

다음에 표의 왼쪽에서 $1 + 1 = 2$를 구하고 두 자리의 자연수 2□ 중에서 곱 2□×□가 100을 넘지 않는 수 중 가장 큰 수를 택하면 □ = 4 이므로 $100 - 24 \times 4 = 4$를 구하고 4를 400으로 나타낸다.

이러한 절차를 되풀이하여 $\sqrt{2} \fallingdotseq 1.414 \cdots$를 얻는다.

이 장에서는, 알고리즘을 전자계산기 프로그래밍 언어가 아닌 일상적인 표현으로 설명하기로 한다.

알고리즘 4.1.1 다음은 정수 $a_1, a_2, \cdots, a_n$의 합 $S = a_1 + a_2 + \cdots + a_n$의 값을 구하는 알고리즘이다.

단계 1 : $S = 0$으로 놓는다.

단계 2 : $i = 1$에서 $i = n$까지에 대하여(for $i = 1$ to n)

S를 $S + a_i$로 바꾸어 놓는다.

단계 3 : S를 출력한다.

여기서 단계 2를 **루프**(loop)라고 한다. 위의 알고리즘에서

$$a_1,\quad a_1 + a_2,\quad (a_1 + a_2) + a_3,\quad (a_1 + a_2 + a_3 + \cdots + a_{n-1}) + a_n$$

을 순차적으로 계산한다. 실제로 단계 2에서 다음과 같이 시행한다.

(1) $i = 1$로 놓고 S를 $S + a_1$으로 바꾸어 놓는다.

(2) i의 값을 1만큼 늘려 $i \leq n$이면, 위의 과정을 되풀이한다.

(3) 위의 절차를 되풀이하고, $i > n$에 다다르면 단계 3 으로 넘어간다.

보기 4.1.4 알고리즘 4.1.1 에 따라 정수 2, 3, 4, 5 의 합을 구해보자. 먼저 $S=0$ 부터 시작한다.

단계 2 에서, $i=1$ 로 놓고 S 를 $S+2=0+2$ 로 바꾼다.

다음에 $i=2$ 로 되고 S 를 $S+3=2+3=5$ 로 바꾼다.

마찬가지로, $i=3$ 으로 되고 S 를 $S+4=5+4=9$ 로 바꾸고, 다음에 $i=4$ 로 바꾸고 또 S 를 $S+5=5+5=10$ 으로 바꾼다.

이제 $i=4$ 이므로, 단계 3 으로 넘어가서 $S=10$ 을 출력한다.

알고리즘 4.1.2 (다항식의 값 계산) 다음 알고리즘은 정수 $a_0, a_1, \cdots, a_n$ 와 x 에 대하여 $S=a_0+a_1x+\cdots+a_nx^n$ 의 값을 구하는 알고리즘이다.

단계 1 : $P=1$ 로 놓는다.

단계 2 : $i=1$ 에서 $i=n$ 까지에 대하여 P 를 $P\cdot x$ 로 바꾸어 놓고, 이 값을 x_i 라고 놓는다. 이 때, $x_i=x^i$ 이다.

단계 3 : $S=a_0$ 로 놓는다.

단계 4 : $i=1$ 에서 $i=n$ 까지에 대하여 S 를 $S+a_ix_i$ 로 바꾸어 놓는다.

단계 5 : S 를 출력한다.

위의 알고리즘에서는 $x, x^2, \cdots, x^n$ 의 값을 먼저 계산하고 이어서

$$a_0,\quad a_0+a_1x,\quad a_0+a_1x+a_2x^2,\quad \cdots,\quad a_0+a_1x+a_2x^2+\cdots+a_nx^n$$

의 값을 순차적으로 계산한다.

한편, 다항식 $a_0+a_1x+a_2x^2+a_nx^n$ 을

$$\begin{aligned} & a_0+a_1x+a_2x^2+\cdots+a_nx^n \\ &= a_0+(a_1+a_2x+\cdots+a_nx^{n-1})\,x \\ &= a_0+(a_1+[\,a_2+a_3x+\cdots+a_nx^{n-2}\,]\,x)\,x \\ &\ \vdots \\ &= a_0+(a_1+(a_2+\cdots+(a_{n-1}+a_nx)\,x)\cdots x \end{aligned}$$

와 같이 나타낼 수 있으므로 다음 알고리즘이 옳음을 알 수 있다.

알고리즘 4.1.3 (Honer 의 알고리즘) 다음은 정수 $a_0, a_1, \cdots, a_n$ 와 정수 x 에 대하여 $f(x) = a_0 + a_1 x + \cdots + a_n x^n$ 의 값을 구하는 알고리즘이다.

단계 1 : $S = a_n$ 으로 놓는다.

단계 2 : $i = 1$ 에서 $i = n$ 까지에 대하여
S 를 $a_{n-i} + S \cdot x$ 로 바꾸어 놓는다.

단계 3 : S 를 출력한다.

보기 4.1.5 Honor 의 알고리즘에 따라 $f(x) = 1 + 2x - 3x^2 + 4x^3$ 에 대하여 $f(-1)$ 의 값을 계산하면 $f(-1) = -8$ 이다.

실제로, 각 단계별로 다음과 같이 진행된다.

단계 1 : $S = a_3 = 4$

단계 2 :

$i = 1$ 일 때, S 를 $S = a_2 + S \cdot (-1) = -3 + 4 \cdot (-1) = -7$ 로 바꾸어 놓으면 $S = -7$ 이다.

$i = 2$ 일 때, S 를 $S = a_1 + S \cdot (-1) = 2 - 7 \cdot (-1) = 9$ 로 바꾸어 놓으면 $S = 9$ 이다.

$i = 3$ 일 때, S 를 $S = a_0 + S \cdot (-1) = 1 + 9 \cdot (-1) = -8$ 로 바꾸어 놓으면 $S = -8$ 이다.

단계 3 : $S = -8$ 을 출력한다.

전자계산기는 두 대상이 서로 같은 것인지를 판별하는 데에도 이용된다.

알고리즘 4.1.4 다음은 입력 $a_1, a_2, \cdots, a_n$ 에 대하여 이들 중에서 서로 다른 것을 출력하는 알고리즘이다.

단계 1 : a_1 을 출력한다.

단계 2 : $n = 1$ 이면, 멈춘다.
$n > 1$ 인 경우에 $i = 2$ 에서 $i = n$ 까지에 대하여
a_i 가 $a_1, a_2, \cdots, a_{i-1}$ 과 같지 않으면 a_i 를 출력한다.

연 습 문 제 (4.1)

*1. 다음을 보기 4.1.2와 같은 방법으로 계산하고 이 방법이 옳음을 설명하여라.

(1) 73×461 (2) 168×413

2. 다음 제곱근의 근사값을 소수점 아래 셋째 자리까지 구하여라.

(1) $\sqrt{3}$ (2) $\sqrt{10}$ (3) $\sqrt{125}$

*3. Honor의 알고리즘을 이용하여 다항식

$$f(x) = 3x^4 - 2x^3 + 5x + 2$$

에 대하여 $f(2)$를 구하는 경우에 단계별로 S의 값을 구하여라.

*4. 정수 $a_1, a_2, \cdots, a_n$의 평균을 구하는 알고리즘을 말하여라.

*5. 양의 정수 b에 대하여 양의 정수 a를

$$a = r_m r_{m-1} \cdots r_1 r_{0\,(b)}$$

와 같이 b진법으로 나타내는 알고리즘을 말하여라(정리 1.3.18 참조).

*6. 나눗셈 알고리즘(정리 1.3.1)을 이용하여 양의 정수 a를 다음과 같은 꼴로 나타내는 알고리즘을 말하여라.

$$a = r_m m! + r_{m-1}(m-1)! + \cdots + r_2 2! + r_1 1!$$
$$m \geq 1, \quad 1 \leq r_m \leq m, \qquad 0 \leq r_i \leq i \quad (0 \leq i < m)$$

*7. 실수 $a_1, a_2, \cdots, a_n$에 대하여 $a_1 \leq a_2 \leq \cdots \leq a_n$일 때, 여기에 실수 x를 첨가하여 $n+1$개의 실수를 크기 순으로 출력하는 알고리즘을 말하여라.

*8. 양의 정수 n에 대하여 0부터 2^{n-1}까지의 정수 a는

$$a = r_1 r_2 \cdots r_{n(2)} \qquad \text{(앞의 0을 허용하여)}$$

와 같이 2진법으로 나타낼 수 있다(정리 1.3.18). 이 사실과 보기 2.3.4를 이용하여, 집합 $U = \{x_1, x_2, \cdots, x_n\}$, $|U| = n$에 대하여 U의 모든 부분집합을 출력하는 알고리즘을 말하여라.

§4.2 검색과 정렬

목록에 있는 수나 또는 낱말 중에서 어떤 성질을 가진 대상을 검색하는 알고리즘을 검색 알고리즘(search algorithm)이라고 한다.

알고리즘 4.2.1 선형 검색 알고리즘(linear search algorith)

주어진 목록

$$L: a_1, a_2, a_3, \cdots, a_n$$

에서 다음 절차에 따라 주어진 x를 검색한다.

$i=1$ 에서 $i=n$ 까지에 대하여

$x=a_i$ 이면, '참'을 출력하고 $i=2n$ 으로 놓는다.

$i \neq 2n$ 이면, '거짓'을 출력한다.

다음 보기에서 알 수 있는 바와 같이 알고리즘은 최악의 경우에 루프는 n 번 실행되고 이 알고리즘은 $n+1$ 번 비교하게 된다.

보기 4.2.1 목록

$$a_1=4, \quad a_2=2, \quad a_3=-2, \quad a_4=1$$

을 입력하고, 이 목록에서 $x=-2$를 검색해 보자.

먼저 $i=1$ 일 때, $x \neq 4=a_1$ 임을 확인하고 $i=2$ 라고 놓는다.

그리고, $x \neq 2=a_2$ 이므로 $i=3$ 으로 놓는다.

다음에 $x=-2=a_3$ 이므로 '참'을 출력하고 $i=2n=2 \cdot 4=8$ 이라고 놓는다. 이제 i 는 1과 4사이에 없으므로, 루프는 멈추고 또 $i=2n$ 이므로 알고리즘은 x 를 찾았음을 알게 되어 '거짓'을 출력하지 않는다.

한편, 위의 목록에 없는 $x=3$ 을 찾는다면, 이 알고리즘은

$$x \neq 4=a_1, \quad x \neq 2=a_2, \quad x \neq -2=a_3, \quad x \neq 1=a_4$$

임을 결정하고 마지막 단계에서 $i=4 \neq 8=2n$ 이므로 '거짓'을 출력한다.

알고리즘 4.2.2 이진 검색 알고리즘(binary search algorithm)

정렬된 목록

$$L: \ a_1, a_2, a_3, \cdots, a_n$$

에서 x를 다음 절차에 따라 검색한다.

while $n > 0$

  $n = 1$ 일 때,

    $x = a_1$ 이면, '참'을 출력하고 $n = 0$ 으로 놓는다.

    $x \neq a_1$ 이면, '거짓'을 출력하고 $n = 0$ 으로 놓는다.

  $n > 1$ 인 경우에 $m = \left[\dfrac{n}{2}\right]$ 이라고 놓는다.

    $x \leq a_m$ 이면, 현재의 목록을 $a_1, a_2, \cdots, a_m$ 으로 바꾸어 놓고 $n = m$ 으로 놓는다.

    $x > a_m$ 이면, 현재의 목록을 $a_{m+1}, a_{m+2}, \cdots, a_n$ 으로 바꾸어 놓고 n을 $n-m$ 으로 바꾸어 놓는다.

end while

여기서 n이 짝수이면 $\left[\dfrac{n}{2}\right] = \dfrac{n}{2}$ 이고, 또 n이 홀수이면 $\left[\dfrac{n}{2}\right] = \dfrac{n-1}{2}$ 이다(정의 1.3.5).

이 알고리즘에서 while은 검색할 목록이 존재하는 한($n > 0$ 인 경우에) 목록의 어느 반쪽에서 x를 검색할 것인지를 결정하여 본래의 목록을 이 반쪽으로 바꾸고 이와 같은 과정을 되풀이하면 결국 검색해야 할 범위가 $\dfrac{1}{2}$씩 줄어들게 된다.

이 알고리즘에서 $n = 2^k$ 인 경우에 while 과 end while 사이의 지시를 많아야 k번 시행하여 $3k$번 비교하고($n > 0$?, $n = 1$?, $x \leq a_m$) 또한 $n = 1$ 일 때 1번 비교하므로($x = a_1$?), 결국 $3k+1$번 비교한다.

한편, $2^{k-1} < n < 2^k$ 인 경우에는 목록 L에 a_n을 $2^k - n$번 추가해 놓고 알고리즘을 시행하면 많아야 $3k+1$번 비교한다.

보기 4.2.2 목록

$$a_1 = 4,\quad a_2 = 5,\quad a_3 = 6,\quad a_4 = 10,\quad a_5 = 11,$$
$$a_6 = 12,\quad a_7 = 14,\quad a_8 = 15,\quad a_9 = 17,\quad a_{10} = 18$$

을 입력하고, 이 목록에서 $x = 12$를 검색해 보자.

먼저 $n = 10 \neq 1$ 이므로 $m = \left[\dfrac{10}{2}\right] = 5$로 놓는다.

그런데 $x > 11 = a_5 = a_m$ 이므로 n을 $n - m = 5$로 바꾸어 놓고 본래의 목록을

$$a_1 = 12,\quad a_2 = 14,\quad a_3 = 15,\quad a_4 = 17,\quad a_5 = 18$$

으로 바꾸어 놓는다(첨자의 번호도 바뀜).

여기서 $n > 0$ 이므로 위의 과정을 되풀이한다.

먼저 $n = 5 \neq 1$ 이므로 $m = \left[\dfrac{5}{2}\right] = 2$로 놓는다.

그리고, $x \leq 14 = a_2 = a_m$ 이므로 현재의 목록을

$$a_1 = 12,\qquad a_2 = 14$$

으로 바꾸어 놓고 $n = m = 2$로 놓는다.

그런데, $n = 2 \neq 1$ 이므로 $m = \left[\dfrac{2}{2}\right] = 1$로 놓는다.

그리고, $x \leq 12 = a_1 = a_m$ 이므로 현재의 목록을

$$a_1 = 12$$

으로 바꾸어 놓고 $n = m = 1$로 놓는다.

이제 $n = 1$ 이고 $x = a_1$ 이므로 '참'을 출력하고 $n = 0$으로 놓는다.

이와 같이 하여 알고리즘은 끝나게 된다.

전자계산기를 이용하여 목록에 있는 수들을 크기가 증가하는 순서로 정렬하거나 또는 목록에 있는 한글 낱말을 가나다 순으로 정렬하거나 영문 낱말을 알파벳 순으로 정렬하는 데 이용되는 알고리즘을 정렬 알고리즘(sorting algorithm)이라고 한다.

다음 알고리즘은 가장 간단한 알고리즘이다.

목록에 있는 수를 처음부터 둘씩 차례로 비교하면서 서로 바꾸는 일을 되풀이하여 목록에 있는 수 중에서 가장 큰 수를 맨 뒤의 자리로 옮겨 놓는다. 다음에 앞에서와 마찬가지 방법으로 마지막 수를 제외한 수 중에서 가장 큰 수를 맨 뒤의 두 번째 자리에 옮겨 놓는다. 이와 같은 과정을 여러 번 되풀이하면, 결국 크기 순으로 정렬된 목록을 얻게 된다.

보기 4.2.3 다음 목록을 크기 순으로 정렬하는 방법을 생각해 보자.

$$6,\ 3,\ 1,\ 4,\ 9,\ 2$$

먼저 두 수 6, 3을 비교하여 6과 3을 서로 바꾸어 크기 순으로 놓으면 3, 6, 1, 4, 9, 2로 되고, 다시 6, 1을 비교하여 6과 1을 서로 바꾸어 놓으면 3, 1, 6, 4, 9, 2로 되며 이러한 과정을 되풀이하면 다음과 같은 목록을 얻는다.

$$3,\ 1,\ 4,\ 6,\ 2,\ 9$$

위에서와 같은 과정을 되풀이하면, 다음과 같이 크기 순으로 정렬된 목록 1, 2, 3, 4, 6, 9를 얻는다.

$$\begin{aligned} 6,\ 3,\ 1,\ 4,\ 9,\ 2 &\longrightarrow 3,\ 1,\ 4,\ 6,\ 2,\ 9 \\ &\longrightarrow 1,\ 3,\ 4,\ 2,\ 6,\ 9 \longrightarrow 1,\ 3,\ 2,\ 4,\ 6,\ 9 \\ &\longrightarrow 1,\ 2,\ 3,\ 4,\ 6,\ 9 \end{aligned}$$

다음 알고리즘에서 예를 들어 $a=5$, $b=2$일 때 a와 b를 서로 맞바꾸어 놓는다는 말은 $a=2$, $b=5$로 놓는다는 것을 뜻한다.

알고리즘 4.2.3 (정렬 알고리즘) 주어진 목록

$$L:\ a_1,\ a_2,\ a_3,\ \cdots,\ a_n$$

을 다음 절차에 따라 크기 순으로 정렬한다.

$i=n-1$에서 $i=1$까지에 대하여

$j=1$에서 $j=i$까지에 대하여

$a_j > a_{j+1}$이면, a_j와 a_{j+1}를 서로 맞바꾸어 놓는다.

보기 4.2.4 알고리즘 4.2.3을 이용하여, 다음 목록을 크기 순으로 정렬해 보자.

$$a_1 = 3, \quad a_2 = 0, \quad a_3 = 4, \quad a_4 = 1$$

여기서 $n = 4$ 이다. 먼저 $i = n - 1 = 3$ 일 때 $j = 1$ 부터 $j = 3$ 까지 내부 루프를 실행한다. 그런데, $j = 1$ 일 때 $a_1 = 3 > 0 = a_2$ 이므로 a_1 과 a_2 를 서로 맞바꾸어 놓으면 다음 목록을 얻는다.

$$a_1 = 0, \quad a_2 = 3, \quad a_3 = 4, \quad a_4 = 1$$

그리고 $j = 2$ 일 때 $a_2 > a_3$ 가 아니므로 그대로 넘어가고, 또 $j = 3$ 일 때 $a_3 > a_4$ 이므로 a_3 와 a_4 를 서로 맞바꾸어 다음 목록을 얻는다.

$$a_1 = 0, \quad a_2 = 3, \quad a_3 = 1, \quad a_4 = 4$$

이제 내부 루프가 완성되었으므로 밖으로 나와서 $i = n - 2 = 2$ 로 놓고 $j = 1$ 부터 $j = 2$ 까지 내부 루프를 실행한다.

먼저 $j = 1$ 일 때 $a_{a1} > a_2$ 가 아니므로 그대로 넘어가고 $j = 2$ 일 때 $a_2 > a_3$ 이므로 a_2 와 a_3 를 서로 맞바꾸어 다음 목록을 얻는다.

$$a_1 = 0, \quad a_2 = 1, \quad a_3 = 3, \quad a_4 = 4$$

다시 내부 루프로부터 밖으로 나와 $i = n - 3 = 1$ 로 놓고 $j = 1$ 에 대하여 내부 루프를 실행한다. 그런데, $a_1 > a_2$ 가 아니므로 그대로 넘어간다.

이와 같이 하여 알고리즘은 끝나고 위의 목록은 구하는 목록이다.

알고리즘 4.2.3 을 이용하여 목록을 정렬할 때, $i = n-1$ 인 경우에 내부 루프가 $n-1$ 번 실행되어 $n-1$ 번 비교하고, 마찬가지로 $i = n - 2$ 인 경우에 $n-2$ 번 비교한다. 그리고, $i = 1$ 인 경우에 1 번 비교한다.

따라서 이 알고리즘에서 비교하는 회수는 다음과 같다.

$$(n-1) + (n-2) + \cdots + 2 + 1 = \frac{n(n-1)}{2}$$

다음에는 정렬된 두 목록을 한 데 합쳐 새로 정렬하는 알고리즘에 대하여 생각하기로 한다.

알고리즘 4.2.4 (정렬된 두 목록을 한 데 합쳐 정렬하기)

크기 순으로 정렬된 두 목록

$$L_1: \ a_1, \ a_2, \ a_3, \ \cdots, \ a_s$$

$$L_2: \ b_1, \ b_2, \ b_3, \ \cdots, \ b_t$$

을 다음 절차에 따라 한 데 합쳐 새로 정렬한다.

단계 1 : $L_3 = \emptyset$ 으로 놓는다.

단계 2 : $L_1 = \emptyset$ 이면, $L_3 = L_2$ 로 놓고 멈춘다.

$L_2 = \emptyset$ 이면, $L_3 = L_1$ 으로 놓고 멈춘다.

단계 3 : $a_1 \le b_1$ 이면, L_1 에서 a_1 을 제거하고 이것을 L_3 에 등록한다. 이 때, L_1 이 $\emptyset$ 으로 되면, L_2 의 원소를 모두 L_3 에 등록하고 멈춘다.

또 L_1 에 $r\,(\ge 1)$ 개의 원소가 남아 있으면, 이들 원소를 새로 크기 순으로 $a_1, a_2, \cdots, a_r$ 로 정렬하고 단계 3 을 되풀이 한다.

한편, $a_1 > b_1$ 이면, L_2 에서 b_1 을 제거하고 이것을 L_3 에 등록한다. 이 때, L_2 가 $\emptyset$ 으로 되면, L_1 의 원소를 모두 L_3 에 등록하고 멈춘다.

또 L_2 에 $r\,(\ge 1)$ 개의 원소가 남아 있으면, 이들 원소를 새로 크기 순으로 $b_1, b_2, \cdots, b_r$ 로 정렬하고 단계 3 을 되풀이한다.

보기 4.2.5 크기 순으로 정렬된 두 목록

$$L_1: \ a_1 = 3, \ \ a_2 = 5, \ \ a_3 = 8$$

$$L_2: \ b_1 = 1, \ \ b_2 = 7, \ \ b_3 = 8$$

을 한 데 합쳐 크기 순으로 정렬된 새로운 목록 L_3 를 만들어 보자.

먼저 a_1 과 b_1 을 비교하여 $a_1 = 3 > 1 = b_1$ 이므로, 새로운 목록

$$L_3: \ c_1 = 1$$

을 등록하고 L_2 의 7, 8 을 새로 각각 b_1, b_2 로 놓으면 다음과 같이 된다.

$$L_1 : \ a_1 = 3, \quad a_2 = 5, \quad a_3 = 8$$
$$L_2 : \ b_1 = 7, \quad b_2 = 8$$
$$L_3 : \ c_1 = 1$$

다시 $a_1 = 3 < 7 = b_1$ 이므로, L_3 에 $c_2 = 3$ 을 등록하고 L_1 의 5, 8 을 새로 a_1, a_2 로 놓으면 다음 결과를 얻는다.

$$L_1 : \ a_1 = 5, \quad a_2 = 8$$
$$L_2 : \ b_1 = 7, \quad b_2 = 8$$
$$L_3 : \ c_1 = 1, \quad c_2 = 3$$

이와 같은 과정을 되풀이하면, L_1, L_2, L_3 는 다음과 같이 된다.

L_1	L_2	L_3
3, 5, 8	1, 7, 8	
3, 5, 8	7, 8	1
5, 8	7, 8	1, 3
8	7, 8	1, 3, 5
8	8	1, 3, 5, 7
	8	1, 3, 5, 7, 8
		1, 3, 5, 7, 8. 8

따라서 L_1, L_2 을 한 데 합쳐 정렬시킨 목록은 다음과 같다.

$$L_3 : \ 1, \ 3, \ 5, \ 7, \ 8. \ 8$$

알고리즘 4.2.4를 이용하여 길이가 각각 s, t 인 정렬된 두 목록을 한 데 합쳐 새로 정렬하여 길이가 $s+t$ 인 목록을 만들 때, 많아야 $s+t-1$ 번의 비교를 행하게 된다.

다음에 논할 알고리즘은 목록

$$L : \ a_1, \ a_2, \ a_3, \ \cdots, \ a_n$$

을 n 개의 목록

$$L_1 : \ a_1, \quad L_2 : \ a_2, \quad \cdots, \quad L_n : \ a_n$$

으로 나누어놓고 알고리즘 4.2.4 를 이용하여 한 데 합쳐 정렬한다.

알고리즘 4.2.5 병합 정렬 알고리즘(merge sort algorithm)

주어진 목록

$$L: a_1, a_2, a_3, \cdots, a_n$$

를 다음 절차에 따라 크기 순으로 정렬한다.

단계 1 : $F=0$ 으로 놓는다.

단계 2 : $i=1$ 에서 $i=n$ 까지에 대하여 목록 L_i 를

$$L_i: a_i$$

로 놓는다.

단계 3 :

while $F=0$

$n=1$ 이면, $F=1$ 로 놓고 L_1 을 출력한다.

$n=2m\geq 2$ 이면,

$i=1$ 에서 $i=m$ 까지에 대하여

알고리즘 4.2.4 를 이용하여 정렬된 두 목록 L_{2i-1}, L_{2i} 를 한 데 합쳐 새로 정렬된 목록 L_i 를 만든다.

그리고, $n=m$ 으로 놓는다.

$n=2m+1\geq 3$ 이면,

$i=1$ 에서 $i=m$ 까지에 대하여

알고리즘 4.2.4를 이용하여 정렬된 두 목록 L_{2i-1}, L_{2i} 를 한 데 합쳐 새로 정렬된 목록 L_i 를 만든다.

또, $L_{m+1}=L_n$ 으로 놓는다.

$n=m$ 으로 놓는다.

end while

위의 알고리즘에서 F 는 루프를 빠르게 종결시키기 위하여 도입된 매개변수로서, 한 데 합쳐 새로 정렬하는 일이 끝나자마자 while 이라는 루프로부터 빠져 나오게 된다.

보기 4.2.6 다음 목록을 생각해 보자(보기 4.2.3 참조).

$$L: \ 6, \ 3, \ 1, \ 4, \ 9, \ 2$$

먼저 $F=0$ 으로 놓고, 목록 $L_1, L_2, \cdots, L_6$ 을 다음과 같이 정하자.

$$L_1: \ 6, \quad L_2: \ 3, \quad L_3: \ 1, \quad L_4: \ 4, \quad L_5: \ 9, \quad L_6: \ 2$$

단계 3에서, $F=0$ 이고 $n=6=2\cdot3$, $m=3$ 이므로, 위의 목록을 차례로 둘씩 한 데 합쳐 정렬하여 다음과 같은 새로운 목록 L_1, L_2, L_3 를 만든다.

$$L_1: \ 3, 6, \qquad L_2: \ 1, 4, \qquad L_3: \ 2, 9$$

그리고, n 을 $m=3$ 으로 바꾸어 놓고, 또 단계 3을 되풀이한다. 이 때, $n=1\cdot2+1$, $m=1$ 이므로 처음 두 목록을 한 데 합쳐 정렬하여 얻은 새로운 목록을 L_1 으로 놓고, 또 L_3 를 새로 L_2 로 놓는다.

$$L_1: \ 1, \ 3, \ 4, \ 6, \qquad L_2: \ 2, \ 9$$

다음에 n 을 $m=1+1=2$ 로 바꾸어 놓고, 또 단계 3 을 되풀이한다. 이 때, $n=1\cdot2, m=1$ 이므로 위의 두 목록을 한 데 합쳐 정렬하여 얻은 새로운 목록을 L_1 이라고 하자.

$$L_1: \ 1, \ 2, \ 3, \ 4, \ 6, \ 9$$

이 때, n 을 $m=1$ 으로 바꾸어 놓고 단계 3 을 되풀이한다.
그런데, $n=1$ 이므로 $F=1$ 로 놓고, L_1 을 출력한 다음에 멈춘다.

연 습 문 제 (4.2)

1. 보기 4.2.2 와 마찬가지 방법으로, 목록

$$a_1=4, \quad a_2=5, \quad a_3=6, \quad a_4=10, \quad a_5=11,$$
$$a_6=12, \quad a_7=14, \quad a_8=15, \quad a_9=17, \quad a_{10}=18$$

에서 $x=14$ 를 검색하여라.

*2. 목록

$$1,\quad 2,\quad 3,\quad 4,\quad 5,\quad 6,\quad 7,\quad 8,\quad 9$$

에서 $x=2$를 검색하려고 할 때, 다음 물음에 답하여라.

(1) 이진 검색 알고리즘을 이용하는 경우에, x와 목록에 있는 수를 비교하는 횟수를 말하여라.

(2) 선형 검색 알고리즘을 이용하는 경우에, x와 목록에 있는 수를 비교하는 횟수를 말하여라.

*3. 크기 순으로 정렬된 두 목록이 다음과 같을 때, 보기 4.2.4 와 같은 절차에 따라 이들 두 목록을 한 데 합쳐 정렬시킨 목록을 구하여라.

$$L_1: \ a_1=2,\quad a_2=4,\quad a_3=6,\quad a_5=8$$

$$L_2: \ b_1=1,\quad b_2=3,\quad b_3=5$$

4. 크기 순으로 정렬된 두 목록이 다음과 같을 때, 보기 4.2.4 와 같은 절차에 따라 이들 두 목록을 한 데 합쳐 정렬시킨 목록을 구하여라.

$$L_1: \ a_1=1,\quad a_2=3$$

$$L_2: \ b_1=2,\quad b_2=4,\quad b_3=6,\quad b_4=8,\quad b_5=9$$

*5. 두 정렬된 목록의 길이가 각각 s, t 일 때, 이들 두 목록을 다음 각 경우에 대하여 이들 두 목록을 한 데 합쳐 정렬할 수 있는 보기를 들어라.

(1) $s=1,\ t=3$일 때, 한 번 비교

(2) $s=1,\ t=3$일 때, t번 비교

(3) $s=t=3$일 때, $s+t-1$번 비교

*6. 목록

$$3,\quad 1,\quad 7,\quad 2,\quad 5,\quad 4$$

를 다음 방법을 이용하여 크기 순으로 정렬하여라.

(1) 보기 4.2.3 과 같은 방법

(2) 보기 4.2.5 와 같은 방법

§4.3 순열과 조합의 정렬

양의 정수 n에 대하여 $1, 2, \cdots, n$을 일렬로 늘어놓은 순열 전체의 개수는 $n!$이다. 그런데, n이 비교적 작은 경우에 $n!$의 값은

$$2! = 2, \quad 3! = 6, \quad 4! = 24, \quad 5! = 120$$

이고, $n \geq 4$일 때 $n! > 2^n$이므로 $15! > 2^{15} = 32768$, $30! > 2^{30} \fallingdotseq 10^9$와 같이 n의 값이 커지면 $n!$의 값은 대단히 빨리 커진다(문제 3.1.3).

이제 $1, 2, \cdots, n$을 일렬로 늘어놓은 순열 전체를 일정한 방식에 따라 각 순열에 순번을 정하여 늘어놓는 방법을 생각해 보자. 여기서 n이 상당히 큰 양의 정수이면, $n!$은 대단히 큰 수이므로 $n!$개의 순열을 늘어놓는 일은 대단히 지루하고 쉽지 않은 일이므로 전자계산기를 이용하여 실행해야 하고 이 일을 위한 알고리즘이 필요하다.

보기 4.3.1 다음 표는 1, 2, 3, 4를 일렬로 늘어놓은 순열 전체를 사전식 순서(lexicograhic order)에 따라 늘어놓은 것이다(숫자 사이의 쉼표는 생략).

1 2 3 4, 1 2 4 3, 1 3 2 4, 1 3 4 2, 1 4 2 3, 1 4 3 2,
2 1 3 4, 2 1 4 3, 2 3 1 4, 2 3 4 1, 2 4 1 3, 2 4 3 1,
3 1 2 4, 3 1 4 2, 3 2 1 4, 3 2 4 1, 3 4 1 2, 3 4 2 1,
4 1 2 3, 4 1 3 2, 4 2 1 3, 4 2 3 1, 4 3 1 2, 4 3 2 1

예를 들어 순열 4, 2, 3, 1에 나타난 숫자를 오른쪽에서부터 왼쪽으로 두 문자씩 묶어 읽을 때, 처음으로 크기 순으로 나열되어 있는 쌍은 2, 3이고 또 2 다음에 나타난 3, 1에서 2보다 큰 숫자만을 생각하여 이 중에서 가장 작은 숫자를 택하면 3이다. 순열 4, 2, 3, 1에서 2를 3으로 바꾸어놓고 나머지 숫자 2, 1을 크기 순으로 늘어놓으면 이 순열 바로 다음에 나타나는 순열 4, 3, 1, 2를 얻는다.

$$4,\ 2,\ 3,\ 1 \longrightarrow 4,\ 3,\ \square,\ \square \longrightarrow 4,\ 3,\ 1,\ 2$$

정리 4.3.1 양의 정수 n에 대하여 $1, 2, \cdots, n$을 일렬로 늘어놓은 순열 전체를 사전식으로 나열할 때 다음이 성립한다.

(1) 맨 처음에 놓이는 순열은 $1, 2, \cdots, n$이다.

(2) 순열 $\sigma : j_1, j_2, \cdots, j_n$에 대하여 이 순열 바로 다음에 오는 순열 τ는 다음과 같이 정해진다.

(i) 순열 σ에 나타난 숫자를 오른쪽에서부터 왼쪽으로 읽는다.

(ii) 연이은 두 숫자 j_i, j_{i+1}에 대하여 처음으로 $j_i < j_{i+1}$인 경우에, $j_{i+1}, j_{i+2}, \cdots, j_n$ 중에서 j_i보다 큰 수 중에서 가장 작은 수가 m이면 σ에서 j_i를 m으로 바꾸어 놓고 또 $j_i, j_{i+1}, j_{i+2}, \cdots, j_n$에서 m을 제외한 숫자를 크기 순으로 늘어놓은 것을 $k_1, \cdots, k_{n-i}$라고 하면 τ는 $\tau : j_1, j_2, \cdots, j_{i-1}, m, k_1, \cdots, k_{n-i}$이다.

다음 알고리즘은 위의 결과를 근거로 한 것이다.

알고리즘 4.3.1 (순열의 나열) 양의 정수 n에 대하여 $1, 2, \cdots, n$을 일렬로 늘어놓은 순열 전체를 다음과 절차에 따라 사전식으로 나열한다.

단계 1 : $t = 1$로 놓고, 순열 Perm(1) : $1, 2, \cdots, n$을 출력한다.
그리고 $n = 1$이면, 멈춘다.

단계 2 : $t = 1$에서 $t = n! - 1$까지에 대하여, 주어진 순열

$$\text{Perm}(t) : j_1, j_2, \cdots, j_n$$

의 바로 다음에 오는 순열 Perm$(t+1)$을 아래와 같이 정한다.

(i) $j_i < j_{i+1}$인 가장 큰 i를 구한다.

(ii) $j_{i+1}, j_{i+2}, \cdots, j_n$ 중에서 j_i보다 큰 수 중에서 가장 작은 수 m을 구한다.

(iii) $S = \{1, 2, \cdots, n\} - \{j_1, \cdots, j_{i-1}, m\}$이라고 한다.

(iv) S의 원소를 크기 순으로 정렬한 것을 $k_1, k_2, \cdots, k_{n-i}$이라고 놓는다.

(v) Perm$(t+1)$: $j_1, j_2, \cdots, j_{i-1}, m, k_1, \cdots, k_{n-i}$를 출력한다.

보기 4.3.2 보기 4.3.1 의 표는 1, 2, 3, 4 를 일렬로 늘어놓은 순열 전체를 알고리즘 4.3.1 에 따라 사전식으로 나열한 것이다. 또, 다음은 1, 2, 3 을 일렬로 늘어놓은 순열 전체를 사전식으로 나열한 것이다.

$$1, 2, 3, \quad 1, 3, 2, \quad 2, 1, 3, \quad 2, 3, 1, \quad 3, 1, 2, \quad 3, 2, 1$$

양의 정수 n 에 대하여 $1, 2, \cdots, n$ 중에서 서로 다른 r 개의 숫자를 택하여 만든 조합 전체의 개수는 $\binom{n}{r}$ 이다. 이러한 조합 전체를 사전식으로 나열하는 알고리즘을 알아보기 전에 다음 보기를 생각해 보자.

보기 4.3.3 다음은 1, 2, 3, 4, 5 중에서 서로 다른 3 개의 숫자를 택하여 만든 조합 전체를 사전식으로 나열한 것이다.

$$\{1, 2, 3\}, \ \{1, 2, 4\}, \ \{1, 2, 5\}, \ \{1, 3, 4\}, \ \{1, 3, 5\},$$
$$\{1, 4, 5\}, \ \{2, 3, 4\}, \ \{2, 3, 5\}, \ \{2, 4, 5\}, \ \{3, 4, 5\}$$

조합 $\{1, 2, 5\}$ 의 원소 2 와 5 사이에 3 과 4 가 있으므로 $\{1, 2, 5\}$ 에서 2를 $2+1=3$ 으로 바꾸어 1, 3, □ 로 놓고 □ 에 $3+1=4$ 를 놓으면, $\{1, 2, 5\}$ 의 바로 다음에 나타나는 조합 $\{1, 3, 4\}$ 를 얻는다.

정리 4.3.2 양의 정수 n 에 대하여 $1, 2, \cdots, n$ 중에서 서로 다른 r 개를택하여 만든 조합 전체를 사전식으로 나열할 때 다음이 성립한다.

(1) 맨 처음에 놓이는 조합은 $\{1, 2, \cdots, r\}$ 이다.

(2) 조합 $A = \{j_1, j_2, \cdots, j_r\}$, $j_1 < j_2 < \cdots < j_r$ 에 대하여 이 조합 바로 다음에 오는 조합 B 는 다음과 같이 정해진다.

(i) 조합 A 에 나타난 숫자를 오른쪽에서부터 왼쪽으로 읽는다.

(ii) 연이은 두 숫자 j_i, j_{i+1} 에 대하여 처음으로 $j_i < j_i + 1 < j_{i+1}$ 인 경우에, j_i 를 $j_i + 1$ 로 바꾸어 놓는다.

(iii) $j_1, \cdots, j_{i-1}$ 은 그대로 두고 $j_i + 1, j_i + 2, \cdots, j_i+r-i+1$ 를 차례로 늘어놓으면, B 는 다음과 같다.

$$B = \{j_1, \cdots, j_{i-1}, j_i+1, j_i+2, \cdots, j_i+r-i+1\}$$

앞의 정리로부터 다음 알고리즘을 얻는다.

알고리즘 4.3.2 (조합의 나열) 양의 정수 n에 대하여 1, 2, ⋯, n 중에서 서로 다른 r개를 택하여 만든 조합 전체를 다음 절차에 따라 사전식으로 나열한다.

단계 1 : $t=1$로 놓고, 조합 $\text{Comb}(1)=\{1, 2, \cdots, r\}$를 출력한다.
그리고, $r=n$인 경우에는 멈춘다.

단계 2 : $t=1$에서 $t=\binom{n}{r}-1$까지에 대하여, 주어진 조합

$$\text{Comb}(t)=\{j_1, j_2, \cdots, j_r\}, \qquad j_1<j_2<\cdots<j_r$$

의 다음에 오는 조합 $\text{Comb}(t+1)$을 다음과 같이 결정한다.

(i) $j_i<n-r+i$인 가장 큰 정수 i를 찾는다.

(ii) 조합

$$\text{Comb}(t+1)=\{j_1, \cdots, j_{i-1}, j_i+1, j_i+2, \cdots, j_i+r-i+1\}$$

를 출력한다.

보기 4.3.4 아래의 표는 1, 2, 3, 4, 5, 6 중에서 서로 다른 4개를 택하여 만든 조합 전체를 사전식으로 나열한 것이다.

$$\begin{array}{lll}\{1, 2, 3, 4\}, & \{1, 2, 3, 5\}, & \{1, 2, 3, 6\}, \\ \{1, 2, 4, 5\}, & \{1, 2, 4, 6\}, & \{1, 2, 5, 6\}, \\ \{1, 3, 4, 5\}, & \{1, 3, 4, 6\}, & \{1, 3, 5, 6\}, \\ \{1, 4, 5, 6\}, & \{2, 3, 4, 5\}, & \{2, 3, 4, 6\}, \\ \{2, 3, 5, 6\}, & \{2, 4, 5, 6\}, & \{3, 4, 5, 6\}\end{array}$$

앞의 정리 4.3.2와 알고리즘 4.3.1을 이용하면, 양의 정수 n에 대하여 1, 2, ⋯, n 중에서 서로 다른 r개를 택하여 일렬로 늘어놓은 순열 전체를 나열하는 알고리즘을 얻는다. 여기서 이 나열 방법은 사전식이 아닐 수도 있다(문제 6 참조).

연 습 문 제 (4.3)

1. 양의 정수 1, 2, 3, 4를 일렬로 늘어놓은 순열을 사전식으로 나열할 때, 순열 4, 1, 2, 3 다음에 오는 순열을 모두 구하여라.

2. 양의 정수 1, 2, 3, 4, 5를 일렬로 늘어놓은 순열을 사전식으로 나열할 때, 순열 4, 3, 2, 5, 1에 이어 다음에 오는 순열을 다섯 개만 구하여라.

*3. 양의 정수 1, 2, 3, 4, 5, 6 중에서 서로 다른 2개를 택하여 만든 조합 전체를 사전식으로 나열하여라.

그리고, 1, 2, 3, 4, 5, 6 중에서 서로 다른 3개를 택하여 만든 조합 전체를 사전식으로 나열하여라.

*4. 양의 정수 1, 2, 3, 4, 5, 6, 7, 8 중에서 서로 다른 6개를 택하여 만든 조합 전체를 사전식으로 나열하여라.

5. 양의 정수 n에 대하여 1, 2, $\cdots$, n 중에서 서로 다른 r개를 택하여 만든 조합 전체를 사전식으로 나열할 때, 조합

$$\{a_1, a_2, \cdots, a_r\}, \qquad a_1 < a_2 < \cdots < a_r$$

에 대하여 다음 물음에 답하여라.

(1) a_r가 택할 수 있는 값 중에서 가장 큰 값을 구하여라.

(2) $1 \le i \le n$인 정수 i에 대하여 a_i가 택할 수 있는 값 중에서 가장 큰 값을 구하여라.

*6. 양의 정수 n에 대하여 1, 2, $\cdots$, n 중에서 서로 다른 r개를 택하여 만든 조합 전체를 나열하는 알고리즘을 설명하여라.

*7. 양의 정수 1, 2, 3, 4, 5, 6, 7 중에서 서로 다른 2개를 택하여 만든 조합 전체를 사전식으로 나열하여라.

그리고, 이 결과를 이용하여 1, 2, 3, 4, 5, 6, 7 중에서 서로 다른 2개를 택하여 일렬로 늘어놓은 순열을 나열하여라.

§4.4 알고리즘의 시간 복잡도

전자계산기를 이용하여 주어진 문제에 대한 알고리즘에 써서 문제를 해결할 때, 이 알고리즘의 효율성은 계산하는 데 걸리는 시간과 기억 장치가 기지고 있는 공간에 좌우된다. 알고리즘을 실행할 때 걸리는 시간은 예를 들어 덧셈, 뺄셈, 곱셈, 나눗셈과 같은 기본적인 산술적 연산의 개수에 비례한다.

입력(input)의 크기가 n일 때, 주어진 알고리즘을 실행하는 데 요하는 연산의 개수를 $f(n)$으로 나타내면, 양의 정수 전체의 집합 $\mathbb{N}$에서 실수 전체의 집합 $\mathbb{R}$로의 함수 $f : \mathbb{N} \longrightarrow \mathbb{R}$가 정의된다 이러한 함수를 주어진 **알고리즘의 시간 복잡도**(times complexity)라고 한다.

보기 4.4.1 한 자리의 두 정수를 더하는 일을 기본 연산으로 생각할 때, 십진법으로 나타낸 n자리의 두 정수

$$a = a_{n-1} \cdots a_1 a_{0\,(10)}, \quad b = b_{n-1} \cdots b_1 b_{0\,(10)}$$

$$\begin{array}{rrr} 1 & 8 & 7 \\ +\,4_1 & 5_1 & 6 \\ \hline 6 & 4 & 3 \end{array}$$

의 합 $a+b$을 구하는 문제를 생각해 보자.

여기서, 입력은 $2n$개의 $a_0, a_1, \cdots, a_{n-1}$, $b_0, b_1, \cdots, b_{n-1}$이고, 이에 따라 각 a_i+b_i를 구하고 받아올림이 일어나는 경우가 있으므로 기본 연산을 행하는 횟수는 $1+2(n-1)$ 이하이다.

보기 4.4.2 이제 n차원 유클리드 공간에서, 주어진 두 점

$$\mathrm{A}(a_1, a_2, \cdots, a_n), \qquad \mathrm{B}(b_1, b_2, \cdots, b_n)$$

에 대하여 두 점 사이의 거리

$$d = \sqrt{(a_1-b_1)^2 + (a_2-b_2)^2 + \cdots + (a_n-b_n)^2}$$

를 구할 때, $2n$개의 입력 $a_1, a_2, \cdots, a_n, b_1, b_2, \cdots, b_n$에 따라 d를 구하는 데에는 빼기 n번, 제곱하기 n번, 더하기 $n-1$번, 제곱근 구하기 1번을 해야 하므로 $n+n+(n-1)+1 = 3n$(번)의 연산이 필요하다.

주어진 알고리즘의 시간 복잡도 $f(n)$ 을 계산할 때에는 흔히 $f(n)$ 의 상계(upper bound)를 택하며 이때 다음에 논할 기호를 이용하면 편리하다.

앞으로, 양의 실수 전체의 집합 $\mathbb{R}^+$ 에서 실수 전체의 집합 $\mathbb{R}$ 로의 함수

$$f : \mathbb{R}^+ \longrightarrow \mathbb{R}, \quad y = f(x)$$

를 간단히 $f(x)$ 으로 나타내고 또 함수 $f(x)$ 는 연속함수라고 가정한다.

정의 4.4.1 두 함수 $f(x), g(x)$ 에 대하여, 적당한 양의 실수 M, c 가 존재하여

$$x \geq c \Longrightarrow |f(x)| \leq M\,|g(x)|$$

일 때, 이 사실을 $f(x) = O(g(x))$ 로 나타내고 이것을

'$f(x)$ 는 $g(x)$ 의 big oh'

라고 읽는다.

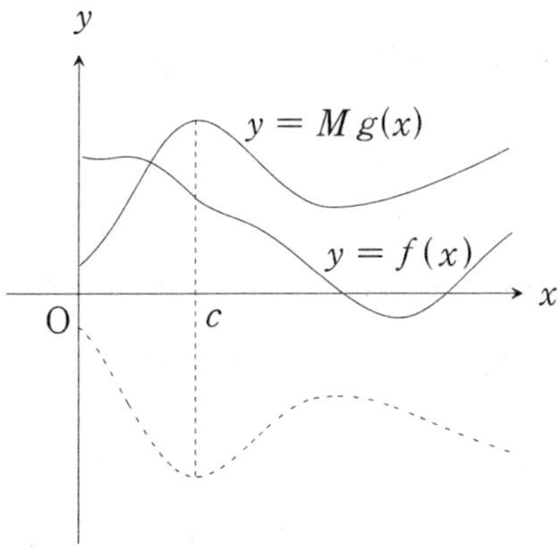

보기 4.4.3 두 양의 정수 m, n 에 대하여 $m < n$ 일 때,

$$f(x) = x^m, \qquad g(x) = x^n$$

이라고 하면, $f(x) = O(g(x))$, $g(x) \neq O(f(x))$ 이다.

실제로, $x \geq 1$ 인 모든 실수 x 에 대하여

$$x^m \leq x^m \cdot x^{n-m} = x^n$$

이므로 $f(x) \leq g(x)$, $|f(x)| \leq |g(x)|$ 이고 따라서 $f(x) = O(g(x))$ 이다.

한편, $g(x) = O(f(x))$ 이라고 가정하면 하면, 적당한 양의 실수 M, c 에 대하여

$$x \geq c \Longrightarrow x^n \leq M\,x^m \text{ 즉 } x^{n-m} \leq M$$

이어야 하나, 이와 같이 될 수는 없다.

따라서 $g(x) \neq O(f(x))$ 이다.

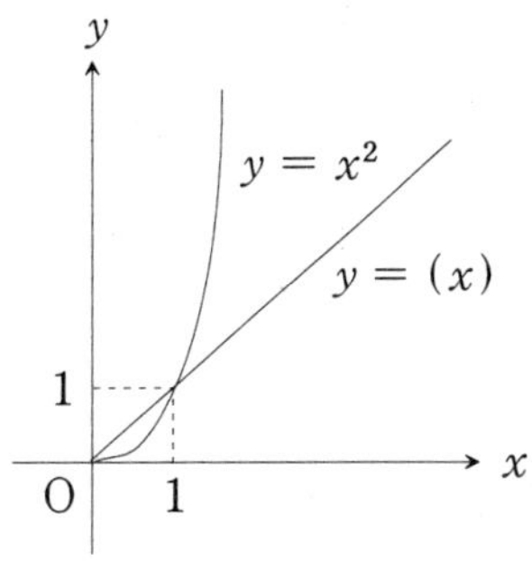

보기 4.4.4 양의 정수 m과 $a > 1$ 인 실수 a에 대하여

$$x \geq 1 \Longrightarrow \log_a x < x \leq x^m$$

이므로 $\log_a x = O(x^n)$ 이다.

특히, Euler 상수 e (≒ 2.7.1.8) 에 대하여 $\ln x = \log_e x = O(x^m)$ 이다.

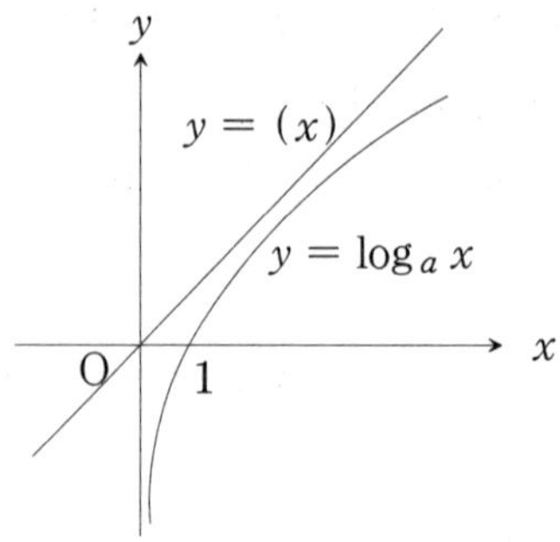

정의 4.4.2 함수 $f(x)$ 에서, 임의의 양의 정수 M에 대하여 적당한 $c > 0$가 존재하여

$$x > c \Longrightarrow f(x) > M$$

일 때, $\lim_{x \to \infty} f(x) = \infty$ 이라고 한다.

그리고, 임의의 $\varepsilon > 0$ 에 대하여 적당한 $\delta > 0$가 존재하여

$$x > c \Longrightarrow |f(x) - L| < \varepsilon$$

일 때, $\lim_{x \to \infty} f(x) = L$ 이라고 한다.

정리 4.4.3 두 함수 $f(x)$, $g(x)$ 에 대하여 다음이 성립한다.

(1) $\lim_{x \to \infty} \left| \dfrac{f(x)}{g(x)} \right| = \infty$ 이면, $g(x) = O(f(x))$, $f(x) \neq O(g(x))$이다.

(2) $\lim_{x \to \infty} \left| \dfrac{f(x)}{g(x)} \right| = 0$ 이면, $f(x) = O(g(x))$, $g(x) \neq O(f(x))$이다.

(3) $\lim_{x \to \infty} \left| \dfrac{f(x)}{g(x)} \right| = L > 0$이면, $f(x) = O(g(x))$, $g(x) = O(f(x))$이다.

증 명 (1) 먼저 $\lim_{x \to \infty} \left| \dfrac{f(x)}{g(x)} \right| = \infty$ 이면, 임의의 양의 실수 M에 대하여 적당한 양의 실수 c가 존재하여

$$x \geq c \Longrightarrow \left| \frac{f(x)}{g(x)} \right| \geq M$$

이므로 $x \geq c$ 인 모든 실수 x에 대하여 $|g(x)| < \dfrac{1}{M} |f(x)|$ 이고 따라서 $g(x) = O(f(x))$ 이다.

한편, $f(x)=O(g(x))$ 이면, 적당한 양의 실수 M, c 가 존재하여

$$x \geq c \Longrightarrow |f(x)| \leq M|g(x)| \text{ 즉 } \left|\frac{f(x)}{g(x)}\right| < M$$

이므로 $\lim_{x\to\infty}\left|\frac{f(x)}{g(x)}\right| \leq M$ 이다.

따라서 $\lim_{x\to\infty}\left|\frac{f(x)}{g(x)}\right| = \infty$ 이면, $f(x) \neq O(g(x))$ 이다.

(2) $\lim_{x\to\infty}\left|\frac{f(x)}{g(x)}\right| = 0$ 이면, $\lim_{x\to\infty}\left|\frac{f(x)}{g(x)}\right| = \infty$ 이므로 (1) 에 의하여 $f(x)=O(g(x))$, $g(x) \neq O(f(x))$ 이다.

(3) 먼저 $\lim_{x\to\infty}\left|\frac{f(x)}{g(x)}\right| = L > 0$ 이면, 적당한 양의 실수 c 가 존재하여

$$x \geq c \Longrightarrow \left|\frac{f(x)}{g(x)}\right| < L+1$$

이고 이때 $x \geq c$ 인 모든 실수 x 에 대하여 $|f(x)| < (L+1)\,|g(x)|$ 이므로 $f(x)=O(g(x))$ 이다.

그리고, $\lim_{x\to\infty}\left|\frac{f(x)}{g(x)}\right| = L>0$ 이면, $\lim_{x\to\infty}\left|\frac{g(x)}{f(x)}\right| = \frac{1}{L} > 0$ 이므로 위의 결과에 의하여 $g(x)=O(f(x))$ 이다.

정리 4.4.4 양의 정수 m 과 $a>1$ 인 실수 a 에 대하여 다음이 성립한다.

(1) $f(x) = a_m x^m + a_{m-1}x^{m-1} + \cdots + a_1 x + a_0 \quad (a_m \neq 0)$ 일 때,

$$f(x) = O(x^m), \qquad x^m = O(f(x))$$

(2) $\log_a x = O(x^m)$, $x^m \neq O(\log_a x)$, $x^m = O(a^x)$, $a^x \neq O(x^m)$

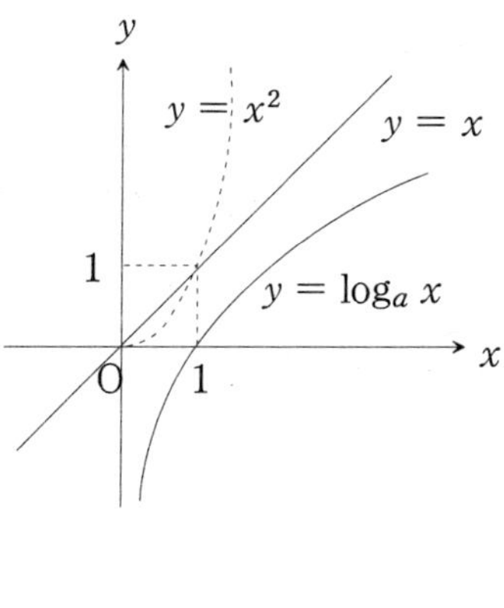

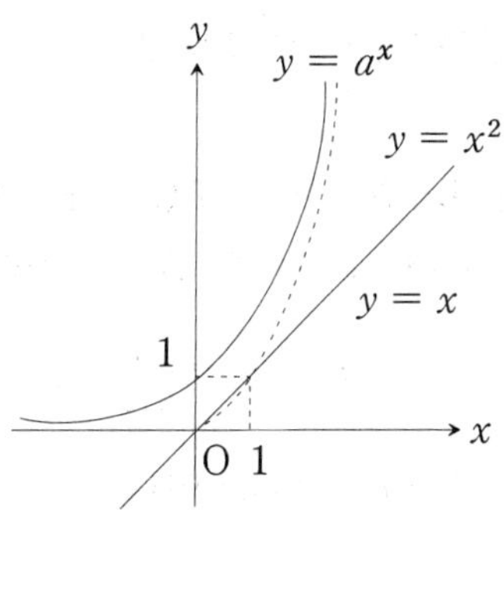

증 명 (1) $g(x) = x^m$ 이라고 하면,

$$\frac{f(x)}{g(x)} = a^m + \frac{a_{m-1}}{x} + \cdots + \frac{a_1}{x^{m-1}} + \frac{a_0}{x^m}$$

이므로

$$\lim_{x\to\infty}\left|\frac{f(x)}{g(x)}\right| = \lim_{x\to\infty}\left|a^m + \frac{a_{m-1}}{x} + \cdots \frac{a_1}{x^{m-1}} + \frac{a_0}{x^m}\right| = |\,a_m\,| > 0$$

이고, 따라서 $f(x) = O(g(x))$, $g(x) = O(f(x))$ 이다(정리 4.4.3).

(2) $\log_a x = \log_a e \cdot \log_e x$ 이므로 $\dfrac{d\log_a x}{dx} = \dfrac{\log_a e}{x}$ 이고, 따라서 l'Hospital 의 정리에 의하여 다음이 성립한다.

$$\lim_{x\to\infty}\frac{\log_a x}{x^m} = \lim_{x\to\infty}\frac{\log_a e}{x\cdot mx^{m-1}} = \lim_{x\to\infty}\frac{\log_a e}{mx^m} = 0$$

따라서 정리 4.4.3 에 의하여 $\log_a x = O(x^m)$, $x^m \neq O(\log_a x)$ 이다.

또, $a^x = e^{x\log_e a}$ 이므로 $\dfrac{da^x}{dx} = (\log_e a)\,a^x$ 이고 따라서 l'Hospital 의 정리에 의하여 다음이 성립한다.

$$\lim_{x\to\infty}\frac{a^x}{x^m} = \lim_{x\to\infty}\frac{a^x\log_e a}{mx^{m-1}} = \lim_{x\to\infty}\frac{a^x(\log_e a)^2}{m(m-1)x^{m-2}}$$

$$= \cdots = \lim_{x\to\infty}\frac{a^x(\log_e a)^m}{m!} = \infty$$

따라서 정리 4.4.3 에 의하여 $x^m = O(a^x)$, $a^x \neq O(x^m)$ 이다.

정의 4.4.5 두 함수 $f(x)$, $g(x)$ 에 대하여 $f(x) = O(g(x))$ 인 동시에 $g(x) = O(f(x))$ 일 때, $f(x)$ 와 $g(x)$ 는 동일한 **위수**(order)를 가진다고 말하고 이 사실을 $f(x) \asymp g(x)$ 로 나타낸다.

보기 4.4.5 함수 $f(x)$ 와 실수 $k \neq 0$ 에 대하여 $g(x) = kf(x)$ 라고 하자. 이 때, $x \geq 0$ 인 모든 실수 x 에 대하여

$$|f(x)| \leq \frac{1}{|k|}|g(x)|, \qquad |g(x)| \leq |k|\,|f(x)|$$

이므로 $f(x) \asymp g(x)$ 이다.

정리 4.4.6 두 함수 $f(x)$, $g(x)$ 에 대하여 $f(x) = O(g(x))$ 일 때,

$$f(x) + g(x) = O(g(x))$$

이고 실수 $c\ (\neq 0)$ 에 대하여 $f(x) = O(c\,g(x))$, $c\,f(x) = O(g(x))$이다.

증 명 가정에 의하여 적당한 양의 실수 M, a에 대하여 다음이 성립한다.

$$x \geq a \Longrightarrow |f(x)| \leq M\ |g(x)|$$

따라서 $x \geq a$ 일 때,

$$|f(x) + g(x)| \leq |f(x)| + |g(x)| \leq (M+1)\ |g(x)|$$

이므로 $f(x) + g(x) = O(g(x))$ 이다. 그리고, $x \geq a$ 일 때,

$$|f(x)| \leq M\ |g(x)| = \frac{M}{|c|}\ |c\,g(x)|$$

$$|c\,f(x)| = |c|\ |f(x)| \leq |M\ c|g(x)|$$

이므로 $f(x) = O(c\,g(x))$, $c\,f(x) = O(g(x))$ 이다.

보기 4.4.6 양의 정수 m과 $a > 1$인 실수 a에 대하여 다음이 성립한다(정리 4.4.4, 정리 4.4.6).

$$\log_a x = O(x^m), \qquad x^m + \log_a x = O(x^m)$$

정리 4.4.7 함수 $f(x)$, $g(x)$, $h(x)$ 에 대하여

$$f(x) = O(g(x)), \quad g(x) = O(h(x))$$

이면, $f(x) = O(h(x))$ 이다.

증 명 $f(x) = O(g(x))$, $g(x) = O(h(x))$ 이면, 적당한 양의 실수 M, a와 적당한 양의 실수 N, b에 대하여 다음이 성립한다.

$$x \geq c \Longrightarrow |f(x)| \leq M\ |g(x)|,$$

$$x \geq d \Longrightarrow |g(x)| \leq N\ |h(x)|$$

그러므로 $b = \max\{c, d\}$이라고 하면, $x \geq b$ 인 모든 실수 x에 대하여 $|f(x)| \leq M\ |g(x)| \leq MN\ |h(x)|$ 이므로 $f(x) = O(h(x))$ 이다.

정리 4.4.8 함수 $f_1(x), f_2(x), g(x), h(x)$ 에 대하여 다음이 성립한다.

(1) $f_1(x) = O(g(x))$, $f_2(x) = O(g(x))$ 일 때,

$$f_1(x) + f_2(x) = O(g(x))$$

(2) $f_1(x) = O(g(x))$, $f_2(x) = O(h(x))$ 일 때,

$$f_1(x) + f_2(x) = O(g(x) + h(x)),$$
$$f_1(x) f_2(x) = O(g(x) h(x))$$

증 명 (1) $f_1(x) = O(g(x))$, $f_2(x) = O(g(x))$ 이면, 적당한 양의 실수 M, N, a_1, a_2 에 대하여 다음이 성립한다.

$$x \geq a_1 \Longrightarrow |f_1(x)| \leq M\,|g(x)|,$$
$$x \geq a_2 \Longrightarrow |f_2(x)| \leq N\,|g(x)|$$

따라서 $a = \text{Max}\{a_1, a_2\}$ 라고 하면, $x \geq a$ 인 모든 실수 x 에 대하여

$$|f_1(x) + f_2(x)| \leq |f_1(x)| + |f_2(x)| \leq (M+N)\,|g(x)|$$

이므로 $f_1(x) + f_2(x) = O(g(x))$ 이다.

(2) $f_1(x) = O(g(x))$, $f_2(x) = O(h(x))$ 이면, 적당한 양의 실수 M, N, a_1, a_2 에 대하여 다음이 성립한다.

$$x \geq a_1 \Longrightarrow |f_1(x)| \leq M\,|g(x)|,$$
$$x \geq a_2 \Longrightarrow |f_2(x)| \leq N\,|h(x)|$$

따라서 $a = \text{Max}\{a_1, a_2\}$ 라고 하면, $x \geq a$ 인 모든 실수 x 에 대하여

$$\begin{aligned} |f_1(x) + f_2(x)| &\leq |f_1(x)| + |f_2(x)| \\ &\leq M\,|g(x)| + N\,|h(x)| \\ &\leq (M+N)\,|g(x) + h(x)|, \end{aligned}$$

$$|f_1(x) f_2(x)| = |f_1(x)|\,|f_2(x)| \leq MN\,|g(x) h(x)|$$

이므로 다음이 성립한다.

$$f_1(x) + f_2(x) = O(g(x) + h(x)),$$
$$f_1(x) f_2(x) = O(g(x) h(x))$$

보기 4.4.7 정리 4.4.4 에 의하여

$$x+3=O(x), \qquad x^2+x+3=O(x^2)$$

이므로 $(x+3)(x^2+x+3)=O(x^3)$ 이다(정리 4.4.7 참조).

그리고, $a>1$ 인 실수 a 에 대하여 $\log_a x=O(x)$ 이므로 다음이 성립한다(정리 4.4.4, 정리 4.4.7).

$$x+\log_a x=O(x), \quad x\log_a x=O(x^2)$$

알고리즘의 시간 복잡도는 그 입력의 크기의 함수이다. 두 알고리즘에서 입력이 n 일 때의 시간 복잡도가 각각 $f(n), g(n)$ 일 때, $f(n)\asymp g(n)$ 인 경우에 이 두 알고리즘은 효율 면에서 대단히 비슷하다고 생각한다.

알고리즘의 시간 복잡도 $f(n)$ 과 적당한 양의 정수 m 에 대하여

$$f(n)\asymp n^m$$

일 때, 이 알고리즘을 **다항 시간 알고리즘**(polynomial time algorithm)이라고 한다. 그리고, $f(n)$ 과 $a>1$ 인 실수 a 에 대하여

$$f(n)\asymp \log_a n$$

일 때 이 알고리즘을 **로그 시간 알고리즘**(logarithm algorithm)이라고 하며

$$f(n)\asymp a^n$$

일 때 이 알고리즘을 **지수 시간 알고리즘**(exponential time algorithm)이라고 한다. 여기서 양의 정수 m 에 대하여 다음이 성립한다(정리 4.4.4).

$$\log_a n=O(n^m), \qquad a^n=O(n^m)$$

한 문제에 대한 알고리즘이 로그 시간 알고리즘이거나 다항 시간 알고리즘일 때 이 알고리즘은 효율적인 알고리즘으로 생각한다. 또, 문제를 해결하는 데 이용되는 알고리즘이 모두 지수 시간 알고리즘인 경우에 이 문제는 해결하기 어려운 문제로 판단한다. 문제에 따라서는 그 입력의 크기가 작은 경우에 지수 시간 알고리즘이 다항 시간 알고리즘보다 더 좋을 수도 있으나, 입력의 크기가 큰 경우에는 다항 알고리즘이 더 좋다.

보기 4.4.8 두 양의 정수 a, b 에 대하여 $a > b$ 일 때, $r_0 = a$, $r_1 = b$ 라 하고 또 다음이 성립한다고 하자.

$$\begin{aligned}
r_0 &= a_0 r_1 + r_2, & 0 < r_2 < r_1 \\
r_1 &= a_1 r_2 + r_3, & 0 < r_3 < r_2 \\
r_2 &= a_2 r_3 + r_4, & 0 < r_4 < r_3 \\
&\vdots & \vdots \\
r_{m-1} &= a_{m-1} r_m + r_{m+1}, & 0 < r_{m+1} < r_m \\
r_m &= a_m r_{m+1}
\end{aligned}$$

$$\begin{array}{r|lr|l}
a_0 & r_0 & r_1 & a_1 \\
 & \underline{a_0 r_1} & \underline{a_1 r_2} & \\
 & \vdots & \vdots & \\
a_{m-1} & r_{m-1} & r_m & a_m \\
 & \underline{a_{m-1} r_m} & \underline{a_m r_{m+1}} & \\
 & r_{m+1} & 0 &
\end{array}$$

이 때, a 와 b 의 최대공약수는 r_{m+1} 이다(정리 1.3.10). 여기서, 나눗셈 알고리즘(정리 1.3.1)을 시행한 횟수를 n 이라고 하면, $n = m + 1$ 이다.

한편, $0 < r_{m+1} < r_m$ 이므로 $a_m \geq 2$ 이다. 또, $a > b$ 이므로 $a_0 \geq 1$ 이고, 따라서 모든 i $(0 \leq i \leq m-1)$ 에 대하여 $a_i \geq 1$ 이므로 다음이 성립한다.

$$\begin{aligned}
& r_{m+1} \geq 1 \\
& r_m = a_m r_{m+1} \geq 2 r_{m+1} \geq 2 \\
& r_{m-1} \geq r_m + r_{m+1} \geq 2 + 1 = 3 \\
& \quad \vdots \\
& r_2 \geq r_3 + r_4 \\
& b = r_1 \geq r_2 + r_3
\end{aligned}$$

그러므로 $1, r_{m+1}, r_m, \cdots, r_2, r_1 = b$ 의 각 항은 Fibonacci 수열

$$\{a_t\} : \ 1, 1, 2, 3, 5, 8, 13, 21, 34, 55, 89, 144, \cdots$$

의 대응하는 항보다 작지 않다. 따라서 b 는 Fibonacci 수열의 $m+2$ 번째 항 a_{m+1} 보다 작지 않으므로 보기 3.3.9 에 의하여

$$b \geq a_{m+1} = \frac{1}{\sqrt{5}} \left\{ \left(\frac{1+\sqrt{5}}{2} \right)^{m+2} - \left(\frac{1-\sqrt{5}}{2} \right)^{n+2} \right\}$$

이고, a_{m+1} 은 $\dfrac{1}{\sqrt{5}} \left(\dfrac{1+\sqrt{5}}{2} \right)^{m+2}$ 에 가장 가까운 양의 정수이므로

$$b \geq \frac{1}{\sqrt{5}} \left(\frac{1+\sqrt{5}}{2} \right)^{m+2} - 1 = \frac{1+\sqrt{5}}{2\sqrt{5}} \left(\frac{1+\sqrt{5}}{2} \right)^{m+1} - 1$$

을 얻는다(문제 3.3.10 참조). 따라서 다음이 성립한다.

$$\left(\frac{1+\sqrt{5}}{2}\right)^{m+1} \leq \frac{5-\sqrt{5}}{2}(b+1)$$

여기서 $A=\dfrac{1+\sqrt{5}}{2}$, $B=\dfrac{5-\sqrt{5}}{2}$ 이라고 놓으면, $n=m+1$ 이므로 $A^n \leq B(b+1)$ 이고 따라서 실수 c $(c \geq 1)$ 에 대하여 다음이 성립한다.

$$\log_c A^n \leq (\log_c B)(b+1), \quad n\log_c A \leq (\log_c B)(b+1)$$

그런데 $b \geq 2$ 일 때, $B < 2 \leq b$, $b+1 \leq b^2$ 이므로

$$n \leq \frac{1}{\log_c A}(\log_c B)(b+1) \leq \frac{1}{\log_c A}\log_c b^3 = \frac{3}{\log_c A}\log_c b$$

이고, 따라서 $n=O(\log_c b)$ 이다.

그러므로 유클리드 알고리즘은 대단히 효율적인 알고리즘이다.

보기 4.4.9 선형 검색 알고리즘(알고리즘 4.2.1)을 이용하여 길이가 n 인 목록에서 한 자료를 검색하는 경우에, 입력은 n 이고 이에 대하여 많아야 $n+1$ 번의 비교를 행하며 $n+1=O(n)$ 이다(정리 4.4.4).

이진 검색 알고리즘(알고리즘 4.2.2)을 이용하여 길이가 n 인 정렬된 목록에서 한 자료를 검색하는 경우에 $2^{k-1} < n \leq 2^k$ 이면 많아야 $3k+1$ 번 비교한다. 이 때, $k-1 < \log_2 n$ 이므로 $3k+1 < 4+3\log_2 n$ 이고, 특히 $n \geq 2^4$ 이면 $4+3\log_2 n \leq 4\log_2 n$ 이므로 $3k+1=O(\log_2 n)$ 이다.

보기 4.4.10 알고리즘 4.2.3을 이용하여 길이가 n 인 목록을 정렬하는 경우에 비교하는 회수를 $f(n)$ 이라고 하면, $f(n)=\dfrac{n(n-1)}{2}$ 이고 따라서 $f(n)=O(n^2)$ 이다(정리 4.4.4).

한편, 알고리즘 4.2.5를 이용하여 길이가 n 인 목록을 크기 순으로 정렬하는 경우에 비교하는 회수를 $g(n)$ 이라고 하면 $g(n)=O(n\log_2 n)$ 이다(증명 생략). 그런데 $n\log_2 n=O(n^2)$ 이므로(보기 4.4.7), 알고리즘 4.2.5가 알고리즘 4.2.3보다 더 효율적이다.

연 습 문 제 (4.4)

*1. 정의에 따라 다음 두 함수 $f(x)$, $g(x)$ 에 대하여 $f(x) = O(g(x))$ 임을 증명하여라.

(1) $f(x) = 4x$, $g(x) = x^3$　　　　(2) $f(x) = \log_2 x^7$, $g(x) = x$

2. 두 함수 $f(x) = \sin x$, $g(x) = \cos x$ 에 대하여

$$f(x) = O(1), \quad g(x) = O(1)$$

임을 밝혀라.

*3. 두 실수 a, b 에 대하여 $1 < a < b$ 일 때, $\log_a x = \log_a b \cdot \log_b x$ 임을 이용하여 $\log_a x \asymp \log_b x$ 임을 증명하여라.

4. 두 실수 a, b 에 대하여 $1 < a < b$ 일 때, $a^x = O(b^x)$, $b^x \neq O(a^x)$ 임을 증명하여라.

*5. 두 함수 $f(x) = x \log_e x$, $g(x) = x^2$ 에 대하여 $g(x) \neq O(f(x))$ 임을 증명하여라. 여기서, $\log_e x$ 는 자연로그이다.

*6. 실수 x 와 양의 정수 n 에 대하여 다음 두 알고리즘은 x^{2n} 를 계산하는 데 이용되는 알고리즘을이다.

알고리즘 A	알고리즘 B
단계 1 : $a = 1$ 로 놓는다.	단계 1 : $a = x$ 로 놓는다.
단계 2 : $i = 1$ 에서 $i = 2^n$ 까지 에 대하여 a 를 xa 로 바꾸어 놓는다.	단계 2 : $i = 1$ 에서 $i = n$ 까지 에 대하여 a 를 a^2 으로 바꾸어 놓는다.
단계 3 : a 를 출력한다.	단계 3 : a 를 출력한다.

알고리즘 A와 알고리즘 B를 이용하여 x^{2n} 을 계산하는 경우에 실행되는 곱셈의 횟수를 각각 $f(n)$, $g(n)$ 이라고 할 때, $f(n)$, $g(n)$ 을 구하고 또 알고리즘 B가 알고리즘 A보다 더 효과적인 알고리즘임을 설명하여라.

제 5 장

행렬과 연립일차방정식

이 장에서는, 행렬과 행렬의 연산에 대하여 논하고 또 연립일차방정식의 해를 구하는 방법과 정칙행렬의 역행렬를 구하는 방법에 대하여 논한다. 그리고, 행렬에 기본 행 변형을 시행하여 기약 행 사다리꼴 행렬로 변형하는 방법에 대하여 논한다.

행렬과 연립일차방정식에 대한 자세한 사항은

김응태 · 박승안, 선형대수학 제 5 판, 경문사, 2010년

을 참조하기 바란다.

§5.1 행 렬

체 F의 원소 $a_1, a_2, \cdots, a_n$를 괄호로 묶어 놓은

$$v = (a_1, a_2, \cdots, a_n)$$

을 체 F 위의 **벡터**(vector)라 하고 $a_1, a_2, \cdots, a_n$을 v의 **성분**(component, entry)이라고 한다(정의 3.1.2 참조). 특히, $\mathbf{0} = (0, 0, \cdots, 0)$을 **영벡터**(zero vector)라고 한다. 또, 이와 같은 벡터 전체의 집합을 F^n으로 나타낸다. 즉,

$$F^n = \{(a_1, a_2, \cdots, a_n) \mid a_1, a_2, \cdots, a_n \in F\}$$

정의 5.1.1 체 F 위의 벡터 $v = (a_1, a_2, \cdots, a_n)$, $w = (b_1, b_2, \cdots, b_n)$에 대하여 v, w의 서로 대응하는 성분이 모두 같을 v와 w는 서로 같다고 하고 이 사실을 $v = w$로 나타낸다. 즉,

$$v = w \Longleftrightarrow a_1 = b_1,\ a_2 = b_2,\ \cdots,\ a_n = b_n$$

그리고 v와 w의 합 $v + w$와 차 $v - w$ 그리고 $k \in F$에 의한 v의 **스칼라 배**(scalar multiple) kv를 다음과 같이 정의한다.

$$\begin{aligned} v + w &= (a_1 + b_1,\ a_2 + b_2,\ \cdots,\ a_n + b_n), \\ v - w &= (a_1 - b_1,\ a_2 - b_2,\ \cdots,\ a_n - b_n), \\ kv &= (ka_1,\ ka_2,\ \cdots,\ ka_n) \\ -v &= (-1)v = (-a_1,\ -a_2, \cdots,\ -a_n) \end{aligned}$$

정의 5.1.2 체 F 위의 벡터 $v, w, u \in F^n$와 $a, b \in F$에 대하여 다음이 성립한다.

(1) $(v + w) + u = v + (w + u)$, $\quad v + w = w + v$

(2) $v + \mathbf{0} = \mathbf{0} + v = v$, $\quad v + (-v) = (-v) + v = \mathbf{0}$

(3) $a(v + w) = av + aw$, $\quad (a+b)v = av + bv$

(4) $(ab)v = a(bv)$, $\quad 1v = v$

보기 5.1.1 실수체 $\mathbb{R}$ 에 대하여 $\mathbb{R}^4 = \{(a_1, a_2, a_3, a_4) \mid a_1, a_2, a_3, a_4 \in \mathbb{R}\}$ 이고, 또 $\mathbb{R}^4$ 에서 다음이 성립한다.

$$(1, 2, 3, 5) + (0, 1, 5, 4) = (1, 3, 8, 9),$$
$$(1, 2, 3, 5) - (0, 1, 5, 4) = (1, 1, -2, 1)$$

체 F 의 mn 개의 원소 a_{ij} $(1 \le i \le m,\ 1 \le j \le n)$ 를

$$A = \begin{bmatrix} a_{11} & a_{12} & \cdots & a_{1n} \\ a_{21} & a_{22} & \cdots & a_{2n} \\ \vdots & \vdots & \cdots & \vdots \\ a_{m1} & a_{m2} & \cdots & a_{mn} \end{bmatrix}$$

와 같이 직사각형의 모양으로 늘어놓아 괄호로 한 데 묶어 놓은 것을 체 F 위의 $\boldsymbol{m \times n}$ **행렬**(matrix) 또는 **크기**(size)가 $m \times n$ 인 행렬이라고 한다. 또, 각 a_{ij} 를 행렬 A 의 (i, j) **성분**(component, entry)이라 하고, 행렬 A 를 간단히 $A = [a_{ij}]_{m \times n}$ 으로 나타낸다. 위의 행렬에서,

$$a_{i1},\ a_{i2},\ \cdots,\ a_{in} \text{ 과 } \quad a_{1j},\ a_{2j},\ \cdots,\ a_{mj}$$

는 각각 A 의 제 i 행(i-th row), 제 j 열(j-th column)을 이룬다.

특히, 모든 성분이 0 인 행렬을 **영행렬**(zero matrix)이라고 한다.

체 F 위의 $n \times n$ 행렬을 $\boldsymbol{n}$ **차의 정사각행렬**(square matrix) 또는 $\boldsymbol{n}$ **차의 행렬**이라고 한다. 특히 1×1 행렬 $[\,a\,]$ 는 a 와 동일시한다.

정의 5.1.3 체 F 위의 $m \times n$ 행렬 $A = [a_{ij}]_{m \times n}$, $B = [b_{ij}]_{m \times n}$ 에 대하여 A, B 의 서로 대응하는 성분이 모두 같을 때 이 두 행렬은 서로 같다고 하고 이 사실을 $A = B$ 로 나타낸다. 즉,

$$A = B \Longleftrightarrow a_{ij} = b_{ij} \ (1 \le i \le m,\ 1 \le j \le n)$$

또, A, B 의 합 $A + B$ 와 차 $A - B$ 는 각 (i, j) 성분이 $a_{ij} + b_{ij}$, $a_{ij} - b_{ij}$ 인 $m \times n$ 행렬이고 $k \in F$ 에 의한 A 의 **스칼라 배** kA 는 각 (i, j) 성분이 ka_{ij} 인 $m \times n$ 행렬이다. 즉,

$$A \pm B = \begin{bmatrix} a_{11} \pm b_{11} & a_{12} \pm b_{12} & \cdots & a_{1n} \pm b_{1n} \\ a_{21} \pm b_{21} & a_{22} \pm b_{22} & \cdots & a_{2n} \pm b_{2n} \\ \vdots & \vdots & \cdots & \vdots \\ a_{m1} \pm b_{m1} & a_{m2} \pm b_{m2} & \cdots & a_{mn} \pm b_{mn} \end{bmatrix},$$

$$kA = \begin{bmatrix} k a_{11} & k a_{12} & \cdots & k a_{1n} \\ k a_{21} & k a_{22} & \cdots & k a_{2n} \\ \vdots & \vdots & \cdots & \vdots \\ k a_{m1} & k a_{m2} & \cdots & k a_{mn} \end{bmatrix}, \quad -A = (-1)A$$

보기 5.1.2 실수체 $\mathbb{R}$ 위의 두 2×3 행렬

$$A = \begin{bmatrix} 1 & 2 & 3 \\ 4 & 5 & 6 \end{bmatrix}, \qquad B = \begin{bmatrix} 0 & 1 & 4 \\ 1 & -3 & 2 \end{bmatrix}$$

에 대하여 다음 등식이 성립한다.

$$A+B = \begin{bmatrix} 1 & 2 & 3 \\ 4 & 5 & 6 \end{bmatrix} + \begin{bmatrix} 0 & 1 & 4 \\ 1 & -3 & 2 \end{bmatrix} = \begin{bmatrix} 1 & 3 & 7 \\ 5 & 2 & 8 \end{bmatrix},$$

$$2A = 2\begin{bmatrix} 1 & 2 & 3 \\ 4 & 5 & 6 \end{bmatrix} = \begin{bmatrix} 2 & 4 & 6 \\ 8 & 10 & 12 \end{bmatrix}$$

정의 5.1.4 체 F 위의 $m \times n$ 행렬 $A = [a_{ij}]_{m \times n}$ 와 그리고 $n \times r$ 행렬 $B = [b_{ij}]_{n \times r}$ 에 대하여 곱 $AB = [c_{ij}]_{m \times r}$ 는 각 (i, j) 성분이

$$c_{ij} = a_{i1}b_{ij} + a_{i2}b_{2j} + \cdots + a_{in}b_{nj}$$

인 $m \times r$ 행렬이다.

$$\begin{bmatrix} a_{11} & a_{12} & \cdots & a_{1n} \\ a_{21} & a_{22} & \cdots & a_{2n} \\ \vdots & \vdots & \cdots & \vdots \\ a_{m1} & a_{m2} & \cdots & a_{mn} \end{bmatrix} \begin{bmatrix} b_{11} & b_{12} & \cdots & b_{1r} \\ b_{21} & b_{22} & \cdots & b_{2r} \\ \vdots & \vdots & \cdots & \vdots \\ b_{n1} & b_{n2} & \cdots & b_{nr} \end{bmatrix} = \begin{bmatrix} c_{11} & c_{12} & \cdots & c_{1r} \\ c_{21} & c_{22} & \cdots & c_{2r} \\ \vdots & \vdots & \cdots & \vdots \\ c_{m1} & c_{m2} & \cdots & c_{mr} \end{bmatrix}$$

($m \times n$ 행렬) ($n \times r$ 행렬) $\longrightarrow$ ($m \times r$ 행렬)

보기 5.1.3 실수체 $\mathbb{R}$ 위에서 다음이 성립한다.

(1) $[a\ \ b\ \ c]\begin{bmatrix} x \\ y \\ z \end{bmatrix} = ax+by+cz, \qquad [1\ \ 2\ \ 3]\begin{bmatrix} 1 & 0 \\ 2 & 3 \\ 0 & 1 \end{bmatrix} = [5\ \ 9]$

(2) $\begin{bmatrix} 0 & 1 \\ 1 & 0 \end{bmatrix}\begin{bmatrix} 1 & 3 & 5 \\ 2 & 4 & 6 \end{bmatrix} = \begin{bmatrix} 2 & 4 & 6 \\ 1 & 3 & 5 \end{bmatrix}$

(3) $A = \begin{bmatrix} 0 & 1 \\ 0 & 0 \end{bmatrix}$, $B = \begin{bmatrix} 1 & 0 \\ 1 & 1 \end{bmatrix}$ 일 때,

$$AB = \begin{bmatrix} 1 & 1 \\ 0 & 0 \end{bmatrix}, \quad BA = \begin{bmatrix} 0 & 1 \\ 0 & 1 \end{bmatrix}$$

이므로 $AB \neq BA$ 이다.

정의 5.1.5 체 F 위의 $m \times n$ 행렬 $A = [a_{ij}]_{m \times n}$ 에 대하여 각 (i, j) 성분이 a_{ji} 인 $n \times m$ 행렬을 A 의 **전치행렬**(transpose)이라 하고 이것을 A^T 로 나타낸다.

$$A = \begin{bmatrix} a_{11} & a_{12} & \cdots & a_{1n} \\ a_{21} & a_{22} & \cdots & a_{2n} \\ \vdots & \vdots & \cdots & \vdots \\ a_{m1} & a_{m2} & \cdots & a_{mn} \end{bmatrix}, \qquad A^T = \begin{bmatrix} a_{11} & a_{21} & \cdots & a_{m1} \\ a_{12} & a_{22} & \cdots & a_{m2} \\ \vdots & \vdots & \cdots & \vdots \\ a_{1n} & a_{2n} & \cdots & a_{mn} \end{bmatrix}$$

특히, n 차의 행렬 $A = [a_{ij}]_{n \times n}$ 에 대하여

$$A^T = A \quad \text{즉} \quad a_{ij} = a_{ji} \quad (1 \le i,\ j \le n)$$

일 때, A 를 **대칭행렬**(symmetric matrix)이라고 한다.

보기 5.1.4 다음은 행렬과 그 전치행렬을 보여 주고 있다.

$$A = \begin{bmatrix} 1 & 3 & 5 \\ 2 & 4 & 6 \end{bmatrix}, \quad A^T = \begin{bmatrix} 1 & 2 \\ 3 & 4 \\ 5 & 6 \end{bmatrix},$$

$$B = \begin{bmatrix} 1 & 3 \\ 2 & 4 \\ 5 & 6 \end{bmatrix}, \qquad B^T = \begin{bmatrix} 1 & 2 & 5 \\ 3 & 4 & 6 \end{bmatrix}$$

보기 5.1.5 다음 행렬은 모두 대칭행렬이다.

$$A=\begin{bmatrix}1 & 3\\3 & 6\end{bmatrix},\quad B=\begin{bmatrix}0 & 1\\1 & 1\end{bmatrix},\quad C=\begin{bmatrix}1 & 0 & 1\\0 & 0 & 1\\1 & 1 & 1\end{bmatrix}$$

주대각선 위의 성분이 모두 1이고 그 밖의 성분은 모두 0인 n차의 행렬을 n차의 **항등행렬**(identity matrix) 또는 **단위행렬**이라 하고 이 행렬을 I_n 또는 I로 나타내고, 또 모든 성분이 0인 n차의 열행렬을 O_n 또는 O로 나타낸다.

$$I_2=\begin{bmatrix}1 & 0\\0 & 1\end{bmatrix},\quad I_3=\begin{bmatrix}1 & 0 & 0\\0 & 1 & 0\\0 & 0 & 1\end{bmatrix},\quad O_3=\begin{bmatrix}0 & 0 & 0\\0 & 0 & 0\\0 & 0 & 0\end{bmatrix}$$

정사각행렬에 대해서는 다음 정리가 성립한다.

정리 5.1.6 체 F 위의 n차의 행렬 A, B, C와 임의의 $a, b \in F$에 대하여 다음이 성립한다.

(1) $(A+B)+C=A+(B+C)$, $A+B=B+A$
(2) $A+O=O+A=A$, $A+(-A)=(-A)+A=O$
(3) $a(A+B)=aA+aB$, $(a+b)A=aA+bA$
(4) $(ab)A=a(bA)$, $1A=A$
(5) $(AB)C=A(BC)$, $AI=IA=A$
(6) $A(B+C)=AB+AC$, $(A+B)C=AC+BC$
(7) $a(AB)=(aA)B=A(aB)$

정의 5.1.7 체 F 위의 n차의 행렬 A와 양의 정수 m에 대하여 행렬 A^m을 다음과 같이 귀납적으로 정의한다.

$$A^0=I,\quad A^1=A,\quad A^2=AA,\quad A^m=A^{m-1}A$$

정사각행렬 A와 두 양의 정수 m, k에 대하여 다음이 성립한다.

$$A^mA^k=A^{m+k},\quad (A^m)^k=A^{mk}$$

보기 5.1.6 실수체 $\mathbb{R}$ 위의 행렬

$$A=\begin{bmatrix}1 & 0\\ 1 & 1\end{bmatrix}$$

에 대하여 다음이 성립한다.

$$A^2=\begin{bmatrix}1 & 0\\ 1 & 1\end{bmatrix}\begin{bmatrix}1 & 0\\ 1 & 1\end{bmatrix}=\begin{bmatrix}1 & 0\\ 2 & 1\end{bmatrix},$$

$$A^3=A^2A=\begin{bmatrix}1 & 0\\ 2 & 1\end{bmatrix}\begin{bmatrix}1 & 0\\ 1 & 1\end{bmatrix}=\begin{bmatrix}1 & 0\\ 3 & 1\end{bmatrix}$$

연 습 문 제 (5.1)

1. 집합 $\mathbb{R}^5$ 에서 다음을 구하여라.

(1) $(1, 2, 0, 4, 5) + (2, 3, 4, 0, 5)$

(2) $(0, 1, 8, 7, 6) - (2, 3, 4, 0, 5)$

(3) $3(0, 1, 2, 3, 0) + 2(1, 2, 3, 0, 0)$

2. 실수체 $\mathbb{R}$ 위에서 다음을 구하여라.

(1) $\begin{bmatrix}2 & 5 & 3\\ 1 & 0 & 7\end{bmatrix}+\begin{bmatrix}4 & 2 & 5\\ 5 & 3 & 2\end{bmatrix}$

(2) $2\begin{bmatrix}1 & 2 & 3\\ 5 & 0 & 8\end{bmatrix}-3\begin{bmatrix}0 & 2 & 1\\ 2 & 4 & 5\end{bmatrix}$

(3) $\begin{bmatrix}2 & 5 & 3\\ 1 & 0 & 7\end{bmatrix}\begin{bmatrix}1\\ 2\\ 3\end{bmatrix}$

(4) $\begin{bmatrix}0 & 0\\ 0 & 1\\ 1 & 0\end{bmatrix}\begin{bmatrix}1 & 2\\ 3 & 4\end{bmatrix}$

***3.** 실수체 $\mathbb{R}$ 위의 행렬

$$A=\begin{bmatrix}1 & 0 & 1\\ 1 & 0 & 0\\ 0 & 1 & 1\end{bmatrix}$$

에 대하여 A^2, A^3 을 구하여라.

§5.2 연립일차방정식

체 F 의 원소 $a_1, a_2, \cdots, a_n, b$ 에 대하여 다음과 같은 꼴의 방정식을 체 F 에서의 $x_1, x_2, \cdots, x_n$ 에 관한 **일차방정식**(linear equation)이라고 한다.

$$a_1x_1 + a_2x_2 + \cdots + a_nx_n = b$$

(단, $a_1, a_2, \cdots, a_n$ 중에서 적어도 하나는 0 이 아님)

그리고, 다음과 같이 n 개의 미지수 $x_1, x_2, \cdots, x_n$ 에 관한 m 개의 일차방정식으로 이루어진 연립방정식을 체 F 에서의 **연립일차방정식**(system of linear equations)이라고 한다.

$$\begin{cases} a_{11}x_1 + \cdots + a_{1n}x_n = b_1 \\ a_{21}x_1 + \cdots + a_{2n}x_n = b_2 \\ \ \vdots \\ a_{m1}x_1 + \cdots + a_{mn}x_n = b_m \end{cases}$$

위의 동차 연립일차방정식에서,

$$A = \begin{bmatrix} a_{11} & a_{12} & \cdots & a_{1n} \\ a_{21} & a_{22} & \cdots & a_{2n} \\ \vdots & \vdots & \cdots & \vdots \\ a_{m1} & a_{m2} & \cdots & a_{mn} \end{bmatrix}, \quad X = \begin{bmatrix} x_1 \\ x_2 \\ \vdots \\ x_n \end{bmatrix} \quad B = \begin{bmatrix} b_1 \\ b_2 \\ \vdots \\ b_m \end{bmatrix}$$

으로 놓으면, 이 연립일차방정식은

$$AX = B$$

로 나타낼 수 있고 또 이 연립일차방정식에 대하여 다음 행렬이 대응한다.

$$[A|B] = \left[\begin{array}{cccc:c} a_{11} & a_{12} & \cdots & a_{1n} & b_1 \\ a_{21} & a_{22} & \cdots & a_{2n} & b_2 \\ \vdots & \vdots & \cdots & \vdots & \vdots \\ a_{m1} & a_{m2} & \cdots & a_{mn} & b_m \end{array}\right]$$

여기서 행렬 A 와 행렬 $[A|B]$ 를 각각 이 연립일차방정식의 **계수행렬**(coefficient matrix), **덧붙인 행렬**(augmented matrix)이라고 한다.

그리고, $x_1 = c_1$, $\cdots$, $x_n = c_n$ 이 연립일차방정식의 모든 일차방정식을 동시에 만족시킬 때, $(c_1, \cdots, c_n)$ 을 이 연립일차방정식의 **해**(solution)라 하고 이것을 다음과 같이 나타낸다.

$$(x_1, \cdots, x_n) = (c_1, \cdots, c_n), \quad \begin{cases} x_1 = c_1 \\ \vdots \\ x_n = c_n \end{cases} \quad \text{또는} \quad \begin{bmatrix} x_1 \\ \vdots \\ x_n \end{bmatrix} = \begin{bmatrix} c_1 \\ \vdots \\ c_n \end{bmatrix}$$

또, 해 전체의 집합을 연립일차방정식의 **해집합**(solution set)이라고 한다.

보기 5.2.1 다음 연립일차방정식의 해를 구해 보자(실수체 $\mathbb{R}$ 에서).

연립일차방정식	덧붙인 행렬
$\begin{cases} 2x_1 + x_2 = 8 \cdots ① \\ x_1 + 3x_2 = 9 \cdots ② \end{cases}$	$\left[\begin{array}{cc:c} 2 & 1 & 8 \\ 1 & 3 & 9 \end{array}\right]$
① 과 ② 를 서로 바꾼다.	제 1 행과 제 2 행를 서로 바꾼다.
$\begin{cases} x_1 + 3x_2 = 9 \cdots ①' \\ 2x_1 + x_2 = 8 \cdots ②' \end{cases}$	$\left[\begin{array}{cc:c} 1 & 3 & 9 \\ 2 & 1 & 8 \end{array}\right]$
$②' + ①' \times (-2)$	제 2 행에 제 1 행의 (-2) 배를 더한다.
$\begin{cases} x_1 + 3x_2 = 9 \cdots ①'' \\ -5x_2 = -10 \cdots ②'' \end{cases}$	$\left[\begin{array}{cc:c} 1 & 3 & 9 \\ 0 & -5 & -10 \end{array}\right]$
$②'' \times \left(-\frac{1}{5}\right)$	제 2 행을 $-\frac{1}{5}$ 배 한다.
$\begin{cases} x_1 + 3x_2 = 9 \cdots ①''' \\ x_2 = 2 \cdots ②''' \end{cases}$	$\left[\begin{array}{cc:c} 1 & 3 & 9 \\ 0 & 1 & 2 \end{array}\right]$
$①''' + ②''' \times (-3)$	제 1 행에 제 2 행의 (-3) 배를 더한다.
$\begin{cases} x_1 = 3 \\ x_2 = 2 \end{cases}$	$\left[\begin{array}{cc:c} 1 & 0 & 3 \\ 0 & 1 & 2 \end{array}\right]$

즉, $\begin{bmatrix} x_1 \\ x_2 \end{bmatrix} = \begin{bmatrix} 3 \\ 2 \end{bmatrix}$

두 연립일차방정식의 해집합이 일치할 때, 이 두 연립일차방정식은 서로 **同値**(equivalent)라고 한다. 연립일차방정식의 해를 구할 때에는, 이 연립일차방정식에 다음과 같은 변형을 유한 번 시행하여 동치인 연립일차방정식으로 고친다.

(1) 서로 다른 두 방정식을 서로 맞바꾸어 놓는다.

(2) 한 방정식을 a 배한다($a \in F$, $a \neq 0$).

(3) 한 방정식에 다른 방정식의 a 배를 더한다($a \in F$, $a \neq 0$).

그런데, 연립일차방정식에 위의 세 변형을 시행한다는 것은 이 연립일차방정식의 덧붙인 행렬에 다음과 같은 유형의 **기본 행 변형**(elementary row operation)을시행한다는 것과 마찬가지이다.

제 I 변형 : 서로 다른 두 행을 서로 맞바꾸어 놓는다.

제 II 변형 : 한 행을 a 배 한다.

제 III 변형 : 한 행에 다른 행의 a 배를 더한다.

연립일차방정식의 덧붙인 행렬에 위와 같은 기본 행 변형을 유한 번 시행하면 덧붙인 행렬은 다음과 같은 꼴로 변형된다.

(i) 행 중에서 0 만으로 이루어진 행은 아래쪽에 놓여 있다.

(ii) 각 행에서 선두 성분(leading component) 즉 처음으로 0 이 아닌 성분은 행의 번호가 커질수록 오른쪽에 더 치우쳐 놓여 있다.

(iii) 각 행의 선두 성분은 1 이다.

(iv) 각 행에서 선두 성분이 들어 있는 열의 나머지 성분은 모두 0 이다.

위의 네 조건을 모두 만족시키는 행렬을 **기약 행 사다리꼴 행렬**(matrix in reduced row-echelon form)이라고 한다.

다음 행렬은 모두 행 사다리꼴 행렬이고, 특히 마지막 행렬을 제외한 행렬은 모두 기약 행 사다리꼴 행렬이다.

$$\begin{bmatrix} 1 & 0 & 2 \\ 0 & 1 & 3 \end{bmatrix}, \quad \begin{bmatrix} 1 & 2 & 0 & 0 & 3 \\ 0 & 0 & 1 & 0 & 4 \end{bmatrix}, \quad \begin{bmatrix} 0 & 1 & 0 & 2 & 3 \\ 0 & 0 & 1 & 0 & 4 \end{bmatrix},$$

$$\begin{bmatrix} 1 & 0 & 4 \\ 0 & 1 & 2 \\ 0 & 0 & 0 \end{bmatrix}, \quad \begin{bmatrix} 1 & 2 & 0 & 4 & 3 \\ 0 & 0 & 1 & 0 & 3 \\ 0 & 0 & 0 & 0 & 0 \end{bmatrix}, \quad \begin{bmatrix} 1 & 0 & 2 & 3 \\ 0 & 1 & 4 & 5 \\ 0 & 0 & 0 & 1 \end{bmatrix}$$

이와 같은 방법으로 연립일차방정식의 해를 구하는 방법을 **Gauss 소거법**(Gaussian elimination) 또는 **Gauss-Jordan 소거법**이라고 한다.

보기 5.2.2 다음 연립일차방정식의 해를 구해보자(실수체 $\mathbb{R}$ 에서).

$$\begin{cases} 3x_1 - 7x_2 + 2x_3 = 4 \\ 2x_1 - 4x_2 + x_3 = 1 \end{cases} \qquad \left[\begin{array}{ccc|c} 3 & -7 & 2 & 4 \\ 2 & -4 & 1 & 1 \end{array}\right]$$

$$\begin{cases} x_1 - 3x_2 + x_3 = 3 \\ 2x_1 - 4x_2 + x_3 = 1 \end{cases} \qquad \left[\begin{array}{ccc|c} 1 & -3 & 1 & 3 \\ 2 & -4 & 1 & 1 \end{array}\right]$$

$$\begin{cases} x_1 - 3x_2 + x_3 = 3 \\ \phantom{x_1 - {}} 2x_2 - x_3 = -5 \end{cases} \qquad \left[\begin{array}{ccc|c} 1 & -3 & 1 & 3 \\ 0 & 2 & -1 & -5 \end{array}\right]$$

$$\begin{cases} x_1 \phantom{{}+x_2} - \dfrac{1}{2}x_3 = -\dfrac{9}{2} \\ \phantom{x_1+{}} x_2 - \dfrac{1}{2}x_3 = -\dfrac{5}{2} \end{cases} \qquad \left[\begin{array}{ccc|c} 1 & 0 & -\dfrac{1}{2} & -\dfrac{9}{2} \\ 0 & 1 & -\dfrac{1}{2} & -\dfrac{5}{2} \end{array}\right]$$

위의 연립일차방정식은 다음과 같이 고쳐 쓸 수 있다.

$$\begin{cases} x_1 = -\dfrac{9}{2} + \dfrac{1}{2}x_3 \\ x_2 = -\dfrac{5}{2} + \dfrac{1}{2}x_3 \end{cases}$$

그런데, 이 연립일차방정식에서 x_3가 어떠한 실수값을 택하더라도 이에 따라 결정되는 x_1, x_2, x_3 의 값은 모두 이 연립일차방정식의 해이다.

따라서 매개변수(parameter) t 를 도입하여

$$x_3 = t$$

라고 놓으면 주어진 연립 방정식의 해 전체는 다음과 같은 식으로 나타내어진다.

$$\begin{cases} x_1 = -\dfrac{9}{2} + \dfrac{1}{2}t \\ x_2 = -\dfrac{5}{2} + \dfrac{1}{2}t \\ x_3 = \phantom{-\dfrac{5}{2} + \dfrac{1}{2}} t \end{cases} \qquad (t \in \mathbb{R})$$

보기 5.2.3 다음 연립일차방정식을 생각해 보자(실수체 $\mathbb{R}$ 에서).

$$\begin{cases} 3x_1 + 4x_2 - 2x_3 = 4 \\ 2x_1 + 3x_2 + 2x_3 = 1 \\ 4x_1 + 5x_2 - 6x_3 = 8 \end{cases}$$

덧붙인 행렬은 기본 행 변형에 의하여 다음과 같이 변형된다.

$$\left[\begin{array}{ccc:c} 3 & 4 & -2 & 4 \\ 2 & 3 & 2 & 1 \\ 4 & 5 & -6 & 8 \end{array}\right] \longrightarrow \left[\begin{array}{ccc:c} 1 & 1 & -4 & 3 \\ 2 & 3 & 2 & 1 \\ 4 & 5 & -6 & 8 \end{array}\right] \longrightarrow \left[\begin{array}{ccc:c} 1 & 1 & -4 & 3 \\ 0 & 1 & 10 & -5 \\ 0 & 1 & 10 & -4 \end{array}\right]$$

$$\longrightarrow \left[\begin{array}{ccc:c} 1 & 0 & -14 & 8 \\ 0 & 1 & 10 & -5 \\ 0 & 0 & 0 & 1 \end{array}\right] \longrightarrow \left[\begin{array}{ccc:c} 1 & 0 & -14 & 0 \\ 0 & 1 & 10 & 0 \\ 0 & 0 & 0 & 1 \end{array}\right]$$

한편, 기약 행 사다리꼴 행렬의 마지막 행은 $0 = 1$ 임을 나타내고 이것은 모순이므로 주어진 연립일차방정식은 없다.

연 습 문 제 (5.2)

1. 다음 연립일차방정식의 해를 구하여라(실수체 $\mathbb{R}$ 에서).

(1) $\begin{cases} 2x_1 + x_2 = 3 \\ x_1 + x_2 = 2 \end{cases}$ (2) $\begin{cases} 2x_1 + x_2 = 0 \\ x_1 + x_2 = 0 \end{cases}$

*2. 다음 연립일차방정식의 해를 구하여라(실수체 $\mathbb{R}$ 에서).

(1) $\begin{cases} x_1 + x_2 + x_3 = 3 \\ 2x_1 + 3x_2 + 2x_3 = 7 \\ 3x_1 + x_2 + x_3 = 2 \end{cases}$ (2) $\begin{cases} x_1 + 2x_2 + x_3 = 0 \\ x_1 - x_2 - x_3 = 0 \end{cases}$

*3. 다음 연립일차방정식의 해를 구하여라(실수체 $\mathbb{R}$ 에서).

$$\begin{cases} x_1 + x_2 + x_3 + x_4 = 0 \\ 2x_1 + 3x_2 + 2x_3 + x_4 = 0 \\ 3x_1 + 4x_2 + 3x_3 + 2x_4 = 0 \end{cases}$$

§5.3 정칙행렬과 역행렬

이 절에서는, 특수한 성질을 가진 정사각행렬에 대하여 논한다.

정의 5.3.1 체 F 위의 n차의 행렬 $A(\neq O)$에 대하여

$$AB = BA = I_n$$

인 n차의 행렬 B가 존재할 때, A를 **정칙행렬**(nonsingular matrix)이라고 한다. 그리고 이때 B를 A의 **역행렬**(inverse)이라 하고 이것을 A^{-1}로 나타낸다. 즉, $AA^{-1} = A^{-1}A = I_n$이다.

다음 정리가 성립함을 쉽게 확인할 수 있다.

정리 5.3.2 체 F 위의 행렬

$$A = \begin{bmatrix} a & b \\ c & d \end{bmatrix} \neq O$$

에 대하여 $ad - bc \neq 0$일 때 A는 정칙행렬이고 또 A^{-1}는 다음과 같다.

$$A^{-1} = \begin{bmatrix} \dfrac{d}{ad-bc} & \dfrac{-b}{ad-bc} \\ \dfrac{-c}{ad-bc} & \dfrac{a}{ad-bc} \end{bmatrix}$$

보기 5.3.1 다음 결과를 확인할 수 있다(실수체 $\mathbb{R}$에서).

(1) $A = \begin{bmatrix} 1 & 3 \\ 2 & 7 \end{bmatrix}$, $\qquad A^{-1} = \begin{bmatrix} 7 & -3 \\ -2 & 1 \end{bmatrix}$

(2) $A = \begin{bmatrix} 4 & 3 \\ -1 & 2 \end{bmatrix}$, $\qquad A^{-1} = \begin{bmatrix} \dfrac{2}{11} & \dfrac{-3}{11} \\ \dfrac{1}{11} & \dfrac{4}{11} \end{bmatrix}$

체 F 위의 n차의 행렬 $A=[a_{ij}]_{n\times n}$가 정칙행렬일 때, $B=[x_{ij}]_{n\times n}$를 A의 역행렬이라고 하면, $AB=BA=I_n$이고 등식 $AB=I_n$은

$$A\begin{bmatrix} x_{11} \\ x_{21} \\ \vdots \\ x_{n1} \end{bmatrix}=\begin{bmatrix} 1 \\ 0 \\ \vdots \\ 0 \end{bmatrix},\ A\begin{bmatrix} x_{12} \\ x_{22} \\ \vdots \\ x_{n2} \end{bmatrix}=\begin{bmatrix} 0 \\ 1 \\ \vdots \\ 0 \end{bmatrix},\quad \cdots,\quad A\begin{bmatrix} x_{1n} \\ x_{2n} \\ \vdots \\ x_{nn} \end{bmatrix}=\begin{bmatrix} 0 \\ 0 \\ \vdots \\ 1 \end{bmatrix}$$

과 같이 n개의 등식으로 고쳐 쓸 수 있다. 그러므로 행렬 A의 역행렬 B를 구하는 일은 위의 n개의 연립일차방정식의 해를 구하는 일과 마찬가지이다(§5.2 참조). 따라서 다음 정리가 성립함을 알 수 있다.

정리 5.3.3 체 F 위의 n차의 행렬 A에 항등행렬 I_n을 덧붙인 행렬 $[A\mid I_n]$에 기본 행 변형을 유한 번시행하면 $[A\mid I_n]$은 기약 행 사다리꼴 행렬 $[A'\mid P]$로 변형된다. 이 경우에 행렬 A가 정칙행렬일 때 그리고 이때에만 $A'=I_n$이고, 또 A가 정칙이면 $P=A^{-1}$이다.

$$[A\mid I_n]\longrightarrow\cdots\longrightarrow[I_n\mid A^{-1}]$$

보기 5.3.2 다음 행렬을 생각해 보자(실수체 $\mathbb{R}$에서).

$$A=\begin{bmatrix} 1 & 3 \\ 2 & 7 \end{bmatrix}$$

행렬 A에 항등행렬 I_2를 덧붙인 행렬 $[A\mid I_2]$는 기본 행 변형에 의하여 다음과 같이 기약 행 사다리꼴 행렬로 변형된다.

$$\begin{aligned}[A\mid I_2]=\left[\begin{array}{cc|cc} 1 & 3 & 1 & 0 \\ 2 & 7 & 0 & 1 \end{array}\right] &\longrightarrow\left[\begin{array}{cc|cc} 1 & 3 & 1 & 0 \\ 0 & 1 & -2 & 1 \end{array}\right] \\ &\longrightarrow\left[\begin{array}{cc|cc} 1 & 0 & 7 & -3 \\ 0 & 1 & -2 & 1 \end{array}\right] \\ &=[I_2\mid A^{-1}]\end{aligned}$$

따라서 A는 정칙행렬이고 A^{-1}는 보기 5.3.1에서 구한 것과 일치한다.

보기 5.3.3 다음 행렬을 생각해 보자(실수체 $\mathbb{R}$ 에서).

$$A=\begin{bmatrix}1&0&1\\1&1&3\\2&5&13\end{bmatrix}$$

행렬 A에 항등행렬 I_3를 덧붙인 행렬 $[A|I_3]$에 기본 행 변형을 유한 번 시행하면, $[A|I_3]$는 다음과 같이 기약 행 사다리꼴 행렬로 변형된다.

$$[A\mid I_3]=\left[\begin{array}{ccc|ccc}1&0&1&1&0&0\\1&1&3&0&1&0\\2&5&13&0&0&1\end{array}\right]\longrightarrow\left[\begin{array}{ccc|ccc}1&0&1&1&0&0\\0&1&2&-1&1&0\\0&5&11&-2&0&1\end{array}\right]$$

$$\longrightarrow\left[\begin{array}{ccc|ccc}1&0&1&1&0&0\\0&1&2&-1&1&0\\0&0&1&3&-5&1\end{array}\right]\longrightarrow\left[\begin{array}{ccc|ccc}1&0&0&-2&5&-1\\0&1&0&-7&11&-2\\0&0&1&3&-5&1\end{array}\right]$$

$$=[I_3\mid A^{-1}]$$

따라서 A는 정칙행렬이고 A의 역행렬 A^{-1}는 다음과 같다.

$$A^{-1}=\begin{bmatrix}-2&5&-1\\-7&11&-2\\3&-5&1\end{bmatrix}$$

보기 5.3.3 다음 행렬을 생각해 보자(실수체 $\mathbb{R}$ 에서).

$$A=\begin{bmatrix}1&4&6\\2&-1&4\\1&4&6\end{bmatrix}$$

행렬 A에 항등행렬 I_3를 덧붙인 행렬 $[A|I_3]$는 기본 행 변형에 의하여 다음과 같은 행렬로 변형된다.

$$[A|I_3]=\left[\begin{array}{ccc|ccc}1&4&6&1&0&0\\2&-1&4&0&1&0\\1&4&6&0&0&1\end{array}\right]\longrightarrow\left[\begin{array}{ccc|ccc}1&4&6&1&0&0\\0&-9&-2&-2&1&0\\0&0&0&-1&0&1\end{array}\right]$$

그런데, 이 행렬은 $[I_3\mid P]$ 의 꼴로 변형될 수 없으므로, A는 정칙행렬이 아니다.

연 습 문 제 (5.3)

*1. 실수체 $\mathbb{R}$ 위의두 행렬

$$A=\begin{bmatrix}1 & 2\\ 1 & 3\end{bmatrix},\quad B=\begin{bmatrix}1 & 2\\ 0 & 1\end{bmatrix}$$

에 대하여 다음 물음에 답하여라.

(1) A^{-1}, B^{-1}, $(AB)^{-1}$를 구하여라.

(2) $B^{-1}A^{-1}$를 구하여 $(AB)^{-1}=B^{-1}A^{-1}$임을 확인하여라.

2. 다음 행렬이 정칙행렬인 경우에 그 역행렬을 구하여라(실수체 $\mathbb{R}$ 에서).

(1) $A=\begin{bmatrix}0 & 3\\ 2 & 5\end{bmatrix}$ (2) $A=\begin{bmatrix}2 & 6\\ 1 & 5\end{bmatrix}$

*3. 다음 행렬이 정칙행렬인 경우에 그 역행렬을 구하여라(실수체 $\mathbb{R}$ 에서).

(1) $A=\begin{bmatrix}0 & 2 & 0\\ 0 & 1 & 0\\ 1 & 0 & 0\end{bmatrix}$ (2) $A=\begin{bmatrix}0 & 1 & 0\\ 0 & 0 & 2\\ 3 & 0 & 0\end{bmatrix}$

*4. 다음 행렬이 정칙행렬인 경우에 그 역행렬을 구하여라(실수체 $\mathbb{R}$ 에서).

(1) $A=\begin{bmatrix}2 & 1 & 2\\ 4 & 0 & 1\\ 2 & 3 & 4\end{bmatrix}$ (2) $A=\begin{bmatrix}4 & 1 & 1\\ 5 & 2 & 0\\ 9 & 3 & 1\end{bmatrix}$

제 6 장

그 래 프

이 장에서는, 단순그래프와 다중 그래프의 특성과 응용에 대하여 논하고, 가중 그래프에 대한 알고리즘과 유향 그래프에 대하여 논한다.

실제로, 그래프에 대한 용어와 여러 가지 유형의 그래프에 대하여 설명하고, 동형인 그래프와 그래프의 인접행렬, 경로, 회로, 연결그래프, Euler 회로, Hamilton 순환로, 유향 그래프, 수형도, 생성 수형도, 평면그래프와 정다면체, 색칠하기에 대하여 논하고 또 가중 그래프에서의 최단 경로와 최단 거리에 대한 몇 가지 알고리즘을 소개한다.

§ 6.1 그래프

쾨니히스버그(Königsberg)는 18세기 당시 동부 프러시아의 수도이었다. 이 도시를 지나는 프레겔(Pregel)강은 그 가운데에 있는 섬을 주위로 하여 두 지류로 나뉘어져 흐르고 도시는 네 구역으로 구획되어 있다.

이 도시는 세계 제2차 대전 중에 완전히 파괴되었고 현재에는 칼리닌그라드(Kaliningrad)라고 부르며 러시아의 서부 도시이다.

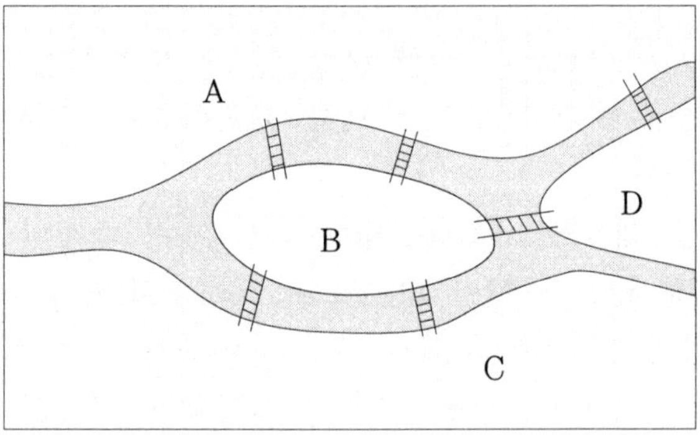

이 도시에 7개의 다리가 설치되어 강을 건너 네 구역 A, B, C, D를 왕래할 수 있었다. 그 당시 사람들은 한 구역에서 출발하여 7개의 다리를 꼭 한번씩 건너 다시 출발점으로 되돌아 올 수 있는지를 알고 싶어했다.

오일러(Leonhard Euler, 1707～1783)는 이 문제를 해결하기 위하여 아래 그림과 같이 핵심적인 부분만을 살려 네 구역은 점으로 나타내고 7개의 다리는 선(직선 또는 곡선)으로 나타내고 강은 무시하였다.

이와 같이 점과 선으로 이루어진 것을 그래프라고 한다면, 본래의 문제는 이 그래프에서 적당한 한 점을 택하여 이 점으로부터 출발하여 7개의 선을 한 번씩 모두 거쳐 출발점으로 되돌아 올 수 있는지를 묻는 문제로 바뀐다.

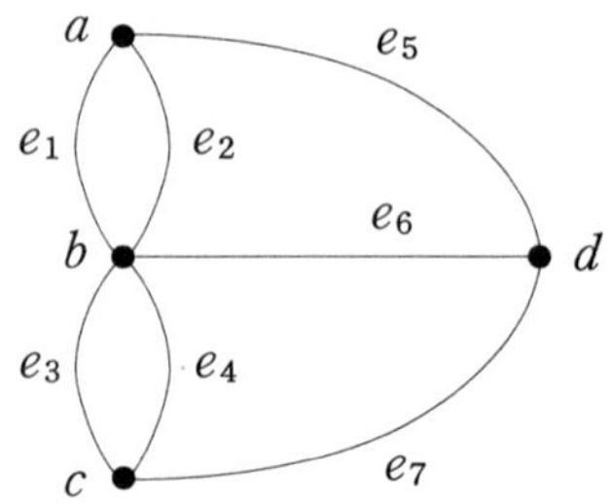

이제 그래프를 엄밀히 정의하고 그래프에 관한 용어를 소개하기로 한다.

정의 6.1.1 두 집합 V, E 에 대하여 다음이 성립할 때, $G = (V, E)$ 를 **그래프**(graph, undirected graph)라고 한다.

(i) V 는 공집합이 아닌 유한집합이다.

(ii) E 는 $\{v, w\}$ $(v, w \in V)$ 들로 이루어진 유한집합이다.

그리고 V 의 원소를 **꼭지점**(vertex) 또는 **마디**(node)라 하고, E 의 원소 $\{v, w\}$ 를 **모서리**(edge) 또는 **선분**(line) 또는 **가지**(branch)라고 한다.

또, 모서리 $\{v, w\}$ 를 두 꼭지점 v, w 를 **이은 모서리**라 하고 v, w 를 이 모서리의 **끝점**(terminal vertex, end vertex)이라고 한다.

위의 정의에서 $\{v, w\} = \{w, v\}$ 이다.

모서리 $\{v, w\}$ 에서 $v = w$ 일 수도 있으며 이러한 모서리를 **고리**(loop)라고 한다. 또, 모서리 $\{v, w\}$ 가 두 개 이상 존재할 수 있으며 이러한 경우에 이 모서리를 **다중 모서리**(multiple edges)라고 한다.

보기 6.1.1 다음과 같이 정의된 $G = (V, E)$ 는 그래프이다.

$$V = \{v_1, v_2, v_3, v_4\}, \qquad E = \{e_1, e_2, e_3, e_4\},$$

$$e_1 = \{v_1, v_2\}, \quad e_2 = \{v_1, v_3\},$$

$$e_3 = \{v_1, v_3\}, \quad e_4 = \{v_3, v_3\}$$

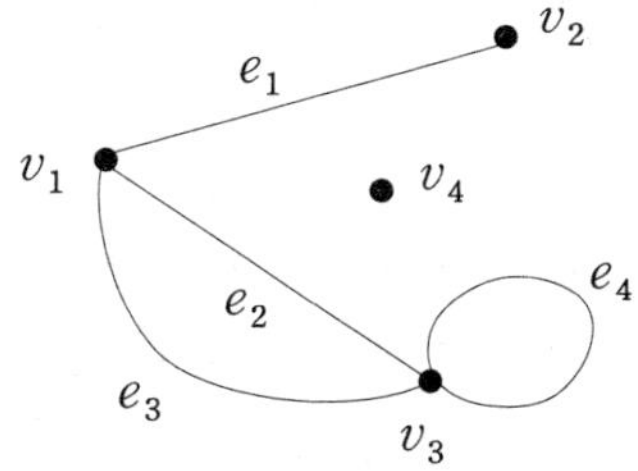

여기서 e_2 와 e_3 는 두 꼭지점 v_1, v_3 를 이은 모서리이고, e_4 는 v_3 를 끝점으로 가지는 고리이다.

정의 6.1.2 그래프 $G = (V, E)$ 에서 고리도 없고 다중 모서리도 없는 경우에 이 그래프를 **단순그래프**(simple graph)라고 한다.

한편, 그래프 G 에 고리 그리고(또는) 다중 모서리가 있는 경우에 G 를 **다중그래프**(multigraph, pseudograph)라고 한다.

보기 6.1.2 다음과 같이 정의된 그래프 $G=(V, E)$는 단순그래프이다.

$$V=\{v_1, v_2, v_3, v_4, v_5\},$$
$$E=\{e_1, e_2, e_3, e_4\},$$
$$e_1=\{v_1, v_2\}, \quad e_2=\{v_2, v_3\},$$
$$e_3=\{v_1, v_4\}, \quad e_4=\{v_4, v_5\}$$

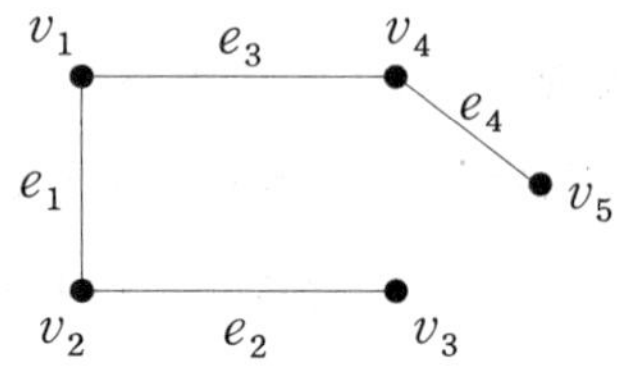

정의 6.1.3 그래프 $G=(V, E)$에 대하여, 다음과 같이 정의된 그래프 $G'=(V', E')$를 G의 **부분그래프**(subgraph)라고 한다.

(i) $\emptyset \neq V' \subseteq V, \quad \emptyset \neq E' \subseteq E$

(ii) E'에 속하는 모서리의 끝점은 모두 V'에 속한다.

보기 6.1.3 오른쪽 그림이 나타내는 그래프를 $G=(V, E)$라고 할 때, 아래의 세 그림이 나타내는 그래프는 모두 $G=(V, E)$의 부분그래프이다.

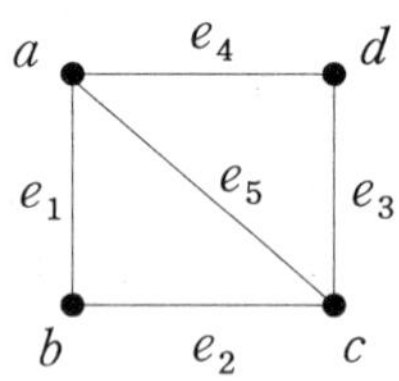

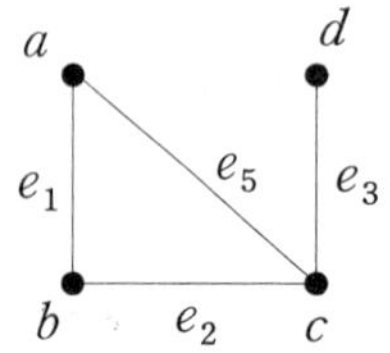

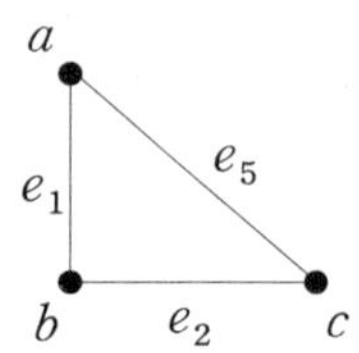

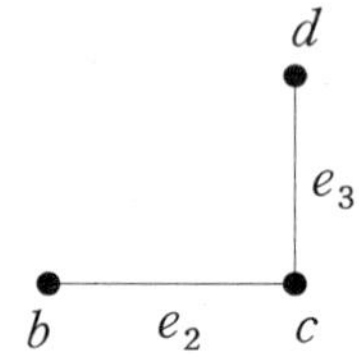

그래프 $G=(V, E)$는 G 자신의 부분그래프이다. 또, 보기 6.1.3에서 보는 바와 같이, 그래프 G에서 몇 개의 모서리를 제거하면 부분그래프를 얻으며, G에서 몇 개의 꼭지점을 제거하고 이들 꼭지점을 끝점으로 가지는 모서리도 제거하면 부분그래프를 얻는다.

그리고 그래프 $G=(V, E)$에서 V'이 V의 공집합이 아닌 부분집합일 때, V'에 속해 있는 꼭지점을 이은 모서리 전체의 집합을 E'이라고 하면 $G'=(V', E')$은 G의 부분그래프이다. 이 부분그래프 G'을 V'에 의하여 **유도된**(induced) **부분그래프**라고 한다.

정의 6.1.4 그래프 $G=(V,E)$ 에서 두 꼭지점 v, w 를 이은 모서리 $\{v,w\}\in E$ 가 존재할 때 v, w 를 서로 **인접한 꼭지점**(adjacent vertices) 또는 **이웃한 꼭지점**이라고 한다. 또, 꼭지점 $v\in V$ 에 대하여 v 를 끝점으로 가지는 모서리의 개수를 v 의 **차수**(degree)라 하고 이것을 $\deg v$ 로 나타낸다. 이 때, 모서리가 고리인 경우에는 이 모서리를 2회 세기로 한다.

보기 6.1.4 오른쪽 그림이 나타내는 다중그래프 $G=(V,E)$ 에 대하여 다음 표를 얻는다.

여기서, $\deg v_3$ 를 계산할 때 고리 e_4 는 2개의 모서리로 생각하고, 또 e_4 의 끝점 v_3 는 2개로 생각한다.

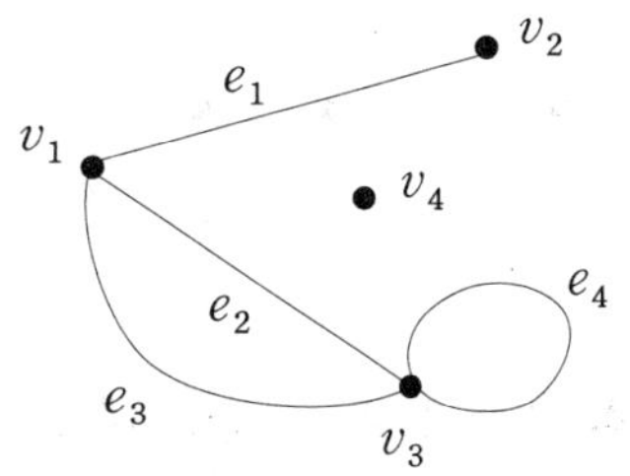

꼭지점	차수	인접한 꼭지점
v_1	3	v_2, v_3
v_2	1	v_1
v_3	4	v_1, v_3
v_4	0	

모서리	끝점의 개수	끝점
e_1	2	v_1, v_2
e_2	2	v_1, v_3
e_3	2	v_1, v_3
e_4	2	v_3, v_3

다음에는 특수한 단순그래프의 명칭에 대하여 알아보기로 한다.

정의 6.1.5 단순그래프 $G=(V,E)$ 에서 $n=|V|\geq 1$ 이고 또 임의의 서로 다른 두 꼭지점을 이은 모서리가 꼭 한 개씩 존재할 때, 그래프 G 를 **완전그래프**(completegraph)라 하고 이 그래프를 K_n 으로 나타낸다.

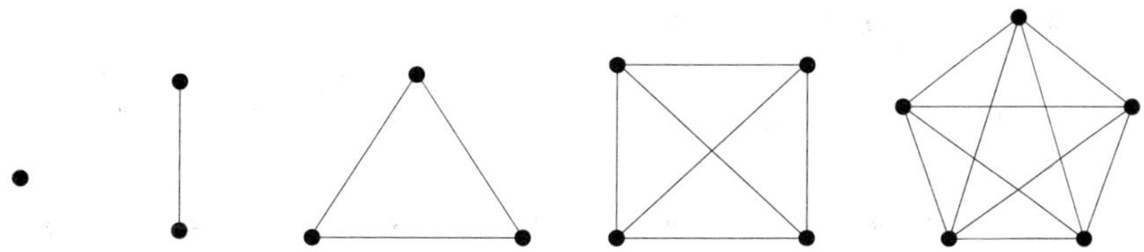

K_1 K_2 K_3 K_4 K_5

정의 6.1.6 단순그래프 $G=(V, E)$ 에서 $n=|V|\geq 1$ 이고 또 특정한 한 꼭지점의 차수는 $n-1$ 이고 그 밖의 나머지 꼭지점의 차수가 모두 1 일 때, 그래프 G 를 **별그래프**(star graph)라 하고 이 그래프를 S_n 으로 나타낸다.

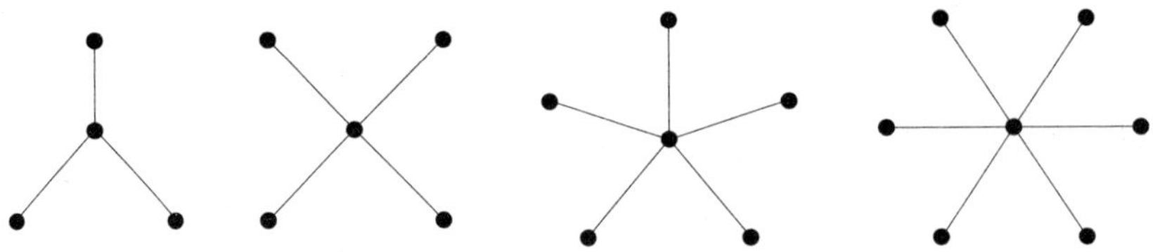

S_4 S_5 S_6 S_7

정의 6.1.7 단순그래프 $G=(V, E)$ 에서 $n=|V|\geq 3$ 이고 또 모든 꼭지점의 차수가 2 일 때, 그래프 G 를 **순환그래프**(cycle graph)라 하고 이 그래프를 C_n 으로 나타낸다.

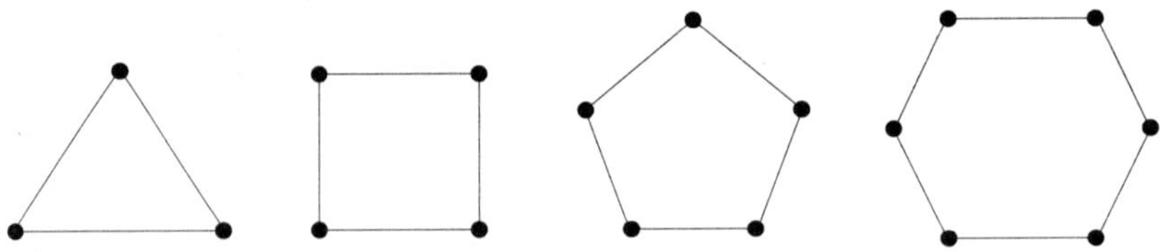

C_3 C_4 C_5 C_6

정의 6.1.8 단순그래프 $G=(V, E)$ 에서 $n=|V|\geq 4$ 이고 또 특정한 한 꼭지점의 차수는 $n-1$ 이고 그 밖의 나머지 꼭지점의 차수가 모두 3 일 때 그래프 G 를 **바퀴그래프**(wheel graph)라 하고 이 그래프를 W_n 으로 나타낸다.

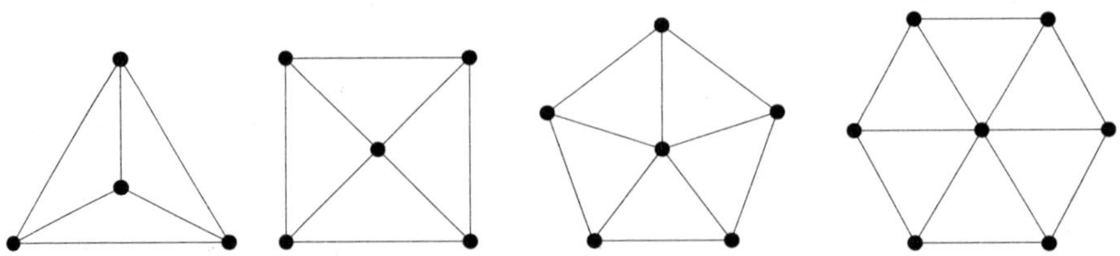

W_4 W_5 W_6 W_7

정의 6.1.9 단순그래프 $G=(V, E)$ 에서 다음 두 조건을 만족시키는 V 의 공집합이 아닌 부분집합 V_1, V_2 가 존재할 때, 그래프 G 를 **二分그래프** (bipartite graph)라고 한다.

(i) $V=V_1 \cup V_2,\quad V_1 \cap V_2=\emptyset$

(ii) 모든 모서리의 한 끝점은 V_1 에 속하고 다른 한 끝점은 V_2 에 속한다.

더욱이, 임의의 꼭지점 $v_1 \in V_1,\ v_2 \in V_2$ 에 대하여 v_1, v_2 를 끝점으로 가지는 모서리 $\{v_1, v_2\}$ 가 꼭 한 개씩 존재할 때 G 를 **완전 이분그래프** (complete bipartite graph)라 하고, 특히 $|V_1|=m,\ |V_2|=n$ 일 때 이 완전 이분그래프를 $K_{m,n}$ 또는 $K_{n,m}$ 으로 나타낸다.

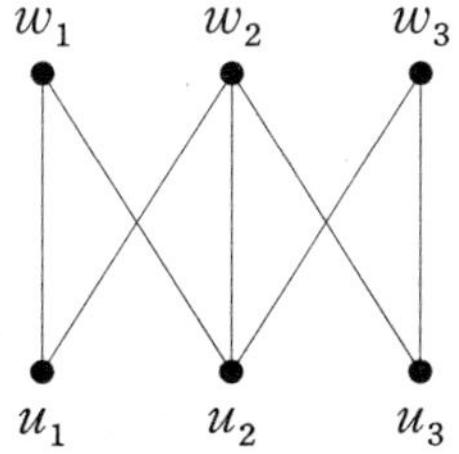

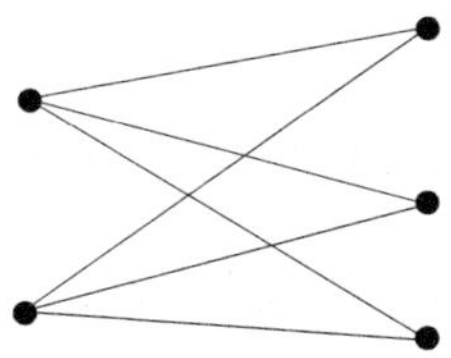

$K_{2,3}$

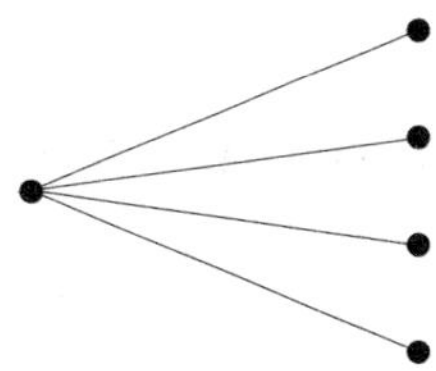

$K_{1,4}$

보기 6.1.5 위의 첫째 그림이 나타내는 그래프는 이분그래프이지만, w_1 과 u_3 를 이은 모서리가 없으므로 이 그래프는 완전 이분 그래프가 아니다.

보기 6.1.6 오른쪽 그림이 나타내는 그래프 $G=(V, E)$ 에서 V 를 두 부분집합

$$V_1=\{a, b, c\},\quad V_2=\{d, e\}$$

의 합집합으로 분할하면, 이 그래프의 모든 모서리는

$$\{v_1, v_2\} \qquad (v_1 \in V_1,\ v_2 \in V_2)$$

의 꼴이므로 G 는 이분그래프이다.

그러나, c 와 d 를 이은 모서리가 없으므로 G 는 완전 이분그래프는 아니다.

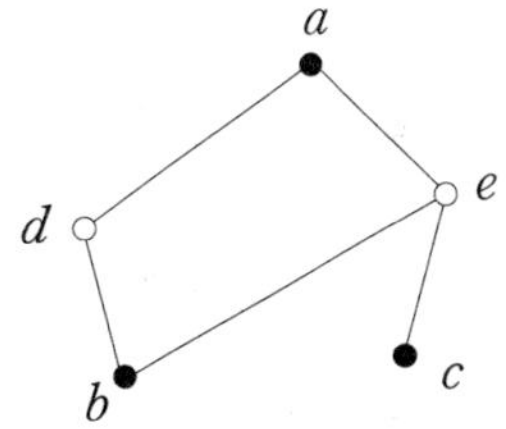

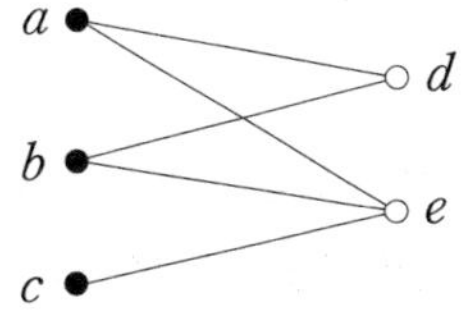

보기 6.1.7 아래의 왼쪽 그림이 나타내는 그래프에서 꼭지점 1, 3, 5, 7 에 검은 색을 칠하고 나머지 꼭지점 2, 4, 6, 8 에 흰색을 칠하면, 이 그래프가 이분그래프임을 알 수 있다.

그러나, 이 그래프는 완전 이분그래프는 아니다.

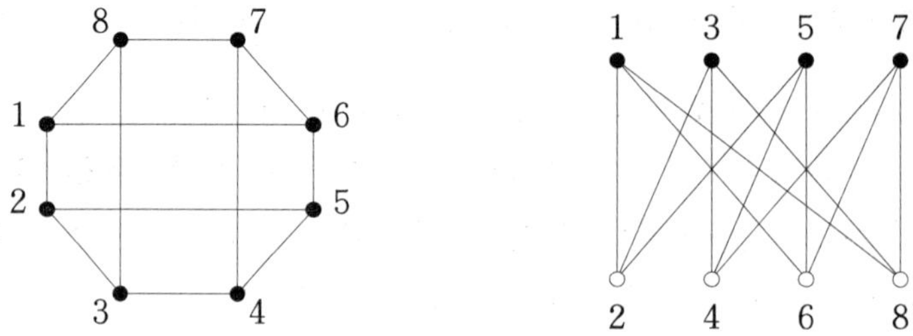

정의 6.1.10 집합 $\mathbb{B} = \{0, 1\}$ 와 양의 정수 n 에 대하여

$$\mathbb{B}^n = \{(b_1, \cdots, b_n) \mid b_1, \cdots, b_n \in \mathbb{B}\}$$

이라 하고, 집합 $\mathbb{B}^n$ 의 원소 $(b_1, \cdots, b_n)$ 를 $b_1 \cdots b_n$ 으로 나타내자.

이 때, $\mathbb{B}^n$ 의 모든 원소를 꼭지점으로 하고, 서로 다른 두 꼭지점의 성분 중에서 단 한 개의 성분만이 다를 때에만 이들 두 꼭지점을 한 개의 모서리로 이은 단순그래프를 ***n* 차원 정육면체**(n-dimentional cube)라 하고 또 이 그래프를 H_n 으로 나타낸다.

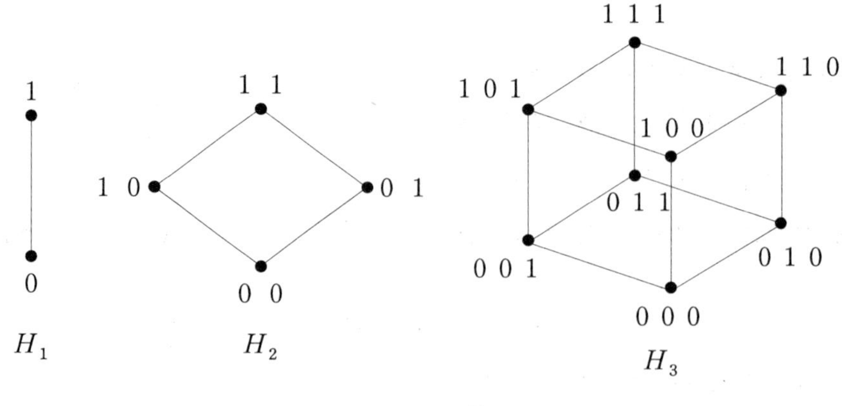

H_1 H_2 H_3

이 그래프의 꼭지점 전체의 개수는 $|\mathbb{B}^n| = 2^n$ 이고 모서리 전체의 개수는 $2^{n-1}n$ 이다(문제 3 참조).

정의 6.1.11 그래프 $G=(V, E)$ 에서 꼭지점 v 의 차수 $\deg v$ 가 짝수일 때 v 를 **짝수점**(even vertex)이라 하고 $\deg v$ 가 홀수일 때 v 를 **홀수점**(odd vertex)라고 한다. 특히, $\deg v = 1$ 인 경우에 v 를 **나뭇잎**(leaf) 또는 **매달린 꼭지점**(pendant vertex)이라 하고, $\deg v = 0$ 일 때 v 를 **고립점**(isolated vertex)이라고 한다.

그리고, 그래프 G 의 모든 꼭지점의 차수가 같을 때 G 를 **정칙 그래프**(regular graph)라 하고, 특히 모든 꼭지점의 차수가 r 일 때 이 그래프를 **r 차의 정칙그래프**라고 한다.

보기 6.1.8 오른쪽 그림이 나타내는 다중그래프 $G=(V, E)$ 에서 v_3 는 짝수점이고 v_1, v_2 는 홀수점이다.

특히, v_2 는 나뭇잎이다.

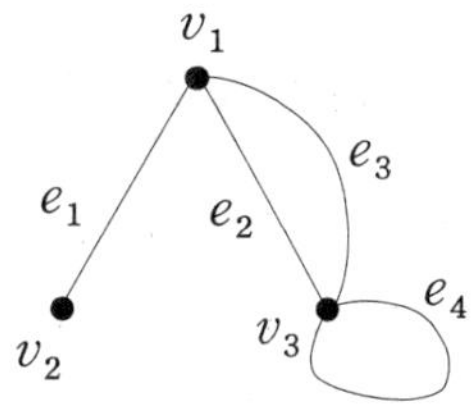

보기 6.1.9 완전그래프 K_n 은 $n-1$ 차의 정칙그래프이고, 순환그래프 C_n 은 2 차의 정칙 그래프이다(정의 6.1.5, 정의 6.1.7).

그리고, 완전 이분그래프 $K_{n,n}$ 은 n 차의 정칙 그래프이다(정의 6.1.9).

정리 6.1.12 (Euler) 그래프 $G=(V, E)$ 에서 모든 꼭지점에 대한 차수 전체의 합은 모서리의 개수의 두 배이다. 즉, 다음 등식이 성립한다.

$$\sum_{v \in V} \deg v = 2\,|E|$$

증 명 다음 집합의 원소의 개수를 두 가지 방법으로 계산한다.

$$S = \{(v, e) \in V \times E \mid v \in e\}$$

먼저 각 꼭지점 $v \in V$ 에 대하여 v 를 끝점으로 가지는 모서리의 개수는 $\deg v$ 이므로 $|S| = \sum_{v \in V} \deg v$ 이다.

한편, 각 모서리 $e \in E$ 에 대하여 e 의 끝점인 꼭지점의 개수는 2 이므로 $\sum_{v \in V} \deg v = |S| = 2\,|E|$ 이다.

따름정리 6.1.13 그래프 $G=(V, E)$ 에서 홀수점 전체의 개수는 짝수이다(0을 포함하여).

증 명 홀수점 전체로 이루어진 집합과 짝수점 전체로 이루어진 집합을 각각 V_1, V_2 라고 하면, $V=V_1 \cup V_2$, $V_1 \cap V_2 = \emptyset$ 이므로 정리 6.1.12에 의하여 다음 등식이 성립한다.

$$\sum_{v \in V_1} \deg v + \sum_{w \in V_2} \deg w = 2|E|$$

한편, 모든 $w \in V_2$ 에 대하여 $\deg w$ 는 짝수이므로 $\sum_{w \in V_2} \deg w$ 는 짝수이고 따라서 위의 등식에 의하여 $\sum_{v \in V_1} \deg v$ 는 짝수이다.

그런데, 모든 $v \in V_1$ 에 대하여 $\deg v$ 는 홀수이므로 $|V_1|$ 은 짝수이어야 하고, 따라서 홀수점의 개수는 짝수이다.

보기 6.1.10 어떤 모임에 참가하게 되면 마주치는 사람과 악수를 하거나 또는 그냥 스쳐 지나가거나 한다. 이러한 모임에서, 홀수 번 악수한 사람의 수는 반드시 짝수이다(0을 포함하여).

실제로, 사람을 꼭지점이라 생각하고 두 사람이 악수하는 것을 모서리라고 생각하면, 따름정리 6.1.13에 의하여 위의 결과를 얻는다.

연 습 문 제 (6.1)

*1. 다음 명제가 참인지 거짓인지를 판정하여라.

(1) 완전그래프 K_n 은 n 개의 꼭지점과 $\binom{n}{2}$ 개의 모서리로 이루어져 있다.

(2) 순환그래프 C_n 은 n 개의 꼭지점과 n 개의 모서리로 이루어져 있다.

(3) 그래프 W_n 은 n 개의 꼭지점과 $2(n-1)$ 개의 모서리로 이루어져 있다.

(4) 별그래프 S_n 은 n 개의 꼭지점과 $n-1$ 개의 모서리로 이루어져 있다.

(5) 그래프 $K_{m,n}$ 은 $m+n$ 개의 꼭지점과 mn 개의 모서리로 이루어져 있다.

*2. 단순그래프 $G=(V, E)$ 에서 $|V|=mn$ 일 때, 오른쪽 그림과 같이 mn 개의 꼭지점이 m 개의 행과 n 개의 열로 배열되어 있고 모서리가 격자 모양으로 되어 있는 경우에, 이 그래프를 $G_{m,n}$ 으로 나타낸다.

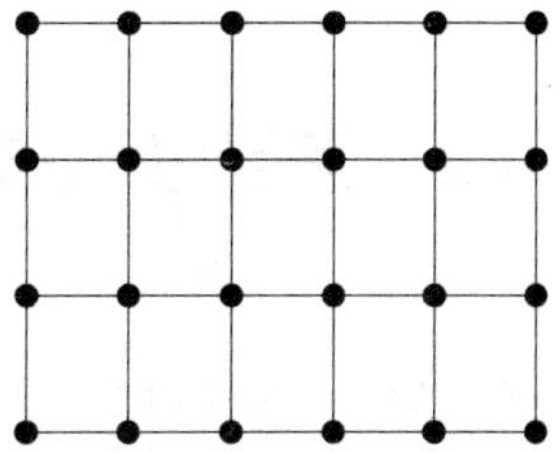

(1) 그래프 $G_{m,n}$ 의 모서리의 개수를 말하여라.

(2) 그래프 $G_{4,6}$ 는 이분그래프임을 설명하여라.

(3) 그래프 $G_{4,6}$ 는 정칙그래프가 아님을 설명하여라.

*3. 그래프 $H_n=(\mathbb{B}^n, E)$ 에서 꼭지점 전체의 개수는 2^n 이며 모서리 전체의 개수는 $|E|=2^{n-1}n$ 이고 각 꼭지점 v 의 차수는 n 임을 밝혀라.

4. 오른쪽 그림이 나타내는 그래프에서 각 꼭지점이 짝수점인지 또는 홀수점인지를 판정하여라.

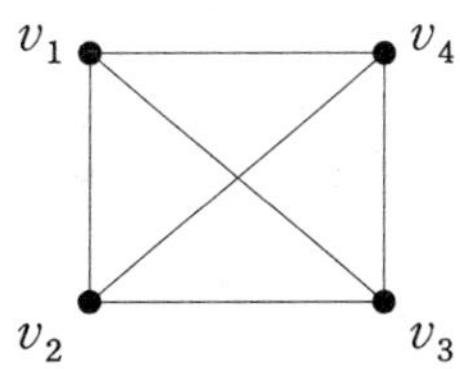

5. 아래 왼쪽 그림이 나타내는 그래프 G 에 대하여 다음 물음에 답하여라.

(1) G 의 꼭지점의 개수와 모서리의 개수를 구하여라.

(2) G 가 정칙그래프인지를 판정하여라.

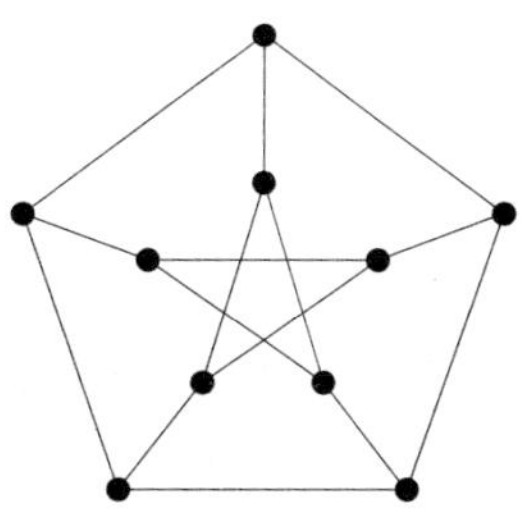

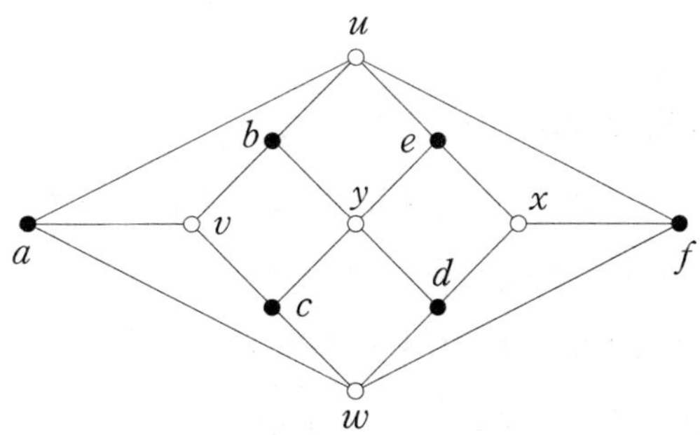

6. 위의 오른쪽 그림이 나타내는 그래프가 이분그래프인지 판정하고, 또 이 그래프가 완전 이분그래프인지를 판정하여라.

§6.2 동형인 그래프와 인접행렬

아래 그림이 나타내는 그래프 $G_1=(V_1, E_2)$, $G_2=(V_2, E_2)$ 에서

$$V_1=\{v_1, v_2, v_3, v_4\}, \quad V_2=\{w_1, w_2, w_3, w_4\}$$

이고, 또 사상 $\phi: V_1 \longrightarrow V_2$ 를

$$\phi(v_i)=w_i \qquad (i=1, 2, 3, 4)$$

으로 정의하면 ϕ 는 분명히 일대일 대응이다(정의 1.1.3).

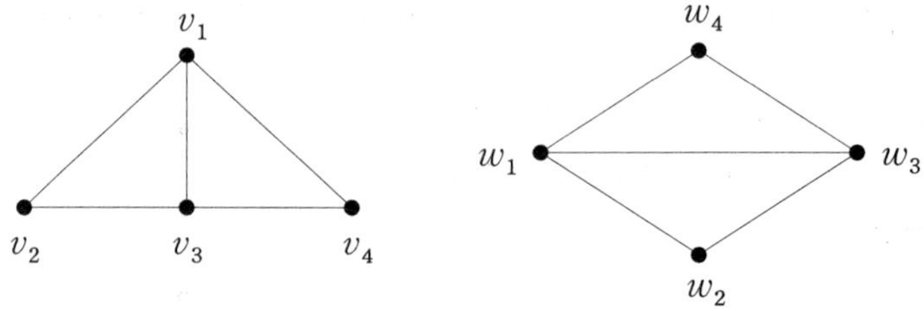

또, G_1 의 임의의 모서리 $\{v_i, v_j\}$ 에 대하여 $\{\phi(v_i), \phi(v_j)\}=\{w_i, w_j\}$ 는 G_2 의 모서리이고, 다음이 성립한다.

$$\deg v_1=3=\deg w_1, \quad \deg v_2=2=\deg w_2$$
$$\deg v_3=3=\deg w_3, \quad \deg v_4=2=\deg w_4$$

정의 6.2.1 두 그래프

$$G_1=(V_1, E_1), \qquad G_2=(V_2, E_2)$$

에 대하여 다음 두 조건 (i) (ii)를 만족시키는 사상 $\phi: V_1 \longrightarrow V_2$ 를 **동형사상**(isomorphism)이라고 한다.

(i) ϕ 는 일대일 대응이다.

(ii) $\{v_i, v_j\} \in E_1$ 일 때 그리고 이때에만 $\{\phi(v_i), \phi(v_j)\} \in E_2$ 이다.

그리고, 이와 같은 동형사상 $\phi: V_1 \longrightarrow V_2$ 가 존재할 때, G_1 과 G_2 는 서로 **동형인**(isomorphic) **그래프**라고 한다.

보기 6.2.1 다음 그림이 나타내는 두 그래프는 각각 서로 동형이다.

(1)

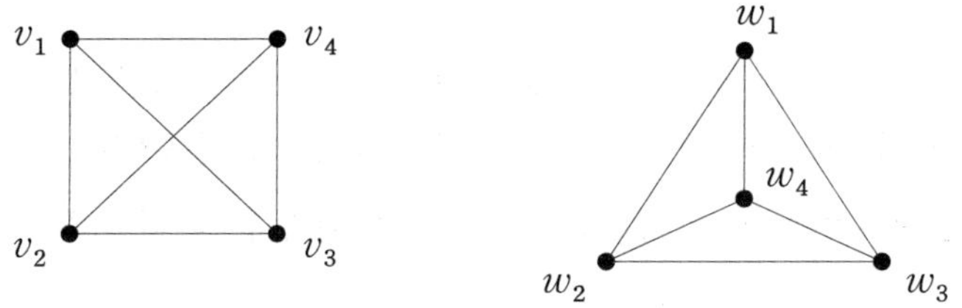

(2)

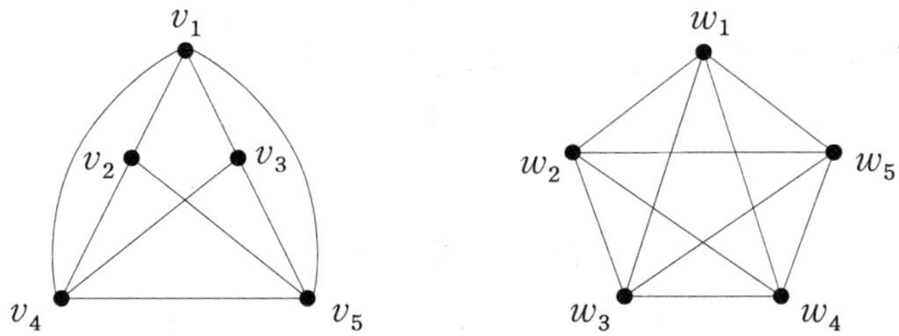

(3)

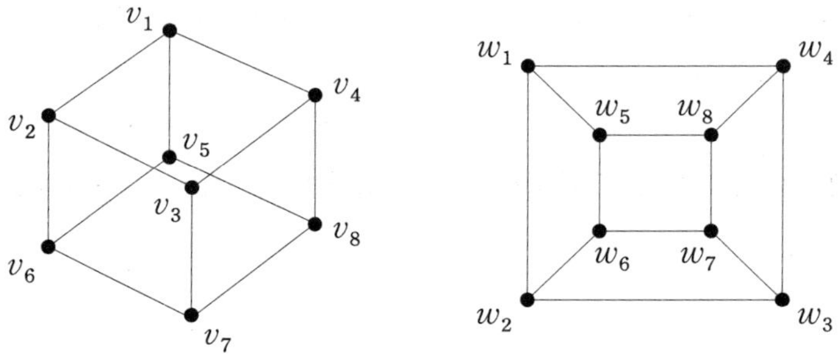

정의 6.2.2 그래프 $G = (V, E)$ 에서, 모든 꼭지점의 차수를 큰 것부터 차례로 늘어놓은 유한수열을 G 의 **차수 수열**(degree sequence)이라고 한다.

위의 정의에서 $\sum_{v \in V} \deg v = 2|E|$ 이므로 그래프 G 의 차수 수열의 합은 짝수이다(정리 6.1.12 참조).

보기 6.2.2 오른쪽 그림이 나타내는 그래프의 차수 수열은 다음과 같다.

3, 3, 2, 2

그러나, 3, 3, 2, 2, 2, 1은 그래프의 차수 수열이 아니다.

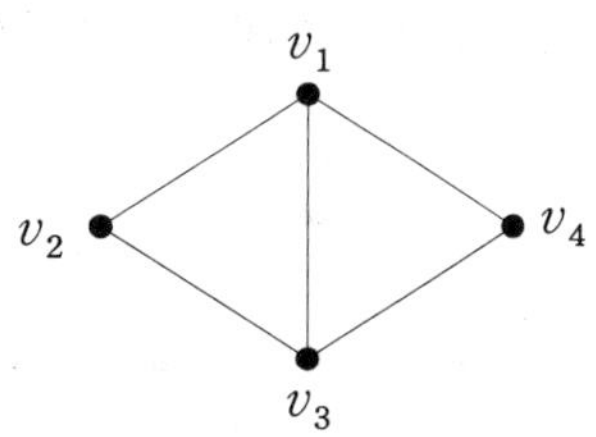

정의 6.2.1 과 정의 6.2.2 에 의하여 다음 정리가 성립한다.

정리 6.2.3 두 그래프 $G = (V_1, E_1)$, $G_2 = (V_2, E_2)$ 가 동형일 때, 사상 $\phi : V_1 \longrightarrow V_2$ 를 동형사상이라고 하면 다음이 성립한다.

(1) 두 그래프의 꼭지점의 개수와 모서리의 개수는 각각 서로 같다. 즉,

$$|V_1| = |V_2|, \quad |E_1| = |E_2|$$

(2) 각 $v_i \in V$ 에 대하여 $\deg v_i = \deg \phi(v_i)$ 이다.

(3) G_1 의 차수 수열과 G_2 의 차수 수열은 일치한다.

동형인 그래프는 본질적으로 같다고 생각할 수 있다.

두 그래프 G_1, G_2 의 차수 수열이 다르면, G_1 과 G_2 는 동형이 아니다.

한편, 두 그래프 G_1, G_2 의 차수 수열이 일치하더라도 이 두 그래프는 동형이 아닐 수도 있다.

보기 6.2.3 아래 그림이 나타내는 두 그래프는 서로 동형이다.

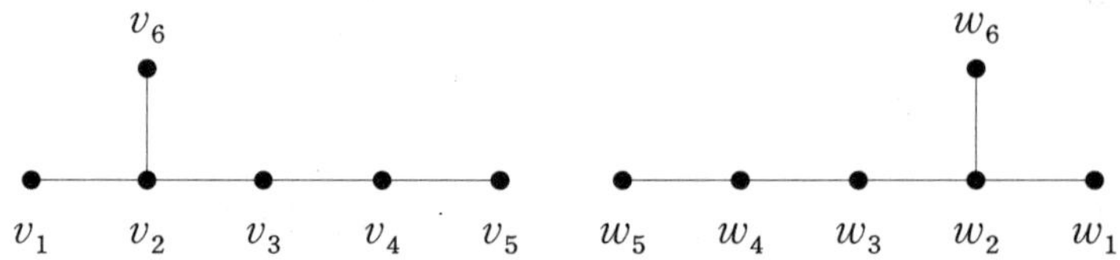

그리고, 이 두 그래프의 차수 수열은 모두 다음과 같다.

$$3, \ 2, \ 2, \ 1, \ 1, \ 1$$

한편, 다음 두 그림이 나타내는 두 그래프의 차수 수열은 모두

$$3, \ 2, \ 2, \ 1, \ 1, \ 1$$

이지만, 이 두 그래프는 동형이 아니다.

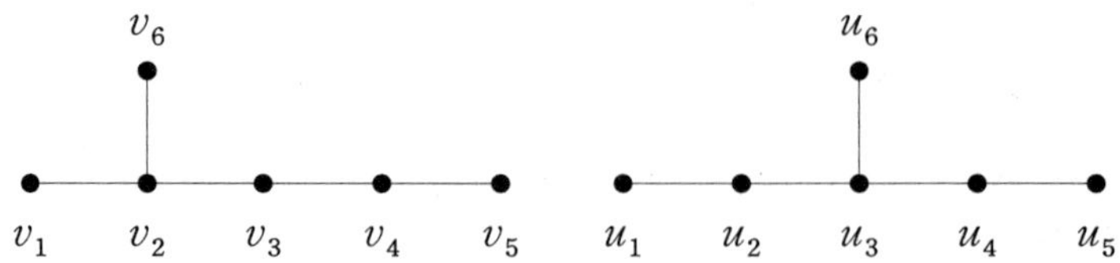

정의 6.2.4 그래프 $G=(V, E)$ 에서 $V=\{v_1, v_2, \cdots, v_n\}$, $|V|=n$ 일 때, 다음과 같이 정의된 n 차의 행렬 $A=[a_{ij}]_{n\times n}$ 를 G 의 **인접행렬** (adjacency matrix)이라고 한다.

$$A=\begin{bmatrix} a_{11} & a_{12} & \cdots & a_{1n} \\ a_{21} & a_{22} & \cdots & a_{2n} \\ \vdots & \vdots & \cdots & \vdots \\ a_{n1} & a_{n2} & \cdots & a_{nn} \end{bmatrix},$$

$$a_{ij}=(v_i, v_j \text{를 이은 모서리의 개수})$$

위의 정의에서, G 가 단순그래프인 경우에는

$$a_{ij}=\begin{cases} 1 & (\{v_i, v_j\}\in E \text{ 인 경우}) \\ 0 & (\text{그밖의 경우}) \end{cases}$$

이고 또 고리가 없으므로 모든 $i=1, 2, \cdots, n$ 에 대하여 $a_{ii}=0$ 이다.

그래프 G 에 고리가 있는 경우에는 한 꼭지점을 끝점으로 가지는 고리는 2개로 센다(정의 6.1.4). 또한, 그래프 G 의 인접행렬 $A=[a_{ij}]_{n\times n}$ 에서 $a_{ij}=a_{ji}$ $(1\le i, j\le n)$ 이므로 A 는 대칭행렬이고(정의 5.1.5), 또 다음 등식이 성립한다.

$$a_{i1}+a_{i2}+\cdots+a_{in}=\deg v_i \qquad (1\le i\le n)$$

그래프의 인접행렬은 그 꼭지점의 순서에 따라 달라진다.

보기 6.2.4 오른쪽 그림이 나타내는 단순그래프의 인접행렬 A 는 아래의 6차의 행렬이다. 이 인접행렬로부터 다음를 얻는다.

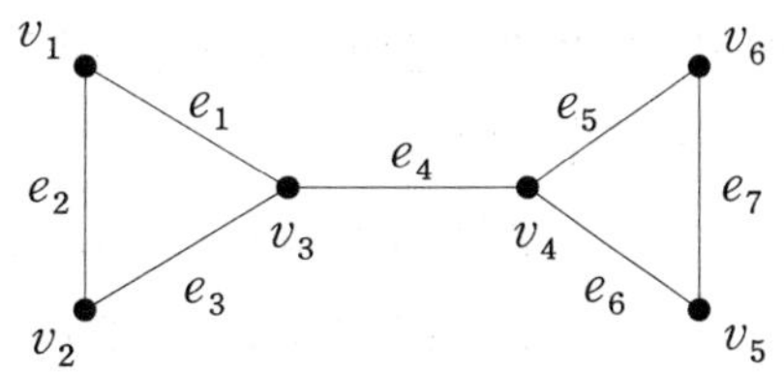

$$\deg v_1=1+1=2,$$
$$\deg v_2=1+1=2,$$
$$\deg v_3=1+1+1=3,$$
$$\deg v_6=1+1=2$$

$$A=\begin{bmatrix} 0 & 1 & 1 & 0 & 0 & 0 \\ 1 & 0 & 1 & 0 & 0 & 0 \\ 1 & 1 & 0 & 1 & 0 & 0 \\ 0 & 0 & 1 & 0 & 1 & 1 \\ 0 & 0 & 0 & 1 & 0 & 1 \\ 0 & 0 & 0 & 1 & 1 & 0 \end{bmatrix}$$

보기 6.2.5 아래의 왼쪽 그림이 나타내는 그래프의 인접행렬 A는 다음 행렬과 같다.

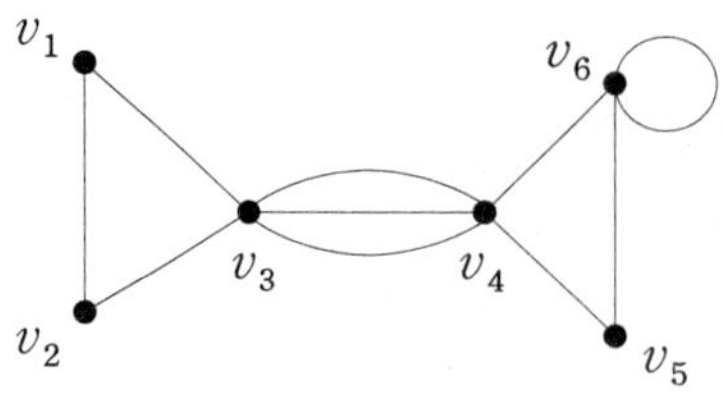

$$A = \begin{bmatrix} 0 & 2 & 1 & 0 & 0 & 0 \\ 2 & 0 & 1 & 0 & 0 & 0 \\ 1 & 1 & 0 & 3 & 0 & 0 \\ 0 & 0 & 3 & 0 & 1 & 1 \\ 0 & 0 & 0 & 1 & 0 & 1 \\ 0 & 0 & 0 & 1 & 1 & 2 \end{bmatrix}$$

보기 6.2.6 아래 그림이 나타내는 완전 이분그래프 $K_{2,3}$에서 꼭지점 전체의 집합을 $V = \{v_1, v_2, v_3, v_4, v_5\}$라고 할 때, 이 그래프의 인접행렬 A는 다음 행렬과 같다.

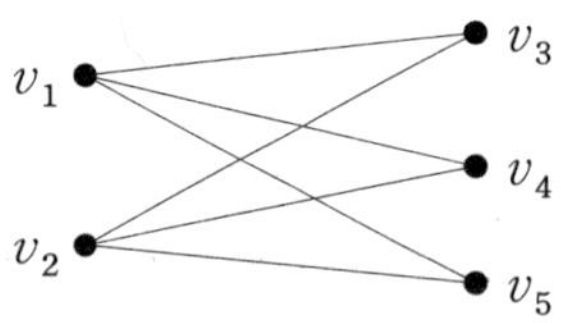

$$A = \begin{bmatrix} 0 & 0 & 1 & 1 & 1 \\ 0 & 0 & 1 & 1 & 1 \\ 1 & 1 & 0 & 0 & 0 \\ 1 & 1 & 0 & 0 & 0 \\ 1 & 1 & 0 & 0 & 0 \end{bmatrix}$$

보기 6.2.7 아래 두 그림이 나타내는 그래프

$$G_1 = (V_1, E_1), \quad G_2 = (V_2, E_2)$$

는 서로 동형이다. 실제로,

$$V_1 = \{v_1, v_2, v_3, v_4\}, \quad V_2 = \{w_1, w_2, w_3, w_4\}$$

이고 다음과 같이 정의된 사상 $\phi : V_1 \longrightarrow V_2$는 동형사상이다.

$$\phi(v_1) = w_1, \qquad \phi(v_2) = w_2,$$
$$\phi(v_3) = w_4, \qquad \phi(v_4) = w_3$$

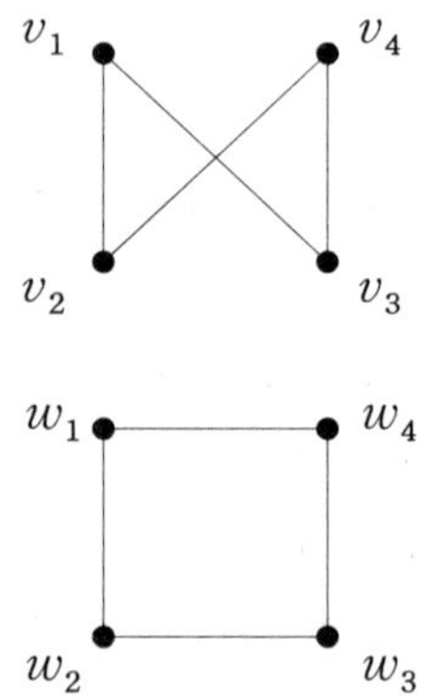

그리고, G_1과 G_2의 인접행렬은 각각 다음과 같다.

$$A_1 = \begin{bmatrix} 0 & 1 & 1 & 0 \\ 1 & 0 & 0 & 1 \\ 1 & 0 & 0 & 1 \\ 0 & 1 & 1 & 0 \end{bmatrix}, \qquad A_2 = \begin{bmatrix} 0 & 1 & 0 & 1 \\ 1 & 0 & 1 & 0 \\ 0 & 1 & 0 & 1 \\ 1 & 0 & 1 & 0 \end{bmatrix}$$

정리 6.2.5 그래프 $G=(V,\ E)$ 에서

$$(*)\{v_0,\ v_1\},\ \{v_1,\ v_2\},\ \{v_2,\ v_3\},\ \cdots,\ \{v_{k-1},\ v_k\},\quad (k \geq 1)$$

와 같이 k 개의 연이은 모서리로 이루어진 열을 v_0 에서 v_k 까지의 **길**(walk) 이라 하고 k 를 이 길의 **길이**(length) 라고 한다.

특히, G 가 단순그래프일 때, 두 꼭지점을 이은 모서리는 유일하게 결정되므로 위의 길 (*)를 간단히 $v_0\ v_1\ v_1\ \cdots\ v_k$ 로 나타낸다.

정리 6.2.6 단순그래프 $G=(V,\ E)$ 에서

$$V=\{v_1,\ v_2,\ \cdots,\ v_n\},\quad |V|=n$$

일 때, $A=[a_{ij}]_{n\times n}$ 를 G 의 인접행렬이라고 하면 임의의 양의 정수 m 에 대하여 행렬 A^m 의 $(i,\ j)$ 성분은 꼭지점 v_i 에서 꼭지점 v_j 까지의 길이가 m 인 길 전체의 개수와 일치한다.

증 명 행렬 $A=[a_{ij}]_{n\times n}$ 는 단순그래프의 인접행렬이므로, A 는 대칭행렬이고 $a_{ij}=0$ 또는 $a_{ij}=1$ 이며 $a_{ij}=1 \Longleftrightarrow \{v_i,\ v_j\}\in E$ 이다.

따라서 a_{ij} 는 v_i 에서 v_j 까지의 길이가 1 인 길 전체의 개수와 일치하므로, $m=1$ 일 때 정리가 성립한다.

이제 행렬 A^2 의 $(i,\ j)$ 성분을 c_{ij} 이라고 하면, 각 $i,\ j\ (1\leq i,\ j\leq n)$ 에 대하여

$$c_{ij}=a_{i1}a_{1j}+a_{i2}a_{2j}+\cdots+a_{in}a_{nj}$$

이고 또 각 $k\ (1\leq k\leq n)$ 에 대하여 다음이 성립한다.

$$a_{ik}a_{kj}\neq 0 \Longleftrightarrow a_{ik}a_{kj}=1 \Longleftrightarrow a_{ik}=a_{kj}=1$$

한편, $a_{ik}=a_{kj}=1$ 이면, $\{v_i,\ v_k\},\ \{v_k,\ v_j\}$ 는 모서리이고 또 $v_i\ v_k\ v_j$ 는 v_i 에서 v_j 까지의 길이가 2 인 길이다. 따라서 c_{ij} 는 v_i 에서 v_j 까지의 길이가 2 인 길 전체의 개수와 일치하고 특히 다음이 성립한다.

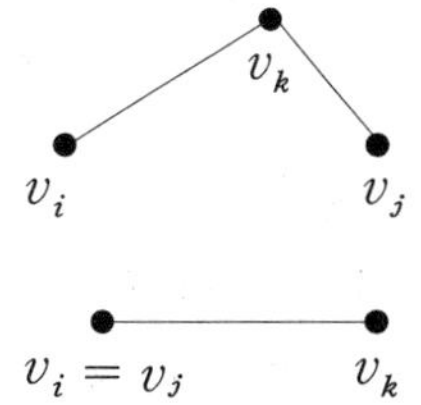

$$\begin{aligned} c_{ii} &= a_{i1}a_{1i} + a_{i2}a_{2i} + \cdots + a_{in}a_{ni} \\ &= {a_{i1}}^2 + {a_{i2}}^2 + \cdots + {a_{in}}^2 \\ &= a_{i1} + a_{i2} + \cdots + a_{in} = \deg\ v_i \end{aligned}$$

그리고, 앞의 결과와 수학적 귀납법을 이용하여 $A^{m+1} = A^m A$ 에 대하여 정리가 성립함을 증명할 수 있다.

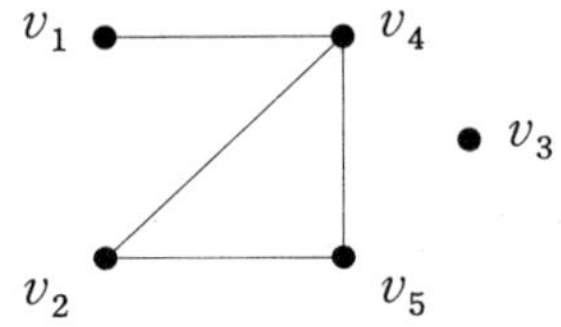

보기 6.2.8 오른쪽 그림이 나타내는 그래프를 $G = (V,\ E)$ 이라고 할 때, G 의 인접행렬 A 는 다음과 같다.

$$A = \begin{bmatrix} 0 & 0 & 0 & 1 & 0 \\ 0 & 0 & 0 & 1 & 1 \\ 0 & 0 & 0 & 0 & 0 \\ 1 & 1 & 0 & 0 & 1 \\ 0 & 1 & 0 & 1 & 0 \end{bmatrix}$$

먼저 행렬 A^2 의 (2, 4) 성분은

$$0 \cdot 1 + 0 \cdot 1 + 0 \cdot 0 + 1 \cdot 0 + 1 \cdot 1 = 1$$

이므로 v_2 에서 v_4 까지의 길이가 2 인 길은

$$v_2\ v_5\ v_4$$

$$A^2 = \begin{bmatrix} 1 & 1 & 0 & 0 & 1 \\ 1 & 2 & 0 & 1 & 1 \\ 0 & 0 & 0 & 0 & 0 \\ 0 & 1 & 0 & 3 & 1 \\ 1 & 1 & 0 & 1 & 2 \end{bmatrix}$$

뿐이고, 또 A^2 의 (5, 5) 성분은

$$0 \cdot 0 + 1 \cdot 1 + 0 \cdot 0 + 1 \cdot 1 + 0 \cdot 0 = 2$$

이므로 $\deg\ v_5 = 2$ 이다.

그리고, $A^3 = A^2 A$ 의 (2, 5) 성분은

$$1 \cdot 0 + 2 \cdot 1 + 0 \cdot 0 + 1 \cdot 1 + 1 \cdot 0 = 3$$

$$A^3 = \begin{bmatrix} 0 & 1 & 0 & 3 & 1 \\ 1 & 2 & 0 & 4 & 3 \\ 0 & 0 & 0 & 0 & 0 \\ 3 & 4 & 0 & 2 & 4 \\ 1 & 3 & 0 & 4 & 2 \end{bmatrix}$$

이므로 v_2 에서 v_5 까지의 길이가 3 인 길은 다음과 같은 3 가지뿐이다.

(1) $v_2\ v_4\ v_2\ v_5$

(2) $v_2\ v_5\ v_2\ v_5$

(3) $v_2\ v_5\ v_4\ v_5$

연 습 문 제 (6.2)

*1. 다음 그림이 나타내는 그래프 중에서 서로 동형인 그래프를 짝지워라.

(1) 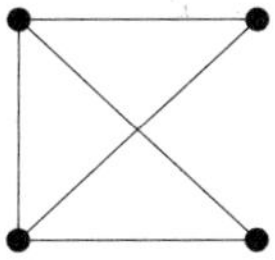
(2) 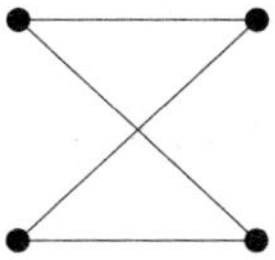
(3) 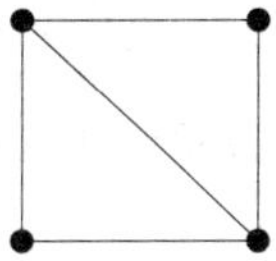
(4) 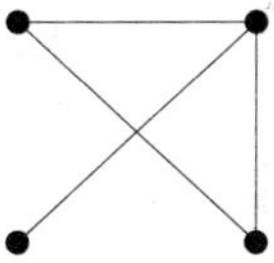
(5) 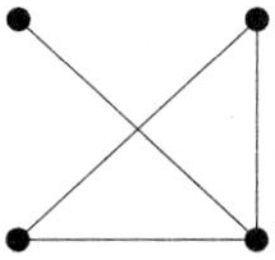
(6) 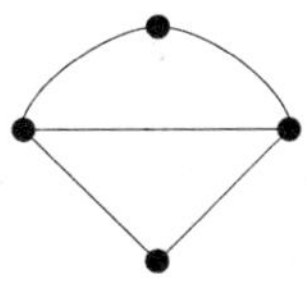

2. 다음 그림이 나타내는 네 그래프는 꼭지점의 개수가 3이고 서로 동형이 아닌 단순그래프이다. 이들 네 그래프의 차수 수열을 구하여라.

(1) 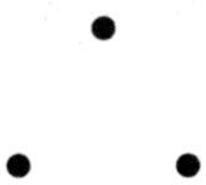
(2) 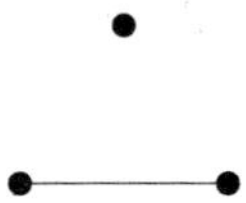
(3) 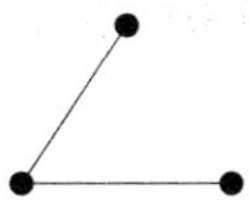
(4) 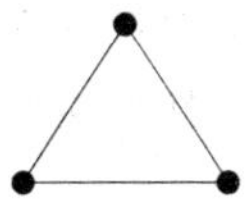

*3. 다음 그림이 나타내는 두 그래프 $G=(V,E)$, $G'=(V',E')$이 서로 동형인 경우에 동형사상 $\phi : V \longrightarrow V'$를 정의하여라.

(1)

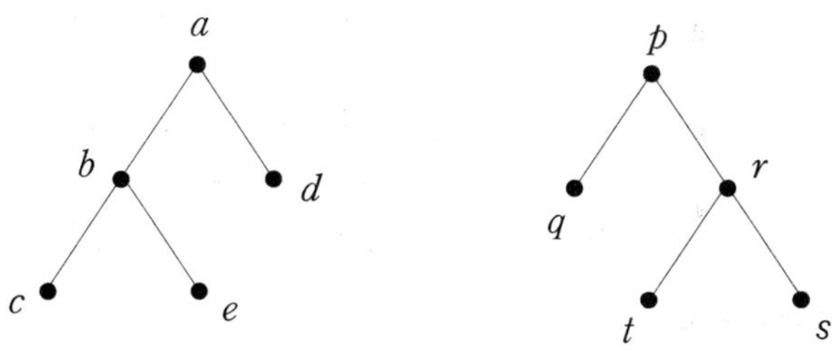

(2)

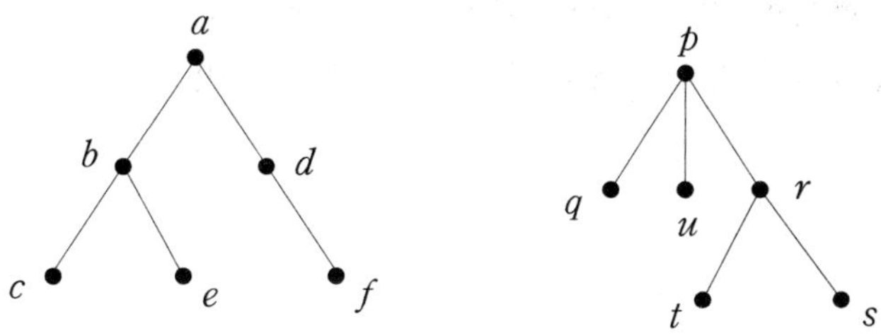

*4. 오른쪽 그림이 나타내는 그래프가 완전그래프 $K_{4,4}$ 와 동형인지 아닌지를 판정하여라.

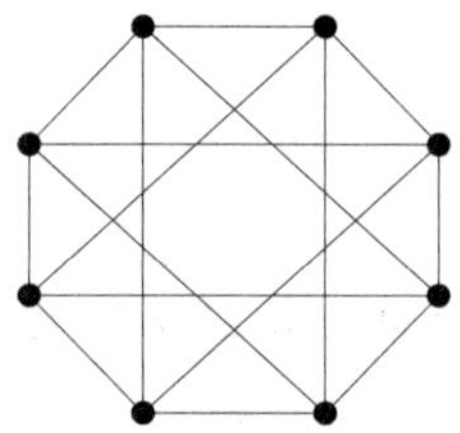

5. 다음 그림이 나타내는 그래프의 인접행렬 A 를 구하여라.

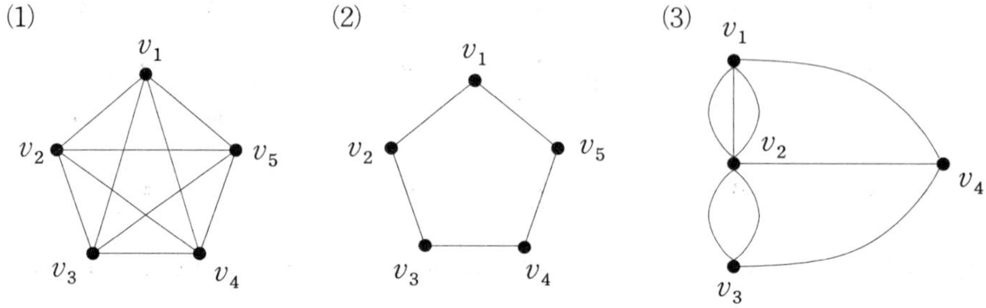

6. 이분그래프의 인접행렬을 A 라고 할 때, 행렬 A 의 대각선 위의 성분은 모두 0 임을 밝혀라.

*7. 완전 이분그래프 $K_{2,3}$ 의 꼭지점을 아래의 왼쪽 그림과 같이 정할 때, 이 그래프의 인접행렬 A 는 아래 오른쪽 행렬과 같다.

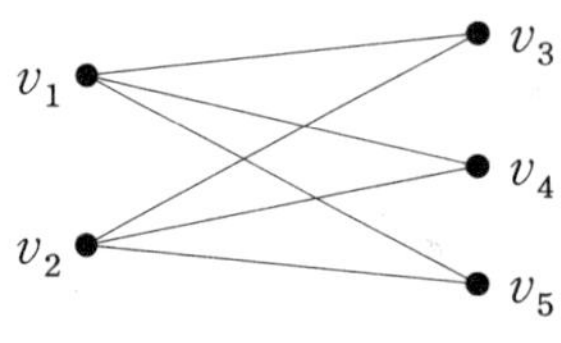

$$A = \begin{bmatrix} 0 & 0 & 1 & 1 & 1 \\ 0 & 0 & 1 & 1 & 1 \\ 1 & 1 & 0 & 0 & 0 \\ 1 & 1 & 0 & 0 & 0 \\ 1 & 1 & 0 & 0 & 0 \end{bmatrix}$$

(1) A^2 과 A^3 을 구하여라.

(2) v_1 에서 v_2 까지의 길이가 2 인 길을 모두 구하여라.

(3) v_1 에서 v_4 까지의 길이가 3 인 길을 모두 구하여라.

§ 6.3 Euler 회로와 Hamilton 순환로

이 절에서는, 쾨니히스버그의 다리 문제를 생각해 보기로 한다(§ 6.1).

정의 6.3.1 그래프 $G=(V, E)$ 에서

$$(*) \qquad \{v_0, v_1\}, \ \{v_1, v_2\}, \ \{v_2, v_3\}, \ \cdots, \{v_{k-1}, v_k\} \qquad (k \geq 1)$$

와 같이 k 개의 연이은 모서리로 이루어진 열을 v_0 에서 v_k 까지의 **길이**가 k 인 **길**(walk)이라 하고 이때 v_0, v_k 를 이 길의 **끝점**이라고 한다.

(1) 길 $(*)$ 에서 꼭지점 $v_0, v_1, \cdots, v_k$ 가 모두 서로 다를 때, 이 길을 v_0 에서 v_k 까지의 **경로**(path) 라고 한다.

(2) 길 $(*)$ 에서 $v_0 = v_k$ 일 때, 이 길은 **닫혀 있다**(closed)고 한다.

(3) 길 $(*)$ 에서 모서리가 모두 서로 다르고 $v_0 = v_k$ 일 때, 이것을 **회로**(circuit)라 하고 v_0 를 이 회로의 **끝점**이라고 한다.

(4) 길 $(*)$ 가 회로인 동시에 $v_0, v_1, \cdots, v_{k-1}$ 이 서로 다르고 또 $v_0 = v_k$ 일 때, 이것을 **순환로**(cycle)라 하고 v_0 를 이 순환로의 **끝점**이라고 한다.

보기 6.3.1 아래 그림이 나타내는 그래프에서,

$$e_1 = \{v_1, v_2\}, \ e_3 = \{v_2, v_3\}$$

와 $e_2 = \{v_1, v_3\}$ 는 모두 v_1 에서 v_3 까지의 경로이다. 또,

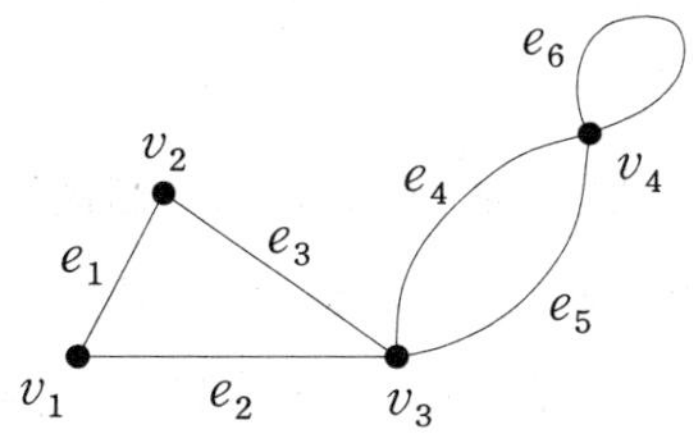

$$e_1, \ e_3, \ e_2$$

는 끝점이 v_1 인 회로인 동시에 순환로이고,

$$e_1, e_3, e_4, e_5, e_2$$

는 끝점이 v_1 인 회로이지만 순환로는 아니다. 그리고

$$e_4 = \{v_3, v_4\}, \quad e_5 = \{v_4, v_3\}$$

는 끝점이 v_3 인 순환로이다.

또, 고리 $e_6 = \{v_4, v_4\}$는 끝점이 v_4 인 순환로이다.

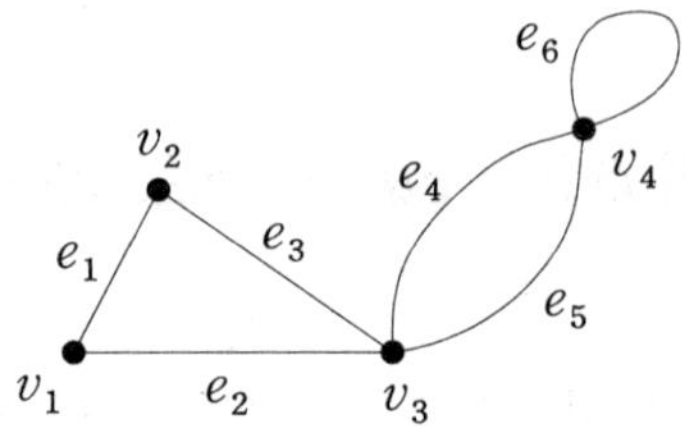

정의 6.3.2 그래프 $G=(V, E)$가 단순그래프이거나 또는 다중 모서리가 없는 경우에, 두 꼭지점을 이은 모서리는 유일하게 결정되므로 길

$$\{v_0, v_1\}, \quad \{v_1, v_2\}, \quad \{v_2, v_3\}, \cdots, \{v_{k-1}, v_k\}$$

을 간단히 $v_0\ v_1\ v_2 \cdots v_k$ 로 나타낸다.

보기 6.3.2 아래 그림이 나타내는 그래프에서 다음이 성립한다.

(1) $a\ b\ c\ d$는 a에서 d까지의 경로이다.
(2) $a\ b\ c\ p\ a\ d$는 경로가 아니다.
(3) $a\ p\ q\ a\ b$는 경로가 아니고 회로도 아니다.
(4) $a\ b\ c\ d\ a\ p\ q\ a$는 회로이지만 순환로는 아니다.
(5) $a\ p\ q\ a$와 $a\ b\ c\ d\ a$는 순환로이다.

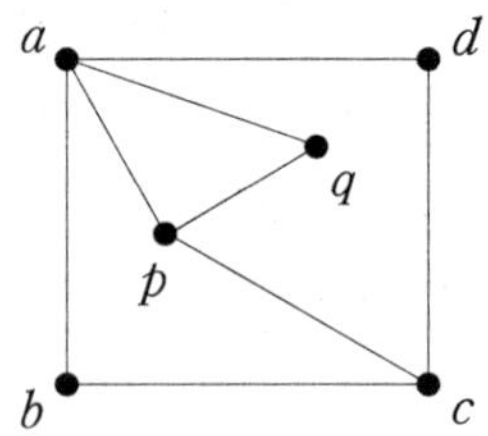

정의 6.3.3 그래프 $G=(V, E)$에서 서로 다른 두 꼭지점 $v, w \in V$에 대하여 v에서 w까지의 경로(path)

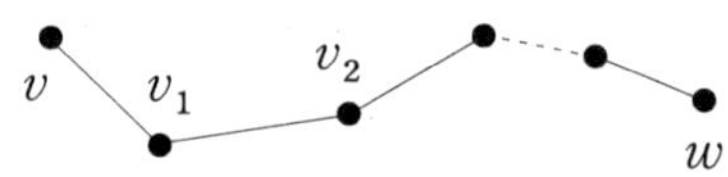

$$v\ v_1\ v_2 \cdots v_{k-1}\ w$$

가 존재할 때, v와 w는 **연결되어 있다**(connected)고 한다. 여기서, 꼭지점 $v, v_1, v_2, \cdots, v_{k-1}, w$는 모두 서로 다르다.

또, 그래프 G에서 $|V|=1$이거나 또는 임의의 서로 다른 두 꼭지점가 연결되어 있을 때 G를 **연결그래프**(connected graph)라고 한다.

위의 정의에 의하여 $G=(V, E)$가 연결그래프일 때, $|V| \geq 2$이면 각 꼭지점 $v \in V$에 대하여 $\deg v \geq 1$이다.

보기 6.3.3 다음 그림이 나타내는 두 단순그래프는 모두 연결그래프이다.

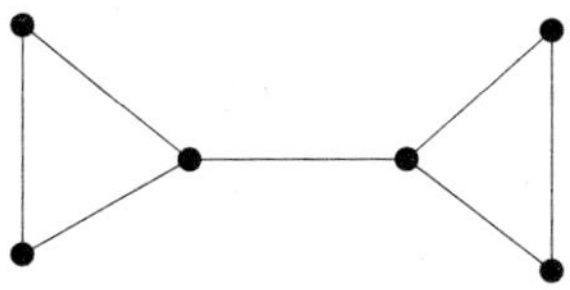

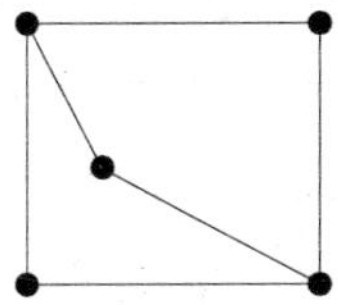

그리고, 완전그래프 K_n, 순환그래프 C_n, 바퀴그래프 W_n, 이분그래프, 완전 이분그래프 $K_{m,n}$ 은 모두 연결그래프이다(정의 6.1.5 ~ 정의 6.1.9).

정의 6.3.4 그래프 $G=(V,E)$ 에서 모든 모서리를 한 번씩만 포함하는 길이 존재할 때, 이 길을 **Euler 길**(Euler walk)이라고 한다.

특히, 모든 모서리를 한 번씩만 포함하는 회로

$$v_0\ v_1\ v_2\ \cdots\ v_{k-1}\ v_k \qquad (v_0=v_k)$$

가 존재할 때, 이 회로를 **Euler 회로**(Euler circuit)이라고 한다.

여기서 Euler 길과 Euler 회로는 한 꼭지점을 여러 번 포함하여도 좋다.

보기 6.3.4 오른쪽 그림이 나타내는 그래프에서,

$$a\ b\ c\ a\ d\ c$$

는 a 에서 c 까지의 Euler 길이지만 Euler 회로는 아니다. 한편, $a\ b\ c\ d\ a$ 는 끝점이 a 인 회로이지만 Euler 회로는 아니다.

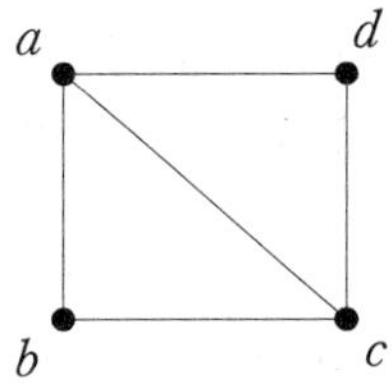

아래 그림이 나타내는 연결그래프에는 Euler 회로가 존재하지 않는다.

실제로, a 를 출발한 회로는 모서리 $\{a,b\}$ 를 다시 거치지 않고 a 로 되돌아 올 수 없으며, a 가 아닌 다른 꼭지점을 출발점으로 한 회로가 모든 모서리를 포함하려면 결국 꼭지점 b 를 지나 모서리 $\{b,a\}$ 를 거쳐 a 로 간 다음에 다시 $\{a,b\}$ 를 지나지 않고서는 출발점으로 되돌아 올 수가 없다.

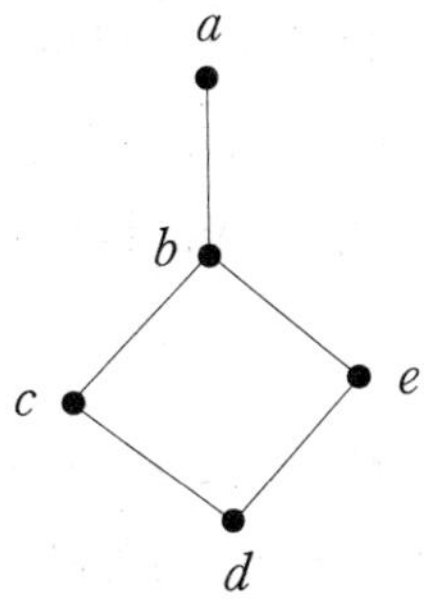

연결그래프 $G=(V, E)$ 에 Euler 회로가 존재한다고 가정하자. 이 때, 각 꼭지점에서는 고리를 거쳐 제자리에 돌아오거나 또는 고리가 아닌 모서리를 거쳐 다른 꼭지점으로 간 다음에 그 꼭지점을 끝점으로 가지는 모서리를 지나 다시 그 꼭지점으로 되돌아오게 되므로 각 꼭지점의 차수는 짝수이고 따라서 각 꼭지점은 짝수점이다(정의 6.1.11).

일반적으로, 다음 정리가 성립함을 증명할 수 있다.

정리 6.3.5 연결그래프 $G=(V, E)$ 에 대하여 다음이 성립한다.

(1) G 에 Euler 회로가 존재하기 위한 필요충분조건은 G 의 모든 꼭지점이 짝수점인 것이다.

(2) G 의 서로 다른 두 꼭지점 v, w 에 대하여 v 에서 w 까지의 Euler 길이 존재하기 위한 필요충분조건은 v 와 w 는 홀수점이고 나머지 꼭지점은 모두 짝수점인 것이다.

보기 6.3.5 오른쪽 그림이 나타내는 그래프를 G 라고 할 때, G 는 연결그래프이고 꼭지점은 모두 짝수점이다.

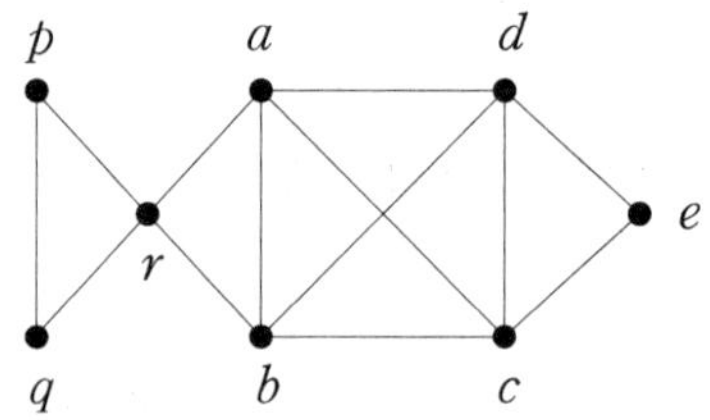

먼저 a 를 출발점으로 한 회로

$$a\ d\ e\ c\ b\ r\ a$$

를 생각하고, 이 회로의 모든 모서리와 꼭지점 e 를 제외시키면 오른쪽 그림이 나타내는 그래프를 얻으며 $r\ q\ p\ r$ 는 이 그래프의 회로이다. 또, 꼭지점 a 를 출발점으로 하여 $a\ d\ e\ c\ b\ r$ 를 거쳐 r 까지 가고 이어서 다시 $r\ q\ p\ r\ a$ 를 거치면 회로 $a\ d\ e\ c\ b\ r\ q\ p\ r\ a$ 를 얻고 여기에 $a\ c\ d\ b\ a$ 를 연결하면 다음과 같은 Euler 회로를 얻는다.

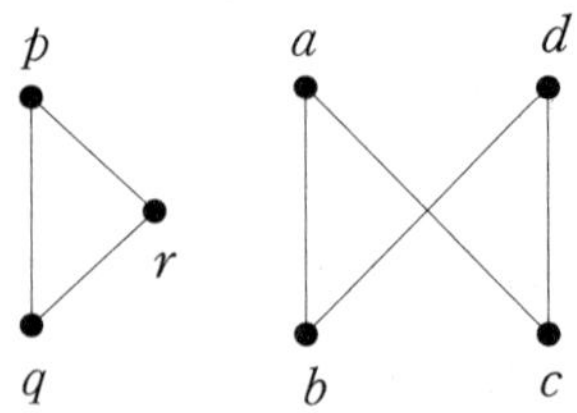

$$a\ d\ e\ c\ b\ r\ q\ p\ r\ a\ c\ d\ b\ a$$

한편, $a\ d\ e\ c\ b\ r\ q\ p\ r\ a$ 는 끝점이 a 인 회로이고 또 G 의 모든 꼭지점을 포함하지만, Euler 회로는 아니다.

보기 6.3.6 이미 § 6.1 에서 논한 Königsberg 의 다리 문제는 오른쪽 그림이 나타내는 그래프에 Euler 회로가 존재하는지를 판정하는 문제와 같다. 그런데, 이 그래프의 네 꼭지점은 모두 홀수점이므로, 이 그래프에는 Euler 회로는 존재하지 않는다.

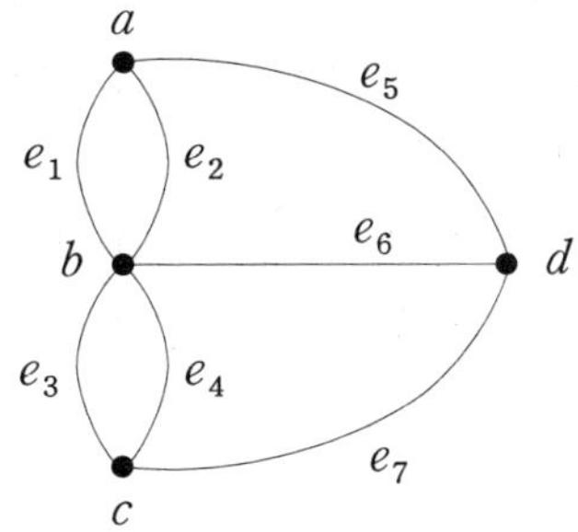

보기 6.3.7 완전그래프 K_n 에서 모든 꼭지점의 차수는 $n-1$ 이다. 따라서 $n \geq 3$ 일 때, n 이 홀수이면 K_n 에는 Euler 회로가 존재하고 또 n 이 짝수이면 K_n 에는 Euler 회로가 존재하지 않는다.

보기 6.3.8 아래 그림이 나타내는 그래프는 연결그래프이고, 두 꼭지점 v, w 는 홀수점이지만 그밖의 꼭지점은 모두 짝수점이다.

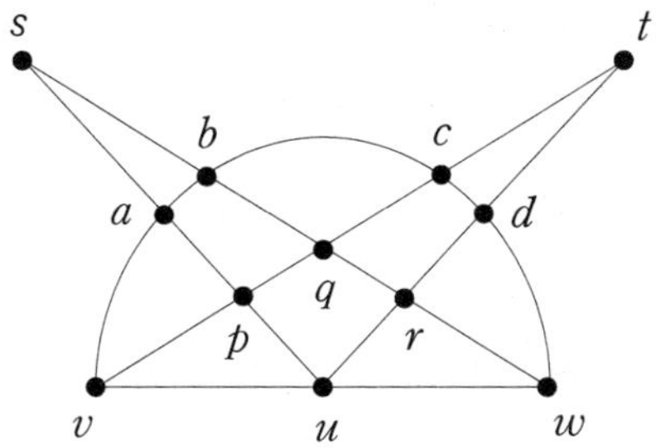

따라서 이 그래프에는 Euler 회로가 존재하지 않으나, v 에서 w 까지의 Euler 길이 존재한다. 실제로,

$$v \ a \ b \ q \ p \ a \ s \ b \ c \ q \ r \ d \ c \ t \ d \ w \ u \ v \ p \ u \ r \ w$$

는 v 에서 w 까지의 Euler 길이다.

정의 6.3.6 그래프 $G = (V, E)$ 에서 모든 꼭지점을 포함하는 순환로

$$v_0 \ v_1 \ v_2 \ \cdots \ v_{n-1} \ v_0 \qquad (n = |V|)$$

가 존재할 때, 이 순환로를 **Hamilton 순환로**(Hamilton cycle)라고 한다.

그래프 $G=(V, E)$에 Hamilton 순환로가 존재하는 경우에 이 순환로에 포함되는 모서리는 모두 서로 다르고 이 순환로에 포함되는 꼭지점도 모두 서로 다르며 $|V| \geq 3$이다(정의 6.3.1 참조).

아래 왼쪽 그림은 정12면체의 한 면을 제거시킨 후에 이때 생긴 구멍 주위로 입체도형을 늘려서 찌그러뜨려 평면에 펼쳐 놓아 얻는 그래프이다.

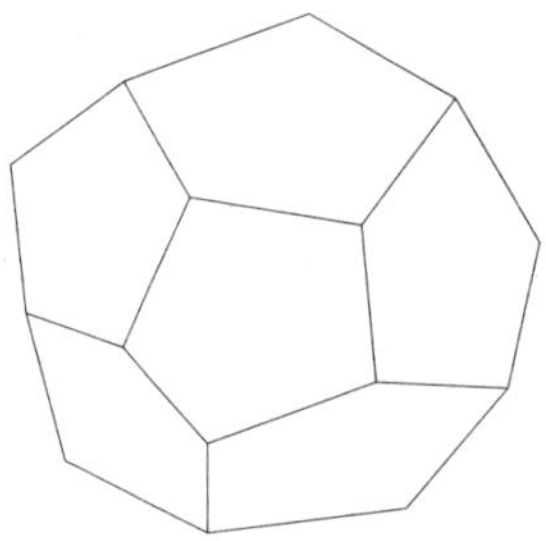

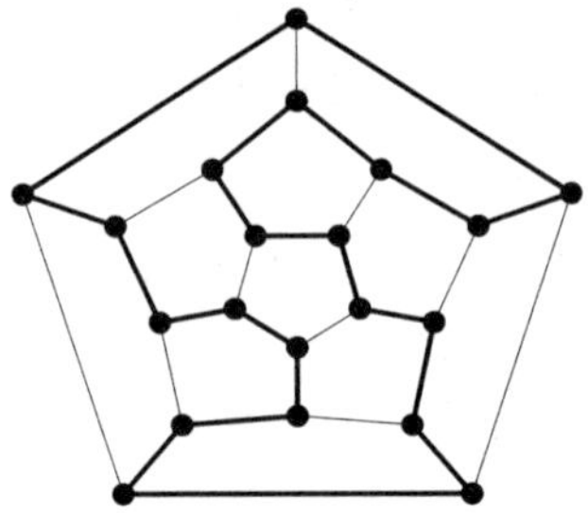

위의 오른쪽 그림은 이 그래프의 한 Hamiton 순환로를 보여 준다.

보기 6.3.9 $n \geq 3$일 때, 완전그래프 K_n에는 Hamilton 순환로가 존재한다. 실제로, 꼭지점 전체의 집합이 $V=\{v_1, v_2, \cdots, v_n\}$일 때,

$$v_1\ v_2\ \cdots\ v_{n-1}\ v_n,\ \ v_1$$

는 K_n의 Hamilton 순환로이다. 또 순환그래프 C_n과 바퀴그래프 W_n에는 Hamilton 순환로가 존재한다(정의 6.1.5 ~ 정의 6.1.8).

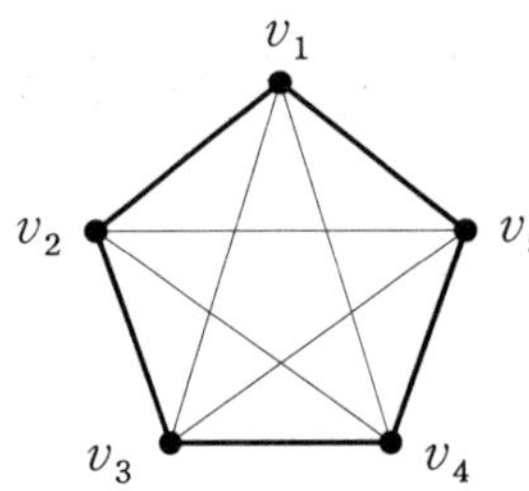

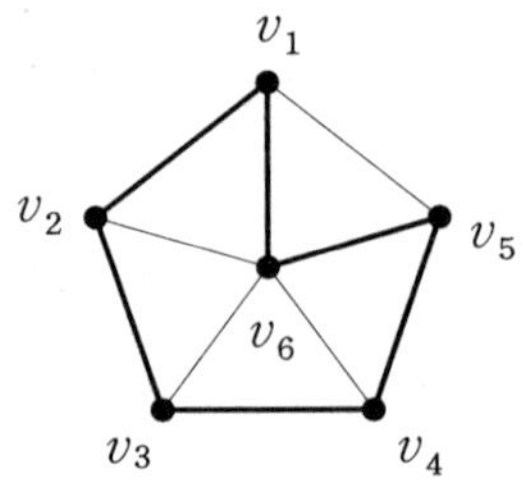

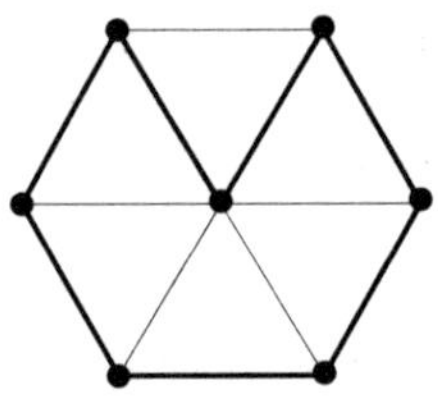

그리고, $n \geq 2$일 때, 완전 이분그래프 $K_{n,n}$에는 Hamilton 순환로가 존재한다(정의 6.1.9).

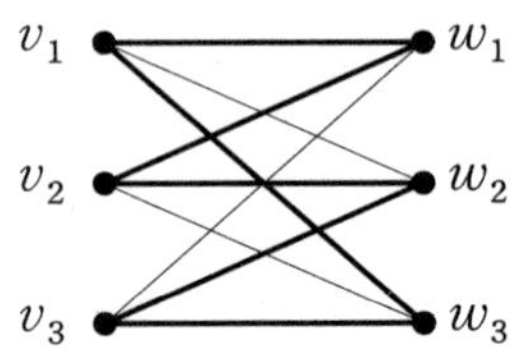

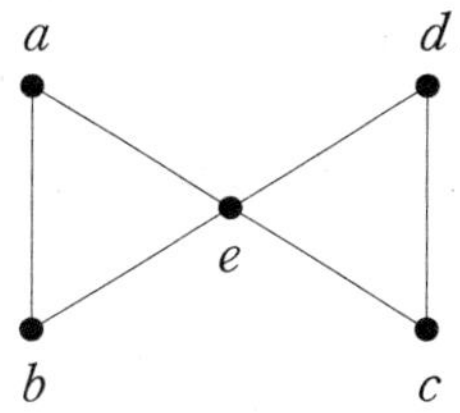

보기 6.3.10 오른쪽 그림이 나타내는 그래프에는 Hamilton 순환로가 존재하지 않는다.

이 그래프에 Hamilton 순환로가 존재한다고 가정하자. 이 때, 이 순환로는 a를 포함하며 $\deg a = 2$이므로 a를 끝점으로 가지는 모서리는 $\{a, b\}$, $\{a, e\}$뿐이고 따라서 이 두 모서리도 이 순환로에 포함된다. 마찬가지로 $\{b, e\}$, $\{c, e\}$, $\{d, e\}$는 모두 이 순환로에 포함된다. 그러나, Hamilton 순환로에는 출발점을 제외한 모든 꼭지점을 한 번씩 포함하므로 e를 끝점으로 가지는 모서리는 두 개만이 이 순환로에 포함되어야 한다.

보기 6.3.11 $n \geq 2$일 때, 그래프 H_n에는 Hamilton 순환로가 존재한다. 특히, H_2에서 0 0, 0 1, 1 1, 1 0, 0 0은 Hamilton 순환로이고 H_3에서

0 0 0, 0 1 0, 0 1 1, 1 1 1, 1 1 0, 1 0 0, 1 0 1, 0 0 1, 0 0 0

은 Hamilton 순환로이다(정의 6.1.10).

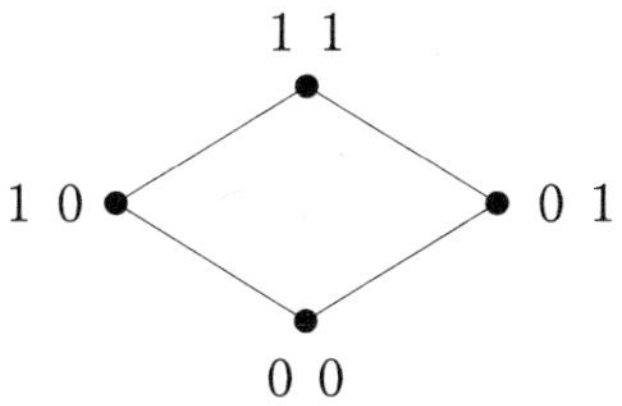

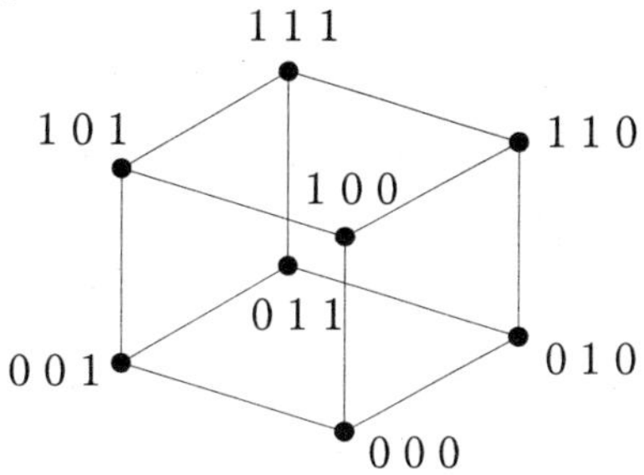

연 습 문 제 (6.3)

1. 다음 그림이 나타내는 그래프에 Euler 회로가 존재하는지 판정하여라.

(1)

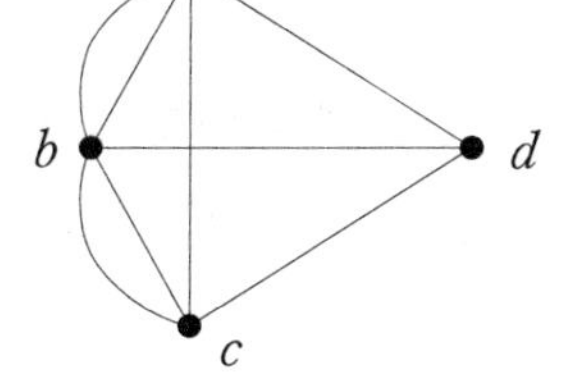

(2)

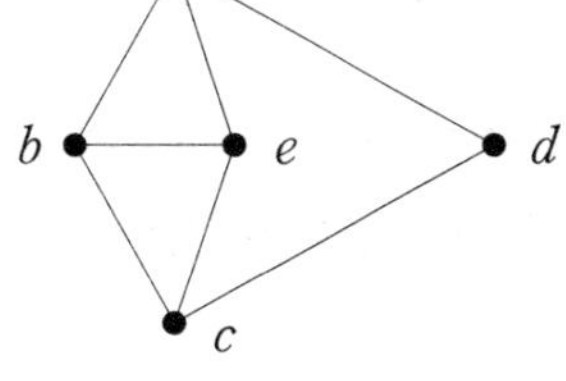

*2. 완전 이분그래프 $K_{2,3}$ 에는 Hamilton 순환로가 존재하지 않음을 밝혀라.

3. 다음 그림이 나타내는 그래프에 Euler 회로가 존재하는 이유를 말하여라.

(1)

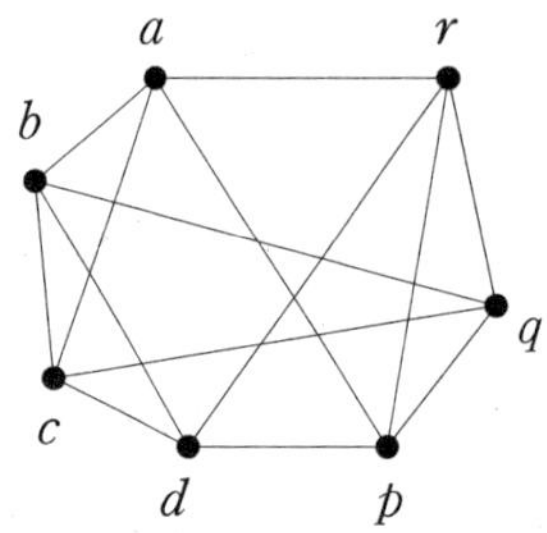

(2)

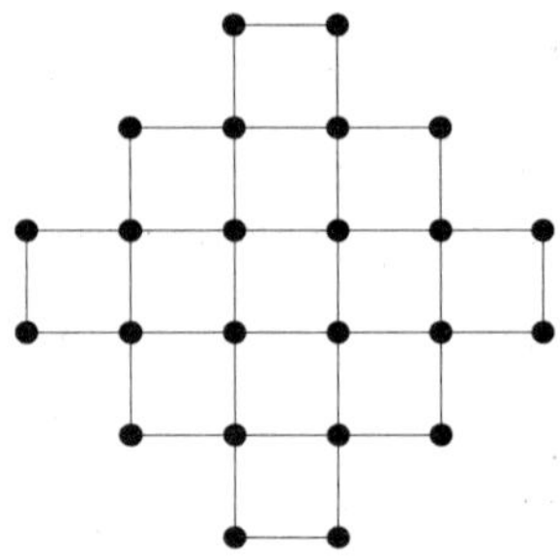

*4. 오른쪽 그림이 나타내는 그래프에서 꼭지점 a 로부터 출발하여 모든 꼭지점을 꼭 한 번씩만 지나는 방법을 말하여라.

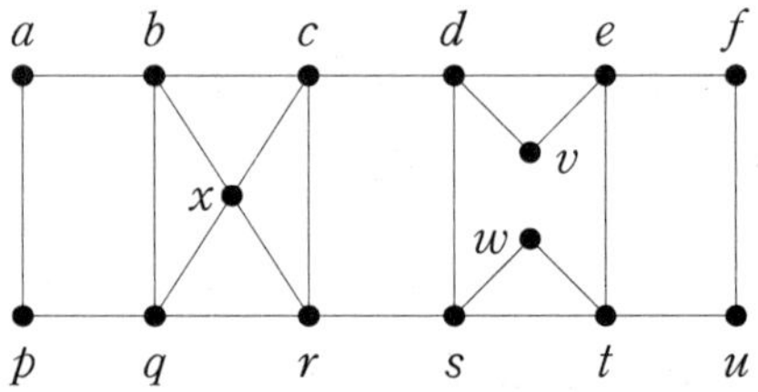

*5. 오른쪽 그림은 단층 건물의 여러 방과 방 사이의 출입구를 그린 평면도이다.

이 건물 밖에서 출발하여 건물 안으로 들어와 모든 방을 한 번씩 둘러 본 후에 건물 밖으로 나갈 수 있는지 판정하여라.

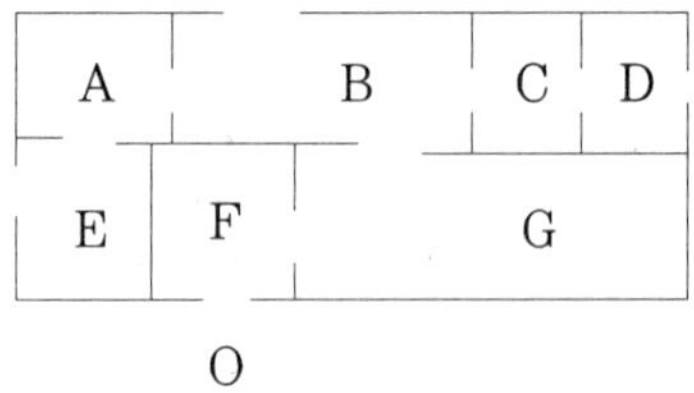

*6. 보기 6.3.10과 마찬가지 방법으로, $n \geq 4$ 일 때 별그래프 S_n 에는 Hamilton 순환로가 존재하지 않음을 밝혀라.

*7. 그래프 H_3 의 Hamilton 순환로를 이용하여, 그래프 H_4 의 Hamilton 순환로를 구하여라.

*8. 연결그래프 $G = (V, E)$ 에서 $|V| \geq 2$ 일 때, 다음이 성립함을 밝혀라.

(1) 차수가 1 인 꼭지점이 존재하지 않으면, $|E| \geq |V|$ 이다.

(2) $|E| \geq |V| - 1$

§6.4 유향 그래프

오른쪽 그림이 나타내는 그래프에서 각 모서리에는 화살표가 그려져 있다. 예를 들면, 모서리 e 에는 v_1 에서 v_4 의 방향으로 화살표가 그려져 있다. 이러한 사실을 명시하기 위하여 모서리 e 를 $\{v_1, v_4\}$ 대신에 순서쌍 (v_1, v_4) 로 나타내기로 한다.

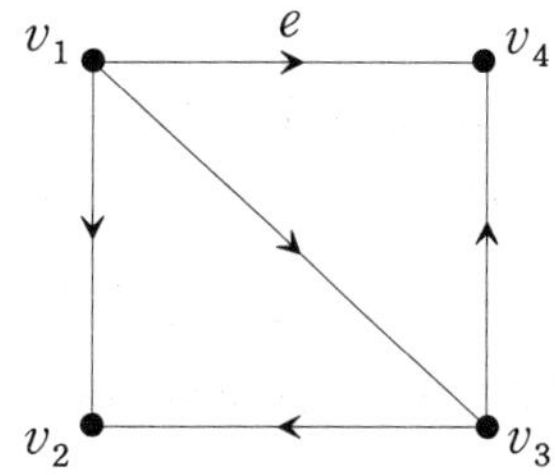

정의 6.4.1 다음 두 조건을 만족시킬 때, $D = (V, E)$ 를 **유향 그래프**(directed graph, digraph)라고 한다.

(i) V 는 공집합이 아닌 집합이다.

(ii) E 의 원소는 V 의 두 원소 v, w로 이루어진 순서쌍 (v, w) 이다.

여기서, V 의 원소를 **꼭지점**이라 하고, E 의 원소를 **호**(arc)라고 한다. 그리고, 호 (v, w) 에서 v 와 w 를 각각 이 호의 **시점**(initial vertex), **종점**(terminal vertex)이라고 한다.

오른쪽 그림이 나타내는 유향 그래프의 호 $e = (v, v)$ 와 같이 호의 시점과 종점이 일치할 때, 이 호를 **고리**(loop)라고 한다.

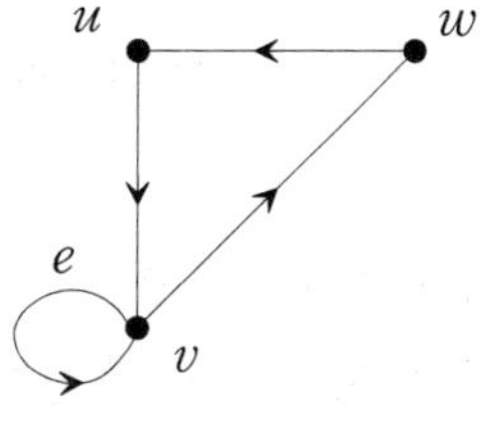

그리고, 아래 그림이 나타내는 유향 그래프의 두 호 e_1, e_2 와 같이 시점과 종점이 일치하는 호가 두 개 이상 있는 경우도 허용하여 이러한 호를 **다중 호**(multiple arcs)라고 한다. 한편, 두 호 (v_1, v_4), (v_4, v_1) 은 서로 다르다.

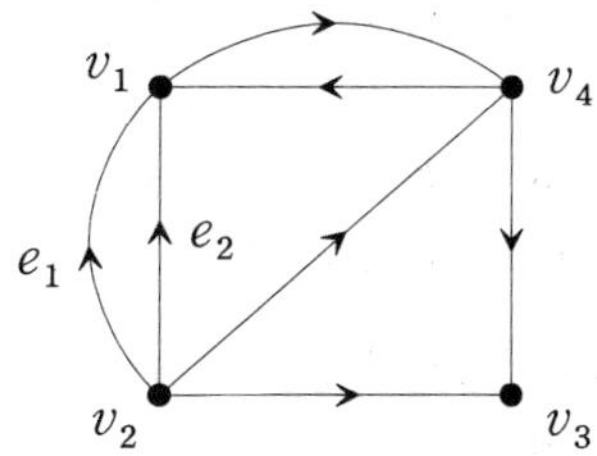

정의 6.4.2 유향 그래프 중에서 고리가 없고 또 다중 호도 없는 유향 그래프를 **유향 단순그래프**(directed siple graph, simple digraph)라고 한다.

그리고 유향 그래프 중에서 고리 그리고(또는) 다중 호가 있는 유향 그래프를 **유향 다중그래프**(directed multigraph)라고 한다.

정의 6.4.3 유향 그래프 $D = (V, E)$ 에서 꼭지점 $v \in V$ 에 대하여 v 를 시점으로 가지는 호의 개수를 v 의 **출력 차수**(outdegree)라 하고 이것을 outdeg v 로 나타내며, 꼭지점 v 를 종점으로 가지는 호의 개수를 v 의 **입력 차수**(indegree)라 하고 이것을 indeg v 로 나타낸다.

보기 6.4.1 아래 그림이 나타내는 유향 그래프에서 다음이 성립한다.

$$\begin{aligned} &\text{outdeg } v_1 = 1, && \text{indeg } v_1 = 2, \\ &\text{outdeg } v_2 = 4, && \text{indeg } v_2 = 1, \\ &\text{outdeg } v_3 = 0, && \text{indeg } v_3 = 3, \\ &\text{outdeg } v_4 = 3, && \text{indeg } v_4 = 2 \end{aligned}$$

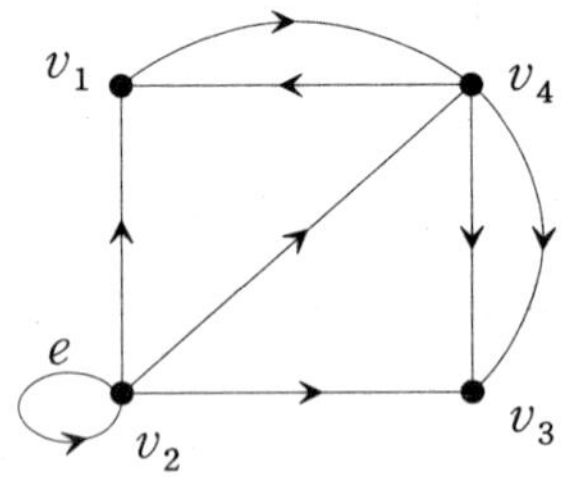

여기서, e 는 고리이므로 v_2 는 e 의 종점인 동시에 시점이다. 그러므로 v_2를 시점으로 가지는 호는 4개 있고 v_2 를 종점으로 가지는 호는 1개 있다. 또,

$$1 + 4 + 0 + 3 = 8, \qquad 2 + 1 + 3 + 2 = 8$$

이고, 8은 호 전체의 개수와 일치한다.

정리 6.4.4 유향 그래프 $D = (V, E)$ 에서, 모든 꼭지점의 출력 차수 전체의 합과 모든 꼭지점의 입력 차수 전체의 합은 일치하고 또 이 값은 호의 개수와 같다.

증 명 각 호 e 에는 두 끝점이 있으며, 이 두 끝점 중에 하나는 e 의 시점이고 다른 하나는 e 의 종점이다.

따라서 D 의 모든 꼭지점의 출력 차수 전체의 합과 모든 꼭지점의 입력 차수 전체의 합은 일치하고, 이 값은 호의 개수와 같다.

정의 6.4.5 유향 그래프 $D = (V, E)$ 에서

$$V = \{v_1, v_2, \cdots, v_n\}, \quad |V| = n$$

일 때, 다음과 같이 정의된 n 차의 행렬 A 를 D 의 **인접행렬**이라고 한다.

$$A = \begin{bmatrix} a_{11} & a_{12} & \cdots & a_{11} \\ a_{21} & a_{22} & \cdots & a_{2n} \\ \vdots & \vdots & \cdots & \vdots \\ a_{n1} & a_{n2} & \cdots & a_{nn} \end{bmatrix}$$

$$a_{ij} = (\text{시점이 } v_i \text{ 이고 종점이 } v_j \text{ 인 호의 개수})$$

위의 정의에서 D 가 유향 단순그래프인 경우에는

$$a_{ij} = \begin{cases} 1 & ((v_i, v_j) \in E \text{ 인 경우}) \\ 0 & (\text{그밖의 경우}) \end{cases}$$

이고 또 고리가 없으므로 모든 $i = 1, 2, \cdots, n$ 에 대하여 $a_{ii} = 0$ 이다.

그리고 위의 정의와 정의 6.4.3 에 의하여 다음이 성립한다.

$$a_{i1} + a_{i2} + \cdots + a_{in} = \text{outdeg } v_i \qquad (1 \le i \le n)$$

$$a_{1j} + a_{2j} + \cdots + a_{nj} = \text{intdeg } v_j \qquad (1 \le j \le n)$$

보기 6.4.2 오른쪽 두 그림이 나타내는 유향 그래프의 인접행렬은 다음과 같다.

$$A_1 = \begin{bmatrix} 0 & 1 & 0 & 1 \\ 0 & 0 & 0 & 1 \\ 0 & 1 & 0 & 0 \\ 0 & 0 & 1 & 0 \end{bmatrix}$$

$$A_2 = \begin{bmatrix} 0 & 0 & 0 & 1 \\ 1 & 1 & 1 & 1 \\ 0 & 0 & 0 & 0 \\ 1 & 0 & 2 & 0 \end{bmatrix}$$

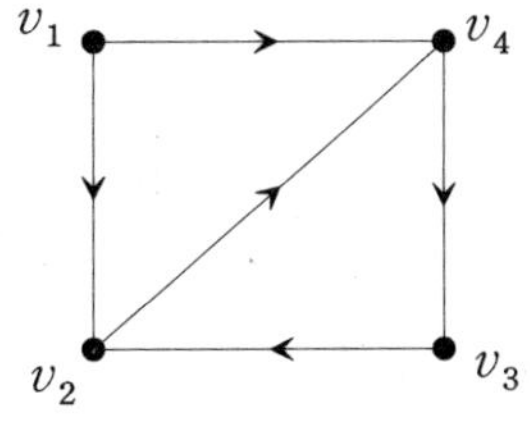

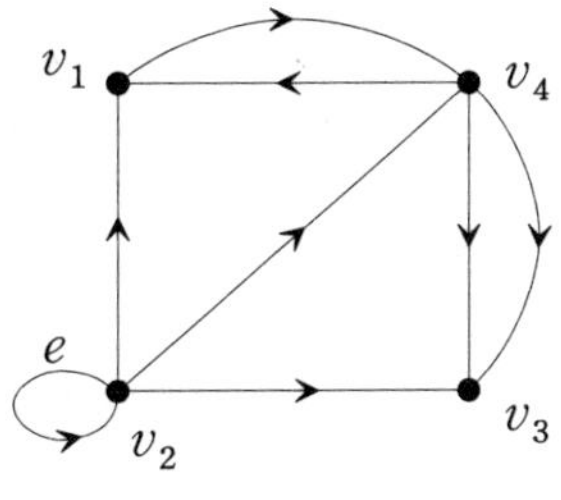

연 습 문 제 (6.4)

*1. 다음 두 그림이 나타내는 유향 그래프 $D_1 = (V_1, E_1)$, $D_2 = (V_2, E_2)$ 에 대하여 아래 물음에 답하여라.

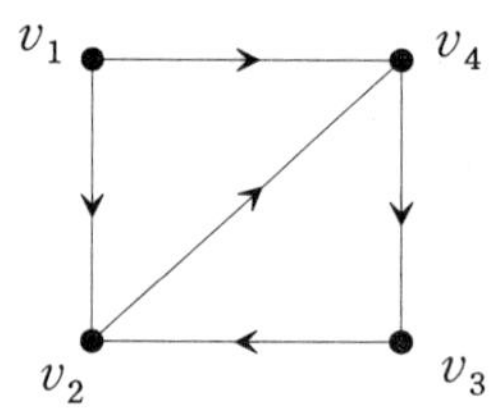

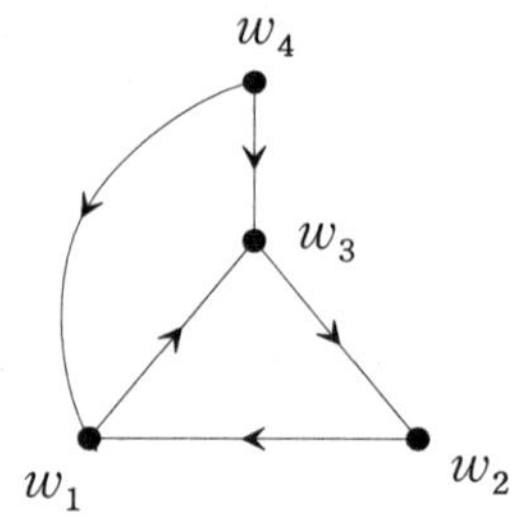

(1) D_1과 D_2의 각 꼭지점의 출력 차수와 입력 차수를 구하여라.

(2) D_1의 인접행렬 A_1과 D_2의 인접행렬 A_2를 구하여라.

(3) 사상 $\phi : V_1 \longrightarrow V_2$를

$$\phi(v_1) = w_4, \qquad \phi(v_2) = w_1,$$
$$\phi(v_3) = w_2, \qquad \phi(v_4) = w_3$$

으로 정의할 때, $(v_i, v_j) \in E_1$이면 $(\phi(v_i), \phi(v_j)) \in E_2$ 임을 확인하여라.

2. 다음 그림이 나타내는 유향 그래프의 각 꼭지점의 출력 차수와 입력 차수를 구하고 또 인접행렬 A를 구하여라.

(1)

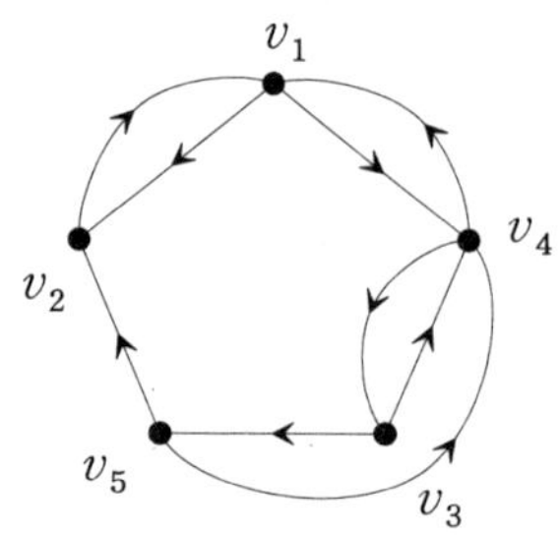

(2)

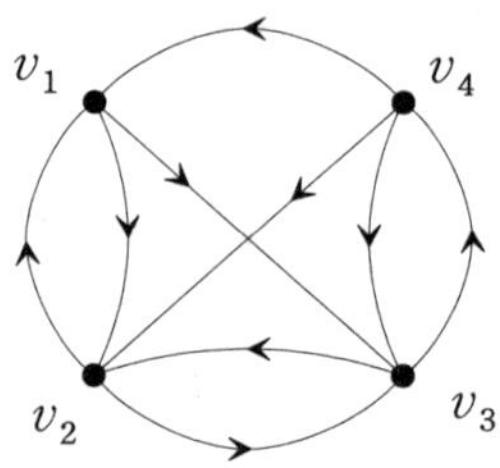

§6.5 수형도

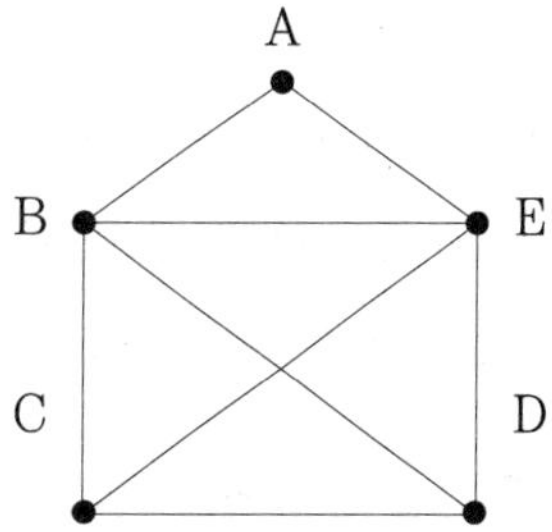

오른쪽 그림이 나타내는 그래프에서 꼭지점은 지역을 나타내고 또 모서리는 도로를 나타낸다고 할 때, 외판매원이 A지역을 출발하여 모든 지역을 한 번씩만 방문한 후에 다시 A지역으로 되돌아올 수 있는 방법은 모두 4가지가 있음을 다음 그림으로부터 알 수 있다.

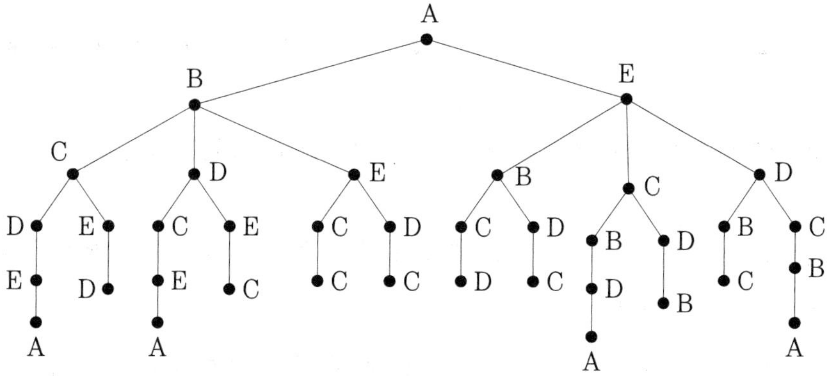

두 학생 A, B가 바둑을 두는데 먼저 연이어 두 판을 이기거나 또는 세 판을 이기는 사람을 승자로 정할 때, 일어날 수 있는 결과를 그림으로 나타내면 다음과 같다.

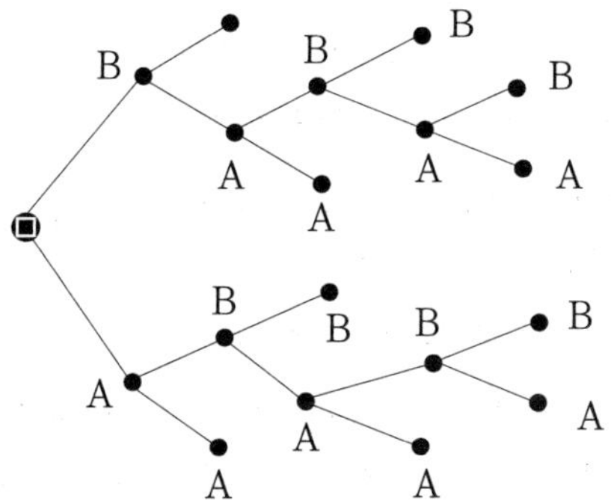

정의 6.5.1 연결그래프 G에 순환로가 없을 때, 이 그래프를 **樹型圖**(tree)라고 한다.

앞의 두 그림이 나타내는 그래프는 모두 수형도이다.

보기 6.5.1 별그래프 S_n은 n개의 꼭지점과 $n-1$개의 모서리로 이루어진 수형도이다(정의 6.1.6). 그리고, 완전 이분그래프 $K_{1,n}$은 $n+1$개의 꼭지점과 n개의 모서리로 이루어진 수형도이다(정의 6.1.9)

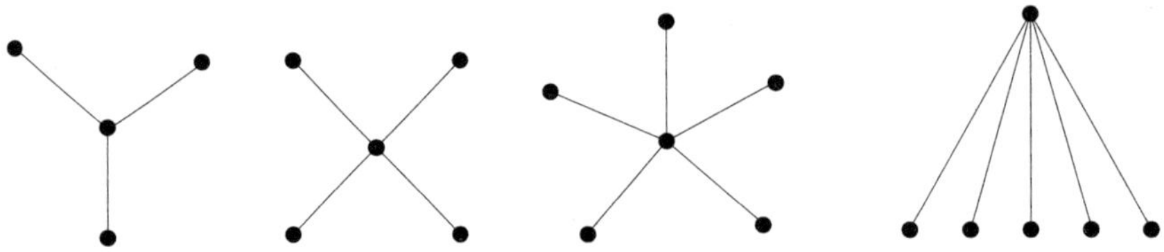

수형도에는 순환로가 없으므로, 수형도는 단순그래프이다.

정리 6.5.2 단순그래프 G에 대하여 다음 두 조건은 서로 동치이다.

(1) G는 수형도이다.

(2) 임의의 서로 다른 두 꼭지점 v, w에 대하여 v에서 w까지의 경로가 하나 그리고 단 하나 존재한다.

증 명 (1) $\Longrightarrow$ (2) 단순그래프 G가 수형도라 하고 v, w를 서로 다른 두 꼭지점이라고 하자. 이 때, G는 연결그래프이므로 v에서 w까지의 경로가 존재한다(정의 6.3.3). 그리고, v에서 w까지의 경로가 두 개 존재한다면, G에 순환로가 존재하게 되어 G가 수형도라는 사실에 모순된다. 따라서 v에서 w까지의 경로는 단 하나 존재한다.

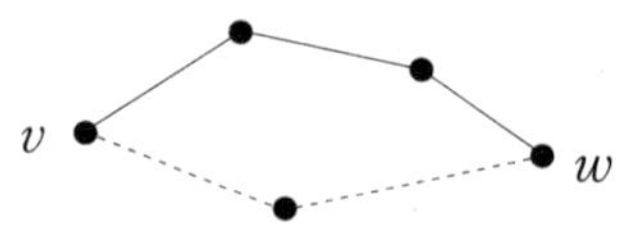

(2) $\Longrightarrow$ (1) 조건 (2)가 성립한다고 하자.

가정에 의하여 G는 연결그래프이고 G에는 다중모서리와 고리가 없다. 따라서 G에 순환로가 존재한다면, 이 순환로는 적어도 3개의 꼭지점

u, v, w를 포함하고 이때 예를 들어 u에서 w까지의 경로는 두 개가 있게 되어 모순이 생긴다. 그러므로 G는 수형도이다.

정의 6.5.3 수형도에서 특정한 한 꼭지점 v_0를 지정하여 논하는 경우에 이 수형도를 **뿌리**(root) $\boldsymbol{v_0}$**를 가진 수형도**(rooted tree)라고 한다.

보기 6.5.2 꼭지점에 문자 붙이지 않은 경우에 5개의 꼭지점을 가진 수형도는 다음 그림이 나타내는 3개의 수형도뿐이다.

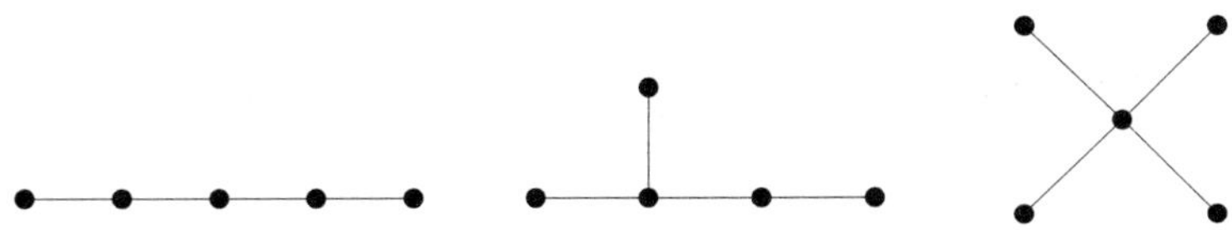

한편, 5개의 꼭지점을 가지면서 특정한 꼭지점이 뿌리인 수형도는 다음 그림이 나타내는 9개의 수형도뿐이다.

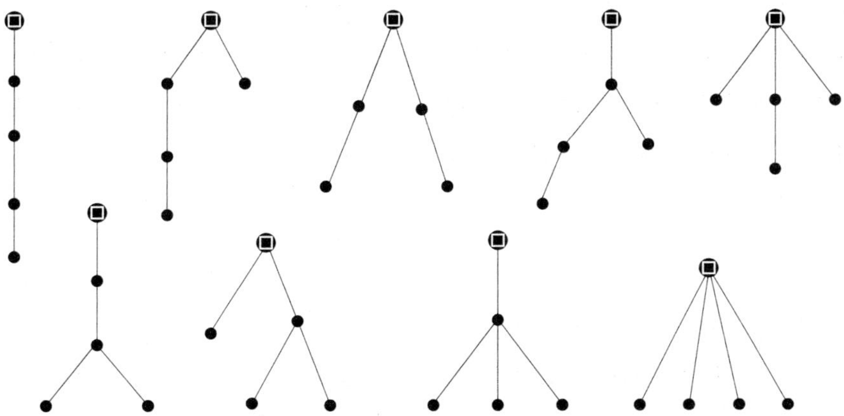

정의 6.5.4 그래프 G가 뿌리 v_0를 가진 수형도일 때, v가 v_0와 다른 꼭지점이면 v_0에서 v까지의 경로

$$v_0 \ \ v_1 \ \ v_2 \ \ \cdots \ \ v_{k-1} \ \ v \qquad\qquad (k \geq 1)$$

가 단 하나 존재한다(정리 6.5.2). 이 경로의 길이 k를 v의 **깊이**(depth) 또는 **수준**(level)이라고 한다.

보기 6.5.3 오른쪽 그림이 나타내는 수형도에서 꼭지점 v_0를 뿌리로 택할 때, v_0에서 꼭지점 v까지의 경로는

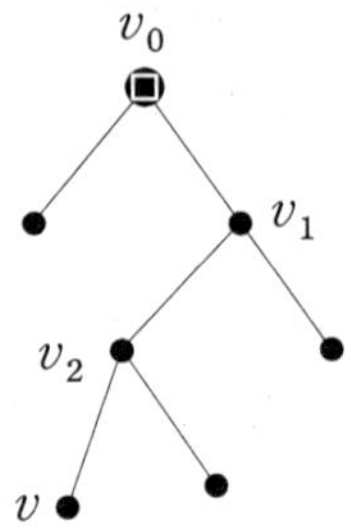

$$v_0 \ \ v_1 \ \ v_2 \ \ v$$

뿐이고 따라서 v의 깊이는 3이다.

정리 6.5.5 단순 연결그래프 $G=(V, E)$에 대하여 다음 두 조건은 서로 동치이다.

(1) G는 수형도이다.

(2) $|E|=|V|-1$

증 명 (1) $\Longrightarrow$ (2) G가 수형도라 하고 한 꼭지점 v_0를 뿌리로 택하면, v_0가 아닌 꼭지점 v에 대하여 v의 깊이가 결정된다(정의 6.5.4). 그리고, G에는 고리가 없으므로 각 모서리의 끝점은 2개 있다.

이제 각 모서리 $e \in E$에 대하여 이 모서리의 두 끝점 중에서 그 깊이가 큰 꼭지점을 대응시키면, 이 대응은 집합 E에서 집합 $V-\{v_0\}$로의 일대일 대응이다. 따라서 $|E|=|V|-1$이다.

(2) $\Longrightarrow$ (1) $|E|=|V|-1$일 때, G에 순환로가 존재한다고 가정하고,

$$v_1 \ \ v_2 \ \ \cdots \ \ v_k \ \ v_1$$

를 G의 한 순환로이라고 하자.

이 때, G에는 고리도 없고 다중 모서리도 없으므로 $k \geq 3$이다. 또한, $e=\{v_1, v_2\}$, $E_1=E-\{e\}$이라고 하면, G의 부분그래프 $G_1=(V, E_1)$은 연결그래프이고 위의 순환로를 포함하지 않는다.

실제로, v, w가 서로 다른 두 꼭지점일 때, G는 연결그래프이므로 G에는 v에서 w까지의 경로가 존재한다.

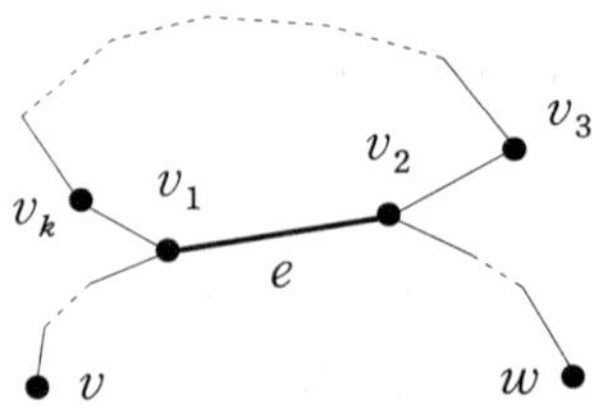

이 경로가 e를 포함하지 않으면, 이 경로는 G_1에서의 경로이다.

한편, 이 경로가 e를 포함하면 e를 $v_1\ v_k\ v_{k-1}\ \cdots\ v_3\ v_2$로 바꾸어 놓아 만든 경로는 G_1에서의 v에서 w까지의 경로이다.

따라서 G_1은 연결그래프이다. 또, $|E_1| = |E| - 1 = |V| - 2$이다.

이와 같이 G에서 꼭지점은 그대로 둔 채 순환로의 모서리를 모두 제거시켜 얻은 부분그래프를 $G' = (V, E')$이라고 하면, G'은 연결그래프이므로 G'은 수형도이고 또 $|E'| < |V| - 1$로 되어 모순이 생긴다.

따라서 G에는 순환로가 없으므로, G는 수형도이다.

따름정리 6.5.6 수형도 $G = (V, E)$에서 인접하지 않은 두 꼭지점을 모서리로 이으면 순환로가 생긴다.

증 명 수형도 G에서 인접하지 않은 두 꼭지점 v, w에 모서리 e를 추가하여 $E' = E \cup \{e\}$라고 하면, $G' = (V, E')$은 단순 연결그래프이다.

한편, 정리 6.5.5에 의하여

$$|E| = |V| - 1$$

이므로

$$|E'| = |E| + 1 = |V|$$

이고, 따라서 G'은 수형도가 아니므로 G'에는 순환로가 존재한다.

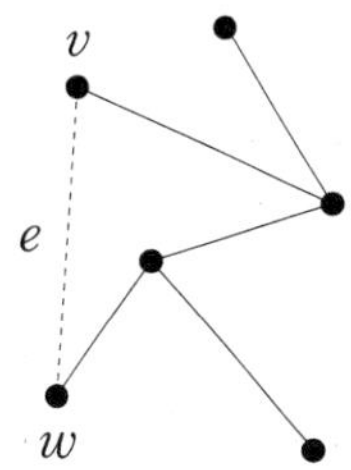

수형도가 그래프 중에서도 중요하다는 것을 인식하게 한 사람은 영국의 수학자이자 법률가인 케일리(Arthur Cayley, 1821 ~ 1895)이다.

화합물 C_kH_{2k+2}를 파라핀(paraffin)이라고 한다. 한 분자 C_kH_{2k+2}에는 k개의 탄소 원자와 $2k+2$개의 수소 원자가 들어 있고, 각 탄소 원자는 4개의 수소와 결합하거나 또는 1개의 탄소 원자와 3개의 수소 원자와 결합한다. 분자 C_kH_{2k+2}에 들어 있는 k개의 탄소 원자와 $2k+2$개의 수소 원자를 꼭지점으로 생각하고 또 이들 원자의 결합 관계를 모서리로 나타낼 때, C_kH_{2k+2}에 대응하는 그래프를 $G = (V, E)$이라고 하면

$$|V| = k + 2k + 2 = 3k + 2$$

이고 k 개의 탄소 원자에 대응하는 꼭지점의 차수가 4 이고 $2k+2$ 개의 수소 원자에 대응하는 꼭지점의 차수는 1 이다.

그리고 G 는 단순 그래프이고 또 연결그래프이며, 정리 6.1.12 에 의하여

$$2\,|E| = \sum_{v \in V} \deg v = 4k + 2k + 2 = 6k + 2$$

이므로 $|E| = 3k + 1 = |V| - 1$ 이다.

따라서 정리 6.5.5 에 의하여 G 는 수형도이다.

특히, $k = 1, 2, 3$ 인 경우에 이것을 각각 메탄(methane), 에탄(ethane), 포로판(propane)이라고 하는데, 이들에 대응하는 수형도는 각각 다음과 같이 단 한 가지뿐이다.

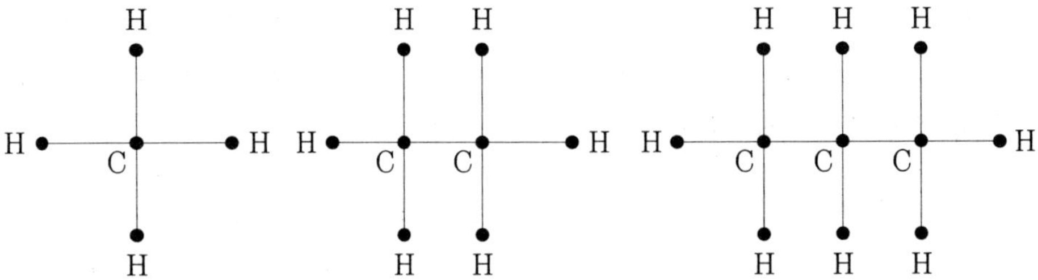

CH_4 C_2H_6 C_3H_8

한편, $k \geq 4$ 인 경우에는 여러 가지 이성체(isomer)가 존재한다.

예를 들면, $k = 4$ 인 경우에 부탄(butane) C_4H_{10} 에는 다음과 같은 두 가지 이성체가 존재한다.

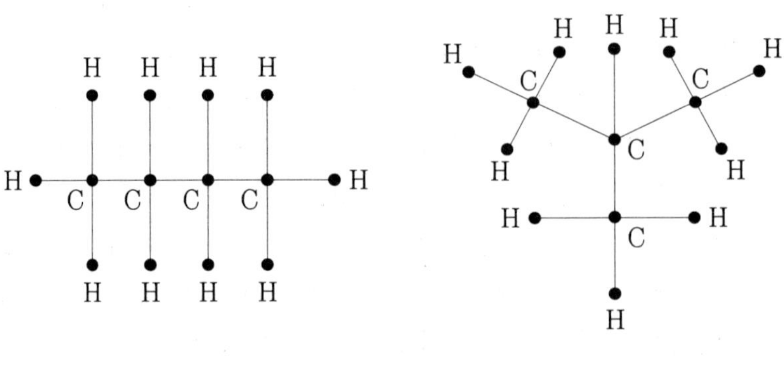

연 습 문 제 (6.5)

1. 다음 그림 중에서 수형도를 나타내는 그림을 찾아라.

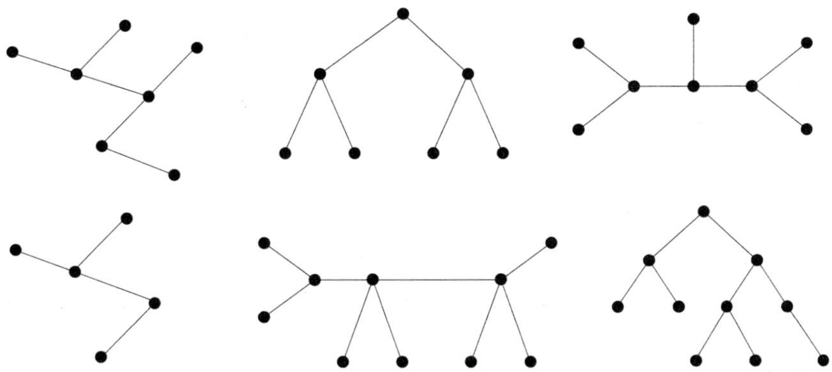

*2. 다음 세 그림이 나타내는 수형도 G, G', G''은 모두 서로 동형이다.

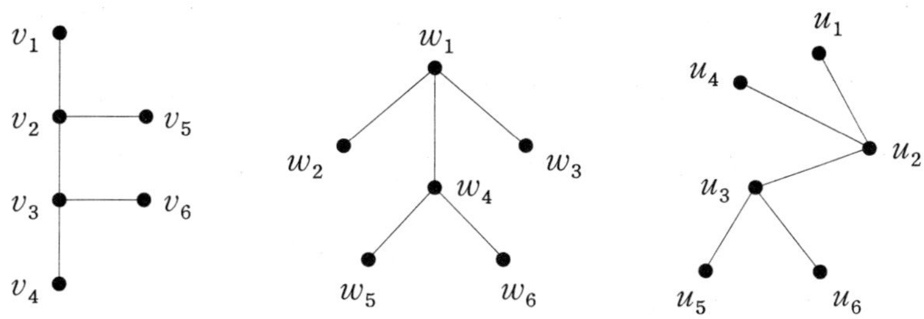

이제

$$G = (V, E), \qquad V = \{v_1, v_2, \cdots, v_6\},$$
$$G' = (W, E'), \qquad W = \{w_1, w_2, \cdots, w_6\},$$
$$G'' = (U, E''), \qquad U = \{u_1, u_2, \cdots, u_6\}$$

이라고 할 때, 다음 물음에 답하여라.

(1) G 에서 G' 위로의 동형사상 $\phi_1 : V \longrightarrow W$ 를 정하고, G 에서 G'' 위로의 동형사상 $\phi_2 : V \longrightarrow U$ 를 정하여라.
그리고, G' 에서 G'' 위로의 동형사상 $\psi : W \longrightarrow U$ 를 정하여라.

(2) G, G', G'' 의 인접행렬을 구하여라.

3. 다음 그림이 나타내는 수형도 중에서 동형인 수형도가 있는지 판정하여라.

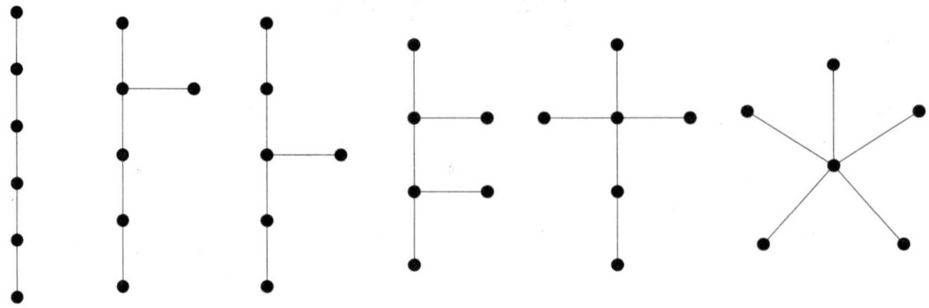

*4. 다섯 사람의 성이 각각 김, 이, 박, 최, 정일 때, 이들 중에서 세 사람을 뽑아 소위원회를 구성하는 방법은 모두 몇 가지가 있는가?
또, 이와 같이 소위원회를 구성하는 방법 전체를 수형도로 나타내어라.

*5. 연결그래프 $G=(V, E)$ 에서 $|V| \geq 2$ 인 경우에, $|E|<|V|$ 이면 G 는 수형도임을 증명하여라(문제 6.3.8 참조).

*6. 그래프 $G=(V, E)$ 의 꼭지점은 어느 한 나라의 여러 도시를 나타내고 또 모서리는 두 도시 사이의 직행 항로를 나낸다고 할 때, $\frac{|E|}{|V|}<1$ 인 경우에 이 나라에서의 항공 여행에 대하여 무어라고 말할 수 있는가?

*7. 수형도 $G=(V, E)$ 에서 $|V| \geq 2$ 일 때, G 에는 차수가 1 인 꼭지점이 2 개 이상 존재함을 증명하여라.

*8. 완전 이분그래프 $K_{m,n}$ 이 수형도이면, $m=1$ 또는 $n=1$ 임을 밝혀라.

9. 수형도 $G=(V, E)$ 에서 $|V| \geq 2$ 일 때, G 는 이분그래프임을 밝혀라.

*10. 수형도 $G=(V, E)$ 에서 한 모서리 $e \in E$ 에 대하여 $E'=E-\{e\}$ 이라고 할 때, G 의 부분그래프 $G'=(V, E')$ 은 연결그래프가 아님을 증명하여라.

§6.6 생성 수형도

오른쪽 그림이 나타내는 연결그래프에서 꼭지점은 그대로 두고 적당한 모서리를 제거하여 얻은 부분그래프 중에는 아래 그림에서 보는 바와 같이 수형도인 것이 있다.

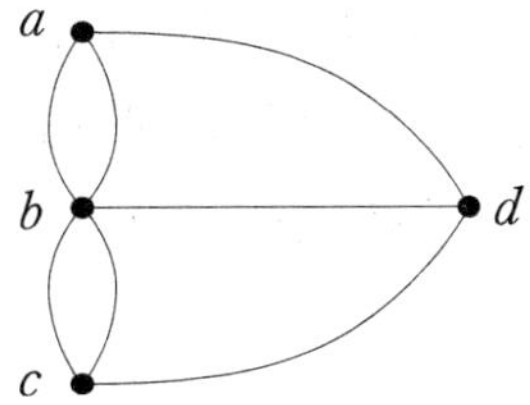

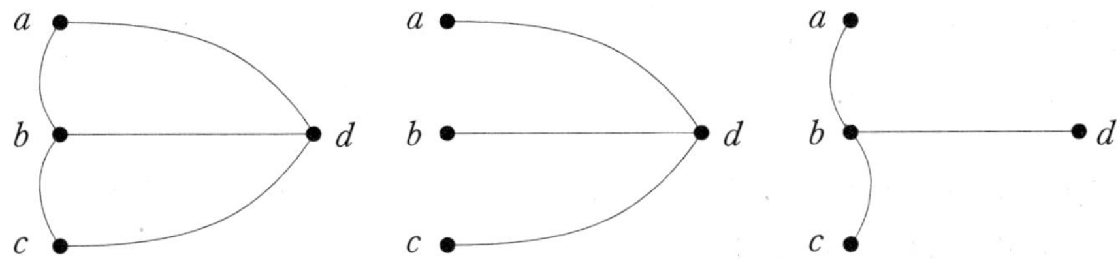

정의 6.6.1 연결그래프 $G=(V, E)$ 에서 꼭지점은 모두 그대로 둔 채 적당한 모서리를 제거하여 얻게 되는 수형도 $G'=(V, E')$ 을 G 의 **생성 수형도**(spanning tree)라고 한다.

정리 6.6.2 연결그래프 $G=(V, E)$ 의 생성 수형도는 존재한다.

증 명 연결그래프 G 에서 꼭지점은 모두 그대로 둔 채 고리가 존재한다면 고리를 모두 제거하고 또 서로 두 꼭지점을 이은 다중 모서리가 존재한다면 모서리 중에서 하나만 남기고 나머지를 모두 제거하여 얻은 G 의 부분그래프를 $G_1=(V, E_1)$ 이라고 하면 G_1 은 단순 연결그래프이다.

먼저 G_1 에 순환로가 존재하지 않으면, G_1 은 수형도이므로 G_1 은 G 의 생성 수형도이다(정의 6.5.1).

다음에 G_1 에 순환로가 존재한다고 가정하고

$$v_1 \ v_2 \ \cdots \ v_k \ v_1$$

를 G_1 의 한 순환로이라고 하자.

이 때, $e = \{v_1, v_2\}$ 이라 하고 $E_2 = E_1 - \{e\}$ 이라고 하면, 그래프 G_1 에서 꼭지점은 그대로 둔 채 모서리 e 만을 제거하여 얻은 부분그래프 $G_2 = (V, E_2)$ 는 연결그래프이고 또 순환로 $v_1\ v_2\ \cdots\ v_k\ v_1$ 을 포함하지 않는다(정리 6.5.5 의 증명).

이와 같이 G_1 에서 꼭지점은 모두 그대로 둔 채 순환로를 모두 제거하여 얻은 부분그래프를 $G' = (V, E')$ 이라고 하면, G' 은 연결그래프이므로 G' 은 수형도이고 따라서 G' 은 G 는 생성 수형도이다.

따름정리 6.6.3 연결그래프 $G = (V, E)$ 에 대하여 $G' = (V, E')$ 이 G 의 생성 수형도이면, G' 은 $|V|$ 개의 꼭지점과 $|V| - 1$ 개의 모서리로 이루어진 수형도이다.

증 명 정의에 의하여 G' 의 꼭지점의 개수는 $|V|$ 이고, G' 은 수형도이므로 정리 6.5.5 에 의하여 $|E'| = |V| - 1$ 이다.

앞으로, 꼭지점의 개수가 n 인 수형도나 생성 수형도를 생각하는 경우에는, 각 꼭지점에 $v_1, v_2, \cdots, v_n$ 과 같은 문자를 붙여 꼭지점을 구별하기로 한다.

보기 6.6.1 꼭지점을 구별하지 않는 경우에 꼭지점 3 개를 가진 수형도는 한 가지밖에 없다.

한편, 세 꼭지점에 v_1, v_2, v_3 와 같은 문자를 붙여 꼭지점을 구별하는 경우에 꼭지점 3 개를 가진 수형도는 다음 그림이 나타내는 3 가지가 있다.

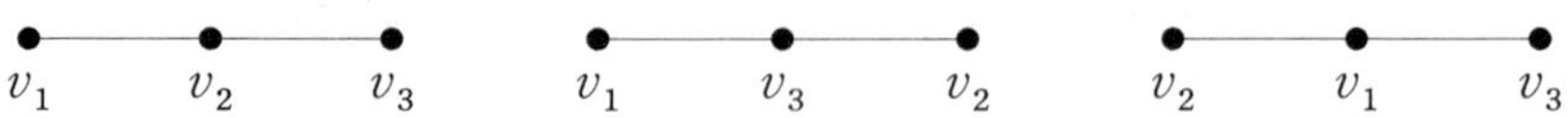

여기서 아래 두 그림이 나타내는 수형도는 동일한 수형도이다.

보기 6.6.2 오른쪽 그림이 나타내는 그래프는 단순 연결그래프이다.

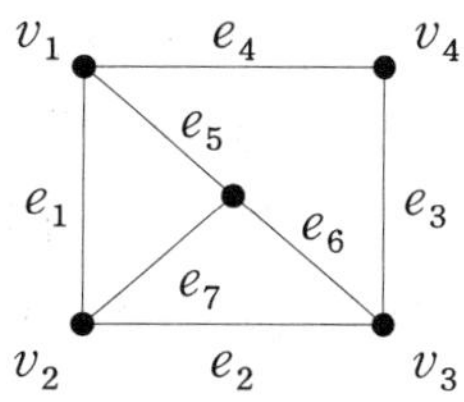

이 그래프의 생성 수형도는 아래의 세 그림이 나타내는 3가지 그래프뿐이다.

여기서 처음 두 수형도는 동형이다.

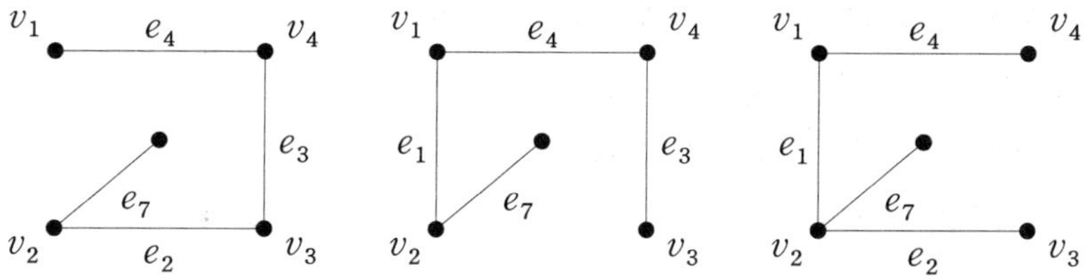

보기 6.6.3 오른쪽 그림이 나타내는 단순 연결그래프에 대하여 다음과 같은 8개의 서로 다른 생성 수형도가 존재하며 이들 생성 수형도는 4개의 꼭지점과 3개의 모서리로 이루어져 있다.

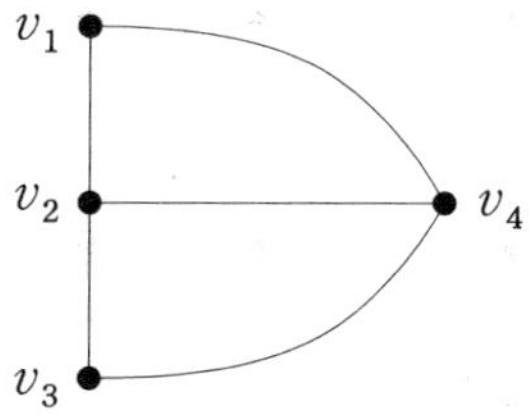

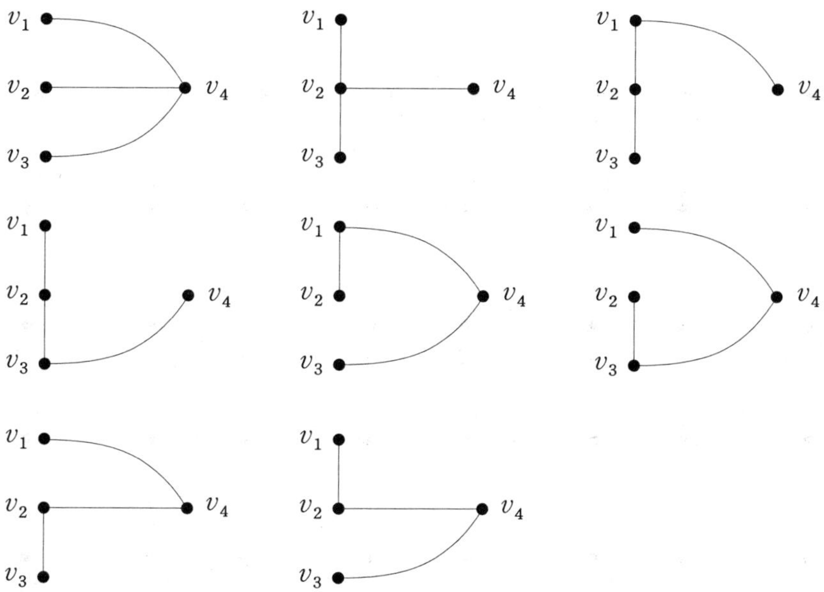

완전그래프 K_n 의 n 개의 꼭지점에 $v_1, v_2, \cdots, v_n$ 과 같은 문자를 붙여 이들 꼭지점을 구별할 때, $n \geq 3$ 인 경우에 완전그래프 K_n 의 서로 다른 생성 수형도의 개수는 n^{n-2} 이고, 또 n 개의 꼭지점 $v_1, v_2, \cdots, v_n$ 을 가진 서로 다른 수형도의 개수는 n^{n-2} 이다('해설 606' 참조).

보기 6.6.4 오른쪽 그림이 나타내는 완전그래프 K_4 의 서로 다른 생성 수형도는 4^2 개 존재한다. 다음 그림은 이러한 16 개의 생성 수형도를 나타낸 그림이다.

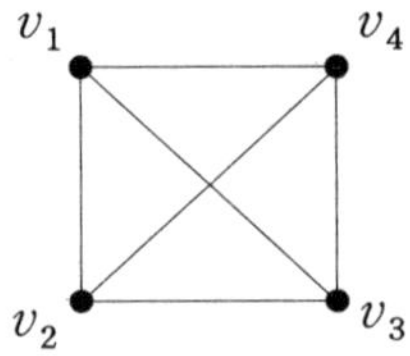

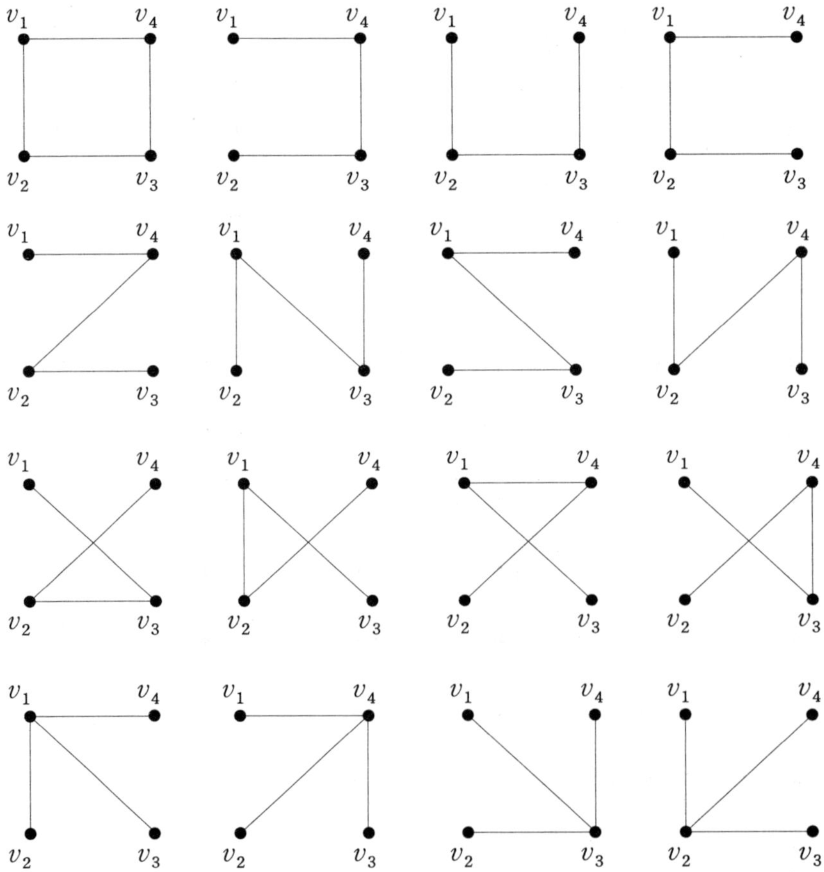

연 습 문 제 (6.6)

1. 아래 그림이 나타내는 그래프 G에 대하여 다음 물음에 답하여라.

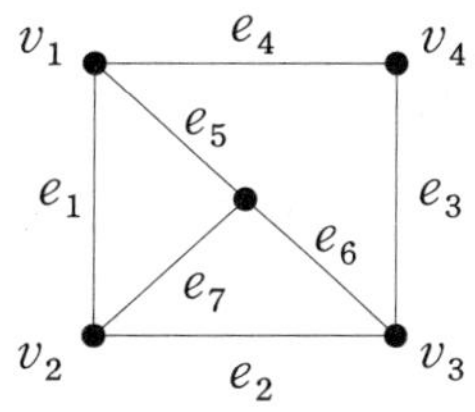

(1) 모서리 e_2, e_4, e_5를 제거하여 얻은 G의 생성 수형도 G'을 그림으로 나타내어라.

(2) G'에 모서리 e_2를 첨가한 후에 e_6 또는 e_7를 제거하여 얻은 G의 생성 수형도를 그림으로 나타내어라.

*2. 오른쪽 그림이 나타내는 그래프 G에서 적당한 모서리를 제거하여 얻은 G의 생성 수형도를 세 개만 구하되, 이들 중에서 한 생성 수형도는 다른 생성 수형도와 동형이 되지 않도록 하여라.

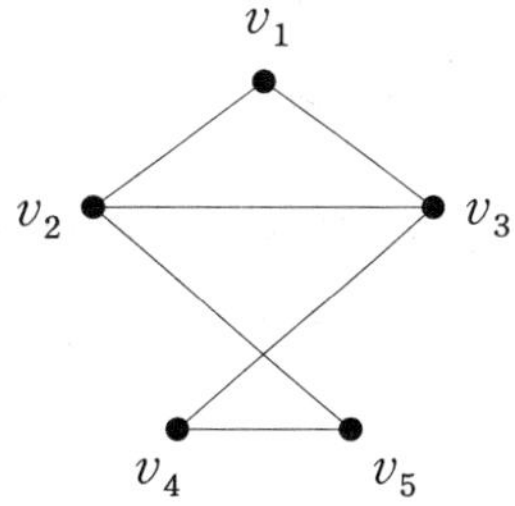

*3. 오른쪽 그림이 나타내는 완전 이분 그래프 $K_{2,2}$의 생성 수형도를 모두 그림으로 나타내고, 또 이들은 모두 동형임을 밝혀라.

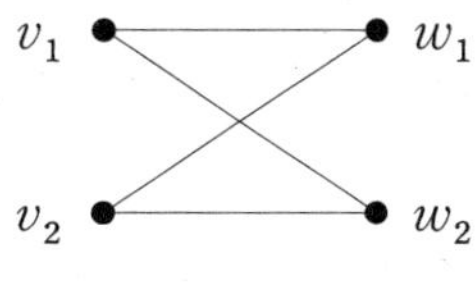

*4. 오른쪽 그림이 나타내는 완전 이분 그래프 $K_{2,3}$의 생성 수형도를 모두 그림으로 나타내어라.

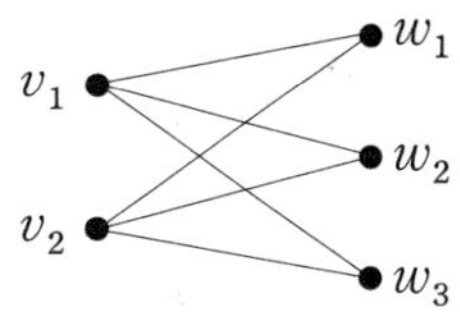

*5. 연결그래프 $G=(V,E)$에 대하여 $G'=(V,E')$이 G의 생성 수형도일 때, G'에 모서리 $e \in E-E'$를 첨가하여 얻는 그래프 G''에는 순환로가 존재함을 밝혀라.

§ 6.7 평면그래프와 정다면체

아래 두 그림은 다음과 같은 그래프 $G=(V, E)$를 평면 위에 그린 그림이다.

$$V=\{v_1, v_2, v_3, v_4\},$$

$$E=\{\{v_1, v_2\},\ \{v_1, v_3\},\ \{v_1, v_4\},\ \{v_2, v_4\},\ \{v_3, v_4\}\}$$

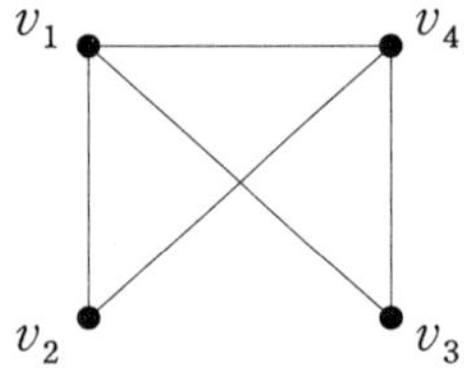

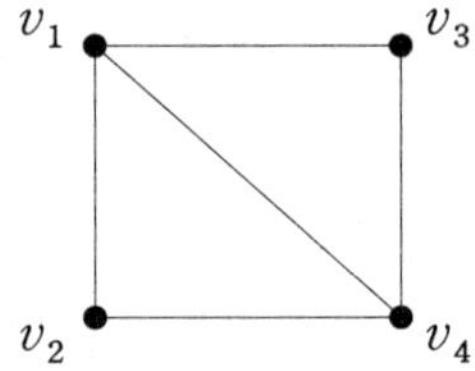

첫째 그림에서 두 모서리 $\{v_1, v_3\}$, $\{v_2, v_4\}$는 꼭지점이 아닌 점에서 교차하지만, 둘째 그림에서는 서로 교차하는 모서리가 없다.

정의 6.7.1 그래프 $G=(V, E)$를 평면 위에 어느 두 모서리도 꼭지점이 아닌 점에서 교차하지 않도록 굽은 선 또는 곧은 선으로 그릴 수 있을 때, G를 **평면그래프**(planar graph)라고 한다.

보기 6.7.1 완전그래프 K_2, K_3, K_4와 순환그래프 C_n, 바퀴그래프 W_n, 별그래프 S_n은 모두 평면그래프이다(정의 6.1.5 ~ 정의 6.1.8).

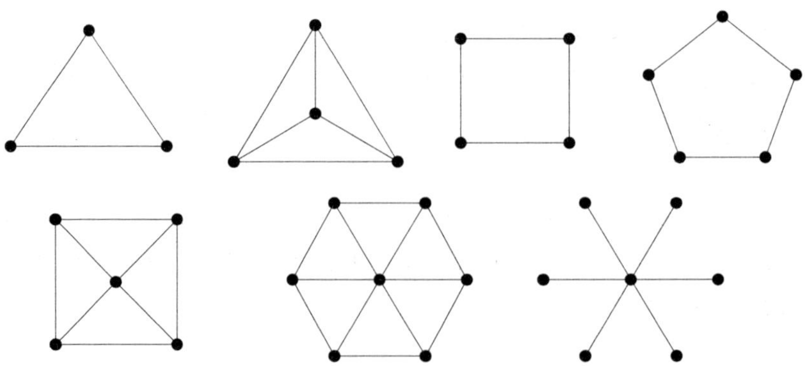

오른쪽 그림이 나타내는 그래프는 평면그래프이다. 실제로, 이 그래프는 다음과 같이 평면 위에 어느 두 모서리도 꼭지점이 아닌 점에서 교차하지 않도록 굽은 선 또는 곧은 선으로 그릴 수 있다.

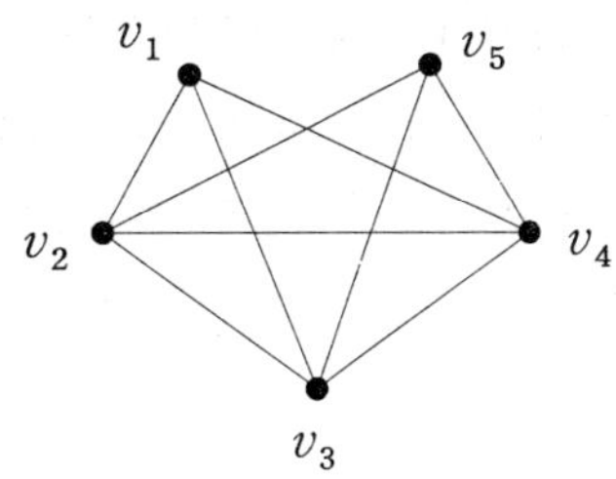

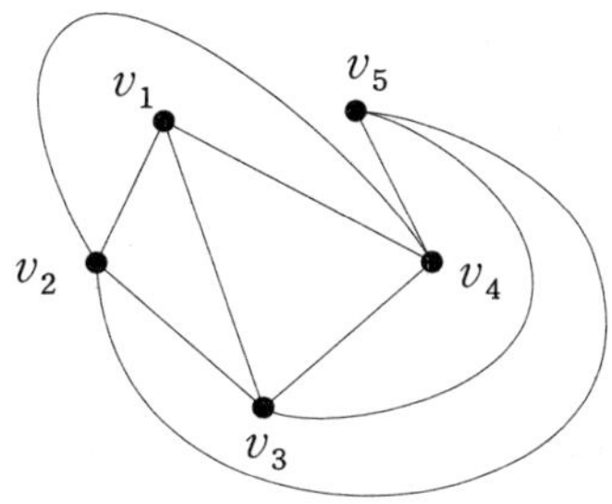

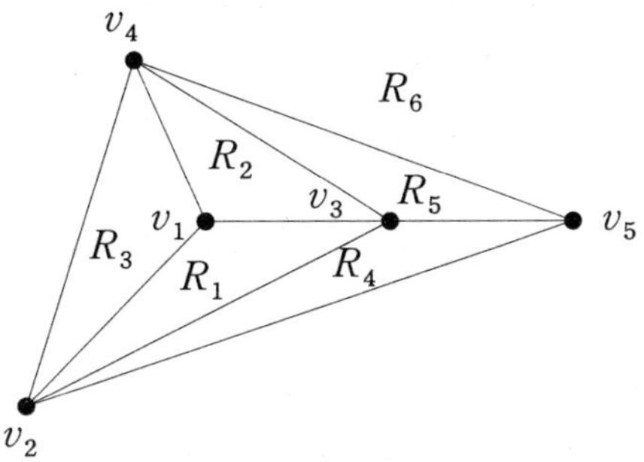

일반적으로, 평면그래프를 이와 같이 평면 위에 그리면, 평면은 모서리를 경계(boundary)로 하여 여러 개의 **내부 영역**(interior region)과 한 개의 **외부 영역**(exterior region)으로 분할된다. 예를 들면, 위의 그림에서 평면은 6개의 영역으로 분할되며 여기서 R_1, R_2, R_3, R_4, R_5는 모두 내부 영역이고 R_6는 외부영역이다.

세 모서리 $\{v_1, v_2\}, \{v_2, v_3\}, \{v_3, v_1\}$은 내부 영역 R_1의 경계를 이루며, 세 모서리 $\{v_4, v_2\}, \{v_2, v_5\}, \{v_5, v_4\}$는 외부 영역 R_6의 경계를 이룬다.

그리고, 각 모서리는 반드시 어느 한 영역의 경계의 일부이다.

보기 6.7.2 아래 첫째 그림이 나타내는 그래프에서 모서리 e는 내부 영역 R의 경계의 일부이다. 한편, 아래 둘째 그림이 나타내는 그래프에서 모서리 e는 외부 영역의 경계의 일부이다.

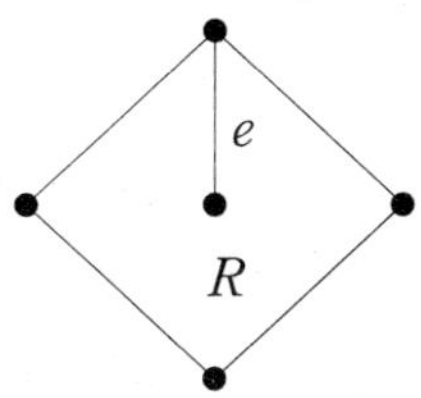

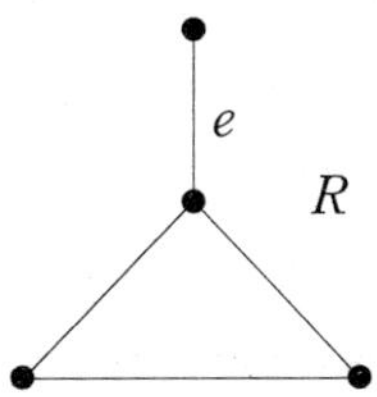

보기 6.7.3 수형도는 평면그래프이다(문제 3 참조). 그리고, 수형도의 영역은 외부 영역 하나뿐이고 모든 모서리가 이 영역의 경계를 이룬다.

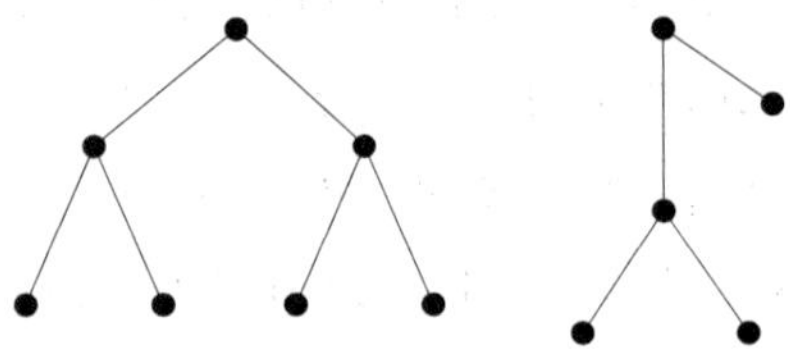

정리 6.7.2 (Euler) 그래프 $G=(V, E)$ 가 평면그래프인 경우에, 이 그래프를 평면 위에 어느 두 모서리도 서로 교차하지 않도록 그렸을 때 생기는 면의 개수를 f 라고 하면 $|V|-|E|+f=2$ 이다.

증 명 이 정리를 모서리의 개수 $|E|$ 에 관한 귀납법으로 증명한다.

먼저 $|E|=1$ 이면, $|V|=2$, $f=1$ 이므로 $|V|-|E|+f=2$ 이다.

이제 $G=(V, E)$ 가 정리의 조건을 만족시키는 평면그래프라 하고, 단순 연결그래프이면서 평면그래프인 그래프 중에서 모서리의 개수가 $|E|-1$ 일 때 정리의 등식이 성립한다고 가정하자.

먼저 G 에 순환로가 존재하지 않으면, G 는 수형도이므로 정리 6.5.5 에 의하여 $|E|=|V|-1$ 이고 또 면의 개수는 1 이므로 다음 등식이 성립한다.

$$|V|-|E|+f=|V|-|V|+1+1=2$$

이제 G 에 순환로 $v_1\ v_2\ \cdots\ v_k\ v_1$ 이 존재한다고 하자.

이 때, $e=\{v_1, v_2\}$ 이라 하고 $e'\in E-\{e\}$ 이라고 하면, 정리 6.5.5 (2) 의 증명에 의하여 부분그래프 $G'=(V, E')$ 은 단순 연결그래프이고 $|E'|=|E|-1$ 이다. 또, G' 의 면의 개수는 $f-1$ 이므로 가정에 의하여

$$|V|-|E'|+f-1=2$$

이고, 따라서 $|V|-|E|+1+f-1=2$ 즉 $|V|-|E|+f=2$ 이다.

다면체(polyhedron)는 꼭지점, 모서리와 면으로 이루어진 입체도형이며, 다면체 중에서 그 면이 모두 합동인 정다각형인 것을 정다면체라고 한다.

정다면체에서 면은 모두 서로 합동이므로 각 면을 둘러싸고 있는 모서리의 개수는 같다. 또, 정다면체에서 한 면을 제거시킨 후에 이때 생긴 구멍 주위를 늘려서 찌그러뜨려 평면에 펼쳐 놓으면 평면그래프를 얻는데, 이때

남아 있는 면은 그래프의 내부 영역에 대응하고 또 제거된 면은 이 그래프의 외부 영역에 대응하며 각 꼭지점의 차수는 일정하다(정의 6.1.11).

정리 6.7.3 정다면체는 다음과 같은 다섯 가지 종류가 있다.

정다면체	v	e	f	꼭지점의 차수	면의 모양
정사면체	4	6	4	3	삼각형
정육면체	8	12	6	3	사각형
정팔면체	6	12	8	4	사각형
정십이면체	20	30	12	3	오각형
정이십면체	12	30	20	5	삼각형

증 명 정다면체의 꼭지점의 개수, 모서리의 개수, 면의 개수가 각각 v, e, f 일 때 $v-e+f=2$ 임을 이용하여 정리를 증명한다.

이제 각 꼭지점의 차수를 d 라고 하면 정리 6.1.12 에 의하여 $vd=2e$ 즉 $v=\dfrac{2e}{d}$ 이고, 각 면을 정 b 각형이라고 하면 $f\cdot b=2e$ 즉 $f=\dfrac{2e}{d}$ 이다. 그런데, $f=e-v+2$ 이므로 다음이 성립한다.

$$\frac{2e}{b}=e-\frac{2e}{d}-2 \qquad 즉 \qquad \frac{1}{b}+\frac{1}{d}=\frac{1}{2}+\frac{1}{e}$$

한편, $b\geq 3$, $d\geq 3$ 이어야 하고, 또 b 와 d 가 상당히 크면 위의 등식의 좌변은 $\dfrac{1}{2}$ 이하가 되어 등식이 성립하지 않는다. 그런데, $b=d=4$ 일 때에도 등식이 성립하지 않으므로 다음 결과를 얻는다.

$b=3$ 인 경우

$$d=3,\quad e=6,\quad v=4,\quad f=4$$
$$d=4,\quad e=12,\quad v=6,\quad f=8$$
$$d=5,\quad e=30,\quad v=12,\quad f=20$$

$b=4$ 인 경우

$$d=3,\quad e=12,\quad v=8,\quad f=6$$

$b=5$ 인 경우

$$d=3,\quad e=30,\quad v=20,\quad f=12$$

다섯 가지 종류의 정다면체를 **플라톤의 입체**(Platonic solid)라고 한다.

정사면체

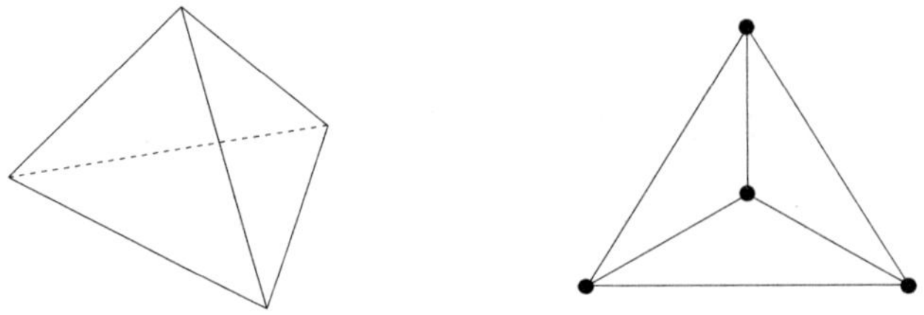

정육면체

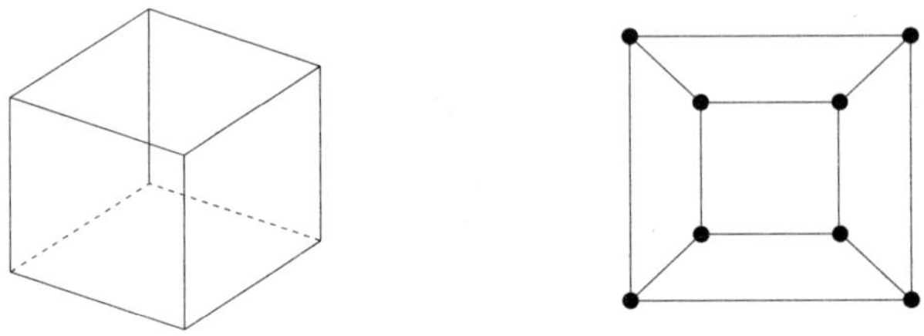

정팔면체

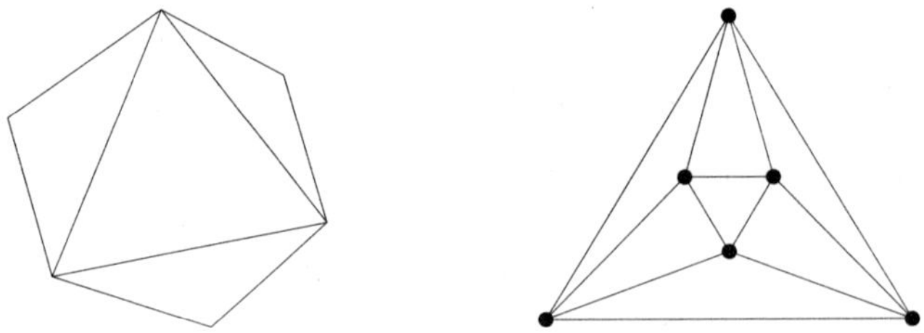

정십이면체

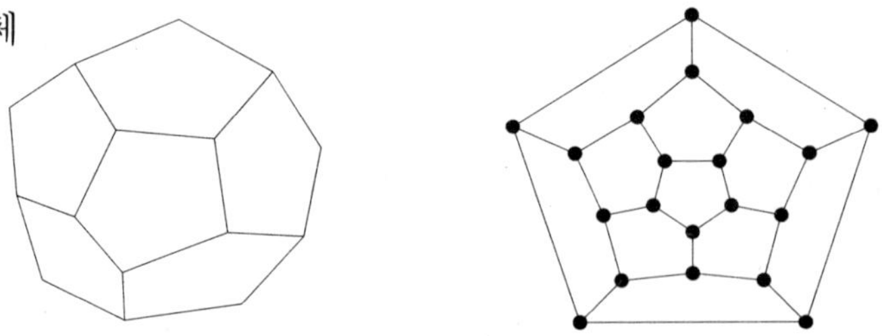

정이십면체

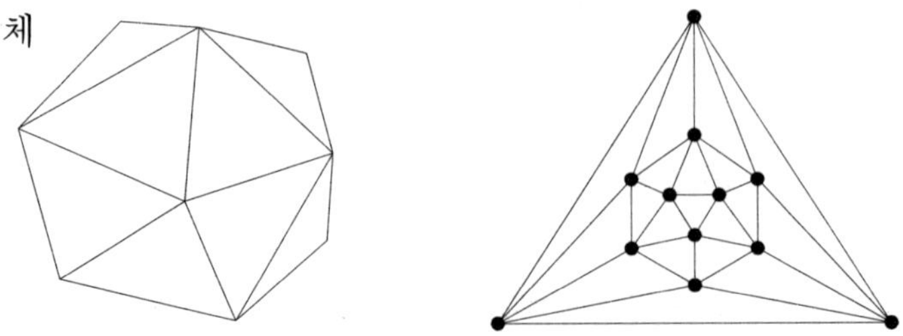

정리 6.7.4 완전 이분그래프 $K_{3,3}$ 는 평면그래프가 아니다.

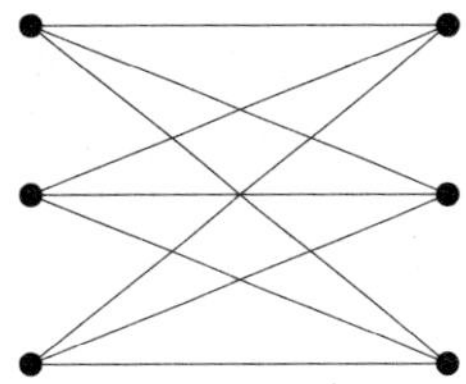

증 명 그래프 $K_{3,3}$ 는 6 개의 모서리와 9 개의 모서리로 이루어진 단순 연결그래프이다.

이제 $K_{3,3}$ 가 평면그래프라고 가정하고, 또 이 그래프를 평면 위에 어느 두 모서리도 서로 교차하지 않도록 그렸을 때 생기는 면의 개수를 f 라고 하면, 정리 6.7.2 에 의하여 $6-9+f=2$ 이므로 $f=5$ 이다.

또, 경계를 이루는 모서리 전체의 개수를 m 이라고 하면, 각 모서리는 2 번 이상 중복되지 않으므로

$$m \leq 2 \cdot 9 = 18$$

이고, $K_{3,3}$ 는 이분그래프이므로 그 부분그래프 중에는 K_3 와 동형인 것이 없으므로 각 영역의 경계는 4 개 이상의 모서리로 이루어져 있고 따라서

$$m \geq 4f \geq 4 \cdot 5 = 20$$

이므로 모순이 생긴다. 그러므로 $K_{3,3}$ 는 평면그래프가 아니다.

보기 6.7.4 세 가정집이 오른쪽 그림과 같이 일렬로 늘어서 있을 때 이 세 집에 수도, 전기, 전화를 모두 가설하는 경우에 정리 6.7.4 에 의하여 수도관, 전선, 전화선을 서로 교차하지 않도록 가설할 수는 없다.

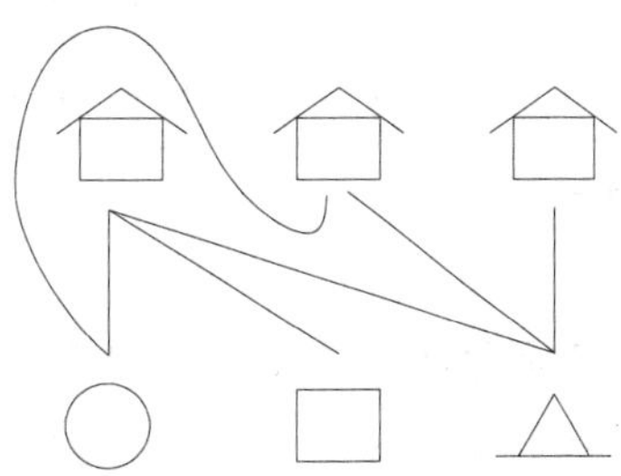

정리 6.7.5 단순연결그래프 $G=(V,E)$ 가 평면그래프일 때, $|V| \geq 3$ 이면 $|E| \leq 3|V|-6$ 이다.

증 명 먼저 $|V|=3$ 이면, 분명히 $|E| \leq 3$ 이므로 다음이 성립한다.

$$|E| \leq 3 = 3 \cdot 3 = 3|V| - 6$$

이제 $|V| \geq 3$ 이라고 하자. 이 때, $3|V|-6 \geq 3 \cdot 3 - 6 = 3$ 이므로 $|E| \leq 2$ 이면 $|E| \leq 3|V|-6$ 이다.

다음에 $|E| \geq 3$ 인 경우에 이 그래프를 평면 위에 어느 두 모서리도 서로 교차하지 않도록 그렸을 때 생기는 면의 개수를 f 라 하고, 경계를 이루는 모서리 전체의 개수를 m 이라고 하자. 각 모서리는 1개 또는 2개의 면의 경계에 속하므로 $m \leq 2|E|$ 이다. 그런데, 각 경계는 적어도 3개의 모서리로 이루어져 있으므로 $m \geq 3f$ 이고 따라서 다음이 성립한다.

$$3f \leq m \leq 2|E|$$

한편, 정리 6.7.2 에 의하여 $|V| - |E| + f = 2$ 이므로

$$\begin{aligned} 6 &= 3|V| - 3|E| + 3f \\ &\leq 3|V| - 3|E| + 2|E| = 3|V| - |E| \end{aligned}$$

이고, 따라서 $|E| \leq 3|V| - 6$ 이다.

따름정리 6.7.7 완전그래프 K_5 는 평면그래프가 아니다.

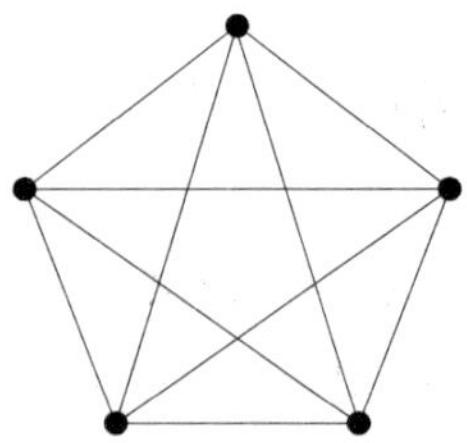

증 명 그래프 K_5 는 5개의 꼭지점과 10개의 모서리로 이루어져 있는 단순 연결그래프이고 또

$$3|V| - 6 = 3 \cdot 5 - 6 = 9 < 10 = |E|$$

이므로, 정리 6.7.5 에 의하여 K_5 는 평면그래프가 아니다.

따름정리 6.7.8 그래프 $G = (V, E)$ 가 평면그래프이면, G 의 꼭지점 중에는 $\deg v \leq 5$ 인 꼭지점 v 가 적어도 하나 존재한다.

증 명 모든 $v \in V$ 에 대하여 $\deg v \geq 6$ 이면, 정리 6.1.12 에 의하여

$$2|E| = \sum_{v \in V} \deg v \geq 6|V|$$

이므로

$$|E| \geq 3|V| > 3|V| - 6$$

이고 이것은 정리 6.7.5 에 모순된다.

따라서 G 에는 $\deg v \leq 5$ 인 꼭지점 v 가 적어도 하나 존재한다.

연 습 문 제 (6.7)

*1. 아래 그림이 나타내는 그래프는 평면그래프임을 밝혀라.

(1) 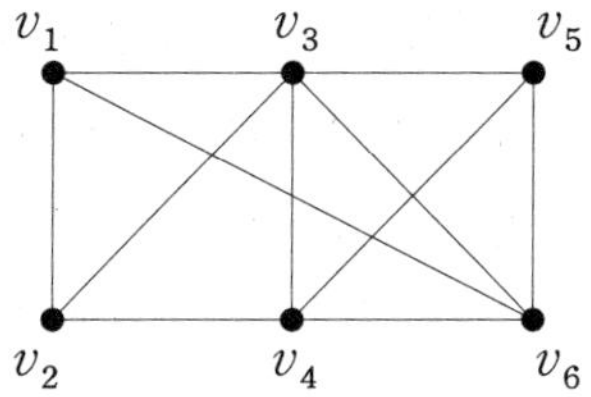

(2) 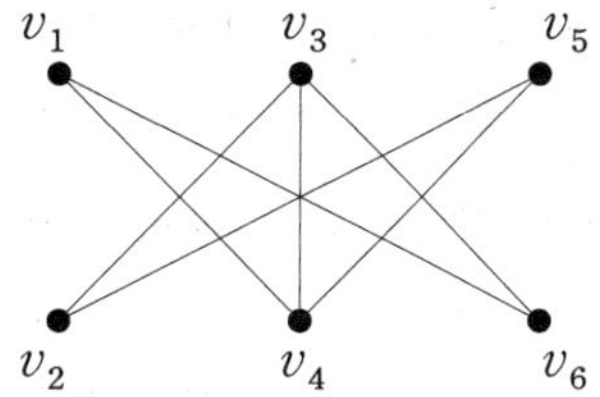

*2. 그래프 $K_{2,2}$, H_2, H_3가 평면그래프임을 밝혀라(정의 6.1.10 참조).

*3. 수형도는 평면그래프임을 증명하여라.

*4. 오른쪽 그림이 나타내는 그래프 $G=(V, E)$에서 모든 면의 경계를 이루는 모서리 전체의 개수를 m이라고 하면, $m < 2|E|$이고 또 $|E| < 3|V| - 6$임을 밝혀라.

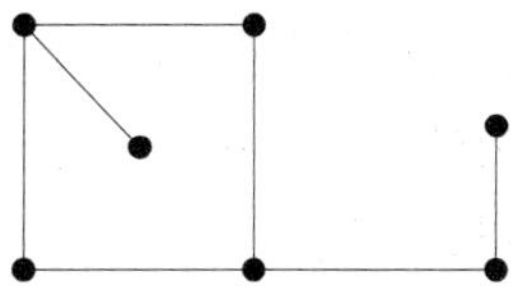

5. 그래프 $G=(V, E)$가 완전그래프 K_3일 때, G는 단순 연결그래프이고 또 평면그래프이며 $|E| = 3|V| - 6$임을 밝혀라.

*6. 단순 연결그래프 $G=(V, E)$가 평면그래프이고 $|V| \geq 3$인 경우에 이 그래프를 평면 위에 어느 두 모서리도 서로 교차하지 않도록 그렸을 때 생기는 면의 개수가 f이면 $f \leq 2|V| - 4$임을 증명하여라.

*7. 완전그래프 K_n이 평면그래프일 때, n의 값을 말하여라.

*8. 단순 연결그래프 $G=(V, E)$가 평면그래프일 때, $|V| \geq 2$이면 꼭지점 중에 $\deg v \leq 5$인 꼭지점이 적어도 두 개 존재함을 밝혀라.

9. 단순 연결그래프 $G=(V, E)$가 평면그래프이고 $|V| = 20$이면, $|E| \leq 54$임을 밝혀라.

§6.8 색칠하기

지도를 네 가지 색만을 써서 색칠하되 국경을 공유하는 나라는 다른 색을 칠하여 구별할 수 있는지를 생각해 보자. 이 四色 문제(Four-Color problem)는 1852년 영국의 Francis Guthrie가 제기한 이래 100여년이 지난 후에 Kenneth Appel과 Wolfgang Haken이 Koch의 도움을 받아 IBM 360 전자계산기를 1200시간 이상 써서 2000여 가지의 도형을 조사하여 1976년에 이 문제에 대한 긍정적인 해답을 얻었다. 그러나, 이 문제를 전자계산기를 사용하지 않고 이론적으로 해결한 수학자는 없다.

어떠한 모양의 지도에 대해서도 이 지도의 나라(또는 지역)은 꼭지점으로 나타내고 국경(또는 경계선)을 공유하는 나라(또는 지역)에 대응하는 꼭지점은 모서리로 이어 그래프를 만들면, 지도에 대응하는 평면그래프를 얻는다. 이와 같이 지도에 평면그래프를 대응시키면, 지도의 모든 나라에 색칠하되 국경을 공유하는 나라는 다른 색을 칠하는 문제는 결국 그래프의 모든 꼭지점에 색칠하되 서로 이웃하는 꼭지점은 다른 색을 칠하는 문제와 마찬가지이다.

아래 그림은 가상적인 지도와 이에 대응하는 평면그래프를 그린 것이다.

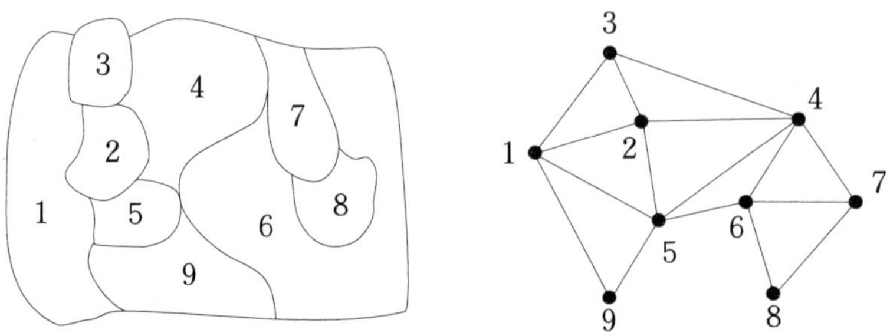

이 지도(그래프)에 다음과 같이 네 가지 색을 써서 나라(꼭지점)에 색을 칠하면, 국경을 공유하는 나라는 서로 다른 색으로 구별된다.

1 : 빨강, 2 : 파랑, 3 : 초록,
4 : 빨강, 5 : 초록, 6 : 파랑,
7 : 초록, 8 : 빨강, 9 : 노랑

정의 6.8.1 그래프 $G = (V, E)$ 에서 각 꼭지점마다 색을 지정하되 서로 이웃하는 꼭지점에 다른 색이 지정되도록 하는 것을 **색칠하기**(coloring)라고 한다. 그리고, 그래프 G 의 색칠하기에 사용되는 색의 최소 개수를 G 의 **색의 개수**(chromatic number)라 하고, 이것을 $\chi(G)$ 로 나타낸다.

보기 6.8.1 완전그래프 K_n 에 대하여 $\chi(K_n) = n$ 이다(정의 6.1.5).

실제로, K_n 의 n 개의 서로 다른 꼭지점은 모두 서로 이웃하므로 n 개의 꼭지점에 서로 다른 색을 지정해야 하고 따라서 $\chi(K_n) = n$ 이다.

그리고, 순환그래프 C_n 에 대하여 다음이 성립함을 알 수 있다(정의 6.1.7).

$$\chi(C_n) = \begin{cases} 2 & (n \text{ 이 짝수일 때}) \\ 3 & (n \text{ 이 홀수일 때}) \end{cases}$$

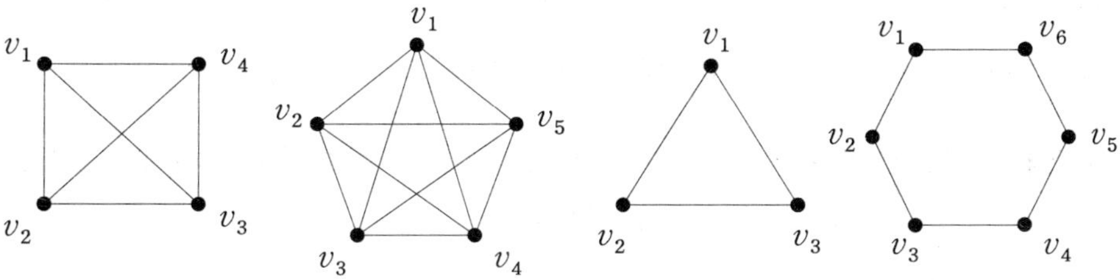

보기 6.8.2 오른쪽 그림이 나타내는 그래프 G 를 생각해 보자.

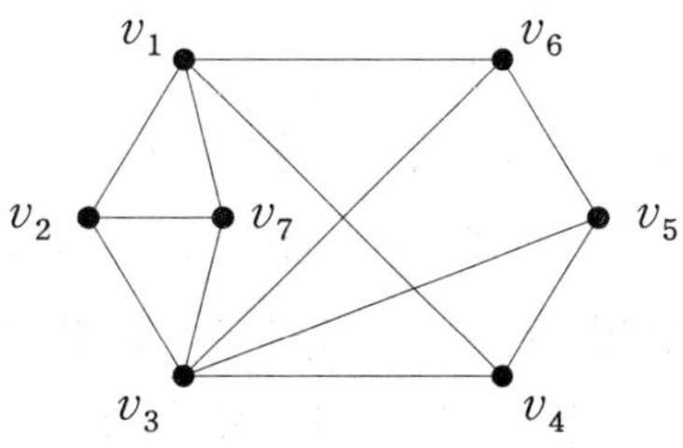

이 그래프의 네 꼭지점 v_3, v_4, v_5, v_6 에 의하여 결정되는 부분그래프는 완전그래프 K_4 이고 또 $\chi(K_4) = 4$ 이므로 $\chi(G) \geq 4$ 이다.

한편, 예를 들어 각 꼭지점에 오른쪽 표와 같이 네 가지 색을 지정하면, 서로 이웃하는 꼭지점에 다른 색이 지정된다.

v_1 빨강, v_2 파랑,
v_3 빨강, v_4 노랑,
v_5 빨강, v_6 파랑,
v_7 노랑

따라서 $\chi(G) = 4$ 이다.

보기 6.8.3 오른쪽 그림이 나타내는 그래프 G를 생각해 보자.

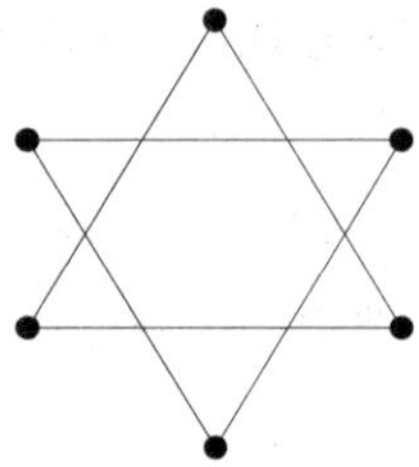

아래 그림에서 보는 바와 같이 G의 세 꼭지점 a, b, c에 의하여 결정되는 부분그래프는 완전그래프 K_3이고 또 $\chi(K_3) = 3$이므로 $\chi(G) \geq 3$이다.

그런데, 나머지 세 꼭지점 u, v, w에 대해서는 a, b, c에 지정한 색을 사용해도 좋으므로, $\chi(G) = 3$이다.

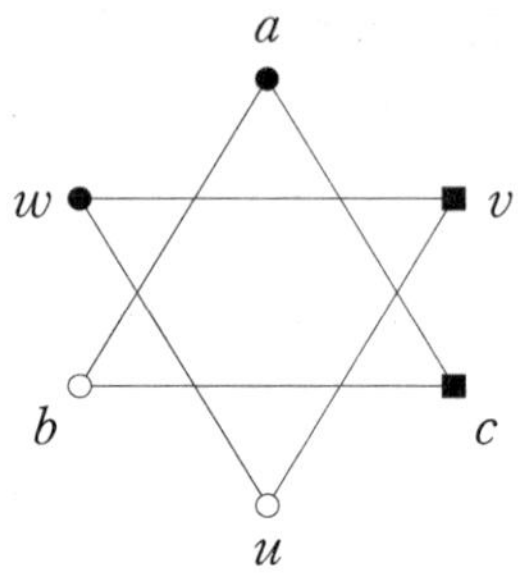

정리 6.8.2 그래프 $G = (V, E)$가 이분그래프이면, $\chi(G) = 2$이다. 특히, 완전 이분그래프 $K_{m,n}$에 대하여 $\chi(K_{m,n}) = 2$이다.

증 명 가정에 의하여 다음과 같은 두 조건을 만족시키는 V의 공집합이 아닌 두 부분집합 V_1, V_2가 존재한다.

(i) $V = V_1 \cup V_2, \quad V_1 \cap V_2 = \emptyset$

(ii) 모든 모서리의 한 끝점은 V_1에 속하고 다른 한 끝점은 V_2에 속한다.

이 때, V_1에 속하는 모든 꼭지점에 한 색을 지정하고 V_2에 속하는 모든 꼭지점에 다른 한 색을 지정하면 되므로 $\chi(G) \leq 2$이다.

한편, 한 모서리의 두 끝점이 각각 $v \in V_1$, $w \in V_2$이면, 이 두 끝점에서로 다른 색을 지정해야 하므로 $\chi(G) = 2$이다.

특히, $\chi(K_{m,n}) = 2$이다.

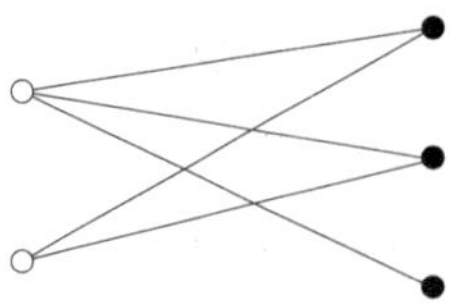

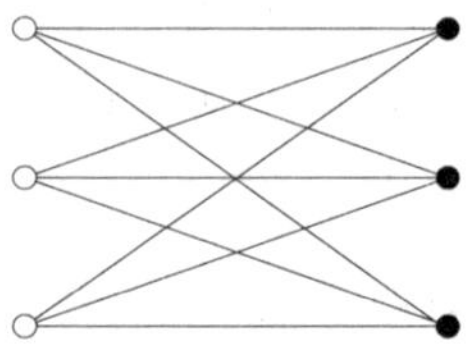

보기 6.8.4 오른쪽 그림이 나타내는 그래프 G를 생각해 보자.

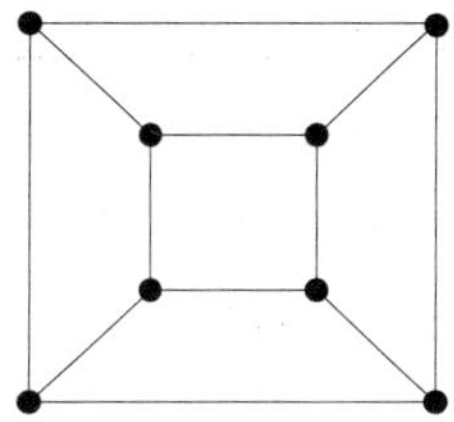

이 그래프의 꼭지점을 아래 그림과 같이 두 가지로 구분하면 G가 이분그래프임을 알 수 있고. 따라서 정리 6.8.2 에 의하여 $\chi(G) = 2$ 이다.

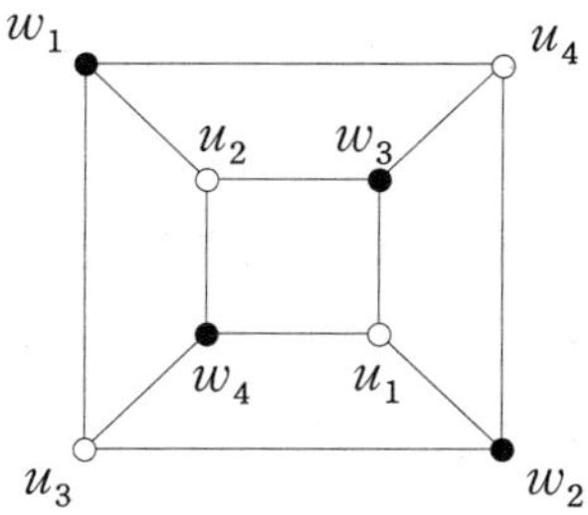

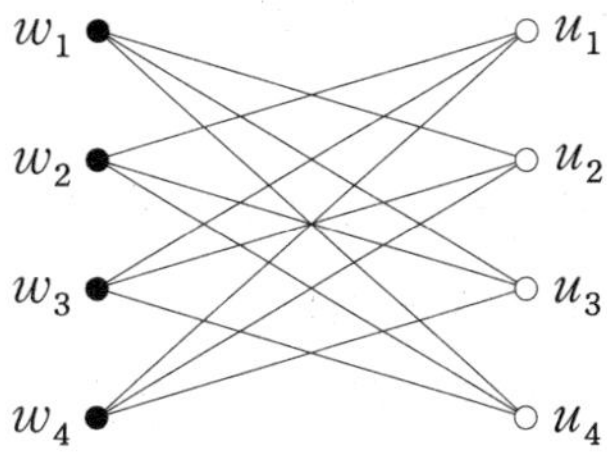

앞에서 논한 사색 문제는 다음 정리로 표현할 수 있다.

정리 6.8.3 임의의 평면그래프 G에 대하여 $\chi(G) \le 4$ 이다.

다음 정리는 그래프의 색의 개수와 꼭지점의 차수와의 관계를 말해 준다.

정리 6.8.4 그래프 $G = (V, E)$ 에서 $\Delta(G)$ 를 G 의 꼭지점 전체에 대한 차수의 최대값이라고 하자. 즉,

$$\Delta(G) = \max\{\deg v \mid v \in V\}$$

이 때, $\chi(G) \le 1 + \Delta(G)$ 이다.

증 명 꼭지점의 개수 $|V|$에 대한 귀납법으로 이 정리를 증명한다.

먼저 $|V| = 1$일 때. 분명히 $\Delta(G) = 0$, $\chi(G) = 1$이므로 이 경우에 $\chi(G) = 1 + \Delta(G)$ 이다.

다음에 k가 양의 정수일 때, 꼭지점의 개수가 k인 모든 그래프에 대하여 정리가 성립한다고 가정하고, $G = (V, E)$ 를 $|V| = k+1$ 인 그래프라고 하자. 이 때, 임의의 꼭지점 $v \in V$ 에 대하여 v와 이 꼭지점을 끝점으로 가지는 모서리를 모두 제거시킨 부분그래프를 $G' = (V - \{v\}, E')$ 이라고

하면, $\Delta(G') \leq \Delta(G)$ 이고 또 G' 의 꼭지점 전체 개수는 k 이므로 귀납법 가정에 의하여 $\chi(G') \leq 1 + \Delta(G')$ 이고 따라서

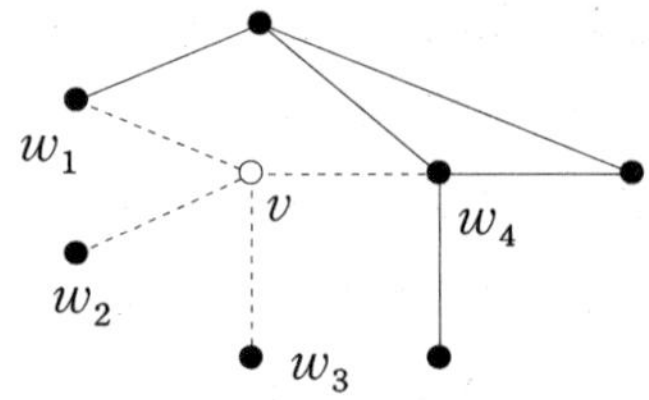

$$\chi(G') \leq 1 + \Delta(G)$$

이므로 G' 의 모든 꼭지점에 $1 + \Delta(G)$ 개 이하의 색을 지정하여 구별할 수 있다.

한편, $\deg v \leq \Delta(G)$ 이므로 v 와 이웃하는 꼭지점의 개수는 $\Delta(G)$ 이하이고 따라서 $1 + \Delta(G)$ 개 이하의 색 중의 하나를 v 에 지정하여 G 의 모든 꼭지점을 구별할 수 있다. 그러므로 $\chi(G) \leq 1 + \Delta(G)$ 이다.

보기 6.8.5 완전그래프 K_n 에 대하여 $\chi(K_n) = n$ 이다(보기 6.8.1). 또, K_n 의 각 꼭지점 v 에 대하여 $\deg v = n-1$ 이므로 $\Delta(K_n) = n-1$ 이고 따라서 다음이 성립한다.

$$\chi(K_n) = n = 1 + \Delta(K_n)$$

순환그래프 C_n 에서 모든 꼭지점의 차수는 2 이므로 $\Delta(C_n) = 2$ 이다.
특히, n 이 홀수이면, $\chi(C_n) = 3$ 이므로 $\chi(C_n) = 1 + \Delta(C_n)$ 이다.
한편, n 이 짝수이면, $\chi(C_n) = 2$ 이므로 $\chi(C_n) < 1 + \Delta(C_n)$ 이다.

보기 6.8.6 어느 대학교 신입생이 다음과 같은 계열에 따라 수강하고 있다고 하자.

(1) 국 어, 수 학, 물리학, 화 학
(2) 국 어, 수 학, 전산학, 영 어
(3) 국 어, 전산학, 심리학, 국 사
(4) 물리학, 생물학, 영 어, 심리학
(5) 물리학, 전산학, 국 사, 프랑스어
(6) 물리학, 화 학, 심리학, 프랑스어
(7) 생물학, 심리학, 영 어, 국 사

이들 10개 과목의 시험 날자를 어떻게 배정하여야 같은 시일에 둘 이상의 과목이 겹치지 않도록 하면서 가장 짧은 기간 안에 시험을 마칠 수 있는지를 알아보려면 다음과 같이 그래프를 이용한다.

먼저 모든 과목을 꼭지점으로 나타내고, 같은 날자에 배정하지 말아야 할 과목을 모서리로 이으면, 아래 그림과 같은 그림을 얻는다.

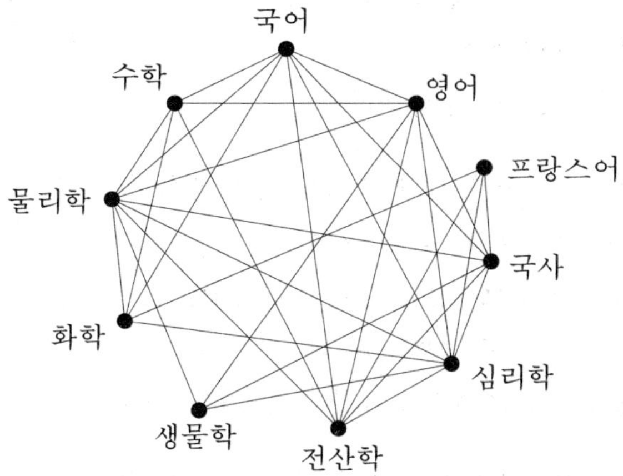

위의 그림이 나타내는 그래프를 G라고 하면, 가장 짧은 시험기간은 $\chi(G)$와 같다. 한편, 이 그래프에서

'국어', '수학', '물리학', '전산학', '영어'

로 결정되는 부분그래프는 K_5이고 또 $\chi(K_5) = 5$이다.

한편, '심리학'과 '국사'는 서로 이웃하는 꼭지점이고 이 두 꼭지점은 모두 '국어', '물리학', '전산학', '영어'와 서로 이웃하므로 $\chi(G) = 6$이다.

따라서 가장 짧은 시험 기간은 6일이며, 아래 표는 시험 시간표 중의 한 예이다.

제 1 일 : 수학, 심리학
제 2 일 : 국어, 프랑스어
제 3 일 : 물리학
제 4 일 : 화학, 영어
제 5 일 : 생물학, 전산학
제 6 일 : 국사

연 습 문 제 (6.8)

*1. 오른쪽 지도에 대응하는 그래프를 G라고 할 때, G를 그림으로 나타내고 이 지도를 그리는 데 몇 가지 색깔이 필요한지 말하여라.
그리고, G의 $\chi(G)$를 구하여라.

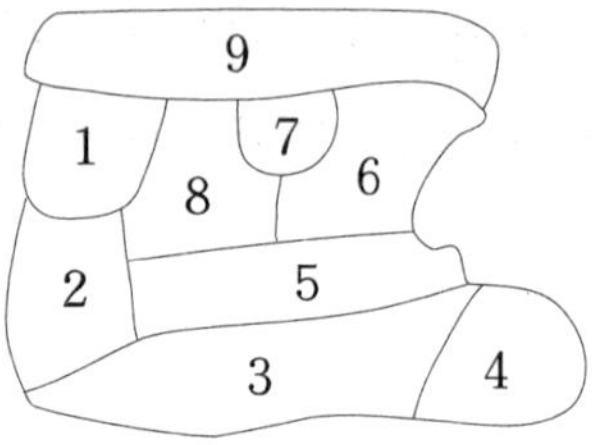

2. 그래프 G에 대한 다음 명제 중에서 참인 것을 찾아라.

(1) G가 완전 그래프 K_3이면, $\chi(G) = 3$이다.

(2) G가 K_3를 부분그래프로 포함하면, $\chi(G) \geq 3$이다.

(3) G가 순환그래프 C_5이면, $\chi(G) = 3$이다.

(4) G가 C_5를 부분그래프로 포함하면, $\chi(G) \geq 3$이다.

*3. 그래프 G에 대한 다음 명제가 참인지 거짓인지를 판정하여라.

(1) Hamilton 순환로가 존재하고 $\chi(G) = 2$이면, G는 평면그래프이다.

(2) Euler 회로와 Hamilton 순환로가 존재하면, $\chi(G) \leq 6$이다.

*4. 아래 그림이 나타내는 그래프 G에 대하여 $\chi(G)$를 구하여라.
그리고, $\chi(G)$개의 색으로 색칠하는 방법을 말하여라.

(1)

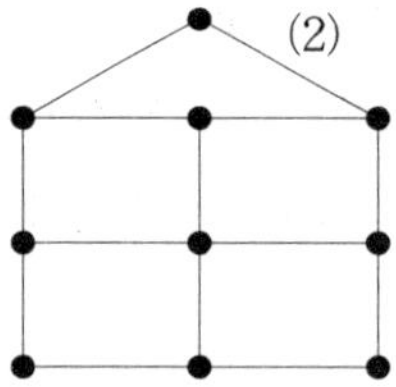

(2)

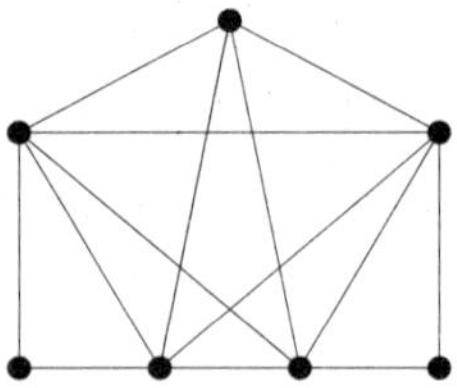

5. 수형도 $G = (V, E)$에서 $|V| \geq 2$이면, $\chi(G) = 2$임을 증명하여라.

*6. 단순 연결그래프 $G = (V, E)$에서 $|V| = |E| \geq 3$이면, $\chi(G) \leq 3$임을 증명하여라.

§6.9 가중 그래프와 최단 경로

그래프 중에는 오른쪽 그림이 나타내는 그래프와 같이 각 모서리마다 시간, 거리, 비용, 이익, 용량과 같은 수치가 붙어 있는 경우가 있다.

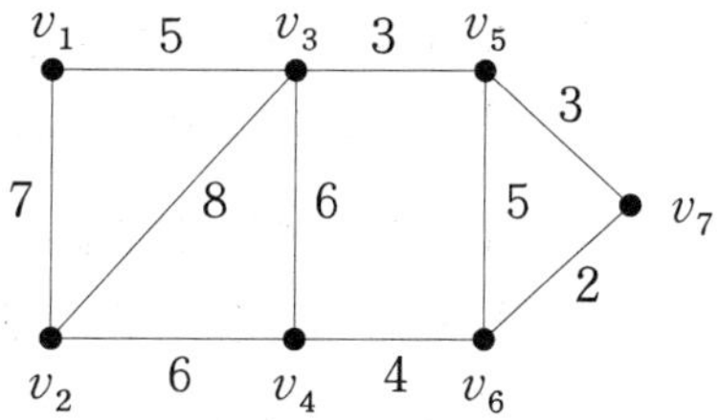

정의 6.9.1 그래프 $G=(V,E)$ 에서 각 모서리 e 에 음이 아닌 실수 $w(e)$ 가 지정되어 있을 때, 이 그래프를 **가중 그래프**(weighted graph)라 하고 $w(e)$ 를 모서리 e 의 **무게**(weight)라고 한다.

가중 그래프에서 각 모서리의 무게가 거리를 나타내는 경우에, 특정한 꼭지점 v_1 과 꼭지점 v 를 연결하는 경로 중에서 그 거리의 합이 가장 작은 경로를 v_1 에서 v 까지의 **최단 경로**(shortest path)라 하고 그 거리의 합을 **최단 거리**라고 한다.

이 절에서는, 두 꼭지점 u, v 를 이은 모서리 $\{u, v\}$ 를 uv 로 나타내고 그 무게를 $w(uv)$ 로 나타내기로 하고, 최단 경로와 최단 거리를 구하는 알고리즘에 대하여 논하기로 한다.

다음에 소개할 알고리즘은 Dijkstra 가 1956 년에 개발한 알고리즘이다. 이 알고리즘에서 출발점 v_1 에는 순서쌍 $(-, 0)$ 을 지정한다. 또, v_1 에서 v 까지의 최단 경로가

$$v_1 \ v_2 \ \cdots \ u \ v$$

이고 그 최단 거리가 t 인 경우에 v 에 순서쌍 (u, t) 를 지정한다. 여기서 모서리 uv 는 v_1 에서 v 까지의 최단 경로의 마지막 모서리이다.

알고리즘 6.9.2 (Dijkstra의 최단 경로 알고리즘) 가중 단순그래프에서, 다음 절차에 따라 꼭지점 v_1에서 꼭지점 v까지의 최단 경로와 최단 거리를 구한다.

단계 1 : 꼭지점 v_1에 순서쌍 $(-, 0)$을 지정한다.

단계 2 : 꼭지점 v에 순서쌍이 지정되거나 또는 더 이상 순서쌍을 지정할 수 없을 때까지 다음 과정을 되풀이한다.

(i) 꼭지점 u에 순서쌍 (x, d)가 지정되어 있을 때, u와 이웃하는 꼭지점 중에서 순서쌍이 지정되지 않은 각 꼭지점 u'에 대하여 $d + w(e)$를 계산한다. 여기서 $e = uu'$이다.

(ii) 위의 (i)에서 구한 모든 $d + w(e)$의 값 중에서 최소값 d'을 구한다.

(iii) 위의 (ii)에서 구한 d'에 대하여 u'이 $d' = d + w(uu')$인 꼭지점이면, u'에 순서쌍 (u, d')을 지정한다. 이와 같은 꼭지점 u'이 여러 개 있을 때에는 이들을 모두 택한다.

보기 6.9.1 오른쪽 그림이 나타내는 가중 단순그래프에서, 꼭지점 p에서 각 꼭지점까지의 최단 경로와 그 최단 거리를 알고리즘 6.9.2에 따라 구해 보자.

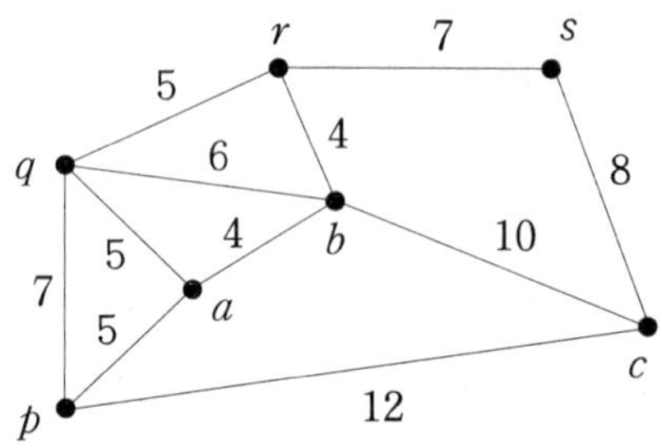

먼저 p에 순서쌍 $(-, 0)$을 지정한다. 꼭지점 p에 이웃하는 꼭지점은 q, a, c뿐이고 이들에 대한 $d + w(e)$의 값은 각각 다음과 같다.

$$0 + 7 = 7, \quad 0 + 5 = 5, \quad 0 + 12 = 12$$

그런데, 이들 세 값 5, 7, 12 중에서 최소값은 5이고 또 $e = pa$이므로 꼭지점 a에 순서쌍 $(p, 5)$를 지정한다.

이제 순서쌍이 지정된 두 꼭지점 p, a에 대하여 단계 2를 되풀이한다.

먼저 p에 이웃하는 꼭지점 중에서 순서쌍이 지정되지 않은 꼭지점은 q, c뿐이고 이 두 꼭지점에 대한 $d + w(e)$의 값은 각각 다음과 같다.

$$0 + 7 = 7, \qquad 0 + 12 = 12$$

또, a에 이웃하는 꼭지점 중에서 순서쌍이 지정되지 않은 꼭지점은 q, b뿐이고 이들 두 꼭지점에 대한 $d + w(e)$의 값은 각각 다음과 같다.

$$5 + 5 = 10, \qquad 5 + 4 = 9$$

한편, 이들 네 값 7, 12, 10, 9 중에서 최소값은 7이고 또 이 값은 모서리 $e = pq$에 대응하므로 q에 순서쌍 $(p, 7)$을 지정한다.

다시 순서쌍이 지정된 꼭지점 p, a, q에 대하여 단계 2를 되풀이한다.

먼저 p에 이웃하는 꼭지점 중에서 순서쌍이 지정되지 않은 것은 c뿐이고 이에 대한 $d + w(e)$의 값은

$$0 + 12 = 12$$

이며, a에 이웃하는 꼭지점 중에서 순서쌍이 지정되지 않은 것은 b뿐이고 이에 대한 $d + w(e)$의 값은 다음과 같다.

$$5 + 4 = 9$$

그리고, q에 이웃하는 꼭지점 중에서 순서쌍이 지정되지 않은 것은 r, b뿐이고 이들 꼭지점에 대한 $d + w(e)$의 값은 각각 다음과 같다.

$$7 + 5 = 12, \qquad 7 + 6 = 13$$

그런데, 이들 네 값 중에서 최소값은 9이고 이 값은 모서리 $e = ab$에 대응하므로 b에 순서쌍 $(a, 9)$를 지정한다.

또, 순서쌍이 지정된 꼭지점 p, a, q, b에 대하여 단계 2를 되풀이한다.

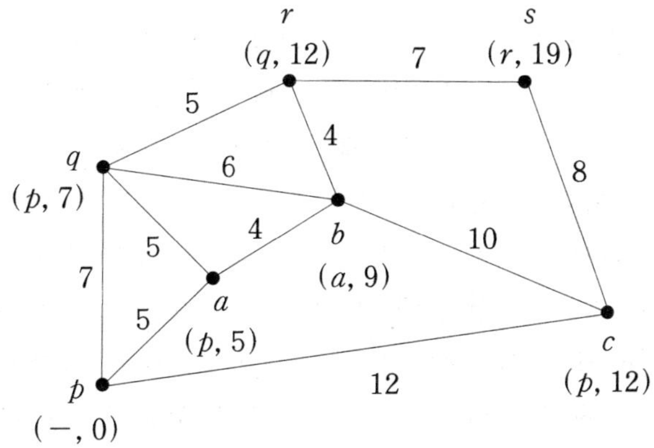

먼저 p 에 이웃하는 꼭지점 중에서 순서쌍이 지정되지 않은 꼭지점은 c 뿐이고 이에 대한 $d + w(e)$ 의 값은

$$0 + 12 = 12$$

이고, a 에 이웃하는 꼭지점에 대해서는 순서쌍이 지정되어 있다. 그리고, 꼭지점 q 에 이웃하는 꼭지점 중에서 순서쌍이 지정되지 않은 것은 r 뿐이고 이에 대한 $d + w(e)$ 의 값은

$$7 + 5 = 12$$

이며, b 에 이웃하는 꼭지점 중에서 순서쌍이 지정되지 않은 것은 r, c 뿐이고 이들에 대한 $d + w(e)$ 의 값은 각각 다음과 같다.

$$9 + 4 = 13, \qquad 9 + 10 = 19$$

이들 네 값 12, 12, 13, 19 중에서 최소값은 12 이고 이 값은 모서리 $e = p\,c$ 와 $e = q\,r$ 에 대응하므로 c 에 순서쌍 $(p, 12)$ 를 지정하고 또 r 에 순서쌍 $(q, 12)$ 를 지정한다.

마찬가지 방법으로, 꼭지점 s 에 순서쌍 $(r, 19)$ 를 지정한다.

이제 p 에서 각 꼭지점까지의 최단 경로와 이 최단 거리를 알 수 있다. 예를 들면, r 에 지정된 순서쌍은 $(q, 12)$ 이고 또 q 에 지정된 순서쌍은 $(p, 7)$ 이므로, p 에서 r 까지의 최단 경로는

$$p \;\; q \;\; r$$

이고 최단 거리는 12 이다.

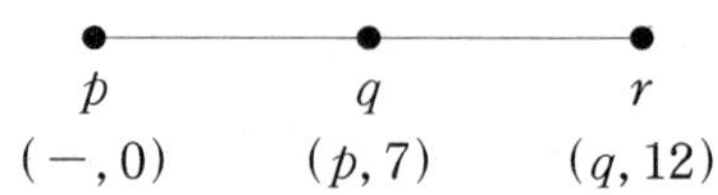

다음에 소개할 알고리즘은 앞의 알고리즘을 약간 변형한 것이다. 꼭지점 v_1 에서 꼭지점 v 까지의 최단 거리를 구할 때, 먼저 출발점인 꼭지점 v_1 에 0 를 지정한다. 그 밖의 꼭지점에 처음에는 ∞ 를 임시로 지정하고 과정이 되풀이할 때마다 임시로 지정한 수는 감소하거나 또는 변하지 않으며, 꼭지점 u 에 확정적으로 지정된 수가 v_1 에서 u 까지의 최단 거리이다.

이러한 절차는 각 꼭지점 v 에 확정적인 수가 지정되거나 또는 임시로 지정된 수가 변하지 않을 때까지 계속된다. 임시로 지정된 수가 변하지 않는 경우에는 v_1 에서 v 까지의 최단 경로가 없음을 뜻한다.

알고리즘 6.9.3 (Dijkstra 의 최단 거리 알고리즘)

가중 단순그래프에서, 다음 절차에 따라 꼭지점 v_1 에서 꼭지점 v 까지의 최단 거리를 구한다.

단계 1 : 꼭지점 v_1 에 0 을 지정하고, 나머지 모든 꼭지점에는 ∞ 를 임시로 지정한다.

여기서, 모든 실수 a 에 대하여 $a < \infty$ 이라고 생각한다.

단계 2 : 꼭지점 v 에 확정적인 수가 지정되거나 또는 임시로 지정된 ∞ 가 아래의 (a), (b) 에서 변하지 않을 때까지 다음 과정을 되풀이한다.

(a) 가장 마지막으로 확정적인 수 d 가 지정된 꼭지점 v_i 를 택하고, v_i 에 이웃하는 꼭지점 중에서 확정적인 수가 지정되지 않은 꼭지점 u 에 대하여 현재 u 에 임시로 지정된 수가 t 일 때 $d + w(v_i u) < t$ 이면 u 에 t 대신에 $d + w(e)$ 를 임시로 지정한다.

(b) 모든 꼭지점 중에서 임시로 지정된 수가 가장 작은 꼭지점 u 를 택하여 $v_{i+1} = u$ 로 놓고, 그 임시로 지정된 수를 v_{i+1} 에 확정적으로 지정한다.

여기서, 임시로 지정된 수가 최소인 꼭지점 u 가 여러 개 있는 경우에는 이들을 모두 택한다.

보기 6.9.2 오른쪽 그림이 나타내는 가중 단순그래프에서, 꼭지점 p 에서 그밖의 꼭지점까지의 최단 거리를 알고리즘 6.9.3 에 따라 구해 보자.

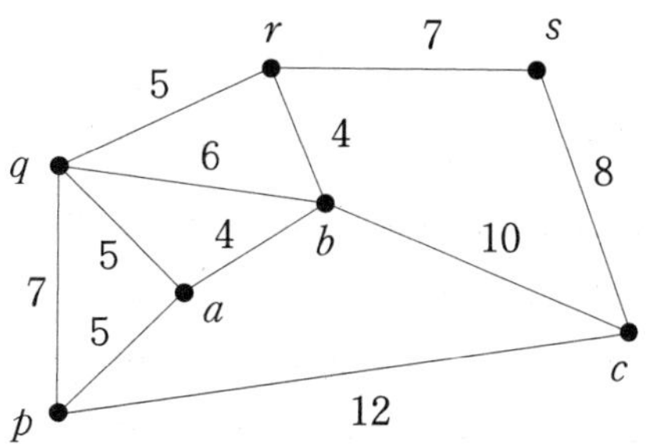

먼저

$$v_1 = p$$

로 놓고 v_1 에 0 을 지정하고, 나머지 꼭지점에는 ∞ 를 임시로 지정한다.

꼭지점 v_1 에 이웃하는 꼭지점은 q, a, c 뿐이고, 이들 꼭지점에 대하여

$d + w(v_1 q) = 0 + 7 = 7 < \infty,$ $q : \infty \longrightarrow 7$
$d + w(v_1 a) = 0 + 5 = 5 < \infty,$ $a : \infty \longrightarrow 5$ (확정)
$d + w(v_1 c) = 0 + 12 = 12 < \infty$ $c : \infty \longrightarrow 12$

이므로 q, a, c 에 ∞ 대신에 각각 7, 5, 12 를 지정하고, 나머지 꼭지점에는 ∞ 를 그대로 지정한다. 이 때, 임시로 지정된 수 7, 5, 12 중에서 최소값은 5 이므로 $v_2 = a$ 로 놓고 v_2 에 5 를 확정적으로 지정한다.

다음에 꼭지점 $v_2 = a$ 에 이웃하는 꼭지점 중에서 확정적인 수가 지정되지 않은 꼭지점은 q, b 뿐이고 이 꼭지점에 각각 7, ∞ 가 임시로 지정되어 있으므로

$q : 7$ (확정)
$a : 5$ (확정)
$c : 12$
$b : \infty \longrightarrow 9$

$d + w(v_2 q) = 5 + 5 = 10 > 7,$
$d + w(v_2 b) = 5 + 4 = 9 < \infty$

이고, 따라서 b 에 9 를 임시로 지정하고 나머지 꼭지점에 지정된 수는 그대로 둔다. 그런데, 현재 임시로 지정된 수 7, 9, 12 중에서 최소값은 7 이므로, $v_3 = q$ 로 놓고 v_3 에 7 을 확정적으로 지정한다.

또, 꼭지점 $v_3 = q$ 에 이웃하는 꼭지점 중에서 확정적인 수가 지정되지 않은 꼭지점은 r, b 뿐이고 이들 꼭지점에 임시로 각각 ∞, 9 가 지정되어 있으므로

$q : 7$ (확정)
$c : 12$
$b : 9$ (확정)
$r : \infty \longrightarrow 12$

$d + w(v_3 r) = 7 + 5 = 12 < \infty,$
$d + w(v_3 b) = 7 + 6 = 13 > 9$

이고 따라서 r 에 임시로 12 를 지정하고 나머지 꼭지점에 지정된 수는 그대로 둔다. 그런데, 현재 임시로 지정된 수 12, 9, 12 중에서 최소값은 9 이므로, $v_4 = b$ 로 놓고 v_4 에 9 를 확정적으로 지정한다.

다음에 꼭지점 $v_4 = b$ 에 이웃하는 꼭지점 중에서 확정적인 수가 지정되지 않은 꼭지점은 r, c 뿐이고 이들 꼭지점에 임시로 12, 12 가 지정되어 있으므로

$c : 12$ (확정)
$b : 9$ (확정)
$r : 12$ (확정)

$d + w(v_4 r) = 9 + 4 = 13 > 12,$
$d + w(v_4 c) = 9 + 10 = 19 > 12$

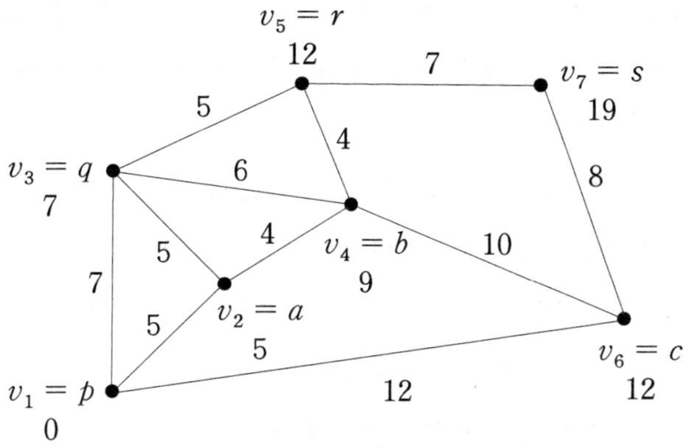

이고 따라서 r, c 에 지정된 수 12, 12 는 그대로 둔다. 한편, 현재 임시로 지정된 수 12, 12 중에서 최소값은 12 이므로 $v_5 = r$, $v_6 = c$ 로 놓고 또 v_5, v_6 에 각각 12, 12 를 확정적으로 지정한다.

마지막으로, $v_5 = r$ 에 이웃하는 꼭지점 중에서 확정적인 수가 지정되어 있지 않은 꼭지점은 s 뿐이고 s 에 임시로 ∞ 가 지정되어 있으므로

s : $\infty \longrightarrow 19$ (확정)

$$d + w(v_5 s) = 12 + 7 = 19 < \infty$$

이고 따라서 $v_7 = s$ 로 놓고 v_7 에 19 를 확정적으로 지정한다.

이로서 꼭지점 p 에서 임의의 꼭지점까지의 최단 거리를 알 수 있고, 이 결과는 보기 6.9.1 에서 얻은 결과와 일치한다.

가중 단순그래프의 꼭지점의 개수가 n 일 때, 특정한 꼭지점에서 모든 꼭지점까지의 최단 경로와 최단 거리를 구하는 경우에 알고리즘 6.9.2 와 알고리즘 6.9.3 의 시간 복잡도는 각각 $O(n^3)$, $O(n^2)$ 이다(§ 4.4 참조).

한편, 알고리즘 6.9.3 을 이용하면, 꼭지점 v_1 에서 꼭지점 v 까지의 최단 거리를 알 수 있으나 v_1 에서 v 까지의 최단 경로를 직접 알 수는 없다. 그러나, 이 경우에도 v_1 에서 v 까지의 최단 거리를 구할 때의 과정을 역으로 추적하면, 그 최단 경로도 구할 수 있다.

다음에 소개할 알고리즘은 임의의 두 꼭지점 사이의 최단 거리를 구할 때 이용되는 알고리즘이다.

알고리즘 6.9.4 (Floyd-Warshall 알고리즘) 가중 단순그래프에 n개의 꼭지점 $v_1, v_2, \cdots, v_n$이 존재할 때, 다음 절차에 따라 임의의 두 꼭지점 사이의 최단 거리를 구한다.

단계 1 : 각 $i = 1, 2, \cdots, n$에 대하여 $d(i, i) = 0$으로 놓는다.
또, $1 \le i \ne j \le n$일 때, v_i와 v_j를 이은 모서리 $v_i v_j$가 존재하는 경우에는 $d(i, j)$를 모서리 $v_i v_j$의 무게 $w(v_i v_j)$로 놓고, 그렇지 않은 경우에는 $d(i, j) = \infty$로 놓는다.

단계 2 : $k = 1$에서 $k = n$까지에 대하여
$i = 1$에서 $i = n$까지와 $j = 1$에서 $j = n$까지에 대하여

$$d(i, j), \quad d(i, k) + d(k, j)$$

중에서 가장 작은 값을 새로 $d(i, j)$로 놓는다.

여기서 $d(i, j)$의 마지막 값이 v_i에서 v_j 사이의 최단 거리이다.

이 알고리즘에서 v_i와 v_j를 이은 모서리 $v_i v_j$가 존재하는 경우에 이 두 꼭지점 사이의 최단 거리는 $d(v_i, v_j) = w(v_i v_j)$이다. 또, 단계 2에서 처음($k-1$) 되풀이 과정이 끝난 이후에 모서리 $v_i v_j$와 경로 $v_i v_1 v_j$가 존재하면 v_i와 v_j 사이의 최단 거리는

$$d(v_i, v_j), \quad d(v_i, v_1) + d(v_1, v_j)$$

중에서 가장 작은 값이다.

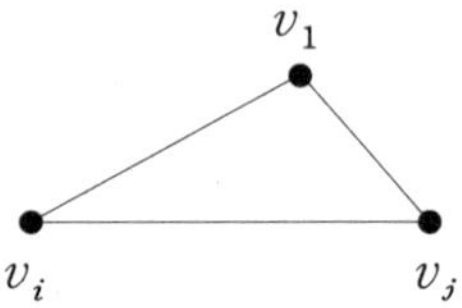

보기 6.9.3 아래 그림이 나타내는 가중 단순그래프에 대한 초기 $d(i, j)$의 값은 아래 오른쪽 표와 같다

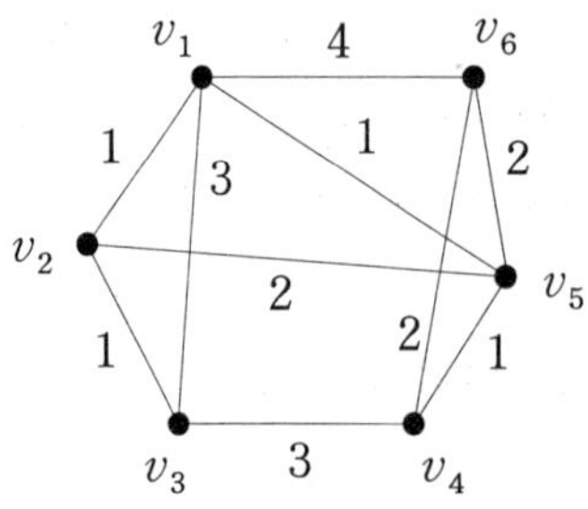

	v_1	v_2	v_3	v_4	v_5	v_6
v_1	0	1	3	∞	1	4
v_2	1	0	1	∞	2	∞
v_3	3	1	0	3	∞	∞
v_4	∞	∞	3	0	1	2
v_5	1	2	∞	1	0	2
v_6	4	∞	∞	2	2	0

알고리즘 6.9.4에 따라 실행하는 경우에 단계 2에서 $k = 1, 2, 3, \cdots, 6$ 이후의 $d(i, j)$의 값은 다음 표와 같다.

마지막 표로부터 두 꼭지점 사이의 최단 거리를 얻을 수 있다.

$k = 1$ 이후

	v_1	v_2	v_3	v_4	v_5	v_6
v_1	0	1	3	∞	1	4
v_2	1	0	1	∞	2	5
v_3	3	1	0	3	4	7
v_4	∞	∞	3	0	1	2
v_5	1	2	4	1	0	2
v_6	4	5	7	2	2	0

$k = 2$ 이후

	v_1	v_2	v_3	v_4	v_5	v_6
v_1	0	1	2	∞	1	4
v_2	1	0	1	∞	2	5
v_3	2	1	0	3	3	6
v_4	∞	∞	3	0	1	2
v_5	1	2	3	1	0	2
v_6	4	5	6	2	2	0

$k = 3$ 이후

	v_1	v_2	v_3	v_4	v_5	v_6
v_1	0	1	2	5	1	4
v_2	1	0	1	4	2	5
v_3	2	1	0	3	3	6
v_4	5	4	3	0	1	2
v_5	1	2	3	1	0	2
v_6	4	5	6	2	2	0

$k = 4$ 이후

	v_1	v_2	v_3	v_4	v_5	v_6
v_1	0	1	2	5	1	4
v_2	1	0	1	4	2	5
v_3	2	1	0	3	3	5
v_4	5	4	3	0	1	2
v_5	1	2	3	1	0	2
v_6	4	5	5	2	2	0

$k = 5$ 이후

	v_1	v_2	v_3	v_4	v_5	v_6
v_1	0	1	2	2	1	3
v_2	1	0	1	3	2	4
v_3	2	1	0	3	3	5
v_4	2	3	3	0	1	2
v_5	1	2	3	1	0	2
v_6	3	4	5	2	2	0

$k = 6$ 이후

	v_1	v_2	v_3	v_4	v_5	v_6
v_1	v_1	0	1	2	2	1
v_2	3	0	1	∞	2	5
v_3	v_2	1	0	1	3	2
v_4	4	∞	3	0	1	2
v_5	v_3	2	1	0	3	3
v_6	5	5	6	2	2	0

연 습 문 제 (6.9)

1. 다음 그림이 나타내는 가중 그래프에 대하여 알고리즘 6.9.2를 따라 꼭지점 p에서 다른 꼭지점까지의 최단 경로를 구하여라.

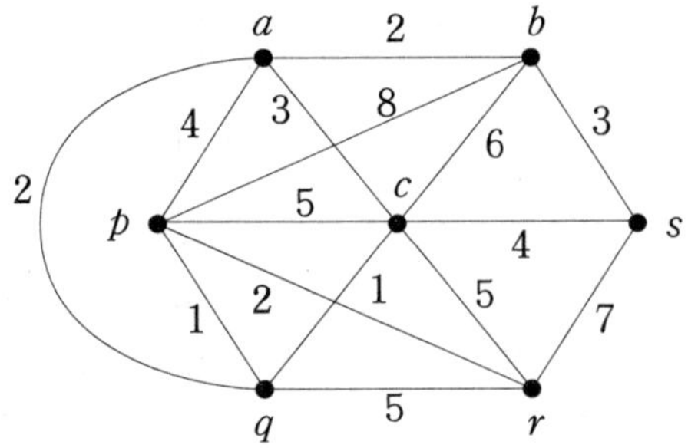

2. 위의 그림이 나타내는 가중 그래프에 대하여 알고리즘 6.9.3을 따라 꼭지점 p에서 다른 꼭지점까지의 최단 거리를 구하여라.

*3. 다음 그림이 나타내는 가중 그래프에 대하여 알고리즘 6.9.2를 따라 꼭지점 v_1에서 다른 꼭지점까지의 최단 경로를 구하여라.

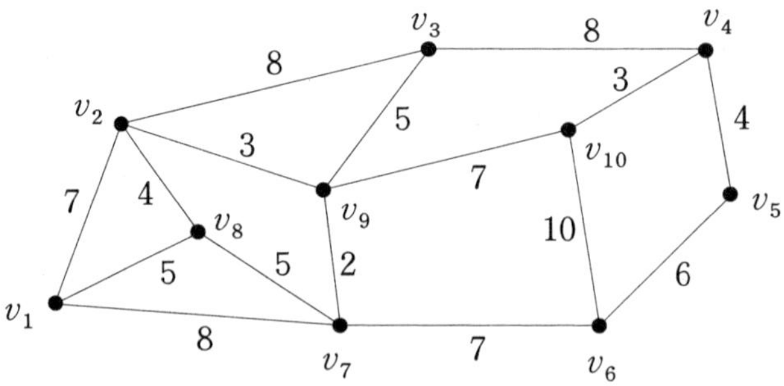

*4. 위의 그림이 나타내는 가중 그래프의 꼭지점 $v_1, v_2, \cdots, v_9, v_{10}$에 대하여 알고리즘 6.9.4를 적용할 때, 다음 물음에 답하여라.

(1) $d(1,1), d(1,2), \cdots, d(1,10)$의 마지막 값을 구하여라.

(2) $k=4$ 이후의 $d(1,5), d(1,6), d(3,4), d(8,5)$의 값을 구하여라.

(3) $d(2,5)$의 초기값을 구하고, 또 $k=1,2,\cdots,10$ 이후의 $d(2,5)$의 값을 구하여라.

제 7 장

부 호

현대 사회가 정보 전달의 중요성이 강조되면서 부호이론에 대한 연구가 빠른 속도로 진척되었다. 부호이론은 1948 년에 Shannon 에 의하여 시작되어 1960 년대에 이르러 활발히 연구되면서 1965 년에는 화성 착륙선 Mariner 4 호가 화성의 사진을 지구로 전송하는 데 이용되었다. 부호이론은 대수학뿐만 아니라 암호학, 정보이론과 깊이 관련되어 있다.

이 장에서는, 이진 선형부호, Hamming 거리, Hamming 무게, 부호의 복호와 오류 수정, 이진 Hamming 부호에 대하여 간단히 논한다.

부호 이론에 대한 자세한 설명은

박승안, 암호학과 부호이론 제 2 판, 경문사, 2007 년

을 참조하기 바란다.

§ 7.1 선형부호

전달해야 할 통신문을 통신로를 통하여 전달할 때 이 통신문을 통신로가 인식할 수 있도록 일정한 기호(symbol)로 바꾸는 것을 부호화(encoding)라고 하며 통신문을 전환하는 장치를 부호기(encoder)라고 한다. 그리고, 부호화된 언어를 **부호어**(codeword)라 하고 한 전달 체계에 속하는 부호어 전체의 집합을 **부호**(code)라고 한다. 통신로를 통하여 부호어가 송신되면 이를 수신하여 이해할 수 있는 언어로 바꾸어 본래의 통신문의 내용을 알게 된다. 이 때, 수신된 내용을 이해할 수 있는 언어로 전환시키는 과정을 **복호**(decoding)라 하고 이와 같이 전환시키는 장치를 복호기(decoder)라고 한다.

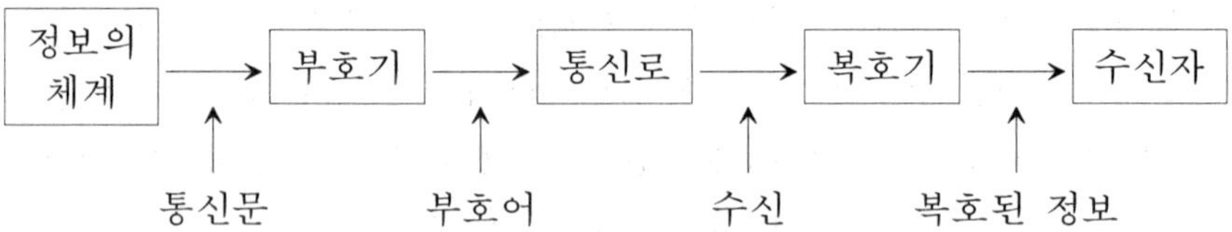

통신문이나 부호어를 만들 때에는 먼저 q 개의 기호로 이루어진 집합 F 를 생각하여 통신문은 F 에 속하는 k 개의 기호를 차례로 늘어놓아

$$(a_1, a_2, \cdots, a_k) \quad \text{또는} \quad a_1\ a_2\ \cdots\ a_k$$

로 나타내고 부호어는 F 에 속하는 n $(n \geq k)$ 개의 기호를 늘어놓아

$$(x_1, x_2, \cdots, x_n) \quad \text{또는} \quad x_1\ x_2\ \cdots\ x_n$$

으로 나타낸다. 이 때, 전달할 통신문을 체계적으로 부호화하고 복호하려면 F 를 q 개의 원소로 이루어진 체로 택하여 대수학에 대한 여러 가지 지식을 활용하여 수학적으로 체계화하는 것이 바람직하다(정의 3.1.2).

체 $\mathbb{F}_2 = \{0, 1\}$ 의 덧셈표와 곱셈표는 다음과 같다.

$+$	0	1
0	0	1
1	1	0

$\cdot$	0	1
0	0	0
1	0	1

$$1 + 1 = 0, \quad -1 = 1,$$
$$1 \cdot 1 = 1, \quad 1^{-1} = 1$$

체 $\mathbb{F}_2$와 양의 정수 n에 대하여 집합

$$\mathbb{F}_2{}^n = \{(x_1, x_2, \cdots, x_n) \mid x_1, x_2, \cdots, x_n \in \mathbb{F}_2\}$$

을 생각하면, 이 집합에 속하는 원소 전체의 개수는 2^n이다. 즉,

$$|\mathbb{F}_2{}^n| = 2^n$$

앞으로, $\mathbb{F}_2{}^n$의 원소 $(x_1, x_2, \cdots, x_n)$를 간단히 $x_1\, x_2 \cdots x_n$으로도 나타내기로 한다. 예를 들면, $\mathbb{F}_2{}^2$와 $\mathbb{F}_2{}^3$은 각각 다음과 같다.

$$\mathbb{F}_2{}^2 = \{(0,\ 0), (0,\ 1), (1,\ 0), (1,\ 1)\} = \{0\ 0,\ 0\ 1,\ 1\ 0,\ 1\ 1\},$$

$$\mathbb{F}_2{}^3 = \{0\ 0\ 0,\ 0\ 0\ 1,\ 0\ 1\ 0,\ 0\ 1\ 1,\ 1\ 0\ 0,\ 1\ 0\ 1,\ 1\ 1\ 0,\ 1\ 1\ 1\}$$

보기 7.1.1 체 $\mathbb{F}_2 = \{0, 1\}$의 두 원소 0, 1를 기호로 사용하여, 두 가지 정보 '예'와 '아니오'로 이루어진 정보 체계를 나타내어 보자.

(1) '예'와 '아니오'를 각각 0, 1로 나타내기로 하면, 0과 1은 부호어이고 이들 부호어 전체로 이루어진 부호는 $C_1 = \{0, 1\} = \mathbb{F}_2$이다.

(2) '예'와 '아니오'를 각각 0 0과 1 1로 나타내기로 하면, 0 0과 1 1은 부호어이고 이들 부호어로 이루어진 부호는 다음과 같다.

$$C_2 = \{0\ 0,\ 1\ 1\} \subset \mathbb{F}_2{}^2, \qquad |C_2| = 2$$

보기 7.1.2 체 $\mathbb{F}_2 = \{0, 1\}$의 두 원소 0, 1을 기호로 사용하여, 네 가지 정보 '동', '서', '남', '북'으로 이루어진 정보 체계를 나타내어 보자.

(1) '동', '서', '남', '북'을 각각 부호어

$$0\ 0,\quad 0\ 1,\quad 1\ 0,\quad 1\ 1$$

로 나타낸다면, 이들 네 부호어로 이루어진 부호는 다음과 같다.

$$C_1 = \{0\ 0,\ 0\ 1,\ 1\ 0,\ 1\ 1\} = \mathbb{F}_2{}^2, \qquad |C_1| = |\mathbb{F}_2{}^2| = 2^2$$

(2) '동', '서', '남', '북'을 각각 부호어

$$0\ 0\ 0,\quad 0\ 1\ 1,\quad 1\ 0\ 1,\quad 1\ 1\ 0$$

으로 나타내기로 하면, 이들 네 부호어로 이루어진 부호는 다음과 같다.

$$C_2 = \{0\ 0\ 0,\ 0\ 1\ 1,\ 1\ 0\ 1,\ 1\ 1\ 0\} \subset \mathbb{F}_3{}^2, \qquad |C_2| = 2^2$$

보기 7.1.3 체 $\mathbb{F}_2$ 위에서 다음 동차 연립일차방정식을 생각해 보자.

$$\begin{cases} x_1 + x_2 \qquad + x_4 + x_5 \qquad\qquad = 0 \\ x_1 + x_2 + x_3 \qquad\qquad + x_6 \qquad = 0 \\ x_1 \qquad + x_3 + x_4 \qquad\qquad + x_7 = 0 \end{cases}$$

이 때, 체 $\mathbb{F}_2$ 에서 $-1 = 1$ 이므로, 위의 동차 연립일차방정식은

$$\begin{cases} x_5 = x_1 + x_2 + x_4 \\ x_6 = x_1 + x_2 + x_3 \\ x_7 = x_1 + x_3 + x_4 \end{cases}$$

으로 고쳐 쓸 수 있고 따라서 임의의 원소 $a_1, a_2, a_3, a_4 \in \mathbb{F}_2$ 에 대하여

$$x_1 = a_1, \quad x_2 = a_2, \quad x_3 = a_3, \quad x_4 = a_4$$

이라고 하면, 위의 연립일차방정식의 해는 다음과 같다.

$$\begin{aligned} &(x_1, x_2, x_3, x_4, x_5, x_6, x_7) \\ &= (a_1, a_2, a_3, a_4, a_1+a_2+a_4, a_1+a_2+a_3, a_1+a_3+a_4) \in \mathbb{F}_2^{\,7} \end{aligned}$$

그러므로 집합 $\mathbb{F}_2^{\,4}$ 의 2^4 개의 원소

$$\begin{array}{llll} 0\,0\,0\,0, & 0\,0\,0\,1, & 0\,0\,1\,0, & 0\,0\,1\,1, \\ 0\,1\,0\,0, & 0\,1\,0\,1, & 0\,1\,1\,0, & 0\,1\,1\,1, \\ 1\,0\,0\,0, & 1\,0\,0\,1, & 1\,0\,1\,0, & 1\,0\,1\,1, \\ 1\,1\,0\,0, & 1\,1\,0\,1, & 1\,1\,1\,0, & 1\,1\,1\,1 \end{array}$$

에 대하여 다음과 같은 2^4 개의 길이가 7 인 부호어가 대응한다.

$$\begin{array}{llll} 0\,0\,0\,0\,0\,0\,0, & 0\,0\,0\,1\,1\,0\,1, & 0\,0\,1\,0\,0\,1\,1, & 0\,0\,1\,1\,1\,1\,0, \\ 0\,1\,0\,0\,1\,1\,0, & 0\,1\,0\,1\,0\,1\,1, & 0\,1\,1\,0\,1\,0\,1, & 0\,1\,1\,1\,0\,0\,0, \\ 1\,0\,0\,0\,1\,1\,1, & 1\,0\,0\,1\,0\,1\,0, & 1\,0\,1\,0\,1\,0\,0, & 1\,0\,1\,1\,0\,0\,1, \\ 1\,1\,0\,0\,0\,0\,1, & 1\,1\,0\,1\,1\,0\,0, & 1\,1\,1\,0\,0\,1\,0, & 1\,1\,1\,1\,1\,1\,1 \end{array}$$

이들 2^4 개의 부호어 전체로 이루어진 부호를 C 라고 하면, C 는 위의 연립일차방정식의 해 전체이고 $C \subset \mathbb{F}_2^{\,7}$, $|C| = |\mathbb{F}_2^{\,4}| = 2^4$ 이다.

집합 $\mathbb{F}_2{}^n$ 위에 덧셈을

$$(a_1, a_2, \cdots, a_n) + (b_1, b_2, \cdots, b_n) = (a_1+b_1,\ a_2+b_2,\ \cdots,\ a_n+b_n)$$

으로 정의하면, $\mathbb{F}_2{}^n$은 덧셈군을 이룬다(정리 5.1.2, 정의 3.1.1).

실제로, 덧셈군 $\mathbb{F}_2{}^n$의 영원은 $\mathbf{0} = (0, 0, \cdots, 0)$ 이고 또 임의의 두 원소 $v = (a_1, a_2, \cdots, a_n)$, $w = (b_1, b_2, \cdots, b_n)$에 대하여 다음이 성립한다.

$$v + v = (a_1, a_2, \cdots, a_n) + (a_1, a_2, \cdots, a_n) = \mathbf{0},$$
$$v - w = v + w = (a_1+b_1,\ a_2+b_2,\ \cdots,\ a_n+b_n)$$

덧셈군 A에서 A의 부분집합 B가 동일한 덧셈에 관하여 덧셈군을 이룰 때, B를 A의 **부분군**(subgroup)이라고 한다. 덧셈군 A에서 A의 부분집합 B가 뺄셈에 관하여 닫혀 있을 때, 즉

$$b_1, b_2 \in B \Longrightarrow b_1 - b_2 \in B$$

일 때 그리고 이때에만 B는 A의 부분군이다(증명 생략).

덧셈군 $\mathbb{F}_2{}^n$은 2^n개의 원소를 가진 덧셈군이고, 또 C가 $\mathbb{F}_2{}^n$의 부분군이면 $|C| = 2^k$ $(0 \le k \le n)$ 이다(증명 생략).

보기 7.1.4 보기 7.1.2에서 논한

$$C = \{(0, 0, 0),\ (0, 1, 1),\ (1, 0, 1),\ (1, 1, 0)\}$$

는 덧셈군 $\mathbb{F}_3{}^2$의 부분군이며 $|C| = 2^2$ 이다.

실제로, C에서 다음이 성립한다.

$$(0, 1, 1) + (1, 0, 1) = (1, 1, 0),$$
$$(0, 1, 1) + (1, 1, 0) = (1, 0, 1),$$
$$(1, 0, 1) + (1, 1, 0) = (0, 1, 1)$$

마찬가지로, 보기 7.1.3에서 논한 C는 덧셈군 $\mathbb{F}_2{}^7$의 부분군이고, 또, $|C| = 2^4$ 이다.

이제까지 논한 것을 근거로 하여 부호어와 부호를 다음과 같이 새로 정의한다.

정의 7.1.1 체 $\mathbb{F}_2 = \{0, 1\}$와 양의 정수 n에 대하여 덧셈군 $\mathbb{F}_2{}^n$의 부분집합 C가 덧셈군 $\mathbb{F}_2{}^n$의 부분군일 때, 즉

$$v,\ w \in C \Longrightarrow v - w = v + w \in C$$

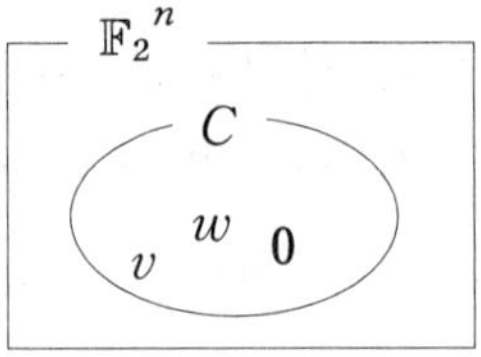

일 때, C를 길이가 n인 **이진 선형부호**(binary linear code) 또는 체 $\mathbb{F}_2$ 위의 길이 n인 **선형부호**라고 한다. 그리고 C의 원소를 **부호어**라고 하고

$$|C| = 2^k \qquad (0 \leq k \leq n)$$

일 때, C를 **이진 선형 (n, k) 부호**라고 한다.

보기 7.1.5 앞의 보기 7.1.2의 C_1, C_2는 각각 이진 선형 $(2, 2)$ 부호, 이진 선형 $(3, 2)$ 부호이고, 보기 7.1.3의 C는 이진 선형 $(7, 4)$ 부호이다.

연 습 문 제 (7.1)

1. 덧셈군 $\mathbb{F}_2{}^5$에서 다음이 성립함을 확인하여라.

(1) $(0, 1, 1, 0, 1) + (1, 0, 1, 1, 0) = (1, 1, 0, 1, 1)$

(2) $(0, 1, 1, 0, 1) + (1, 1, 0, 1, 1) = (1, 0, 1, 1, 0)$

(3) $(1, 0, 1, 1, 0) + (1, 1, 0, 1, 1) = (0, 1, 1, 0, 1)$

(4) $(1, 0, 1, 1, 0) - (1, 1, 0, 1, 1) = (0, 1, 1, 0, 1)$

*2. 덧셈군 $\mathbb{F}_2{}^6$에서 부분집합

$$\begin{aligned} C = \{ &(0, 0, 0, 0, 0, 0),\ (0, 0, 1, 1, 1, 0),\ (0, 1, 0, 1, 0, 1),\\ &(0, 1, 1, 0, 1, 1),\ (1, 0, 0, 0, 1, 1),\ (1, 0, 1, 1, 0, 1),\\ &(1, 1, 0, 1, 1, 0),\ (1, 1, 1, 0, 0, 0) \} \end{aligned}$$

는 이진 선형부호이다. 다음 원소가 C에 속함을 확인하여라.

$$(0, 0, 1, 1, 1, 0) + (0, 1, 0, 1, 0, 1),$$
$$(1, 1, 0, 1, 1, 0) + (1, 1, 1, 0, 0, 0)$$

그리고, C가 어떤 유형의 이진 선형부호인지를 말하여라.

§ 7.2 Hamming 거리와 Hamming 무게

이 절에서, 집합 $\mathbb{F}_2{}^n$ 의 원소 $(0, 0, \cdots, 0)$ 을 $\mathbf{0}$ 으로 나타낸다.

정의 7.2.1 집합 $\mathbb{F}_2{}^n$ 의 원소 $v = (a_1, \cdots, a_n)$, $w = (b_1, \cdots, b_n)$ 에서 서로 다른 성분의 개수를 v, w 의 **해밍 거리**(Hamming distance)라 하고 이것을 $d(v, w)$ 로 나타낸다. 즉,

$$d(v, w) = |\{ i \mid a_i \neq b_i,\ 1 \leq i \leq n \}|$$

그리고 $v = (a_1, \cdots, a_n)$ 의 성분 중에서 0 이 아닌 성분의 개수를 v 의 **해밍 무게**(Hamming weight)라 하고 이것을 $wt(v)$ 또는 $w(v)$ 로 나타낸다. 즉,

$$wt(v) = d(\mathbf{0}, v) = |\{ i \mid a_i \neq 0,\ 1 \leq i \leq n \}|$$

보기 7.2.1 집합 $\mathbb{F}_2{}^6$ 의 원소

$$v = (0, 1, 1, 0, 1, 1), \quad w = (1, 1, 0, 1, 1, 0), \quad u = (1, 0, 0, 0, 1, 1)$$

에 대하여 $d(v, w) = 4$, $d(v, u) = 3$, $wt(v) = 4$, $wt(u) = 3$ 이다.

정리 7.2.2 집합 $\mathbb{F}_2{}^n$ 의 세 원소 v, w, u 에 대하여 다음이 성립한다.

D. 1 : $0 \leq d(v, w) \leq n$ 이고, 특히 $d(v, w) = 0 \Longleftrightarrow v = w$ 이다.

D. 2 : $d(v, w) = d(w, v)$

D. 3 : $d(v, u) \leq d(v, w) + d(w, u)$

N. 0 : $wt(v) = d(\mathbf{0}, v)$, $d(v, w) = d(\mathbf{0}, w - v) = wt(w - v)$

N. 1 : $0 \leq wt(v) \leq n$ 이고, 특히 $wt(v) = 0 \Longleftrightarrow v = \mathbf{0}$ 이다.

N. 2 : $wt(v) = wt(-v)$

N. 3 : $wt(v + w) \leq wt(v) + wt(w)$

증 명 D.1 ~ D.3 : 정의에 의하여 분명히 D.1, D.2가 성립한다. 그리고,

$$v = (a_1, \cdots, a_n), \quad w = (b_1, \cdots, b_n), \quad u = (c_1, \cdots, c_n)$$

이라고 할 때, 각 i $(1 \leq i \leq n)$ 에 대하여

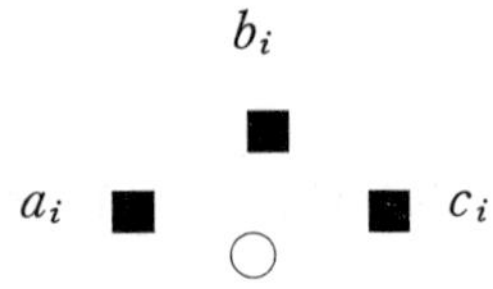

$a_i = c_i$ 이면

$$b_i = a_i = c_i \quad 또는 \quad b_i \neq a_i,\ b_i \neq c_i$$

이고, 또 $a_i \neq c_i$ 이면

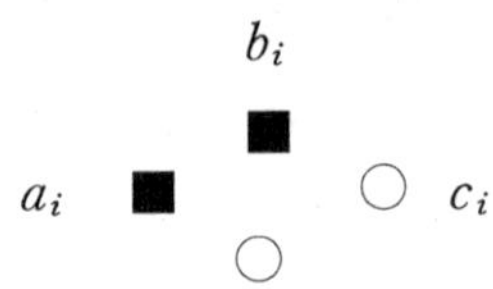

$$b_i \neq c_i \quad 또는 \quad b_i \neq a_i$$

이므로 $d(v, u) \leq d(v, w) + d(w, u)$ 이다.

N.0 ~ N.3 : 정의에 의하여 N.0 이 성립한다.

그리고, D.1, D.2에 의하여 N.1, N.2가 성립하고, 또 D.3와 N.0에 의하여 다음이 성립한다.

$$\begin{aligned} wt(v+w) &= d(\mathbf{0}, v+w) \leq d(\mathbf{0}, v) + d(v, v+w) \\ &= d(\mathbf{0}, v) + d(\mathbf{0}, w) = wt(v) + wt(w) \end{aligned}$$

정의 7.2.3 이진 선형 (n, k) 부호 C 에 대하여

$$d(C) = \min\{d(v, w) \mid v, w \in C,\ v \neq w\}$$

를 C 의 **최소거리**(minimum distance)라 하고, $d(C) = d$ 일 때 부호 C 를 **이진 선형 (n, k, d) 부호**라고 한다. 그리고,

$$wt(C) = \min\{wt(v) \mid v \in C,\ v \neq \mathbf{0}\}$$

를 C 의 **최소무게**(minimum weight)라고 한다.

정리 7.2.4 이진 선형 (n, k) 부호 C 에 대하여 $d(C) = wt(C)$ 이다.

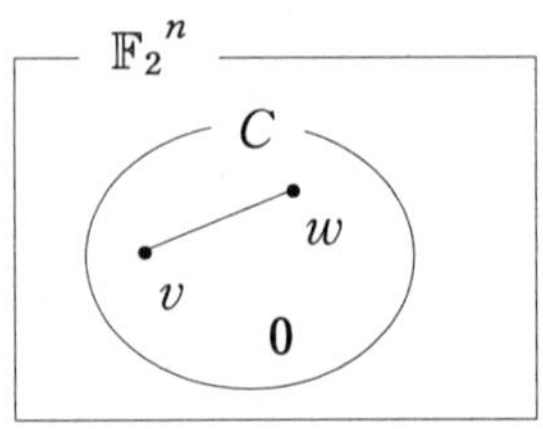

증 명 먼저 $\mathbf{0} \in C$ 이고 임의의 $v \in C$ 에 대하여 $wt(v) = d(\mathbf{0}, v)$ 이므로, $d(C) \leq wt(C)$ 이다. 그리고, 부호 C 는 $\mathbb{F}_2{}^n$ 의 부분군이므로 임의의 $v, w \in C$ 에 대하여 $v - w \in C$ 이고 또

$d(v, w) = wt(w - v)$ 이므로 정의에 의하여 $wt(C) \le d(C)$ 이다.

따라서 $d(C) = wt(C)$ 이다.

보기 7.2.2 다음은 이진 선형 (6.3.3) 부호이다.

$$C = \{0\,0\,0\,0\,0\,0,\ \ 0\,1\,1\,0\,1\,1,\ \ 1\,1\,0\,1\,1\,0,\ \ 0\,0\,1\,1\,1\,0,\ \ 1\,0\,1\,1\,0\,1,\ \ 0\,1\,0\,1\,0\,1,\ \ 1\,1\,1\,0\,0\,0,\ \ 1\,0\,0\,0\,1\,1\}$$

실제로, C는 덧셈군 ${\mathbb{F}_2}^6$의 부분군이고 또 $|C| = 2^3$ 이므로 C는 이진 선형 (6, 3) 부호이다. 그리고, C에 속하는 0 0 0 0 0 0을 제외한 부호어의 Hamming 무게는 각각 4, 4, 3, 4, 3, 3, 3 이므로 $d(C) = 3$ 이다.

정의 7.2.5 집합 ${\mathbb{F}_2}^n$의 원소 v와 정수 $r\ (r \ge 0)$에 대하여

$$S_r(v) = \{w \in {\mathbb{F}_2}^n \mid 0 \le d(v, w) \le r\}$$

를 중심이 v이고 반지름의 길이가 r인 **구**(sphere)라고 한다.

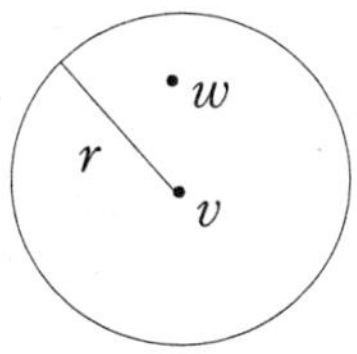

정리 7.2.6 집합 ${\mathbb{F}_2}^n$의 원소 v와 정수 $r\ (r \ge 0)$에 대하여 다음이 성립한다.

(1) $S_0(v) = \{v\}$

(2) $r \ge n$ 이면, $S_r(v) = S_n(v)$ 이다.

(3) $S_r(\mathbf{0}) = \{w \in {\mathbb{F}_2}^n \mid 0 \le wt(w) \le r\}$

(4) $S_r(v) = \{v + u \mid u \in S_r(\mathbf{0})\}$

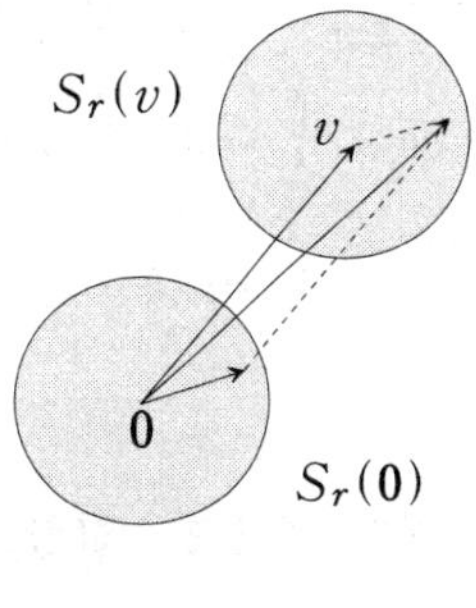

증 명 (1) ~ (3) 정의에 의하여 (1), (2)가 성립한다.

그리고, $d(\mathbf{0}, w) = wt(w)$ 이므로 (3)이 성립한다(정리 7.2.2).

(4) 임의의 $w \in S_r(v)$에 대하여 $u = w - v$라고 하면,

$$w = v + (w - v) = v + u, \qquad d(\mathbf{0}, u) = d(v, w) \le r$$

이므로 $u \in S_r(\mathbf{0})$ 이다(정리 7.2.2 참조).

한편, 임의의 $u \in S_r(\mathbf{0})$ 에 대하여

$$d(v,\ v+u) = d(\mathbf{0},\ u) = wt(u) \le r$$

이므로 $v+u \in S_r(v)$ 이다(정리 7.2.2 참조). 따라서 (4)가 성립한다.

정리 7.2.7 집합 $\mathbb{F}_2{}^n$ 에서 임의의 원소 v 와 정수 r $(1 \le r \le n)$ 에 대하여 다음이 성립한다.

(1) $|S_r(v)| = |S_r(\mathbf{0})|$

(2) Hamming 무게가 r 이하인 원소의 개수는 다음과 같다.

$$|S_r(\mathbf{0})| = 1 + \binom{n}{1} + \cdots + \binom{n}{r}$$

증 명 정리 7.2.6 (4) 에 의하여 $S_r(v) = \{v+u \mid u \in S_r(\mathbf{0})\}$ 이므로 $|S_r(v)| = |S_r(\mathbf{0})|$ 이다.

그리고, Hamming 무게가 r 이하인 원소 개수는 $|S_r(\mathbf{0})|$ 과 같다.

한편, $\mathbb{F}_2{}^n$ 의 원소 중에서 Hamming 무게가 0 인 것은 $\mathbf{0}$ 하나뿐이다.

또 각 정수 m $(1 \le m \le r)$에 대하여 Hamming 무게가 m 인 원소는 n 개의 성분 중에서 m 개의 성분만이 1 인 원소

$$\begin{matrix} 1 & 1 & 0 & 0 & 0 \\ 1 & 0 & 1 & 0 & 0 \\ & & \vdots & & \\ 0 & 0 & 0 & 1 & 1 \end{matrix}$$

이므로 이러한 원소는 $\binom{n}{m}$ 개 존재한다.

따라서 다음이 성립한다.

$$|S_r(\mathbf{0})| = 1 + \binom{n}{1} + \cdots + \binom{n}{r}$$

보기 7.2.3 집합 $\mathbb{F}_2{}^4$ 의 원소 중에서 Hamming 무게가 1 인 것은 $\binom{4}{1}$ 개 존재하며 이러한 원소는

1 0 0 0, 0 1 0 0, 0 0 1 0, 0 0 0 1

이고, 또 $\mathbb{F}_2{}^4$ 의 원소 중에서 Hamming 무게가 2 인 것은 $\binom{4}{2}$ 개 존재하며 이러한 원소는 다음과 같다.

1 1 0 0, 1 0 1 0, 1 0 0 1, 0 1 1 0, 0 1 0 1, 0 0 1 1

정리 7.2.8 이진 선형(n, k, d) 부호 C 에서

$$t=\left[\frac{d-1}{2}\right] \quad \text{즉} \quad 2t+1 \le d \le 2t+2$$

이라고 할 때 다음이 성립한다.

(1) 서로 다른 부호어 $v, v' \in C$ 에 대하여 $S_t(v) \cap S_t(v') = \emptyset$ 이다.
특히, 각 부호어 $v \in C$ 에 대하여 $S_t(v)$ 에 속하는 부호어는 v 뿐이다.

(2) (Hamming 의 상계)

$$2^k\left\{1+\binom{n}{1}+\cdots+\binom{n}{t}\right\} \le 2^n$$

그리고 위의 부등식에서 $\mathbb{F}_2{}^n = \cup\{S_t(v) \mid v \in C\}$ 일 때 그리고 이때에만 등호가 성립한다.

증 명 (1) 서로 다른 $v, v' \in C$ 에 대하여

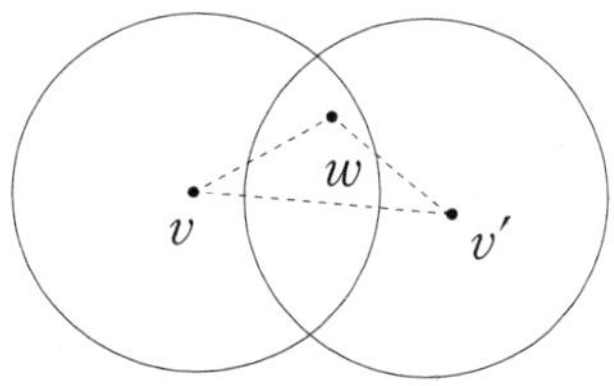

$$S_t(v) \cap S_t(v') \neq \emptyset$$

이라 가정하고 $w \in S_t(v) \cap S_t(v')$ 이라고 하면, $d(v, w) \le t$, $d(v', w) \le t$ 이므로

$$d(v, v') \le d(v, w) + d(v', w) \le t + t = 2t$$

이고 이것은 $d(v, v') \ge d(C) = d \ge 2t+1$ 이라는 사실에 모순된다.
따라서 $S_t(v) \cap S_t(v') = \emptyset$ 이다.

(2) 서로 다른 부호어 $v, v' \in C$ 에 대하여 $S_t(v) \cap S_t(v') = \emptyset$ 이고,

$$|C| = 2^k, \quad |\mathbb{F}_2{}^n| = 2^n, \quad \cup\{S_t(v) \mid v \in C\} \subseteq \mathbb{F}_2{}^n$$

이므로 정리 7.2.7 에 의하여 다음이 성립한다.

$$|\cup\{S_t(v) \mid v \in C\}| \le |\mathbb{F}_2{}^n| = 2^n$$

$$|\cup\{S_t(v) \mid v \in C\}| = 2^k\,|S_t(\mathbf{0})| = 2^k\left\{1+\binom{n}{1}+\cdots+\binom{n}{t}\right\}$$

위의 두 결과에 의하여 $2^k\left\{1+\binom{n}{1}+\cdots+\binom{n}{t}\right\} \le 2^n$ 이다.

또, $\cup\{S_t(v) \mid v \in C\} = \mathbb{F}_2{}^n$ 일 때 그리고 이때에만 등호가 성립한다.

정의 7.2.9 이진 선형 (n, k, d) 부호 C 에서 $t=\left[\frac{d-1}{2}\right]$ 일 때,

$$2^k\left\{1+\binom{n}{1}+\cdots+\binom{n}{t}\right\}=2^n$$

인 경우에, 즉 $\cup\{S_t(v) \mid v \in C\}=\mathbb{F}_2{}^n$ 인 경우에 C 를 **완전부호**(perfect code)라고 한다.

보기 7.2.4 이진 선형 (6, 3, 3) 부호

$$C=\{0\ 0\ 0\ 0\ 0\ 0,\ \ 0\ 1\ 1\ 0\ 1\ 1,\ \ 1\ 1\ 0\ 1\ 1\ 0,\ \ 0\ 0\ 1\ 1\ 1\ 0,\ \ 1\ 0\ 1\ 1\ 0\ 1,\ \ 0\ 1\ 0\ 1\ 0\ 1,\ \ 1\ 1\ 1\ 0\ 0\ 0,\ \ 1\ 0\ 0\ 0\ 1\ 1\}$$

에서 $d=d(C)=3$ 이고

$$n=6, \quad k=3, \quad t=\left[\frac{3-1}{2}\right]=1$$

이므로

$$2^3 \times\left\{1+\binom{6}{1}\right\}=56<64=2^6$$

이고, 따라서 C 는 완전부호가 아니다.

보기 7.2.5 다음 부호 C 는 이진 선형 (5, 1) 부호이다.

$$C=\{0\ 0\ 0\ 0\ 0,\ \ 1\ 1\ 1\ 1\ 1\}$$

그런데 1 1 1 1 1의 Hamming 무게가 5 이므로 $d=d(C)=5$ 이고, 따라서 C 는 이진 선형 (5, 1, 5) 부호이다. 그리고

$$n=5, \quad k=1, \quad t=\left[\frac{5-1}{2}\right]=2$$

이므로

$$2^1 \times\left\{1+\binom{5}{1}+\binom{5}{2}\right\}=2 \cdot(1+5+10)=2 \cdot 2^4=2^5$$

이고, 따라서 C 는 완전부호이다.

이진 선형(n, k, d) 부호 C에 속해 있는 부호어 $v = (x_1, \cdots, x_n) \in C$가 통신로를 통하여 $w = (y_1, \cdots, y_n) \in \mathbb{F}_2{}^n$으로 수신될 때, 여러 가지 이유로 오류가 발생하여 $w \neq v$일 수 있다. 이 때, w를 수신된 벡터라 하고

$$e = w - v \in \mathbb{F}_2{}^n$$

를 **오류벡터**(error vector)라고 하자. 이와 같은 경우에 부호 C의 특성을 이용하여 수신된 벡터 w로부터 오류벡터 e를 구한 다음에 w의 오류를 수정하여 본래의 부호어 v로 복호하여야 한다(decode).

수신된 벡터 w로부터 본래의 부호어로 복호하는 방법 중에서 가장 좋은 방법은, w와 모든 부호어 $v \in C$와 Hamming 거리 $d(w, v)$를 비교하여 이러한 Hamming 거리 중에서 그 값이 가장 작은 부호어 v가 단 하나 존재하면 w를 부호어 v로 복호하는 방법이다.

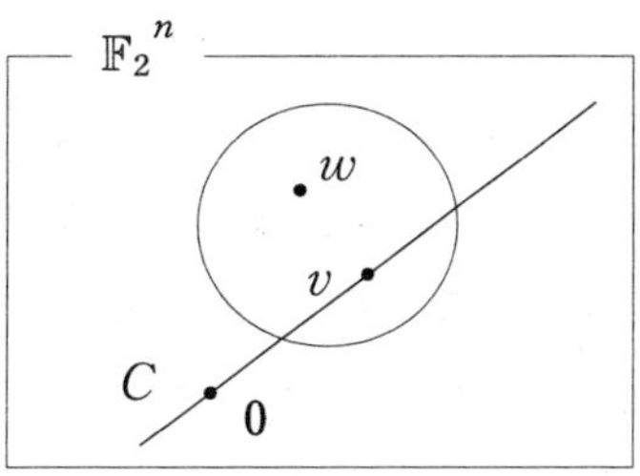

그런데, 모든 부호어 $v \in C$에 대하여 $d(w, v) = wt(w - v)$이므로, 이와 같은 복호 방법은 모든 부호어 $v \in C$에 대하여 $e = w - v$의 Hamming 무게 $wt(e)$를 비교하여 그 값이 가장 작은 e를 구하고 이로부터 w를 부호어

$$v = w - e \in C$$

로 복호하는 방법이다. 이러한 의미에서 이와 같은 방법을 **최근방 복호법**(nearest neighbor decoding)이라고 한다.

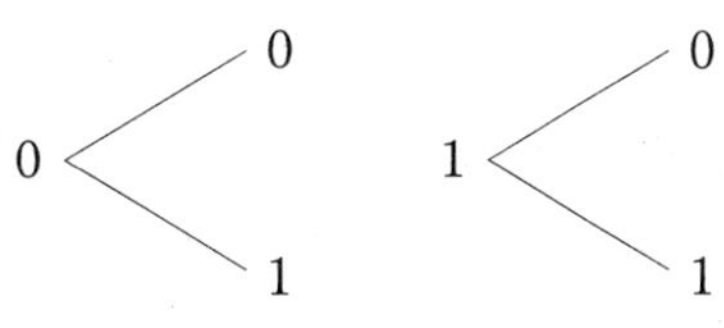

수신된 벡터 w에 대하여 부호 C에 속해 있는 모든 부호어가 같은 정도로(equally likely) w로 송신된다고 가정하고 또 체 $\mathbb{F}_2$에 속하는 기호 0, 1이 각각 1, 0으로 잘못 송신될 확률이 각각 $\frac{1}{2}$이라고 가정한다.

이러한 가정 아래에서 최근방 복호법은 수신된 벡터를 잘못 복호할 확률을 최소화할 수 있다. 한편, k가 상당히 큰 경우에는 모든 부호어와의 거리를 비교하는 일이 대단히 어렵다.

보기 7.2.6 다음과 같은 체 $\mathbb{F}_2$ 위의 선형 (5, 2) 부호를 생각해 보자.

$$C = \{(0, 0, 0, 0, 0),\ (0, 1, 1, 0, 1),\ (1, 0, 1, 1, 0),\ (1, 1, 0, 1, 1)\}$$

먼저 (0, 0, 0, 0, 0) 을 제외한 부호어의 Hamming 무게는 3, 3, 4 이므로 $d(C) = 3$ 이고 따라서 C 는 이진 선형 (5, 2, 3) 부호이다.

그러므로 $n = 5,\ k = 2,\ t = \left[\dfrac{3-1}{2}\right] = 1$ 이므로

$$2^2 \times \left\{1 + \binom{5}{1}\right\} = 24 < 32 = 2^5$$

이고, 따라서 C 는 완전부호가 아니다.

이제 C 에 속하는 한 부호어가 통신로를 통하여 전송되었다고 하자.

수신된 벡터가 $w = (1, 0, 1, 1, 1)$ 이면, C 에 속하는 부호어와 w 와의 Hamming 거리는 각각 4, 3, 1, 2 이므로 w 와의 Hamming 거리가 가장 작은 부호어는 $v = (1, 0, 1, 1, 0)$ 이다. 그러므로 네 부호어 중에서 전송되었을 확률이 가장 큰 부호어는 $v = (1, 0, 1, 1, 0)$ 이므로 수신된 벡터 w 에서 한 개의 오류를 수정하여 부호어 $v = (1, 0, 1, 1, 0)$ 로 복호한다. 이 때, 오류벡터는 $e = w - v = (0, 0, 0, 0, 1)$ 이고 $v = w - e$ 이다.

한편, 수신된 벡터가 $u = (1, 1, 0, 0, 0)$ 이면, C 에 속하는 부호어와 u 와의 Hamming 거리는 2, 3, 3, 2 이므로 (0, 0, 0, 0, 0) 과 (1, 1, 0, 1, 1) 이 전송되었을 확률이 같고, 따라서 u 를 부호어로 복호할 수 없다.

정의 7.2.1 이진 선형 (n, k, d) 부호 C 에 속해 있는 부호어가 송신될 때, 수신된 벡터 w 에 대하여 t 개 또는 그 이하의 성분만이 w 의 성분과 다른 부호어 $v \in C$ 가 단 하나 뿐일 때, 최근방 복호법에 따라 w 의 t 개 또는 그 이하의 성분을 수정하여 부호어 v 로 복호할 수 있다.

이와 같이, 수신된 벡터 w 에 대하여

$$d(v, w) \le t \quad 즉 \quad v \in S_t(w)$$

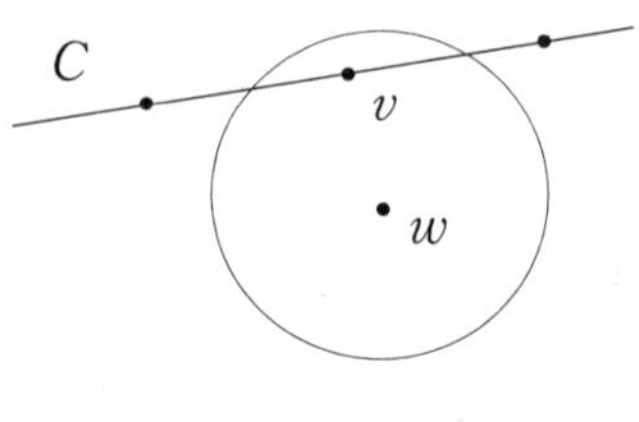

인 부호어 $v \in C$ 가 단 하나 존재하는 경우에 부호 C 는 수신된 벡터의 성분 중에서 ***t* 개까지의 오류를 수정할 수 있다**고 한다.

정리 7.2.11 이진 선형 (n, k, d) 부호 C가 완전부호일 때,

$$t = \left[\frac{d-1}{2}\right]$$

이면 부호 C는 모든 수신된 벡터의 성분 중에서 t개까지의 오류를 수정할 수 있다.

증 명 부호 C가 완전부호이면,

$$\cup\{S_t(v) \mid v \in C\} = \mathbb{F}_2{}^n$$

이므로 임의의 수신된 벡터 w에 대하여 $d(v, w) \le t$인 부호어 v가 적어도 하나 존재한다(정의 7.2.9). 이제

$$d(v, w) \le t, \quad d(v', w) \le t$$

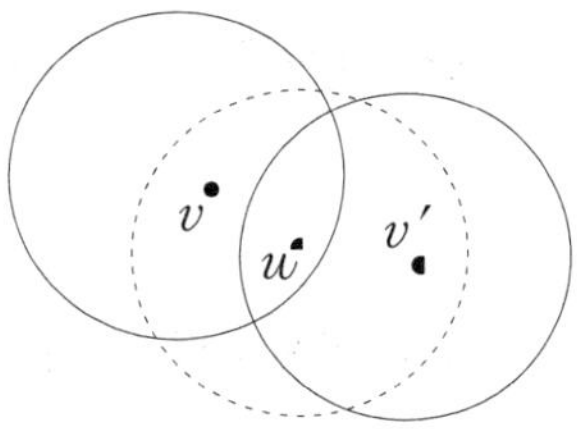

인 서로 다른 두 부호어 $v, v' \in C$가 존재재한다고 가정하면,

$$\begin{aligned} d(v, v') &\le d(v, w) + d(v', w) \\ &\le t + t = 2t \end{aligned}$$

이고 이것은 $d(v, v') \ge d(C) = d \ge 2t+1$ 이라는 사실에 모순된다.

그러므로 $d(v, w) \le t$인 부호어 $v \in C$가 단 하나 존재하고, 따라서 C는 t개까지의 오류를 수정할 수 있다.

연 습 문 제 (7.2)

*1. 이진 선형 (3, 2) 부호

$$C = \{0\ 0\ 0\ 0,\ \ 1\ 0\ 1\ 1\ 1,\ \ 1\ 1\ 0\ 1\ 0,\ \ 0\ 1\ 1\ 0\ 1\}$$

의 최소거리와 최소무게를 구하고, 또 C가 완전부호인지를 판정하여라.

*2. 이진 선형 (4, 1) 부호 $C = \{0\ 0\ 0\ 0,\ \ 1\ 1\ 1\ 1\}$의 최소거리와 최소무게를 구하고, 또 C가 완전부호인지를 판정하여라.

*3. 체 $\mathbb{F}_2$ 위의 선형부호

$$C = \{a(1, 0, 1, 1, 1) + b(0, 1, 1, 1, 0) + c(0, 1, 0, 1, 0) \mid a, b, c \in \mathbb{F}_2\}$$

의 최소거리를 구하고, 또 C가 완전부호인지를 판정하여라.

4. 다음 부호가 완전부호인지를 판정하여라.

(1) 체 $\mathbb{F}_2$ 위의 선형 $(15, 11, 3)$ 부호

(2) 이진 선형 $(31, 26, 3)$ 부호

*5. 이진 선형 $(n, 1, n)$ 부호

$$C = \{0\,0 \cdots 0\,0,\quad 1\,1 \cdots 1\,1\}$$

에서 $n = 2t + 1$일 때, 각 정수 i $(1 \leq i \leq t)$에 대하여

$$\binom{n}{i} = \binom{n}{n-i}$$

임을 이용하여 C가 완전부호임을 증명하여라.

*6. 집합 $\mathbb{F}_2{}^7$에서 다음과 같은 원소 전체로 이루어진 이진 선형부호를 C라고 하자(보기 7.1.3 참조).

$$\begin{array}{llll} 0\,0\,0\,0\,0\,0\,0, & 0\,0\,0\,1\,1\,0\,1, & 0\,0\,1\,0\,0\,1\,1, & 0\,0\,1\,1\,1\,1\,0, \\ 0\,1\,0\,0\,1\,1\,0, & 0\,1\,0\,1\,0\,1\,1, & 0\,1\,1\,0\,1\,0\,1, & 0\,1\,1\,1\,0\,0\,0, \\ 1\,0\,0\,0\,1\,1\,1, & 1\,0\,0\,1\,0\,1\,0, & 1\,0\,1\,0\,1\,0\,0, & 1\,0\,1\,1\,0\,0\,1, \\ 1\,1\,0\,0\,0\,0\,1, & 1\,1\,0\,1\,1\,0\,0, & 1\,1\,1\,0\,0\,1\,0, & 1\,1\,1\,1\,1\,1\,1 \end{array}$$

이 선형부호에 대하여 다음 물음에 답하여라.

(1) C의 최소거리를 구하고 또 C가 완전부호인지를 판정하여라.

(2) C에 속하는 한 부호어가 통신로를 통하여 전송되어 수신된 벡터가 $w = 1\ 1\ 0\ 0\ 1\ 1\ 0$일 때, 이 수신된 벡터와 Hamming 거리가 가장 작은

(3) C에 속하는 한 부호어가 통신로를 통하여 전송되어 수신된 벡터가 $w = 0\ 1\ 1\ 0\ 1\ 0\ 0$일 때, 오류벡터와 부호어를 구하여라.

§7.3 Hamming 부호

집합 $\mathbb{F}_2{}^3$ 에서 $(0, 0, 0)$ 을 제외한 $2^3 - 1$ 개의 원소

$$(0, 0, 1),\ (0, 1, 0),\ (0, 1, 1),\ (1, 0, 0),$$
$$(1, 0, 1),\ (1, 1, 0),\ (1, 1, 1)$$

전체를 아래 두 행렬에서와 같이 적당한 순서로 열에 늘어놓으면 체 $\mathbb{F}_2 = \{0, 1\}$ 위의 3×7 행렬을 얻는다.

$$H = \begin{bmatrix} 0 & 0 & 0 & 1 & 1 & 1 & 1 \\ 0 & 1 & 1 & 0 & 0 & 1 & 1 \\ 1 & 0 & 1 & 0 & 1 & 0 & 1 \end{bmatrix}, \quad H' = \begin{bmatrix} 1 & 1 & 0 & 1 & 1 & 0 & 0 \\ 1 & 1 & 1 & 0 & 0 & 1 & 0 \\ 1 & 0 & 1 & 1 & 0 & 0 & 1 \end{bmatrix}$$

이제 체 $\mathbb{F}_2$ 위에서 행렬 H 를 계수행렬로 가지는 동차 연립일차방정식

$$H \begin{bmatrix} x_1 \\ x_2 \\ \vdots \\ x_7 \end{bmatrix} = \begin{bmatrix} 0 \\ 0 \\ 0 \end{bmatrix} \quad \text{즉} \quad \begin{cases} x_4 + x_5 + x_6 + x_7 = 0 \\ x_2 + x_3 + x_6 + x_7 = 0 \\ x_1 + x_3 + x_5 + x_7 = 0 \end{cases}$$

의 해 전체의 집합을 C 라고 하자. 위의 동차 연립일차방정식은

$$\begin{cases} x_4 = x_5 + x_6 + x_7 \\ x_2 = x_3 + x_6 + x_7 \\ x_1 = x_3 + x_5 + x_7 \end{cases}$$

으로 고쳐 쓸 수 있고, 따라서 임의의 원소 $a_3, a_5, a_6, a_7 \in \mathbb{F}_2$ 에 대하여

$$x_3 = a_3, \quad x_5 = a_5, \quad x_6 = a_6, \quad x_7 = a_7$$

이라고 하면 위의 연립일차방정식의 해는 다음과 같다.

$$\begin{aligned} &(x_1, x_2, x_3, x_4, x_{45}, x_6, x_7) \\ &= (a_3 + a_5 + a_7,\ a_3 + a_6 + a_7,\ a_3,\ a_5 + a_6 + a_7,\ a_5,\ a_6,\ a_7) \in \mathbb{F}_2{}^7 \end{aligned}$$

그러므로 집합 $\mathbb{F}_2{}^4$ 의 2^4 개의 원소

$$\begin{array}{llll} 0\,0\,0\,0, & 0\,0\,0\,1, & 0\,0\,1\,0, & 0\,0\,1\,1, \\ 0\,1\,0\,0, & 0\,1\,0\,1, & 0\,1\,1\,0, & 0\,1\,1\,1, \\ 1\,0\,0\,0, & 1\,0\,0\,1, & 1\,0\,1\,0, & 1\,0\,1\,1, \\ 1\,1\,0\,0, & 1\,1\,0\,1, & 1\,1\,1\,0, & 1\,1\,1\,1 \end{array}$$

에 대하여 다음과 같은 2^4 개의 C 의 원소가 대응한다.

$$\begin{array}{llll} 0\,0\,0\,0\,0\,0\,0, & 1\,1\,0\,1\,0\,0\,1, & 0\,1\,0\,1\,0\,1\,0, & 1\,0\,0\,0\,0\,1\,1, \\ 1\,0\,0\,1\,1\,0\,0, & 0\,1\,0\,0\,1\,0\,1, & 1\,1\,0\,0\,1\,1\,0, & 0\,0\,0\,1\,1\,1\,1, \\ 1\,1\,1\,0\,0\,0\,0, & 0\,0\,1\,1\,0\,0\,1, & 1\,0\,1\,1\,0\,1\,0, & 0\,1\,1\,0\,0\,1\,1, \\ 0\,1\,1\,1\,1\,0\,0, & 1\,0\,1\,0\,1\,0\,1, & 0\,0\,1\,0\,1\,1\,0, & 1\,1\,1\,1\,1\,1\,1 \end{array}$$

그리고 집합 C 는 덧셈군 $\mathbb{F}_2{}^7$ 의 부분군이고 또 $|C| = 2^4$ 이므로, C 는 이진 선형 $(7, 4)$ 부호이다. 또, 부호 C 에 속하는 $0\ 0\ 0\ 0\ 0\ 0\ 0$ 을 제외한 부호어의 Hamming 무게는 4, 3, 7 이므로 $d(C) = 3$ 이고 따라서 C 는 이진 선형 $(7.4.3)$ 부호이다. 더욱이, $n = 7$, $k = 4$, $t = \left[\dfrac{3-1}{2}\right] = 1$ 이므로 $2^4 \times \left\{1 + \dbinom{7}{1}\right\} = 2^7$ 이고, 따라서 C 는 완전부호이다(정의 7.2.9).

정의 7.3.1 정수 $m\ (m \geq 2)$ 에 대하여 $n = 2^m - 1$ 이라고 할 때, 집합 $\mathbb{F}_2{}^m$ 에서 $(0, \cdots, 0)$ 을 제외한 $n = 2^m - 1$ 개의 원소를 적당한 순서로 열에 늘어놓아 만든 $m \times n$ 행렬을 H 라고 하면, 동차 연립일차방정식

$$H \begin{bmatrix} x_1 \\ x_2 \\ \vdots \\ x_n \end{bmatrix} = \begin{bmatrix} 0 \\ 0 \\ \vdots \\ 0 \end{bmatrix}$$

의 해 전체의 집합은 이진 선형부호이다. 이 부호를 **이진 Hamming 부호** (binary Hamming code)라 하고 이 부호를 Ham $(m, 2)$ 로 나타낸다. 또 행렬 H 를 Ham $(m, 2)$ 의 **홀짝 검사행렬**(parity check matrix)라고 한다.

앞의 정의에서 H는 여러 가지가 있으나, 이러한 선형부호는 본질적으로 동일하다([4], §6.6 참조). 예를 들면, 앞에서 논한 이진 선형 (7.4.3) 부호와 보기 7.1.3 에서 논한 선형부호는 각각 체 $F_2 = \{0, 1\}$ 위의 3×7 행렬

$$H = \begin{bmatrix} 0 & 0 & 0 & 1 & 1 & 1 & 1 \\ 0 & 1 & 1 & 0 & 0 & 1 & 1 \\ 1 & 0 & 1 & 0 & 1 & 0 & 1 \end{bmatrix}, \quad H' = \begin{bmatrix} 1 & 1 & 0 & 1 & 1 & 0 & 0 \\ 1 & 1 & 1 & 0 & 0 & 1 & 0 \\ 1 & 0 & 1 & 1 & 0 & 0 & 1 \end{bmatrix}$$

를 홀짝 검사행렬로 가지는 이진 선형부호이며, 이 두 선형부호는 본질적으로 동일하다. 이 선형부호를 Ham (3, 2) 로 나타낸다.

일반적으로, 이진 선형부호 C가 체 $\mathbb{F}_2$ 위의 $m\times n$ 행렬 H를 계수행렬로 가지는 동차 연립일차방정식

$$H\begin{bmatrix} x_1 \\ x_2 \\ \vdots \\ x_n \end{bmatrix} = \begin{bmatrix} 0 \\ \vdots \\ 0 \end{bmatrix}$$

의 해 전체의 집합일 때, 행렬 H를 이진 선형부호 C의 **홀짝 검사행렬**이라고 한다(p. 182).

부호 Ham (m, 2) 에 대해서는 다음 정리가 성립한다([4], 정리 6.6.5).

정리 7.3.2 정수 m ($m \geq 2$) 에 대하여, $n = 2^m - 1$ 이라고 할 때, 이진 Hamming 부호 Ham (m, 2) 는 이진 선형 (n, $n-m$, 3) 부호이고 또 완전부호이다. 따라서 모든 수신된 벡터의 성분 중에서 1 개까지의 오류를 수정하여 본래의 부호어로 복호할 수 있다(정리 7.2.11).

정의 7.3.3 체 $\mathbb{F}_2 = \{0, 1\}$ 위의 $m\times n$ 행렬 H가 이진 선형부호 C의 홀짝 검사행렬일 때, $v = (x_1, x_2, \cdots, x_n) \in \mathbb{F}_2{}^n$ 에 대하여 $m\times1$ 행렬

$$S(v) = H\begin{bmatrix} x_1 \\ x_2 \\ \vdots \\ x_n \end{bmatrix}$$

를 v의 **신드롬**(syndrome)이라고 한다.

정리 7.3.4 체 $\mathbb{F}_2$ 위의 $m\times n$ 행렬 $H=[a_{ij}]_{m\times n}$가 이진 선형부호 C의 홀짝 검사행렬일 때, ${\mathbb{F}_2}^n$의 원소 $v=(a_1, \cdots, a_n)$, $w=(b_1, \cdots, b_n)$에 대하여 다음이 성립한다.

(1) $S(v+w)=S(v)+S(w),\quad S(v-w)=S(v)-S(w)$

(2) $v\in C \Longleftrightarrow S(v)=\begin{bmatrix}0\\ \vdots\\ 0\end{bmatrix}$

(3) $S(v)=S(w) \Longleftrightarrow v-w=(a_1-b_1, \cdots, a_n-b_n)\in C$

(4) $e_1=(1,0,0,\cdots,0)$, $e_2=(0,1,0,\cdots,0)$, $\cdots$, $e_n=(0,0,\cdots,0,1)$이라고 할 때, 각 e_i $(1\leq i\leq n)$의 신드롬 $S(e_i)$는 H의 제 i 열을 나타낸다.

증 명 (1), (2) 다음이 성립한다.

$$\begin{aligned}S(v\pm w)&=H\begin{bmatrix}a_1\pm b_1\\ \vdots\\ a_n\pm b_n\end{bmatrix}=H\begin{bmatrix}a_1\\ \vdots\\ a_n\end{bmatrix}\pm H\begin{bmatrix}b_1\\ \vdots\\ b_n\end{bmatrix}\\ &=S(v)\pm S(w),\end{aligned}$$

$$v\in C \Longleftrightarrow H\begin{bmatrix}a_1\\ \vdots\\ a_n\end{bmatrix}=\begin{bmatrix}0\\ \vdots\\ 0\end{bmatrix} \Longleftrightarrow S(v)=\begin{bmatrix}0\\ \vdots\\ 0\end{bmatrix}$$

(3) 위의 (1), (2)에 의하여 다음이 성립한다.

$$\begin{aligned}&S(v)=S(w)\\ &\Longleftrightarrow S(v)-S(w)=\begin{bmatrix}0\\ \vdots\\ 0\end{bmatrix} \Longleftrightarrow S(v-w)=\begin{bmatrix}0\\ \vdots\\ 0\end{bmatrix}\\ &\Longleftrightarrow v-w\in C\end{aligned}$$

(4) 다음 등식에 의하여 (4)의 결과를 얻는다.

$$S(e_i)=H\begin{bmatrix}0\\ \vdots\\ 1\\ \vdots\\ 0\end{bmatrix}=\begin{bmatrix}a_{1i}\\ a_{2i}\\ \vdots\\ a_{mi}\end{bmatrix}$$

이진 Hamming 부호 Ham $(m, 2)$ 는 모든 수신된 벡터에 대하여 1 개까지의 오류를 수정하여 부호어로 복호할 수 있다(정리 7.3.2).

한편, $\mathbb{F}_2{}^n$ 에 속하는 원소 중에서 그 Hamming 무게가 1 인 것은

$$e_1 = (1, 0, \cdots, 0), \quad e_2 = (0, 1, \cdots, 0), \quad \cdots, \quad e_n = (0, 0, \cdots, 1)$$

뿐이며 신드롬 $S(e_1)$, $S(e_2)$, $\cdots$, $S(e_n)$ 은 각각 H 의 제 1 열, 제 2 열, $\cdots$, 제 n 열을 나타낸다.

보기 7.3.1 체 $\mathbb{F}_2$ 위의 3×7 행렬

$$H = \begin{bmatrix} 0 & 0 & 0 & 1 & 1 & 1 & 1 \\ 0 & 1 & 1 & 0 & 0 & 1 & 1 \\ 1 & 0 & 1 & 0 & 1 & 0 & 1 \end{bmatrix}$$

를 Ham $(2, 2)$ 의 홀짝 검사행렬로 택하자.

이 때, 한 부호어가 송신되어 $w = (1, 1, 1, 0, 1, 0, 0)$ 로 수신되었다면,

$$S(w) = \begin{bmatrix} 0 & 0 & 0 & 1 & 1 & 1 & 1 \\ 0 & 1 & 1 & 0 & 0 & 1 & 1 \\ 1 & 0 & 1 & 0 & 1 & 0 & 1 \end{bmatrix} \begin{bmatrix} 1 \\ 1 \\ 1 \\ 0 \\ 1 \\ 0 \\ 0 \end{bmatrix} = \begin{bmatrix} 1 \\ 0 \\ 1 \end{bmatrix} = S(e_5)$$

이므로 w 는 다음과 같은 부호어 v 로 복호된다.

$$v = w - e_5 = 1\ 1\ 1\ 0\ 1\ 0\ 0 - 0\ 0\ 0\ 0\ 1\ 0\ 0 = 1\ 1\ 1\ 0\ 0\ 0\ 0$$

마찬가지로, 수신된 벡터가 $w = (1, 1, 0, 0, 1, 0, 0)$ 이면,

$$S(w) = \begin{bmatrix} 1 \\ 1 \\ 0 \end{bmatrix} = S(e_6)$$

이므로 w 는 다음과 같은 부호어 v 로 복호된다.

$$v = w - e_6 = 1\ 1\ 0\ 0\ 1\ 0\ 0 - 0\ 0\ 0\ 0\ 0\ 1\ 0 = 1\ 1\ 0\ 0\ 1\ 1\ 0$$

연 습 문 제 (7.3)

*1. 체 $\mathbb{F}_2=\{0,1\}$ 위의 3×7 행렬

$$H=\begin{bmatrix}1&1&0&1&1&0&0\\1&1&1&0&0&1&0\\1&0&1&1&0&0&1\end{bmatrix}$$

를 부호 Ham (3, 2) 의 홀짝 검사행렬로 택할 때, 다음 물음에 답하여라.

(1) Ham (3, 2) 에 속하는 부호어를 모두 구하여라.

(2) 수신된 벡터가 $w=1\,1\,1\,1\,0\,0\,0$ 일 때, $S(w)$ 를 구하고 또 w 를 부호어 v 로 복호하여라.

(3) 수신된 벡터가 $w=1\,1\,0\,1\,1\,1\,1$ 일 때, $S(w)$ 를 구하고 또 w 를 부호어 v 로 복호하여라.

2. 체 $\mathbb{F}_2=\{0,1\}$ 위의 3×7 행렬

$$H=\begin{bmatrix}0&0&1&0&1&1&1\\1&1&0&0&0&1&1\\1&0&0&1&1&0&1\end{bmatrix}$$

를 Ham (3, 2) 의 홀짝 검사행렬로 택할 때, Ham (3, 2) 를 이루는 부호어를 모두 구하여라.

*3. Hamming 부호 Ham (2, 2) 의 홀짝 검사행렬로서 체 $\mathbb{F}_2$ 위의 행렬

$$H=\begin{bmatrix}0&1&1\\1&0&1\end{bmatrix}$$

를 택한 경우에 Ham (2, 2) 에 속하는 부호어를 모두 구하여라.

*4. 집합 $\mathbb{F}_2{}^4$ 의 모든 원소를 구하여 이진 Hamming 부호 Ham (4, 2) 의 홀짝 검사행렬을 하나만 구하여라.

제 8 장

Boole 다원환과 Boole 함수

집합 U 의 부분집합 전체로 이루어진 멱집합 $\mathscr{P}(U)$ 는 이항 연산 $\cup$, $\cap$, $\oplus$ 에 관하여 좋은 특성을 가지고 있다(§ 1.5 참조).

이 장에서는, 관계, 동치관계, 반순서 집합, 격자에 대하여 간단히 소개한다. 그리고, 멱집합 $\mathscr{P}(U)$ 의 연산에 관한 성질을 일반화하여 Boole 다원환과 Boole 함수에 대하여 간단히 논하고, 여러 가지 조합 회로에 대하여 논한다.

§ 8.1 관계와 동치관계

이 절에서는, 관계와 동치관계에 대하여 간단히 논한다.

정의 8.1.1 공집합이 아닌 두 집합 A, B에 대하여 곱집합

$$A \times B = \{(a, b) \mid a \in A,\ b \in B\}$$

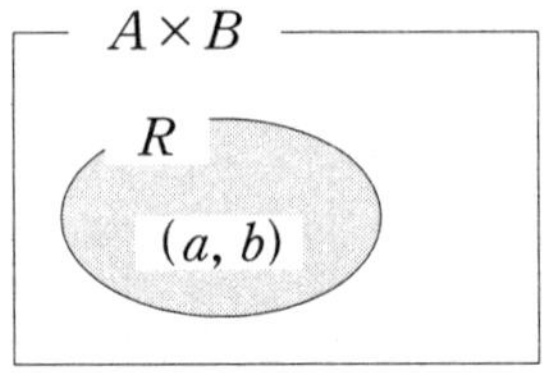

의 부분집합 R를 A에서 B로의 **이항관계**(binary relation) 또는 **관계**라고 한다.

그리고, $(a, b) \in R$일 때,

'a는 b에 관계 있다(a is related to b)'

고 하고 이 사실을 aRb로 나타낸다.

또, $(a, b) \notin R$일 때, 이것을 $a \not R b$로 나타낸다.

특히, 곱집합 $A \times A = \{(a, b) \mid a, b \in A\}$의 부분집합을 A 위의 **이항관계** 또는 **관계**라고 한다.

보기 8.1.1 두 집합 $A = \{1, 2\}$, $B = \{1, 2, 3\}$에 대하여 곱집합

$$A \times B = \{(1, 1), (1, 2), (1, 3), (2, 1), (2, 2), (2, 3)\}$$

의 부분집합

$$R = \{(a, b) \in A \times B \mid a < b\}$$
$$S = \{(a, b) \in A \times B \mid a \mid b\}$$

는 모두 A에서 B로의 관계이다. 그런데,

$$1 \not< 1,\quad 1 < 2,\quad 1 < 3,\quad 2 \not< 1,\quad 2 \not< 2,\quad 2 < 3$$
$$1 \mid 1,\quad 1 \mid 2,\quad 1 \mid 3,\quad 2 \nmid 1,\quad 2 \mid 2,\quad 2 \nmid 3$$

이므로 R와 S는 다음과 같다.

$$R = \{(1, 2), (1, 3), (2, 3)\},$$
$$S = \{(1, 1), (1, 2), (1, 3), (2, 2)\}$$

유한집합 $A=\{a_1, \cdots, a_m\}$에서 유한집합 $B=\{b_1, \cdots, b_n\}$으로의 관계는 $a_1, \cdots, a_m, b_1, \cdots, b_n$을 꼭지점으로 가지는 유향 그래프로 나타낼 수 있고 $A=\{a_1, \cdots, a_m\}$ 위의 관계는 $a_1, \cdots, a_m$을 꼭지점으로 가지는 유향 그래프로 나타낼 수 있다(정의 6.4.1 참조).

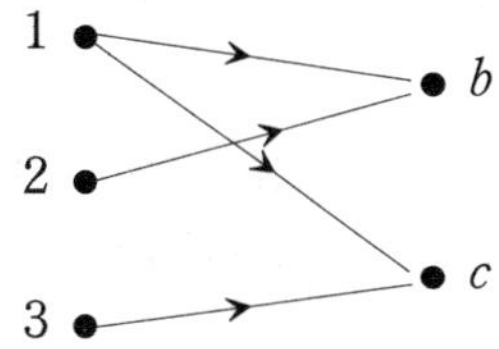

보기 8.1.2 집합 $A=\{1, 2, 3\}$에서 집합 $B=\{b, c\}$로의 관계

$$R=\{(1, b), (1, c), (2, b), (3, c)\}$$

는 오른쪽 그림과 같은 유향 그래프로 나타낼 수 있다.

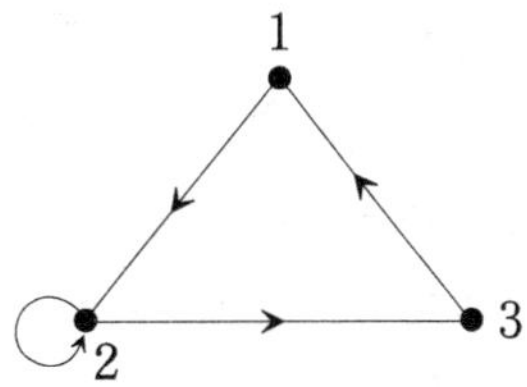

한편, 집합 $A=\{1, 2, 3\}$ 위의 관계

$$S=\{(1, 2), (2, 2), (2, 3), (3, 1)\}$$

는 오른쪽 그림과 같은 유향 그래프로 나타낼 수 있다.

집합 A 위의 관계 R에 대하여 $(a, b)\in R$일 때, 흔히 이 사실을 $a\sim b$와 같은 기호로 나타내고 $\sim$를 간단히 관계라고 한다.

정의 8.1.2 집합 A 위에 정의된 관계 $\sim$가 다음 세 조건을 만족시킬 때, $\sim$를 A 위의 **동치관계**(equivalence relation)라고 한다.

E. 1 : $a\sim a$ (반사적, reflexive)

E. 2 : $a\sim b$이면, $b\sim a$이다. (대칭적, symmetric)

E. 3 : $a\sim b$, $b\sim c$이면, $a\sim c$이다. (推移적, transitive)

집합 A 위에 동치관계 $\sim$가 정의되어 있을 때, $a\sim b$인 경우에 a와 b는 서로 **동치인**(equivalent) 원소라고 한다. 또, a와 동치인 원소 전체의 집합을 a를 포함한 **동치류**(equivalence class)라고 한다.

원소 a를 포함하는 동치류를 $\bar{a}$로 나타내면, $\bar{a}$는 다음과 같다.

$$\bar{a}=\{x\in A \mid x\sim a\}=\{x\in A \mid a\sim x\}$$

보기 8.1.3 어느 학부의 학생 전체의 집합에서, 다음과 같이 정의된 관계 $\sim$ 는 동치관계이다.

(1) $a \sim b \Longleftrightarrow$ 'a 와 b 는 性이 같다'

(2) $a \sim b \Longleftrightarrow$ 'a 와 b 는 姓이 같다'

위의 (1) 의 경우에 a 가 여학생이면 $\overline{a}$ 는 여학생 전체의 집합이다.

정리 8.1.3 집합 A 위에 동치관계 $\sim$ 가 정의되어 있을 때, 이 동치관계에 관한 동치류에 대하여 다음이 성립한다.

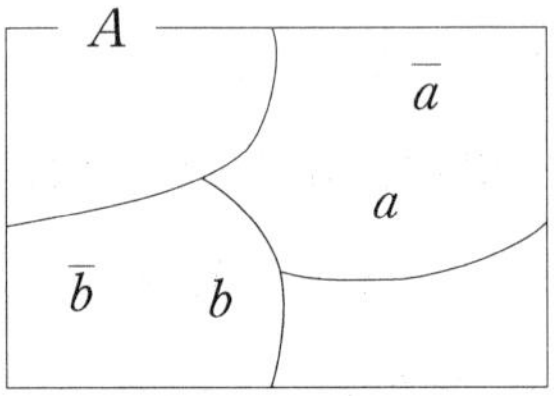

(1) $\overline{a} = \overline{b} \Longleftrightarrow a \sim b$

(2) $a \in \overline{b} \Longleftrightarrow \overline{a} = \overline{b} \Longleftrightarrow b \in \overline{a}$

(3) 각 원소 $a \in A$ 에 대하여 $a \in \overline{a}$ 이고, 또 임의의 원소 $a, b \in A$ 에 대하여 다음 중 하나 그리고 단 하나가 성립한다.

(i) $\overline{a} \cap \overline{b} = \emptyset$ (ii) $\overline{a} = \overline{b}$

증 명 (1) 먼저 $\overline{a} = \overline{b}$ 이면, $a \in \overline{a} = \overline{b}$ 이므로 $a \sim b$ 이다.

역으로, $a \sim b$ 라고 하자. 이 때, 임의의 $x \in \overline{a}$ 에 대하여 $x \sim a$ 이고 또 $a \sim b$ 이므로 E. 3 에 의하여 $x \sim b$ 즉 $x \in \overline{b}$ 이다 그러므로 $\overline{a} \subseteq \overline{b}$ 이다.

한편, E. 2 에 의하여 $b \sim a$ 이므로, 위의 증명에서 a 와 b 의 역할을 바꾸어 생각하면 $\overline{b} \subseteq \overline{a}$ 를 얻는다.

위의 두 결과에 의하여 $\overline{a} = \overline{b}$ 이다.

(2) 먼저 $a \in \overline{b}$ 이면, $a \sim b$ 이므로 (1) 에 의하여 $\overline{a} = \overline{b}$ 이다.

역으로, $\overline{a} = \overline{b}$ 이면, $a \in \overline{a} = \overline{b}$ 이므로 $a \in \overline{b}$ 이다.

마찬가지로, $\overline{a} = \overline{b} \Longleftrightarrow b \in \overline{a}$ 이다.

(3) 각 $a \in A$ 에 대하여 $a \sim a$ 이므로 $a \in \overline{a}$ 이다.

이제 $\overline{a} \cap \overline{b} \neq \emptyset$ 이라고 가정하고 $c \in \overline{a} \cap \overline{b}$ 이라고 하자.

이 때, $c \in \overline{a}$, $c \in \overline{b}$ 이므로 (2) 에 의하고 $\overline{a} = \overline{c}$, $\overline{b} = \overline{c}$ 이고 따라서 $\overline{a} = \overline{b}$ 이다. 그러므로 (3) 이 성립한다.

보기 8.1.4 정수 전체의 집합 $\mathbb{Z}$ 위에 정의된 합동관계 $a \equiv b \pmod{m}$는 동치관계이다. 즉, 다음이 성립한다(정리 1.4.2).

C. 1 : $a \equiv a \pmod{m}$

C. 2 : $a \equiv b \pmod{m}$ 이면, $b \equiv a \pmod{m}$ 이다.

C. 3 : $a \equiv b \pmod{m}$, $b \equiv c \pmod{m}$ 이면, $a \equiv c \pmod{m}$ 이다.

합동관계 $a \equiv b \pmod{m}$에 의하여 결정되는 동치류를 법 m에 관한 **잉여류**(residue class)라고 한다. 정수 a를 포함한 법 m에 관한 잉여류는

$$\bar{a} = \{a,\ a \pm m,\ a \pm 2m,\ a \pm 3m,\ \cdots\}$$

이고, $\mathbb{Z}$는 다음과 같은 m개의 잉여류로 분할된다(정리 1.4.5 참조).

$$\begin{aligned} \bar{0} &= \{0,\ \pm m,\ \pm 2m,\ \pm 3m,\ \cdots\}, \\ \bar{1} &= \{1,\ 1 \pm m,\ 1 \pm 2m,\ 1 \pm 3m,\ \cdots\}, \\ &\vdots \\ \overline{m-1} &= \{m-1,\ m-1 \pm m,\ m-1 \pm 2m,\ \cdots\} \end{aligned}$$

연 습 문 제 (8.1)

1. 집합 $A = \{1, 2, 3\}$에서 $R = \{(1, 1), (1, 2), (2, 1), (2, 2), (3, 3)\}$는 A 위의 동치관계인지를 판정하여라.

***2.** 정수 전체의 집합 $\mathbb{Z}$에 대하여 $D = \{(a, b) \mid a, b \in \mathbb{Z},\ b \neq 0\}$이라 하고, D의 두 원소 (a, b), (c, d)에 대하여

$$(a, b) \sim (c, d) \Longleftrightarrow ad = bc$$

이라고 정할 때, 관계 $\sim$는 집합 D 위의 동치관계임을 증명하여라.

***3.** 집합 $A = \{1, 2, 3, 4, 5, 6\}$에서 $A_1 = \{1, 3\}$, $A_2 = \{2, 4, 5\}$, $A_3 = \{6\}$이라고 하면, $\{A_1, A_2, A_3\}$는 A의 분할이다.

집합 A 위에 적당한 동치관계 $\sim$를 정의하여 A_1, A_2, A_3가 이 동치관계에 관한 동치류 전체가 되도록 하여라.

§ 8.2 반순서 집합과 격자

이 절에서는, 실수 전체의 집합 $\mathbb{R}$ 에서 대소관계 $\leq$ 를 일반화하여 다음과 같은 집합에 대하여 논한다.

정의 8.2.1 집합 $A\,(\neq \emptyset)$ 위에 정의된 관계 $\preccurlyeq$ 가 다음 세 조건을 만족시킬 때, $\leq$ 를 A 위의 **반순서**(partial order)라 하고 또 A 를 반순서 $\preccurlyeq$ 에 관한 **반순서 집합**(partially ordered set, poset)이라고 한다.

그리고, 이 경우에 $(A, \preccurlyeq)$ 를 반순서 집합이라고도 한다.

P.1 : $a \preccurlyeq a$ (반사적, reflexive)

P.2 : $a \preccurlyeq b$, $b \preccurlyeq a$ 이면, $a = b$ 이다. (反대칭적, asymmetric)

P.3 : $a \preccurlyeq b$, $b \preccurlyeq c$ 이면, $a \preccurlyeq c$ 이다. (추이적, transitive)

그리고, $a \preccurlyeq b$, $a \neq b$ 일 때 이것을 $a \prec b$ 로 나타낸다.

보기 8.2.1 실수 전체의 집합 $\mathbb{R}$ 는 대소관계 $\leq$ 에 관한 반순서 집합이다. 실제로, 실수 a, b, c 에 대하여 다음이 성립한다.

(i) $a \leq a$

(ii) $a \leq b$, $b \leq a$ 이면, $a = b$ 이다.

(iii) $a \leq b$, $b \leq c$ 이면, $a \leq c$ 이다.

마찬가지로, 정수 전체의 집합 $\mathbb{Z}$ 는 대소관계 $\leq$ 에 관한 반순서 집합이다.

보기 8.2.2 집합 U 의 부분집합 전체로 이루어진 멱집합 $\mathscr{P}(U)$ 는 포함관계 $\subseteq$ 에 관한 반순서 집합이다.

실제로, 임의의 $A, B, C \in \mathscr{P}(U)$ 에 대하여 다음이 성립한다.

(i) $A \subseteq A$

(ii) $A \subseteq B$, $B \subseteq A$ 이면, $A = B$ 이다.

(iii) $A \subseteq B$, $B \subseteq C$ 이면, $A \subseteq C$ 이다.

반순서 집합 $(A, \preccurlyeq)$는 다음과 같은 **Hasse 다이어그램**(Hasse diagram)으로 나타낼 수 있다. 하쎄(Helmut Hasse, 1898～1979)는 독일 수학자이다.

(i) 집합 A의 각 원소를 평면 위의 점으로 나타내고, 또 $a \prec b$이면 b를 나타내는 점은 a를 나타내는 점보다 위에 그린다.

(ii) $a \prec b$인 동시에 $a \prec c \prec b$인 원소 c가 없을 때에만 a와 b를 선으로 잇는다.

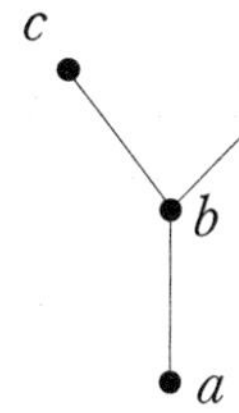

보기 8.2.3 집합 $U=\{a, b\}$의 멱집합 $\mathscr{P}(U)=\{U, \{a\}, \{b\}, \varnothing\}$는 포함관계 $\subseteq$에 관하여 반순서 집합이고 또 그 Hasse 다이어그램은 아래 왼쪽 그림과 같다.

그리고, 집합 $U=\{a, b, c\}$의 멱집합 $\mathscr{P}(U)$는 포함관계 $\subseteq$에 관하여 반순서 집합이고 그 Hasse 다이어그램은 아래 오른쪽 그림과 같다.

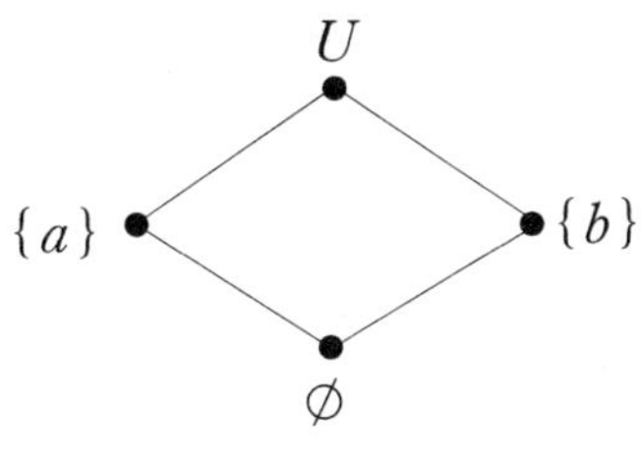

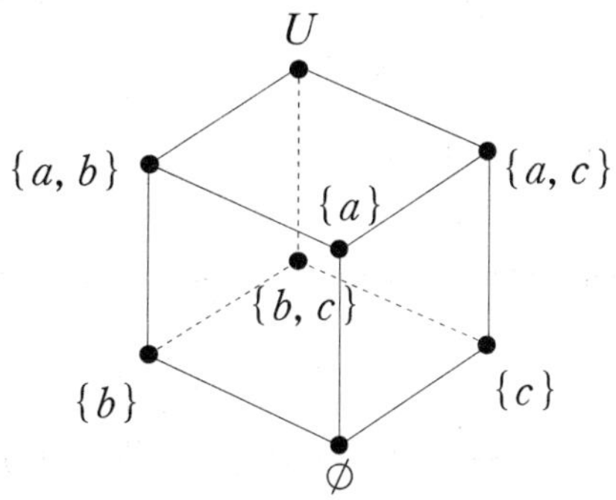

정의 8.2.2 반순서 집합 $(A, \preccurlyeq)$에서 두 원소 $a, b \in A$에 대하여 $a \preccurlyeq b$ 또는 $b \preccurlyeq a$일 때, a와 b는 **비교가능하다**(comparable)고 한다.

그리고, 반순서 집합 $(A, \preccurlyeq)$에서 임의의 두 원소 $a, b \in A$가 비교가능할 때, $\preccurlyeq$를 A 위의 **全순서**(total order) 또는 **선형순서**(linear order)라 하고 또 A를 $\preccurlyeq$에 관한 **全순서 집합**(totally ordered set), **선형순서 집합**(linearly ordered set) 또는 **연쇄**(chain)라고 한다. 이 경우에 $(A, \preccurlyeq)$를 **全순서 집합**(totally ordered set), **선형 순서 집합**(linearly ordered set) 또는 **연쇄**(chain)이라고도 한다.

보기 8.2.4 실수 전체의 집합 $\mathbb{R}$는 대소관계 $\leq$에 관한 전순서 집합이다. 또, 정수 전체의 집합 $\mathbb{Z}$는 대소관계 $\leq$에 관한 전순서 집합이다.

보기 8.2.5 집합 U의 멱집합 $\mathscr{P}(U)$는 일반적으로 포함관계 $\subseteq$에 관한 전순서 집합이 아니다. 예를 들면, 집합 $U=\{a, b\}$의 멱집합

$$\mathscr{P}(U)=\{U, \{a\}, \{b\}, \varnothing\}$$

에서 $\{a\}$와 $\{b\}$는 비교가능하지 않다.

보기 8.2.6 집합 $A=\{1, 2, 3, 4, 6, 8\}$ 위에 반순서 $\preccurlyeq$를

$$a \preccurlyeq b \Longleftrightarrow a \mid b$$

으로 정의할 때, $(A, \preccurlyeq)$의 Hasse 다이어그램은 오른쪽 그림과 같다.

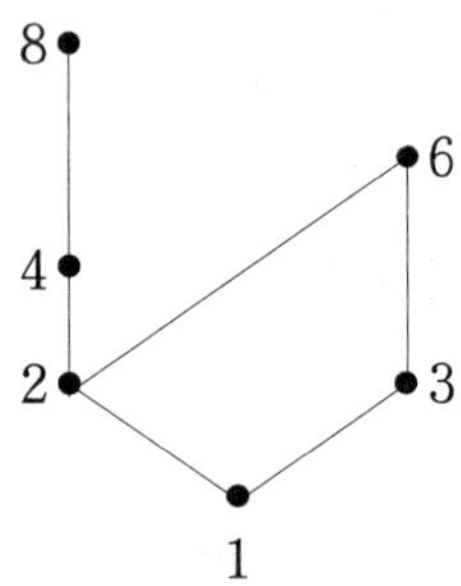

그리고, 예를 들어 2와 3은 비교가능하지 않으므로 반순서 집합 $(A, \preccurlyeq)$는 전순서 집합이 아니다.

정의 8.2.3 반순서 집합 $(A, \preccurlyeq)$에서

$$\text{모든 원소 } a \in A \text{에 대하여 } a \preccurlyeq u$$

인 원소 $u \in A$가 존재하는 경우에 u를 A의 **최대원소**(greatest element)라 하고, 또

$$\text{모든 원소 } a \in A \text{에 대하여 } s \preccurlyeq a$$

인 원소 $s \in A$가 존재하는 경우에 s를 A의 **최소원소**(least element)라고 한다.

보기 8.2.7 집합 U의 멱집합 $\mathscr{P}(U)$는 포함관계 $\subseteq$에 관한 반순서 집합이고, 이 반순서 집합의 최대원소는 U이고 최소원소는 $\varnothing$이다.

그리고, 보기 8.2.6의 반순서 집합 A에서 최대원소는 존재하지 않으나, 최소원소는 1이다.

정의 8.2.4 반순서 집합 $(A, \preccurlyeq)$ 에서, 원소 $a_1, a_2, \cdots, a_n \in A$ 에 대하여 다음 두 조건을 만족시키는 원소 $l \in A$ 이 존재하는 경우에 l 을 이들 원소의 **上限**(supremum, least upper bound)이라 하고 $\sup\{a_1, a_2, \cdots, a_n\}$ 으로 나타낸다.

(i) $a_i \preccurlyeq l \ (1 \le i \le n)$

(ii) $a_i \preccurlyeq c \ (1 \le i \le n)$ 이면, $l \preccurlyeq c$ 이다.

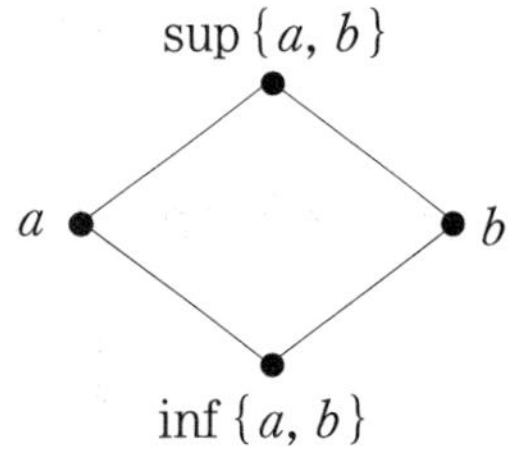

또, 원소 $a_1, a_2, \cdots, a_n \in A$ 에 대하여 다음 두 조건을 만족시키는 원소 $g \in A$ 가 존재하는 경우에 g 를 이들 원소의 **下限**(infimum, greatest lower bound) 이라 하고 $\inf\{a_1, a_2, \cdots, a_n\}$ 으로 나타낸다.

(i)′ $g \preccurlyeq a_i \ (1 \le i \le n)$

(ii)′ $e \preccurlyeq a_i \ (1 \le i \le n)$ 이면, $e \preccurlyeq g$ 이다.

보기 8.2.7 반순서 집합 A 의 Hasse 다이어그램이 오른쪽 그림과 같을 때 다음이 성립한다.

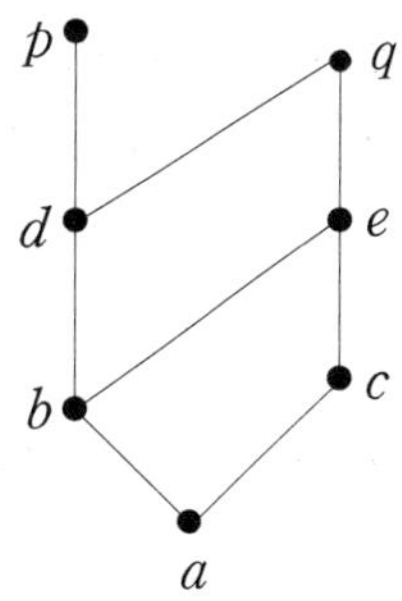

(1) $\sup\{a, b, c\} = e$, $\inf\{a, b, c\} = a$

(2) $\sup\{d, e\} = q$, $\inf\{d, e\} = b$

(3) $\sup\{p, q\}$ 는 없으나, $\inf\{p, q\} = d$ 이다.

(4) 최대원소는 없으나, 최소원소는 a 이다.

보기 8.2.8 반순서 집합 $(A, \preccurlyeq)$ 에서, 두 원소 $a, b \in A$ 에 대하여 다음이 성립한다.

$$a \preccurlyeq b \iff \sup\{a, b\} = b \iff \inf\{a, b\} = a$$

정의 8.2.5 반순서 집합 $(L, \le)$ 에서 임의의 원소 $a, b \in L$ 에 대하여

$$\sup\{a, b\}, \qquad \inf\{a, b\}$$

가 존재할 때, $(L, \preccurlyeq)$ 을 **격자**(lattice) 라고 한다.

보기 8.2.9 집합 U 의 멱집합 $\mathscr{P}(U)$ 는 포함 관계 $\subseteq$ 에 관한 격자이다. 실제로, 임의의 부분 집합 $A,\ B \in \mathscr{P}(U)$ 에 대하여 다음이 성립한다.

$$\sup\{A, B\} = A \cup B,$$
$$\inf\{A, B\} = A \cap B$$

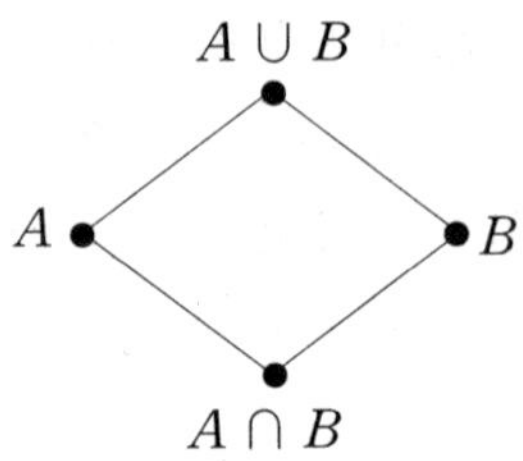

보기 8.2.10 아래의 처음 두 그림이 나타내는 반순서 집합은 격자이다.

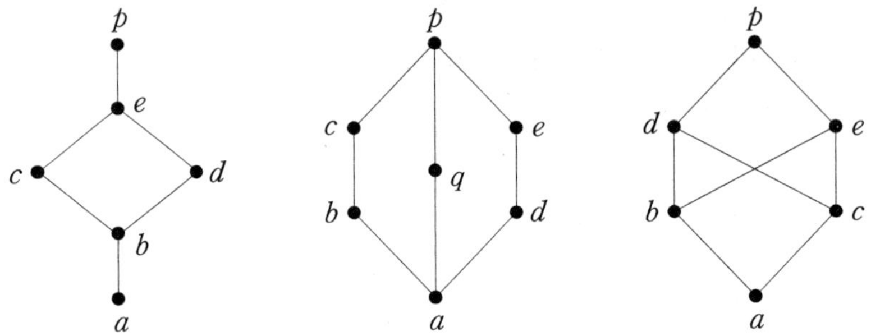

한편, 위의 마지막 그림이 나타내는 반순서 집합에서 $\sup\{b, c\}$ 는 존재하지 않으므로, 이 반순서 집합은 격자가 아니다. 실제로,

$$b \leqslant d,\quad c \leqslant d,\quad b \leqslant e,\quad c \leqslant e,$$
$$b \leqslant f,\quad c \leqslant f,\quad d \leqslant f,\quad e \leqslant f$$

이지만 d, e 는 비교가능하지 않으므로 $\sup\{b, c\}$ 는 존재하지 않는다.

연 습 문 제 (8.2)

*1. 반순서 집합 $(A, \leqslant)$ 의 Hasse 다이어그램이 오른쪽 그림과 같을 때, 다음 물음에 답하여라.

(1) 반순서 관계 $\leqslant$ 를 $A \times A$ 의 부분집합으로 나타내어라.

(2) $\sup\{a,\ c\}$ 와 $\inf\{a,\ c\}$ 를 구하여라.

(3) $(A, \leqslant)$ 가 격자인지를 판정하여라.

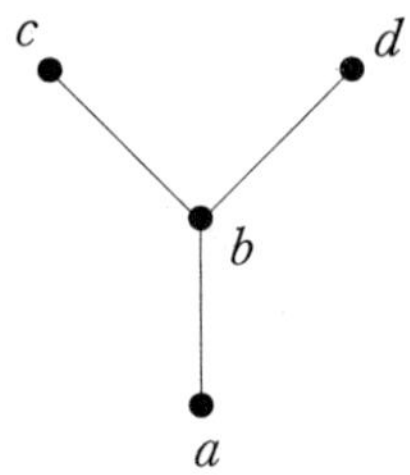

2. 반순서 집합 $(A, \leqslant)$의 Hasse 다이어그램이 오른쪽 그림과 같을 때, 다음 물음에 답하여라.

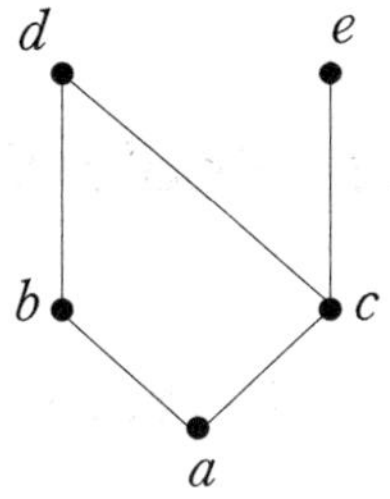

(1) 반순서 관계 $\leqslant$를 $A \times A$의 부분집합으로 나타내어라.

(2) A의 최대원소와 최소원소가 존재하는지 판정하여라.

(3) $\sup\{b, c\}$와 $\inf\{b, c\}$를 구하여라.

(4) $(A, \leqslant)$가 격자인지를 판정하여라.

3. 다음 각 그림은 반순서 집합의 Hasse 다이어그램을 나타낸다.

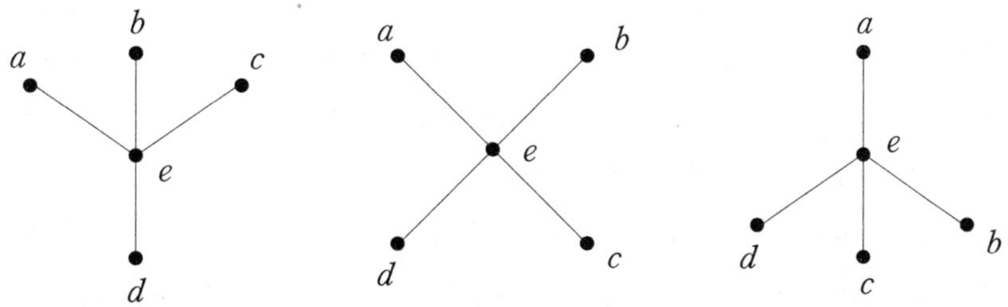

이들 중에서 최대원소와 최소원가 모두 존재하지 않는 반순서 집합을 찾아라. 또, 이 중에서 최대원소는 존재하지만 최소원는 존재하지 않는 반순서 집합을 찾아라.

***4.** 다음 그림은 반순서 집합의 Hasse 다이어그램이다.
이들 반순서 집합 중에서 격자인 것을 찾아라.

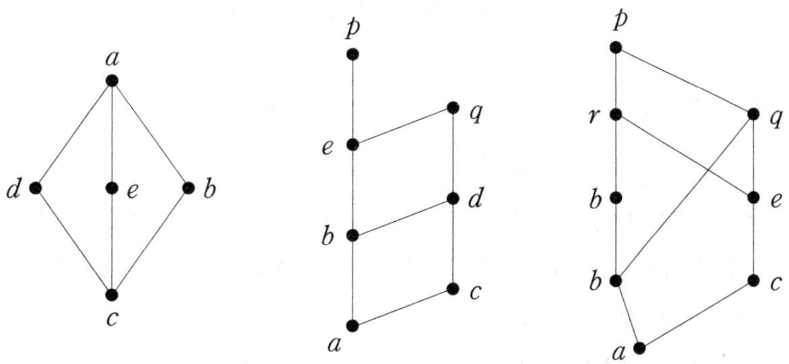

§8.3 Boole 다원환

이 절에서는 §1.5에서 논한 멱집합 $\mathscr{P}(U)$ 의 성질을 일반화하기로 한다.

정의 8.3.1 집합 B 위에 두 이항연산 $\vee$, $\wedge$ 가 정의되어 있고, 다음이 성립할 때, B를 $\vee$, $\wedge$ 에 관한 **Boole 다원환**(Boolean algebra)이라고 한다.

B. 1 : $(a \vee b) \vee c = a \vee (b \vee c)$,
$(a \wedge b) \wedge c = a \wedge (b \wedge c)$ (결합법칙)

B. 2 : $a \vee b = b \vee a$, $a \wedge b = b \wedge a$ (교환법칙)

B. 3 : $a \vee (a \wedge b) = a$, $a \wedge (a \vee b) = a$ (흡수법칙)

B. 4 : $a \wedge (b \vee c) = (a \wedge b) \vee (a \wedge c)$,
$a \vee (b \wedge c) = (a \vee b) \wedge (a \vee c)$ (분배법칙)

B. 5 : 특정한 원소 $0, 1 \in B$ 이 존재하여 모든 $a \in B$ 에 대하여 다음이 성립한다.

$$a \vee 0 = a, \quad a \wedge 1 = a, \quad a \vee 1 = 1, \quad a \wedge 0 = 0$$

B. 6 : 각 $a \in B$ 에 대하여 $a \vee b = 1$, $a \wedge b = 0$ 인 원소 $b \in B$가 단 하나 존재한다. 이러한 원소 b를 a 의 **餘원소**(complement)라 하고 이것을 a' 또는 $\bar{a}$ 로 나타낸다. 즉,

$$a \vee a' = 1, \qquad a \wedge a' = 0$$

Boole 다원환 B 의 임의의 $a, b \in B$ 에 대하여

$$a \leqslant b \iff a \vee b = b$$

이라고 정의하면, $(B, \leqslant)$ 가 격자임을 증명할 수 있다('해설 803' 참조). 또, B.5 에 의하여 $0 \vee a = a$, $a \vee 1 = 1$ 이므로 $0 \leqslant a \leqslant 1$ 이고 따라서 1 과 0 은 각각 B 의 최대원소, 최소원소이다.

Boole 다원환의 임의의 원소 a, b, c 에 대하여 B.1 이 성립하므로 이것을 각각 $a \vee b \vee c$, $a \wedge b \wedge c$ 로 나타낸다.

보기 8.3.1 집합 U 의 멱집합 $\mathscr{P}(U)$ 는 두 이항연산 $\cup$, $\cap$ 에 관하여 Boole 다원환을 이룬다(정리 1.5.7 참조). 여기서 최대원소와 최소원소는 각각 $\varnothing$, U 이고 또 임의의 $A \in \mathscr{P}(U)$ 에 대하여 $A' = U - A$ 이다.

보기 8.3.2 집합 $\mathbb{B} = \{0, 1\}$ 는 다음과 같이 정의된 두 이항연산 $\vee$, $\wedge$ 에 관하여 Boole 다원환을 이루고 그 Hasse 다이어그램은 아래 그림과 같다.

$\vee$	0	1
0	0	1
1	1	1

$\wedge$	0	1
0	0	0
1	0	1

$0' = 1$

$1' = 0$

$$0 \vee 0 = 0, \quad 0 \vee 1 = 1 \vee 0 = 1 \vee 1 = 1,$$

$$0 \wedge 0 = 0 \wedge 1 = 1 \wedge 0 = 0, \quad 1 \wedge 1 = 1, \quad 0 < 1$$

Boole 다원환에 관한 명제에서 $\vee$ 와 $\wedge$ 를 서로 바꾸고 놓고 0과 1을 서로 바꾸어 놓은 명제를 본래의 명제의 **쌍대명제**라고 한다. 정의 8.3.1 의 각 조건의 두 명제는 서로 쌍대명제이다. 따라서 Boole 다원환 B에 관한 명제가 참인 경우에 이 명제를 증명할 때 이용한 $\vee$, $\wedge$, 0, 1 대신에 각각 $\wedge$, $\vee$, 1, 0 으로 꾸어 놓으면 쌍대명제에 대한 증명을 얻으므로 쌍대명제도 참이다. 이와 같은 사실을 **쌍대성의 원리**(principle of duality)라고 한다.

정리 8.3.2 Boole 다원환 B 에서 다음이 성립한다.

B.7 : $(a')' = a, \quad 0' = 1, \quad 1' = 0$

B.8 : $a \vee a = a, \quad a \wedge a = a$

B.9 : $a \vee (a' \wedge b) = a \vee b, \quad a \wedge (a' \vee b) = a \wedge b$

B.10 : $(a \vee b)' = a' \wedge b', \quad (a \wedge b)' = a' \vee b'$ (De Morgan의 법칙)

B.11 : $(a' \vee b) \wedge (a \vee b') = (a \wedge b) \vee (a' \wedge b'),$

$(a' \wedge b) \vee (a \wedge b') = (a \vee b) \wedge (a' \vee b')$

B.12 : $(a \vee b) \wedge (a' \vee c) = (a \vee b) \vee c,$

$(a \wedge b) \vee (a' \wedge c) = (a \wedge b) \wedge c$

증 명 B.7 : 정의 8.3.1 의 조건 B.6 에 의하여 $a \vee a' = 1$, $a \wedge a' = 0$ 이므로 $(a')' = a$ 이다. 그리고, B.5, B.6 에 의하여 $0' = 1$, $1' = 0$ 이다.

B.8 : 조건 B.3 에 의하여 다음이 성립한다.

$$a \vee a = a \vee (a \wedge (a \vee a)) = a,$$
$$a \wedge a = a \wedge (a \vee (a \wedge a)) = a$$

B.9 : 다음과 같이 첫째 등식이 성립한다.

$$\begin{aligned} a \vee (a' \wedge b) &= (a \vee a') \wedge (a \vee b) && \text{B.4} \\ &= 1 \wedge (a \vee b) = a \vee b && \text{B.6, B.5} \end{aligned}$$

그리고, 쌍대성의 원리에 의하여 $a \wedge (a' \vee b) = a \wedge b$ 이다.

B.10 : 다음 두 등식이 성립한다.

$$\begin{aligned} (a \vee b) \wedge (a' \wedge b') &= [a \wedge (a' \wedge b')] \vee [b \wedge (a' \wedge b')] && \text{B.4} \\ &= [(a \wedge a') \wedge b'] \vee [(b \wedge b') \wedge a')] && \text{B.2} \\ &= (0 \wedge b') \vee (0 \wedge a') = 0 \vee 0 = 0 && \text{B.6, B.5} \end{aligned}$$

$$\begin{aligned} (a \vee b) \vee (a' \wedge b') &= [(a \vee b) \vee a'] \wedge [(a \vee b) \vee b'] && \text{B.4} \\ &= [(a \vee a') \vee b] \wedge [a \vee (b \vee b')] && \text{B.1, B.2} \\ &= (1 \vee b] \wedge (a \vee 1) = 1 \wedge 1 = 1 && \text{B.6, B.5} \end{aligned}$$

따라서 B.6 에 의하여 $(a \vee b)' = a' \wedge b'$ 이다.
그리고 쌍대성의 원리에 의하여 $(a \wedge b)' = a' \vee b'$ 이다.

B.11, B.12 : 정리 1.5.8 의 증명과 같이 B.1 ~ B.9 와 쌍대성의 원리를 이용하여 B.11, B.12 가 성립함을 증명할 수 있다(문제 1 참조).

Boole 다원환 B 의 곱집합 $B^n = \{(b_1, \cdots, b_n) \mid b_1, \cdots, b_n \in B\}$ 는 다음과 같이 정의된 두 연산 $\vee$, $\wedge$ 에 관하여 Boole 다원환을 이룬다.

$$(a_1, \cdots, a_n) \vee (b_1, \cdots, b_n) = (a_1 \vee b_1, \cdots, a_n \vee b_n)$$
$$(a_1, \cdots, a_n) \wedge (b_1, \cdots, b_n) = (a_1 \wedge b_1, \cdots, a_n \wedge b_n)$$

여기서 $(b_1, \cdots, b_n)' = (b_1', \cdots, b_n')$ 이고 또 다음이 성립한다.

$$(a_1, \cdots, a_n) \leqslant (b_1, \cdots, b_n) \iff a_1 \leqslant b_1, \cdots, a_n \leqslant b_n$$

특히, $\mathbb{B} = \{0, 1\}$ 는 Boole 다원환이므로

$$\mathbb{B}^n = \{(b_1, \cdots, b_n) \mid b_1, \cdots, b_n \in \mathbb{B}\}$$

는 앞에서와 같이 정의된 두 연산 $\vee, \wedge$ 에 관하여 Boole 다원환이다.

보기 8.3.3 Boole 다원환

$$\mathbb{B}^2 = \{(0, 0), (0, 1), (1, 0), (1, 1)\}$$

$$\mathbb{B}^3 = \{(0, 0, 0), (0, 0, 1), (0, 1, 0), (0, 1, 1), (1, 0, 0), (1, 0, 1), (1, 1, 0), (1, 1, 1)\}$$

의 Hasse 다이어그램은 다음 그림과 같다.

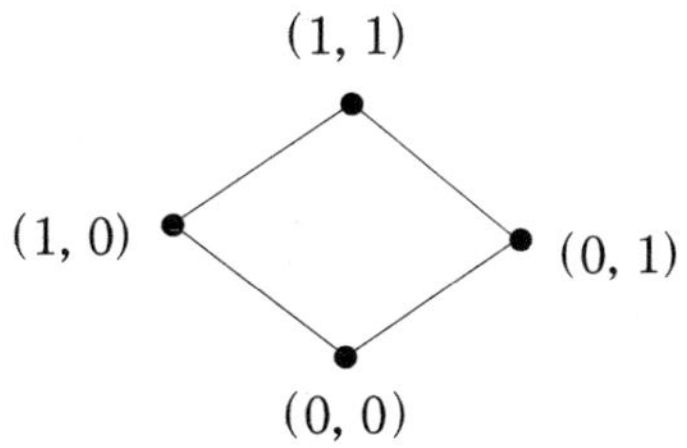

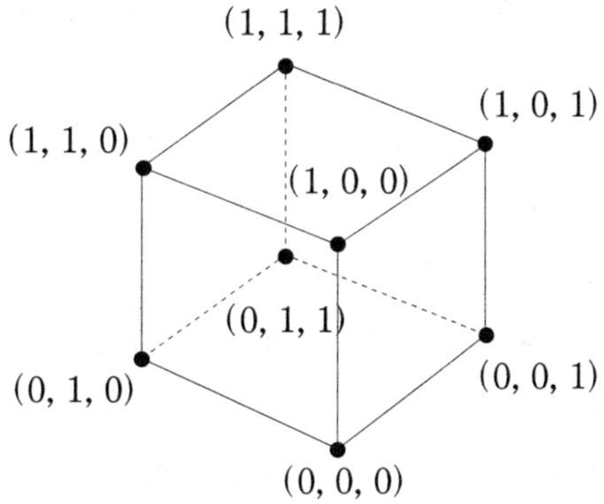

Boole 다원환 $\mathbb{B}^4$ 의 Hasse 다이어그램은 '해설 601'을 참조하기 바란다.

Boole 다원환 $\mathbb{B}^2$ 에서 다음이 성립한다.

$$(1, 0) \vee (1, 1) = (1 \vee 1, 0 \vee 1) = (1, 1), \qquad (0, 0)' = (1, 1),$$
$$(1, 0) \wedge (1, 1) = (1 \wedge 1, 0 \wedge 1) = (1, 0), \qquad (0, 1)' = (1, 0),$$
$$(1, 0) \vee (0, 1) = (1 \vee 0, 0 \vee 1) = (1, 1), \qquad (1, 0)' = (0, 1),$$
$$(1, 0) \wedge (0, 1) = (1 \wedge 0, 0 \wedge 1) = (0, 0), \qquad (1, 1)' = (0, 0)$$

그리고, Boole 다원환 $\mathbb{B}^3$ 에서 다음이 성립한다.

$$(0, 1, 0) \vee (1, 0, 0) = (0 \vee 1, 1 \vee 0, 0 \vee 0) = (1, 1, 0),$$
$$(0, 1, 0) \wedge (1, 0, 0) = (0 \wedge 1, 1 \wedge 0, 0 \wedge 0) = (0, 0, 0),$$
$$(1, 1, 0) \vee (0, 1, 1) = (1 \vee 0, 1 \vee 1, 0 \vee 1) = (1, 1, 1),$$
$$(1, 1, 0) \wedge (0, 1, 1) = (1 \wedge 0, 1 \wedge 1, 0 \wedge 1) = (0, 1, 0)$$

유한집합 $U = \{x_1, \cdots, x_n\}$, $|U| = n$ 의 멱집합 $\mathscr{P}(U)$ 는 포함관계 $\subseteq$ 에 관한 Boole 다원환이다. 그리고, 각 $A \in \mathscr{P}(U)$ 에 대하여

$$\phi(A) = (b_1, \cdots, b_n), \qquad b_i = \begin{cases} 0 & (x_i \notin A \text{ 일 때}) \\ 1 & (x_i \in A \text{ 일 때}) \end{cases}$$

이라고 하면, 사상 $\phi : \mathscr{P}(U) \longrightarrow \mathbb{B}^n$ 는 일대일 대응이고 또 다음이 성립한다(보기 2.3.4).

$$\phi(A \cup B) = \phi(A) \vee \phi(B), \quad \phi(A \cap B) = \phi(A) \wedge \phi(B),$$
$$\phi(A') = \phi(A)', \quad \phi(\varnothing) = (0, \cdots, 0), \quad \phi(U) = (1, \cdots, 1)$$

보기 8.3.4 집합 $U = \{a, b\}$ 의 멱집합 $\mathscr{P}(U)$ 과 Boole 다원환 $\mathbb{B}^2$ 에 대하여 다음이 성립한다.

$$\phi(U) = (1, 1), \quad \phi(\{a\}) = (1, 0),$$
$$\phi(\{b\}) = (0, 1), \quad \phi(\varnothing) = (0, 0)$$
$$\phi(\{a\} \cup \{b\}) = \phi(U) = (1, 1),$$
$$\phi(\{a\}) \vee \phi(\{b\}) = (1, 0) \vee (0, 1) = (1, 1)$$
$$\phi(\{a\} \cap \{b\}) = \phi(\varnothing) = (0, 0),$$
$$\phi(\{a\}) \wedge \phi(\{b\}) = (1, 0) \wedge (0, 1) = (0, 0)$$
$$\phi(\{a\}') = \phi(\{b\}) = (0, 1) = \phi(\{a\})'$$

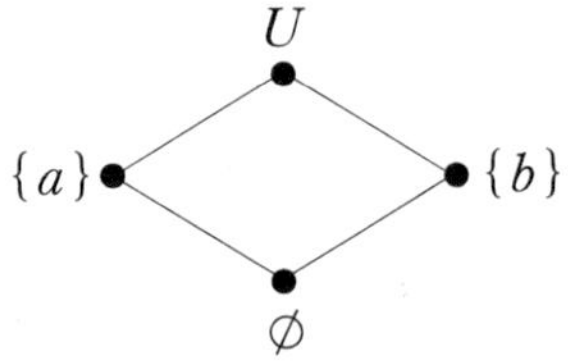

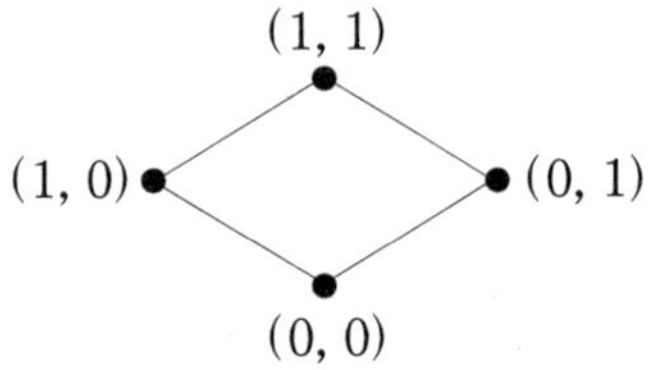

보기 8.3.5 다음 그림은 집합 $U = \{a, b, c\}$ 의 멱집합 $\mathscr{P}(U)$ 과 Boole 다원환 B^3 과의 대응관계를 보여 준다.

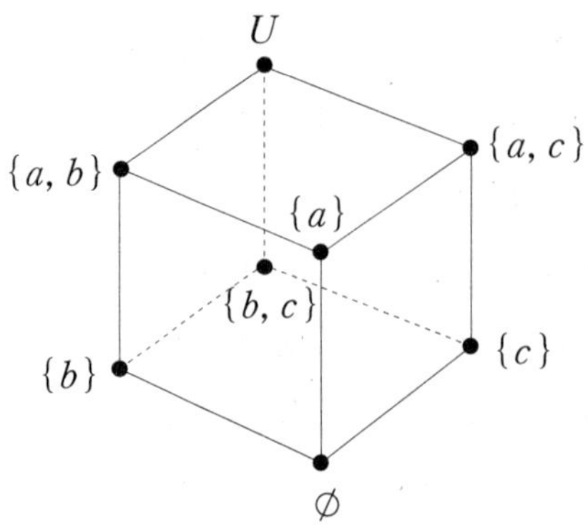

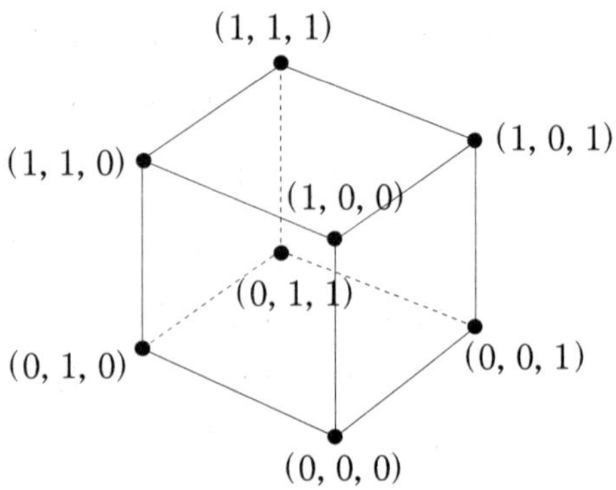

일반적으로, B가 유한 Boole 다원환일 때, B는 적당한 양의 정수 n에 대하여 Boole 다원환 $\mathbb{B}^n$과 본질적으로 동일하고 $|B| = |\mathbb{B}^n| = 2^n$이다.

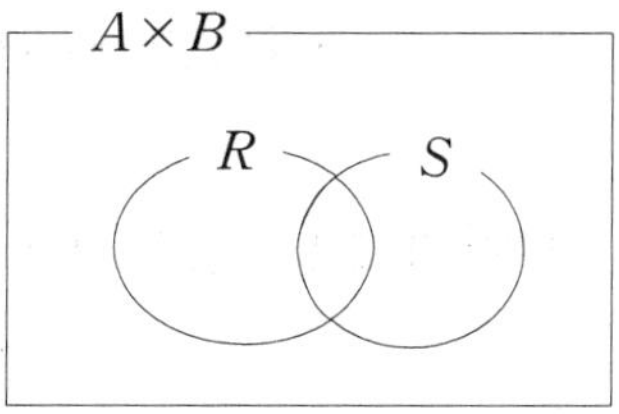

공집합이 아닌 두 집합 A, B에 대하여 $U = A \times B$이라고 하자. 이 때, A에서 B로의 관계는 U의 부분집합이므로 A에서 B로의 관계 전체의 집합은 U의 멱집합 $\mathscr{P}(U)$와 일치한다(정의 8.1.1 참조). 그리고, R, S가 A에서 B로의 관계이면,

$$R \cup S, \quad R \cap S, \quad R' = U - R$$

도 또한 A에서 B로의 관계이다.

특히, $A = \{a_1, a_2, \cdots, a_m\}$, $B = \{b_1, b_2, \cdots, b_n\}$일 때, A에서 B로의 관계 $R \in \mathscr{P}(U)$에 대하여 B의 원소를 성분으로 가지는 $m \times n$행렬 $\phi(R)$를 다음과 같이 정의하자.

$$\phi(R) = [r_{ij}]_{m \times n}, \qquad r_{ij} = \begin{cases} 1 & ((a_i,\ b_j) \in R \text{ 인 경우}) \\ 0 & ((a_i,\ b_j) \notin R \text{ 인 경우}) \end{cases}$$

그리고 관계 R, S에 대하여 $\phi(R) = [r_{ij}]_{m \times n}$, $\phi(S) = [s_{ij}]_{m \times n}$일 때, 행렬 $\phi(R) \vee \phi(S)$, $\phi(R) \wedge \phi(S)$, $\phi(R)'$을 다음과 같이 정하자.

$$\phi(R) \vee \phi(S) = [r_{ij} \vee s_{ij}]_{m \times n} = \begin{bmatrix} r_{11} \vee s_{11} & \cdots & r_{1n} \vee s_{1n} \\ r_{21} \vee s_{21} & \cdots & r_{2n} \vee s_{2n} \\ \vdots & \cdots & \vdots \\ r_{m1} \vee s_{m1} & \cdots & r_{mn} \vee s_{mn} \end{bmatrix},$$

$$\phi(R) \wedge \phi(S) = [r_{ij} \wedge s_{ij}]_{m \times n} = \begin{bmatrix} r_{11} \wedge s_{11} & \cdots & r_{1n} \wedge s_{1n} \\ r_{21} \wedge s_{21} & \cdots & r_{2n} \wedge s_{2n} \\ \vdots & \cdots & \vdots \\ r_{m1} \wedge s_{m1} & \cdots & r_{mn} \wedge s_{mn} \end{bmatrix}$$

$$\phi(R)' = [r_{ij}']_{m \times n} = \begin{bmatrix} r_{11}' & \cdots & r_{1n}' \\ r_{21}' & \cdots & r_{2n}' \\ \vdots & \cdots & \vdots \\ r_{m1}' & \cdots & r_{mn}' \end{bmatrix}$$

이 때, 다음이 성립한다.

$$\phi(R \cup S) = \phi(R) \vee \phi(S), \quad \phi(R \cap S) = \phi(R) \wedge \phi(S),$$
$$\phi(R') = \phi(R)'$$

보기 8.3.6 집합 $A = \{1, 2\}$ 에서 집합 $B = \{1, 2, 3\}$ 로의 관계

$$R = \{(1, 1), (1, 2), (2, 3)\},$$
$$S = \{(1, 1), (1, 3), (2, 1)\}$$

에 대하여

$$R \cup S = \{(1, 1), (1, 2), (1, 3), (2, 1), (2, 3)\},$$
$$R \cap S = \{(1, 1)\},$$
$$R' = \{(1, 3), (2, 1), (2, 2)\}$$

는 모두 A 에서 B 로의 관계이다. 그리고,

$$\phi(R) = \begin{bmatrix} 1 & 1 & 0 \\ 0 & 0 & 1 \end{bmatrix}, \qquad \phi(S) = \begin{bmatrix} 1 & 0 & 1 \\ 1 & 0 & 0 \end{bmatrix}$$

이고, 또 다음이 성립한다.

$$\phi(R \cup S) = \begin{bmatrix} 1 & 1 & 1 \\ 1 & 0 & 1 \end{bmatrix} = \begin{bmatrix} 1 \vee 1 & 1 \vee 0 & 0 \vee 1 \\ 0 \vee 1 & 0 \vee 0 & 1 \vee 0 \end{bmatrix} = \phi(R) \vee \phi(S),$$

$$\phi(R \cap S) = \begin{bmatrix} 1 & 0 & 0 \\ 0 & 0 & 0 \end{bmatrix} = \begin{bmatrix} 1 \vee 1 & 1 \vee 0 & 0 \vee 1 \\ 0 \vee 1 & 0 \vee 0 & 1 \vee 0 \end{bmatrix} = \phi(R) \wedge \phi(S),$$

$$\phi(R') = \begin{bmatrix} 0 & 0 & 1 \\ 1 & 1 & 0 \end{bmatrix} = \begin{bmatrix} 1' & 1' & 0' \\ 0' & 0' & 1' \end{bmatrix} = \phi(R)'$$

집합 U 의 멱집합 $\mathscr{P}(U)$ 위에 두 연산 $\oplus$, $\cdot$ 을

$$A \oplus B = (A \cap B') \cap (A' \cap B), \quad A \cdot B = A \cap B$$

으로 정의하면 정리 1.5.10 이 성립한다. Boole 다원환 B 에 대해서도 다음 정리가 성립함을 B.1~B.12 를 이용하여 증명할 수 있다(문제 6 참조).

정리 8.3.3 Boole 다원환 B 에서 임의의 두 원소 a, b 에 대하여

$$a \oplus b = (a \wedge b') \vee (a' \wedge b), \qquad a\,b = a \cdot b = a \wedge b$$

이라고 정의하면, 두 연산 $\oplus$, $\cdot$ 에 관하여 다음이 성립한다.

(1) $(a \oplus b) \oplus c = a \oplus (b \oplus c)$

(2) $a \oplus b = b \oplus a$

(3) $a \oplus 0 = 0 \oplus a = a$

(4) $a \oplus a = 0$

(5) $(a\,b)\,c = a\,(b\,c)$

(6) $a\,b = b\,a$

(7) $a\,1 = 1\,a = a, \qquad a\,0 = 0\,a = 0$

(8) $a\,(b \oplus c) = (a\,b) \oplus (a\,c), \quad (a \oplus b)\,c = (a\,c) \oplus (b\,c)$

이러한 의미에서 B 를 두 연산 $\oplus$, $\cdot$ 에 관한 **Boole 환**(Boolean ring)이라고 한다.

보기 8.3.7 Boole 환 $\mathbb{B} = \{0, 1\}$의 두 연산 $\oplus$, $\cdot$ 에 관한 연산표와 체 $\mathbb{F}_2 = \{0, 1\}$ 의 두 연산 $+$, $\cdot$ 에 관한 연산표는 본질적으로 동일하다.

$\oplus$	0	1
0	0	1
1	1	0

$\cdot$	0	1
0	0	0
1	0	1

$$0 \oplus 0 = 0, \quad 0 \oplus 1 = 1 \oplus 0 = 1, \quad 1 \oplus 1 = 0$$

정리 1.5.11 과 마찬가지로 다음 정리가 성립한다(문제 7 참조)

정리 8.3.4 Boole 다원환 B 에서 다음이 성립한다.

(1) $a \oplus b = a \oplus c$ 이면, $b = c$ 이다.

(2) $a \oplus b = 0$ 이면, $b = a$ 이다.

(3) $a \oplus 1 = 1 \oplus a = a', \quad a' \oplus 1 = 1 \oplus a' = a$

(4) $(a \oplus b)' = a \oplus b' = a' \oplus b$

Boole 다원환 B 의 원소 a, b, c 에 대하여 $(a \oplus b) \oplus c = a \oplus (b \oplus c)$ 이므로 이것을 $a \oplus b \oplus c$ 로 나타낸다.

정리 8.3.5 Boole 다원환 B 에서 다음이 성립한다.

(1) $a \oplus b = (a \vee b)(ab)'$

특히, $ab = 0$ 이면, $a \vee b = a \oplus b$ 이다.

(2) 원소 $a_1, a_2, \cdots, a_n$ $(n \geq 2)$ 에 대하여 $a_i a_j = 0$ $(1 \leq i \neq j \leq n)$ 이면, $a_1 \vee a_2 \vee \cdots \vee a_n = a_1 \oplus a_2 \oplus \cdots \oplus a_n$ 이다.

증 명 (1)
$$\begin{aligned}(a \vee b)(ab)' &= (a \vee b) \wedge (a \wedge b)' \\ &= [a \wedge (a \wedge b)'] \vee [b \wedge (a \wedge b)'] && \text{B.4} \\ &= [a \wedge (a' \vee b')] \vee [b \wedge (a' \vee b')] && \text{B.10} \\ &= [a \wedge (a' \vee b')] \vee [b \wedge (b' \vee a')] && \text{B.2} \\ &= (a \wedge b') \vee (b \wedge a') && \text{B.9} \\ &= (a \wedge b') \vee (a' \wedge b) = a \oplus b && \text{B.2}\end{aligned}$$

특히, $ab = 0$ 이면, B.7 과 정리 8.3.3 (7) 에 의하여 다음이 성립한다.

$$a \oplus b = (a \vee b) \cdot 0' = (a \vee b) \cdot 1 = a \vee b$$

(2) 먼저 $a_1 a_2 = 0$ 이므로 위의 (1) 에 의하여

$$a_1 \vee a_2 = a_1 \oplus a_2$$

이고, 또 정리 8.3.3 (8), (4) 에 의하여

$$(a_1 \oplus a_2) \cdot a_3 = (a_1 a_3) \oplus (a_2 a_3) = 0 \oplus 0 = 0$$

이므로 위의 (1) 에 의하여 다음이 성립한다.

$$\begin{aligned}a_1 \vee a_2 \vee a_3 &= (a_1 \vee a_2) \vee a_3 \\ &= (a_1 \oplus a_2) \vee a_3 \\ &= (a_1 \oplus a_2) \oplus a_3 = a_1 \oplus a_2 \oplus a_3\end{aligned}$$

위의 논법을 되풀이하여 (2) 의 결과를 얻는다.

연 습 문 제 (8.3)

*1. 정리 8.3.2 의 B.11, B.12 를 증명하여라.

*2. Boole 다원환 B 에서 다음이 성립함을 증명하여라.

(1) $a \vee b = a \vee c$, $a \wedge b = a \wedge c$ 이면, $b = c$ 이다. (소약법칙)

(2) $(a \vee b) \wedge (a \vee b') = a$, $\quad (a \wedge b) \vee (a \wedge b') = a$

(3) $a \vee (b \wedge (a \vee c)) = (a \vee b) \wedge (a \vee c)$,

$a \wedge (b \vee (a \wedge c)) = (a \wedge b) \vee (a \wedge c)$

3. Boole 다원환 $\mathbb{B}^4$ 에서 다음을 구하여라.

(1) $(1, 0, 1, 1) \vee (1, 1, 0, 0)$ (2) $(1, 0, 0, 1) \wedge (1, 0, 1, 0)$

(3) $(1, 1, 1, 0)'$ (4) $(1, 0, 1, 0)'$

4. 집합 $U = \{a, b, c, d\}$ 에서 $A = \{b, c, d\}$, $B = \{a, c, d\}$ 이라고 할 때, 다음이 성립함을 확인하여라.

(1) $\phi(A \cup B) = \phi(A) \vee \phi(B)$, $\quad \phi(A \cap B) = \phi(A) \wedge \phi(B)$

(2) $\phi(A') = \phi(A)'$, $\quad \phi(B') = \phi(B)'$

5. 집합 $A = \{1, 2\}$ 에서 집합 $B = \{a, b, c\}$ 로의 관계 R, S 에 대하여

$$\phi(R) = \begin{bmatrix} 1 & 0 & 1 \\ 1 & 1 & 0 \end{bmatrix}, \qquad \phi(S) = \begin{bmatrix} 1 & 1 & 0 \\ 1 & 0 & 1 \end{bmatrix}$$

일 때, R, S, $R \cup S$, $R \cap S$, R' 을 구하고 다음이 성립함을 확인하여라.

$$\phi(R \cup S) = \phi(R) \vee \phi(S), \quad \phi(R \cap S) = \phi(R) \wedge \phi(S),$$
$$\phi(R') = \phi(R)'$$

*6. 정리 8.3.3 을 증명하여라.

*7. 정리 8.3.4 를 증명하여라.

§ 8.4 Boole 함수

앞으로, Boole 다원환 B 의 두 연산 $\vee$, $\wedge$ 을 각각 $+$, $\cdot$ 으로 나타내어

$$a+b=a\vee b, \qquad ab=a\cdot b=a\wedge b$$

으로 쓰기로 한다. 또한, $a+b$, ab 를 각각 a 와 b 의 **Boole 합**, **Boole 곱**이라 하고 이것을 'a OR b', 'a AND b' 라고 읽는다.

Boole 다원환 B 에서 다음이 성립한다(정의 8.3.1 ~ 정리 8.3.5 참조).

B.1 : $(a+b)+c=a+(b+c)$, $\quad (a\,b)\,c=a\,(b\,c)$

B.2 : $a+b=b+a$, $\quad a\,b=b\,a$

B.3 : $a+(a\,b)=a$, $\quad a\,(a+b)=a$

B.4 : $a\,(b+c)=a\,b+a\,c$, $\quad a+b\,c=(a+b)\,(a+c)$

B.5 : $a+0=0+a=a$, $\quad a\cdot 1=1\cdot a=a$

$a+1=1+a=1$ $\quad a\cdot 0=0\cdot a=0$

B.6 : $a+a'=1$, $\quad a\,a'=0$

B.7 : $(a')'=a$, $\quad 0'=1$, $\quad 1'=0$

B.8 : $a+a=a$, $\quad a\,a=a$

B.9 : $a+(a'b)=a+b$, $\quad a\,(a'+b)=a\,b$

B.10 : $(a+b)'=a'b'$, $\quad (a\,b)'=a'+b'$

$a\oplus b=a\,b'+a'\,b=(a+b)\,(a\,b)'$, $\quad a\oplus 1=a'$

Boole 다원환 $\mathbb{B}=\{0,1\}$ 의 연산표는 다음과 같다.

$+$	0	1
0	0	1
1	1	1

$\cdot$	0	1
0	0	0
1	0	1

$\oplus$	0	1
0	0	1
1	1	0

$$0+0=0,\quad 0+1=1+0=1+1=1,$$

$$0\oplus 0=0,\quad 0\oplus 1=1\oplus 0=1,\quad 1\oplus 1=0$$

정의 8.4.1 Boole 다원환 $\mathbb{B} = \{0, 1\}$ 에 대하여 함수

$$F : \mathbb{B}^n \longrightarrow \mathbb{B}, \quad y = F(x_1, x_2, \cdots, x_n)$$

를 n 개의 변수를 가진 **Boole 함수**(Boolean function), 또는 **스위칭 함수**(switching function) 또는 **출력함수**(output function)라고 한다.

Boole 함수 $F : \mathbb{B}^n \longrightarrow \mathbb{B}$ 에서 n 개의 변수 $x_1, x_2, \cdots, x_n$ 는 $\mathbb{B}$ 의 원소 0을 또는 1을 택하면서 변하고 그 함수값도 $\mathbb{B}$ 의 원소 0 또는 1 이다.

Boole 함수 $F : \mathbb{B}^n \longrightarrow \mathbb{B}$ 전체의 개수는 2^{2^n} 이다(정리 2.1.10). 특히, $n = 1, 2, 3, 4, 5$ 일 때의 2^{2^n} 의 값은 4, 16, 256, 65536, 4294967296 이다.

보기 8.4.1 함수 $F : \mathbb{B}^3 \longrightarrow \mathbb{B}$ 가

$$F(x_1, x_2, x_3) = x_1 + x_2{}' x_3$$

으로 정의된 Boole 함수일 때, 그 함수값은 오른쪽 표와 같다.

$$F(0, 0, 1) = 0 + 1 \cdot 1 = 0 + 1 = 1,$$
$$F(1, 0, 1) = 1 + 1 \cdot 1 = 1 + 1 = 1,$$
$$F(1, 1, 1) = 1 + 0 \cdot 1 = 1 + 0 = 1$$

x_0	x_1	x_2	$F(x_1, x_2, x_3)$
0	0	0	0
0	0	1	1
0	1	0	0
0	1	1	0
1	0	0	1
1	0	1	1
1	1	0	1
1	1	1	1

정의 8.4.2 두 Boole 함수 $F : \mathbb{B}^n \longrightarrow \mathbb{B}$, $G : \mathbb{B}^n \longrightarrow \mathbb{B}$ 에 대하여

$$F + G : \mathbb{B}^n \longrightarrow \mathbb{B}, \qquad FG : \mathbb{B}^n \longrightarrow \mathbb{B},$$
$$F' : \mathbb{B}^n \longrightarrow \mathbb{B}, \qquad F \oplus G : \mathbb{B}^n \longrightarrow \mathbb{B}$$

는 각각 다음과 같이 정의된 Boole 함수이다.

$$(F + G)(x_1, \cdots, x_n) = F(x_1, \cdots, x_n) + G(x_1, \cdots, x_n),$$
$$(FG)(x_1, \cdots, x_n) = F(x_1, \cdots, x_n)\, G(x_1, \cdots, x_n),$$
$$F'(x_1, \cdots, x_n) = F(x_1, \cdots, x_n)',$$
$$(F \oplus G)(x_1, \cdots, x_n) = F(x_1, \cdots, x_n) \oplus G(x_1, \cdots, x_n)$$

정의 8.4.3 Boole 다원환 $\mathbb{B} = \{0, 1\}$ 의 원소 x 에 대하여

$$x^1 = x, \qquad x^0 = x'$$

으로 정하고, 또 양의 정수 n 과 정수 i $(0 \le i \le 2^n - 1)$ 에 대하여 i 를 이진법으로 나타낸 것이 $i = e_1 e_2 \cdots e_{n\,(2)}$ (e_i 는 0 또는 1) 일 때,

$$P_i : \mathbb{B}^n \longrightarrow \mathbb{B}, \quad S_i : \mathbb{B}^n \longrightarrow \mathbb{B}, \quad \pi_i : \mathbb{B}^n \longrightarrow \mathbb{B} \quad (0 \le i \le 2^n - 1)$$

는 다음과 같이 정의된 Boole 함수이며 특히 P_i, S_i 를 각각 **최소다항함수**(miniterm), **최대다항함수**(maxterm)라고 한다(B.10 참조).

$$P_i(x_1, x_2, \cdots, x_n) = x_1^{e_1} x_2^{e_2} \cdots x_n^{e_n},$$

$$S_i(x_1, x_2, \cdots, x_n) = x_1^{e_1'} + x_2^{e_2'} + \cdots + x_n^{e_n'} = P_i(x_1, x_2, \cdots, x_n)'$$

$\pi_i(x_1, x_2, \cdots, x_n) = (x_1^{e_1} \cdots x_n^{e_n}$ 에서 $e_k = 0$ 인 경우에 $x_k^{e_k}$ 를 삭제하여 $x_1', \cdots, x_n'$ 을 없앤 식)

위의 정의에서, i 가 0 부터 $2^n - 1$ 까지의 정수를 택하면서 변하면, 이에 대한 $(e_1, e_2, \cdots, e_n)$ 은 $\mathbb{B}^n$ 의 모든 원소를 택하면서 변한다(정리 1.3.18).

보기 8.4.2 Boole 함수

$$P_i : \mathbb{B}^2 \longrightarrow \mathbb{B}, \; S_i : \mathbb{B}^2 \longrightarrow \mathbb{B}, \; \pi_i : \mathbb{B}^2 \longrightarrow \mathbb{B} \qquad (0 \le i \le 2^2 - 1)$$

는 다음 표와 같이 정의된 함수이다($i = e_1 e_{2\,(2)}$).

i	e_1	e_2	$P_i(x_1, x_2)$	$S_i(x_1, x_2)$	$\pi_i(x_1, x_2)$
0	0	0	$x_1' x_2'$	$x_1 + x_2$	1
1	0	1	$x_1' x_2$	$x_1 + x_2'$	x_2
2	1	0	$x_1 x_2'$	$x_1' + x_2$	x_1
3	1	1	$x_1 x_2$	$x_1' + x_2'$	$x_1 x_2$

예를 들면, $2 = 10_{(2)}$ 이므로 P_2, S_2, π_2 는 다음과 같이 정의된다.

$$P_2(x_1, x_2) = x_1 x_2', \qquad \pi_2(x_1, x_2) = x_1$$

$$S_2(x_1, x_2) = x_1' + x_2 = (x_1 x_2')' = P_2(x_1, x_2)'$$

보기 8.4.3 Boole 함수

$$P_i : \mathbb{B}^3 \longrightarrow \mathbb{B}, \quad S_i : \mathbb{B}^3 \longrightarrow \mathbb{B}, \quad \pi_i : \mathbb{B}^3 \longrightarrow \mathbb{B} \quad (0 \le i \le 2^3 - 1)$$

는 다음 표와 같이 정의된 함수이다($i = e_1 e_2 e_{3(2)}$).

i	$e_1\ e_2\ e_3$	$P_i(x_1, x_2, x_3)$	$S_i(x_1, x_2, x_3)$	$\pi_i(x_1, x_2, x_3)$
0	0 0 0	$x_1' x_2' x_3'$	$x_1 + x_2 + x_3$	1
1	0 0 1	$x_1' x_2' x_3$	$x_1 + x_2 + x_3'$	x_3
2	0 1 0	$x_1' x_2 x_3'$	$x_1 + x_2' + x_3$	x_2
3	0 1 1	$x_1' x_2 x_3$	$x_1 + x_2' + x_3'$	$x_2 x_3$
4	1 0 0	$x_1 x_2' x_3'$	$x_1' + x_2 + x_3$	x_1
5	1 0 1	$x_1 x_2' x_3$	$x_1' + x_2 + x_3'$	$x_1 x_3$
6	1 1 0	$x_1 x_2 x_3'$	$x_1' + x_2' + x_3$	$x_1 x_2$
7	1 1 1	$x_1 x_2 x_3$	$x_1' + x_2' + x_3'$	$x_1 x_2 x_3$

예를 들면, $5 = 1\,0\,1_{(2)}$ 이므로 다음 결과를 얻는다.

$$P_5(x_1, x_2, x_3) = x_1 x_2' x_3,$$
$$S_5(x_1, x_2, x_3) = x_1' + x_2 + x_3' = P_5(x_1, x_2, x_3)'$$
$$\pi_5(x_1, x_2, x_3) = x_1 x_3$$

$x_1\ x_2\ x_3$	$P_5(x_1, x_2, x_3)$	$S_5(x_1, x_2, x_3)$
0 0 0	0	1
0 0 1	0	1
0 1 0	0	1
0 1 1	0	1
1 0 0	0	1
1 0 1	1	0
1 1 0	0	1
1 1 1	0	1

그리고, 다음이 성립한다.

$$P_5(x_1, x_2, x_3) = 1$$
$$\Longleftrightarrow x_1 x_2' x_3 = 1$$
$$\Longleftrightarrow x_1 = x_2' = x_3 = 1$$
$$\Longleftrightarrow x_1 = 1,\ x_2 = 0,\ x_3 = 1$$

따라서

$$(x_1, x_2, x_3) = (1, 0, 1)$$

일 때 그리고 이때에만 $P_5(x_1, x_2, x_3) = 1$ 이다.

그리고, $S_5(x_1, x_2, x_3) = P_5(x_1, x_2, x_3)'$ 이므로 $(x_1, x_2, x_3) = (1, 0, 1)$ 일 때 그리고 이때에만 $S_5(x_1, x_2, x_3) = 0$ 이다.

정리 8.4.4 정수 i $(0 \leq i \leq 2^n - 1)$ 에 대하여 $i = e_1e_2 \cdots e_{n(2)}$ 이라고 할 때, $P_i : \mathbb{B}^n \longrightarrow \mathbb{B}$, $S_i : \mathbb{B}^n \longrightarrow \mathbb{B}$ 에 대하여 다음이 성립한다.

(1) 모든 $(x_1, x_2, \cdots, x_n) \in \mathbb{B}^n$ 에 대하여

$$S_i(x_1, x_2, \cdots, x_n) = P_i(x_1, x_2, \cdots, x_n)'$$

$$P_i(x_1, x_2, \cdots, x_n) = S_i(x_1, x_2, \cdots, x_n)'$$

이고 따라서 $S_i = P_i'$, $P_i = S_i'$ 이다.

(2) $P_i(x_1, x_2, \cdots, x_n) = 1 \Longleftrightarrow (x_1, x_2, \cdots, x_n) = (e_1, e_2, \cdots, e_n)$

$S_i(x_1, x_2, \cdots, x_n) = 0 \Longleftrightarrow (x_1, x_2, \cdots, x_n) = (e_1, e_2, \cdots, e_n)$

(3) 정수 $i_1, i_2, \cdots, i_k$ 가 $0, 1, 2, \cdots, 2^n - 1$ 중에서 서로 다른 정수이면, 모든 원소 $(x_1, x_2, \cdots, x_n) \in \mathbb{B}^n$ 에 대하여

$$\begin{aligned} & P_{i_1}(x_1, x_2, \cdots, x_n) + P_{i_2}(x_1, x_2, \cdots, x_n) + \cdots + P_{i_k}(x_1, x_2, \cdots, x_n) \\ = & P_{i_1}(x_1, x_2, \cdots, x_n) \oplus P_{i_2}(x_1, x_2, \cdots, x_n) \oplus \cdots \oplus P_{i_k}(x_1, x_2, \cdots, x_n) \end{aligned}$$

이고, 따라서 $P_{i_1} + P_{i_2} + \cdots + P_{i_k} = P_{i_1} \oplus P_{i_2} \oplus \cdots \oplus P_{i_k}$ 이다.

증 명 (1) 정의 8.4.3 과 B.7 에 의하여 (1) 이 성립한다.

(2) 정의에 의하여 $0^1 = 0$, $1^1 = 1$, $0^0 = 0' = 1$, $1^0 = 1' = 0$ 이므로

$$\begin{aligned} P_i(x_1, x_2, \cdots, x_n) = 1 & \Longleftrightarrow {x_1}^{e_1} {x_2}^{e_2} \cdots {x_n}^{e_n} = 1 \\ & \Longleftrightarrow {x_1}^{e_1} = {x_2}^{e_2} = \cdots = {x_n}^{e_n} = 1 \\ & \Longleftrightarrow x_1 = e_1, \quad x_2 = e_2, \ \cdots, \ x_n = e_n \\ S_i(x_1, x_2, \cdots, x_n) = 0 & \Longleftrightarrow P_i(x_1, x_2, \cdots, x_n) = 1 \end{aligned}$$

이고, 따라서 (2) 가 성립한다.

(3) 먼저 $i = e_1 e_2 \cdots e_{n(2)}$, $j = d_1 d_2 \cdots d_{n(2)}$ 이라고 할 때,

$$P_i(x_1, x_2, \cdots, x_n) = {x_1}^{e_1} {x_2}^{e_2} \cdots {x_n}^{e_n},$$

$$P_j(x_1, x_2, \cdots, x_n) = {x_1}^{d_1} {x_2}^{d_2} \cdots {x_n}^{d_n}$$

이고 $i \neq j$ 이면 적당한 s $(1 \leq s \leq n)$ 에 대하여 $e_s \neq d_s$ 이므로 B.6 에

의하여 ${x_s}^{e_s}{x_s}^{d_s} = x_s x_s' = 0$ 이다. 그러므로 $i \neq j$ 일 때, $\mathbb{B}^n$ 의 모든 원소 $(x_1, x_2, \cdots, x_n)$ 에 대하여 $P_i(x_1, x_2, \cdots, x_n) P_j(x_1, x_2, \cdots, x_n) = 0$ 이다.

따라서 모든 $(x_1, x_2, \cdots, x_n) \in \mathbb{B}^n$ 에 대하여 다음이 성립한다(정리 8.3.5).

$$P_{i_1}(x_1, x_2, \cdots, x_n) + P_{i_2}(x_1, x_2, \cdots, x_n) + \cdots + P_{i_k}(x_1, x_2, \cdots, x_n)$$
$$= P_{i_1}(x_1, x_2, \cdots, x_n) \oplus P_{i_2}(x_1, x_2, \cdots, x_n) \oplus \cdots \oplus P_{i_k}(x_1, x_2, \cdots, x_n)$$

따라서 $P_{i_1} + P_{i_2} + \cdots + P_{i_k} = P_{i_1} \oplus P_{i_2} \oplus \cdots \oplus P_{i_k}$ 이다.

보기 8.4.4 Boole 함수 $F : \mathbb{B}^2 \longrightarrow \mathbb{B}$ 의 함수값이 오른쪽 표와 같다고 하자.

i	x_1	x_2	$F(x_1, x_2)$
0	0	0	**1**
1	0	1	0
2	1	0	**1**
3	1	1	0

먼저 (x_1, x_2) 가

$$(0, 0), \quad (1, 0)$$

일 때 그리고 이때에만 $F(x_1, x_2) = 1$ 이고, 또 $0\,0_{(2)} = 0$, $1\,0_{(2)} = 2$ 이므로 모든 원소 $(x_1, x_2) \in \mathbb{B}^2$ 에 대하여

$$F(x_1, x_2) = P_0(x_1, x_2) + P_2(x_1, x_2) = P_0(x_1, x_2) \oplus P_2(x_1, x_2)$$
$$= x_1' x_2' + x_1 x_2' = x_1' x_2' \oplus x_1 x_2'$$

이고, 따라서 $F = P_0 + P_2 = P_0 \oplus P_2$ 이다(보기 8.4.2 참조).

한편, Boole 함수 $F' : \mathbb{B}^2 \longrightarrow \mathbb{B}$ 에 대하여 (x_1, x_2) 가 $(0, 1)$, $(1, 1)$ 일 때 그리고 이때에만 $F'(x_1, x_2) = 1$ 이고, 또 $0\,1_{(2)} = 1$, $1\,1_{(2)} = 3$ 이므로 모든 원소 $(x_1, x_2) \in \mathbb{B}^2$ 에 대하여

i	x_1	x_2	$F'(x_1, x_2)$
0	0	0	0
1	0	1	**1**
2	1	0	0
3	1	1	**1**

$$F'(x_1, x_2) = P_1(x_1, x_2) + P_3(x_1, x_2),$$
$$F(x_1, x_2) = P_1(x_1, x_2)' P_3(x_1, x_2)' = S_1(x_1, x_2) S_3(x_1, x_2)$$
$$= (x_1 + x_2')(x_1' + x_2')$$

이고, 따라서 $F = S_1 S_3$ 이다(보기 8.4.2 참조).

앞의 보기와 마찬가지로 다음 정리가 성립한다.

정리 8.4.5 Boole 함수 $F : \mathbb{B}^n \longrightarrow \mathbb{B}$ 에 대하여 정수 i $(0 \leq i \leq 2^n - 1)$ 를 이진법으로 나타낸 것이 $i = e_1 e_2 \cdots e_{n(2)}$ 일 때

$$F(i) = F(e_1, e_2, \cdots, e_n)$$

이라고 하자. 이 때, $0, 1, 2, \cdots, 2^n - 1$ 중에서 $F(i) = 1$ 인 정수 i 전체를 $i_1, i_2, \cdots, i_k$ 라 하고 또 $F(i) = 0$ 인 정수 i 전체를 $j_1, j_2, \cdots, j_l$ 이라고 하면 모든 $(x_1, x_2, \cdots, x_n) \in \mathbb{B}^n$ 에 대하여 $F(x_1, x_2, \cdots, x_n)$ 은 다음과 같이 나타내어진다.

(1) $$\begin{aligned} F(x_1, x_2, \cdots, x_n) &= P_{i_1}(x_1, x_2, \cdots, x_n) + \cdots + P_{i_k}(x_1, x_2, \cdots, x_n) \\ &= P_{i_1}(x_1, x_2, \cdots, x_n) \oplus \cdots \oplus P_{i_k}(x_1, x_2, \cdots, x_n) \end{aligned}$$

즉, $F = P_{i_1} + P_{i_2} + \cdots + P_{i_k} = P_{i_1} \oplus P_{i_2} \oplus \cdots \oplus P_{i_k}$

(2) $$F'(x_1, x_2, \cdots, x_n) = P_{j_1}(x_1, x_2, \cdots, x_n) + \cdots + P_{j_l}(x_1, x_2, \cdots, x_n)$$

$$\begin{aligned} F(x_1, x_2, \cdots, x_n) &= P_{j_1}(x_1, x_2, \cdots, x_n)' \cdots P_{j_l}(x_1, x_2, \cdots, x_n)' \\ &= S_{j_1}(x_1, x_2, \cdots, x_n) \cdots S_{j_l}(x_1, x_2, \cdots, x_n) \end{aligned}$$

즉, $F = S_{j_1} S_{j_2} \cdots S_{j_l}$

Boole 함수 $F : \mathbb{B}^n \longrightarrow \mathbb{B}$ 를 앞의 정리의 (1), (2) 와 같이 나타낸 것을 각각 F 의 **離接표준형**(disjunctive normal form), **接合표준형**(conjunctive normal form) 이라고 한다.

보기 8.4.5 다음 표는 16 개의 Boole 함수 $F_i : \mathbb{B}^2 \longrightarrow \mathbb{B}$ $(1 \leq i \leq 16)$ 의 함수값을 보여 주고 있다.

x_1	x_2	F_1	F_2	F_3	F_4	F_5	F_6	F_7	F_8	F_9	F_{10}	F_{11}	F_{12}	F_{13}	F_{14}	F_{15}	F_{16}
0	0	0	1	0	1	0	1	0	1	0	1	0	1	0	1	0	1
0	1	0	0	1	1	0	0	1	1	0	0	1	1	0	0	1	1
1	0	0	0	0	0	1	1	1	1	0	0	0	1	1	1	1	1
1	1	0	0	0	0	0	0	0	0	1	1	1	1	1	1	1	1

Boole 함수 $F_6 : \mathbb{B}^2 \longrightarrow \mathbb{B}$ 는 다음과 같이 나타내어진다(보기 8.4.4).

$$F_6 = P_0 + P_2 = P_0 \oplus P_2, \quad F_6 = S_1 S_3$$

$$F_6(x_1, x_2) = x_1' x_2' + x_1 x_2' = x_1' x_2' \oplus x_1 x_2'$$

$$F_6(x_1, x_2) = (x_1 + x_2')(x_1' + x_2')$$

마찬가지로, 다음 결과를 얻는다.

$$\begin{array}{ll} F_1 = 0 = S_0 S_1 S_2 S_3, & F_2 = P_0 = S_1 S_2 S_3, \\ F_3 = P_1 = S_0 S_2 S_3, & F_4 = P_0 + P_1 = S_2 S_3, \\ F_5 = P_2 = S_0 S_1 S_3, & F_6 = P_0 + P_2 = S_1 S_3, \\ F_7 = P_1 + P_2 = S_0 S_3, & F_8 = P_0 + P_1 + P_2 = S_3, \\ F_9 = P_3 = S_0 S_1 S_2, & F_{10} = P_0 + P_3 = S_1 S_2, \\ F_{11} = P_1 + P_3 = S_0 S_2, & F_{12} = P_0 + P_1 + P_3 = S_2, \\ F_{13} = P_2 + P_3 = S_0 S_1, & F_{14} = P_0 + P_2 + P_3 = S_1, \\ F_{15} = P_1 + P_2 + P_3 = S_0, & F_{16} = 1 = P_0 + P_1 + P_2 + P_3 \end{array}$$

한편, 이들 Boole 함수는 좀더 간단히 나타낼 수 있다.
예를들어 $F_4 = S_2 S_3$ 이므로 다음이 성립한다(보기 8.4.2 참조).

$$\begin{aligned} F_4(x_1, x_2) &= S_2(x_1, x_2) S_3(x_1, x_2) \\ &= (x_1' + x_2)(x_1' + x_2') \\ &= x_1'x_1' + x_1'x_2' + x_2(x_2' + x_1') && \text{B.4, B.2} \\ &= x_1' + x_1' x_2' + x_2 x_1' && \text{B.8, B.9} \\ &= x_1' + x_1'(x_2' + x_2) && \text{B.2, B.4} \\ &= x_1' + x_1' = x_1' && \text{B.6, B.5} \end{aligned}$$

마찬가지로, 다음이 성립함을 알 수 있다.

$$\begin{array}{ll} F_1(x_1, x_2) = 0 & F_2(x_1, x_2) = x_1'x_2' \\ F_3(x_1, x_2) = x_1' x_2 & F_4(x_1, x_2) = x_1' \\ F_5(x_1, x_2) = x_1 x_2' & F_6(x_1, x_2) = x_2' \end{array}$$

$F_7(x_1, x_2) = x_1 x_2' + x_1' x_2$ $F_8(x_1, x_2) = x_1' + x_2'$

$F_9(x_1, x_2) = x_1 x_2$ $F_{10}(x_1, x_2) = x_1 x_2 + x_1' x_2'$

$F_{11}(x_1, x_2) = x_2$ $F_{12}(x_1, x_2) = x_1' + x_2$

$F_{13}(x_1, x_2) = x_1$ $F_{14}(x_1, x_2) = x_1 + x_2'$

$F_{15}(x_1, x_2) = x_1 + x_2$ $F_{16}(x_1, x_2) = 1$

보기 8.4.6 Boole 함수 $F : \mathbb{B}^3 \longrightarrow \mathbb{B}$의 함수값이 오른쪽 표와 같다고 하자.

x_0 x_1 x_2	$F(x_1, x_2, x_3)$
0 0 0	0
0 0 1	1
0 1 0	1
0 1 1	0
1 0 0	0
1 0 1	0
1 1 0	0
1 1 1	1

이 때, $(x_1, x_2, x_3) \in \mathbb{B}^3$가

$$(0, 0, 1),\quad (0, 1, 0),\quad (1, 1, 1)$$

일 때 그리고 이때에만

$$F(x_1, x_2, x_3) = 1$$

이고, 또

$001_{(2)} = 1,\quad 010_{(2)} = 2,\quad 111_{(2)} = 7$

이므로 다음이 성립한다(보기 8.4.3 참조).

$$F = P_1 + P_2 + P_7 = P_1 \oplus P_2 \oplus P_7, \quad F = S_0 S_3 S_4 S_5 S_6$$

$$F(x_1, x_2, x_3) = x_1' x_2' x_3 + x_1' x_2 x_3' + x_1 x_2 x_3$$
$$= x_1' x_2' x_3 \oplus x_1' x_2 x_3' \oplus x_1 x_2 x_3$$

$$F(x_1, x_2, x_3) = (x_1 + x_2 + x_3)(x_1 + x_2' + x_3')(x_1' + x_2 + x_3)$$
$$(x_1' + x_2 + x_3')(x_1' + x_2' + x_3)$$

Boole 함수 $F : \mathbb{B}^n \longrightarrow \mathbb{B}$는 다음과 같은 꼴로 나타내어진다(정리 8.4.5).

$$F = P_{i_1} \oplus P_{i_2} \oplus \cdots \oplus P_{i_k}$$

또, 임의의 $a \in \mathbb{B}$에 대하여 $a' = a \oplus 1$, $a \oplus a = 0$이다(정리 8.3.4).

이 사실과 정리 8.3.3, 정리 8.3.4를 이용하면, 다음 정리가 성립함을 밝힐 수 있다.

정리 8.4.6 Boole 함수 $F : \mathbb{B}^n \longrightarrow \mathbb{B}$는 다음과 같은 꼴로 나타내어진다.

$$F = \pi_{k_1} \oplus \pi_{k_2} \oplus \cdots \oplus \pi_{k_m} \qquad \text{(표준형, normal form)}$$

보기 8.4.7 Boole 함수 $F : \mathbb{B}^3 \longrightarrow \mathbb{B}$에 대하여 다음이 성립한다고 하자.

$$F = P_7 \oplus P_6 \oplus P_5 \oplus P_3$$

이 때, 모든 $(x_1, x_2, x_3) \in \mathbb{B}^3$에 대하여 다음이 성립한다.

$$\begin{aligned} F(x_1, x_2, x_3) &= x_1 x_2 x_3 \oplus x_1 x_2 x_3' \oplus x_1 x_2' x_3 \oplus x_1' x_2 x_3 \\ &= x_1 x_2 x_3 \oplus x_1 x_2 (x_3 \oplus 1) \oplus x_1 (x_2 \oplus 1) x_3 \oplus (x_1 \oplus 1) x_2 x_3 \\ &= x_1 x_2 x_3 \oplus x_1 x_2 x_3 \oplus x_1 x_2 \oplus x_1 x_2 x_3 \oplus x_1 x_3 \oplus x_1 x_2 x_3 \oplus x_2 x_3 \\ &= x_1 x_2 \oplus x_1 x_3 \oplus x_2 x_3 \end{aligned}$$

따라서 $F = \pi_6 \oplus \pi_5 \oplus \pi_3$이다(보기 8.4.3 참조)

정리 8.4.7 Boole 함수 $F : \mathbb{B}^n \longrightarrow \mathbb{B}$에서 $F(x_1, x_2, \cdots, x_n)$를 다음과 같은 꼴로 나타낼 수 있다.

$$\begin{aligned} &F(x_1, x_2, \cdots, x_n) \\ &= \sum F(e_1, e_2, \cdots, e_n)(x_1 \oplus e_1')(x_2 \oplus e_2') \cdots (x_n \oplus e_n') \end{aligned}$$

여기서 $\sum$는 모든 $(e_1, e_2, \cdots, e_n) \in \mathbb{B}^n$에 대한 총합을 나타낸다.

증 명 위의 등식의 우변을 $G(x_1, x_2, \cdots, x_n)$이라고 하자. 이 때, 임의의 $(a_1, a_2, \cdots, a_n) \in \mathbb{B}^n$에 대하여

$$a_i \oplus e_i' = 0 \iff a_i = e_i', \qquad a_i \oplus e_i' = 1 \iff a_i = e_i$$

이므로

$$\begin{aligned} &G(a_1, a_2, \cdots, a_n) \\ &= \sum F(e_1, e_2, \cdots, e_n)(a_1 \oplus e_1')(a_2 \oplus e_2') \cdots (a_n \oplus e_n') \\ &= F(a_1, a_2, \cdots, a_n) \end{aligned}$$

이고 따라서 $G(x_1, x_2, \cdots, x_n) = F(x_1, x_2, \cdots, x_n)$이다.

보기 8.4.8 Boole 함수

$$F : \mathbb{B}^3 \longrightarrow \mathbb{B}$$

x_1 x_2 x_3	$F(x_1, x_2, x_3)$
0 0 0	0
0 0 1	0
0 1 0	1
0 1 1	1
1 0 0	1
1 0 1	1
1 1 0	0
1 1 1	0

의 함수값이 오른쪽 표와 같다고 하자.

이 때, 다음이 성립한다(정리 8.3.3 참조).

$$\begin{aligned} &F(x_1, x_2, x_3) \\ &= (x_1 \oplus 1)\, x_2\, (x_3 \oplus 1) \oplus (x_1 \oplus 1)\, x_2\, x_3 \\ &\quad \oplus x_1\, (x_2 \oplus 1)\, (x_3 \oplus 1) \oplus x_1\, (x_2 \oplus 1)\, x_3 \\ &= x_1\, x_2\, x_3 \oplus x_1\, x_2 \oplus x_2\, x_3 \oplus x_2 \oplus x_1\, x_2\, x_3 \\ &\quad \oplus x_2\, x_3 \oplus x_1\, x_2\, x_3 \oplus x_1\, x_2 \oplus x_1\, x_3 \oplus x_1 \oplus x_1\, x_2\, x_3 \oplus x_1\, x_3 \\ &= x_1 \oplus x_2 \end{aligned}$$

따라서 $F = \pi_4 \oplus \pi_2$ 이다(보기 8.4.3 참조).

연 습 문 제 (8.4)

1. 다음을 $x_1, x_2, x_3, x_4, x_1', x_2', x_3', x_4'$ 에 관한 식으로 나타내어라.

(1) $P_4(x_1, x_2, x_3, x_4)$, $S_4(x_1, x_2, x_3, x_4)$, $\pi_4(x_1, x_2, x_3, x_4)$

(2) $P_{10}(x_1, x_2, x_3, x_4)$, $S_{10}(x_1, x_2, x_3, x_4)$, $\pi_{10}(x_1, x_2, x_3, x_4)$

***2.** Boole 함수 $F : \mathbb{B}^4 \longrightarrow \mathbb{B}$ 가

$$F(x_1, x_2, x_3, x_4) = x_1'\, x_2 + x_2'\, x_3 + x_3'\, x_4 + x_4'\, x_1$$

으로 정의된 함수일 때, 다음이 성립함을 밝혀라.

(1) $F'(x_1, x_2, x_3, x_4) = x_1\, x_2\, x_3\, x_4 + x_1'\, x_2'\, x_3'\, x_4'$

(2) $F(x_1, x_2, x_3, x_4) = (x_1\, x_2\, x_3\, x_4)'\, (x_1 + x_2 + x_3 + x_4)$

***3.** 보기 8.4.5 에서 다음이 성립함을 밝혀라.

(1) $F_{13} = P_2 + P_3 = S_0\, S_1$, $F_{13}(x_1, x_2) = x_1$

(2) $F_{14} = P_0 + P_2 + P_3 = S_1$, $F_{14}(x_1, x_2) = x_1 + x_2'$

*4. Boole 함수

$$F : \mathbb{B}^3 \longrightarrow \mathbb{B}$$

의 함수값이 오른쪽 표와 같을 때, 다음 물음에 답하여라.

(1) $F(x_1, x_2, x_3)$를 이합표준형과 접합표준형으로 나타내어라.

(2) $F(x_1, x_2, x_3)$를 표준형으로 나타내어라.

i	x_1 x_2 x_3	$F(x_1, x_2, x_3)$
0	0 0 0	1
1	0 0 1	1
2	0 1 0	0
3	0 1 1	1
4	1 0 0	0
5	1 0 1	0
6	1 1 0	1
7	1 1 1	0

5. Boole 함수

$$F : \mathbb{B}^2 \longrightarrow \mathbb{B}$$

의 함수값이 오른쪽 표와 같을 때, $F(x_1, x_2)$를 이합표준형, 접합표준형, 표준형으로 나타내어라.

i	x_1	x_2	$F(x_1, x_2)$
0	0	0	1
1	0	1	1
2	1	0	0
3	1	1	1

6. Boole 함수 $F : \mathbb{B}^2 \longrightarrow \mathbb{B}$가

$$F(x_1, x_2) = x_1 x_2 + x_1' x_2 + x_1' x_2' + x_1' x_2'$$

으로 정의된 함수일 때, $F(x_1, x_2)$를 표준형으로 나타내어라.

*7. Boole 함수 $F : \mathbb{B}^3 \longrightarrow \mathbb{B}$가

$$F(x_1, x_2, x_3) = (x_1 + x_2')(x_2' + x_3')$$

으로 정의된 함수일 때, 다음 물음에 답하여라.

(1) $F(x_1, x_2, x_3) = x_1 x_3' + x_2'$ 임을 밝혀라.

또 $x_2 + x_2' = 1$, $x_3 + x_3' = 1$ 임을 이용하여 다음이 성립함을 밝혀라.

$$F(x_1, x_2, x_3) = x_1 x_2 x_3' + x_1 x_2' x_3' + x_1 x_2' x_3 + x_1' x_2' x_3 + x_1' x_2' x_3'$$

$$\text{즉, } F = P_0 + P_1 + P_4 + P_5 + P_6 = P_0 \oplus P_1 \oplus P_4 \oplus P_5 \oplus P_6$$

(2) $x_3 x_3' = 0$, $x_1 x_1' = 0$ 임을 이용하여 다음이 성립함을 밝혀라.

$$\begin{aligned} F(x_1, x_2, x_3) &= (x_1 + x_2')(x_2' + x_3') \\ &= (x_1 + x_2' + x_3)(x_1 + x_2' + x_3')(x_1' + x_2' + x_3') \end{aligned}$$

즉, $F = S_2 S_3 S_7$

§ 8.5 조합 회로

집합 $\mathbb{B} = \{0, 1\}$는 다음과 같이 정의된 두 연산 $+$, $\cdot$ 에 관하여 Boole 다원환을 이루고, 또 $\mathbb{B}$는 두 연산 $\oplus$, $\cdot$ 에 관하여 Boole 환을 이룬다(정의 8.3.1, 정리 8.3.4 참조).

$$a + b = a \vee b, \qquad a \cdot b = a\,b = a \wedge b,$$
$$a \oplus b = a\,b' + a'b = (a + b)(a\,b)'$$

$+$	0	1
0	0	1
1	1	1

$\cdot$	0	1
0	0	0
1	0	1

$0' = 1$
$1' = 0$

$\oplus$	0	1
0	0	1
1	1	0

전자계산기와 그 밖의 전자 장치는 일련의 회로(circuit)로 구성되어 있고, 각 회로의 입력(input)과 출력(output)은 Boole 다원환 $\mathbb{B} = \{0, 1\}$의 원소라고 생각할 수 있다. 회로의 기본적인 요소를 gate라고 하며, 각 유형의 gate는 Boole 다원환의 연산을 실행한다.

NOT gate 또는 변환장치(inverter)

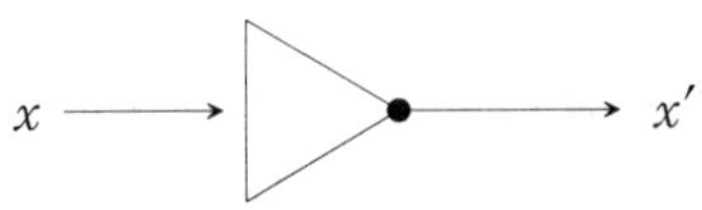

OR gate

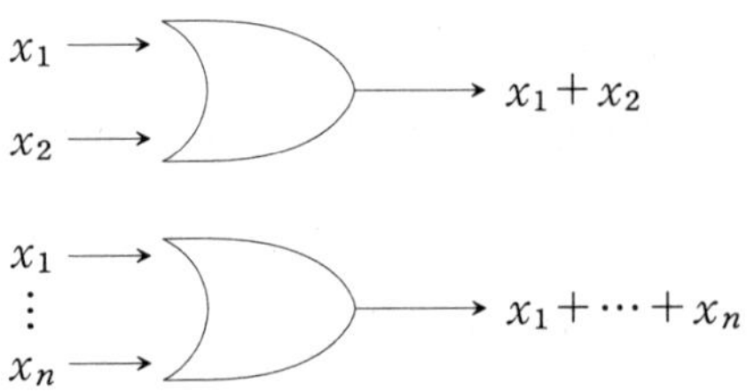

AND gate

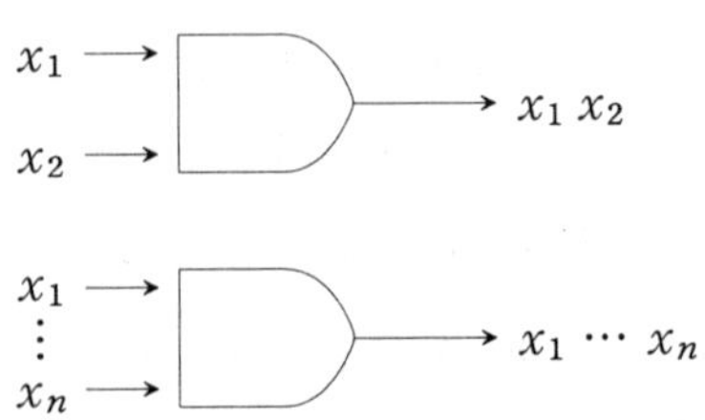

Exclusive-OR gate

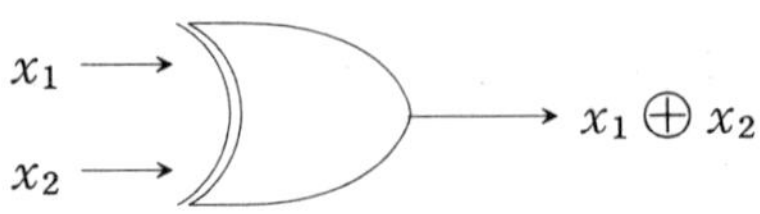

회로의 출력이 현재 상태와는 관계 없이 입력에 의해서만 결정되는 회로를 **조합 회로**(combinational circuit)라고 한다. 즉, 기억 素子를 사용하지 않는 회로를 조합 회로라고 한다. 조합 회로는

항등 gate, NOT gate, OR gate, AND gate, Exclusive OR gate

등과 같은 기본 gate를 적절히 연결시켜 조립한 것으로 설계된다.

조합 회로에서 입력 0 또는 1은 전력의 형태로 입력 도선을 통하여 여러 유형의 gate에 작용하고 gate는 이 전력을 처리하여 출력 0 또는 1을 생성하고 이 출력은 다시 전력의 형태로 출력 도선에 나타나게 된다.

앞의 그림에서 $+$, $\cdot$, $'$, $\oplus$와 같은 연산 기호를 흔히 **연결 기호**(connective)라고 한다. 이 그림에서 왼쪽의 변수 $x, x_1, x_2, \cdots, x_n$은 입력 0 또는 1을 택하면서 변하고, 이에 따라서 오른쪽의 변수에 관한 식의 값은 출력 0 또는 1을 택한다.

예를 들어, NOT gate에서 입력 도선 위의 전력이 1이면 NOT gate의 출력 도선 위의 전력은 0이고 입력 도선 위의 전력이 0이면 NOT gate의 출력 도선 위의 전력은 1이다.

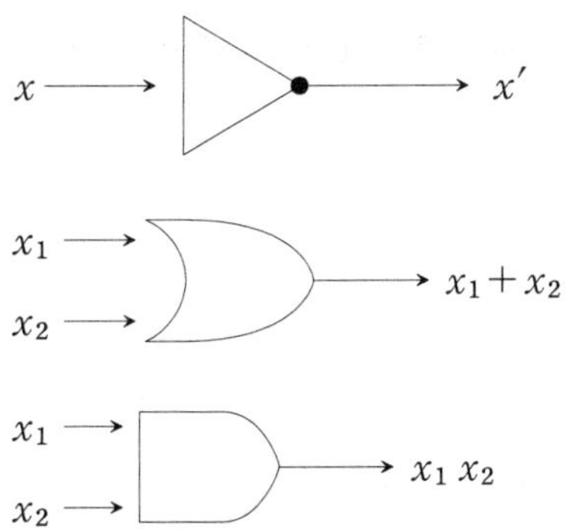

그리고, 두 변수 x_1, x_2를 가진 OR gate의 두 입력 도선 중에서 적어도 한 입력 도선 위의 전력이 1일 때 그리고 이때에만 출력 도선 위에 전력은 1이고 And gate의 두 입력 도선 위의 전력이 모두 1일 때 그리고 이때에만 출력 도선 위에 전력은 1이다.

여러 유형의 gate가 적절히 연결된 조합 회로에서 입력을 나타내는 변수가 $x_1, x_2, \cdots, x_n$이고 출력이 $F(x_1, x_2, \cdots, x_n)$일 때, 이 조합 회로에 대하여 Boole 함수

$$F : \mathbb{B}^n \longrightarrow \mathbb{B}, \quad y = F(x_1, x_2, \cdots, x_n)$$

가 대응하고 입력 변수의 값 $x_1 = a_1,\ x_2 = a_2,\ \cdots,\ x_n = a_n$에 대응하는 입력 전력에 의하여 결정되는 회로의 출력 전력은 $F(a_1, \cdots, a_n)$이다.

보기 8.5.1 다음 두 그림이 나타내는 조합 회로를 생각해 보자.

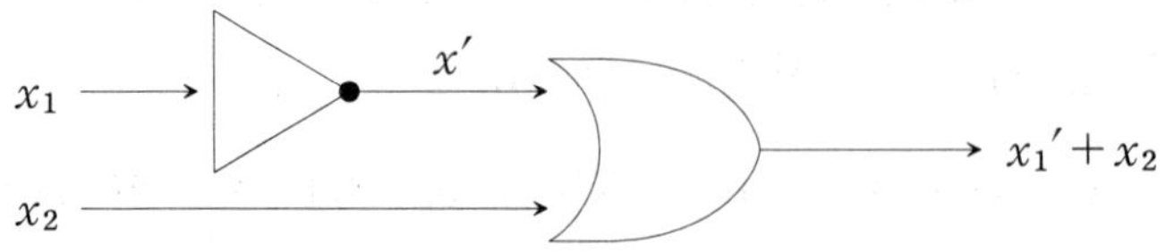

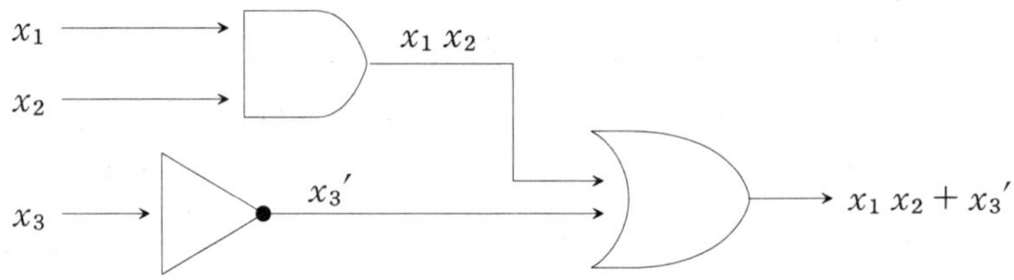

이 두 조합 회로에 대응하는 Boole 함수는 각각 다음과 같다.

$$F : \mathbb{B}^2 \longrightarrow \mathbb{B},\quad F(x_1, x_2) = x_1' + x_2$$

$$G : \mathbb{B}^3 \longrightarrow \mathbb{B},\quad G(x_1, x_2, x_3) = x_1\,x_2 + x_3'$$

보기 8.5.2 다음 그림이 나타내는 조합 회로를 생각해 보자.

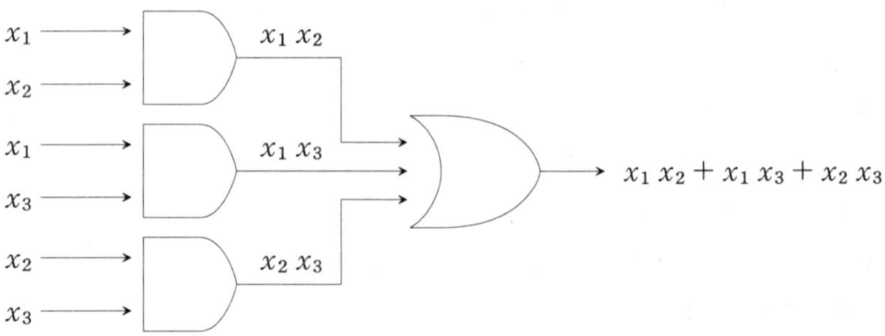

이 조합 회로에 대응하는 Boole 함수는 다음과 같다.

$$F : \mathbb{B}^3 \longrightarrow \mathbb{B},\ F(x_1, x_2, x_3) = x_1\,x_2 + x_2\,x_3 + x_1\,x_3$$

어느 안건에 대하여 세 사람 중에서 적어도 두 사람이 찬성하면 통과시키기로 정하고 찬성과 반대를 각각 1, 0 으로 나타내기로 할 때, 위의 회로는 이 안건의 통과 여부를 결정해 준다.

보기 8.5.3 한 방에 두 스위치를 설치하여 이 중에서 어느 한 스위치의 단추를 누르면 전등불이 꺼져 있는 상태에서는 불이 켜지고 불이 켜져 있는 상태에서는 불이 꺼지도록 회로를 설치한다고 하자.

첫째 스위치가 닫혀 있는 것과 열려 있는 것을 각각 $x_1 = 1$, $x_1 = 0$ 으로 나타내고 둘째 스위치가 닫혀 있는 것과 열려 있는 것을 각각 $x_2 = 1$, $x_2 = 0$ 으로 나타내자. 그리고, 전등불이 켜져 있는 경우와 꺼져 있는 경우의 Boole 함수 $F : \mathbb{B}^2 \longrightarrow \mathbb{B}$ 의 함수값이 각각 1, 0 으로 나타내자.

x_1	x_2	$F(x_1, x_2)$
0	0	1
0	1	0
1	0	0
1	1	1

이 때, 두 스위치가 모두 닫혀 있으면 불이 켜지므로 $F(1, 1) = 1$ 이고 또 이 상태에서 어느 한 스위치의 단추를 누르면 불은 꺼지므로 $F(0, 1) = F(1, 0) = 0$ 이며 이 상태에서 다시 어느 한 스위치의 단추를 누르면 불은 켜지므로 $F(0, 0) = 1$ 이다.

따라서 이 회로에 대응하는 Boole 함수는 다음과 같다(보기 8.4.5 참조).

$$F : \mathbb{B}^2 \longrightarrow \mathbb{B}, \quad F(x_1, x_2) = x_1 x_2 + x_1' x_2'$$

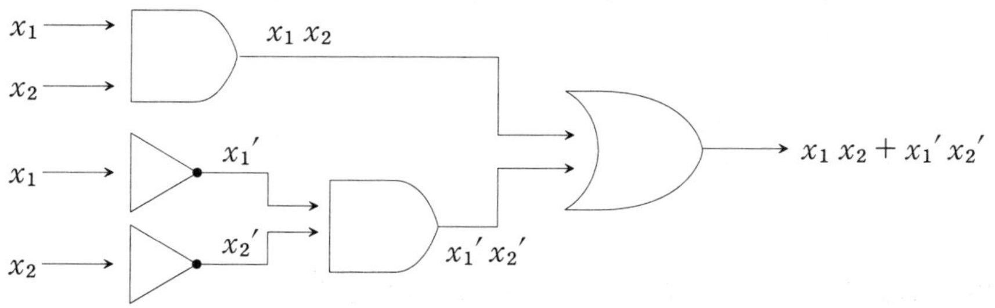

보기 8.5.4 Boole 함수 $F : \mathbb{B}^3 \longrightarrow \mathbb{B}$ 의 함수값이 오른쪽 표와 같다고 하자.

x_0	x_1	x_2	$F(x_1, x_2, x_3)$
0	0	0	0
0	0	1	0
0	1	0	0
0	1	1	0
1	0	0	0
1	0	1	1
1	1	0	0
1	1	1	1

이 때, (x_1, x_2, x_3)가

$$(1, 0, 1), \quad (1, 1, 1)$$

일 때 그리고 이때에만 $F(x_1, x_2, x_3) = 1$ 이고 또 $1\,0\,1_{(2)} = 5$, $1\,1\,1_{(2)} = 7$ 이다.

따라서 모든 $(x_1, x_2, x_3) \in \mathbb{B}^3$ 에 대하여 다음이 성립한다(보기 8.4.6 참조).

$$
\begin{aligned}
F(x_1, x_2, x_3) &= P_5(x_1, x_2, x_3) + P_7(x_1, x_2, x_3) \\
&= x_1 x_2' x_3 + x_1 x_2 x_3
\end{aligned}
$$

따라서 F 에 대응하는 조합 회로는 다음과 같다.

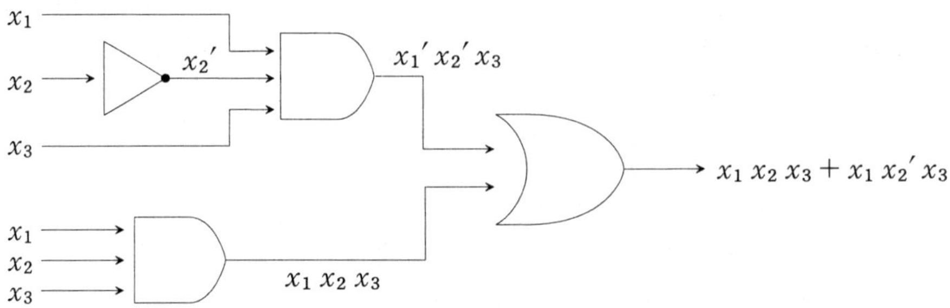

한편, B.6 에 의하여 $x_2 + x_2' = 1$ 이므로

$$F(x_1, x_2, x_3) = x_1 x_3 (x_2 + x_2') = x_1 x_3$$

이고, 따라서 Boole 함수 F 에 대응하는 조합 회로는 아래 그림과 같이 나타낼 수도 있다.

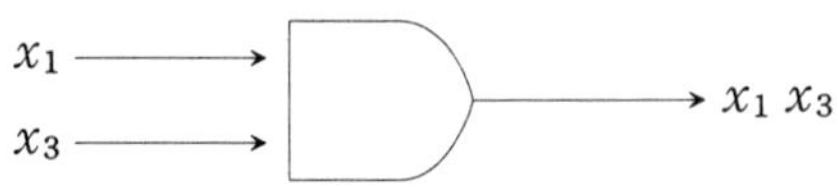

보기 8.5.5 다음 두 Boole 함수를 생각해 보자.

$$
\begin{aligned}
F : \mathbb{B}^2 &\longrightarrow \mathbb{B}, \quad F(x_1, x_2) = x_1 \oplus x_2 \\
G : \mathbb{B}^2 &\longrightarrow \mathbb{B}, \quad G(x_1, x_2) = x_1 x_2
\end{aligned}
$$

아래 그림은 Boole 함수 F에 대응하는 조합 회로를 나타내고 있다.

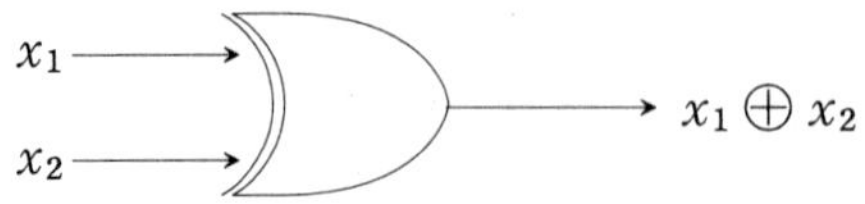

x_1 x_2	$F(x_1, x_2)$	$G(x_1, x_2)$
0 0	1	0
0 1	1	0
1 0	0	0
1 1	1	1

그런데, 정리 8.3.5 에 의하여

$$F(x_1, x_2) = x_1 \oplus x_2 = x_1 x_2' + x_1' x_2 = (x_1 + x_2)(x_1 x_2)'$$

이므로 F, G 에 대응하는 조합 회로를 다음과 같이 함께 나타낼 수 있다.

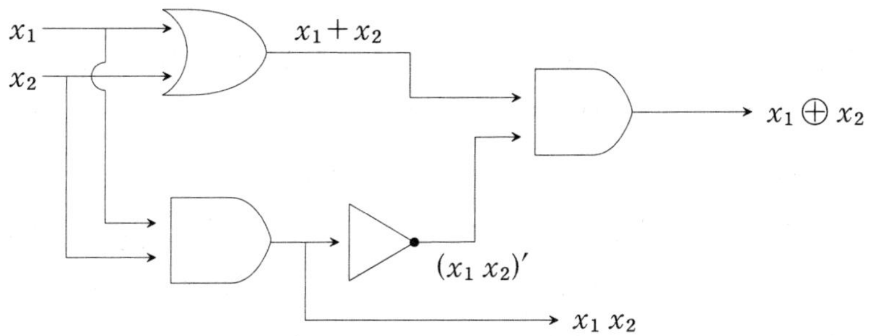

연 습 문 제 (8.5)

*1. 다음 그림과 같은 조합 회로에 대응하는 Boole 함수를 구하여라.

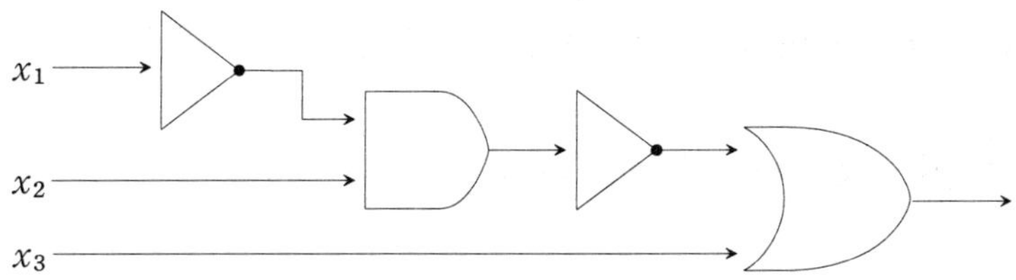

2. 다음 그림과 같은 조합 회로에 대응하는 Boole 함수를 구하려라.

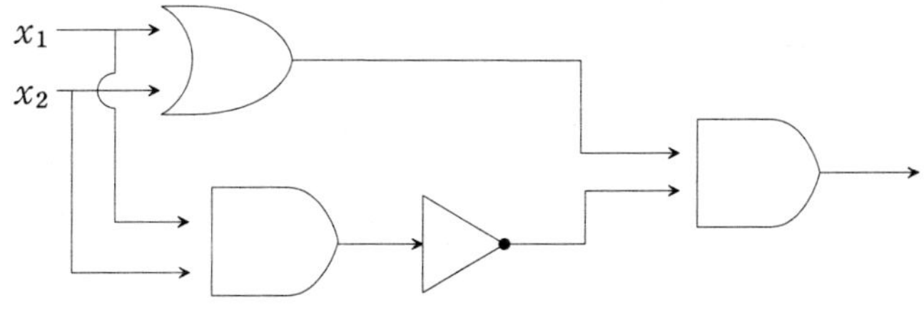

3. 조합 회로에 대응하는 Boole 함수 $F : \mathbb{B}^4 \longrightarrow \mathbb{B}$ 가 다음과 같이 정의된 함수일 때, 이 조합 회로를 그림으로 나타내어라.

(1) $F(x_1, x_2, x_3, x_4) = x_1' x_2 + x_2' x_3 + x_3' x_4 + x_4' x_1$

(2) $F(x_1, x_2, x_3, x_4) = (x_1 + x_2 + x_3 + x_4)(x_1 x_2 x_3 x_4)'$

***4.** 한 거실에 세 스위치를 설치하여 이들 중에서 어느 한 스위치의 단추를 누르면 전등불이 꺼져 있는 상태에서는 불이 켜지고 불이 켜져 있는 상태에서는 불이 꺼지도록 회로를 설치한다고 하자.

각 $i = 1, 2, 3$ 에 대하여 제 i 번째 스위치가 닫혀 있는 것과 열려 있는 것을 각각 $x_i = 1$, $x_i = 0$ 으로 나타내고, 전등불이 켜져 있는 경우와 꺼져 있는 경우의 Boole 함수 $F : \mathbb{B}^3 \longrightarrow \mathbb{B}$ 의 함수값을 각각 1, 0 으로 나타내기로 할 때, 다음 물음에 답하여라.

(1) 이 회로에 대응하는 Boole 함수 $F : \mathbb{B}^3 \longrightarrow \mathbb{B}$ 는 다음과 같이 정의된 함수임을 밝혀라.

$$F(x_1, x_2, x_3) = x_1 x_2 x_3 + x_1 x_2' x_3' + + x_1' x_2 x_3' + x_1' x_2' x_3$$

(2) Boole 함수 F 에 대응하는 조합 회로를 그림으로 나타내어라.

***5.** 다음 그림과 같은 조합 회로에 대응하는 Boole 함수를 구하여라.

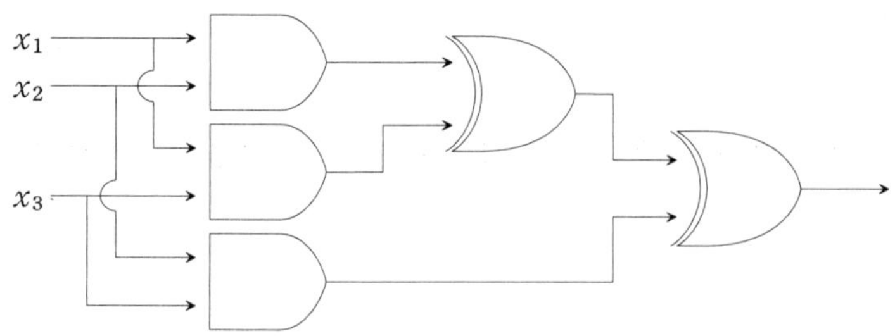

제 9 장

형식 언어와 유한상태 기계

이 장에서는 형식 언어와 문법에 대한 정의를 간단히 논하고, 또 유한상태 기계와 유한상태 자동장치에 대하여 간단히 논한다.

이 장에서 논하는 형식 언어와 유한상태 기계에 대한 상세한 사항은 참고문헌을 참조하기 바란다.

§ 9.1 형식 언어

국어와 영어 등과 같은 자연 언어(natural language)의 단어(word)는 자음과 모음 또는 알파벳을 여러 가지 방법으로 결합한 것이고 국어와 영어에 대한 문법(grammar)은 여러 개의 단어들로 이루어진 문장(sentence)이 올바른 것인지를 판정해 준다.

한편, Pascal, FORTRAN, JAVA, C 와 같은 프로그래밍 언어는 체계적으로 정의된 규칙에 따라 결정되는 언어이다. 이러한 언어를 **형식 언어**(formal lqanguage)라고 한다. 형식 언어에는 잘 정의된 구문 법칙이 있으며 이에 따라 문자열들이 정확한 단어 또는 문장을 이루고 있는지를 판정한다.

정의 9.1.1 언어를 구성하는 기본적인 요소를 **기호**(symbol)라 하고, 이와 같은 기호 전체의 집합 V 를 **알파벳**(alphabet) 또는 **어휘**(vocabulary)라고 한다. 그리고, V 에 속해 있는 유한 개의 기호 $x_1, x_2, \cdots, x_k$ 로 이루어진 문자열(string)

$$x_1\ x_2\ \cdots\ x_k$$

를 V 에서의 **길이 k 인 단어**(word) 또는 **문장**(sentence)이라고 한다. 기호를 포함하지 않는 공 문자열(empty string, null string)도 단어로 생각하고 이것을 λ 로 나타내기로 한다.

그리고, 이와 같은 단어 전체의 집합을 V^* 로 나타내고, V^* 의 부분집합을 V 에서의 **언어**(language over V)라고 한다.

보기 9.1.1 $V=\{a, b, c\}$ 일 때, a, b, c 는 기호이고 또

$$\begin{array}{l}\lambda,\ a,\ b,\ c,\ aa,\ ab,\ ac,\ ba,\ bb,\ bc,\ ca,\ cb,\ cc,\\ aaa,\ aab,\ aac,\ aba,\ abb,\ abc,\\ baa,\ bab,\ bac,\ bba,\ bbb,\ bbc,\ \cdots\end{array}$$

는 모두 V 에 속하는 단어이다.

그리고, 단어 abc, aab, bac 는 길이가 3 인 단어이다.

정의 9.1.2 알파벳 V 에서의 두 단어 $x = x_1 x_2 \cdots x_k$, $y = y_1 y_2 \cdots y_l$ 에 대하여 단어

$$xy = x_1 x_2 \cdots x_k y_1 y_2 \cdots y_l \in V^*$$

를 x 와 y 의 **접합**(concatenation)이라고 한다. 또, 단어 $x \in V^*$ 와 정수 $n = 0, 1, 2, \cdots$ 에 대하여 $x^n \in V^*$ 을 다음과 같이 귀납적으로 정의한다.

$$x^0 = \lambda, \quad x^1 = x, \quad x^{n+1} = x^n x$$

알파벳 V 에서의 두 언어 $A, B \subseteq V^*$ 에 대하여 언어

$$AB = \{x y \mid x \in A,\ y \in B\} \subseteq V^*$$

를 A, B 의 **접합**이라고 한다. 또, 언어 $A \subseteq V^*$ 와 정수 $n = 0, 1, 2, \cdots$ 에 대하여 $A^n \subseteq V^*$ 를 다음과 같이 귀납적으로 정의한다.

$$A^0 = \{\lambda\}, \quad A^1 = A, \quad A^{n+1} = A^n A$$

그리고, 단어 x 와 언어 A 에 대하여 다음과 같이 정한다.

$$\lambda\lambda = \lambda, \qquad \lambda x = x\lambda = x,$$
$$\{\lambda\}\{\lambda\} = \{\lambda\}, \quad \{\lambda\}A = A\{\lambda\} = A$$

보기 9.1.2 알파벳 $V = \{a, b, c\}$ 에서의 단어에 대하여 다음이 성립한다.

(1) $(a\,b\,c)(a\,b) = a\,b\,c\,a\,b$, $\quad (a\,b)(a\,b\,c) = a\,b\,a\,b\,c$

(2) $(a\,c)^2 = a\,c\,a\,c$, $\quad (a^2)^2 = (a\,a)^2 = a\,a\,a\,a = a^4$

(3) $(a\,b\,a)^2(a\,c) = a\,b\,a\,a\,b\,a\,a\,c$, $\quad (a\,b\,a)(a\,c)^2 = a\,b\,a\,a\,c\,a\,c$

보기 9.1.3 $V = \{0, 1\}$ 에서의 두 언어

$$A = \{0,\ 0\,1\}, \qquad B = \{1\,1,\ 1\,0\,0\}$$

에 대하여 AB, BA, A^2 은 다음과 같으며 $AB \neq BA$ 이다.

$$AB = \{0\,1\,1,\ 0\,1\,0\,0,\ 0\,1\,1\,1,\ 0\,1\,1\,0\,0\},$$
$$BA = \{1\,1\,0,\ 1\,1\,0\,1,\ 1\,0\,0\,0,\ 1\,0\,0\,0\,1\},$$
$$A^2 = \{0\,0,\ 0\,0\,1,\ 0\,1\,0,\ 0\,1\,0\,1\}$$

정의 9.1.3 알파벳 V 에서의 언어 $A \subseteq V$ 에 대하여

$$A^0,\ A^1,\ A^2,\ \cdots,\ A^n,\ \cdots$$

의 합집합

$$A^* = A^0 \cup A^1 \cup A^2 \cup \cdots \cup A^n \cup \cdots$$

를 A 의 **Kleene 閉包**(Kleene closure)라고 한다.

보기 9.1.4 알파벳 $V = \{0, 1\}$ 에서의 언어 $A = \{1\}$, $B = \{0\,1\}$ 에 대하여 A^* 와 B^* 는 다음과 같다.

$$A^* = \{1^n \mid n = 0, 1, 2, 3, \cdots\} = \{\lambda,\ 1,\ 1\,1,\ 1\,1\,1,\ \cdots\},$$

$$\begin{aligned} B^* &= \{(0\,1)^n \mid n = 0, 1, 2, 3, \cdots\} \\ &= \{\lambda,\ 0\,1,\ 0\,1\,0\,1,\ 0\,1\,0\,1\,0\,1,\ \cdots\} \end{aligned}$$

예를 들어, 문장 '착실한 청년은 열심히 일한다.'는 다음과 같은 구조를 가지고 있다.

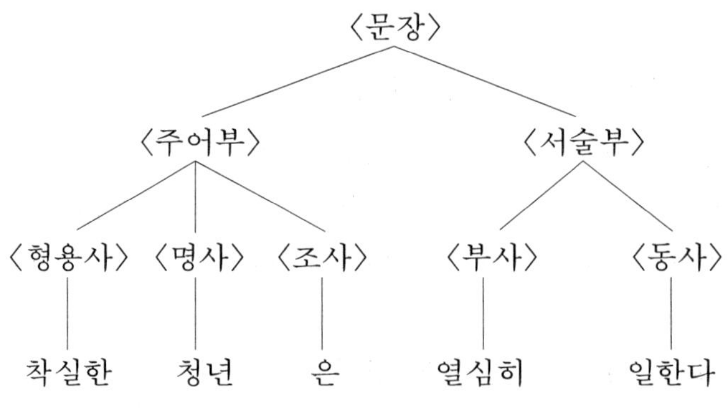

여기서, 〈문장〉으로부터 시작하여 〈주어부〉와 〈서술부〉로 나뉘어지고 이들은 다시 〈형용사〉, 〈명사〉, 〈조사〉와 〈부사〉, 〈동사〉로 나뉘어지며, 다음과 같은 규칙에 따라 이들을 단어로 바꾸어 모아 놓으면 문장

'착실한 소년은 열심히 일한다.'

를 얻는다.

〈문장〉
〈주어부〉 〈서술부〉
〈형용사〉 〈명사〉 〈조사〉 〈부사〉 〈동사〉
착실한 〈명사〉 〈조사〉 〈부사〉 〈동사〉
착실한 청년 〈조사〉 〈부사〉 〈동사〉
착실한 청년 은 〈부사〉 〈동사〉
착실한 청년 은 열심히 〈동사〉
착실한 청년 은 열심히 일한다

정의 9.1.4 다음과 같은 유한집합 V, T, P 와 기호 S 로 이루어진 체계

$$G = (V, T, S, P)$$

를 **구-구조 문법**(phrase-structure grammar)이라고 한다.

V : 어휘

$T \subset V$ 이며, T 의 원소를 **단말 기호**(terminal symbol)이라고 한다.
따라서 $N = V - T$ 는 단말 기호가 아닌 기호로 이루어진 집합이다.
$S \in N$ 이며 S 를 **시작 기호**(start symbol)이라고 한다.

P : 유한집합이며, P 의 원소를 **생성 규칙**(production)이라고 한다.
여기서, P 에 속하는 생성 규칙은 $A \longrightarrow a$ 와 같은 꼴로 나타내어지며 좌변에는 N 에 속하는 기호가 한 개 이상 들어 있다.

보기 9.1.5 다음과 같은 구-구조 문법 $G = (V, T, S, P)$ 에 대하여 생각해 보자.

$$V = \{a, b, A, B, S\},\quad T = \{a, b\},\quad S \text{는 시작 기호}$$

$$P = \{S \longrightarrow A\,B\,a,\ A\,B \longrightarrow b,\ B \longrightarrow a\,b,\ A \longrightarrow B\,B\}$$

여기서 $N = V - T = \{A, B, S\}$ 이고, P 에 속하는 생성 규칙의 좌변에는 N 에 속하는 기호가 들어 있다.

그런데, 생성 규칙 $S \longrightarrow A\,B\,a$ 에 의하여 시작기호 S 로부터 $A\,B\,a$ 가

유도되고 생성 규칙 $AB \longrightarrow b$에 의하여 ABa로부터 $baba$가 유도된다. 사실을 $\Longrightarrow$를 써서 나타내면

$$S \Longrightarrow ABa \qquad (\text{생성 규칙 } S \longrightarrow ABa)$$

$$ABa \Longrightarrow baba \qquad (\text{생성 규칙 } AB \longrightarrow b)$$

이므로 S로부터 시작하여 생성 규칙에 따라 문자열 $baba$가 유도된다.

여기서, 문자열 $baba$는 T에 속하는 기호만으로 이루어진 문자열이고 따라서 $baba \in T^*$이다.

정의 9.1.5 구-구조 문법 $G = (V, T, S, P)$에서, 시작 기호 S로부터 시작하여 P에 속하는 생성 규칙에 따라 유도되는 문자열 중에서 T에 속하는 단말기호만으로 이루어진 문자열 $w \in T^*$ 전체의 집합을 $L(G)$로 나타내고 이것을 **G에 의하여 생성된 언어** 또는 **G의 언어**라고 한다. 즉,

$$L(G) = \{w \in T^* \mid S \Longrightarrow w\}$$

보기 9.1.6 다음과 같은 구-구조 문법 $G = (V, T, S, P)$에서

$$V = \{0, 1, S\}, \quad T = \{0, 1\}, \quad S\text{는 시작 기호}$$

$$P = \{S \longrightarrow 0,\ S \longrightarrow 11S\}$$

이라고 할 때, 다음이 성립한다.

$$S \Longrightarrow 0 \qquad (\text{생성 규칙 } S \longrightarrow 0)$$

$$S \Longrightarrow 11S \qquad (\text{생성 규칙 } S \longrightarrow 11S)$$

$$11S \Longrightarrow 110 \qquad (\text{생성 규칙 } S \longrightarrow 0)$$

$$11S \Longrightarrow 1111S \qquad (\text{생성 규칙 } S \longrightarrow 11S)$$

$$1111S \Longrightarrow 11110 \qquad (\text{생성 규칙 } S \longrightarrow 0)$$

$$1111S \Longrightarrow 111111S \qquad (\text{생성 규칙 } S \longrightarrow 11S)$$

따라서 G의 언어 $L(G)$는 0과 짝수 개의 1로 시작하여 0으로 끝나는 문자열 전체로 이루어진 집합이다. 즉,

$$L(G) = \{0, 110, 11110, 1111110, \cdots\}$$

보기 9.1.7 다음과 같은 구-구조 문법 $G = (V, T, S, P)$ 에서

$$V = \{0, 1, S\}, \quad T = \{0, 1\}, \qquad S \text{는 시작 기호}$$
$$P = \{S \longrightarrow 0\,S\,1,\ S \longrightarrow \lambda\}$$

이라고 할 때, 다음이 성립한다.

$S \Longrightarrow \lambda$	(생성 규칙 $S \longrightarrow \lambda$)
$S \Longrightarrow 0\,S\,1$	(생성 규칙 $S \longrightarrow 0\,S\,1$)
$0\,S\,1 \Longrightarrow 0\,1$	(생성 규칙 $S \longrightarrow \lambda$)
$0\,S\,1 \Longrightarrow 0\,0\,S\,1\,1$	(생성 규칙 $S \longrightarrow 0\,S\,1$)
$0\,0\,S\,1\,1 \Longrightarrow 0\,0\,1\,1$	(생성 규칙 $S \longrightarrow \lambda$)
$0\,0\,S\,1\,1 \Longrightarrow 0\,0\,0\,S\,1\,1\,1$	(생성 규칙 $S \longrightarrow 0\,S\,1$)

따라서 G 의 언어 $L(G)$ 는 다음과 같다.

$$\begin{aligned} L(G) &= \{\lambda, 0\,1, 0\,0\,1\,1, 0\,0\,0\,1\,1\,1, \cdots\} \\ &= \{0^n\,1^n \mid n = 0, 1, 2, \cdots\} \end{aligned}$$

연 습 문 제 (9.1)

1. $V = \{0, 1\}$ 에서의 두 언어 $A = \{0, 1\,1\}$, $B = \{0\,0, 0\,1\}$ 에 대하여 다음을 구하여라.

(1) $A\,B$ (2) $B\,A$ (3) A^2 (4) B^3

***2.** $V = \{0, 1\}$ 에서의 언어 A 가 다음과 같을 때, A^* 를 구하여라.

(1) $A = \{1\,0\}$ (2) $A = \{1\,1\,1\}$

(3) $A = \{0, 0\,1\}$ (4) $A = \{1, 1\,0\,1\}$

3. $V = \{0, 1\}$ 에서의 다음과 같은 언어 A 에 대하여 $1\,1\,1\,0\,1 \in A$ 인지를 판정하여라.

(1) $A = \{1\,1, 0\}\{0\,0, 1\,0\,1\}$ (2) $A = \{0, 1\}$

(3) $A = \{1\,1\}^*\{0\,1\}$ (4) $A = \{1\}\{0\}\{1\}$

*4. 보기 9.1.5 에서 $a\,b\,a\,b\,a\,b\,a \in L(G)$ 임을 밝혀라.

5. 다음과 같은 구-구조 문법 $G=(V, T, S, P)$ 의 언어 $L(G)$ 를 구하여라.

$$V=\{a, b, S, A\}, \quad T=\{a, b\}, \quad S \text{는 시작 기호}$$
$$P=\{S \longrightarrow a\,A,\ S \longrightarrow b,\ A \longrightarrow a\,a\}$$

*6. 다음과 같은 구-구조 문법 $G=(V, T, S, P)$ 에 대하여 아래 물음에 답하여라.

$$V=\{0, 1, S, A, B\}, \quad T=\{0, 1\}, \quad S \text{는 시작 기호}$$
$$P=\{S \longrightarrow 0\,A,\ S \longrightarrow 1\,A,\ A \longrightarrow 0\,B,\ B \longrightarrow 1\,A,\ B \longrightarrow 1\}$$

(1) $1\,0\,1\,0\,1 \in L(G)$ 임을 밝혀라.
(2) $1\,0\,1\,1\,0 \notin L(G)$ 임을 밝혀라.

*7. 다음과 같은 구-구조 문법 $G=(V, T, S, P)$ 에 대하여 아래 물음에 답하여라.

$$V=\{0, 1, S\}, \quad T=\{0, 1\}, \quad S \text{는 시작 기호}$$
$$P=\{S \longrightarrow 0\,S,\ S \longrightarrow S\,1,\ S \longrightarrow \lambda\}$$

(1) 음이 아닌 정수 m 에 대하여 $0^m \in L(G)$ 임을 밝혀라.
(2) 음이 아닌 정수 n 에 대하여 $1^n \in L(G)$ 임을 밝혀라.
(3) 음이 아닌 정수 m, n 에 대하여 $0^m 1^n \in L(G)$ 임을 밝혀라.

8. 구-구조 문법 $G=(V, T, S, P)$ 에서

$$V=\{0, 1, S, A\}, \quad T=\{0, 1\}, \quad S \text{는 시작 기호}$$
$$P=\{S \longrightarrow 0\,S,\ S \longrightarrow 1\,A,\ S \longrightarrow 1,$$
$$A \longrightarrow 1\,A,\ A \longrightarrow 1,\ S \longrightarrow \lambda\}$$

일 때, 음이 아닌 정수 m, n 에 대하여 $0^m 1^n$ 은 모두 $L(G)$에 속함을 밝혀라.

§ 9.2 유한상태 기계

전자계산기의 부품을 포함하여 여러 종류의 디지털 장치를 모형화하는 데에는 이른바 유한상태 기계(finitestate machine)가 널리 이용된다.

유한상태 기계는 출력이 있는 경우와 출력이 없는 경우로 구분된다.

정의 9.2.1 다음과 같은 공집합이 아닌 유한집합 S, I, O와 두 함수 f, g 및 초기상태 s_0로 이루어진 체계 $M = (S, I, O, f, g, s_0)$을 출력이 있는 **유한상태 기계**라고 한다.

S는 공집합 아닌 유한집합이고, S의 각 원소를 **상태**(state)라고 한다.

I는 유한집합이며, I의 각 원소를 **입력**(input) 이라고 한다.

O는 유한집합이며, O의 각 원소를 **출력**(output)이라고 한다.

$f : S \times I \longrightarrow S$

각 상태 $s \in S$와 입력 $x \in I$에 대하여 새로운 상태 $f(s, x) \in S$를 지정해 주는 **轉移함수**(transition function)

$g : S \times I \longrightarrow O$

각 상태 $s \in S$와 입력 $x \in I$에 대하여 출력 $g(s, x) \in O$를 지정해 주는 **출력함수**(output function)

s_0 : **초기상태** 또는 **시작 상태**(initail state, start state)

보기 9.2.1 오른쪽 표는 유한상태 기계

$$M = (S, I, O, f, g, s_0)$$

를 나타내는 표이다. 여기서,

$$S = \{s_0, s_1, s_2, s_3\},$$

$$I = \{0, 1\}, \quad O = \{0, 1\}$$

이고 또 다음이 성립한다.

$$f(s_0, 0) = s_1, \quad g(s_0, 0) = 1$$

상태	f		g	
	입력		입력	
	0	1	0	1
s_0	s_1	s_0	1	0
s_1	s_3	s_0	1	1
s_2	s_1	s_2	0	1
s_3	s_2	s_1	0	1

앞의 보기에서와 같이 유한상태 기계 $M=(S, I, O, f, g, s_0)$의 상태 s에서의 입력 x에 대한 새로운 상태 $f(s, x)$와 출력 $g(s, x)$를 표로 나타낸 것을 M의 **상태표**(state table)라고 한다.

다음 그림은 보기 9.2.1의 유한상태 기계 M를 그림으로 나타낸 것이다.

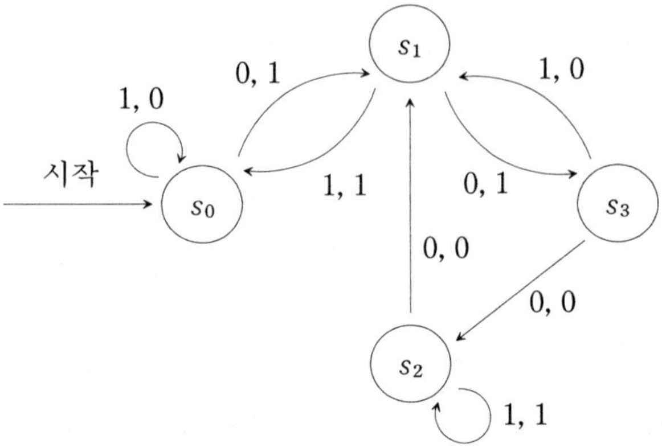

위의 그림과 같이, 유한상태 기계 $M=(S, I, f, g, s_0)$에 대하여 각 상태는 원으로 나타내며 각 상태 s에서의 입력이 x일 때 상태 s에서 상태 $f(s, x)$로 변하는 것을 화살표로 나타내고 이 화살표 밑에 x, $g(s, x)$를 써넣은 유향 그래프를 M의 **상태 다이어그램**(state diagram)이라고 한다.

유한상태 기계 M의 상태 s에서의 입력의 열 $x=x_1 x_2 \cdots x_k$에 대하여

$$s_1=f(s, x_1),\ s_2=f(s_1, x_2),\ \cdots,\ s_k=f(s_{k-1}, x_k)$$

$$y_1=g(s, x_1),\ y_2=g(s_1, x_2),\ \cdots,\ y_k=g(s_{k-1}, x_k)$$

이 때, 출력의 열을

$$y=y_1 y_2 \cdots y_k$$

로 나타내고 위의 결과를 다음과 같이 쓰기로 한다(정의 9.1.1 참조).

$$f(s, x)=f(s, x_1 x_2 \cdots x_k)=s_k,$$

$$g(s, x)=g(s, x_1 x_2 \cdots x_k)=y_1 y_2 \cdots y_k$$

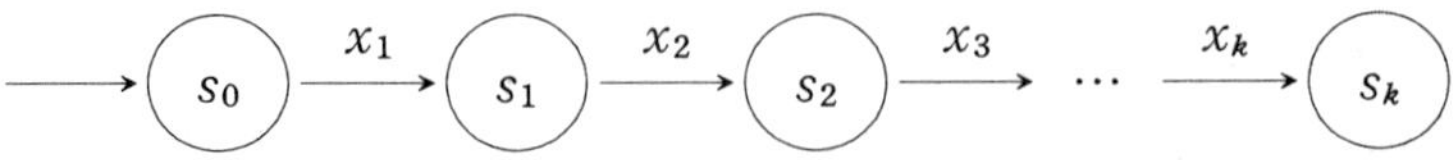

보기 9.2.2 유한상태 기계

$$M = (S, I, O, f, g, s_0)$$

의 상태 다이어그램이 오른쪽 그림과 같다고 하자.

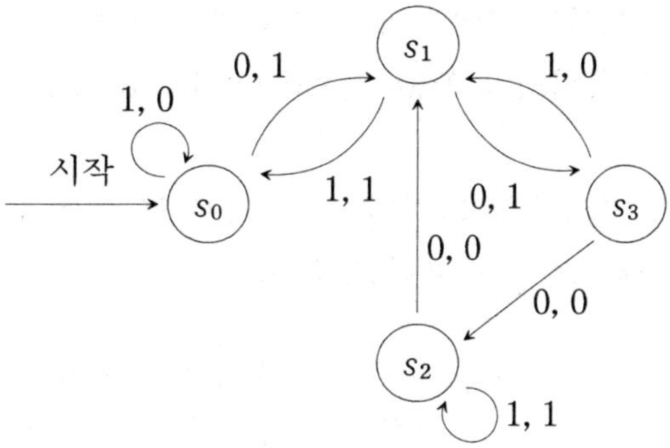

이 때, 초기상태 s_0 에서 시작하여 차례로 입력이 0, 0, 1, 1 일 때, 상태는 차례로

$$s_1,\ s_3,\ s_1,\ s_0$$

로 변하고 s_0, s_1, s_3, s_1 에서의 출력은 각각 1, 1, 0, 1 이다.

입력	0	0	1	1	⋯
상태	s_0	s_1	s_3	s_1	s_0
출력	1	1	0	1	⋯

따라서 다음이 성립한다.

$$f(s_0, 0\,0) = s_3, \qquad g(s_0, 0\,0) = 1\,1$$
$$f(s_0, 0\,0\,1) = s_1, \qquad g(s_0, 0\,0\,1) = 1\,1\,0$$
$$f(s_0, 0\,0\,1\,1) = s_0, \qquad g(s_0, 0\,0\,1\,1) = 1\,1\,0\,1$$

보기 9.2.3 유한상태 기계 $M = (S, I, O, f, g, s_0)$ 의 상태 다이어그램이 아래 그림과 같다고 하자.

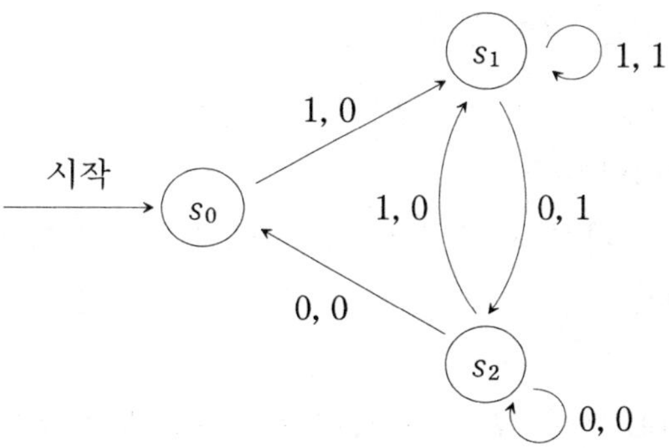

이 때, $S = \{s_0, s_1, s_2\}$, $I = \{0, 1\}$, $O = \{0, 1\}$ 이고, 또 초기상태 s_0 에서 시작하여 입력의 열이 $x_1\, x_2\, \cdots\, x_k$ 이면 출력의 열은 $0\, x_1\, x_2\, \cdots\, x_{k-1}$ 이다. 즉, $g(s_0, x_1\, x_2 \cdots x_k) = 0\, x_1\, x_2 \cdots x_k$ 이다.

예를 들면, $g(s_0, 1\,0\,1\,1\,0) = 0\,1\,0\,1\,1$ 이다.

이것은 입력이 단위시각 만큼 지연되어 출력됨을 뜻한다. 이 유한상태 기계를 **단위시각 지연 기계**(Unit-Delay machine)라고 한다.

보기 9.2.4 유한상태 기계 $M=(S, I, O, f, g, s_0)$ 의 상태 다이어그램이 아래 그림과 같다고 하자.

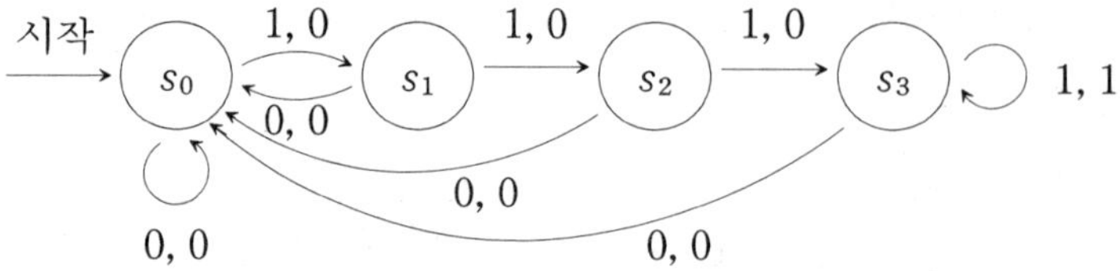

이 때,

$$f(s_0, 1)=s_0,\ f(s_1, 1)=s_2,\ f(s_2, 1)=s_3,\ f(s_3, 1)=s_3$$
$$g(s_0, 1)=0,\quad g(s_1, 1)=0,\ \ g(s_2, 1)=0,\quad g(s_3, 1)=1$$

이므로, 초기상태 s_0 에서 시작하여 입력의 열이 1 1 1 1 이면 마지막 출력은 1 이고 그 밖의 경우의 출력은 0 이다.

입력	1	1	1	1	1	⋯
상태	s_0	s_1	s_2	s_3	s_3	
출력	0	0	0	1	1	⋯

그리고, 어느 상태에서도 입력의 열이

$$\bigcirc \cdots \bigcirc\, 1\,1\,1\,1$$

이면 마지막 출력은 1 이다.

그러므로 이 유한상태 기계 M 은 1 1 1 1 로 끝나는 입력의 열을 인식하는 (recognize) 기계이다.

정의 9.2.2 유한상태 기계 $M=(S, I, O, f, g, s_0)$ 에서 언어 $L \subseteq I^*$ 에 대하여

$x = x_1 x_2 \cdots x_k \in L$ 일 때 그리고 이때에만 마지막 출력이 1

인 경우에 M 은 언어 L 을 **인식한다**(recognize) 또는 **받아드린다**(accept)고 한다.

이제까지 논한 유한상태 기계에서 출력은 한 상태에서 다른 상태로의 변환에 대응한다. 이러한 유형의 유한상태 기계를 **Mealey 기계**라고 한다. 한편, 유한상태 기계에서 출력이 상태에 의해서만 결정되는 유한상태 기계를 **Moore 기계**라고 한다.

연 습 문 제 (9.2)

1. 유한상태 기계 $M=(S, I, O, f, g, s_0)$ 의 상태표가 아래의 표와 같을 때, 유한상태 기계 M 에 대한 다음 물음에 답하여라.

   (1) M 의 상태 다이어그램을 그려라.

   (2) $f(s_0, 1\ 1\ 0)$ 과 $g(s_0, 1\ 1\ 0)$ 을 구하여라.

   (3) $f(s_0, 1\ 1\ 0\ 1)$ 과 $g(s_0, 1\ 1\ 0\ 1)$ 을 구하여라.

상태	f		g	
	입 력		입 력	
	0	1	0	1
s_0	s_1	s_0	0	0
s_1	s_2	s_0	1	1
s_2	s_0	s_3	0	1
s_3	s_1	s_2	0	1

2. 유한상태 기계 $M=(S, I, O, f, g, s_0)$ 의 상태 다이어그램이 아래 그림과 같을 때, 이 유한상태 기계에 대한 다음 물음에 답하여라.

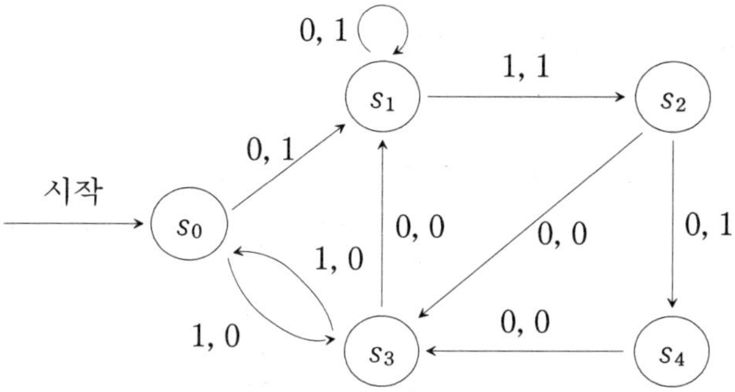

   (1) M 의 상태표를 만들어라.

   (2) $f(s_0, 1\ 1\ 0\ 1)$ 과 $g(s_0, 1\ 1\ 0\ 1)$ 을 구하여라.

3. 유한상태 기계

$$M = (S, I, O, f, g, s_0)$$

의 상태표가 오른쪽 표와 같을 때, 이 유한상태 기계의 상태 다이어그램을 그려라.

상태	f		g	
	입 력		입 력	
	0	1	0	1
s_0	s_0	s_4	1	1
s_1	s_0	s_3	0	1
s_2	s_0	s_2	0	0
s_3	s_1	s_1	1	1
s_4	s_1	s_0	1	0

***4.** 유한상태 기계 $M = (S, I, O, f, g, s_0)$ 의 상태 다이어그램이 아래 그림과 같을 때, M 의 상태표를 구하여라.

(1)

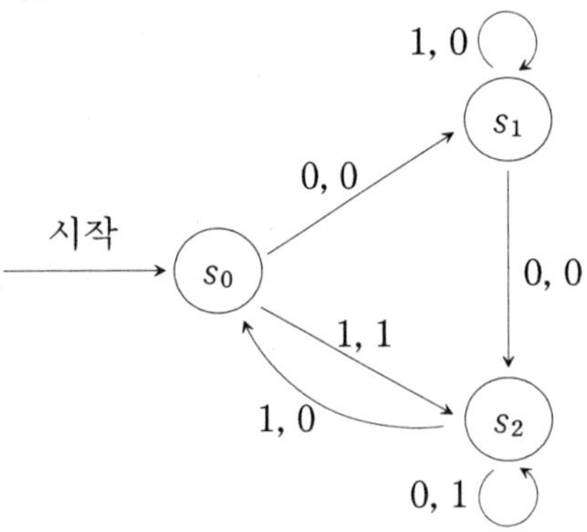

(2)

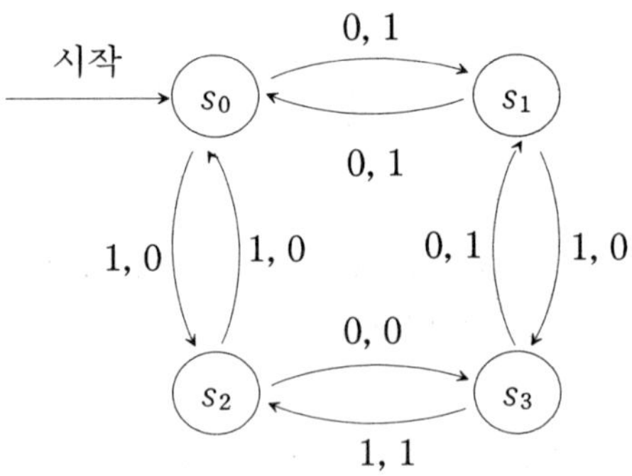

***5.** 유한상태 기계 $M = (S, I, O, f, g, s_0)$ 의 상태 다이어그램이 아래 그림과 같을 때, 다음 물음에 답하여라.

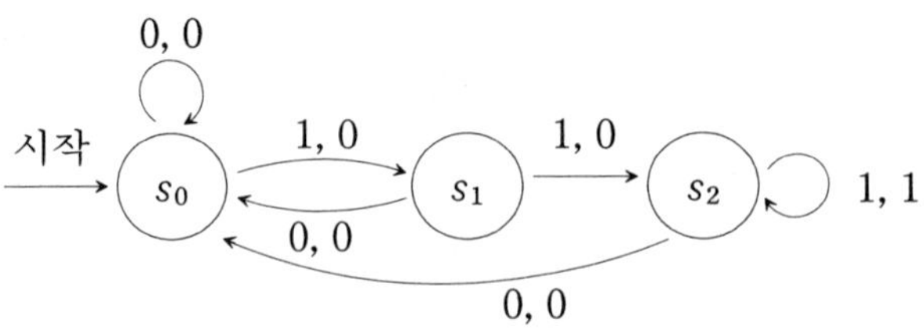

(1) $f(s_0, 1\,1\,1)$ 과 $g(s_0, 1\,1\,1)$ 을 구하여라.

(2) 초기상태 s_0 에서의 입력의 열이 0 1 1 1 일 때와 1 1 1 1 일 때의 마지막 출력을 구하여라.

§9.3 유한상태 자동장치

출력이 없는 대신에 최종상태가 있는 유한상태 기계를 **유한상태 자동장치**(finite state automaton)라고 한다. 여기서, 영어 automaton의 복수형은 automata이고 유한상태 자동장치를 흔히 유한상태 오토메타라고 한다.

정의 9.3.1 다음과 같은 유한집합 S, I와 함수 f 및 집합 F로 이루어진 체계 $M=(S, I, f, s_0, F)$를 **유한상태 자동장치**라고 한다.

$S(\neq \emptyset)$는 유한집합이며, S의 각 원소를 **상태**(state)라고 한다.

$I(\neq \emptyset)$는 유한집합이며, I를 **입력 알파벳**(alphabet)이라고 한다.
그리고, I의 각 원소를 **기호**(symbol)이라고 한다.

$f: S\times I \longrightarrow S$
각 상태 $s\in S$와 입력 $x\in I$에 대하여 새로운 상태
$f(s, x)\in S$
를 지정해 주는 **轉移함수**(transition function)

s_0 : **초기상태** 또는 **시작 상태**(initail state, start state)

$F\subseteq S$: 집합 F에 속해 있는 상태를 **최종상태**(final state) 또는
받아드릴 수 있는 상태(acceptable state)라고 한다.

유한상태 자동장치도 상태표 또는 상태 다이어그램으로 나타내는데, 상태 다이어그램에서 최종상태는 두 개의 원으로 나타낸다.

보기 9.3.1 유한상태 자동장치

$$M=(S, I, f, s_0, F)$$

의 상태표가 오른쪽 표와 같을 때, 다음이 성립한다.

상태	f	
	입력 알파벳	
	0	1
s_0	s_0	s_1
s_1	s_0	s_2
s_2	s_0	s_0
s_3	s_2	s_1

$S=\{s_0, s_1, s_2, s_3\}, \quad I=\{0, 1\}$

$f(s_0, 0)=s_0, \quad f(s_0, 1)=s_1$

그리고, $F = \{s_0, s_3\}$ 일 때, M 의 상태 다이어그램은 아래 그림과 같다.

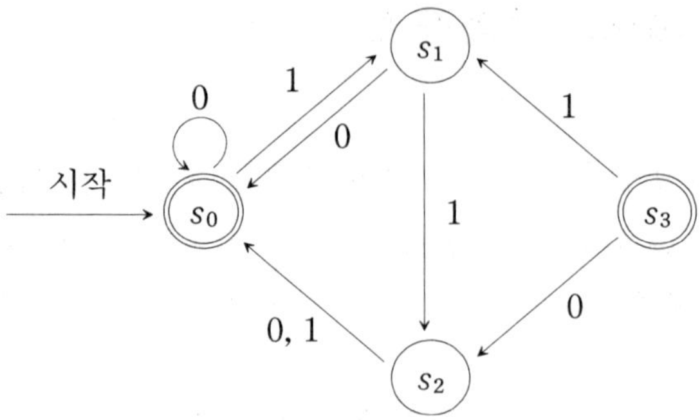

유한상태 자동장치 $M = (S, I, f, s_0, F)$ 에서 전이함수 $f : S \times I \longrightarrow S$ 의 정의역 $S \times I$ 를 다음과 같이 $S \times I^*$ 로 확장한다.

(i) $f(s, \lambda) = s$ $\qquad (s \in S,\ \lambda \in I^*)$

(ii) $f(s, x\,a) = f(f(s, x), a)$ $\qquad (s \in S,\ x \in I^*,\ a \in I)$

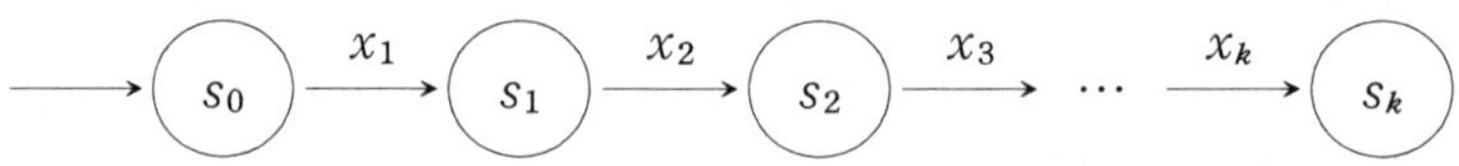

보기 9.3.2 앞의 보기 9.3.1 에서 다음이 성립한다.

$$f(s_0, 1\,0) = f(f(s_0, 1), 0) = f(s_1, 0) = s_0,$$

$$f(s_0, 1\,1) = f(f(s_0, 1), 1) = f(s_1, 1) = s_2,$$

$$f(s_0, 1\,1\,0) = s_0, \qquad f(s_0, 1\,1\,1) = s_0$$

정의 9.3.2 유한상태 자동장치 $M = (S, I, f, s_0, F)$ 에서 초기상태 s_0 와 $x = x_1\,x_2 \cdots x_k \in I^*$ 에 대하여 $f(s_0, x) \in F$ 일 때, M 은 x 를 **인식한다**(recognize) 또는 **받아드린다**(accept)고 한다.

또, M 이 인식하는 $x \in I^*$ 전체의 집합을 $L(M)$ 으로 나타낸다.

그리고 두 유한상태 자동장치 M, M' 에 대하여 $L(M) = L(M')$ 일 때, M 과 M' 은 **서로 동치**(equivalent)이라고 한다.

유한상태 기계와 유한상태 자동장치는 언어 인식에 응용되며, 이 응용은 프로그래밍 언어에 대한 컴파일러를 설계하고 구축하는 데 기본적인 역할을 한다.

보기 9.3.3 유한상태 자동장치 M의 상태 다이어그램이 아래 그림과 같다고 하자.

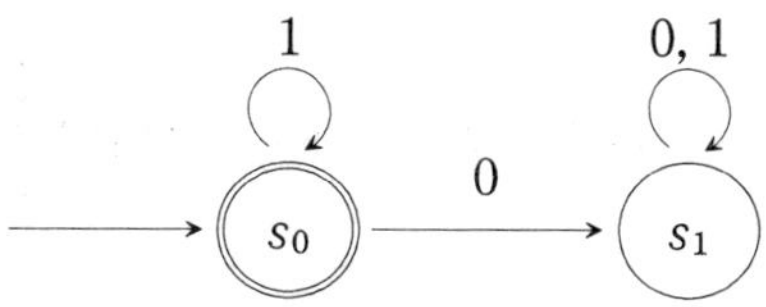

이 때, M_1의 최종상태는 s_0 뿐이고

$$f(s_0, \lambda) = s_0,\ f(s_0, 1) = s_0,\ f(s_0, 1\,1) = s_0,\ f(s_0, 1\,1\,1) = s_0$$

이므로 $L(M)$은 다음과 같다.

$$L(M) = \{1^n \mid n = 0, 1, 2, 3, \cdots\} = \{\lambda,\ 1,\ 1\,1,\ 1\,1\,1, \cdots\}$$

보기 9.3.4 두 유한상태 자동장치 M_1, M_2의 상태 다이어그램이 각각 다음 그림과 같다고 하자.

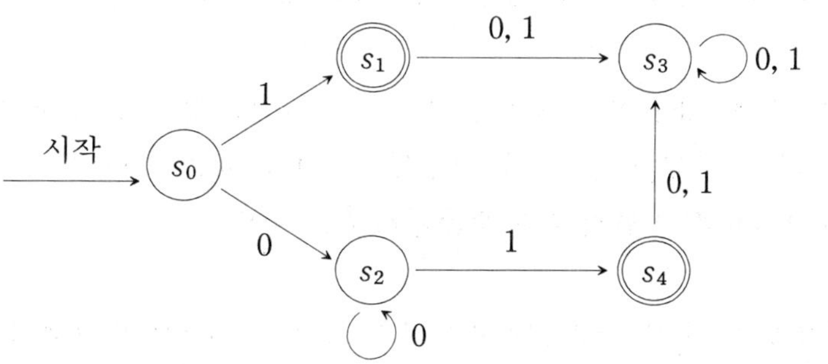

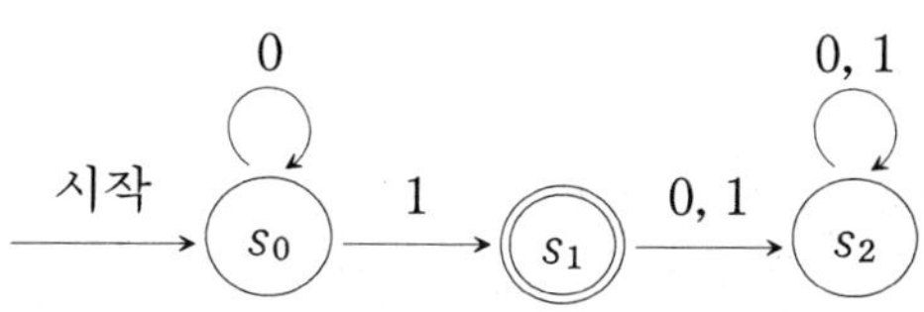

이 때, M_1의 최종상태는 s_1, s_4뿐이고

$$L(M_1) = \{1,\ 0\,1,\ 0\,0\,1,\ 0\,0\,0\,0\,1,\ \cdots\}$$

임을 알 수 있다. 한편, M_2의 최종상태는 s_1뿐이고

$$L(M_2) = \{1,\ 0\,1,\ 0\,0\,1,\ 0\,0\,0\,0\,1,\ \cdots\}$$

이고, 따라서 $L(M_1) = L(M_2)$이므로 M_1과 M_2는 서로 동치이다.

보기 9.3.5 유한상태 자동장치 M의 상태 다이어그램이 다음 그림과 같다고 하자.

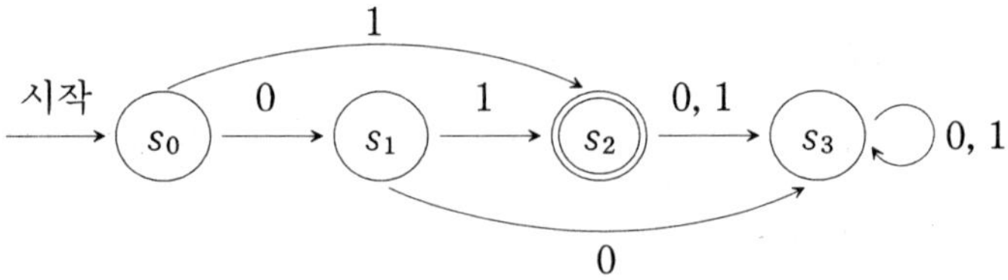

이 때, M의 최종상태는 s_2뿐이고

$$f(s_0, 1) = s_2, \quad f(s_1, 1) = s_2$$
$$f(s_0, 0\,1) = f(f(s_0, 0), 1) = f(s_1, 1) = s_2$$

이므로 M은 1과 0 1을 인식하고, 또 $L(M) = \{1, 0\,1\}$이다.

이제까지 논한 유한상태 자동장치는 각 상태와 입력에 따라 전이함수에 의하여 그 다음 상태가 단 하나 결정된다. 이와 같은 유한상태 자동장치를 **결정적**(deterministic) **유한상태 자동장치**라고 한다.

보기 9.3.6 결정적 유한상태 자동장치 M의 상태 다이어그램이 아래 그림과 같을 때, M은 연이은 두 개의 0을 포함하는 문자열을 인식한다.

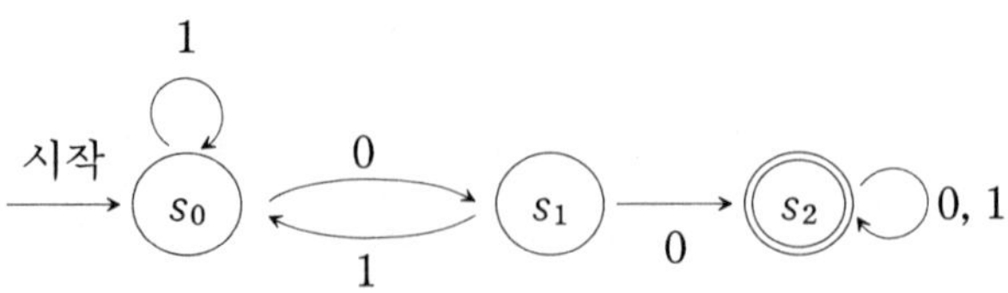

보기 9.3.7 결정적 유한상태 자동장치 중에서 1 1로 시작하는 문자열을 인식하는 유한상태 자동장치를 생각해 보자.

초기상태 s_0 이외에 최종상태가 아닌 상태 s_1를 첨가하여 첫 문자가 1이면 s_0에서 s_1으로 간다. 다음에 최종상태 s_2를 첨가하여 둘째 문자가 1이면 s_1에서 s_2로 간다. 또, s_2에 다다르면, 처음 두 문자는 1, 1이므로 어떤 문자이던 관계없이 s_2에 머물러 있어야 한다.

따라서 구하는 유한상태 자동장치의 상태 다이어그램은 아래와 같다.

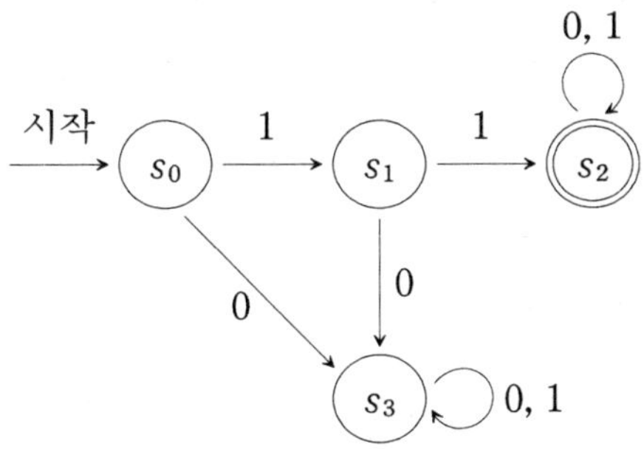

연 습 문 제 (9.3)

*1. 유한상태 자동장치 M의 상태 다이어그램이 아래 그림과 같을 때, 다음 물음에 답하여라.

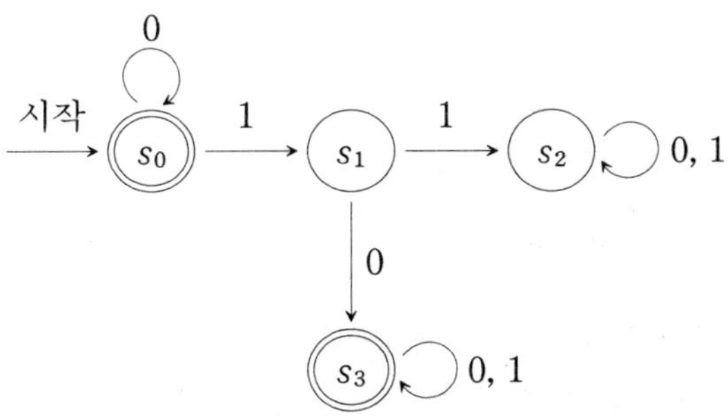

(1) $f(s_0, 0\,0\,0)$과 $f(s_0, 0\,0\,1\,0)$을 구하여라.

(2) $L(M)$을 구하여라.

2. 유한상태 자동장치 M 의 상태 다이어그램이 아래 그림과 같을 때, 다음 물음에 답하여라.

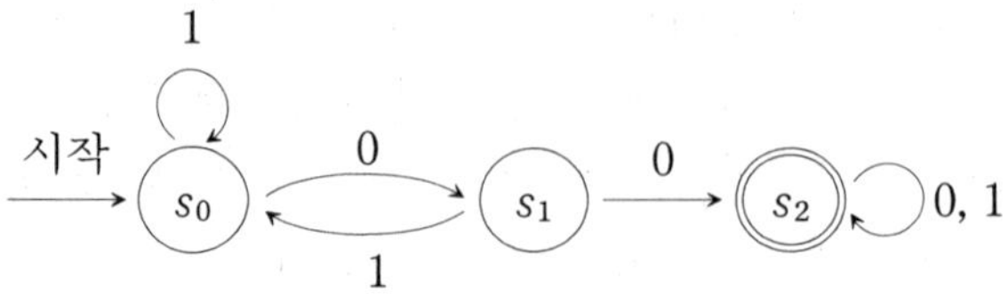

(1) M 은 1 0 0 1 을 인식함을 밝혀라.

(2) M 은 1 0 1 0 0 1 을 인식하는지를 판정하여라.

(3) M 은 어떠한 문자열을 인식하는지를 말하여라.

***3.** 유한상태 자동장치 M 의 상태 다이어그램이 오른쪽 그림과 같을 때, 다음 물음에 답하여라.

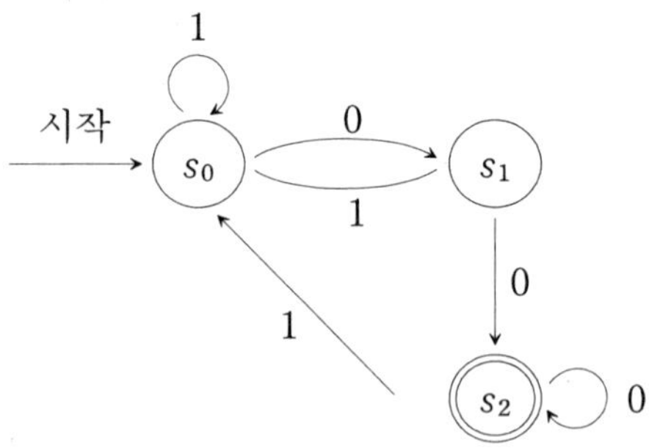

(1) M 은 1 1 0 0 을 인식함을 밝혀라.

(2) M 은 1 0 1 1 0 0 을 인식하는지를 판정하여라.

(3) M 은 어떠한 문자열을 인식하는지를 말하여라.

***4.** 유한상태 자동장치 M 의 상태 다이어그램이 아래 그림과 같을 때, 다음 물음에 답하여라.

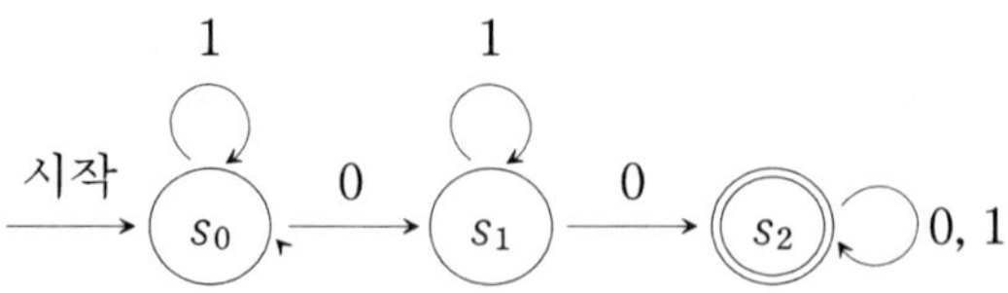

(1) M 은 1 0 1 0 을 인식함을 밝혀라.

(2) M 은 1 0 1 0 0 1 을 인식하는지를 판정하여라.

(3) M 은 어떠한 문자열을 인식하는지를 말하여라.

제 10 장

사영평면과 디자인

이 장에서는, 아핀평면과 사영평면을 정의하고 유한 아핀평면, 유한 사영평면, Latin 방진에 대하여 논한다. 또, 여러 가지 유형의 디자인의 특성과 디자인을 구성하는 방법에 대하여 논하고, 유한 아핀평면과 유한 사영평면을 디자인이라는 관점에서 재음미한다.

이 장의 내용은 정보과학, 부호이론과 암호학 등에 이용된다.

이 장에서 다룬 내용을 좀더 깊이 알고 싶을 때에는

박승안, 사영평면과 디자인, 제 3 판,
http://kms.webhard.co.kr, 2012

을 참조하기 바란다.

§ 10.1 유한 아핀평면

이제 $\mathscr{P}$를 공집합이 아닌 집합이라 하고 $\mathscr{L}$을 $\mathscr{P}$의 특정한 부분집합들로 이루어져 있다고 할 때, $\mathscr{P}$의 원소 p와 $\mathscr{L}$의 원소 L 사이에 포함관계 $\in$에 관하여 특정한 성질을 만족시키는 경우에 $\sigma=(\mathscr{P}, \mathscr{L})$를 **결합구조**(incidence structure)라고 한다.

여기서 집합 $\mathscr{P}$의 각 원소를 **점**(point) 또는 **꼭지점**(vertex)이라 하고 또 $\mathscr{L}$의 각 원소를 σ의 **직선**(line) 또는 **블록**(block)이라고 한다. 그리고, 점 p와 직선 L에 대하여 $p \in L$일 때 이 사실을

'점 p는 직선 L 위에 있다.', '직선 L은 점 p를 지난다.'

고 한다. 또, 결합구조 $\sigma=(\mathscr{P}, \mathscr{L})$에서 $\mathscr{P}$와 $\mathscr{L}$이 유한집합일 때, σ를 **유한 결합구조**(finite incidence structure)라고 한다.

예를 들어, 다음과 같은 유한 결합구조 $\sigma=(\mathscr{P}, \mathscr{L})$를 생각해 보자.

$$\mathscr{P}=\{p_1, p_2, p_3\}, \quad \mathscr{L}=\{L_1, L_2, L_3\}$$

$$L_1=\{p_1, p_2\},\ L_2=\{p_2, p_3\},\ L_3=\{p_1, p_3\}$$

이 결합구조에서 각 직선 위에 꼭 2개의 점이 있고 각 점을 지나는 직선은 꼭 2개 있다.

정의 10.1.1 유한 결합구조 $\sigma=(\mathscr{P}, \mathscr{L})$에서

$$\mathscr{P}=\{p_1, p_2, \cdots, p_v\}, \quad |\mathscr{P}|=v,$$

$$\mathscr{L}=\{L_1, L_2, \cdots, L_b\}, \quad |\mathscr{L}|=b$$

일 때, 다음과 같은 행렬을 σ의 **결합행렬**(incidence matrix)이라고 한다.

$$A=\begin{bmatrix} a_{11} & a_{12} & \cdots & a_{1b} \\ a_{21} & a_{22} & \cdots & a_{2b} \\ \vdots & \vdots & \cdots & \vdots \\ a_{v1} & a_{v2} & \cdots & a_{vb} \end{bmatrix}, \quad a_{ij}=\begin{cases} 1 & (p_i \in L_j \text{ 인 경우}) \\ 0 & (p_i \notin L_j \text{ 인 경우}) \end{cases}$$

여기서 각 i $(1 \le i \le v)$ 와 j $(1 \le j \le b)$ 에 대하여 다음이 성립한다.

$$a_{i1} + a_{i2} + \cdots + a_{ib} = (\text{점 } p_i \text{를 지나는 직선의 개수})$$

$$a_{1j} + a_{2j} + \cdots + a_{vj} = (\text{직선 } L_j \text{ 위에 있는 점의 개수})$$

결합행렬은 점의 순서와 직선의 순서를 정하는 방법에 따라 달라진다.

보기 10.1.1 다음과 같은 유한 결합구조 $\sigma = (\mathscr{P}, \mathscr{L})$를 생각해 보자.

$$\mathscr{P} = \{p_1, p_2, p_3, p_4\}, \quad \mathscr{L} = \{L_1, L_2, L_3, L_4, L_5, L_6\}$$

$$L_1 = \{p_1, p_2\}, \quad L_2 = \{p_2, p_3\}, \quad L_3 = \{p_3, p_4\},$$

$$L_4 = \{p_4, p_1\}, \quad L_5 = \{p_1, p_3\}, \quad L_6 = \{p_2, p_4\}$$

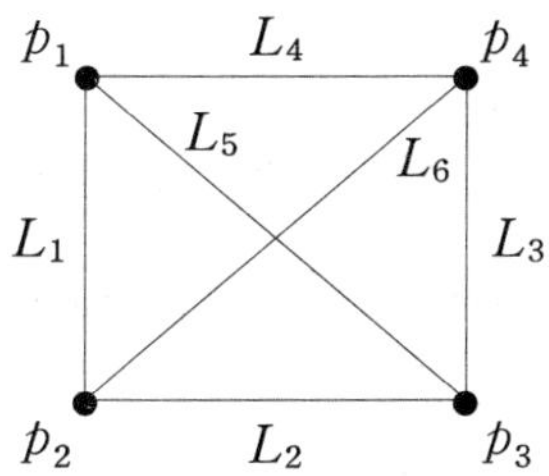

$$A = \begin{bmatrix} 1 & 0 & 0 & 1 & 1 & 0 \\ 1 & 1 & 0 & 0 & 0 & 1 \\ 0 & 1 & 1 & 0 & 1 & 0 \\ 0 & 0 & 1 & 1 & 0 & 1 \end{bmatrix}$$

이 결합구조에서 각 직선 위에는 꼭 2개의 점이 있고 각 점을 지나는 직선은 꼭 3개 있다. 위의 행렬 A는 이 결합구조의 결합행렬이다.

결합구조 $\sigma = (\mathscr{P}, \mathscr{L})$ 에서, 서로 다른 두 점 p, q 에 대하여 이 두 점을 지나는 직선 L이 단 하나 존재할 때, 이 사실을

$$L = p \vee q$$

로 나타내고 두 점 p, q는 직선 L을 결정한다고 한다. 그리고, 서로 다른 두 직선 L, M에 대하여 $L \cap M = \{p\}$ 일 때, 이 두 직선은 점 p에서 **만난다**(meet)고 하고, p를 이 두 직선의 **교점**(intersection)이라고 하며 이 사실을

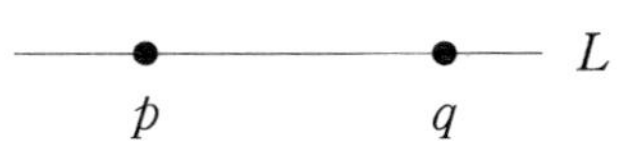

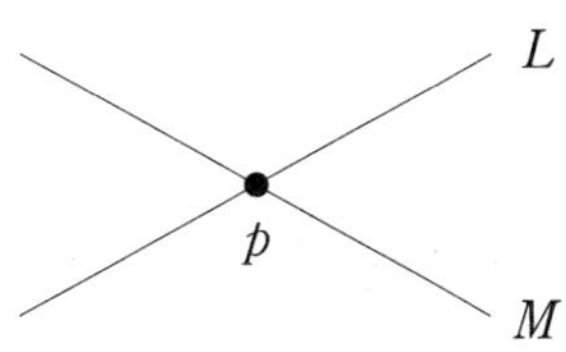

$$p = L \wedge M$$

으로 나타낸다.

두 직선 L, M 에 대하여 $L = M$ 또는 $L \cap M = \emptyset$ 일 때, L 과 M 은 서로 **평행하다**고 말하고 이 사실을 $L // M$ 으로 나타낸다.

정의 10.1.2 결합구조 $\alpha = (\mathscr{P}, \mathscr{L})$ 가 다음 네 조건을 만족시킬 때, α 를 **아핀평면**(affine plane)이라고 한다.

A. 1 : 임의의 서로 다른 두 점 p, q 에 대하여, 두 점 p, q 를 지나는 직선이 단 하나 존재한다.

A. 2 : 점 p 가 직선 L 위에 있지 않을 때, 점 p 를 지나 직선 L 에 평행한 직선이 단 하나 존재한다.

A : α 에는 한 직선 위에 있지 않은 서로 다른 세 점이 존재한다.

특히, $\mathscr{P}$ 와 $\mathscr{L}$ 이 유한집합일 때, α 를 **유한 아핀평면**이라고 한다.

보기 10.1.2 유클리드 평면은 아핀평면이다.

보기 10.1.3 다음과 같은 결합구조 $\alpha = (\mathscr{P}, \mathscr{L})$ 는 아핀평면이다.

$$\mathscr{P} = \{p_1, p_2, p_3, p_4\}, \quad \mathscr{L} = \{L_1, L_2, L_3, L_4, L_5, L_6\}$$

$$L_1 = \{p_1, p_2\}, \quad L_2 = \{p_2, p_3\}, \quad L_3 = \{p_3, p_4\},$$
$$L_4 = \{p_4, p_1\}, \quad L_5 = \{p_1, p_3\}, \quad L_6 = \{p_2, p_4\}$$

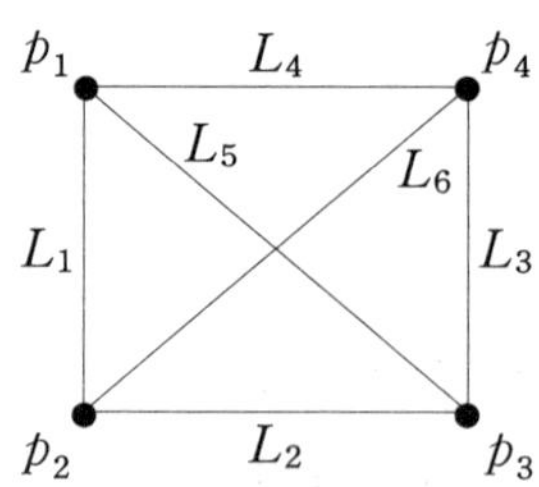

여기서 $L_1 // L_1$, $L_1 // L_3$, $L_2 // L_2$, $L_2 // L_4$, $L_5 // L_5$, $L_5 // L_6$ 이다.

정의를 이용하여 다음이 성립함을 증명할 수 있다(문제 3 참조).

정리 10.1.3 아핀평면 $\alpha = (\mathscr{P}, \mathscr{L})$에서 다음이 성립한다.

(1) 임의의 두 직선 L, M에 대하여 이 두 직선은 평행하거나 또는 한 점에서 만난다.

(2) 두 직선 L, M이 평행할 때, 직선 N이 L과 한 점에서 만나면 N은 M 과도 한 점에서 만난다.

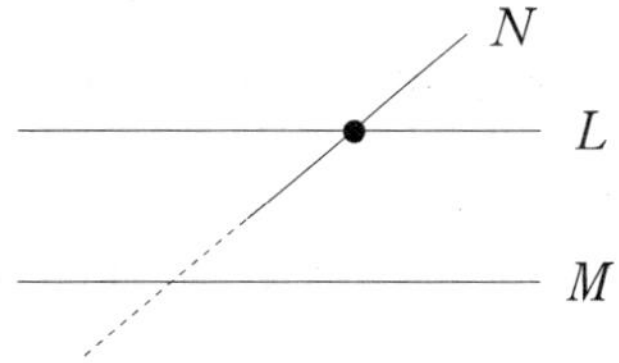

정리 10.1.4 아핀평면 $\alpha = (\mathscr{P}, \mathscr{L})$에서 다음이 성립한다.

A. 3 : 임의의 직선 L에 대하여, L 위에 적어도 두 점이 존재한다.

A. 4 : 임의의 직선 L에 대하여, L 위에 있지 않은 점이 적어도 하나 존재한다.

증 명 먼저 A에 의하여 동일한 직선 위에 있지 않은 서로 다른 세 점 p, q, r가 존재한다. 이제 L을 임의의 직선이라고 하자. 이 때, 세 점 p, q, r 중에서 적어도 한 점은 L 위에 있지 않으므로 A. 4가 성립한다.

이제 예를 들어, $p \notin L$이라고 하자.

이 때, 두 직선 $p \vee q$, $q \vee r$가 L과 만난다면, L 위에는 서로 다른 두 점

$$s = L \wedge (p \vee q), \quad t = L \wedge (p \vee r)$$

가 존재하므로 A. 3가 성립한다.

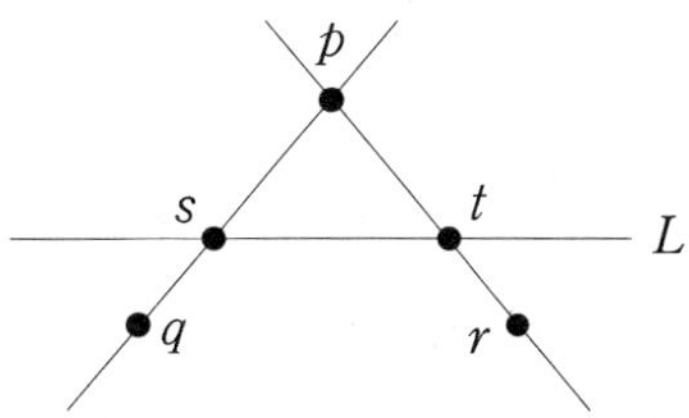

한편, 두 직선 $p \vee q$, $q \vee r$ 중에서 예를 들어 $p \vee q$가 직선 L과 평행하면, $p \vee r$는 L과 한 점 s에서 만나고 또 A_2에 의하여 점 q를 지나 $p \vee r$에 평행한 직선 M이 존재하며 L, M은 한 점 t에서 만난다(정리 10.1.3).

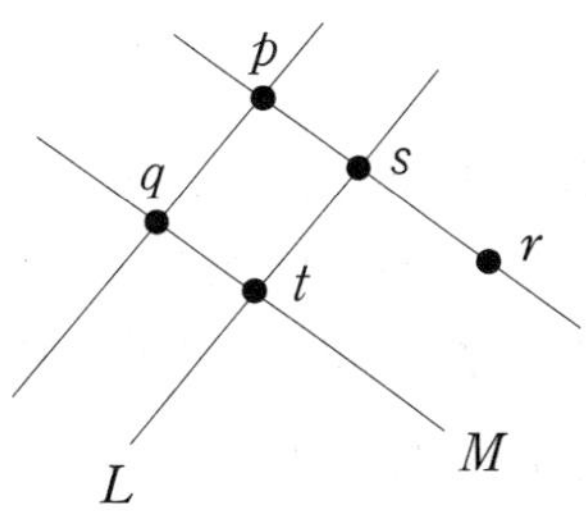

여기서 s, t는 L 위의 서로 다른 두 점이므로 A. 3가 성립한다.

위의 정리를 이용하여 다음 정리를 증명할 수 있다(문제 5 참조).

정리 10.1.5 아핀평면 $\alpha = (\mathscr{P}, \mathscr{L})$에서 다음이 성립한다.

(1) 임의의 점 p에 대하여, 점 p를 지나지 않는 직선이 적어도 하나 존재한다.

(2) 임의의 점 p에 대하여, p를 지나는 직선이 적어도 두 개 존재한다.

정리 10.1.6 유한 아핀평면 $\alpha = (\mathscr{P}, \mathscr{L})$에서, 한 직선 L 위에 꼭 n 개의 점이 있을 때, α의 임의의 직선 M에 대하여 M 위에는 꼭 n개의 점이 있다.

증 명 이제 M이 L과 다른 직선이라고 하자. 이 때, L 위에 있는 점 중에는 M 위에 있지 않은 점 p_1이 존재하고 또 직선 M 위의 점 중에는 L 위에 있지 않은 점 q_1이 존재한다.

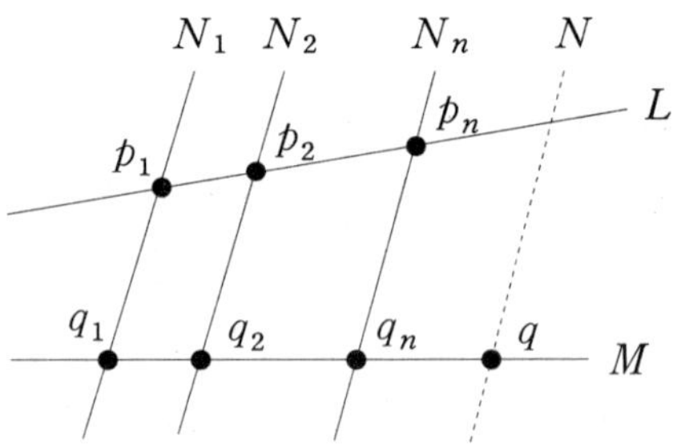

이제

$$L = \{p_1, p_2, \cdots, p_n\}$$

이라고 하자. 이 때, A. 2에 의하여 $p_2, \cdots, p_n$을 지나 직선 $N_1 = p_1 \vee q_1$에 평행한 직선 $N_2, \cdots, N_n$이 존재하고 정리 10.1.3에 의하여 이들 직선은 M과 한 점에서 만나며

$$q_2 = M \wedge N_2, \ \ \cdots, \ \ q_n = M \wedge N_n$$

이라고 하면, 점 $q_1, q_2, \cdots, q_n$은 M 위에 있고 또 모두 서로 다르다.

한편, q가 M 위의 점으로서 $q \neq q_1$일 때, q를 지나 $p_1 \vee q_1$에 팽행한 직선을 N이라고 하면, 적당한 i $(2 \leq i \leq n)$에 대하여 $L \wedge N = p_i$이고 이때 $q = M \wedge N = q_i$이다.

그러므로 $M = \{q_1, q_2, \cdots, q_n\}$이고 따라서 $|M| = n$이다.

정의 10.1.7 유한 아핀평면 $\alpha=(\mathscr{P},\ \mathscr{L})$에서 한 직선(따라서 모든 직선) 위에 꼭 n개의 점이 있을 때, n을 아핀평면 α의 **位數**(order)라고 한다.

정리 10.1.8 유한 아핀평면 $\alpha=(\mathscr{P},\ \mathscr{L})$의 위수가 n일 때, $n \geq 2$이고 또 다음이 성립한다.

(1) 임의의 직선 L에 대하여, L 위에는 꼭 n개의 점이 있고 또 L과 평행한 직선은 꼭 n개 있다.

(2) 임의의 점 p에 대하여, p를 지나는 직선은 꼭 $n+1$개 있다.

(3) α에는 꼭 n^2개의 점과 꼭 n^2+n개의 직선이 있다.

증 명 정리 10.1.4의 A.3에 의하여 $n \geq 2$이다.

(1) 정리 10.1.6에 의하여 임의의 직선 L에 대하여 $|L|=n$이다.

그리고 A.3, A.4에 의하여 L 위에 있는 점 p와 L 위에 있지 않은 점 q가 존재한다.

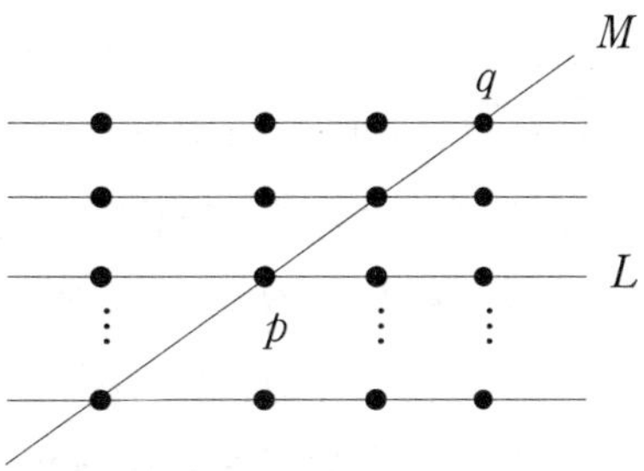

이제 $M=p \vee q$라고 하면, M 위에 있는 n개의 점 하나 하나에 대하여 이 점을 지나 L에 평행한 직선이 존재한다. 한편, 이들 평행한 직선은 모두 다르고 M과 단 한 점에서 만난다(정리 10.1.3). 따라서 L과 평행한 직선은 꼭 n개 존재한다.

(2) 정리 10.1.5에 의하여 점 p를 지나지 않는 직선 L이 존재하고, 또 A_2에 의하여 p를 지나 L에 평행한 직선 N이 존재한다.

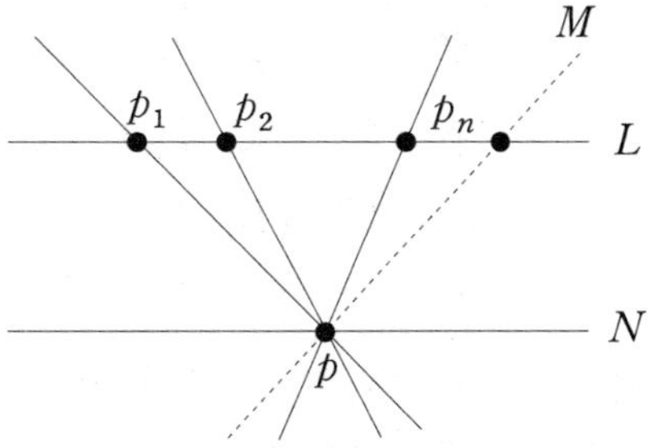

이제 $L=\{p_1, p_2, \cdots, p_n\}$이라고 하면,

$$p \vee p_1,\quad p \vee p_2,\quad \cdots,\quad p \vee p_n$$

은 점 p를 지나고 모두 서로 다르다.

한편, 점 p를 지나면서 N과 다른 직선을 M이라고 하면, 직선 M은 L과 한 점에서 만나므로 적당한 i $(1 \le i \le n)$에 대하여 $M \wedge L = p_i$ 이고 이때 $M = p \vee p_i$ 이다. 따라서 p를 지나는 직선은 $n+1$개의 직선 $p \vee p_1$, $p \vee p_2$, $\cdots$, $p \vee p_n$, N 뿐이다.

(3) 앞의 두 결과를 이용한다.

먼저 한 직선 L을 택하고 L 위의 n개의 점을 p_1, p_2, $\cdots$, p_n 이라고 하자. 임의의 점 $x \notin L$에 대하여 x는 직선 $x \vee p_1$ 위에 있으므로 아핀평면 α의 모든 점은 p_1을 지나는 직선 위에 있다.

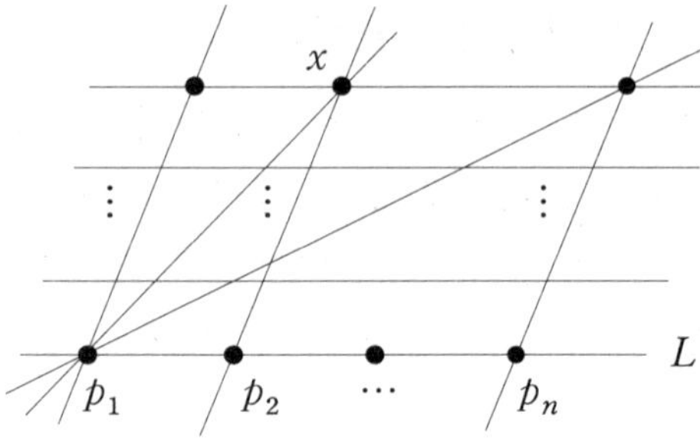

그런데, p_1을 지나는 직선은 L을 제외하고 꼭 n개 있고 또 각 직선 위에는 꼭 n개의 점이 있다.

따라서 점 전체의 개수는 $|\mathscr{P}| = n(n-1) + n = n^2$ 이다.

한편, L과 평행한 직선은 L을 포함하여 꼭 n개 있으며, 이들 n개를 제외한 나머지 직선은 L과 $p_1, p_2, \cdots, p_n$ 중 어느 한 점에서 만난다. 그런데 p_1, p_2, $\cdots$, p_n을 지나는 직선은 각각 꼭 n개씩 존재하므로 직선 전체의 개수는 $|\mathscr{L}| = n + nn = n^2 + n$ 이다.

보기 10.1.4 다음과 같은 아핀평면 $\alpha = (\mathscr{P}, \mathscr{L})$는 위수 2인 아핀평면이다(보기 10.1.3).

$$\mathscr{P} = \{1, 2, 3, 4\},$$
$$\mathscr{L} = \{L_1, L_2, L_3, L_4, L_5, L_6\}$$
$$L_1 = \{1, 2\}, \quad L_2 = \{2, 3\},$$
$$L_3 = \{3, 4\}, \quad L_4 = \{1, 4\},$$
$$L_5 = \{1, 3\}, \quad L_6 = \{2, 4\}$$

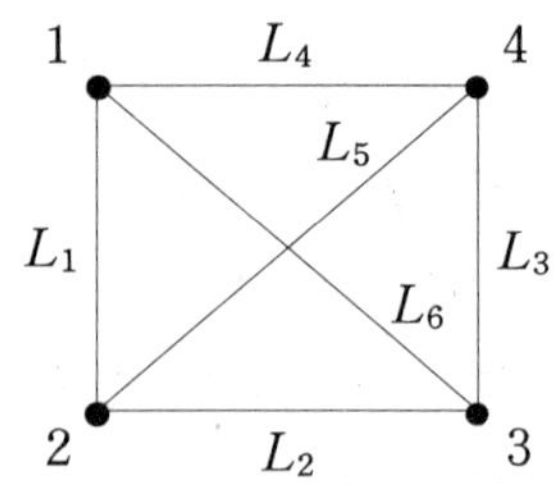

이 아핀평면에서 각 직선 위에는 꼭 2개의 점이 있고 또 각 점을 지나는 직선은 꼭 3개 있다. 그리고, 이 아핀평면은 2^2개의 점과 2^2+2개의 직선으로 이루어져 있다.

보기 10.1.5 다음과 같은 아핀평면 $\alpha = (\mathscr{P}, \mathscr{L})$ 는 위수 3인 아핀평면이다.

$$\mathscr{P} = \{1, 2, 3, 4, 5, 6, 7, 8, 9\},$$
$$\mathscr{L} = \{L_1, L_2, L_3, L_4, L_5, L_6, L_7, L_8, L_9, L_{10}, L_{11}, L_{12}\}$$

$$L_1 = \{1, 2, 3\}, \quad L_2 = \{4, 5, 6\}, \quad L_3 = \{7, 8, 9\},$$
$$L_4 = \{1, 4, 7\}, \quad L_5 = \{2, 5, 8\}, \quad L_6 = \{3, 6, 9\},$$
$$L_7 = \{1, 5, 9\}, \quad L_8 = \{2, 6, 7\}, \quad L_9 = \{3, 4, 8\},$$
$$L_{10} = \{1, 6, 8\}, \quad L_{11} = \{2, 4, 9\}, \quad L_{12} = \{3, 5, 7\}$$

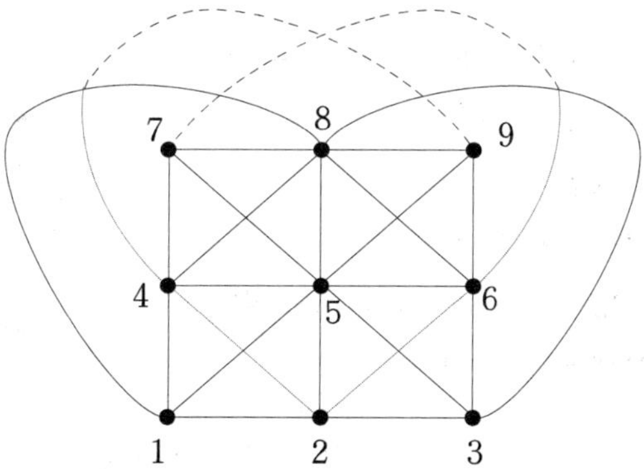

이 아핀평면은 3^2 개의 점과 12 $(=3^2+3)$ 개의 직선으로 이루어져 있다. 그리고, 각 직선 위에는 꼭 3개의 점이 있고 각 점을 지나는 직선은 4개 있으며 각 직선에 평행한 직선은 3개 있다.

모든 정수 $n\,(\geq 2)$ 에 대하여 위수 n 인 아핀평면이 존재하는 것은 아니다. 예를 들어, 위수 6과 위수 10인 아핀평면은 존재하지 않는다.

유한 아핀평면에 대해서는 다음 정리가 성립한다([5], 정리 2.6.2 참조).

정리 10.1.9 임의의 素數 p 와 양의 정수 m 에 대하여 $q = p^m$ 이라고 할 때, 위수 q 인 유한 아핀평면이 존재한다.

연 습 문 제 (10.1)

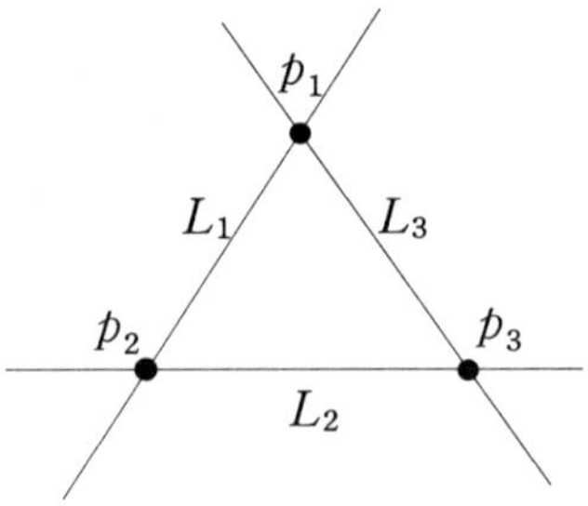

1. 오른쪽 그림이 나타내는 결합구조 σ 에 대하여 다음 물음에 답하여라.

(1) $p_1 \vee p_2$, $p_1 \vee p_3$ 를 구하여라.

(2) $L_1 \wedge L_2$, $L_1 \wedge L_3$ 를 구하여라.

(3) σ 가 아핀평면이 아닌 이유를 말하여라.

(4) σ 의 결합행렬을 구하여라.

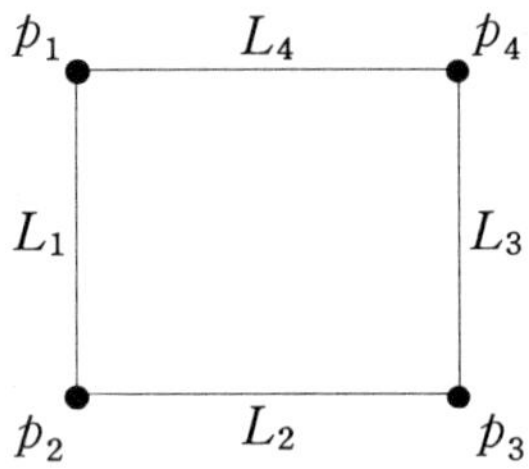

2. 오른쪽 그림이 나타내는 결합구조 σ 에 대하여 다음 물음에 답하여라.

(1) $L_1 \wedge L_2$, $L_1 \wedge L_4$ 를 구하여라.

(2) L_1 과 평행한 직선을 모두 구하여라.

(3) σ 가 아핀평면이 아닌 이유를 말하여라.

(4) σ 의 결합행렬을 구하여라.

***3.** 정의 10.1.2 를 이용하여 정리 10.1.3 을 증명하여라.

***4.** 아핀평면 $\sigma = (\mathscr{P}, \mathscr{L})$ 에서 세 직선 L, M, N 에 대하여 다음이 성립함을 증명하여라.

(1) $L // L$

(2) $L // M$ 이면, $M // L$ 이다.

(3) $L // M$, $M // N$ 이면, $L // N$ 이다.

***5.** 정리 10.1.4 를 이용하여 아핀평면 $\alpha = (\mathscr{P}, \mathscr{L})$ 에서 다음이 성립함을 증명하여라.

(1) 임의의 점 p 에 대하여 점 p 를 지나지 않는 직선이 적어도 하나 존재한다.

(2) 임의의 점 p 에 대하여 점 p 를 지나는 직선이 적어도 두 개 존재한다.

§ 10.2 유한 사영평면

결합구조 $\sigma = (\mathscr{P}, \mathscr{L})$ 에서, 서로 다른 네 점 p_1, p_2, p_3, p_4 중에서 어느 세 점을 택하더라도 이들 세 점이 한 직선 위에 있지 않을 때,

$$\{p_1, p_2, p_3, p_4\}$$

를 **四點도형**(four-point)이라고 한다.

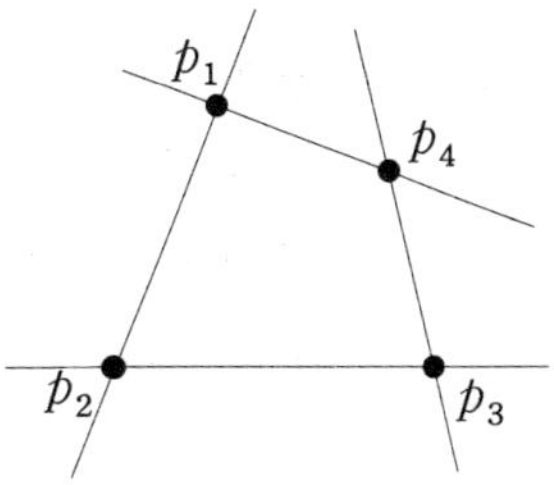

정의 10.2.1 결합구조 $\pi = (\mathscr{P}, \mathscr{L})$ 가 다음 세 조건을 만족시킬 때, π 를 **射影평면**(projective plane)이라고 한다.

P. 1 : 임의의 서로 다른 두 점 p, q 에 대하여, 두 점 p, q 를 지나는 직선이 단 하나 존재한다.

P. 2 : 임의의 서로 다른 두 직선 L, M 에 대하여, 두 직선 L, M 은 단 한 점에서 만난다.

P : π 에는 사점도형이 적어도 하나 존재한다.

특히, $\mathscr{P}$ 와 $\mathscr{L}$ 이 유한집합일 때, π 를 **유한 사영평면**이라고 한다.

보기 10.2.1 다음과 같은 결합구조 $\pi = (\mathscr{P}, \mathscr{L})$ 는 유한 사영평면이다.

$\mathscr{P} = \{p_1, p_2, p_3, p_4, p_5, p_6, p_7\}$,

$\mathscr{L} = \{L_1, L_2, L_3, L_4, L_5, L_6, L_7\}$

$L_1 = \{p_1, p_2, p_4\}$, $L_2 = \{p_2, p_3, p_5\}$,

$L_3 = \{p_1, p_3, p_6\}$, $L_4 = \{p_1, p_5, p_7\}$,

$L_5 = \{p_2, p_6, p_7\}$, $L_6 = \{p_3, p_4, p_7\}$,

$L_7 = \{p_4, p_5, p_6\}$

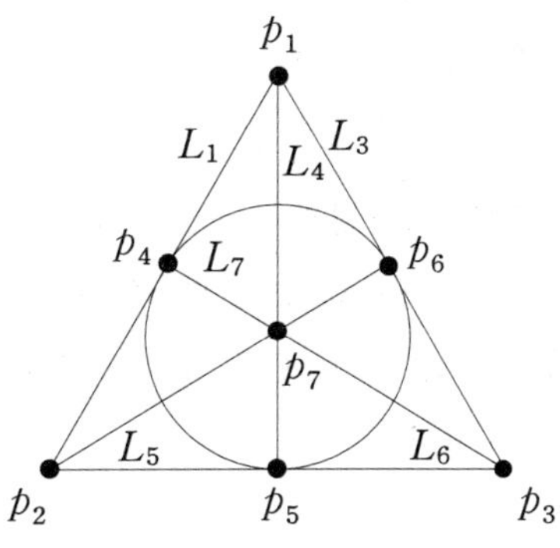

위의 사영평면을 흔히 **Fano 의 평면**이라고 한다.

이 사영평면은 7개의 점과 7개의 직선으로 이루어져 있다.

그리고, 각 직선 위에는 꼭 3개의 점이 있고 각 점을 지나는 직선은 꼭 3개 있으며, 서로 다른 두 직선은 꼭 한 점에서 만난다.

정리 10.2.2 사영평면 $\pi = (\mathscr{P}, \mathscr{L})$에서 다음이 성립한다.

P.3 : 임의의 직선 L에 대하여, L 위에 적어도 세 개의 점이 존재한다.

P.4 : 임의의 직선 L에 대하여, L 위에 있지 않은 점이 적어도 하나 존재한다.

증 명 사영평면 π에는 사점도형 $\{p_1, p_2, p_3, p_4\}$가 존재한다.

이제 L을 임의의 직선이라고 하자.

먼저 세 점 p_1, p_2, p_3는 한 직선 위에 있지 않으므로, 이들 세 점 중에서 적어도 한 점은 L 위에 있지 않으며 따라서 P.4가 성립한다.

이제 예를 들어 $p_1 \notin L$이라 가정하고 P.3가 성립함을 증명하자.

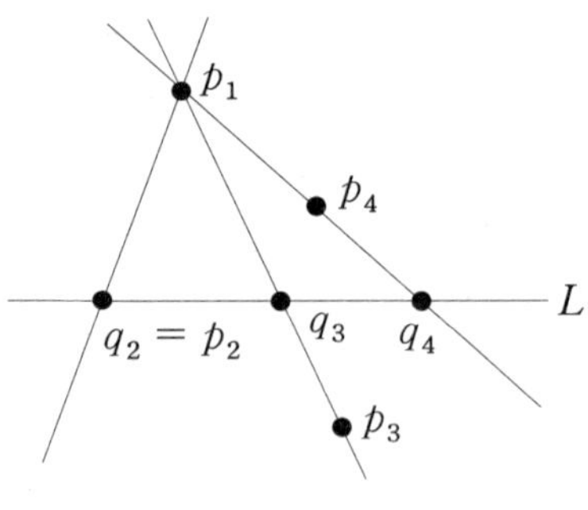

먼저 P.1에 의하여 서로 다른 세 직선 $p_1 \vee p_2$, $p_1 \vee p_3$, $p_1 \vee p_4$가 결정되고 P.2에 의하여 이들 세 직선은 L과 각각 점 q_2, q_3, q_4에서 만난다. 그런데 q_2, q_3, q_4는 직선 L 위에 있는 서로 다른 세 점이므로 P.3가 성립한다.

여기서 q_2, q_3, q_4는 p_2, p_3, p_4 중의 어느 한 점과 일치할 수 있다.

정의 10.2.3 결합구조 $\sigma = (\mathscr{P}, \mathscr{L})$에 관한 명제 S에서 '점'과 '직선'을 서로 맞바꾸고 또 '…을 지난다'와 '… 위에 있다'를 서로 맞바꾸어 놓은 명제를 S의 **쌍대명제**(dual statement)라 하고 이 쌍대명제를 S^d로 나타낸다.

사영평면에 대한 공리 중에서 $\text{P.}1^d = \text{P.}2$, $\text{P.}2^d = \text{P.}1$이다.

결합구조 $\sigma = (\mathscr{P}, \mathscr{L})$ 에서 서로 다른 네 직선 L_1, L_2, L_3, L_4 에 대하여, 이들 중에서 어느 세 직선을 택하더라도 이들 세 직선이 한 점에서 만나지 않을 때,

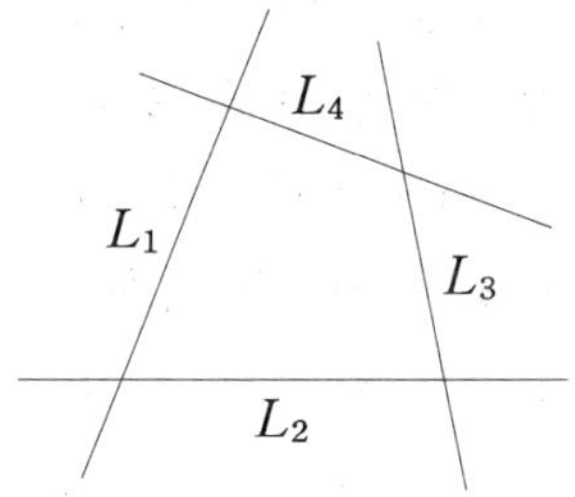

$$\{L_1, L_2, L_3, L_4\}$$

를 **四線도형**(four-line)이라고 한다.

사선도형은 사점도형의 쌍대 개념이다.

정리 10.2.4 결합구조 $\pi = (\mathscr{P}, \mathscr{L})$ 가 사영평면이기 위한 필요충분조건은 π 가 다음 세 조건 P. 1, P. 2, P^d 를 만족시키는 것이다.

P. 1 : 임의의 서로 다른 두 점 p, q 에 대하여, 두 점 p, q 를 지나는 직선은 단 하나 존재한다.

P. 2 : 임의의 서로 다른 두 직선 L, M 에 대하여, 두 직선 L, M 은 단 한 점에서 만난다.

P^d : π 에는 사선도형이 적어도 하나 존재한다.

증 명 먼저 π 가 사영평면이라고 하자.

이 때, P.1, P. 2 가 성립하고 또 사점도형 $\{p_1, p_2, p_3, p_4\}$ 가 존재하며 네 직선

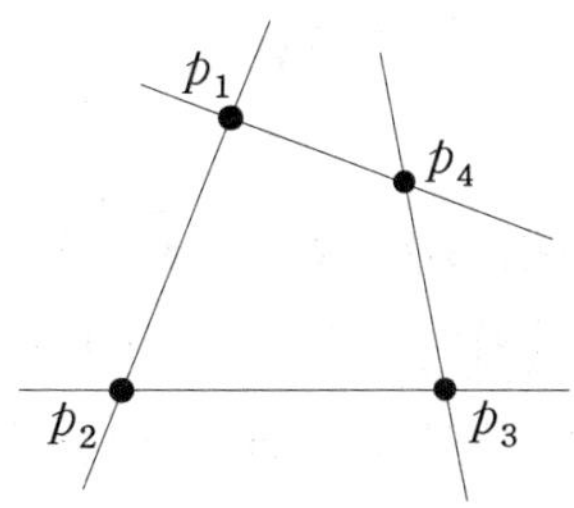

$$L_1 = p_1 \vee p_2, \quad L_2 = p_2 \vee p_3,$$
$$L_3 = p_3 \vee p_4, \quad L_4 = p_4 \vee p_1$$

는 분명히 사선도형을 이루므로 P^d 가 성립한다.

역으로, π 가 세 조건 P. 1, P. 2, P^d 를 만족시킨다고 하자.

이 때, 사선도형 $\{L_1, L_2, L_3, L_4\}$ 가 존재하고, 네 점

$$p_1 = L_4 \wedge L_1, \qquad p_2 = L_1 \wedge L_2,$$
$$p_3 = L_2 \wedge L_3, \qquad p_4 = L_3 \wedge L_4$$

는 분명히 사점도형을 이룬다.

따라서 P 가 성립하므로, π 는 사영평면이다.

정리 10.2.4 에서 P. 1, P. 2, P 의 쌍대명제는 각각 P_2, P_1, P^d 이다. 따라서 사영평면에 관한 명제 S가 모든 사영평면에 대하여 참일 때, S에 대한 증명 과정에서 '점' 과 '직선'을 서로 맞바꾸고 P. 1, P. 2, P 대신에 각각 P. 2, P. 1, P^d를 이용하면 S의 쌍대명제 S^d가 참임을 증명할 수 있다. 이 사실로부터 다음 정리를 얻는다.

정리 10.2.5 (쌍대성의 원리, principle of duality) 사영평면에 관한 명제 S가 모든 사영평면 π에 대하여 참이면, S의 쌍대명제 S^d도 모든 사영평면 π에 대하여 참이다.

위의 정리와 정리 10.2.2 에 의하여 다음 정리가 성립한다.

정리 10.2.6 사영평면 $\pi = (\mathscr{P}, \mathscr{L})$ 에서 다음이 성립한다.

P. 3^d : 임의의 점 p에 대하여, 점 p를 지나는 직선이 적어도 세 개 존재한다.

P. 4^d : 임의의 점 p에 대하여, 점 p를 지나지 않는 직선이 적어도 하나 존재한다.

정리 10.2.7 유한 사영평면 $\pi = (\mathscr{P}, \mathscr{L})$ 에서 한 직선 L 위에 있는 점 전체의 개수가 $n+1$ 이라고 할 때, $n \geq 2$ 이고 또 π 의 임의의 직선 M에 대하여 M 위에 있는 점전체의 개수는 $n+1$ 이다.

증 명 정리 10.2.2 의 P. 3 에 의하여 $n+1 \geq 3$ 이므로 $n \geq 2$ 이다.

이제 M이 L과 다른 직선이라고 하자. 이 때, P. 2 에 의하여 L, M은 한 점에서 만나므로

$$L \wedge M = p_1, \quad L = \{p_1, p_2, \cdots, p_n, p_{n+1}\}$$

이라고 하자. 한편, P. 3^d 에 의하여 점 p_1을 지나는 직선은 L, M 이외에 직선 N이 존재하고 또 P. 3 에 의하여 N 위에는 p가 아닌 점 c가 존재한다. 이 때, $c \notin L$, $c \notin M$ 이다.

이제 $n+1$개의 서로 다른 직선 $c \vee p_1$, $c \vee p_2$, $\cdots$, $c \vee p_n$, $c \vee p_{n+1}$과 M과의 교점을 각각

$$q_1, q_2, \cdots, q_n, q_{n+1}$$

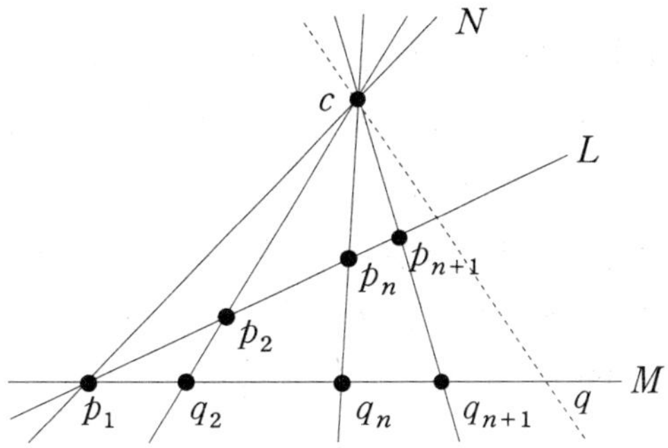

이라고 하면, $q_1 = p_1$이고 또 이들 점은 모두 M 위에 있고 서로 다르다. 그리고, q를 M 위의 임의의 점이라고 하면, 두 직선 $c \vee q$, L은 서로 다르므로 적당한 i $(1 \leq i \leq n+1)$에 대하여 $L \wedge (c \vee q) = p_i$이고 따라서 $q = q_i$이다.

그러므로 $M = \{q_1, q_2, \cdots, q_n, q_{n+1}\}$이고 따라서 $|M| = n+1$이다.

정의 10.2.8 유한 사영평면 $\pi = (\mathscr{P}, \mathscr{L})$에서 한 직선(따라서 모든 직선) 위에 꼭 $n+1$개의 점이 있을 때, n을 사영평면 π의 **位數**(order)라고 한다.

정리 10.2.9 유한 사영평면 $\pi = (\mathscr{P}, \mathscr{L})$의 위수가 n이면, $n \geq 2$이고 또 다음이 성립한다.

(1) 임의의 직선 L에 대하여 L 위에는 꼭 $n+1$개의 점이 있다.

(2) 임의의 점 p에 대하여 p를 지나는 직선은 꼭 $n+1$개 있다.

(3) π에는 꼭 n^2+n+1개의 점과 꼭 n^2+n+1개의 직선이 있다.

증 명 정리 10.2.7에 의하여 $n \geq 2$이고 또 (1)이 성립한다.

(2) 이제 p를 임의의 점이라고 하자. 이 때, P.4^d에 의하여 p를 지나지 않는 직선 L이 존재한다. 이제

$$L = \{p_1, p_2, \cdots, p_n, p_{n+1}\}$$

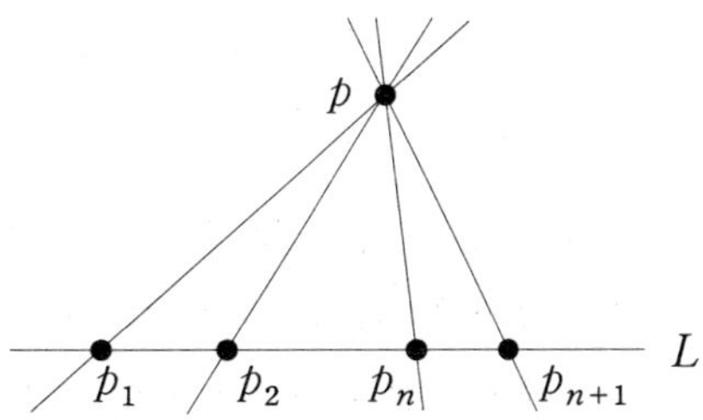

이라고 하면, $n+1$개의 직선

$$p \vee p_1, p \vee p_2, \cdots, p \vee p_n, p \vee p_{n+1}$$

은 모두 서로 다르고 또 p를 지난다.

한편, M 을 점 p 를 지나는 직선이라고 하면, $M \wedge L$ 은 L 위의 점이므로 적당한 i $(1 \le i \le n+1)$ 에 대하여 $M \wedge L = p_i$ 이고 이때 $M = p \vee p_i$ 이다. 따라서 점 p 를 지나는 직선의 개수는 $n+1$ 이다.

(3) 특정한 점 p 를 택하여 사영평면 π 위의 점의 개수를 계산한다.

사영평면 π 의 임의의 점 x 는 점 p 를 지나는 직선 $p \vee x$ 위에 있으므로, 이 사영평면의 점은 모두 점 p 를 지나는 직선 위에 있다.

그런데, 앞의 (2) 에 의하여 p 를 지나는 직선은 모두 $n+1$ 개 있으며, (1) 에 의하여 이들 각 직선 위에는 점 p 를 제외하고 꼭 n 개의 점이 있으므로 $|\mathscr{P}| = n(n+1)+1 = n^2+n+1$ 이다.

그리고, 위의 증명에서 '점'과 '직선'을 맞바꾸어 놓고 또 '… 를 지난다'와 '… 위에 있다'를 서로 맞바꾸어 놓으면, $|\mathscr{L}| = n^2+n+1$ 임을 증명할 수 있다.

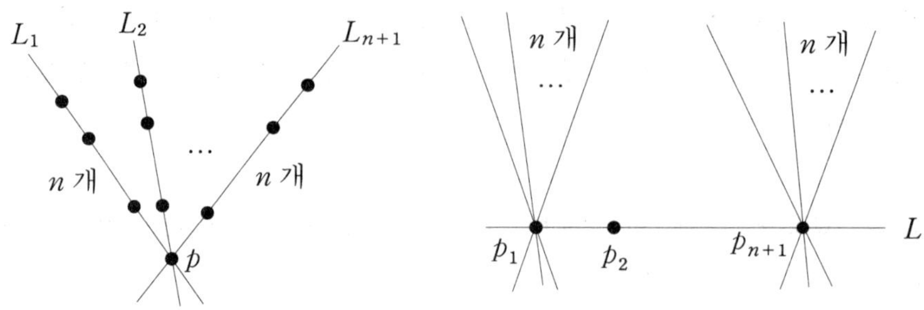

보기 10.2.2 다음과 같은 사영평면 $\pi = (\mathscr{P}, \mathscr{L})$ 는 위수 2 인 유한 사영평면이다.

$$\mathscr{P} = \{1, 2, 3, 4, p, q, r\}, \quad \mathscr{L} = \{L_1, L_2, L_3, L_4, L_5, L_6, L_7\}$$

$$L_1 = \{1, 2, p\}, \quad L_2 = \{2, 3, r\}, \quad L_3 = \{3, 4, p\},$$
$$L_4 = \{1, 4, r\}, \quad L_5 = \{1, 3, q\}, \quad L_6 = \{2, 4, q\},$$
$$L_\infty = \{p, q, r\}$$

이 사영평면에서 각 직선 위에 꼭 $3\,(=2+1)$ 개의 점이 있고, 각 점을 지나는 직선은 꼭 3 개 있다. 또, 이 사영평면의 점의 개수와 직선의 개수는 모두 $7\,(=2^2+2+1)$ 이다. 이 사영평면의 결합행렬은 다음과 같다.

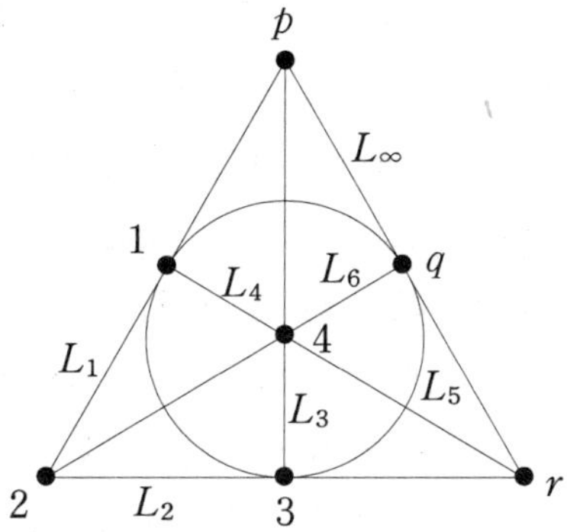

$$A = \begin{bmatrix} 1 & 0 & 0 & 1 & 1 & 0 & 0 \\ 1 & 1 & 0 & 0 & 0 & 1 & 0 \\ 0 & 1 & 1 & 0 & 1 & 0 & 0 \\ 0 & 0 & 1 & 1 & 0 & 1 & 0 \\ 1 & 0 & 1 & 0 & 0 & 0 & 1 \\ 0 & 0 & 0 & 0 & 1 & 1 & 1 \\ 0 & 1 & 0 & 1 & 0 & 0 & 1 \end{bmatrix}$$

위의 보기의 사영평면 $\pi = (\mathscr{P}, \mathscr{L})$ 에서 직선 L_∞ 를 제외시키고 직선 $L_1, \cdots, L_6$ 에서 L_∞ 에 속하는 점을 제외시킨 것을 각각 $M_1, \cdots, M_6$ 라고 하면, 다음과 같은 위수 2 인 아핀평면 $\alpha = (\mathscr{P}', \mathscr{L}')$ 를 얻는다.

$$\mathscr{P}' = \{1, 2, 3, 4\},$$
$$\mathscr{L}' = \{M_1, M_2, M_3, M_4, M_5, M_6\}$$
$$M_1 = \{1, 2\}, \quad M_2 = \{2, 3\},$$
$$M_3 = \{3, 4\}, \quad M_4 = \{1, 4\},$$
$$M_5 = \{1, 3\}, \quad M_6 = \{2, 4\}$$

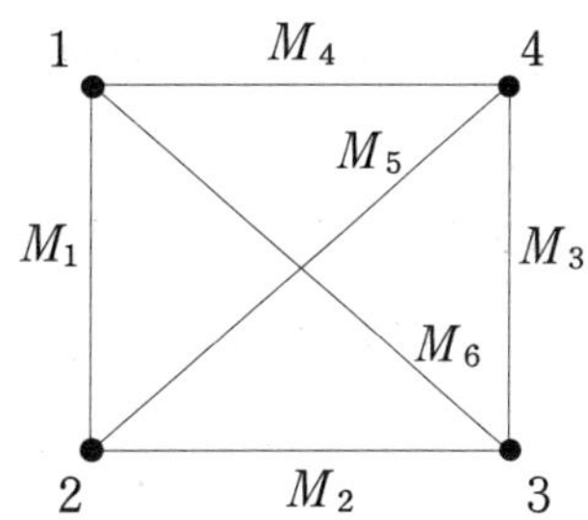

반대로, 아핀평면 $\alpha = (\mathscr{P}', \mathscr{L}')$ 에 새로운 점 p, q, r 와 새로운 이들 세 점으로 이루어진 직선 $L_\infty = \{p, q, r\}$ 를 도입하여 직선 $M_1, \cdots, M_6$ 에 각각 한 점씩 첨가하되 평행한 직선이 한 점에서 만나도록 만든 새로운 직선을 각각 $L_1, \cdots, L_6$ 라고 하면 사영평면 π 를 얻는다.

일반적으로, 사영평면 $\pi = (\mathscr{P}, \mathscr{L})$ 에서 특정한 직선 $L \in \mathscr{L}$ 에 대하여 다음과 같이 정의된 결합구조 $\pi^L = (\mathscr{P}^L, \mathscr{L}^L)$ 은 아핀평면이다([5] 참조).

(i) $\mathscr{P}^L = \mathscr{P} - L = \{p \in \mathscr{P} \mid p \notin L\}$

(ii) $\mathscr{L}^L = \{M^L \mid M \in \mathscr{L}, M \neq L\}$ 여기서 $M^L = M - \{M \wedge L\}$

이와 같이 정의된 아핀평면 π^L 을 직선 L 에 관한 **사영평면 π 에 대응하는 아핀평면**(affine plane corresponding to π) 이라고 한다.

그리고, 아핀평면 $\alpha = (\mathscr{P}, \mathscr{L})$에 새로운 점들과 이들 새로운 점으로 이루어진 직선 L_∞를 도입하여 각 직선에 한 점씩 첨가하되 평행한 직선이 한 점에서 만나도록 새로운 직선을 만들어 얻게 되는 사영평면 π를 **아핀평면 α에 대응하는 사영평면**(projective plane corresponding to α)이라고 한다. 이 때, 새로 도입된 점을 **무한遠點**(point at infinity) 또는 **이상점**(ideal point)이라 하고 이들 새로운 점으로 이루어진 직선 L_∞를 **무한遠線**(line at infinity) 또는 **이상직선**(ideal line)이라고 라고 한다.

이제까지 얻은 결과에 의하여 다음 두 정리가 성립한다(정리 10.1.9).

정리 10.2.10 위수 n인 아핀평면이 존재할 때 그리고 이때에만 위수 n인 사영평면이 존재한다.

정리 10.2.11 임의의 素數 p와 양의 정수 m에 대하여 $q = p^m$이라고 할 때, 위수 q인 유한 사영평면이 존재한다.

보기 10.2.3 다음 결합구조 $\alpha = (\mathscr{P}, \mathscr{L})$는 위수 3인 아핀평면이다.

$$\mathscr{P} = \{1, 2, 3, 4, 5, 6, 7, 8, 9\},$$
$$\mathscr{L} = \{L_1, L_2, L_3, L_4, L_5, L_6, L_7, L_8, L_9, L_{10}, L_{11}, L_{12}\}$$

$L_1 = \{1, 2, 3\}$, $L_2 = \{4, 5, 6\}$, $L_3 = \{7, 8, 9\}$, $L_4 = \{1, 4, 7\}$,

$L_5 = \{2, 5, 8\}$, $L_6 = \{3, 6, 9\}$, $L_7 = \{1, 5, 9\}$, $L_8 = \{2, 6, 7\}$,

$L_9 = \{3, 4, 8\}$, $L_{10} = \{1, 6, 8\}$, $L_{11} = \{2, 4, 9\}$, $L_{12} = \{3, 5, 7\}$

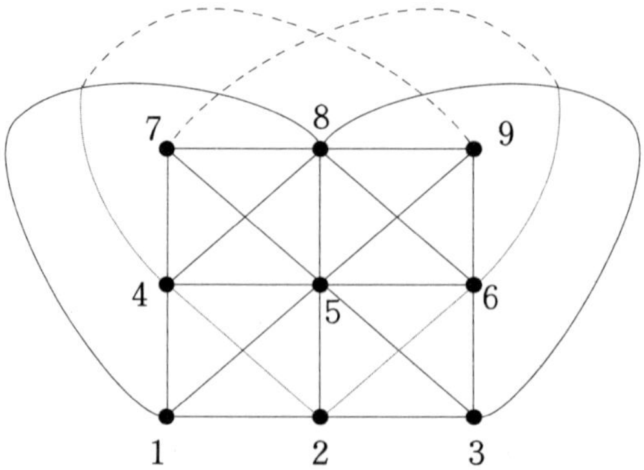

이 아핀평면에서 네 무한원점 $\infty_1, \infty_2, \infty_3, \infty_4$ 와 이들 네 점으로 이루어진 무한원선 $L_\infty = \{\infty_1, \infty_2, \infty_3, \infty_4\}$ 를 도입하면, 다음과 같은 위수 3인 사영평면 $\pi = (\mathscr{P}', \mathscr{L}')$ 를 얻는다.

$$\mathscr{P}' = \{1, 2, 3, 4, 5, 6, 7, 8, 9, \infty_1, \infty_2, \infty_3, \infty_4\},$$

$$\mathscr{L}' = \{L_1', L_2', L_3', \cdots, L_{12}', L_{13}'\}$$

$L_1' = \{1, 2, 3, \infty_1\}$, $L_2' = \{4, 5, 6, \infty_1\}$, $L_3' = \{7, 8, 9, \infty_1\}$,
$L_4' = \{1, 4, 7, \infty_2\}$, $L_5' = \{2, 5, 8, \infty_2\}$, $L_6' = \{3, 6, 9, \infty_2\}$,
$L_7' = \{1, 5, 9, \infty_3\}$, $L_8' = \{2, 6, 7, \infty_3\}$, $L_9' = \{3, 4, 8, \infty_3\}$,
$L_{10}' = \{1, 6, 8, \infty_4\}$, $L_{11}' = \{2, 4, 9, \infty_4\}$, $L_{12}' = \{3, 5, 7, \infty_4\}$
$L_{13}' = \{\infty_1, \infty_2, \infty_3, \infty_4\}$

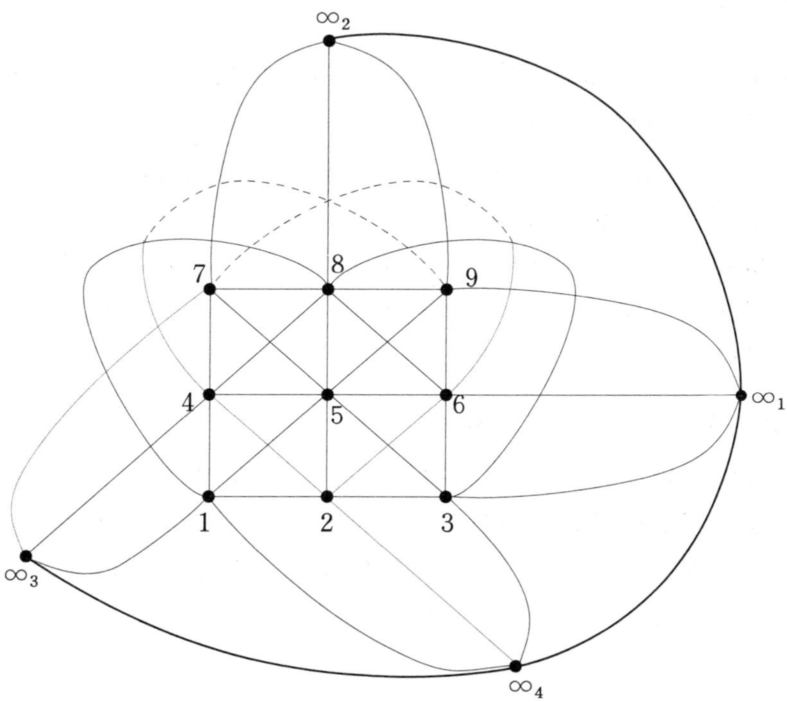

이 사영평면의 각 직선 위에는 꼭 4개의 점이 있고 또 각 점을 지나는 직선은 꼭 4개 있다. 또한, 이 사영평면에는 13개의 점과 13개의 직선이 있다.

모든 정수 n (≥ 2) 에 대하여 위수 n 인 사영평면이 존재하는 것은 아니다. 예를 들어, 위수 6 과 위수 10 인 사영평면은 존재하지 않는다.

연 습 문 제 (10.2)

*1. 사영평면 $\pi = (\mathscr{P}, \mathscr{L})$ 에서 P. 1, P. 2, P 를 이용하여 정리 10.2.6 이 성립함을 증명하여라.

*2. 사영평면 π 에서 임의의 서로 다른 두 점 p, q 에 대하여, 서로 다른 두 점 r, s 를 적당히 택하여 $\{p, q, r, s\}$ 가 사점도형을 이루도록 할 수 있음을 증명하여라.

*3. 아핀평면 $\alpha = (\mathscr{P}, \mathscr{L})$ 에서 다음 명제의 쌍대명제를 말하고 이 쌍대명제가 성립하는지를 확인하여라.

(1) 임의의 서로 다른 두 점 p, q 에 대하여, 두 점 p, q 를 지나는 직선은 단 하나 존재한다.

(2) 임의의 직선 L 에 대하여, 직선 L 위에는 적어도 두 점이 존재한다.

(3) 임의의 점 p 에 대하여, p 를 지나지 않는 직선이 적어도 하나 존재한다.

*4. 다음 명제가 참인지 판정하여라.

(1) 사영평면에는 한 직선 위에 있지 않은 서로 다른 세 점이 존재한다.

(2) 점의 개수와 직선의 개수가 각각 13 인 사영평면은 존재한다.

(3) 점의 개수와 직선의 개수가 각각 21 인 사영평면은 존재한다.

(4) 모든 아핀평면은 P. 1, P 를 만족시킨다.

§ 10.3 Latin 방진과 Euler 방진

농업 연구원이 세 품종의 배추 씨앗과 세 종류의 비료에 대하여 세 가지 토양에서의 씨앗의 발아율을 실험할 때, 세 토양을 1, 2, 3 으로 나타내고 다음과 같은 표를 이용하면 실험하려는 요소를 하나도 빠뜨리지 않고 또 겹치지 않게 조사할 수 있다.

	비료 1	비료 2	비료 3
씨앗 1	1	3	2
씨앗 2	3	1	3
씨앗 3	2	2	1

정의 10.3.1 양의 정수 n 에 대하여

$$X_n = \{1,\ 2,\ \cdots,\ n\}$$

의 원소를 성분으로 가지는 n 차의 행렬 중에서 각 행과 각 열에 $1, 2, \cdots, n$ 이 꼭 한 번씩만 나타나 있는 행렬을 **n 차의 라틴 방진**(Latin square)이라고 한다.

$$A = \begin{bmatrix} a_{11} & a_{12} & \cdots & a_{1n} \\ a_{21} & a_{22} & \cdots & a_{2n} \\ \vdots & \vdots & \cdots & \vdots \\ a_{n1} & a_{n2} & \cdots & a_{nn} \end{bmatrix}$$

Latin 방진의 각 행과 각 열은 $1, 2, \cdots, n$ 의 순열이다. 특히, n 차의 Latin 방진 중에서 그 제 1 행과 제 1 열의 원소가 $1,\ 2,\ \cdots,\ n$ 을 크기 순으로 배열되어 있는 것을 표준화된(standardized) Latin 방진이라고 한다.

보기 10.3.1 분명히 1 차의 Latin 방진은 $[\,1\,]$ 뿐이고, 2 차의 Latin 방진은 다음 두 행렬뿐이다.

$$\begin{bmatrix} 1 & 2 \\ 2 & 1 \end{bmatrix}, \quad \begin{bmatrix} 2 & 1 \\ 1 & 2 \end{bmatrix}$$

보기 10.3.2 다음은 모두 3차의 Latin 방진이다(문제 1 참조).

$$\begin{bmatrix} 1 & 2 & 3 \\ 2 & 3 & 1 \\ 3 & 1 & 2 \end{bmatrix}, \begin{bmatrix} 1 & 2 & 3 \\ 3 & 1 & 2 \\ 2 & 3 & 1 \end{bmatrix}, \begin{bmatrix} 1 & 3 & 2 \\ 2 & 1 & 3 \\ 3 & 2 & 1 \end{bmatrix}, \begin{bmatrix} 1 & 3 & 2 \\ 3 & 2 & 1 \\ 2 & 1 & 3 \end{bmatrix}$$

이 중에서 처음 행렬은 표준화된 3차의 Latin 방진이다.

보기 10.3.3 표준화된 4차의 Latin 방진은 다음 네 가지뿐이다.

$$\begin{bmatrix} 1 & 2 & 3 & 4 \\ 2 & 3 & 4 & 1 \\ 3 & 4 & 1 & 2 \\ 4 & 1 & 2 & 3 \end{bmatrix}, \quad \begin{bmatrix} 1 & 2 & 3 & 4 \\ 2 & 4 & 1 & 3 \\ 3 & 1 & 4 & 2 \\ 4 & 3 & 2 & 1 \end{bmatrix}$$

$$\begin{bmatrix} 1 & 2 & 3 & 4 \\ 2 & 1 & 4 & 3 \\ 3 & 4 & 1 & 2 \\ 4 & 3 & 2 & 1 \end{bmatrix}, \quad \begin{bmatrix} 1 & 2 & 3 & 4 \\ 2 & 1 & 4 & 3 \\ 3 & 4 & 2 & 1 \\ 4 & 3 & 1 & 2 \end{bmatrix}$$

정리 10.3.2 모든 양의 정수 n에 대하여 n차의 Latin 방진이 적어도 하나 존재한다. 실제로, 각 정수 i, j $(1 \le i, j \le n)$에 대하여 $i+j-1$을 n으로 나누었을 때의 나머지를 a_{ij}라 하고 $A = [a_{ij}]_{n \times n}$이라고 하면

$$A = \begin{bmatrix} 1 & 2 & \cdots & n-1 & n \\ 2 & 3 & \cdots & n & 1 \\ \vdots & \vdots & \cdots & \vdots & \vdots \\ n & 1 & \cdots & n-2 & n-1 \end{bmatrix}$$

이고 A는 n차의 Latin 방진이다.

증 명 분명히 다음이 성립한다(정리 1.4.3 참조).

$$a_{ij} = a_{ik} \Longrightarrow i+j-1 \equiv i+k-1 \pmod{n} \Longrightarrow j = k$$

$$a_{ij} = a_{kj} \Longrightarrow i+j-1 \equiv k+j-1 \pmod{n} \Longrightarrow i = k$$

따라서 A의 각 행과 각 열에는 $1, 2, \cdots, n$이 꼭 한 번씩 나타나 있으므로 A는 n차의 Latin 방진이다.

서로 다른 n 차의 Latin 방진의 개수를 $L(n)$ 으로 나타내면,

$$L(n) \geq n! \cdot (n-1)! \cdot (n-2)! \cdots 3! \cdot 2! \cdot 1$$

이고 $L(1)=1$, $L(2)=2$, $L(3)=12$, $L(4)=576$, $L(5)=161280$, $L(6)=812851200$ 이라는 사실이 알려져 있다.

정의 10.3.3 두 n 차의 Latin 방진 $A=[a_{ij}]_{n\times n}$, $B=[b_{ij}]_{n\times n}$ 에 대하여 n^2 개의 순서쌍 (a_{ij}, b_{ij}) 가 모두 서로 다를 때, A 와 B 는 서로 **직교한다**(orthogonal)고 하고 또 이때 n 차의 행렬

$$\begin{bmatrix} (a_{11}, b_{11}) & (a_{12}, b_{12}) & \cdots & (a_{1n}, b_{1n}) \\ (a_{21}, b_{21}) & (a_{22}, b_{22}) & \cdots & (a_{2n}, b_{2n}) \\ \vdots & \vdots & \cdots & \vdots \\ (a_{n1}, b_{n1}) & (a_{n2}, b_{n2}) & \cdots & (a_{nn}, b_{nn}) \end{bmatrix}$$

를 n 차의 **오일러 방진**(Euler square)이라고 한다.

보기 10.3.4 두 2차의 Latin 방진

$$\begin{bmatrix} 1 & 2 \\ 2 & 1 \end{bmatrix}, \qquad \begin{bmatrix} 2 & 1 \\ 1 & 2 \end{bmatrix}$$

는 서로 직교하지 않는다. 따라서 2차의 Euler 방진은 존재하지 않는다.

보기 10.3.5 두 3차의 Latin 방진은 서로 직교한다.

$$A=\begin{bmatrix} 1 & 2 & 3 \\ 2 & 3 & 1 \\ 3 & 1 & 2 \end{bmatrix}, \qquad B=\begin{bmatrix} 1 & 2 & 3 \\ 3 & 1 & 2 \\ 2 & 3 & 1 \end{bmatrix}$$

따라서 이로부터 다음과 같은 3차의 Euler 방진을 얻는다.

$$C=\begin{bmatrix} (1, 1) & (2, 2) & (3, 3) \\ (2, 3) & (3, 1) & (1, 2) \\ (3, 2) & (1, 3) & (2, 1) \end{bmatrix}$$

세 종류의 세탁기와 세 가지 세탁기용 세제에 대하여 이에 알맞은 온도와 물의 경도를 실험할 때, 세 가지 온도를 1, 2, 3 으로 나타내고 또 물의 경도를 1, 2, 3 으로 나타내어 보기 10.3.5 의 서로 직교하는 Latin 방진 A, B 를 써서 Euler 방진 C 를 만들면 실험하려는 요소를 하나도 빠짐없이 겹치지 않게 조사할 수 있다.

보기 10.3.6 다음 3차의 Latin 방진 A, B 는 서로 직교하지 않는다.

$$A=\begin{bmatrix}1&2&3\\2&3&1\\3&1&2\end{bmatrix},\qquad B=\begin{bmatrix}2&1&3\\1&3&2\\3&2&1\end{bmatrix}$$

실제로, 이 두 행렬의 대응하는 성분으로 이루어진 순서쌍은

$$(1,2),\ (2,1),\ (3,3),\ (2,1),\ (3,3),\ (3,3),\ (1,2),\ (2,1)$$

과 같이 세 순서쌍 $(1,2)$, $(2,1)$, $(3,3)$ 이 되풀이되어 나타난다.

보기 10.3.7 다음 행렬 A, B 는 서로 직교하는 4 차의 Latin 방진이다.

$$A=\begin{bmatrix}1&2&3&4\\2&1&4&3\\3&4&1&2\\4&3&2&1\end{bmatrix},\qquad B=\begin{bmatrix}1&2&3&4\\4&3&2&1\\2&1&4&3\\3&4&1&2\end{bmatrix}$$

따라서 이 두 Latine 방진을 이용하여 4 차의 Euler 방진을 얻는다.

정리 10.3.4 모든 홀수 n 에 대하여 서로 직교하는 n 차의 Latin방진 A, B 가 존재하고 따라서 n 차의 Euler 방진이 존재한다.

증 명 오른쪽 그림과 같이 제 1 행에 차례로 $1,\ 2,\ \cdots,\ n$ 을 늘어놓고 각 $j=1,2,\cdots,n$ 에 대하여 제 j 열에는 j 부터 시작하여

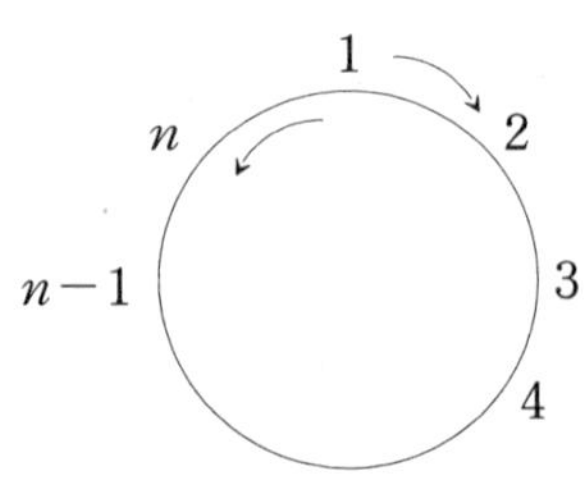

$$j,\ j+1,\ \cdots,\ n,\ 1,\ \cdots,\ j-1$$

을 늘어놓아 만든 n 차의 행렬을 A 라고 하자.

다음에 제 1 행에 차례로 1, 2, $\cdots$, n을 늘어놓고 각 $j = 1, 2, \cdots, n$에 대하여 제 j 열에는 j 부터 시작하여

$$j,\ j-1,\ \cdots,\ 2,\ 1,\ n,\ \cdots,\ j+1$$

을 늘어놓아 만든 n 차의 행렬을 B라고 하자.

이 때, 두 Latin 방진 A, B는 서로 직교하고, 따라서 이로부터 n차의 Euler 방진을 얻는다.

보기 10.3.8 다음은 정리 10.3.4의 증명과 같은 방법으로서로 직교하는 5차의 Latin 방진으로 만들어 얻은 5차의 Euler 방진이다.

$$\begin{bmatrix} (1,1) & (2,2) & (3,3) & (4,4) & (5,5) \\ (2,5) & (3,1) & (4,2) & (5,3) & (1,4) \\ (3,4) & (4,5) & (5,1) & (1,2) & (2,3) \\ (4,3) & (5,4) & (1,5) & (2,1) & (3,2) \\ (5,2) & (1,3) & (2,4) & (3,5) & (4,1) \end{bmatrix}$$

Euler는 이른바 '36명의 사관의 문제'라고 불리는 6차의 Euler 방진의 존재에 관한 문제를 1779년에 제기하였고 이러한 방진이 존재하지 않을 것으로 예상하였으며, Terry가 1899년에 이 예상이 옳았음을 증명하였다.

그리고, $n > 6$인 모든 정수 n에 대하여 n차의 Euler 방진이 적어도 하나 존재한다는 사실이 1959년에 증명되었다.

정의 10.3.5 집합 $X_n = \{1, 2, \cdots, n\}$에 대하여 사상

$$\sigma : X_n \longrightarrow X_n$$

가 일대일 대응일 때, σ를 X_n 위의 **치환**(permutation)이라고 한다.

집합 $X_n = \{1, 2, \cdots, n\}$ 위의 치환은 모두 $n\,!$개 존재한다(정리 2.3.3). 치환 $\sigma : X_n \longrightarrow X_n$를 다음과 같이 나타낸다.

$$\sigma = \begin{pmatrix} 1 & 2 & \cdots & n \\ \sigma(1) & \sigma(2) & \cdots & \sigma(n) \end{pmatrix}$$

예를 들면, 치환 $\sigma : \{1, 2, 3\} \longrightarrow \{1, 2, 3\}$ 에 대하여

$$\sigma(1) = 2, \quad \sigma(2) = 3, \quad \sigma(3) = 1$$

일 때, σ 를 다음과 같이 나타낸다.

$$\sigma = \begin{pmatrix} 1 & 2 & 3 \\ 2 & 3 & 1 \end{pmatrix}$$

그리고, 집합 X_n 의 원소를 성분으로 가지는 행렬

$$A = \begin{bmatrix} a_{11} & a_{12} & \cdots & a_{1n} \\ a_{21} & a_{22} & \cdots & a_{2n} \\ \vdots & \vdots & \cdots & \vdots \\ a_{n1} & a_{n2} & \cdots & a_{nn} \end{bmatrix}$$

과 치환 $\sigma : X_n \longrightarrow X_n$ 에 대하여 $\sigma(A)$는 다음과 같은 행렬이다.

$$\sigma(A) = \begin{bmatrix} \sigma(a_{11}) & \sigma(a_{12}) & \cdots & \sigma(a_{1n}) \\ \sigma(a_{21}) & \sigma(a_{22}) & \cdots & \sigma(a_{2n}) \\ \vdots & \vdots & \cdots & \vdots \\ \sigma(a_{n1}) & \sigma(a_{n2}) & \cdots & \sigma(a_{nn}) \end{bmatrix}$$

보기 10.3.9 다음 두 행렬은 서로 직교하는 3차의 Latin 방진이다.

$$A = \begin{bmatrix} 1 & 2 & 3 \\ 2 & 3 & 1 \\ 3 & 1 & 2 \end{bmatrix}, \qquad B = \begin{bmatrix} 1 & 2 & 3 \\ 3 & 1 & 2 \\ 2 & 3 & 1 \end{bmatrix}$$

그리고 두 치환

$$\sigma = \begin{pmatrix} 1 & 2 & 3 \\ 2 & 3 & 1 \end{pmatrix}, \qquad \tau = \begin{pmatrix} 1 & 2 & 3 \\ 2 & 1 & 3 \end{pmatrix}$$

에 대하여

$$\sigma(A) = \begin{bmatrix} 2 & 3 & 1 \\ 3 & 1 & 2 \\ 1 & 2 & 3 \end{bmatrix}, \qquad \tau(B) = \begin{bmatrix} 2 & 1 & 3 \\ 3 & 2 & 1 \\ 1 & 3 & 2 \end{bmatrix}$$

이고 $\sigma(A)$ 와 $\tau(B)$ 는 서로 직교하는 3차의 Latin 방진이다.

앞의 보기 10.3.9 에서 알아본 바와 같이, 서로 직교하는 Latin 방진에 대하여 다음 정리가 성립한다.

정리 10.3.6 집합 $X_n = \{1, 2, \cdots, n\}$ 의 원소를 성분으로 가지는 두 n 차의 행렬 $A = [a_{ij}]_{n\times n}$, $B = [b_{ij}]_{n\times n}$ 에 대하여 다음이 성립한다.

(1) A 가 n 차의 Latin 방진이면, 임의의 치환 $\sigma : X_n \longrightarrow X_n$ 에 대하여 $\sigma(A)$ 는 n 차의 Latin 방진이다.

(2) A, B 가 서로 직교하는 n 차의 Latin 방진일 때, 임의의 두 치환

$$\sigma : X_n \longrightarrow X_n, \qquad \tau : X_n \longrightarrow X_n$$

에 대하여 $\sigma(A)$, $\tau(B)$ 는 서로 직교하는 n 차의 Latin 방진이다.

증 명 (1) A 가 n 차의 Latin 방진일 때, 각 정수 i, j $(1 \leq i, j \leq n)$ 에 대하여 다음이 성립한다.

$$\sigma(a_{ij}) = \sigma(a_{ik}) \Longrightarrow a_{ij} = a_{ik} \Longrightarrow j = k$$

$$\sigma(a_{ij}) = \sigma(a_{kj}) \Longrightarrow a_{ij} = a_{kj} \Longrightarrow i = k$$

따라서 $\sigma(A)$ 는 n 차의 Latin 방진이다.

(2) 두 행렬 A, B 가 서로 직교하는 n 차의 Latin 방진일 때, 각 정수 i, j $(1 \leq i, j \leq n)$ 에 대하여 다음이 성립한다.

$$\begin{aligned} &(\sigma(a_{ij}),\ \tau(b_{ij})) = (\sigma(a_{ks}),\ \tau(b_{ks})) \\ \Longrightarrow\ &\sigma(a_{ij}) = \sigma(a_{ks}),\quad \tau(b_{ij}) = \tau(b_{ks}) \\ \Longrightarrow\ &a_{ij} = a_{ks},\quad b_{ij} = b_{ks} \\ \Longrightarrow\ &i = k,\quad j = s \end{aligned}$$

따라서 $\sigma(A)$, $\tau(B)$ 는 서로 직교하는 n 차의 Latin 방진이다.

정의 10.3.7 정수 $n\ (\geq 2)$ 에 대하여 $t\ (\geq 2)$ 개의 n 차의 Latin 방진 $A_1, A_2, \cdots, A_t$ 가 둘 씩 서로 직교할 때, 즉 모든 i, j $(1 \leq i \neq j \leq t)$ 에 대하여 A_i, A_j 가 서로 직교할 때, $A_1, A_2, \cdots, A_t$ 는 **쌍마다 직교한다** (mutually orthogonal)고 한다.

정리 10.3.8 정수 $n\,(\geq 2)$ 에 대하여 n 차의 Latin 방진 $A_1, A_2, \cdots, A_t$ 가 쌍마다 서로 직교하면 $2 \leq t \leq n-1$ 이다.

증 명 이제 t 개의 행렬

$$A_1 = [a_{1ij}]_{n\times n},\quad A_2 = [a_{2ij}]_{n\times n},\quad \cdots,\quad A_t = [a_{tij}]_{n\times n}$$

가 쌍마다 서로 직교하는 n 차의 Latin 방진이라고 하자. 이 때, 적당한 치환

$$\sigma_1 : X_n \longrightarrow X_n,\quad \sigma_2 : X_n \longrightarrow X_n,\quad \cdots,\quad \sigma_t : X_n \longrightarrow X_n$$

를 택하여, t 개의 행렬 $\sigma_1(A_1),\ \sigma_2(A_2),\ \cdots, \sigma_t(A_t)$ 의 제 1 행의 성분이 모두 차례로 $1, 2, \cdots, n$ 이 되도록 할 수 있고 이때 정리 10.3.6 에 의하여 $\sigma_1(A_1),\ \sigma_2(A_2),\ \cdots,\ \sigma_t(A_t)$ 는 쌍마다 서로 직교하는 Latin 방진이다.

$$\sigma_1(A_1) = \begin{bmatrix} 1 & 2 & \cdots & n \\ * & * & \cdots & * \\ \vdots & \vdots & \cdots & \vdots \\ * & * & \cdots & * \end{bmatrix},\quad \cdots,\quad \sigma_t(A_t) = \begin{bmatrix} 1 & 2 & \cdots & n \\ * & * & \cdots & * \\ \vdots & \vdots & \cdots & \vdots \\ * & * & \cdots & * \end{bmatrix}$$

한편, 위의 t 개의 행렬의 $(2, 1)$ 성분인 t 개의 원소

$$\sigma_1(a_{121}),\ \sigma_2(a_{221}),\ \cdots,\ \sigma_t(a_{t21})$$

는 모두 서로 다르다. 실제로, 서로 다른 k, s 에 대하여

$$\sigma_k(a_{k21}) = \sigma_s(a_{s21}) = j$$

이라고 가정하면,

$$(\sigma_k(a_{k21}),\ \sigma_s(a_{s21})) = (j,\ j) = (\sigma_k(a_{k1j}),\ \sigma_s(a_{s1j}))$$

으로 되어 $\sigma_k(A_k),\ \sigma_s(A_s)$ 가 서로 직교한다는 사실에 모순된다.

그런데, 각 행렬 $\sigma_i(A_i)$ 의 제 1 열에는 $1, 2, \cdots, n$ 이 한 번씩 나타나고 또 $\sigma_i(a_{i11}) = 1$ 즉 $\sigma_i(A_i)$ 의 $(1, 1)$ 성분은 1 이므로

$$2 \leq \sigma_i(a_{i21}) \leq n \qquad\qquad (1 \leq i \leq t)$$

이어야 한다. 따라서 $2 \leq t \leq n-1$ 이다.

정의 10.3.9 정수 $n\ (\geq 2)$ 에 대하여 $n-1$ 개의 서로 직교하는 n 차의 Latin 방진 $L_1, L_2, \cdots, L_{n-1}$ 이 존재하는 경우에, $L_1, L_2, \cdots, L_{n-1}$ 은 n 차의 Latin 방진의 **완비 직교계**(complete orthogonal system)를 이룬다고 한다.

보기 10.3.10 다음 두 행렬은 3차의 Latin 방진의 완비 직교계이다.

$$A = \begin{bmatrix} 1 & 2 & 3 \\ 2 & 3 & 1 \\ 3 & 1 & 2 \end{bmatrix}, \qquad B = \begin{bmatrix} 1 & 3 & 2 \\ 2 & 1 & 3 \\ 3 & 2 & 1 \end{bmatrix}$$

그리고, A는 그대로 두고 B의 제 1 행의 성분을 1, 2, 3 으로 바꾸어 놓기 위하여 B에 치환 $\tau = \begin{pmatrix} 1 & 2 & 3 \\ 1 & 3 & 2 \end{pmatrix}$를 시행하면,

$$A = \begin{bmatrix} 1 & 2 & 3 \\ 2 & 3 & 1 \\ 3 & 1 & 2 \end{bmatrix}, \qquad \tau(B) = \begin{bmatrix} 1 & 2 & 3 \\ 3 & 1 & 2 \\ 2 & 3 & 1 \end{bmatrix}$$

이고 이때 A와 $\tau(B)$는 3차의 Latin 방진의 완비 직교계를 이룬다.

보기 10.3.11 다음 세 행렬은 4차의 Latin 방진의 완비 직교계이다.

$$L_1 = \begin{bmatrix} 1 & 2 & 3 & 4 \\ 2 & 1 & 4 & 3 \\ 3 & 4 & 1 & 2 \\ 4 & 3 & 2 & 1 \end{bmatrix}, \quad L_2 = \begin{bmatrix} 1 & 2 & 3 & 4 \\ 4 & 3 & 2 & 1 \\ 2 & 1 & 4 & 3 \\ 3 & 4 & 1 & 2 \end{bmatrix}, \quad L_3 = \begin{bmatrix} 1 & 2 & 3 & 4 \\ 3 & 4 & 1 & 2 \\ 4 & 3 & 2 & 1 \\ 2 & 1 & 4 & 3 \end{bmatrix}$$

보기 10.3.12 다음 네 행렬은 5차의 Latin 방진의 완비직교계이다.

$$L_1 = \begin{bmatrix} 1 & 2 & 3 & 4 & 5 \\ 2 & 3 & 4 & 5 & 1 \\ 3 & 4 & 5 & 1 & 2 \\ 4 & 5 & 1 & 2 & 3 \\ 5 & 1 & 2 & 3 & 4 \end{bmatrix}, \qquad L_2 = \begin{bmatrix} 1 & 2 & 3 & 4 & 5 \\ 3 & 4 & 5 & 1 & 2 \\ 5 & 1 & 2 & 3 & 4 \\ 2 & 3 & 4 & 5 & 1 \\ 4 & 5 & 1 & 2 & 3 \end{bmatrix}$$

$$L_3 = \begin{bmatrix} 1 & 2 & 3 & 4 & 5 \\ 4 & 5 & 1 & 2 & 3 \\ 2 & 3 & 4 & 5 & 1 \\ 5 & 1 & 2 & 3 & 4 \\ 3 & 4 & 5 & 1 & 2 \end{bmatrix}, \qquad L_4 = \begin{bmatrix} 1 & 2 & 3 & 4 & 5 \\ 5 & 1 & 2 & 3 & 4 \\ 4 & 5 & 1 & 2 & 3 \\ 3 & 4 & 5 & 1 & 2 \\ 2 & 3 & 4 & 5 & 1 \end{bmatrix}$$

서로 직교하는 두 6차의 Latin 방진은 존재하지 않으므로 6차의 Latin 방진의 완비직교계는 존재하지 않는다(보기 10.3.8). 또 10차의 Latin 방진의 완비직교계도 존재하지 않는다는 사실이 알려져 있다. 다음 두 정리에 대한 증명은 생략하기로 한다(정리 10.2.10, [5]의 정리 3.7.9, 정리 3.7.13).

정리 10.3.10 임의의 素數 p와 양의 정수 m에 대하여 $q = p^m$이라고 할 때, 완비직교계를 이루는 q차의 Latin 방진 $L_1, L_2, \cdots, L_{q-1}$이 존재한다.

정리 10.3.11 정수 $n\ (\geq 2)$에 대하여 다음 세 조건은 서로 동치이다.

(1) n차의 Latin 방진의 완비직교계가 존재한다.

(2) 위수 n인 아핀평면이 존재한다.

(3) 위수 n인 사영평면이 존재한다.

연 습 문 제 (10.3)

***1.** 3차의 Latin 방진이 모두 12개 있다. 이들을 모두 구하여라.

2. 다음 두 Latin 방진 A, B가 서로 직교하는지 판정하여라.

(1) $A = \begin{bmatrix} 1 & 2 & 3 \\ 2 & 3 & 1 \\ 3 & 1 & 2 \end{bmatrix}, \quad B = \begin{bmatrix} 3 & 1 & 2 \\ 2 & 3 & 1 \\ 1 & 2 & 3 \end{bmatrix}$

(2) $A = \begin{bmatrix} 2 & 1 & 3 \\ 3 & 2 & 1 \\ 1 & 3 & 2 \end{bmatrix}, \quad B = \begin{bmatrix} 2 & 3 & 1 \\ 1 & 2 & 3 \\ 3 & 1 & 2 \end{bmatrix}$

***3.** 다음 두 Latin 방진 A, B가 서로 직교함을 확인하여라.

$$A = \begin{bmatrix} 4 & 2 & 3 & 1 \\ 2 & 4 & 1 & 3 \\ 3 & 1 & 4 & 2 \\ 1 & 3 & 2 & 4 \end{bmatrix}, \quad B = \begin{bmatrix} 1 & 3 & 4 & 2 \\ 4 & 2 & 1 & 3 \\ 2 & 4 & 3 & 1 \\ 3 & 1 & 2 & 4 \end{bmatrix}$$

그리고 적당한 치환 σ, τ를 정하여 $\sigma(A)$의 제 1 행의 성분과 $\tau(B)$의 제 1 행의 성분이 모두 차례로 1, 2, 3, 4가 되도록 변형하여라.

*4. 정리 10.3.4를 이용하여 7차의 Euler 방진을 구하여라.

*5. 행렬 A가 n차의 Latin 방진일 때, 다음이 성립함을 증명하여라.

(1) A의 서로 다른 두 행을 맞바꾸어 얻은 행렬은 Latin 방진이다.

(2) A의 서로 다른 두 열을 맞바꾸어 얻은 행렬은 Latin 방진이다.

*6. 다음 두 행렬 A, B가 서로 직교하는 5차의 Latin 방진이 되도록 A, B의 비어 있는 성분을 채워라.

$$A = \begin{bmatrix} 1 & 2 & 3 & 4 & 5 \\ 2 & & & & \\ 3 & & & & \\ 4 & & & & \\ 5 & & & & \end{bmatrix}, \qquad B = \begin{bmatrix} 1 & & & & \\ & 2 & & & \\ & & 3 & & \\ & & & 4 & \\ & & & & 5 \end{bmatrix}$$

7. 다음 Latin 방진 A에 대하여 A와 A^T가 서로 직교하는지 판정하여라.

(1) $A = \begin{bmatrix} 1 & 2 & 3 \\ 2 & 3 & 1 \\ 3 & 1 & 2 \end{bmatrix}$ (2) $A = \begin{bmatrix} 2 & 1 & 3 \\ 3 & 2 & 1 \\ 1 & 3 & 2 \end{bmatrix}$

(3) $A = \begin{bmatrix} 1 & 3 & 4 & 2 \\ 4 & 2 & 1 & 3 \\ 2 & 4 & 3 & 1 \\ 3 & 1 & 2 & 4 \end{bmatrix}$

§ 10.4 t-디자인

집합 $\mathscr{P}=\{1,2,3,4,5,6,7,8,9\}$ 의 부분집합 중에서 다음 세 조건을 만족시키는 12개의 부분집합으로 이루어진 $\mathscr{B}=\{B_1,B_2,B_3,\cdots,B_{12}\}$ 를 구해 보자.

R. 1 : 각 부분집합 $B\in\mathscr{B}$ 에 대하여 $|B|=3$ 이다.

R. 2^d : 임의의 서로 다른 두 원소 $i,j\in\mathscr{P}$ 에 대하여 i,j 를 동시에 포함하는 부분집합 $B\in\mathscr{B}$ 는 꼭 1개 존재한다.

R. 1^d : 임의의 원소 $i\in\mathscr{P}$ 에 대하여 i 를 포함하는 부분집합 $B\in\mathscr{B}$ 는 꼭 4개 존재한다.

먼저 집합 $\mathscr{P}$ 의 부분집합 중에서 3개의 원소로 이루어진 부분집합의 개수는 $\binom{9}{3}=\frac{9\cdot8\cdot7}{3\cdot2\cdot1}=84$ 이다. 이러한 84개의 부분집합 중에서 위의 세 조건을 만족시키는 12개의 부분집합을 구하는 방법 중의 하나는 많은 시행 착오를 거쳐가면서 부분집합 하나 하나를 차례로 찾아가는 방법이 있다. 예를 들면, 처음에 세 부분집합

$$B_1=\{1,2,3\},\quad B_2=\{4,5,6\},\quad B_3=\{7,8,9\}$$

를 택한 후에 조건에 맞는 부분집합을 하나씩 추가해 가는 방법이 있다.

한편, 다음과 같이 정의된 위수 2인 아핀평면 $\alpha=(\mathscr{P},\mathscr{B})$ 가 문제의 답을 제공해 준다는 사실을 알 수 있다(보기 10.1.5 참조).

$$\mathscr{P}=\{1,2,3,4,5,6,7,8,9\},\quad \mathscr{B}=\{B_1,B_2,B_3,\cdots,B_{12}\}$$

$$\begin{aligned}
&B_1=\{1,2,3\}, && B_2=\{4,5,6\}, && B_3=\{7,8,9\},\\
&B_4=\{1,4,7\}, && B_5=\{2,5,8\}, && B_6=\{3,6,9\},\\
&B_7=\{1,5,9\}, && B_8=\{2,6,7\}, && B_9=\{3,4,8\},\\
&B_{10}=\{1,6,8\}, && B_{11}=\{2,4,9\}, && B_{12}=\{3,5,7\}
\end{aligned}$$

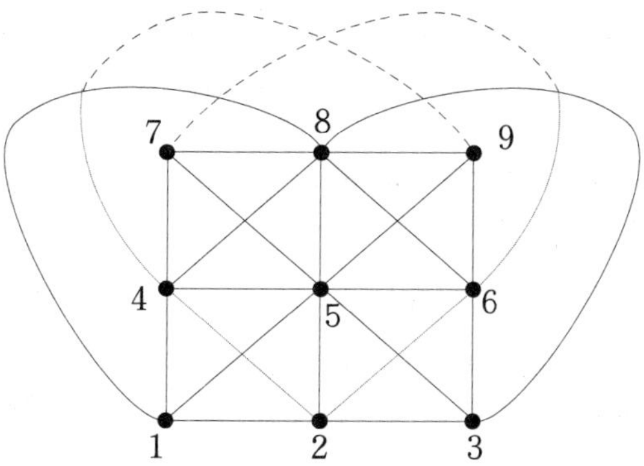

앞으로, 유한 결합구조 $\sigma = (\mathscr{P}, \mathscr{B})$ 에서 $\mathscr{B}$ 의 원소 B를 **블록**이라 부르고, 또 이 결합구조의 점 전체의 개수와 블록 전체의 개수를 각각 v, b 로 나타내기로 한다. 즉, $v = |\mathscr{P}|$, $b = |\mathscr{B}|$ 이다.

정의 10.4.1 유한 결합구조 $\sigma = (\mathscr{P}, \mathscr{B})$가 다음 두 조건을 만족시킬 때, σ를 ***t*-디자인**(design)이라고 한다(여기서 $1 \le t \le v$).

R. 1 : 각 블록에 속하는 점의 개수는 일정하다.

R. t^d : 임의의 서로 다른 t개의 점에 대하여, 이들 t개의 점을 동시에 포함하는 블록의 개수는 일정하다.

특히, $\sigma = (\mathscr{P}, \mathscr{B})$가 1-디자인일 때, 즉 σ가 다음 두 조건을 만족시킬 때, σ를 **전술적 배치**(tactical configuration)이라고 한다.

R. 1 : 각 블록에 속하는 점의 개수는 일정하다.

R. 1^d : 임의의 점에 대하여, 이 점을 포함하는 블록의 개수는 일정하다.

정의 10.4.2 t-디자인 $\sigma = (\mathscr{P}, \mathscr{B})$에 대하여 다음 세 조건이 성립할 때, σ를 $\boldsymbol{t}$**-**$(\boldsymbol{v}, \boldsymbol{k}, \boldsymbol{\lambda})$ 디자인이라고 한다. 여기서 $1 \le t \le k \le v$ 이다.

(i) $v = |\mathscr{P}|$, $b = |\mathscr{B}|$

(ii) 임의의 블록 $B \in \mathscr{B}$ 에 대하여 $|B| = k$ 이다.

(iii) 임의의 서로 다른 t개의 점에 대하여, 이들 t개의 점을 동시에 포함하는 블록의 개수는 λ 이다.

보기 10.4.1 다음과 같은 결합구조 $\sigma = (\mathscr{P}, \mathscr{B})$는 2-(4, 2, 1) 디자인이다.

$\mathscr{P} = \{1, 2, 3, 4\}$, $\mathscr{L} = \{L_1, L_2, L_3, L_4, L_5, L_6\}$

$B_1 = \{1, 2\}$, $B_2 = \{2, 3\}$,
$B_3 = \{3, 4\}$, $B_4 = \{1, 4\}$,
$B_5 = \{1, 3\}$, $B_6 = \{2, 4\}$

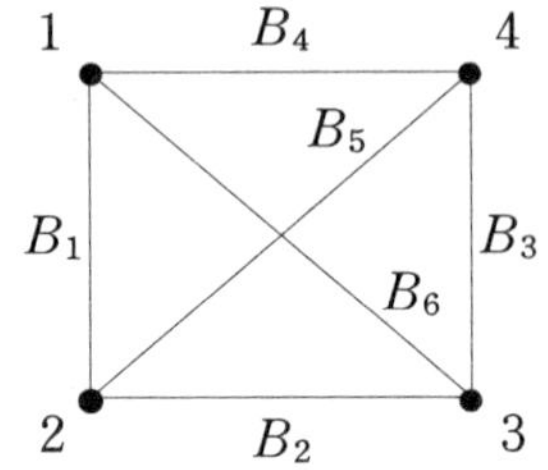

여기서 $v = 4$, $b = 6$, $k = 2$ 이고, 또 σ는 1-(4, 2, 3) 디자인이기도 하다. 실제로 이 디자인은 위수 2 인 아핀평면이다(보기 10.1.4).

보기 10.4.2 다음과 같은 결합구조 $\sigma = (\mathscr{P}, \mathscr{B})$는 2-(7, 3, 1) 디자인이다.

$\mathscr{P} = \{0, 1, 2, 3, 4, 5, 6\}$, $\mathscr{B} = \{B_0, B_1, B_2, B_3, B_4, B_5, B_6\}$

$B_0 = \{1, 2, 4\}$, $B_1 = \{2, 3, 5\}$,
$B_2 = \{3, 4, 6\}$, $B_3 = \{4, 5, 0\}$,
$B_4 = \{5, 6, 1\}$, $B_5 = \{6, 0, 2\}$,
$B_6 = \{0, 1, 3\}$

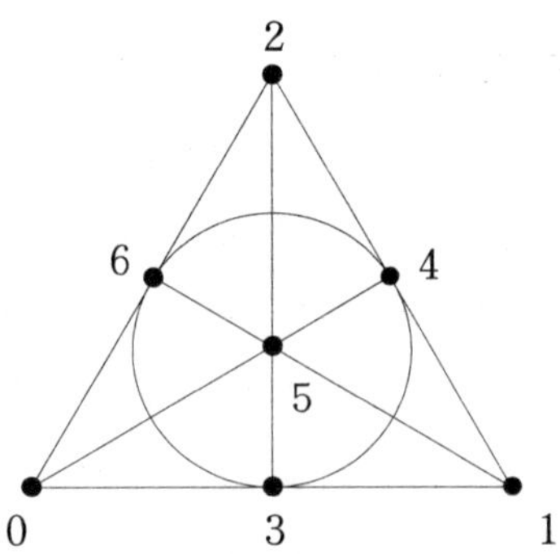

여기서 $v = b = 7$, $k = 3$ 이고, 또 σ는 1-(7, 3, 3) 디자인이기도 하다.

실제로, 이 디자인은 위수 2 인 사영평면이다(보기 10.2.1 참조).

보기 10.4.3 다음과 같은 결합구조 $\sigma = (\mathscr{P}, \mathscr{B})$는 2-(7, 3, 2) 디자인이다.

$\mathscr{P} = \{0, 1, 2, 3, 4, 5, 6\}$, $\mathscr{B} = \{B_0, B_1, \cdots, B_6, D_0, D_1, \cdots, D_6\}$

$B_0 = \{1, 2, 4\}$, $B_1 = \{2, 3, 5\}$, $B_2 = \{3, 4, 6\}$,
$B_3 = \{4, 5, 0\}$, $B_4 = \{5, 6, 1\}$, $B_5 = \{6, 0, 2\}$,
$B_6 = \{0, 1, 3\}$
$D_0 = \{1, 3, 4\}$, $D_1 = \{2, 4, 5\}$, $D_2 = \{3, 5, 6\}$,
$D_3 = \{4, 6, 0\}$, $D_4 = \{5, 0, 1\}$, $D_5 = \{6, 1, 2\}$,
$D_6 = \{0, 2, 3\}$

여기서 $v=7,\ b=14,\ k=3$ 이다. 이 디자인에서 임의의 두 점을 동시에 포함하는 블록은 꼭 2개 있으며, 서로 다른 두 블록은 꼭 1개의 점에서 만난다. 그리고 이 디자인에서 임의의 한 점을 포함하는 블록은 꼭 6개 있으므로, 이 디자인은 1-(7, 3, 6) 디자인이기도 하다.

이 디자인은 아핀평면도 아니고 사영평면도 아니다.

보기 10.4.4 다음과 같은 결합구조 $\sigma=(\mathscr{P},\ \mathscr{B})$는 2-(7, 4, 2) 디자인이다.

$$\mathscr{P}=\{0,1,2,3,4,5,6\},\quad \mathscr{B}=\{D_0, D_1, D_2, D_3, D_4, D_5, D_6\}$$

$$D_0=\{0,\ 3,\ 5,\ 6\},\quad D_1=\{1,\ 4,\ 6,\ 0\},\quad D_2=\{2,\ 5,\ 0,\ 1\},$$
$$D_3=\{3,\ 6,\ 1,\ 2\},\quad D_4=\{4,\ 0,\ 2,\ 3\},\quad D_5=\{5,\ 1,\ 3,\ 4\},$$
$$D_6=\{6,\ 2,\ 4,\ 5\}$$

여기서 $v=b=7,\ k=4$ 이다. 이 디자인에서 임의의 두 점을 동시에 포함하는 블록은 꼭 2개 있으며, 임의의 서로 다른 두 블록은 꼭 2개의 점에서 만난다. 그리고 이 디자인은 1-(7, 4, 4) 디자인이기도 하다.

보기 10.4.5 다음과 같은 결합구조 $\sigma=(\mathscr{P},\mathscr{B})$는 3-(8, 4, 1) 디자인이다.

$$\mathscr{P}=\{0,1,2,3,4,5,6,7\},\quad \mathscr{B}=\{D_0,\cdots,D_6, E_0,\cdots,E_6\}$$

$$D_0=\{0,\ 3,\ 5,\ 6\},\quad D_1=\{0,\ 1,\ 4,\ 6\},\quad D_2=\{0,\ 1,\ 2,\ 5\},$$
$$D_3=\{1,\ 2,\ 3,\ 6\},\quad D_4=\{0,\ 2,\ 3,\ 4\},\quad D_5=\{1,\ 3,\ 4,\ 5\},$$
$$D_6=\{2,\ 4,\ 5,\ 6\}$$
$$E_0=\{1,\ 2,\ 4,\ 7\},\quad E_1=\{2,\ 3,\ 5,\ 7\},\quad E_2=\{3,\ 4,\ 6,\ 7\},$$
$$E_3=\{4,\ 5,\ 0,\ 7\},\quad E_4=\{5,\ 6,\ 1,\ 7\},\quad E_5=\{6,\ 0,\ 2,\ 7\},$$
$$E_6=\{0,\ 1,\ 3,\ 7\}$$

여기서 각 D_i는 보기 10.4.4에서와 같으며 각 E_i는 보기 10.4.3에서의 B_i에 7을 첨가한 집합이다. 이 디자인에서 $v=8,\ b=14,\ k=4$ 이며, 이 디자인은 2-(8, 4, 3) 디자인이기도 하고 1-(8, 4, 7) 디자인이기도 하다.

이제 2-디자인에 대하여 논한다(정의 10.4.1 참조).

정리 10.4.3 2-디자인 $\sigma = (\mathscr{P}, \mathscr{B})$ 에 대하여 다음이 성립한다고 하자.

(i) $v = |\mathscr{P}| \geq 2, \quad b = |\mathscr{B}|$

(ii) 임의의 $B \in \mathscr{B}$ 에 대하여 $|B| = k \geq 2$ 이다.

(iii) 임의의 서로 다른 두 점에 대하여 이 두 점을 동시에 포함하는 블록의 개수는 λ 이다.

이 때, 한 점 p 를 포함하는 블록의 개수가 r 이면 다음이 성립한다.

(1) $\lambda(v-1) = r(k-1), \qquad r = \dfrac{\lambda(v-1)}{k-1}$

(2) 임의의 점에 대하여 이 점을 포함하는 블록의 개수는 r 이다.

따라서 σ 는 세 조건 R. 1, R. 1^d, R. 2^d 를 만족시키는 2-디자인이고, 또 σ 는 2-(v, k, λ) 디자인인 동시에 1-(v, k, r) 디자인이다.

(3) $\lambda v(v-1) = bk(k-1), \quad b = \dfrac{\lambda v(v-1)}{k(k-1)}$

(4) $vr = bk, \quad b = \dfrac{vr}{k} = \dfrac{\lambda v(v-1)}{k(k-1)}, \quad v \geq k, \quad b \geq r$

증 명 (1), (2) 한 점 p 를 택하고 다음과 같은 집합을 생각해 보자.

$$S = \{(q, B) \mid q \in \mathscr{P} - \{p\}, \{p, q\} \subseteq B \in \mathscr{B}\}$$

먼저 $|\mathscr{P} - \{p\}| = v-1$ 이므로 집합 $\mathscr{P} - \{p\}$ 에서 점 q 를 택하는 방법은 $v-1$ 가지가 있고, 이러한 방법 하나 하나에 대하여 서로 다른 두 점 p, q 를 동시에 포함하는 블록 $B \in \mathscr{B}$ 의 개수는 λ 이므로 $|S| = \lambda(v-1)$ 이다.

한편, 점 p 를 포함하는 블록은 r 개 있고, 또 p 를 포함하는 블록 B 에 대하여 $B - \{p\}$ 에서 점 q 를 택하는 방법은 $k-1$ 가지가 있으므로 $|S| = r(k-1)$ 이다.

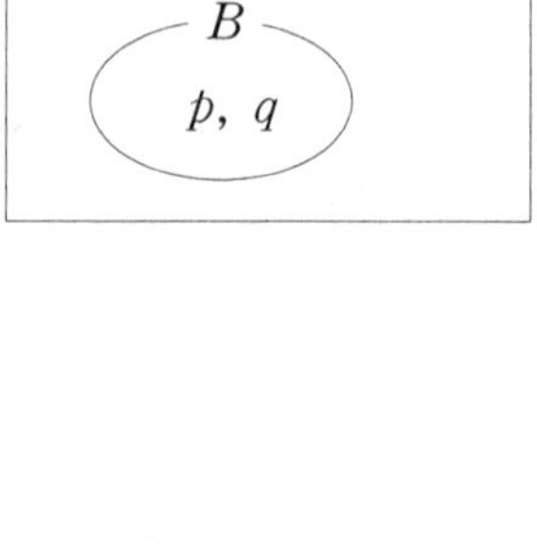

위의 두 결과로부터 다음 결과를 얻는다.

$$\lambda(v-1) = r(k-1), \quad r = \frac{\lambda(v-1)}{k-1}$$

그런데, 위의 등식에서 r 는 점 p 의 선택에 관계없이 일정하다.

따라서 (1), (2)가 성립한다

(3) 다음과 같은 집합을 생각해 보자.

$$T = \{ (\{p, q\}, B) \mid p, q \in \mathscr{P},\ p \neq q,\ \{p, q\} \subseteq B \in \mathscr{B} \}$$

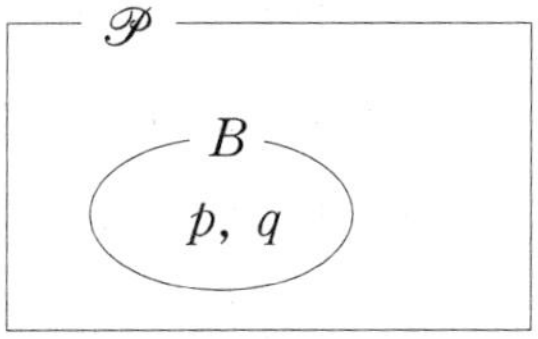

먼저 $|\mathscr{P}| = v$ 이므로 $\mathscr{P}$ 에서 서로 다른 두 점을 p, q 를 택하는 방법은 $\binom{v}{2}$ 가지가 있고 또 이와 같은 방법 하나 하나에 대하여 이들 두 점 p, q 를 동시에 포함하는 블록의 개수는 λ 이므로 $|T| = \binom{v}{2}\lambda$ 이다.

그리고, σ 의 블록 전체의 개수는 $|\mathscr{B}| = b$ 이고 블록 $B \in \mathscr{B}$ 에 대하여 B 에서 서로 다른 두 점 p, q 를 택하는 방법은 $\binom{k}{2}$ 가지가 있으므로 $|T| = b\binom{k}{2}$ 이다. 따라서

$$\binom{v}{2}\lambda = b\binom{k}{2} \quad 즉 \quad \lambda\,\frac{v(v-1)}{2} = b\,\frac{k(k-1)}{2}$$

이므로 다음이 성립한다.

$$\lambda v(v-1) = bk(k-1), \quad b = \frac{\lambda v(v-1)}{k(k-1)}$$

(4) 다음과 같은 집합을 생각해 보자.

$$X = \{ (p, B) \in \mathscr{P} \times \mathscr{B} \mid p \in B \}$$

먼저 (2) 에 의하여 임의의 점 $p \in \mathscr{P}$ 에 대하여 p 를 포함하는 블록의 개수는 r 이므로 $|X| = |\mathscr{P}|\,r = vr$ 이다.

한편, 각 블록 $B \in \mathscr{B}$ 에 대하여 B 에 포함되는 점의 개수는 k 이므로 $|X| = |\mathscr{B}|\,k = bk$ 이다. 따라서 다음이 성립한다.

$$vr = bk \quad 즉 \quad b = \frac{vr}{k} = \frac{\lambda v(v-1)}{k(k-1)}$$

그리고, $v = |\mathscr{P}| \geq k,\ \ b = |\mathscr{B}| \geq r$ 이다.

정의 10.4.4 유한 결합구조 $\sigma = (\mathscr{P}, \mathscr{B})$가 2-디자인일 때, 다음과 같이 정의된 v, b, r, k, λ를 σ의 **파라미터**(parameter)라고 한다.

$v = |\mathscr{P}| \geq 2$

$b = |\mathscr{B}|$

$r =$ (임의의 $p \in \mathscr{P}$에 대하여 p를 포함하는 블록의 개수)

$k =$ (임의의 $B \in \mathscr{B}$에 대하여 B에 포함되는 점의 개수)

$\lambda =$ (임의의 서로 다른 두 점에 대하여 이 두 점을 동시에 포함하는 블록의 개수)

그리고, σ를 간단히 $2\text{-}(v, k, \lambda)$ 디자인이라고 한다(정의 10.4.2 참조).

정리 10.4.3에 의하여 $r = \dfrac{\lambda(v-1)}{k-1}$, $b = \dfrac{vr}{k} = \dfrac{\lambda v(v-1)}{k(k-1)}$이므로, r와 b는 v, k, λ에 의하여 결정된다.

앞으로, $2\text{-}(v, k, \lambda)$ 디자인을 논할 때에는

$$v > k \geq 2, \qquad b > r$$

인 경우만을 논한다. 이 경우에 $2\text{-}(v, k, \lambda)$를 **균형 非完備 블록 디자인**(BIBD, balandced incomplete block design)이라고 한다.

다음 정리의 증명은 생략하기로 한다([5], 정리 3.3.3).

정리 10.4.5 (Fisher의 부등식) 2-디자인 σ의 파라미터가 v, b, r, k, λ일 때, $v \leq b$, $r \geq k$이다.

보기 10.4.6 $2\text{-}(16, 6, 1)$ 디자인은 존재하지 않는다. 실제로, 이와 같은 디자인이 존재한다면, $v = 16$, $k = 6$, $\lambda = 1$이므로, 정리 10.4.3에 의하여

$$r = \frac{\lambda(v-1)}{k-1} = \frac{15}{5} = 3 < k,$$

$$b = \frac{vr}{k} = \frac{16 \cdot 3}{6} = 8 < v$$

으로 되어 $v \leq b$, $r \geq k$이라는 사실에 모순된다.

정리 10.4.6 유한 결합구조 $\alpha = (\mathscr{P}, \mathscr{B})$가 위수 n인 아핀평면일 때, α는 $2\text{-}(n^2, n, 1)$ 디자인이고 그 파라미터는 다음과 같다.

$$v = n^2, \quad b = n^2 + n, \quad r = n+1, \quad k = n, \quad \lambda = 1$$

증 명 정리 10.1.8에 의하여 α가 위수 n인 아핀평면이면, 임의의 직선 L에 대하여 $|L| = n$이고 또 임의의 점 p에 대하여 p를 지나는 직선은 꼭 $n+1$개 있으며 $|\mathscr{P}| = n^2$, $|\mathscr{B}| = n^2+n$이다. 그리고, 정의에 의하여 임의의 서로 다른 두 점을 지나는 직선은 단 하나 존재한다.

그러므로 정리가 성립한다.

보기 10.4.7 다음과 같은 유한 결합구조 $\alpha = (\mathscr{P}, \mathscr{B})$는 위수 2인 아핀평면이다.

$$\mathscr{P} = \{p_1, p_2, p_3, p_4\},$$
$$\mathscr{B} = \{B_1, B_2, B_3, B_4, B_5, B_6\}$$
$$B_1 = \{p_1, p_2\}, \quad B_2 = \{p_2, p_3\},$$
$$B_3 = \{p_3, p_4\}, \quad B_4 = \{p_1, p_4\},$$
$$B_5 = \{p_1, p_3\}, \quad B_6 = \{p_2, p_4\}$$

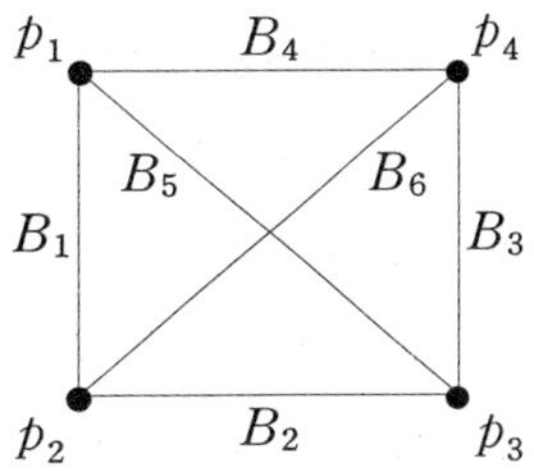

이 아핀평면은 $2\text{-}(4, 2, 1)$ 디자인이고 그 파라미터는 다음과 같다.

$$v = 4, \quad b = 6, \quad r = 3, \quad k = 2, \quad \lambda = 1$$

정리 10.4.7 $2\text{-}(v, k, \lambda)$ 디자인 $\sigma = (\mathscr{P}, \mathscr{B})$의 파라미터가 v, b, r, k, λ일 때, 유한 결합구조 $\sigma' = (\mathscr{P}', \mathscr{B}')$을 다음과 같이 정의하자.

$$\mathscr{P}' = \mathscr{P},$$
$$\mathscr{B}' = \{B' \mid B \in \mathscr{B}\}, \quad B' = \mathscr{P} - B$$

이 때, σ'은 2-디자인이고 그 파라미터는 다음과 같다.

$$v = v', \quad b = b', \quad r' = b - r, \quad k' = v - k, \quad \lambda' = b - 2r + \lambda$$

이와 같이 정의된 2-디자인 σ'을 σ의 **補 디자인**(complementary design)이라고 한다.

증 명 분명히 $|\mathscr{P}'| = |\mathscr{P}| = v$ 이고, 각 블록 $B \in \mathscr{B}$ 에 대하여 B의 여집합 $B' = \mathscr{P} - B \in \mathscr{B}'$ 이 일대일로 대응하므로 $|\mathscr{B}'| = |\mathscr{B}| = b$ 이다.

그리고, 2-디자인 $\sigma = (\mathscr{P}, \mathscr{B})$ 에서 각 점 $p \in \mathscr{P}$ 에 대하여 p 를 포함하는 블록의 개수는 r 이므로, p 를 포함하지 않는 블럭 $B \in \mathscr{B}$ 의 개수는 $b - r$ 이다. 한편, 결합구조 $\sigma' = (\mathscr{P}', \mathscr{B}')$ 에서 각 점 $p \in \mathscr{P}'$ 에 대하여 $p \in B' \Longleftrightarrow p \notin B$ 이므로 점 p 를 포함하는 블록 $B' \in \mathscr{B}'$ 의 개수는 $b - r$ 이다.

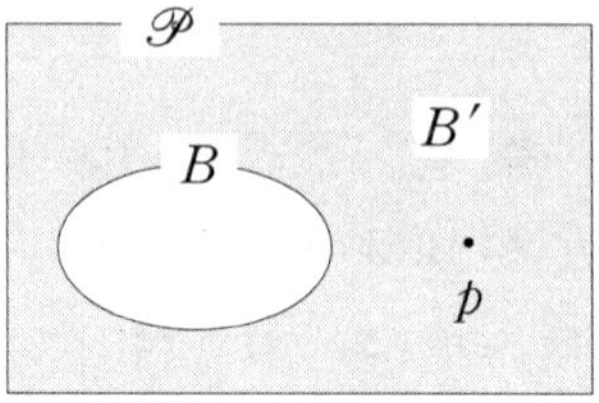

또, 각 블럭 $B' \in \mathscr{B}'$ 에 대하여 $B' = \mathscr{P} - B$ 인 $B \in \mathscr{B}$ 가 존재하고 따라서 $|B'| = |\mathscr{P}| - |B| = v - k$ 이다.

결합구조 $\sigma' = (\mathscr{P}', \mathscr{B}')$ 에서 $p, q \in \mathscr{P}'$ 를 서로 다른 두 점이라고 하자. 이 때, p, q 를 동시에 포함하는 블록 $B' \in \mathscr{B}'$ 전체의 개수는 $\mathscr{B}$ 에 속해 있는 블록 중에서 p, q 모두를 포함하지 않는 블록 $B \in \mathscr{B}$ 전체의 개수와 일치한다. 그런데, $\mathscr{B}$ 에 속해 있는 블록 중에서

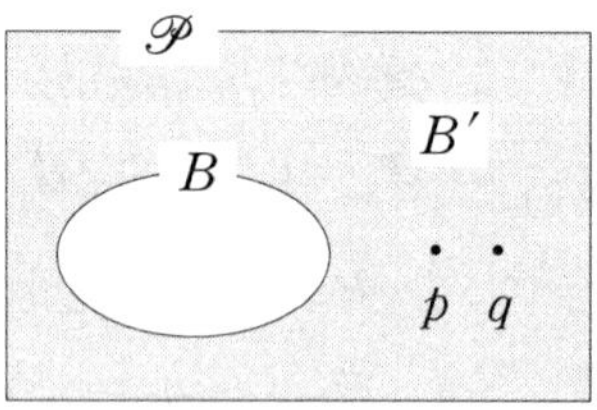

p 를 포함하는 블록 전체의 개수는 r,
q 를 포함하는 블록 전체의 개수는 r,
p, q 모두를 포함하는 블록 전체의 개수는 λ

이므로 서로 다른 두 점 p, q 모두를 포함하지 않는 블록 $B \in \mathscr{B}$ 전체의 개수는 $b - (r + r - \lambda) = b - 2r + \lambda$ 이다. 따라서 p, q 를 동시에 포함하는 블록 $B' \in \mathscr{B}'$ 전체의 개수는 $b - 2r + \lambda$ 이다.

따라서 σ' 은 2-디자인이고 그 파라미터는 다음과 같다.

$$v' = v, \quad b' = b, \quad r' = b - r, \quad k' = v - k, \quad \lambda' = b - 2r + \lambda$$

앞의 정리를 이용하면, 알고 있는 2-디자인으로부터 새로운 2-디자인을 얻을 수 있다.

보기 10.4.8 다음과 같은 결합구조 $\sigma = (\mathscr{P}, \mathscr{B})$는 2-디자인이다.

$$\mathscr{B} = \{1, 2, 3, 4, 5\}, \quad \mathscr{B} = \{B_1, B_2, \cdots, B_{10}\}$$

$$B_1 = \{1,\ 2,\ 3\},\quad B_1 = \{1,\ 2,\ 4\},\quad B_3 = \{1,\ 2,\ 5\},$$
$$B_4 = \{1,\ 3,\ 4\},\quad B_5 = \{1,\ 3,\ 5\},\quad B_6 = \{1,\ 4,\ 5\},$$
$$B_7 = \{2,\ 3,\ 4\},\quad B_8 = \{2,\ 3,\ 5\},\quad B_9 = \{2,\ 4,\ 5\},$$
$$B_{10} = \{3,\ 4,\ 5\}$$

이 디자인의 파라미터는 다음과 같다.

$$v = 5,\quad b = 10,\quad r = 6,\quad k = 3,\quad \lambda = 3$$

따라서 σ의 補 디자인 $\sigma' = (\mathscr{P}', \mathscr{B}')$은 다음과 같은 2-디자인이고 그 파라미터는 $v' = 5,\ b' = 10,\ r' = 4,\ k' = 2,\ \lambda' = 1$이다.

$$B_1' = \{4,\ 5\},\quad B_1' = \{3,\ 5\},\quad B_3' = \{3,\ 4\},$$
$$B_4' = \{2,\ 5\},\quad B_5' = \{2,\ 4\},\quad B_6' = \{2,\ 3\},$$
$$B_7' = \{1,\ 5\},\quad B_8' = \{1,\ 4\},\quad B_9' = \{1,\ 3\},$$
$$B_{10}' = \{1,\ 2\}$$

연 습 문 제 (10.4)

*1. 아래 왼쪽 그림이 나타내는 유한 결합구조가 $1-(8, 3, 3)$ 디자인인지를 판정하여라.

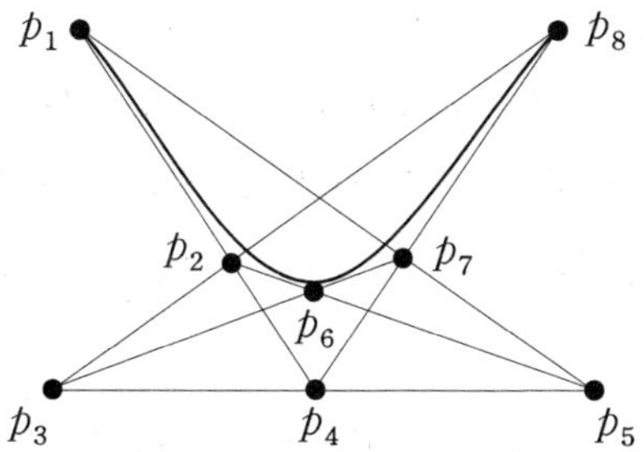

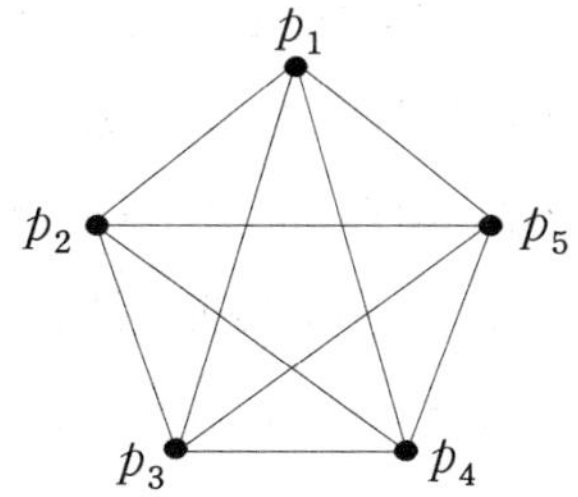

2. 위의 오른쪽 그림이 나타내는 1-(v, k, λ) 디자인에 대하여 $v,\ b,\ k,\ \lambda$의 값을 구하여라.

3. 다음과 같은 유한 결합구조 $\sigma = (\mathscr{P}, \mathscr{B})$ 는 2-(3, 2, 1) 디자인이다.

$$\mathscr{P} = \{1, 2, 3\}, \quad \mathscr{B} = \{B_1, B_2, B_3\},$$

$$B_1 = \{2, 3\}, \quad B_2 = \{1, 3\}, \quad B_3 = \{1, 2\}$$

디자인 σ를 그림으로 나타내고 σ의 파라미터 v, b, k, λ의 값을 구하여라.

***4.** 다음과 같은 결합구조 $\sigma = (\mathscr{P}, \mathscr{B})$ 에 대한 물음에 답하여라.

$$\mathscr{P} = \{1, 2, 3, 4, 5\}, \qquad \mathscr{B} = \{B_1, B_2, \cdots, B_{10}\}$$

여기서 각 B_i는 서로 다른 세 숫자로 이루어진 집합이다.

이 결합구조 σ가 3-(5, 3, 1) 디자인인 동시에 2-(5, 3, 3) 디자인임을 확인하고, 또 2-디자인 σ의 파라미터를 말하여라.

5. 다음과 같은 유한 아핀평면 $\alpha = (\mathscr{P}, \mathscr{B})$는 어떤 유형의 2-디자인인지 말하여라. 또, 이 2-디자인의 파라미터 v, b, r, k, λ의 값을 말하여라.

(1) 위수 7 인 아핀평면 (2) 위수 2^5 인 아핀평면

***6.** 보기 10.4.5 에서 논한 디자인 σ의 補 디자인 σ'을 구하여라.

***7.** 다음과 같이 정의된 2-디자인 $\sigma = (\mathscr{P}, \mathscr{B})$ 의 파라미터 v, b, r, k, λ를 구하여라.

$$\mathscr{P} = \{0, 1, 2, \cdots, 11, 12\}, \qquad \mathscr{B} = \{B_1, B_1, \cdots, B_{25}, B_{26}\}$$

$B_1 = \{1, 3, 9\}$, $B_2 = \{2, 4, 10\}$, $B_3 = \{3, 5, 11\}$, $B_4 = \{4, 6, 12\}$,
$B_5 = \{0, 5, 7\}$, $B_6 = \{1, 6, 8\}$, $B_7 = \{2, 7, 9\}$, $B_8 = \{3, 8, 10\}$,
$B_9 = \{4, 9, 11\}$, $B_{10} = \{5, 10, 12\}$, $B_{11} = \{0, 6, 11\}$, $B_{12} = \{1, 7, 12\}$,
$B_{13} = \{0, 2, 8\}$, $B_{14} = \{2, 5, 6\}$, $B_{15} = \{3, 6, 7\}$, $B_{16} = \{4, 7, 8\}$,
$B_{17} = \{5, 8, 9\}$, $B_{18} = \{6, 9, 10\}$, $B_{19} = \{7, 10, 11\}$, $B_{20} = \{8, 11, 12\}$,
$B_{21} = \{0, 9, 12\}$, $B_{22} = \{0, 1, 10\}$, $B_{23} = \{1, 2, 11\}$, $B_{24} = \{2, 3, 12\}$,
$B_{25} = \{0, 3, 4\}$, $B_{26} = \{1, 4, 5\}$

그리고, σ의 補 디자인 σ'을 구하고 그 파라미터를 구하여라.

§10.5 대칭 2-디자인

정리 10.4.3과 정리 10.4.5에 의하여 2-디자인 σ의 파라미터가 v, b, r, k, λ일 때 다음이 성립한다.

$$\lambda v(v-1) = bk(k-1),$$
$$vr = bk, \quad v \le b, \quad r \ge k$$

정의 10.5.1 파라미터가 v, b, r, k, λ인 2-디자인에서

$$v = b \quad \text{즉} \quad r = k$$

일 때, 이 디자인을 **대칭 2-디자인**(symmetric 2-design)이라고 한다.

다음 정리의 증명은 생략하기로 한다([5], 정리 3.6.5 참조)

정리 10.5.2 대칭 2-디자인 σ의 파라미터가 v, b, r, k, λ일 때, 다음이 성립한다.

(1) $v = b, \quad r = k, \quad k(k-1) = \lambda(v-1)$

(2) σ는 다음 네 조건 R. 1, R. 2, R. 1^d, R. 2^d를 만족시킨다.

R. 1 : 각 블록에 속하는 점의 개수는 k이다.
R. 2 : 임의의 서로 다른 두 블록에 동시에 있는 점의 개수는 λ이다.
R. 1^d : 임의의 점에 대하여 이 점을 포함하는 블록의 개수는 r이다.
R. 2^d : 임의의 서로 다른 두 점에 대하여, 이 두 점을 동시에 포함하는 블록의 개수는 λ이다.

정리 10.5.3 유한 결합구조 $\pi = (\mathscr{P}, \mathscr{B})$가 위수 n인 사영평면이면, π는 대칭 2-$(n^2+n+1, n+1, 1)$ 디자인이고 그 파라미터는 다음과 같다.

$$v = b = n^2+n+1, \quad r = k = n+1, \quad \lambda = 1$$

증 명 정리 10.2.9에 의하여 π가 위수 n인 사영평면이면, 임의의 직선 L에 대하여 $|L| = n+1$이고 또 임의의 점 p에 대하여 점 p를 지나는 직선은 꼭 $n+1$개 있으며 $|\mathscr{P}| = |\mathscr{B}| = n^2 + n + 1$이다.

그리고 임의의 서로 다른 두 점에 대하여 이들 두 점을 지나는 직선은 단 하나 뿐이다. 따라서 정리가 성립한다.

보기 10.5.1 위수 2인 사영평면 $\pi = (\mathscr{P}, \mathscr{B})$는 2−(7, 3, 1) 디자인이다(보기 10.2.2 참조).

$$\mathscr{P} = \{0, 1, 2, 3, 4, 5, 6\},$$
$$\mathscr{B} = \{B_0, B_1, B_2, B_3, B_4, B_5, B_6\}$$

$B_0 = \{1, 2, 4\}$, $B_1 = \{2, 3, 5\}$,
$B_2 = \{3, 4, 6\}$, $B_3 = \{4, 5, 0\}$,
$B_4 = \{5, 6, 1\}$, $B_5 = \{6, 0, 2\}$,
$B_6 = \{0, 1, 3\}$

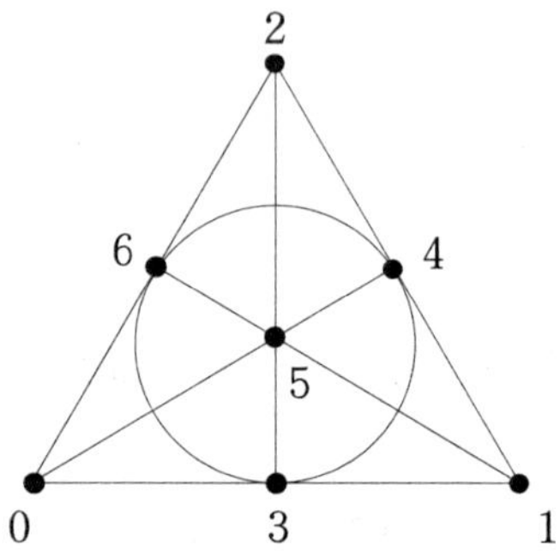

이 디자인의 파라미터는 다음과 같다.

$$v = b = 7, \quad r = k = 3, \quad \lambda = 1$$

보기 10.5.2 위수 3인 사영평면 $\pi = (\mathscr{P}, \mathscr{B})$는 2-(13, 4, 1) 디자인이다(보기 10.2.3 참조).

$$\mathscr{P} = \{1, 2, 3, 4, 5, 6, 7, 8, 9, \infty_1, \infty_2, \infty_3, \infty_4\},$$
$$\mathscr{B} = \{L_1, L_2, L_3, L_4, L_5, L_6, L_7, L_8, L_9, L_{10}, L_{11}, L_{12}, L_{13}\}$$

$L_1 = \{1, 2, 3, \infty_1\}$, $L_2 = \{4, 5, 6, \infty_1\}$, $L_3 = \{7, 8, 9, \infty_1\}$,
$L_4 = \{1, 4, 7, \infty_2\}$, $L_5 = \{2, 5, 8, \infty_2\}$, $L_6 = \{3, 6, 9, \infty_2\}$,
$L_7 = \{1, 5, 9, \infty_3\}$, $L_8 = \{2, 6, 7, \infty_3\}$, $L_9 = \{3, 4, 8, \infty_3\}$,
$L_{10} = \{1, 6, 8, \infty_4\}$, $L_{11} = \{2, 4, 9, \infty_4\}$, $L_{12} = \{3, 5, 7, \infty_4\}$
$L_{13} = \{\infty_1, \infty_2, \infty_3, \infty_4\}$

이 디자인의 파라미터는 다음과 같다.

$$v = b = 13, \quad r = k = 4, \quad \lambda = 1$$

보기 10.5.3 유한 결합구조 $\sigma=(\mathscr{P}, \mathscr{B})$를 다음과 같이 정의하자.

$$\mathscr{P}=\{1, 2, 3, \cdots, 15, 16\},$$

$$\mathscr{B}=\{B_1, B_2, B_3, \cdots, B_{15}, B_{16}\}$$

여기서, B_j는 오른쪽 표에서 j를 포함하는 행과 열에 들어 있는 정수 중에서 j를 제외한 정수 전체로 이루어진 집합이다.

$$B_1=\{2, 3, 4, 5, 9, 13\},$$
$$B_2=\{1, 3, 4, 6, 10, 14\},$$
$$B_3=\{1, 2, 4, 7, 11, 15\},$$
$$B_4=\{1, 2, 3, 8, 12, 16\}$$
$$\vdots$$
$$B_{16}=\{13, 14, 15, 4, 8, 12\}$$

1	2	3	4
5	6	7	8
9	10	11	12
13	14	15	16

이 때, σ는 대칭 2-(16, 6, 2) 디자인이고 그 파라미터는 다음과 같다.

$$v=b=16, \quad r=k=6, \quad \lambda=2$$

여기서 2-디자인 σ의 서로 다른 두 점을 동시에 포함하는 블록은 꼭 2개 있고, 또 서로 다른 두 블록에 동시에 포함되는 점은 꼭 2개 있다.

예를 들면, 두 점 1, 2를 동시에 포함하는 블록은 B_3, B_4 두 개뿐이고, $B_1\cap B_2=\{3, 4\}$, $B_1\cap B_3=\{2, 4\}$ 이다.

결합구조 $\sigma=(\mathscr{P}, \mathscr{B})$가 대칭 2-$(v, k, \lambda)$ 디자인이면, $v=b$, $r=k$ 이므로 σ의 補 디자인은 다음과 같은 디자인이다(정리 10.4.7 참조).

정리 10.5.4 유한 결합구조 $\sigma=(\mathscr{P}, \mathscr{B})$가 대칭 2-$(v, k, \lambda)$ 디자인일 때, σ의 補 디자인 σ'은 대칭 2-$(v, v-k, v-2k+\lambda)$ 디자인이다.

보기 10.5.4 보기 10.5.1에서 논한 위수 2인 사영평면 $\sigma=(\mathscr{P}, \mathscr{B})$는 대칭 2-(7, 3, 1) 디자인이다. 여기서,

$$\mathscr{P}=\{0, 1, 2, 3, 4, 5, 6\}, \quad \mathscr{B}=\{B_0, B_1, B_2, B_3, B_4, B_5, B_6\}$$

$$B_0 = \{1, 2, 4\},\quad B_1 = \{2, 3, 5\},\quad B_2 = \{3, 4, 6\},$$
$$B_3 = \{4, 5, 0\},\quad B_4 = \{5, 6, 1\},\quad B_5 = \{6, 0, 2\},$$
$$B_6 = \{0, 1, 3\}$$

따라서 σ의 補 디자인 $\sigma' = (\mathscr{P}', \mathscr{B}')$은 다음과 같은 대칭 2-(7, 4, 2) 디자인이다(보기 10.4.4 참조).

$$\mathscr{P}' = \{0, 1, 2, 3, 4, 5, 6\},\quad \mathscr{B}' = \{B_0', B_1', \cdots, B_6'\}$$
$$B_0' = \{0, 3, 5, 6\},\quad B_1' = \{1, 4, 6, 0\},\quad B_2' = \{2, 5, 0, 1\},$$
$$B_3' = \{3, 6, 1, 2\},\quad B_4' = \{4, 0, 2, 3\},\quad B_5' = \{5, 1, 3, 4\},$$
$$B_6' = \{6, 2, 4, 5\}$$

정리 10.5.5 결합구조 $\sigma = (\mathscr{P}, \mathscr{B})$가 대칭 2-$(v, k, \lambda)$ 디자인일 때, 한 블록 $B_0 \in \mathscr{B}$에 대하여

$$\overline{\mathscr{P}} = B_0,$$
$$\overline{\mathscr{B}} = \{\overline{B} \mid B \in \mathscr{B},\ B \neq B_0\},\qquad \overline{B} = B \cap B_0$$

이라고 하면, $\overline{\sigma} = (\overline{\mathscr{P}}, \overline{\mathscr{B}})$는 2-디자인이고 그 파라미터는 다음과 같다.

$$\bar{v} = k,\quad \bar{b} = v - 1,\quad \bar{r} = k - 1,\quad \bar{k} = \lambda,\quad \bar{\lambda} = \lambda - 1$$

증 명 먼저 σ는 대칭 2-(v, k, λ) 디자인이므로 $|\mathscr{P}| = |\mathscr{B}| = v$이며, $|B_0| = k$이고 따라서 $|\overline{\mathscr{P}}| = |B_0| = k$, $|\overline{\mathscr{B}}| = |\mathscr{B}| - 1 = v - 1$이다.

그리고, σ에서 각 $B \in \mathscr{B}$에 대하여 $|B| = k$이고 각 점 $p \in \mathscr{P}$에 대하여 이 점을 포함하는 블록 $B \in \mathscr{B}$의 개수는 k이다. 또, σ에서 서로 다른 두 점을 동시에 포함하는 블록 $B \in \mathscr{B}$의 개수는 λ이고 서로 다른 두 블록 B, B_0에 대하여 $|B \cap B_0| = \lambda$이다(정리 10.5.2).

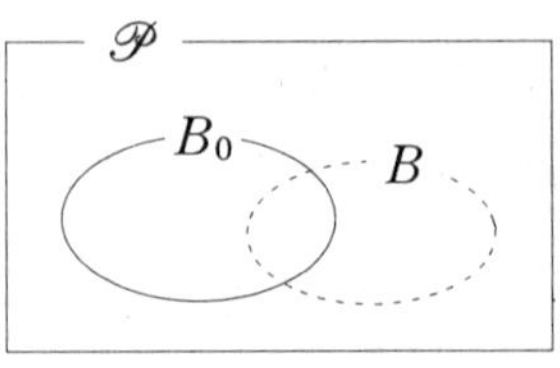

따라서 $\overline{\sigma}$에서 임의의 점 $p \in \overline{\mathscr{P}} = B_0$에 대하여 $\overline{\mathscr{B}}$에 속해 있는 블록 중에서 p를 포함하는 블록의 개수는 $k-1$이고 $\overline{B} \in \overline{\mathscr{B}}$에 속하는 점의 개수는 λ이다.

그리고, 디자인 σ에서 서로 다른 두 점을 동시에 포함하는 블록의 개수는 λ이므로, 결합구조 $\overline{\sigma}$에서 서로 다른 두 점 $p, q \in \overline{\mathscr{P}} = B_0$를 동시에 포함하는 블록 $\overline{B} \in \overline{\mathscr{B}}$의 개수는 $\lambda-1$이다.

따라서 $\overline{\sigma}$는 2-디자인이고 그 파라미터는 $k, v-1, k-1, \lambda, \lambda-1$이다.

보기 10.5.5 다음과 같은 $\sigma = (\mathscr{P}, \mathscr{B})$는 대칭 2-(15, 7, 3) 디자인이다.

$$\mathscr{P} = \{0, 1, 2, 3, 4, \cdots, 13, 14\},$$
$$\mathscr{B} = \{B_0, B_1, B_2, \cdots, B_{13}, B_{14}\}$$

$B_0 = \{0, 1, 2, 3, 4, 5, 6\}$, $B_1 = \{0, 1, 2, 7, 8, 9, 10\}$,

$B_2 = \{0, 1, 2, 11, 12, 13, 14\}$, $B_3 = \{0, 3, 4, 7, 8, 11, 12\}$,

$B_4 = \{0, 3, 4, 9, 10, 13, 14\}$, $B_5 = \{0, 5, 6, 7, 8, 13, 14\}$,

$B_6 = \{0, 5, 6, 9, 10, 11, 12\}$, $B_7 = \{1, 3, 5, 7, 9, 11, 13\}$,

$B_8 = \{1, 3, 6, 7, 10, 12, 14\}$, $B_9 = \{1, 4, 5, 8, 10, 11, 14\}$,

$B_{10} = \{1, 4, 6, 8, 9, 12, 13\}$, $B_{11} = \{2, 3, 5, 8, 10, 12, 13\}$,

$B_{12} = \{2, 3, 6, 8, 9, 11, 14\}$, $B_{13} = \{2, 4, 5, 7, 9, 12, 14\}$,

$B_{14} = \{2, 4, 6, 7, 10, 11, 13\}$

이제 $B_0 = \{0, 1, 2, 3, 4, 5, 6\}$를 택하여 $\overline{\sigma} = (\overline{\mathscr{P}}, \overline{\mathscr{B}})$를 다음과 같이 정의하면, $\overline{\sigma}$는 2-디자인이고 그 파라미터는 7, 14, 6, 3, 2이다.

$$\overline{\mathscr{P}} = B_0 = \{0, 1, 2, 3, 4, 5, 6\}$$
$$\overline{\mathscr{B}} = \{\overline{B_i} \mid 1 \le i \le 14\}, \qquad \overline{B_i} = B_i \cap B_0$$

$\overline{B_1} = \{0, 1, 2\}$, $\overline{B_2} = \{0, 1, 2\}$, $\overline{B_3} = \{0, 3, 4\}$,

$\overline{B_4} = \{0, 3, 4\}$, $\overline{B_5} = \{0, 5, 6\}$, $\overline{B_6} = \{0, 5, 6\}$,

$\overline{B_7} = \{1, 3, 5\}$, $\overline{B_8} = \{1, 3, 6\}$, $\overline{B_9} = \{1, 4, 5\}$,

$\overline{B_{10}} = \{1, 4, 6\}$, $\overline{B_{11}} = \{2, 3, 5\}$, $\overline{B_{12}} = \{2, 3, 6\}$,

$\overline{B_{13}} = \{2, 4, 5\}$, $\overline{B_{14}} = \{2, 4, 6\}$

연 습 문 제 (10.5)

1. 다음과 같은 유형의 대칭 2-디자인의 파라미터를 구하여라.

(1) 2-(13, 4, 1) 디자인　　(2) 2-(57, 8, 1) 디자인

(3) 2-(25, 5, 1) 디자인　　(4) 2-(49, 7, 1) 디자인

2. 다음과 같은 유한 사영평면 $\pi = (\mathscr{P}, \mathscr{B})$ 는 어떤 유형의 2-디자인인지를 말하여라. 또, 이 2-디자인의 파라미터 v, b, r, k, λ 를 구하여라.

(1) 위수 7 인 사영평면　　(2) 위수 2^5 인 사영평면

***3.** 대칭 2-(v, k, λ) 디자인 $\sigma = (\mathscr{P}, \mathscr{B})$ 에서, 한 블록 B_0 를 택하여

$$\mathscr{P}^* = \mathscr{P} - B_0$$

$$\mathscr{B}^* = \{B^* \mid B \in \mathscr{B},\ B \neq B_0\}, \qquad B^* = B - B_0$$

이라고 하면, 결합구조 $\sigma^* = (\mathscr{P}^*, \mathscr{B}^*)$ 는 2-디자인이고 또 그 파라미터는 다음과 같음을 증명하여라.

$$v^* = v - k,\quad b^* = v - 1,\quad r^* = k,\quad k^* = k - \lambda,\quad \lambda^* = \lambda$$

***4.** 보기 10.5.5 의 대칭 2-디자인 $\sigma = (\mathscr{P}, \mathscr{B})$ 에서 $B_0 = \{0, 1, 2, 3, 4, 5, 6\}$ 를 택하여 문제 3과 같이 정의된 2-디자인 σ^* 를 결정하여라.

***5.** 다음과 같이 정의된 2-디자인 σ 는 대칭 2-(7, 4, 2) 디자인이다.

$$\mathscr{P} = \{0, 1, 2, 3, 4, 5, 6\}, \qquad \mathscr{B} = \{B_0, B_1, \cdots, B_6\}$$

$$B_0 = \{0, 3, 4, 6\},\quad B_1 = \{0, 2, 4, 5\},\quad B_2 = \{2, 3, 5, 6\},$$
$$B_3 = \{1, 4, 5, 6\},\quad B_4 = \{0, 1, 3, 5\},\quad B_5 = \{0, 1, 2, 6\},$$
$$B_6 = \{1, 2, 3, 4\}$$

(1) σ 의 補 디자인 $\sigma' = (\mathscr{P}', \mathscr{B}')$ 을 정하고 그 파라미터를 구하여라.

(2) σ 의 블록 B_0 를 택하여 정리 10.5.5 에서와 같이 디자인 $\overline{\sigma} = (\overline{\mathscr{P}}, \overline{\mathscr{B}})$ 를 결정하고 그 파라미터를 구하여라.

(3) σ 의 블록 B_0 를 택하여 문제 3 에서의 같이 디자인 $\sigma^* = (\mathscr{P}^*, \mathscr{B}^*)$ 를 결정하고 그 파라미터를 구하여라.

제 11 장

게임 이론

이 장에서는, 게임과 영합 게임, $m \times n$ 게임의 전략, 맥시민값, 미니맥스값, 최적전략, 게임의 값, 결정적 게임에 대하여 논하고 비결정적 게임의 혼합전략과 맥시민값, 미니맥스값과 맥시민 전략, 미니맥스전략, 최적전략, 게임의 값에 대하여 논한다.

그리고, Nim 의 게임과 음이 아닌 정수 전체의 집합 W 위에 Nim 덧셈을 정의하고, 또 Nim 덧셈을 이용하여 Nim 의 게임의 수학적 특성을 밝힌다.

§11.1 게 임

게임(game)은 그 내용을 정해주는 규칙과 규정으로 이루어져 있다. 게임에 참여하는 사람은 자기 차례가 되면 게임 규칙이 허용하는 범위 안에서 적당한 대상을 택하게 되고 이러한 일련의 선택 행위에 의하여 게임이 진행된다.

게임을 진행해 나가는 차례의 개수가 유한이고 각 차례에서의 선택 대상의 개수가 유한인 게임을 **유한 게임**(finite game)이라 하고, 그렇지 않은 게임을 **무한 게임**(infinite game)이라고 한다. 그리고, 게임에 참여하는 사람의 수가 n일 때 이 게임을 **n人 게임**(n-person game)이라고 한다. 여기서, 이해 관계가 같은 사람은 한 사람으로 생각한다. 예를 들어, 임금협상은 많은 사람이 참여하지만 실제 노동조합과 사용자라는 두 단체가 벌이는 게임이므로 임금 협상이라는 게임은 2人게임이다.

게임의 각 참여자의 이해 관계는 서로 상반된다. 게임을 행할 때마다 그 결과에 따라 각 참여자는 게임 규정에 의해 정해진 일정한 점수 또는 금액을 받게 되는데 이러한 점수 또는 금액을 **이득**(payoff)이라고 한다. 이 때, 이득의 금액이 양수이면 받는 금액을 뜻하고, 반대로 이득의 금액이 음수이면 잃게 되는 금액을 뜻한다.

게임을 행할 때마다 모든 참여자가 얻게 되는 이득의 총액이 항상 일정한 게임을 **常數合 게임**(constant-sum game)이라고 한다. 상수합 게임 중에서도 이득의 총액이 항상 0인 게임을 특히 **零合 게임**(zero-sum game)이라고 한다.

예를 들어, 게임에 진 사람이 이긴 사람에게 일정한 금액의 돈을 지불하는 게임은 영합 게임이다.

보기 11.1.1 참여자가 P_1, P_2인 2인 게임에서 참여자 P_1은 1, 2, 3이라고 쓴 카드 세 장을 가지고 있고 P_2는 1, 2, 3, 4라고 쓴 카드 네 장을 가지고 있으며 일정한 신호가 나면 P_1, P_2가 동시에 카드 한 장을 꺼내 보이고 그 결과에 따라 P_1이 P_2로부터 다음 표와 같은 금액의 돈을 받기로 게임 규칙을 정했다고 하자.

P_1 \ P_2	1	2	3	4
1	1	3	−5	6
2	−3	0	2	−4
3	−2	1	1	0

이 게임에서 P_1, P_2가 각각 전략 2, 전략 3을 택한다면 P_1은 이득 2를 얻게 된다.

정의 11.1.1 참여자 P_1, P_2가 각각 m개의 전략과 n개의 전략을 택할 수 있는 零合 2人게임을 $\boldsymbol{m \times n}$ **직사각게임**($m \times n$ rectangulargame) 또는 $\boldsymbol{m \times n}$ 게임이라 하고, 또 다음 표를 이 게임의 **利得表**(payoff table)라고 한다.

P_1 \ P_2	1	2	$\cdots$	n
1	a_{11}	a_{12}	$\cdots$	a_{1n}
2	a_{21}	a_{22}	$\cdots$	a_{2n}
$\vdots$	$\vdots$	$\vdots$	$\cdots$	$\vdots$
m	a_{m1}	a_{m2}	$\cdots$	a_{mn}

여기서, 왼쪽에 있는 숫자 $1, 2, \cdots, m$은 P_1의 전략 번호이고 위 줄에 있는 숫자 $1, 2, \cdots, n$은 P_2의 전략 번호이다. 그리고, 이 게임에서 P_1이 전략 i를 택하고 P_2가 전략 j를 택하는 경우에 P_1의 이득은 a_{ij}이고 또 P_2의 이득은 $-a_{ij}$이다. 그리고, $m \times n$ 행렬 $A = [a_{ij}]_{m \times n}$를 이 게임의 **이득행렬**(payoff matrix)이라고 한다.

영합 2人게임의 두 참여자는 이 게임을 행할 때마다 最適의 전략을 써서 가능한 한 최대의 이득을 얻으려고 하므로 각 참여자의 이득은 자기 자신의 전략뿐만 아니라 상대방의 전략에 따라 변한다. 게임에 대하여 논할 때에는 각 참여자가 상대방 전략을 예측하지 못하면서 자기가 얻을 수 있는 이득을 가능한 한 최대가 되게 하려는 의도를 갖고 있다고 가정한다. 그리고, 각 참여자가 투기적인 전략은 쓰지 않으면서 상대방이 자신에게 가장 불리한 전략을 쓰는 경우에 대처하여 일어날 수 있는 손해를 가능한 한 최소가 되게 하려는 데에 더 많은 관심을 쏟아 확실히 얻을 수 있는 이득을 가능한 한 최대가 되게 하려 한다고 가정한다.

P_1 \ P_2	1	2	3
1	4	3	6
2	5	−1	−2

오른쪽 표와 같은 이득표를 가진 2 × 3 게임 게임에서 P_1이 전략 1을 택하는 경우에는 P_2가 어떠한 전략을 택하더라도 P_1은 적어도 제 1 행의 최소값인 3을 확실히 얻을 수 있고, 또 P_1이 전략 2를 택하는 경우에는 P_2가 어떠한 전략을 택하더라도 적어도 제 2 행의 최소값인 −2를 확실히 얻을 수 있다.

P_1 \ P_2	1	2	3	행의 최소값
1	4	(3)	6	3
1	5	−1	−2	−2
열의 최대값	5	3	6	3

한편, 각 행의 최소값 3, −2 중에서 최대인 값은 3이므로, P_1이 전략 1을 택하기만 하면 P_2가 어떤 전략을 택하더라도 적어도 3을 확실히 얻을 수 있으나, P_1이 전략 2를 택하면 3보다 작은 이득을 얻을 가능성이 있다. 그런데, P_2의 관점에서 생각하면, 이득표는 P_2의 손해를 나타내므로 P_2가 이득을 최대로 하려면 P_1의 이득을 되도록 최소가 되게 해야 한다.

이제 P_2가 전략 1을 택하면 P_1은 많아야 5를 얻고, P_2가 전략 2를 택하면 P_1은 많아야 3을 얻으며 P_2가 전략 3을 택하면 P_1은 많아야 6을 얻는다. 여기서 5, 3, 6은 각각 제 1 열, 제 2 열, 제 3 열의 최대값이고 5, 3, 6 중에서 최소인 값은 3이므로, P_2가 전략 2를 택하기만 하면 P_1이 어떤 전략을 택하더라도 P_1은 많아야 3을 확실히 얻을 수 있으나, P_2가 전략 1 또는 전략 3을 택하면 P_1은 3보다 많은 이득을 얻을 가능성이 있다.

따라서 P_1의 전략 1은 P_1이 이득 3을 확실히 얻을 수 있게 하는 전략이고 P_2의 전략 2는 P_1이 3보다 많은 이득을 얻게 되는 것을 확실히 막을 수 있는 전략이다.

정의 11.1.2 이득표가 아래와 같은 $m\times n$ 게임에서 각 행의 최소값을 $b_1,\ b_2,\ \cdots,\ b_m$ 이라 하고 이 중에서 최대인 값을 v_1 이라고 할 때, v_1 을 이 게임의 **맥시민값**(maximin)이라 하고 이것을 maximin으로 나타낸다. 그리고, 각 열의 최대값을 $c_1, c_2, \cdots, c_n$ 이라 하고 이 중에서 최소인 값을 v_2 이라고 할 때, v_2 를 이 게임의 **미니맥스값**(minimax)이라 하고 이것을 minimax로 나타낸다. 즉,

$$\begin{aligned} b_i &= \min\{a_{i1}, a_{i2}, \cdots, a_{in}\} \qquad (1\le i\le m) \\ v_1 &= \max\{b_1, b_2, \cdots, b_m\} = \text{maximin} \\ c_j &= \max\{a_{1j}, a_{2j}, \cdots, a_{nj}\} \qquad (1\le j\le n) \\ v_2 &= \min\{c_1, c_2, \cdots, c_n\} = \text{minimax} \end{aligned}$$

P_1 \ P_2	1	2	$\cdots$	n	행의 최소값
1	a_{11}	a_{12}	$\cdots$	a_{1n}	b_1
2	a_{21}	a_{22}	$\cdots$	a_{2n}	b_2
$\vdots$	$\vdots$	$\vdots$	$\cdots$	$\vdots$	$\vdots$
m	a_{m1}	a_{m2}	$\cdots$	a_{mn}	b_m
열의 최대값	c_1	c_2	$\cdots$	c_n	

위의 정의에서 $v_1 = b_k,\ v_2 = c_l$ 이라고 하면 다음이 성립한다.

$$\begin{aligned} v_1 = b_k = \min\{a_{k1}, a_{k2}, \cdots, a_{kl}, \cdots, a_{kn}\} &\le a_{kl} \\ &\le \max\{a_{1l}, a_{2l}, \cdots, a_{kl}, \cdots, a_{ml}\} = c_l = v_2 \end{aligned}$$

정의 11.1.3 이득행렬이 $A = [a_{ij}]_{m\times n}$ 인 $m\times n$ 게임에서

$$v_1 = \text{maximin} = \text{minimax} = v_2$$

인 경우에 이 게임을 **決定的 게임**(strictly determined game)이라고 하며, v = maximin = minimax를 이 **게임의 값**이라 하고 또 v가 속해 있는 행의 번호와 열의 번호를 각각 P_1, P_2 의 **最適전략**(optimal strategy)이라고 한다. 한편, 결정적이 아닌 게임을 **非決定的 게임**이라고 한다.

보기 11.1.2 오른쪽 표와 같은 이득표를 가진 게임은 결정적 게임이고 이 게임의 값은 $v=3$이다. 또, P_1의 최적전략은 전략 1이고 P_2의 최적전략은 전략 2이다.

P_1 \ P_2	1	2	3
1	4	③	6
2	5	−1	−2

보기 11.1.3 오른쪽 표와 같은 이득표를 가진 3×2 게임에서

$$\text{maximin} = \text{minimax} = 2$$

이므로 이 게임 결정적인 게임이고 이 게임의 값은 2이다.

P_1 \ P_2	1	2	행의 최소값
1	1	−1	−1
2	②	5	2
3	0	4	0
열의 최대값	2	5	2

그리고, P_1의 최적전략은 전략 2이고 P_2의 최적전략은 전략 1이다.

보기 11.1.4 오른쪽 표와 같은 이득표를 가진 2×2 게임에서

$$v_1 = \text{maximin} = 2,$$

$$v_2 = \text{minimax} = 3$$

이므로 이 게임은 비결정적 게임이다.

P_1 \ P_2	1	2	행의 최소값
1	2	1	1
2	0	3	2
열의 최대값	4	3	

정의 11.1.4 행렬 $A=[a_{ij}]_{m\times n}$에서 A의 한 원소 a_{kl}가 제 k행에 속해 있는 원소 중에서 최소이고 제 l열에 속해 있는 원소 중에서 최대인 경우에 a_{kl}을 행렬 A의 **鞍裝點**(saddle point)이라고 한다.

정의에 의하여 다음 정리가 성립한다.

정리 11.1.5 $m \times n$ 게임의 이득행렬이 $A=[a_{ij}]_{m\times n}$일 때, 이 게임이 결정적이기 위한 필요충분조건은 A가 안장점을 가지는 것이다.

그리고, A가 안장점 a_{kl}을 가질 때, 이 게임의 값은 a_{kl}이고 P_1, P_2의 최적전략은 각각 전략 k, 전략 l이다.

보기 11.1.5 행렬

$$A = \begin{bmatrix} \textcircled{2} & 5 & \textcircled{2} \\ 1 & 4 & -1 \end{bmatrix}$$

의 (1, 1) 성분인 2와 (1, 3) 성분인 2는 안장점이다.

따라서 이득행렬이 A인 2×3 게임은 결정적인 게임이고 이 게임의 값은 2이다. 그리고, P_1의 최적전략은 전략 1이고 P_2의 최적전략은 전략 1 또는 전략 3이다.

일반적으로, 2×2 게임에 대하여 다음이 성립함을 쉽게 밝힐 수 있다.

정리 11.1.6 이득행렬이

$$A = \begin{bmatrix} a_{11} & a_{12} \\ a_{21} & a_{22} \end{bmatrix}$$

인 2×2 게임이 비결정적 게임이기 위한 필요충분조건은 다음 중에서 하나가 성립하는 것이다.

(1) $a_{11} > a_{12}, \quad a_{11} > a_{21}, \quad a_{22} > a_{12}, \quad a_{22} > a_{21}$
이 경우에 $a_{11} + a_{22} - a_{12} - a_{21} > 0$이다.

(2) $a_{11} < a_{12}, \quad a_{11} < a_{21}, \quad a_{22} < a_{12}, \quad a_{22} < a_{21}$
이 경우에 $a_{11} + a_{22} - a_{12} - a_{21} < 0$이다.

$$\begin{bmatrix} a_{11} & > & a_{12} \\ \vee & & \wedge \\ a_{21} & < & a_{22} \end{bmatrix} \qquad \begin{bmatrix} a_{11} & < & a_{12} \\ \wedge & & \vee \\ a_{21} & > & a_{22} \end{bmatrix}$$

보기 11.1.6 두 행렬

$$A = \begin{bmatrix} 4 & 1 \\ 2 & 3 \end{bmatrix}, \qquad B = \begin{bmatrix} 3 & 4 \\ 5 & 2 \end{bmatrix}$$

는 안장점을 가지지 않는다.

다음과 같은 이득표를 가진 3×3 게임을 생각해 보자.

P_1 \ P_2	1	2	3	행의 최소값
1	4	3	7	3
2	8	1	1	1
3	6	(5)	7	5
열의 최대값	8	5	7	5

$v_1 = v_2 = 5$

이 게임은 결정적 게임이고, 이 게임의 값은 $v = 5$ 이다. 그리고, P_1 의 최적전략은 전략 3 이고 P_2 의 최적전략은 전략 2 이다.

그런데, 위의 표에서 제 3 행의 원소 6, 5, 7 은 각각 제 1 행의 대응하는 원소 4, 3, 7 보다 크거나 같으므로, P_1 은 전략 3 을 택하는 편이 전략 1 를 택하는 것보다 유리하거나 또는 적어도 불리하지 않다. 이러한 의미에서 P_1 의 전략 3 (제 3 행) 은 전략 1 (제 1 행) 보다 **優越하다**(dominate) 고 한다.

그리고, 제 2 열의 원소 3, 1, 5 는 각각 제 3 열의 대응하는 원소 7, 1, 7 보다 작거나 같으므로, P_2 는 전략 2 를 택하는 편이 전략 3 을 택하는 것보다 유리하거나 또는 적어도 불리하지 않다. 이러한 의미에서 P_2 의 전략 2 (제 2 열) 는 전략 3 (제 3 열) 보다 **優越하다**고 한다.

위의 이득표에서 우월하지 않은 행과 열, 즉 제 1 행과 제 3 열을 없애면 아래 표와 같은 이득표를 가진 2×2 게임을 얻는다.

P_1 \ P_2	1	2
1	8	1
2	6	(5)

이 게임의 값은 5 이고 P_1, P_2 의 최적전략은 각각 전략 3, 전략 2 이다.

이와 같이 $m \times n$ 게임의 이득표에서 우월하지 않은 행과 열을 없애어 게임의 크기를 작게 만드는 것을 게임의 **縮約**(contraction)이라고 한다.

일반적으로, 본래의 게임을 축약하여 얻은 게임이 결정적인 게임일 때, 본래의 게임도 결정적 게임이고 이 두 게임의 값과 최적전략은 일치한다.

연 습 문 제 (11.1)

1. 두 사람 P_1, P_2가 손가락을 하나 또는 둘을 내보여서, 내보인 손가락 수의 합이 짝수이면 P_1이 그 합만큼 얻고 홀수이면 P_2가 그 합만큼 얻는다고 할 때, 이 게임의 이득표와 이득행렬을 구하여라.

2. 이득표가 다음과 같은 게임이 결정적 게임인지를 판정하여라. 또, 결정적 게임인 경우에 이 게임의 값과 P_1, P_2의 최적전략을 구하여라.

(1)

P_1 \ P_2	1	2	3
1	1	−3	6
2	−1	0	4
3	2	1	2

(2)

P_1 \ P_2	1	2	3	4
1	3	5	4	7
2	−2	8	0	−9
3	6	12	1	3

(3)

P_1 \ P_2	1	2	3
1	1	0	2
2	0	3	2

(4)

P_1 \ P_2	1	2	3
1	4	0	1
2	5	3	8

3. 이득행렬이 다음 행렬과 같은 게임 중에서 결정적 게임을 찾아라. 또, 결정적 게임인 경우에 게임의 값과 P_1, P_2의 최적전략을 구하여라.

(1) $A=\begin{bmatrix} 0 & 2 \\ -1 & 4 \end{bmatrix}$ (2) $A=\begin{bmatrix} 5 & 0 \\ 0 & 7 \end{bmatrix}$

(3) $A=\begin{bmatrix} 7 & 0 & 7 \\ 3 & 1 & 6 \\ 5 & 4 & 2 \end{bmatrix}$ (4) $A=\begin{bmatrix} 4 & 3 & 7 \\ 6 & 5 & 7 \\ 8 & 1 & 1 \end{bmatrix}$

4. 다음 게임을 축약하여라.

(1)

P_1 \ P_2	1	2	3
1	3	4	2
2	1	2	−1
3	2	5	−3

(2)

P_1 \ P_2	1	2	3
1	−1	4	3
2	1	2	1
3	3	−1	−1

§11.2 비결정적 게임

P_1 \ P_2	1	2
1	4	1
2	2	3

오른쪽 표와 같은 이득표를 가진 게임은 비결정적 게임이다. 이 게임에서 P_1이 맥시민값 2를 얻으려면 전략 2를 택해야 하고 P_2가 미니맥스값 3을 얻으려면 전략 2를 택해야 한다. 한편, P_1, P_2가 이와 같은 전략을 택하면, P_1의 실제 이득은 기대한 값 2보다 더 많은 3이 되므로 게임을 행할 때마다 항상 전략 2를 택한다면 이를 눈치챈 P_2는 전략 2 대신에 전략 1을 택하여 P_1의 이득을 2로 줄이려고 할 것이다. 반대로, P_2가 항상 전략 1만을 택한다면, P_1은 전략 2 대신에 전략 1을 택하여 보다 많은 이득 4를 얻으려고 할 것이다.

결국, 게임을 행할 때마다 항상 같은 전략을 택하면 상대방이 유리하게 되므로, P_1과 P_2는 전략을 일정한 비율로 혼합하여 택하는 것이 바람직하다.

정의 11.2.1 이득행렬이 $A=[a_{ij}]_{m\times n}$인 $m\times n$ 게임에서 본래의 전략을 **순수전략**(pure strategy)이라 하고, 일정한 확률로 순수전략을 혼합하여 택하는 전략을 **혼합전략**(mixedstrategy)이라고 한다. 그리고,

'P_1이 전략 1, 전략 2, …, 전략 m을 각각 확률 $x_1, x_2, \cdots, x_m$으로 택하는 혼합전략',

'P_2가 전략 1, 전략 2, …, 전략 n을 각각 확률 $y_1, y_2, \cdots, y_n$으로 택하는 혼합전략'

을 각각 다음과 같이 나타내기로 하자.

$$X=[\,x_1\ \ x_2\ \ \cdots\ \ x_m\,], \qquad Y=\begin{bmatrix} y_1 \\ y_2 \\ \vdots \\ y_n \end{bmatrix}$$

$$0\le x_i\le 1\quad (1\le i\le m), \qquad x_1+x_2+\cdots+x_m=1,$$
$$0\le y_j\le 1\quad (1\le j\le n), \qquad y_1+y_2+\cdots+y_n=1$$

앞의 정의에서 P_1, P_2가 각각 혼합전략 X, Y를 택하는 경우에 P_1이 얻으리라고 기대되는 이득을 $E(X, Y)$로 나타내고 이것을 혼합전략 X, Y에 대한 P_1의 **기대이득**(expected payoff)이라고 한다.

여기서, 각 i, j $(1 \le i \le m,\ 1 \le j \le n)$에 대하여 P_1의 이득이 a_{ij}일 확률은 $x_i\, y_j$이므로 P_1의 기대이득 $E(X, Y)$는 다음과 같다.

$$E(X, Y) = \sum_{i=1}^{m} \sum_{j=1}^{n} a_{ij}\, x_i\, y_j = [\, x_1\ x_2\ \cdots\ x_m \,]\, A \begin{bmatrix} y_1 \\ y_2 \\ \vdots \\ y_n \end{bmatrix} = XAY$$

정의 11.2.2 이득행렬이 $A = [a_{ij}]_{m \times n}$인 $m \times n$게임에서 P_1의 고정된 혼합전략 X에 대하여 P_2의 모든 혼합전략 Y에 대한 P_1의 기대이득 $E(X, Y)$ 중에서 최소인 값을 $\bar{E}(X)$이라 하고 P_1의 모든 혼합전략 X에 대한 $\bar{E}(X)$ 중에서 최대인 값을 v_1이라고 하자. 그리고, $X = \bar{X}$일 때 $\bar{E}(X)$가 최대값 $v_1 = \bar{E}(\bar{X})$를 가진다고 하자. 즉,

$$\bar{E}(X) = \min_{Y} E(X, Y) \qquad ①$$

$$v_1 = \max_{X} \bar{E}(X) = \max_{X} \min_{Y} E(X, Y) \qquad ②$$

$$v_1 = \bar{E}(\bar{X}) = \min_{Y} E(\bar{X}, Y) \qquad ③$$

또, P_2의 고정된 혼합전략 Y에 대하여 P_1의 모든 혼합전략 X에 대한 P_1의 기대이득 $E(X, Y)$ 중에서 최대인 값을 $\bar{\bar{E}}(Y)$이라 하고 P_2의 모든 혼합전략 Y에 대한 $\bar{\bar{E}}(Y)$ 중에서 최소인 값을 v_2이라고 하자. 그리고, $Y = \bar{Y}$일 때 $\bar{\bar{E}}(Y)$가 최소값 $v_2 = \bar{\bar{E}}(\bar{Y})$를 가진다고 하자. 즉,

$$\bar{\bar{E}}(Y) = \max_{X} E(X, Y) \qquad ④$$

$$v_2 = \min_{Y} \bar{\bar{E}}(Y) = \min_{Y} \max_{X} E(X, Y) \qquad ⑤$$

$$v_2 = \bar{\bar{E}}(\bar{Y}) = \max_{X} E(X, \bar{Y}) \qquad ⑥$$

여기서, v_1을 이 게임의 **맥시민값**이라 하고 혼합전략 $\bar{X}$를 P_1의 **맥시민 전략**이라고 한다. 그리고 v_2를 이 게임의 **미니맥스값**이라 하고 혼합전략 $\bar{Y}$를 P_2의 **미니맥스 전략**이라고 한다.

정의에 의하여 P_1이 맥시민 전략 $\bar{X}$를 택한다면, P_2의 전략에 관계없이 P_1은 적어도 v_1을 확실하게 얻는다. 그리고, P_2가 미니맥스 전략 $\bar{Y}$를 택한다면, P_1의 전략에 관계없이 P_1의 기대이득이 v_2보다 크게 되는 것을 확실하게 막을 수 있다.

그리고, 등식 ③, ⑥에 의하여 다음이 성립한다.

$$v_1 = \min_Y E(\bar{X}, Y) \le E(\bar{X}, \bar{Y}) \le \max_X E(X, \bar{Y}) = v_2 \qquad ⑦$$

실제로, $v_1 = v_2$임을 밝힐 수 있고 따라서 다음 정리가 성립한다.

정리 11.2.3 $m \times n$ 게임에서 다음 등식이 성립한다.

$$\max_X \min_Y E(X, Y) = E(\bar{X}, \bar{Y}) = \min_Y \max_X E(X, Y)$$

위의 정리와 ⑦에 의하여 다음이 성립한다.

$$v_1 = \min_Y (\bar{X}, Y) = E(\bar{X}, \bar{Y}) = \max_X E(X, \bar{Y}) = v_2$$

$$\begin{aligned} E(X, \bar{Y}) \le \max_X E(X, \bar{Y}) &= E(\bar{X}, \bar{Y}) \\ &= \min_Y E(\bar{X}, Y) \le E(\bar{X}, Y) \end{aligned}$$

따라서 P_1의 맥시민 전략 $\bar{X}$는 P_2가 $\bar{Y}$를 택할 경우를 대비하여 P_1이 택할 수 있는 최선의 전략하고, 또 P_2의 미니맥스 전략 $\bar{Y}$는 P_1이 $\bar{X}$를 택할 경우를 대비하여 P_2가 택할 수 있는 최선의 전략이다. 이러한 의미에서 $\bar{X}, \bar{Y}$를 각각 P_1, P_2의 **最適전략**이라 하고 $v = E(\bar{X}, \bar{Y})$를 이 게임의 값이라고 한다.

이것은

"이 게임을 충분히 많이 되풀이할 때, P_1 이 $\bar{X}$를 택하고 P_2가 $\bar{Y}$를 택한다면 P_1 의 이득은 v 에 한없이 가까워진다."

는 것을 뜻한다.

보기 11.2.1 이득행렬이

$$A = \begin{bmatrix} a_{11} & a_{12} \\ a_{21} & a_{22} \end{bmatrix}$$

인 2×2 게임이 비결정적 게임에 대하여

$$a = a_{11} + a_{22} - a_{12} - a_{21}$$

이라고 하면 정리 11.1.6 에 의하여 다음 중 하나가 성립한다.

(1) $a > 0,\ \ 0 < a_{22} - a_{12} < a,\ \ 0 < a_{22} - a_{21} < a$

(2) $a < 0,\ \ a < a_{22} - a_{12} < 0,\ \ a < a_{22} - a_{21} < 0$

따라서

$$b = \frac{a_{22} - a_{21}}{a}, \qquad c = \frac{a_{22} - a_{12}}{a}, \qquad d = \frac{a_{11}a_{22} - a_{12}a_{21}}{a}$$

이라고 하면, 어느 경우에나 $0 < b < 1,\ \ 0 < c < 1$ 이다.

그리고, P_1, P_2 의 혼합전략

$$X = [x \quad 1-x], \qquad Y = \begin{bmatrix} y \\ 1-y \end{bmatrix} \qquad (0 \le x \le 1,\ 0 \le y \le 1)$$

에 대한 P_1 의 기대이득은 다음과 같다.

$$\begin{aligned} E(X, Y) &= [x \quad 1-x]\, A \begin{bmatrix} y \\ 1-y \end{bmatrix} \\ &= a_{11}\, xy + a_{12}\, x(1-y) + a_{21}(1-x)y + a_{22}(1-x)(1-y) \\ &= (a_{11} + a_{22} - a_{12} - a_{21})\, xy - (a_{22} - a_{12})x - (a_{22} - a_{21})y + a_{22} \\ &= axy - acx - aby + a_{22} \\ &= a\{x(y-c) - b(y-c)\} - abc + a_{22} \end{aligned}$$

즉, $$E(E, Y) = a\,(x-b)\,(y-c) + d$$

따라서 $a>0$ 인 경우에

$$0 \le x < b \text{ 일 때, } \bar{E}(X) = \min_Y E(X,Y) = a(x-b)(1-c)+d < d$$

$$b < x \le 1 \text{ 일 때, } \bar{E}(X) = \min_Y E(X,Y) = a(x-b)(-c)+d < d$$

$$x = b \text{ 일 때, } \bar{E}(X) = \min_Y E(X,Y) = d$$

$$0 \le y < c \text{ 일 때, } \bar{\bar{E}}(Y) = \max_X E(X,Y) = a(-b)(y-c)+d > d$$

$$c < y \le 1 \text{ 일 때, } \bar{\bar{E}}(Y) = \max_X E(X,Y) = a(1-b)(y-c)+d > d$$

$$y = c \text{ 일 때, } \bar{\bar{E}}(Y) = \max_X E(X,Y) = d$$

이므로 $v_1 = \max_X \bar{E}(X) = d, \quad v_2 = \min_Y \bar{\bar{E}}(Y) = d$ 이다.

마찬가지로, $a<0$ 인 경우에도 $v_1 = v_2 = d$ 이다.

그러므로 이 게임의 값은 $v=d$ 이고 또 P_1 과 P_2 의 최적전략은 각각 다음과 같다.

$$\bar{X} = [b \quad 1-b], \qquad \bar{Y} = \begin{bmatrix} c \\ 1-c \end{bmatrix}$$

보기 11.2.2 아래 표와 같은 이득표를 가진 2×2 게임에서 P_1, P_2 가 각각 혼합전략

$$X = [x \quad 1-x], \qquad Y = \begin{bmatrix} y \\ 1-y \end{bmatrix}$$

$$(0 \le x \le 1, \quad 0 \le y \le 1)$$

P_1 \ P_2	1	2
1	4	1
2	2	3

을 택할 때, P_1 의 기대이득은 다음과 같다.

$$E(X,Y) = [x \quad 1-x]\begin{bmatrix} 4 & 1 \\ 2 & 3 \end{bmatrix}\begin{bmatrix} y \\ 1-y \end{bmatrix}$$
$$= 4xy + x(1-y) + 2(1-x)y + 3(1-x)(1-y)$$

따라서

$$\begin{aligned} E(X, Y) &= 4xy - 2x - y + 3 \\ &= 4x\left(y - \frac{1}{2}\right) - \left(y - \frac{1}{2}\right) + \frac{5}{2} \\ &= 4\left(x - \frac{1}{4}\right)\left(y - \frac{1}{2}\right) + \frac{5}{2} \end{aligned}$$

이므로 이 게임의 값은 $v = \frac{5}{2}$ 이고 또 P_1 의 최적전략과 P_2 의 최적전략은 각각 $\bar{X} = \begin{bmatrix} \frac{1}{4} & \frac{3}{4} \end{bmatrix}$, $\bar{Y} = \begin{bmatrix} \frac{1}{2} \\ \frac{1}{2} \end{bmatrix}$ 이다.

이득행렬이 $A = [a_{ii}]_{m \times n}$ 인 $m \times n$ 게임에서

$$X_1 = [1, 0, \cdots, 0], \qquad X_2 = [0, 1, \cdots, 0], \cdots, \qquad X_m = [0, 0, \cdots, 1]$$

는 각각 P_1 의 순수전략인 전략 1, 전략 2, ⋯, 전략 m 을 나타내고

$$Y_1 = \begin{bmatrix} 1 \\ 0 \\ \vdots \\ 0 \end{bmatrix}, \quad Y_2 = \begin{bmatrix} 0 \\ 1 \\ \vdots \\ 0 \end{bmatrix}, \quad \cdots, Y_n = \begin{bmatrix} 0 \\ 0 \\ \vdots \\ 1 \end{bmatrix}$$

는 각각 P_2 의 순수전략인 전략 1, 전략 2, ⋯, 전략 n 을 나타낸다. 이들 순수전략과 P_1, P_2 의 혼합전략 X, Y 에 대하여 다음이 성립한다.

$$\begin{aligned} E(X_i, Y) = X_i A Y &= [a_{i1} \; a_{i2} \; \cdots \; a_{in}] \begin{bmatrix} y_1 \\ y_2 \\ \vdots \\ y_n \end{bmatrix} \\ &= a_{i1} y_1 + a_{i2} y_2 + \cdots + a_{in} y_n \end{aligned}$$

$$\begin{aligned} E(X, Y_j) = X A Y_j &= [x_1 \; x_2 \; \cdots \; x_m] \begin{bmatrix} a_{1j} \\ a_{2j} \\ \vdots \\ a_{mj} \end{bmatrix} \\ &= a_{1j} x_1 + a_{2j} x_2 + \cdots + a_{mj} x_m \end{aligned}$$

다음 두 정리의 증명은 생략하기로 한다.

정리 11.2.4 $m \times n$ 게임에서 게임의 값 v에 대하여 다음이 성립한다.

(1) $v = \max_X \min_Y E(X, Y) = \max_X \min \{E(X, Y_1), \cdots, E(X, Y_n)\}$

$$v = \bar{E}(\bar{X}) = \min_Y E(\bar{X}, Y) = \min \{E(\bar{X}, Y_1), \cdots, E(\bar{X}, Y_n)\}$$

(2) $v = \min_Y \max_X E(X, Y) = \min_Y \max \{E(X_1, Y), \cdots, E(X_m, Y)\}$

$$v = \bar{\bar{E}}(\bar{Y}) = \max_X E(X, \bar{Y}) = \max \{E(X_1, \bar{Y}), \cdots, E(X_m, \bar{Y})\}$$

정리 11.2.5 $m \times n$ 게임에서 P_1, P_2의 최적전략을 각각

$$\bar{X} = [\bar{x}_1 \;\; \bar{x}_2 \;\; \cdots \;\; \bar{x}_m], \qquad \bar{Y} = \begin{bmatrix} \bar{y}_1 \\ \bar{y}_2 \\ \vdots \\ \bar{y}_n \end{bmatrix}$$

이라 하고 이 게임의 값을 v이라고 할 때, 다음이 성립한다.

(1) 모든 j $(1 \le j \le n)$에 대하여 $E(\bar{X}, Y_j) \ge v$이다.
그리고, $E(\bar{X}, Y_j) > v$이면, $\bar{y}_j = 0$이다.
따라서 $\bar{y}_j > 0$이면, $E(\bar{X}, Y_j) = v$이다.

(2) 모든 i $(1 \le i \le m)$에 대하여 $E(X_i, \bar{Y}) \le v$이다.
그리고, $E(X_i, \bar{Y}) < v$이면, $\bar{x}_i = 0$이다.
따라서 $\bar{x}_i > 0$이면, $E(X_i, \bar{Y}) = v$이다.

보기 11.2.3 아래 표와 같은 이득표를 가진 2×2 게임의 값을 v이라 하고 P_1의 혼합전략을

$$X = [x \quad 1-x] \qquad (0 \le x \le 1)$$

로 나타내면 다음이 성립한다.

P_1 \ P_2	1	2
1	4	1
2	2	3

$$E(X, Y_1) = [x \quad 1-x]\begin{bmatrix}4\\2\end{bmatrix} = 2x + 2,$$

$$E(X, Y_2) = [x \quad 1-x]\begin{bmatrix}1\\3\end{bmatrix} = -2x + 3$$

$$v = \max_{0\le x\le 1} \min\{E(X, Y_1),\ E(X, Y_2)\}$$

그런데, 직교좌표계 O$-xz$를 가진 좌표평면에서 함수

$$z = 2x + 2 \qquad (0 \le x \le 1)$$

$$z = -2x + 3 \qquad (0 \le x \le 1)$$

의 그래프는 위의 그림과 같은 선분을 나타내므로 함수

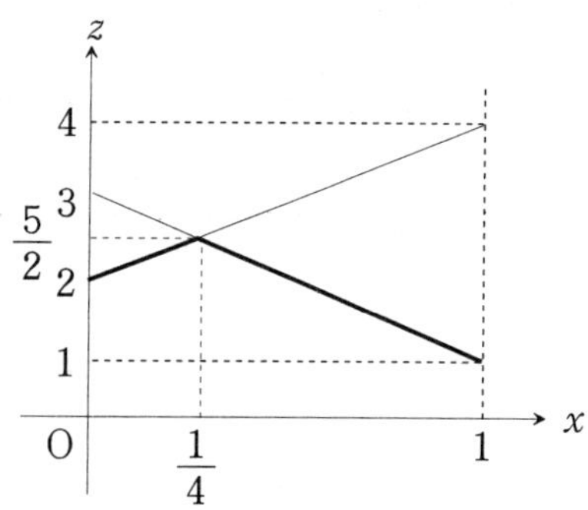

$$z = \min\{E(X, Y_1),\ E(X, Y_2)\} \qquad (0 \le x \le 1)$$

의 그래프는 그림의 굵은 선을 나타낸다.

그런데, v는 이 함수의 최대값이고, 방정식 $2x + 2 = -2x + 3$의 근은 $x = \frac{1}{4}$이므로 P_1의 최적전략은 $\bar{X} = \begin{bmatrix}\frac{1}{4} & \frac{3}{4}\end{bmatrix}$이고, 또 이 게임의 값은 $v = 2\cdot\frac{1}{4} + 2 = \frac{5}{2}$이다.

마찬가지로, P_2의 혼합전략을

$$Y = \begin{bmatrix}y\\1-y\end{bmatrix} \qquad (0 \le y \le 1)$$

으로 나타내면 다음이 성립한다.

$$E(X_1, Y) = [4 \quad 1]\begin{bmatrix}y\\1-y\end{bmatrix} = 3y + 1,$$

$$E(X_2, Y) = [2 \quad 3]\begin{bmatrix}y\\1-y\end{bmatrix} = -y + 3$$

$$v = \min_{0\le y\le 1} \max\{E(X_1, Y),\ E(X_2, Y)\}$$

그런데, 직교좌표계 O$-yz$를 가진 좌표평면에서 함수

$$z = 3y + 1 \quad (0 \le y \le 1)$$
$$z = -y + 3 \quad (0 \le y \le 1)$$

의 그래프는 오른쪽 그림과 같은 선분을 나타내므로 함수

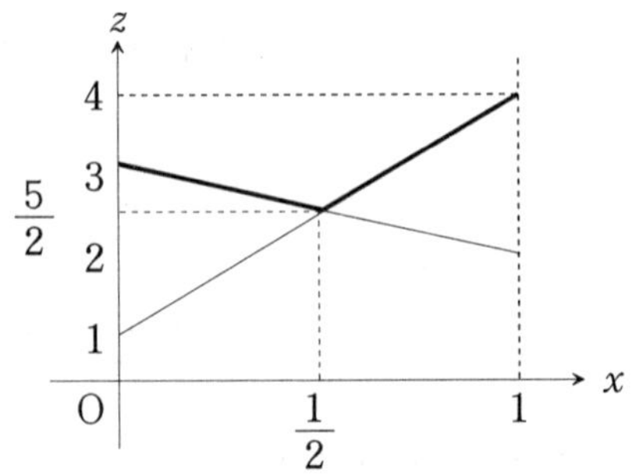

$$z = \max\{E(X, Y_1),\ E(X, Y_2)\} \qquad (0 \le x \le 1)$$

의 그래프는 그림의 굵은 선을 나타낸다. 한편, 방정식 $3y + 1 = -y + 3$의 근은 $y = \frac{1}{2}$이므로, P_2의 최적전략은 $\bar{Y} = \begin{bmatrix} \frac{1}{2} \\ \frac{1}{2} \end{bmatrix}$이다.

보기 11.2.4 이득행렬이 다음과 같은 2×4 게임을 생각해 보자.

$$A = \begin{bmatrix} -1 & 2 & 3 & 0 \\ 2 & 1 & -1 & 3 \end{bmatrix}$$

이 게임의 값을 v이라 하고 P_1이 혼합전략을 $X = [x \quad 1-x]$로 나타내면 다음이 성립한다.

$$E(X, Y_1) = [x \quad 1-x]\begin{bmatrix} -1 \\ 2 \end{bmatrix} = -3x + 2,$$

$$E(X, Y_2) = [x \quad 1-x]\begin{bmatrix} 2 \\ 1 \end{bmatrix} = x + 1,$$

$$E(X, Y_3) = [x \quad 1-x]\begin{bmatrix} 3 \\ -1 \end{bmatrix} = 4x - 1,$$

$$E(X, Y_4) = [x \quad 1-x]\begin{bmatrix} 0 \\ 3 \end{bmatrix} = -3x + 2$$

$$v = \max_{0 \le x \le 1} \min\{E(X, Y_1),\ E(X, Y_2),\ E(X, Y_3),\ E(X, Y_4)\}$$

그런데, 직교좌표계 O$-xz$를 가진 좌표평면에서, 함수

$$z = -3x + 2 \qquad (0 \leq x \leq 1)$$
$$z = x + 1 \qquad (0 \leq x \leq 1)$$
$$z = 4x - 1 \qquad (0 \leq x \leq 1)$$
$$z = -3x + 2 \qquad (0 \leq x \leq 1)$$

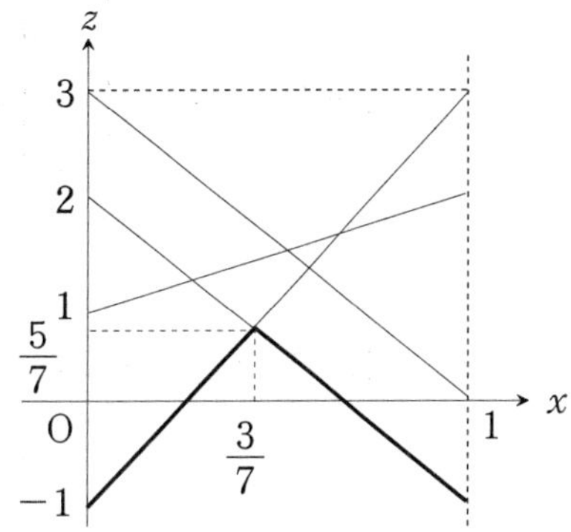

의 그래프는 오른쪽 그림과 같은 선분을 나타내므로 함수

$$z = \max\{E(X, Y_1),\ E(X, Y_2),\ E(X, Y_3),\ E(X, Y_4)\} \quad (0 \leq x \leq 1)$$

의 그래프는 위의 그림에서 굵은 선을 나타내고 v는 이 함수의 최대값이다.

한편, 방정식 $4x - 1 = -3x + 2$의 근은 $x = \frac{3}{7}$이므로 P_1의 최적전략은 $\bar{X} = \begin{bmatrix} \frac{3}{7} & \frac{4}{7} \end{bmatrix}$이고 이 게임의 값은 $v = 4 \cdot \frac{3}{7} - 1 = \frac{5}{7}$이다. 그리고,

$$E(\bar{X}, Y_1) = (-3) \cdot \frac{3}{7} + 2 = \frac{5}{7} = v,$$

$$E(\bar{X}, Y_2) = \frac{3}{7} + 1 = \frac{10}{7} > v,$$

$$E(\bar{X}, Y_3) = 4 \cdot \frac{3}{7} - 1 = \frac{5}{7} = v,$$

$$E(\bar{X}, Y_4) = (-3) \cdot \frac{3}{7} + 3 = \frac{12}{7} > v$$

이므로 P_2의 최적전략을

$$\bar{Y} = \begin{bmatrix} \overline{y_1} \\ \overline{y_2} \\ \overline{y_3} \\ \overline{y_4} \end{bmatrix}$$

이라고 하면, 정리 11.2.5에 의하여 $\bar{y}_2 = \bar{y}_4 = 0$이고 또 다음이 성립한다.

$$E(X_1, \bar{Y}) = X_1 A \bar{Y} = v, \qquad E(X_2, \bar{Y}) = X_1 A \bar{Y} = v$$

따라서

$$[-1\ \ 2\ \ 3\ \ 0]\begin{bmatrix}\overline{y_1}\\ \overline{y_2}\\ \overline{y_3}\\ \overline{y_4}\end{bmatrix}=\frac{5}{7} \qquad \text{즉} \quad -\overline{y_1}+3\overline{y_3}=\frac{5}{7}$$

$$[2\ \ 1\ \ -1\ \ 3]\begin{bmatrix}\overline{y_1}\\ \overline{y_2}\\ \overline{y_3}\\ \overline{y_4}\end{bmatrix}=\frac{5}{7} \qquad \text{즉} \quad -2\overline{y_1}+\overline{y_3}=\frac{5}{7}$$

이므로 $\overline{y_1}=\frac{4}{7}$, $\overline{y_3}=\frac{3}{7}$ 이고 P_2 의 최적전략은 $\bar{Y}=\begin{bmatrix}\frac{4}{7}\\ 0\\ \frac{3}{7}\\ 0\end{bmatrix}$ 이다.

보기 11.2.5 오른쪽 표와 같은 이득표를 가진 게임에서 이득표의 제 1 행은 제 2 행보다 우월하므로, 제 2 행을 없애면 아래의 왼쪽 표와 같은 이득표를 얻는다.

P_1 \ P_2	1	2	3
1	5	4	1
2	2	3	−1
3	3	2	3

또, 이 이득표에서 제 2 열이 제 1 열보다 우월하므로, 제 1 열을 없애면 아래의 오른쪽 표와 같은 이득표를 얻는다.

P_1 \ P_2	1	2	3
1	5	4	1
3	3	2	3

P_1 \ P_2	2	3
1	4	1
3	2	3

한편, 보기 11.2.2 에 의하여 이 게임의 값과 최적전략은 각각 다음과 같다.

$$v=\frac{5}{2}, \qquad \bar{X}=\begin{bmatrix}\frac{1}{4} & \frac{3}{4}\end{bmatrix}, \qquad \bar{Y}=\begin{bmatrix}\frac{1}{2}\\ \frac{1}{2}\end{bmatrix}$$

따라서 본래의 게임의 값과 P_1, P_2 의 최적전략은 각각 다음과 같다.

$$v=\frac{5}{2}, \qquad \bar{X}=\begin{bmatrix}\frac{1}{4} & 0 & \frac{3}{4}\end{bmatrix}, \qquad \bar{Y}=\begin{bmatrix}0\\ \frac{1}{2}\\ \frac{1}{2}\end{bmatrix}$$

보기 11.2.6 오른쪽 표와 같은 이득표를 가진 2×4 게임을 생각해 보자.

P_1 \ P_2	1	2	3	4
1	1	−1	2	−3
2	−1	1	0	1

이 이득표에서 제 1 열은 제 3 열보다 우월하고 제 4 열은 제 2 열보다 우월하므로 제 3 열과 제 2 열을 없애면 오른쪽 표와 같은 이득표를 가진 2×2 게임을 얻는다.

P_1 \ P_2	1	4
1	1	−3
2	−1	1

한편, 보기 11.2.1 에 의하여 이 게임의 값과 최적전략이 각각 다음과 같다.

$$v = -\frac{1}{3}, \qquad \bar{X} = \begin{bmatrix} \frac{1}{3} & \frac{2}{3} \end{bmatrix}, \qquad \bar{Y} = \begin{bmatrix} \frac{2}{3} \\ \frac{1}{3} \end{bmatrix}$$

따라서 본래의 게임의 값과 P_1, P_2 의 최적전략은 각각 다음과 같다.

$$v = -\frac{1}{3}, \qquad \bar{X} = \begin{bmatrix} \frac{1}{3} & \frac{2}{3} \end{bmatrix}, \qquad \bar{Y} = \begin{bmatrix} \frac{2}{3} \\ 0 \\ 0 \\ \frac{1}{3} \end{bmatrix}$$

연 습 문 제 (11.2)

1. 이득표가 다음과 같은 2×2 게임에 대하여 게임의 값을 구하고 또 P_1, P_2 의 최적전략을 구하여라.

(1)

P_1 \ P_2	1	2
1	1	0
2	−1	2

(2)

P_1 \ P_2	1	2
1	7	−6
2	5	8

(3)

P_1 \ P_2	1	2
1	1	2
2	3	4

(4)

P_1 \ P_2	1	2
1	15	3
2	−1	2

2. 두 사람 P_1, P_2가 각각 손가락 한 개 또는 두 개를 동시에 내보여서 내보인 손가락의 개수의 합이 짝수이면 P_1이 그 합만큼 얻고 홀수이면 P_2이면 그 합만큼 얻는 게임의 이득표를 만들고 이 게임의 값과 P_1,P_2의 최적전략을 구하여라.

3. 이득표가 다음과 같은 게임에 대하여 게임의 값을 구하고 또P_1,P_2의 최적전략을 구하여라.

(1)

P_1 \ P_2	1	2
1	7	5
2	2	9

(2)

P_1 \ P_2	1	2	3
1	2	−3	1
2	−1	4	2

4. 이득표가 다음과 같은 게임에 대하여 게임의 값을 구하고 또P_1,P_2의 최적전략을 구하여라.

(1)

P_1 \ P_2	1	2	3
1	5	7	2
2	0	−1	8

(2)

P_1 \ P_2	1	2	3	4
1	−1	2	3	−3
2	1	−1	−2	5

5. 다음 게임을 축약하여 그 게임의 값과 P_1,P_2의 최적전략을 구하여라.

(1)

P_1 \ P_2	1	2	3
1	1	0	2
2	0	3	2

(2)

P_1 \ P_2	1	2	3	4
1	5	−1	−2	8
2	−6	0	8	8

(3)

P_1 \ P_2	1	2
1	0	2
2	0	3
3	−1	0
4	2	0

(4)

P_1 \ P_2	1	2
1	0	15
2	−10	20
3	10	12

§ 11.3 Nim의 게임

아래 그림과 같이 동전, 바둑알, 성냥개비와 같은 물건을 여러 묶음으로 쌓아놓고 A, B 두 사람이 이 순서대로 한 사람씩 이들 묶음 중에서 단 한 개의 묶음을 택하고 이 묶음에 들어있는 물건의 전부 또는 일부를 제거하는 일을 행하고 이와 같은 과정을 되풀이하여 마지막으로 모든 묶음에서 모든 물건을 제거한 사람이 이기는 게임을 생각해 보자.

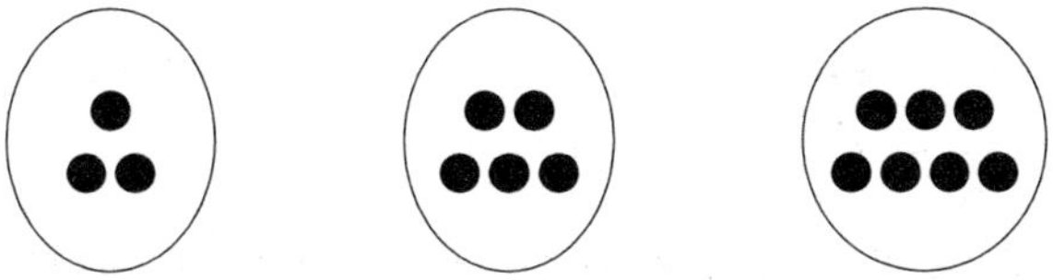

이와 같은 게임을 **Nim의 게임**이라고 한다. 여기서, nim은 '덜어내다(takeaway), 훔치다(steal)'라는 뜻의 古語이며 이 게임은 미국의 수학자 Charles Bouton이 1901년에 고안해낸 게임이다.

일반적으로, n_1개, n_2개, $\cdots$, n_t개의 물건이 들어 있는 t개의 묶음을

$$[n_1, n_2, \cdots, n_t]$$

로 나타낼 때, 이 게임의 전략은 이들 묶음 중에서 s번째 묶음에서 전부 또는 일부를 제거하여 m_s $(0 \le m_s < n_s)$개의 물건이 남도록 하는 것이며 이 전략을 쓴 사람은 위의 묶음을 $[n_1, n_2, \cdots, m_s, \cdots, n_t]$로 만들게 되고 이러한 과정을 되풀이하여 본래의 묶음을 $[0, 0, \cdots, 0, \cdots, 0]$이 되도록 하는 사람이 이 게임에 이긴다.

예를 들어, 최초의 묶음이 [3, 5, 7]일 때, 다음과 같이 행한다고 하자.

횟수	A	B
1	[3, 4, 7]	[3, 4, 5]
2	[2, 4, 5]	[1, 4, 5]
3	[1, 2, 5]	]1, 2, 3]
4	[1. 2. 2]	[0, 2, 2]
5	[0, 2, 0]	[0, 0, 0]

앞의 표에서 제 1 회에 A는 최초의 묶음 [3, 5, 7] 의 둘째 묶음에서 1 개를 제거하는 전략을 써서 [3, 4, 7] 을 만들고 B는 이 묶음의 셋째 묶음에서 2개를 제거하여 [3, 4, 5] 를 만든다. 그리고, 마지막 회에서 A는 [0, 2, 2] 의 셋째 묶음에서 2개를 제거하여 [0, 2, 0] 을 만들고 또 B는 이 묶음의 둘째 묶음에서 2개를 제거하여 [0, 0, 0] 을 만든다.

이와 같이 행하면, 결국 B는 이 게임에 이긴다.

Nim의 게임에 대한 수학적 이론을 생각해 보자. 음이 아닌 정수 a는 단 한 가지 방법으로 다음과 같은 꼴로 나타내어진다(정리 1.3.18 참조).

$$a = r_m 2^m + r_{m-1} 2^{m-1} + \cdots + r_1 2 + r_0$$
$$r_i = 1 \text{ 또는 } r_i = 0 \qquad (0 \leq i \leq m)$$

이 때, 위의 식을 a의 2진법에 관한 전개식이라 하고 이것을

$$a = r_m r_{m-1} \cdots r_1 r_{0\,(2)}$$

으로 나타낸다.

정의 11.3.1 음이 아닌 정수 전체의 집합을 W 이라고 하자.

두 원소 $a, b \in W$ 에 대하여

$$a = r_m 2^m + r_{m-1} 2^{m-1} + \cdots + r_1 2 + r_0 = r_m r_{m-1} \cdots r_1 r_{0\,(2)},$$
$$b = s_m 2^m + s_{m-1} 2^{m-1} + \cdots + s_1 2 + s_0 = s_m s_{m-1} \cdots s_1 s_{0\,(2)}$$
$$r_i = 0 \text{ 또는 } 1, \qquad s_i = 0 \text{ 또는 } 1 \qquad (0 \leq i \leq m)$$

일 때, 새로운 합 $a \dotplus b$를 다음과 같이 정한다.

$$a \dotplus b = v_m 2^m + v_{m-1} 2^{m-1} + \cdots + v_1 2 + v_0 = v_m v_{m-1} \cdots v_1 v_{0\,(2)}$$

여기서, 각 i $(0 \leq i \leq m)$ 에 대하여

$$r_i = s_i = 0 \text{ 또는 } r_i = s_i = 1 \text{ 이면 } v_i = 0 \text{ 이고,}$$
$$r_i = 0,\ s_i = 1 \text{ 또는 } r_i = 1,\ s_i = 0 \text{ 이면 } v_i = 1 \text{ 이다.}$$

이와 같이 정의된 W 위의 덧셈을 **Nim 덧셈**(Nim-addition)이라 하고 또 $a \dotplus b$를 a와 b의 **Nim 합**(Nim-sum)이라고 한다.

보기 11.3.1 세 정수 3, 5, 7 에 대하여 다음이 성립한다.

$$3 = 0 \cdot 2^2 + 1 \cdot 2^1 + 1 = 0\ 1\ 1_{(2)}$$
$$5 = 1 \cdot 2^2 + 0 \cdot 2^1 + 1 = 1\ 0\ 1_{(2)}$$
$$7 = 1 \cdot 2^2 + 1 \cdot 2^1 + 1 = 1\ 1\ 1_{(2)}$$
$$3 \dotplus 5 = 1 \cdot 2^2 + 1 \cdot 2^1 + 0 = 1\ 1\ 0_{(2)} = 6$$
$$3 \dotplus 7 = 1 \cdot 2^2 + 0 \cdot 2^1 + 0 = 1\ 0\ 0_{(2)} = 4$$
$$5 \dotplus 7 = 0 \cdot 2^2 + 1 \cdot 2^1 + 0 = 0\ 1\ 0_{(2)} = 2$$
$$5 \dotplus 5 = 0 \cdot 2^2 + 0 \cdot 2^0 + 0 = 0\ 0\ 0_{(2)} = 0$$

정의에 의하여 다음 정리가 성립한다.

정리 11.3.2 음이 아닌 원소 a, b, c 에 대하여 다음이 성립한다.

(1) $a \dotplus b = b \dotplus a$

(2) $(a \dotplus b) \dotplus c = a \dotplus (b \dotplus c)$

(3) $0 \dotplus a = a \dotplus 0 = a$

(4) 서로 다른 음이 아닌 정수 i, j 에 대하여 $2^i \dotplus 2^j = 2^i + 2^j$ 이고, 또 $2^i \dotplus 2^i = 0$ 이다.

(5) $a \dotplus a = 0$

보기 11.3.2 다음이 성립한다.

$$\begin{array}{r} 3 = 0\ 1\ 1_{(2)} \\ 5 = 1\ 0\ 1_{(2)} \\ 7 = 1\ 1\ 1_{(2)} \\ \hline 3 \dotplus 5 \dotplus 7 = 0\ 0\ 1_{(2)} = 1, \end{array} \qquad \begin{array}{r} 3 = 0\ 1\ 1_{(2)} \\ 4 = 1\ 0\ 0_{(2)} \\ 7 = 1\ 1\ 1_{(2)} \\ \hline 3 \dotplus 4 \dotplus 7 = 0\ 0\ 0_{(2)} = 0 \end{array}$$

$$\begin{array}{r} 1 = 0\ 0\ 1_{(2)} \\ 4 = 1\ 0\ 0_{(2)} \\ 5 = 1\ 0\ 1_{(2)} \\ \hline 1 \dotplus 4 \dotplus 5 = 0\ 0\ 0_{(2)} = 0, \end{array} \qquad \begin{array}{r} 1 = 0\ 0\ 1_{(2)} \\ 2 = 0\ 1\ 0_{(2)} \\ 3 = 0\ 1\ 1_{(2)} \\ \hline 1 \dotplus 2 \dotplus 3 = 0\ 0\ 0_{(2)} = 0 \end{array}$$

보기 11.3.3 다음이 성립한다.

(1) $1 \dotplus 2 \dotplus 4 \dotplus 8 \dotplus 16 = 1 + 2 + 4 + 8 + 16 = 31$

(2) $1 \dotplus 2 + 4 \dotplus 8 \dotplus 15 = (1 \dotplus 2 + 4 \dotplus 8) \dotplus (1 \dotplus 2 + 4 \dotplus 8) = 0$

Nim 의 게임에서 각 단계를 분석하는 열쇠는 그 단계에 대한 Nim 합이다.

보기 11.3.4 Nim 의 게임에서 다음과 같은 경우를 생각해 보자.

(1) A 가 $[0, 0, 0, \cdots, 0]$ 을 만든 경우

이 경우에 Nim 합은 0 이고, 이 게임에서 A 가 이긴다.

(2) A 가 $[n, 0, 0, \cdots, 0]$ 을 만든 경우($n \geq 1$)

이 경우에 Nim 합은 0 이 아니며, B 가 첫째 묶음의 n 개 전부를 제거하여 $[0, 0, 0, \cdots, 0]$ 을 만들면 이 게임에서 B 는 이기게 된다.

한편, $n \geq 2$ 일 때, B 가 첫째 묶음에서 n 개 미만의 물건을 제거하여

$$[m, 0, 0, \cdots, 0], \qquad 1 \leq m < n$$

을 만들면, 이에 이어 A 가 첫째 묶음에서 나머지 물건을 모두 제거하여 $[0, 0, 0, \cdots, 0]$ 을 만들 수 있으므로 A 가 이기게 된다.

(3) A 가 $[n, n, 0, 0, \cdots, 0]$ 을 만든 경우($n \geq 1$)

이 경우에 Nim 합은 0 이며, B 가 첫째 묶음에서 r $(1 \leq r \leq n)$ 개를 제거하면 A 도 둘째 묶음에서 r 개를 제거하고 이와 같은 과정을 되풀이하면 결국 A 는 $[0, 0, \cdots, 0]$ 을 만들 수 있으므로 A 는 이길 수 있다.

(4) A 가 $[\mathrm{n}, m, 0, 0, \cdots, 0]$ 을 만든 경우($n > m \geq 1$)

이 경우에 Nim 합은 0 이 아니며, B 가 첫째 묶음에서 $n-m$ 개를 제거하여 $[m, m, 0, 0, \cdots, 0]$ 으로 만들 수 있으므로 (3) 에 의하여 B 가 이길 수 있다.

보기 11.3.5 Nim 의 게임에서 한 단계의 결과가 $[2, 2, 3]$ 이라고 하자. 이 때, $2 \dotplus 2 \dotplus 3 = 3 \neq 0$ 이다. 그리고, 이 경우에 다음 사람이 택할 수 있는 전략에 의하여 얻게 되는 결과와 그 Nim 합은 다음 7 가지가 있다.

(1) $[1, 2, 3]$, $1 \dotplus 2 \dotplus 3 = 0$ (2) $[0, 2, 3]$, $0 \dotplus 2 \dotplus 3 = 1$
(3) $[2, 1, 3]$, $2 \dotplus 1 \dotplus 3 = 0$ (4) $[2, 0, 3]$, $2 \dotplus 0 \dotplus 3 = 1$
(5) $[2, 2, 2]$, $2 \dotplus 2 \dotplus 2 = 2$ (6) $[2, 2, 1]$, $2 \dotplus 2 \dotplus 1 = 1$
(7) $[2, 2, 0]$, $2 \dotplus 2 \dotplus 0 = 0$

따라서 Nim 합이 0, 1, 2 인 경우는 각각 3, 3, 1 가지이고, Nim 합이 3 이상인 경우는 없다.

보기 11.3.6 Nim의 게임에서 한 단계의 결과가 $[2, 3, 5]$이라고 하자. 이 때, $2 \dotplus 3 \dotplus 5 = 4 \neq 0$이다. 그리고, 이 경우에 다음 사람이 택할 수 있는 전략에 의하여 얻게 되는 결과와 그 Nim 합은 다음 10가지가 있다.

(1) $[1, 3, 5]$, 7 (2) $[0, 3, 5]$, 6 (3) $[2, 2, 5]$, 5
(4) $[2, 1, 5]$, 6 (5) $[2, 0, 5]$, 7 (6) $[2, 3, 4]$, 5
(7) $[2, 3, 3]$, 2 (8) $[2, 3, 2]$, 3 (9) $[2, 3, 1]$, 0
(10) $[2, 3, 0]$, 1

그리고, Nim 합이 0, 1, 2, 3 인 경우는 각각 1가지씩 있고, Nim 합이 5, 6, 7 인 경우는 각각 2가지씩 있다. 한편, Nim 합이 4 인 경우는 없다.

보기 11.3.7 Nim의 게임에서 한 단계의 결과가 $[8, 7, 5, 12]$이라고 하자. 이 때, $8 \dotplus 7 \dotplus 5 \dotplus 12 = 6 \neq 0$이다.

$$
\begin{aligned}
8 &= 1\ 0\ 0\ 0_{(2)} \\
7 &= 0\ 1\ 1\ 1_{(2)} \\
5 &= 0\ 1\ 0\ 1_{(2)} \\
12 &= 1\ 1\ 0\ 0_{(2)} \\
\hline
8 \dotplus 7 \dotplus 5 \dotplus 12 &= 0\ 1\ 1\ 0_{(2)} = 6
\end{aligned}
$$

(1) 다음 단계에서 그 Nim 합이 3이 되도록 하는 방법을 생각해 보자. 먼저 6과 3의 2진법에 관한 전개식은 2^2의 자리의 수와 1의 자리의 수가 다르다.

$$
\begin{aligned}
6 &= 0\ 1\ 1\ 0_{(2)} \\
3 &= 0\ 0\ 1\ 1_{(2)} \\
& \quad\ \ \uparrow \quad\ \uparrow
\end{aligned}
$$

따라서 Nim 합 6을 3으로 바꾸려면, 8, 7, 5, 12 중의 한 정수를 택하여 이 정수의 2진법에 관한 전개식에서 2^2의 자리의 수와 1의 자리의 수 0, 1을 각각 1, 0로 바꾸어 놓아 본래의 정수보다 작게 하여야 한다. 한편, $8 = 1\ 0\ 0\ 0_{(2)}$에서 2^2의 자리의 수가 0이므로 이와 같이 바꾸면,

$$8 = 1\ 0\ 0\ 0_{(2)}$$
$$7 = 0\ 1\ 1\ 1_{(2)}$$
$$5 = 0\ 1\ 0\ 1_{(2)}$$
$$12 = 1\ 1\ 0\ 0_{(2)}$$
$$\quad\ \ \uparrow\quad\ \uparrow$$

$$1\ 1\ 0\ 1_{(2)} = 13$$

로 되어 8보다 큰 정수 13을 얻게 된다.

한편, 7, 5, 12에 대하여 이와 같이 바꾸면,

$$0\ 0\ 1\ 0_{(2)} = 2$$
$$0\ 0\ 0\ 0_{(2)} = 0$$
$$1\ 0\ 0\ 1_{(2)} = 9$$

로 되므로 그 Nim 합이 3이 되도록 하는 방법은 다음 3가지뿐이다.

[8, 2, 5, 12], [8, 7, 0, 12], [8, 7, 5, 9]

(2) 다음 단계에서 그 Nim 합이 0이 되도록 하는 방법을 생각해 보자.

$$6 = 0\ 1\ 1\ 0_{(2)}$$
$$0 = 0\ 0\ 0\ 0_{(2)}$$
$$\quad\ \ \uparrow\ \uparrow$$

먼저 6과 0의 2진법에 관한 전개식은 2^2의 자리의 수와 2의 자리의 수가 다르다. 따라서 Nim 합 6을 0으로 바꾸려면, 8, 7, 5, 12 중의 한 정수를 택하여 이 정수의 2진법에 관한 전개식에서 2^2의 자리의 수와 2의 자리의 수 0, 1을 각각 1, 0으로 바꾸어 본래의 정수보다 작게 하여야 한다.

그런데, $8 = 1\ 0\ 0\ 0_{(2)}$의 2^2의 자리의 수는 0이므로 이와 같이 바꾸면, 8보다 큰 정수를 얻게 된다. 한편, 7, 5, 12에 대하여 이와 같이 바꾸면,

$$7 = 0\ 1\ 1\ 1_{(2)}$$
$$5 = 0\ 1\ 0\ 1_{(2)}$$
$$12 = 1\ 1\ 0\ 0_{(2)}$$
$$\quad\ \ \uparrow\ \uparrow$$

$$0\ 0\ 0\ 1_{(2)} = 1,$$
$$0\ 0\ 1\ 1_{(2)} = 3,$$
$$1\ 0\ 1\ 0_{(2)} = 10$$

으로 되므로 구하는 방법은 다음 3가지 뿐이다.

[8, 1, 5, 12], [8, 7, 3, 12], [8, 7, 5, 10]

보기 11.3.8 Nim의 게임에서 한 단계의 결과가 [3, 4, 8, 9]이라고 하자. 이 때, $3 \dotplus 4 \dotplus 8 \dotplus 9 = 6 \neq 0$이다.

$$\begin{aligned} 3 &= 0\ 0\ 1\ 1_{(2)} \\ 4 &= 0\ 1\ 0\ 0_{(2)} \\ 8 &= 1\ 0\ 0\ 0_{(2)} \\ 9 &= 1\ 0\ 0\ 1_{(2)} \\ \hline 3 \dotplus 4 \dotplus 8 \dotplus 9 &= 0\ 1\ 1\ 0_{(2)} = 6 \end{aligned}$$

$$\begin{aligned} 6 &= 0\ 1\ 1\ 0_{(2)} \\ 0 &= 0\ 0\ 0\ 0_{(2)} \\ &\quad\ \ \uparrow\,\uparrow \end{aligned}$$

이제 Nim 합 6을 0으로 바꾸려면, 3, 4, 8, 9 중의 한 정수를 택하여 이 정수의 2진법에 관한 전개식에서 2^2의 자리의 수와 2의 자리의 수 0, 1을 각각 1, 0으로 바꾸어 본래의 정수보다 작게 하여야 한다.

그런데, 4에 대해서만 이와 같이 바꿀 수 있고 이때

$$0\ 0\ 1\ 0_{(2)} = 2$$

이므로 Nim 합 6을 0으로 바꾸는 방법은 [3, 2, 8, 9] 뿐이다.

정리 11.3.3 Nim의 게임에서 한 단계의 결과가 $[n_1, n_2, \cdots, n_t]$이고 그 Nim합이 n일 때, 그 다음 단계에 대하여 다음이 성립한다.

(1) 가능한 모든 전략에 의하여 얻게 되는 결과의 Nim 합은 모두 n과 다르다.

(2) 가능한 모든 전략에 의하여 얻게 되는 결과의 Nim 합 중에는 반드시 $0, 1, \cdots, n-1$이 홀수 개씩 나타난다.

증 명 이제 $[n_1, n_2, \cdots, n_t]$에 대하여 다음이 성립한다고 하자.

$$\begin{aligned} n_1 &= r_{1m}\, r_{1m-1} \cdots r_{1k} \cdots r_{11}\, r_{10\,(2)} \\ n_2 &= r_{2m}\, r_{2m-1} \cdots r_{2k} \cdots r_{21}\, r_{20\,(2)} \\ &\ \ \vdots \\ n_t &= r_{tm}\, r_{tm-1} \cdots r_{tk} \cdots r_{t1}\, r_{t0\,(2)} \end{aligned}$$

$$n_1 \dotplus n_2 \dotplus \cdots \dotplus n_t = v_m\, v_{m-1} \cdots v_k \cdots v_1\, v_{0\,(2)} = n$$

(1) 이 때, $1 \leq s \leq t$ 인 s 에 대하여 n_s 보다 작은 정수 m_s 를 택할 때,

$$m_s = r_{sm}' r_{sm-1}' \cdots r_{sk}' \cdots r_{s1}' r_{s0\,(2)},$$
$$n_1 \dotplus n_2 \dotplus \cdots \dotplus m_s \dotplus \cdots \dotplus n_t = u_m u_{m-1} \cdots u_k \cdots u_1 u_{0\,(2)}$$

이라고 하면, 적어도 한 k 에 대하여 $r_{sk} \neq r_{sk}'$ 이고 이때 r_{sk} 가 0, 1 임에 따라 r_{sk}' 은 1, 0 이므로 다음이 성립한다.

$v_k = 0 \quad [v_k = 1]$

$\Longleftrightarrow r_{1k}, r_{2k}, \cdots, r_{sk}, \cdots, r_{tk}$ 중에서 1 인 것이 짝수 개[홀수 개] 있다.

$\Longleftrightarrow r_{1k}, r_{2k}, \cdots, r_{sk}', \cdots, r_{tk}$ 중에서 1 인 것이 홀수 개[짝수 개 있다.

$\Longleftrightarrow u_k = 1 \quad [u_k = 0]$

따라서 다음 결과를 얻는다(보기 11.3.5, 보기 11.3.6 참조).

$$n_1 \dotplus n_2 \dotplus \cdots \dotplus m_s \dotplus \cdots \dotplus n_t \neq n_1 \dotplus n_2 \dotplus \cdots \dotplus n_s \dotplus \cdots \dotplus n_t$$

(2) 이제 $0 \leq n' < n$ 인 정수 n' 에 대하여

$$n = v_m v_{m-1} \cdots v_k \cdots v_1 v_{0\,(2)}$$
$$n' = v_m' v_{m-1}' \cdots v_k' \cdots v_1' v_0'{}_{(2)}$$

이라 하고 $D = \{k \mid m \geq k \geq 0,\ v_k \neq v_k'\}$ 이라고 하자.

이 때, $n' < n$ 이므로 $D \neq \varnothing$ 이고, 또

$$D = \{k, \cdots, l\}, \qquad n = v_m\ v_{m-1} \cdots v_k \cdots v_l \cdots v_1 v_{0\,(2)}$$
$$m \geq k > \cdots > l \geq 0 \qquad n' = v_m' v_{m-1}' \cdots v_k' \cdots v_l' \cdots v_1' v_0'{}_{(2)}$$
$$\qquad\qquad\qquad\qquad\qquad\qquad \uparrow \qquad \uparrow$$

이라고 하면 $v_k = 1,\ v_k' = 0$
이다(보기 11.3.7, 보기 11.3.8 참조).

그런데, $v_k = 1$ 이므로 $r_{1k}, r_{2k}, \cdots, r_{tk}$ 중에서 1 인 것은 홀수 개 존재한다. 그리고, 정수 i $(1 \leq i \leq t)$ 에 대하여

$$n_i = r_{im} r_{im-1} \cdots r_{ik} \cdots r_{il} \cdots r_{i1} r_{i0\,(2)}$$

에서 $r_{ik}, \cdots, r_{il}$ 이 0, 1 임에 따라 이를 1, 0 으로 바꾸어 놓은 것을

$$n_i' = r_{im} r_{im-1} \cdots r_{ik}' \cdots r_{il}' \cdots r_{i1} r_{i0\,2)}$$

이라고 할 때, $r_{ik}=1$ 이면 $n_i{}'$은 n_i보다 작고 이때 다음이 성립한다.

$$n_1 \dotplus n_2 \dotplus \cdots \dotplus n_i{}' \dotplus \cdots \dotplus n_t = n'$$

앞의 정리에 의하여 다음 따름정리가 성립한다.

따름정리 11.3.4 Nim의 게임에서 다음이 성립한다.

(1) 한 단계의 결과에 대한 Nim 합이 0일 때, 그 다음 단계에서 어떠한 전략을 쓰더라도 이에 의한 결과의 Nim 합은 0이 아니다.

(2) 한 단계의 결과에 대한 Nim 합이 0이 아닐 때, 그 다음 단계에서 적당한 전략을 쓰면 이에 의한 결과의 Nim 합이 0이 되도록 할 수 있다.

먼저 두 사람 A, B가 행하는 Nim의 게임에서 한 단계의 결과에 대한 Nim합이 0일 때, A가 그 다음 단계를 시행한다고 하자.

이 때, A가 어떠한 전략을 쓰더라도 그 결과의 Nim합은 0이 아니고, A에 이어 B는 적당한 전략을 써서 그 결과의 Nim합이 0이 되도록 할 수 있다.

이와 같은 과정을 되풀이하면, B는

$$[0, 0, 0, \cdots, 0]$$

으로 만들어 이 게임에 이길 수 있다.

Nim 합이 0인 경우

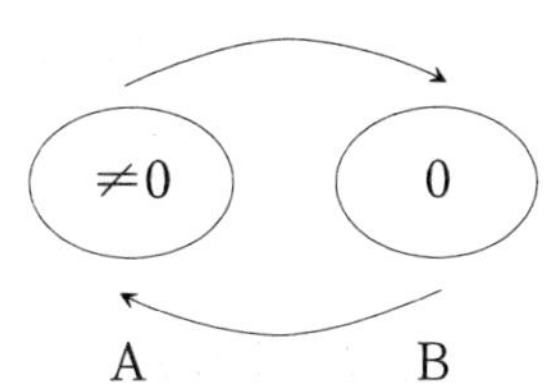

다음에 Nim의 게임에서 한 단계에 대한 Nim합이 0이 아닐 때, A가 그 다음 단계를 시행한다고 하자.

이 때, A가 적당한 전략을 써서 그 결과의 Nim합은 0이 되도록 할 수 있고, A에 이어 B가 어떠한 전략을 쓰더라도 그 결과의 Nim합은 0이 아니며 이러한 과정을 되풀이하여 A는

$$[0, 0, 0, \cdots, 0]$$

으로 만들어 이길 수 있다.

Nim 합이 ≠0인 경우

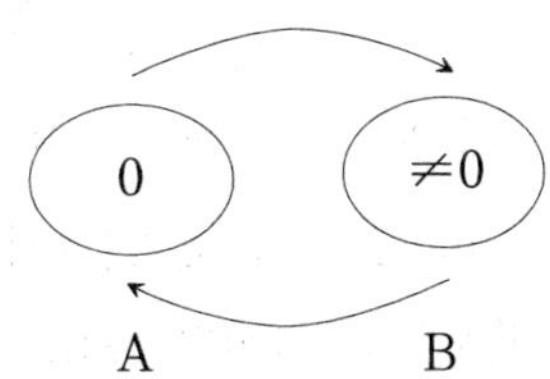

결국 Nim의 게임에서 전략을 올바로 택하는 경우에 다음이 성립한다.

한 단계에서 Nim 합이 0이면, 두 번 째로 행하는 사람이 이긴다.

한 단계에서 Nim 합이 0이 아니면, 첫 번째로 행하는 사람이 이긴다.

위의 결론을 알고 있는 사람은 그렇지 못한 상대방을 항상 이길 수 있고 또 이 결론을 알고 있는 사람과는 대등한 게임을 할 수 있다.

보기 11.3.9 Nim 게임의 최초 묶음이 [3, 5, 7]일 때, A, B 두 사람이 이 순서대로 다음과 같이 행하였다고 하자.

횟수	A	B
1	[3, 4, 7]	[3, 4, 5]
2	[2, 4, 5]	[1, 4, 5]
3	[1, 2, 5]	]1, 2, 3]
4	[1. 2. 2]	[0, 2, 2]
5	[0, 2, 0]	[0, 0, 0]

(1-1) [3, 5, 7]에 대한 Nim 합은 $3 \dotplus 5 \dotplus 7 = 1$이다(보기 11.3.2).

$$3 = 0\ 1\ 1_{(2)} \qquad 1 = 0\ 0\ 1_{(2)}$$
$$5 = 1\ 0\ 1_{(2)} \qquad 0 = 0\ 0\ 0_{(2)}$$
$$7 = 1\ 1\ 1_{(2)} \qquad \uparrow$$

그런데, 3, 5, 7의 2진법에 관한 전개식에서 1의 자리의 수 0, 1을 각각 1, 0을 바꾸면, 이들 세 정수는 각각 2, 4, 6으로 된다. 따라서 A가 [3, 5, 7]로부터 그 Nim 합이 0이 되도록 하는 방법은 다음 3가지 뿐이다.

$$0\ 1\ 0_{(2)} = 2$$
$$1\ 0\ 0_{(2)} = 4$$
$$1\ 1\ 0_{(2)} = 6$$

[2, 5, 7], [3, 4, 7], [3, 5, 6]

앞의 표는 A가 이들 중에서 [3, 4, 7]을 만들었음을 보여 준다.

(1-2) [3, 4, 7] 에 대한 Nim 합은 0이므로 B가 어떠한 전략을 쓰더라도 그 결과의 Nim 합은 0이 아니다.

앞의 표에서 B는 [3, 4, 5]를 만들었고 $3 \dotplus 4 \dotplus 5 = 2 \neq 0$이다.

$$3 = 0\ 1\ 1_{(2)} \qquad 2 = 0\ 1\ 0_{(2)}$$
$$4 = 1\ 0\ 0_{(2)} \qquad 0 = 0\ 0\ 0_{(2)}$$
$$5 = 1\ 0\ 1_{(2)} \qquad \quad \uparrow$$

(2-1) A가 [3, 4, 5]로부터 그 Nim 합이 0이 되도록 하는 방법은 [1, 4, 5] 뿐이다.

$$0\ 0\ 1_{(2)} = 1$$
$$1\ 1\ 1_{(2)} = 7 > 4$$
$$1\ 1\ 0_{(2)} = 6 > 5$$

앞의 표는 A가 이와 같이 만드는 전략을 쓰지 못하고 전략을 잘못 써서 [2, 4, 5]를 만들었음을 보여 주며, 이에 대한 Nim 합은 $2 \dotplus 4 \dotplus 5 = 3 \neq 0$이다.

$$2 = 0\ 1\ 0_{(2)} \qquad 3 = 0\ 1\ 1_{(2)}$$
$$4 = 1\ 0\ 0_{(2)} \qquad 0 = 0\ 0\ 0_{(2)}$$
$$5 = 1\ 0\ 1_{(2)} \qquad \quad \uparrow\ \uparrow$$

(2-2) B가 [2, 4, 5]로부터 그 Nim 합이 0이 되도록 하는 방법은 [1, 4, 5] 뿐이다.

$$0\ 0\ 1_{(2)} = 1$$
$$1\ 1\ 0_{(2)} = 6 > 4$$
$$1\ 1\ 1_{(2)} = 7 > 5$$

앞의 표는 B가 올바른 전략을 택하였음을 보여 준다.

(3-1) [1, 4, 5]에 대한 Nim 합은 0이므로 A가 어떤 전략을 쓰더라도 그 결과의 Nim 합은 0이 아니다.

앞의 표에서 A는 [1, 2, 5]을 택하였고 $1 \dotplus 2 \dotplus 5 = 6 \neq 0$이다.

$$1 = 0\ 0\ 1_{(2)} \qquad 6 = 1\ 1\ 0_{(2)}$$
$$2 = 0\ 1\ 0_{(2)} \qquad 0 = 0\ 0\ 0_{(2)}$$
$$5 = 1\ 0\ 1_{(2)} \qquad \uparrow\ \uparrow$$

(3-2) B가 [1, 2, 5]로부터 그 Nim 합이 0이 되도록 하는 방법은 [1, 2, 3] 뿐이다.

$$1\ 1\ 1_{(2)} = 7 > 1$$
$$1\ 0\ 0_{(2)} = 4 > 2$$
$$0\ 1\ 1_{(2)} = 3$$

앞의 표는 B가 올바른 전략을 택하였음을 보여 준다.

(4-1) [1, 2, 3]에 대한 Nim 합은 0이므로 A가 어떤 전략을 쓰더라도 그 결과의 Nim 합은 0이 아니다.

앞의 표에서 A는 [1, 2, 2]을 택하였고 $1 \dotplus 2 \dotplus 5 = 1 \neq 0$ 이다.

(4-2) B가 [1, 2, 2]로부터 그 Nim 합이 0이 되도록 하는 방법은 [0, 2, 2] 뿐이다.

앞의 표는 B가 올바른 전략을 택하였음을 보여 준다.

(5-1) [0, 2, 2]에 대한 Nim 합은 0이므로 A가 어떤 전략을 쓰더라도 그 결과의 Nim 합은 0이 아니다.

앞의 표에서 A는 [0, 2, 0]을 택하였고 $0 \dotplus 2 \dotplus 9 = 2 \neq 0$ 이다.

(5-2) B가 [0, 2, 0]으로부터 그 Nim 합이 0이 되도록 하는 방법은 [0, 0, 0] 뿐이다.

앞의 표는 B가 이 게임에서 이겼음을 보여 준다.

앞의 보기에서 [3, 5, 7]에 대한 Nim 합은 $3 \dotplus 5 \dotplus 7 = 1 \neq 0$ 이므로 A가 올바른 전략만을 썼더라면 이 게임을 이길 수 있었으나, 제 2 회에서 전략을 잘못 택한 결과로 게임에 졌음을 알 수 있다.

그리고, Nim의 게임에서 다음이 성립함을 알 수 있다.

(1) A가 [1, 2, 3, 0, ⋯, 0]을 만든 경우

이 경우에 Nim 합은 0이다. 그리고, B가 어떠한 전술을 쓰더라도 A는 올바른 전략을 쓰기만 하면 이 게임에 이길 수 있다.

(2) A가 [1, 4, 5, 0, ⋯, 0]을 만든 경우

이 경우에 Nim 합은 0이다. 그리고, B가 어떠한 전술을 쓰더라도 A는 올바른 전략을 쓰기만 하면 이 게임에 이길 수 있다.

여러 가지 수학적 게임에 대해서는 [9], [28]을 참조하기 바란다.

연 습 문 제 (11.3)

1. 다음 Nim 합을 구하여라.

(1) $17 \dotplus 5 \dotplus 13 \dotplus 4$　　(2) $100 \dotplus 1000$

(3) $11 \dotplus 9 \dotplus 10 \dotplus 8$　　(4) $11 \dotplus 22 \dotplus 44$

2. 다음 Nim 합을 구하여라.

(1) $1 \dotplus 2 \dotplus 4 \dotplus 8 \dotplus 16 \dotplus 31$　　(2) $1 \dotplus 2 \dotplus 4 \dotplus 8 \dotplus 16 \dotplus 32 \dotplus 63$

3. 음이 아닌 정수 a, b, c 에 대하여 다음이 성립함을 밝혀라.

(1) $a \dotplus b = 0$ 일 때 그리고 이때에만 $a = b$ 이다.

(2) $a \dotplus b = \mathrm{c}$ 일 때 그리고 이때에만 $a = b \dotplus \mathrm{c}$ 이다.

4. Nim 의 게임에서 $[3, 1, 4]$ 에 대한 Nim 합을 구하여라.
또, $[3, 1, 4]$ 에 전략을 택하여 얻을 수 있는 Nim 합을 모두 구하여라.

5. Nim 의 게임에서 $[8, 3, 17]$ 에 대한 Nim 합을 구하여라.
그리고, 다음 물음에 답하여라.

(1) $[8, 3, 17]$ 로부터 그 Nim 합이 8 이 되도록 하여라.

(2) $[8, 3, 17]$ 로부터 그 Nim 합이 0 이 되도록 하여라.

6. Nim의 게임에서 한 단계의 결과가 $[11, 9, 10, 8]$ 일 때, 다음 단계에서 그 Nim 합이 9 가 되도록 하여라.

7. Nim의 게임에서 한 단계의 결과가 다음과 같을 때, 그 다음 단계에서의 결과에 대한 Nim 합이 0 이 되도록 하여라.

(1) $[8, 10, 7, 1]$　　(2) $[9, 25, 49]$　　(3) $[6, 5, 3, 1]$

8. Nim 의 게임에서 $[1, 2, 2^2, \cdots, 2^n]$, $n \geq 1$ 에 대한 Nim 합을 구하여라.
그리고, $[1, 2, 2^2, \cdots, 2^n]$ 의 다음 단계에서 올바른 전략을 택하여 그 Nim 합이 0 이 되도록 하여라.

9. Nim의 게임의 최초 묶음이 [17, 5, 13, 4] 일 때, A, B 두 사람이 다음 표와 같이 전략을 택하였다고 하자.

횟수	A	B
1	[12, 5, 13, 4]	[11, 5, 13, 4]
2	[11, 5, 13, 3]	[11, 5, 12, 3]
3	[11, 5, 11, 3]	[11, 3, 11, 3]
4	기 권	

이 때, 다음 물음에 답하여라.

(1) A와 B의 전략이 올바른 전략인지를 판정하여라.

(2) 마지막 단계에서 A가 기권한 이유를 설명하여라.

10. Nim의 게임의 최초 묶음이 [8, 10, 7, 1] 일 때, A, B 두 사람이 다음 표와 같이 전략을 택하였다고 하자.

횟수	A	B
1	[8, 10, 3, 1]	[8, 7, 3, 1]
2	[7, 7, 3, 1]	[7, 5, 3, 1]
3	[6, 5, 3, 1]	[6, 4, 3, 1]
4	[5, 4, 3, 1]	[5, 4, 0, 1]
5	[5, 3, 0, 1]	[2, 3, 0, 1]
6	[0, 3, 0, 1]	[0, 1, 0, 1]
7	[0, 0, 0, 1]	[0, 0, 0, 0]

이 때, 각 단계에 대하여 설명하여라.

그리고, A와 B가 전략을 잘못 택한 단계를 찾아라.

참고 문헌

1. 김응태 · 박승안, 현대대수학, 제 8 판, 경문사, 2011
2. 김응태 · 박승안, 정수론, 제 8 판, 경문사, 2012
3. 박승안, 선형대수학 제 5 판, 경문사, 2010
4. 박승안, 암호학과 부호이론, 제 2 판, 2007
5. 박승안, 사영평면과 디자인, 제 3 판, http://kms.webhard.co.kr, 2012
6. Anderson, I., Combinatorial designs and tournaments, Clarendon Press, Oxford, 1997
7. Anderson, J., Discrete mathematics with combinatorics, 2nd ed.
8. Beker, H. and F. Piper, Cipher systems, the protection of communications, John-Wiley Sons, Inc, New York, 1982
9. Berlekamp Elwyn, John Conway and Richard Guy, Winning ways for your mathematical plays, 2nd edition, A.K. Peters, MA, Vol. 1, 2 2001, Vol. 3, 4 2003
10. Blauhut, R. E., Algebraic codes for data transmission, Cambridge Univ. Press, Cambridge, United Kingdom, 2003
11. Cameron, P. J. Combinatorics: Topics, Techniques, Algorithms, Cambridge University Press, Lndon, 1994
12. Cameron, P. J. and J. H. van Lint, Designs, graphs, codes and their links, Cambridge Univ. Press, 1991
13. Colbourn, C. J. and J. H. Dinitz, The CRC handbook of combinatorial designs, 1996, CRC Press, New York, 1996

14. Diestel, R., Graph theory, Springer-Verlag, New York, 1997

15. Erickson, M. J., Introduction to combinatorics, Wiley Interscience series in discrete mathematics and optimization, Wiley, 1996

16. Goodaire E. G. and M. M. Parmenter, Discrete mathematics with graph theory, 3rd ed., Pearson Education, Inc. Upper Saddle River, New Jersey, 2006

17. Gossett, E., Discrete mathematics with proof, Pearson education, Inc, Upper Saddle River, New Jersey, 2003

18. Grimaldi, R. P., Discrete and combinatorial mathematics, 4th ed., Addison-Wesley Longman, Inc., 1999

19. Johnsonbaugh, R., Discrete mathematics, 6th ed. Prentice-Hall,

20. Kelly, D., Automata and formal language : An introduction, Prentice Hall, 1995

21. Knuth, D. E., Art of computer programming : Semi-numerical algorithms, Volume 2, 2nd ed., Addison-Wesley, Reading Mass., 1981

22. Koblitz, N., Algebraic aspects of cryptography, Algorithms and Computation in Mathematics, Springer-Verlag, New York, 1998

23. Kolman, B., Busby R. and S. Ross, Discrete mathematical structures, 5th ed.

24. Kumanduri, R. and C. Remero, Number theory with computer applications, Prentice Hall, 1998

25. Lidl, R. and H. Niederreiter, Finite fields, Encyclopedia of Math. and its application, Vol. 20, Addison-Wesley, Reading Mass. 1983

26. Lidl, R. and G. Pilz, Applied abstract algebra, 2nd ed. Springer-Verlag, New York, 1998

27. Lint J. H and R. M. Wilson, A course in combinatorics, Cambridge, 1996

28. McEliece R. J., R. B. Ash and C. Ash, Introduction to discrete mathematics, 1989, McGraw-Hill Book. Co.

29. Owen, G., Game theory, 3rd ed., Emerald Group Pub., 1995

30. Rosen, K. H., Elementary number theory and its applications, third ed., Addison-Wesley, Reading, Mass., 1993

31. Rosen, K. H., Discrete mathematics and its applications, 6th ed., McGraw-Hill, 2007

32. Rosen, K. H, Michaels J. G. Gross J. L. Grossman J. W. and D. R. Shier, editors, Handbook of discrete and combinatorial mathematics, CRC Press Inc., 2000

33. Ross, K. and Wright, C. R, Discrete mathematics, 5th ed.

34. Shannon, C. E., A mathematical theory of communication, Bell Syst. Tech. J. Vol. 27 (1948), 379−423, 623−656

35. Shannon, C. E., Communication theory of security system, Bell Syst. Tech. J. Vol. 28 (1949), 656-715

36. Slomson, A., Introduction to combinatorics, Chapman and Hall, London, 1991

37. Tucker, A., Applied combinatorics, 3rd ed., Wiley, 1995

38. van Lint, J. H., Graphs, codes and designs, London Math. Soc., Lecture Note series, Vol. 43, Cambridge Univ. Press, Cambridge, 1980

39. Washburn, S., Marlowe, T. and C. T. Ryan, Discrete mathematics, Adison-Wesley, 2000

찾아보기

[ㄱ]

가중 그래프 251
가지 193
Gauss 소거법 185
Gauss-Jordan 소거법 185
Gauss 함수 10
gate 316
게임 392
게임의 값 395, 403
격자 291
결정적 유한상태 자동장치 340
결정적 게임 395
결합관계 344
결합구조 344
결합행렬 344
경로 211
계수 98
계수행렬 182
계승 47
고리 193, 219
고립점 199
고유다항식 110
고유방정식 110
곱집합 36
공배수 12
공약수 12
공역 3
공집합 2
관계 284
교란 68
교점 345
교집합 22
구 269
구-구조 문법 327
균형 비완비 블록 디자인 380
그래프 193
기대이득 401
기본 행 변형 184
기약 행 사다리꼴 행렬 184
기호 324
길 207, 211
깊이 225
꼭지점 193, 219, 344
끝점 193, 211

[ㄴ]

나머지 9
나뭇잎 199
낙하 계승 89
내부 영역 237
농도 32
Nim의 게임 413
Nim 덧셈 414
Nim 합 414

[ㄷ]

다면체 238
다중 모서리 193
다중 호 219
다중그래프 193
다항 시간 알고리즘 171
다항계수 63
다항식 98
단말 기호 327
단순그래프 193
단어 324
단위행렬 180
닫혀 있다 5, 211
대칭 2-디자인 385
대칭 차집합 26
대칭행렬 179
덧셈군 96, 265
덧붙인 행렬 182
데카르트 곱 36
독립사건 37
동차 선형점화수열 106
동차 선형점화식 106
동차 선형함수 140
동차곱 58
동치 3, 184, 338
동치관계 285
동치류 285
동형사상 202
동형인 그래프 202
De Morgan의 법칙 25

[ㄹ]

라틴 방진 363
로그 시간 알고리즘 171
루프 145

[ㅁ]

마디 193
만난다 345
매달린 꼭지점 199
맥시민값 395, 401
맥시민 전략 401
멱집합 24
모서리 193
몫 9
무게 251
무한게임 392
무한원선 360
무한원점 360
무한집합 2
문장 324
미니맥스값 395, 402
미니맥스 전략 402
밑수 16

[ㅂ]

바퀴그래프 196
반대칭적 288
반사적 288
반순서 288
반순서 집합 288
배반사건 35
배수 9

법 18
벡터 176
Venn 다이어그램 2
별그래프 196
보 디자인 381
Boole 곱 304
Boole 다원환 25, 294
Boole 함수 305
Boole 합 304
Boole 환 27, 301
복소수체 97
복호 262
부분그래프 194
부분군 265
부분집합 2
부호 262
부호어 262
분할 23, 75
블록 344, 375
비결정적 게임 395
비교가능 289
비 동차 선형점화수열 106
비 도차 선형점화식 106
뿌리를 가진 수형도 225

[ㅅ]

사상 3
사색 문제 244
사선도형 355
사영평면 353
사점도형 353
상 3
상반다항식 98, 123
상수합 게임 395
상태 331, 337
상태 다이어그램 332, 337
상태표 332, 337
상한 291
색의 개수 245
색칠하기 245
생성 규칙 327
생성 수형도 231
생성순환마디 127
생성함수 117
서로 소 14, 22
선분 193
선형부호 266
선형순서 289
선형순서 집합 289
선형점화수열 106
선형점화식 106
성분 176, 177
소수 15
소수부분 10
(순수) 순환수열 127
수준 225
수형도 224
순서 n조 23
순서쌍 36
순수전략 400
순열 47
순환그래프 196
순환로 211
스위칭 함수 305

스칼라 배 176, 177
스트림 암호체계 141
Shift Register 138
시작 상태 331, 337
시점 219
신드롬 279
실수체 97
쌍대명제 25, 295, 354
쌍대성의 원리 25, 295, 356
쌍마다 서로 소 23
쌍마다 직교한다 369

[ㅇ]

아핀평면 346
안장점 396
r-순열 47
알고리즘 144
알고리즘의 시간 복잡도 164
알파벳 324
암호문 141
어휘 324
언어 324, 328
약수 9
n단계 동차 선형 Shift Register 140
n단계 이진 동차 선형 Shift Register 141
n인 게임 392
n단계 Shift Register 138
n차원 정육면체 198
n차의 동차 선형점화수열 106
n차의 동차 선형점화식 106
n차의 다항식 98
n차의 라틴 방진 363
n차의 행렬 177
$m \times n$ 직사각 게임 393
$m \times n$ 게임 393
여원소 294
여집합 24
역사상 5
역함수 5
역행렬 187
연결그래프 212
연결되어 있다 212
연립일차방정식 182
연산 5
연쇄 289
영다항식 98
영벡터 176
영수열 106
영합 게임 392
영행렬 177
오류벡터 273
오류 수정 274
Euler 238
Euler 길 213
오일러 방진 365
Euler 회로 213
완비 직교계 371
완전 이분그래프 197
완전그래프 195
완전부호 272
외부 영역 237
우월하다 398
원소 2

원시다항식 133
위로의 사상 4
위수 168, 349, 357
유도된 부분그래프 194
유리수체 97
유한 결합구조 344
유한 게임 392
유한 사영평면 353
유한상태 기계 331
유한상태 자동장치 337
유한 아핀평면 346
유한집합 2
유향 그래프 219
유향 다중그래프 220
유향 단순그래프 220
이득 392
이득표 393
이득행렬 393
이분그래프 197
이상점 360
이상직선 360
이웃한 꼭지점 195
이은 모서리 193
이접표준형 310
이진 선형 (n, k) 부호 266
이진 선형 (n, k, d) 부호 268
이진 선형부호 266
이진 Hamming 부호 278
이진수열 126
이항계수 54
이항관계 284
이항연산 5
인수 9
인식한다 334, 338
인접한 꼭지점 195
인접행렬 205, 221
일대일 대응 4
일대일 사상 4
일차방정식 182
입력 316, 331
입력 차수 220
잉여류 287

[ㅈ]

전개식 16
전략 393
전순서 289
전순서 집합 289
전술적 배치 375
전이함수 331, 337
전체집합 24
전치행렬 179
점 344
점화수열 101
점화식 101
접합 325
접합표준형 310
정사각행렬 177
정수부분 10
정의역 3
정칙 그래프 199
정칙행렬 187
제 1 종의 Stirling 수 92
제 2 종의 Stirling 수 80

조합 50
종점 219
주기 127
중복순열 58
중복조합 58
지수 시간 알고리즘 171
직교한다 365
직선 344
진부분집합 2
짝수점 199

[ㅊ]

차수 98, 195
차수 수열 203
차집합 22
체 96
초기조건 101
초기상태 331, 337
최고한도 10, 44
최근방 복호법 273
최단 거리 251
최단 거리 알고리즘 255
최단 경로 251
최단 경로 알고리즘 252
최대공약수 12
최대다항함수 306
최대원소 290
최대 정수 함수 10
최대주기수열 133
최소거리 268
최소공배수 12
최소다항함수 306
최소무게 268
최소원소 290
최저한도 10
최적전략 10, 395, 403
추이적 288
출약 398
출력 316
출력 차수 220
출력함수 305, 331
충분조건 2
치환 367

[ㅌ]

t-디자인 375

[ㅋ]

크기 177
Kleene 폐포 326

[ㅍ]

Fano 의 평면 353
파라미터 380
평면그래프 236
평문 141
평행하다 346
표준분해 16
표준형 313
플라톤의 입체 240
feedback 함수 138
Fischer 의 부등식 380
피보나치 수 103
피보나치 수열 103

PN 수열 133
필요조건 2
필요충분조건 3

[ㅎ]

하한 291
Hamilton 순환로 215
Hasse 다이어그램 289
함수 3
합동 18
합동식 18
합성사상 4
합성수 15
합집합 22
항 100
항등사상 3
항등행렬 180
형식 언어 324
해 20, 183
해밍 거리 267
해밍 무게 267
해집합 183
행렬 177
형식적 멱급수 116
호 219
혼합전략 395, 403
홀수점 199
홀짝 검사행렬 278, 279
회로 211, 316

□ 박 승 안 □

서울대학교 사범대학 수학과 졸업 (이학사)
서울대학교 대학원 수학과 졸업 (이학석사)
University of Illinois at Urbana-Champaign 대학원 수학과
이학석사, 이학박사
서강대학교 이과대학 수학과 교수
University of Illinois at Urbana-Champaign 수학과 객원교수

현재 : 서강대학교 명예교수

저서 : 현대대수학 제 8 판 (공저), 정수론 제 8 판 (공저),
선형대수학 제 5 판 (공저), 유한군의 표현론,
대수학과 암호학, 사영평면과 디자인 제 2 판,
암호학과 부호이론 제 2 판, 이산수학 제 3 판

본문에 대한 해설과 일부 연습문제 및 보충문제의 풀이는
http://kms.webhard.co.kr(아이디, 비밀번호: kyungmoon)
에서 찾아볼 수 있습니다.

이산수학, 제 3 판

2016년 3월 5일 발행

저　자 : 박승안
발행자 : 조경희
발행처 : 경문사
서울특별시 마포구 와우산로 174
전화: (02) 332-2004
FAX: (02) 336-5193
등록 1979. 11. 9. 제313-1979-23호

값 21,000원

ISBN 978-89-6105-534-5

www.kyungmoon.com